航空电磁理论与勘查技术

殷长春 著

科学出版社

北京

内 容 简 介

我国国土面积近 2/3 区域为高山、沙漠、湖泊沼泽、森林覆盖区，给地面地球物理探测带来极大困难。航空地球物理，特别是航空电磁探测技术是在这些区域进行地球物理勘探的有效手段。国外航空电磁经过逾 50 年的发展已成为非常成熟的探测技术，部分国家已实现国土面积全覆盖。我国自 20 世纪末开始，通过引进和消化国外技术研发基于固定翼和直升机平台的航空电磁探测装备，虽经多年技术攻关，关键技术仍没有取得重大突破。目前尚没有能够形成生产力的探测设备及配套的数据处理和解释软件。本书基于作者在国外多年从事航空电磁探测技术和装备研发的经验，瞄准国际最先进的航空电磁探测技术，详细阐述航空电磁正反演理论、关键技术、装备发展现状、数据处理和解释及航空电磁勘查技术在能源资源、环境工程、地下水和地热及防灾减灾等领域的应用。期望本书能够对推动我国航空电磁勘查技术发展和应用起积极作用。

图书在版编目（CIP）数据

航空电磁理论与勘查技术／殷长春著. —北京：科学出版社，2018.11

ISBN 978-7-03-059095-4

I. ①航… II. ①殷… ①航空电磁法–研究 IV. ①P631.3

中国版本图书馆 CIP 数据核字（2018）第 236581 号

责任编辑：张井飞　韩　鹏　陈姣姣／责任校对：张小霞
责任印制：肖　兴／封面设计：耕者设计工作室

科学出版社 出版

北京东黄城根北街 16 号
邮政编码：100717
http://www.sciencep.com

北京汇瑞嘉合文化发展有限公司 印刷
科学出版社发行　各地新华书店经销

*

2018 年 11 月第　一　版　开本：787×1092　1/16
2018 年 11 月第一次印刷　印张：28 3/4
字数：679 000

定价：368.00 元
（如有印装质量问题，我社负责调换）

前　言

航空电磁勘查技术是基于固定翼飞机、直升机或无人机等搭载平台的地球物理勘查技术。通过机载或吊挂不接地回线作为磁性发射源并采用磁传感器接收地下电磁信号以达到勘探的目的，无需地面人员接近。该方法非常适合于高山、沙漠、湖泊沼泽和森林覆盖等地形地质条件复杂地区的地球物理勘查。这些地区通常由于人员难以接近，给地面地球物理勘查带来极大的困难。

国外航空电磁技术研发始于20世纪60~70年代，目前已发展非常成熟，成为包括频率域和时间域、固定翼和直升机、主动源和被动源，勘探深度从浅地表到地球深部几千米的系列电磁勘探系统。应用领域涵盖矿产资源和能源、地下水和地热、环境和工程、灾害预测、军事、海洋和农业等各领域，在多金属硫化物矿床、储油层和油砂盖层圈闭、垃圾填埋场渗漏、海侵及海岸防波堤坝稳定性调查、农业盐碱地扫面、输油管线和城市地下管网、永冻层和极地研究、海洋地形调查等领域发挥积极作用，并取得了很好的应用效果。

我国国土面积近2/3为地面人员难以接近的地区，特别是广大西部地区，高山、沙漠和大面积森林覆盖导致这些地区地球物理勘探程度很低。研发适合我国特殊地形地质条件的航空电磁勘查技术和仪器装备势在必行，将对提升我国西部无人区的地球物理勘查水平起到至关重要的作用。另外，航空电磁勘查技术由于采用飞机平台，飞行观测效率高，勘探成本低。近年来，随着航空电磁发射磁矩的不断增大和观测仪器系统噪声水平的降低，航空电磁系统勘探深度越来越大，因此非常适合我国西部勘探开发程度较低的地区及地球深部资源勘查。然而，国内航空电磁虽然在20世纪70~80年代已经开始研究，但由于一些特殊原因被中断，目前国内尚没有实用化的航空电磁系统，更没有形成航空地球物理勘查的装备系列，严重制约我国西部地区资源的勘探开发。

国外将系统设计作为仪器和装备研发的关键，系统设计是由顶层自上而下的设计过程。它是根据特定的勘探目标设计与仪器系统相关的勘查技术和平台（固定翼还是直升机，主动源还是被动源）、装置形式（共中心式还是分离式，硬支架还是软支架等）、发射源（时间域还是频率域）、发射波形（频率域包括发射频率范围和频点，时间域发射波形包括尖脉冲、阶跃波、半正弦、三角波、梯形波还是多脉冲）及脉冲参数（基频、脉宽等）；根据目标体勘探深度设计发射机的发射功率/发射磁矩和仪器系统的噪声水平；根据发射功率和设计的探测目标计算和设计接收系统的动态范围等；在此基础上进一步对各分系统（如发射、接收）进行指标设计。仪器研发和系统集成正好遵循相反的思路。如此，系统研发过程以理论为基础和指导，思路清晰，可保证研发出的系统很好地满足设计的勘探需求。

航空地球物理电磁勘查技术由于采用飞机平台，系统动态噪声和其他噪声源导致数据干扰极其严重。更为突出的是，航空电磁观测数据中的噪声大多为由一定物理成因的所谓效应（effect）引起的。这些效应引起的噪声无法通过简单数字滤波予以去除，必须分析其物理成因，建立数学模型，进而计算出相应的校正因子予以校正。

地球物理反演存在严重的多解性，航空电磁反演也不例外。在航空电磁领域为减少反演的多解性，通常采用由简单到复杂，由已知到未知的循序渐进方式实现航空电磁数据的反演解释。采用的思路包括由基于数据转换的电磁成像技术→基于数据拟合的一维下降搜索反演和全球极小值搜索反演→通过引入约束条件进行横向约束反演，改善数据反演断面的横向连续性→针对局部异常体进行的二维、三维模型反演。由于前一步成像和反演结果可作为后一步反演的初始模型，多解性问题可以得到有效解决。因此，航空电磁数据处理、解释软件研发和系统研发同等重要。

出版本专著的宗旨在于：①为国内航空电磁仪器系统研制，特别是为研发适合我国特殊地质环境的航空电磁系统提供理论和技术支撑；②在航空电磁数据处理和解释方面提供关键技术指导；③提供成功的应用实例，并就航空电磁勘查技术在我国拓宽应用领域提供建议。根据笔者在国外多年仪器研发经验，任何不以理论为基础，没有理论研究作为先行条件，不进行自上而下的系统设计而只根据国外发表的零星数据和参数资料进行研发的工作，都无法研制出实用化的科学仪器和装备。早一天领会并灵活运用系统设计的理念，就可指望国产仪器装备早一天赶超西方，领跑世界。

本书共六章。第 1 章综述航空电磁勘查技术的国内外发展现状；第 2 章阐述航空电磁一维正演理论及数值计算方法；第 3 章阐述航空电磁数据成像和一维反演理论；第 4 章阐述航空电磁系统设计和研发中的关键技术；第 5 章阐述航空电磁数据处理和解释技术；第 6 章介绍航空电磁成功应用实例及我国发展航空电磁勘查技术的展望和建议。本书可作为从事航空电磁系统设计和研发人员的技术参考书，也可作为有志于从事航空电磁理论和方法技术研究的研究生参考教材。本书提供的程序软件已经过笔者和笔者的研究团队多次试验和验证，可以放心使用，欢迎大家提出意见和建议。同时也希望使用人员能在相关文章和著作中指明出处，以便推广到更多的应用领域。

本书在写作过程中得到许多国内外同行的大力支持。德国布伦瑞克工业大学已故 Peter Weidelt 教授是笔者留学德国的博士导师，在德国攻读博士期间得到了他的悉心指导，奠定了本人的电磁理论基础，笔者对导师的教诲寄以深切的怀念。加拿大 CGG/Fugro 公司总工 Greg Hodges 先生，加拿大 Geoterrex/DIGHEM 前总裁 Doug Fraser 博士，加拿大 CGG/Fugro 公司高级研究员陈天友博士，加拿大劳伦森大学 Richard Smith 教授，加拿大纽芬兰纪念大学 Colin Farquharson 教授，美国 NEOS 公司黄浩平高级研究员，美国 Condor Consulting 总裁 Ken Witherley 先生，美国 Aqua Geo Frameworks 公司首席科学家 Jared Abraham 先生，丹麦 SkyTEM 公司北美区域销售经理 Bill Brown 先生，德国 Leibniz-Institut für Angewandte Geophysik 的 Helga Wiederhold 博士和德国联邦地球科学与自然资源研究所（BGR）的 Bernhard Siemon 博士，加拿大 Geotech 公司总工 Jean Legault 先生和吕少林博士等提供多方面的技术指导。特别是笔者曾经和 Greg Hodges 在 Fugro 公司一起工作 11 年，共同参与 Fugro 公司几代航空电磁系统的研发任务并见证其成功应用，共同发表二十余篇涉及系统设计、正反演理论和数据处理的学术论文，在此特别向他们致谢。同时还要感谢长安大学李狄教授，吉林大学朱凯光教授、刘云鹤副教授，中国地质科学院地球物理地球化学勘查研究所李文杰研究员和孟庆敏研究员，中国冶金地质总局地球物理勘查院张青杉总工，核工业航测遥感中心李怀渊总工，中国科学院地质与地球物理所底青云研究员和薛国强研究员等对本书提供的支持和帮助。另外，特别感谢笔者"千人计划"研究团队的全体成员，包括张博、齐彦福、任秀艳、卢永超、陈辉、黄威、贾放、邱长凯、裴易峰、孙思源、黄鑫、曹晓月、李世文、缪佳佳、刘玲、朱姣、高宗慧、苏扬、惠哲剑、满开峰、张文强、杨志龙、蔡晶和王聪等，他们在从事各自学习和研究的同时积极参与了本书的撰写工作。需要特别感谢我的博士研究生任秀艳，她自始至终参与组织了本专著的编辑。没有她的努力工作，笔者很难在短时间内完成本专著的撰写。我的硕士研究生卢永超出色地完成了本书的图件整理和绘制工作。在此谨向所有为本书做出贡献的同行表示敬意。

另外，还要向加拿大矿业、冶金和石油学会（Canadian Institute of Mining，Metallurgy and Petroleum，Exploration and Mining Geology 杂志出版商）、美国地球物理学会（SEG，Geophysics 和 The Leading Edge 杂志出版商）、澳大利亚 ASEG 和 CSIRO Publishing（Exploration Geophysics 杂志出版商）等机构表示感谢，感谢他们为本书使用由其出版的杂志中部分图件提供的许可。同时，还要向 Exploration Geophysics 杂志的主编 Mark Lackie 博士（Editor-in-Chief），澳大利亚 CSIRO Publishing 的 Brietta Pike 博士，美国 SEG 的 Jennifer Cobb 女士，以及加拿大矿业、冶金和石油学会（Canadian Institute of Mining，Metallurgy and Petroleum）的 Lenie Lucci 女士表示感谢！

由于国内外航空电磁理论和勘查技术相关研究还不够完善，相关书籍文献出版较少，特别是书中有很多内容目前还处于研究阶段，虽然经过笔者认真和仔细的推敲，书中一定会存在不完善的地方，敬请广大读者批评指正。

书中所附的程序是笔者多年从事航空电磁理论和数值模拟研究的成果，仅供广大学者和同行用于科学研究，不得用于任何商业目的。业内同行如果希望使用书中的相关图件，请注明出处。如果使用的图件由国外专家或出版机构提供，请务必向专家本人和相关出版机构申请并获得许可后方可使用。

本书得到国家自然科学基金重点项目（41530320）、国家自然科学基金面上项目（41774125，41274121）、国家重点研发计划（2016YFC0303100，2017YFC0601900）、国家重大仪器专项（ZDYZ2012-1-03）和中国科学院战略先导专项（XDA14020102）的联合资助。

国家"千人计划"特聘专家

殷长春博士

2017 年 10 月于吉林长春

目　　录

第1章 航空电磁勘查技术现状及展望

1.1 航空电磁勘查技术现状

1.1.1 国外航空电磁勘查技术现状

航空电磁勘查技术发展历史悠久，自第一套航空电磁系统成功试飞到现在，航空电磁技术已经历了大约70年的发展历程。1948年，固定翼航空电磁系统Stanmac-McPhar在加拿大试飞成功，这标志着第一个航空电磁勘探系统的诞生（Fountain，1998）。1954年，航空电磁勘探方法在加拿大New Braunswick发现了Health Steele矿床，这一发现极大地推动了航空电磁系统和勘查技术的发展。1955年，第一个吊舱式硬支架直升机航电系统AMAX诞生。此后，与AMAX类似的直升机频率域航电系统Hunting开始研发，并于1957年在Tasmania进行了飞行观测，此次飞行是频率域直升机航电系统在澳大利亚首次进行飞行勘查。1959年，Tony Barringer研发了第一个时间域固定翼INPUT系统，并成功试飞。然而，当时人们尚没有充分认识到INPUT将对固定翼航空电磁系统发展带来的影响。随着航空电磁技术的进步，该系统被不断更新和应用，已经在全球范围内发现了价值逾百亿美元的矿产资源。Slichter（1955）阐明使用天然场代替人工场源可以大幅度提高航空电磁系统的探测深度。基于这一理论，第一个被动源航空电磁系统AFMAG于1958年在加拿大研制成功。该系统使用雷电产生的天然音频磁场作为场源，勘探主要是针对埋深较大的目标体。与此同时，Russian BDK-7和Geophysical Engineering Survey半航空电磁系统被成功研发。这两个系统均使用长度达几千米的接地长导线作为发射源。20世纪50年代晚期，大多数现今使用的航空电磁系统基本框架已研发成功，然而这些系统在勘探深度、分辨率等方面仍存在较大问题。在随后的几十年里，人们通过对这些系统不断进行优化、升级和改造，开发出多套新型航空电磁系统。

1965年，INPUT系统升级成为Mark V INPUT系统，增大了发射磁矩，进而大幅度增加了系统的有效勘探深度。同时，新一代直升机航电系统被研发，并以DIGHEM为代表逐渐向多分量数据采集方向发展。1967年，人们成功研发出多频吊舱式航空电磁系统F-400。与之前的航电系统相比，该系统采用水平偶极作为发射源，这种装置对飞机的改造最小，便于在不同飞行平台上移植。1966年前后，McPhar KEM、Geonics EM-18、Scintrex Deltair、Barringer's Radiophase和E-phase等使用甚低频电磁信号发射台作为发射源的航空电磁系统也相继开始研发。同时，人们通过改造地面Turam系统成功研发出Turair半航空系统。该系统通过地面大线圈发射增大了有效勘探深度。1970年，单频多分量接收DIGHEM I型航空电磁系统研发成功。该系统采用 X 轴方向发射，接收 X、Y、Z 三分量，吊舱长度为9m。此外，Questor对INPUT系统进行升级改造，研制出Mark VI INPUT系统，同时引进两个新的Skyvan飞行平台（1971年）和Trislander飞行平台（1973年）。1970年前后，印度研发了可以接收B和$\mathrm{d}B/\mathrm{d}t$的固定翼时间域航空电磁系统，然而该系统只做了飞行试验。此后，McPhar研发了三频和五频F-400和H-400航空电磁系统。这两套系统分别搭载在固定翼和直升机平台上，并在全球多个地区完成了飞行观测任务。1976年，固定翼COTRAN和Smelting EM-30航电系统研发成功。COTRAN系统采用了INPUT系统的基本构架，发射波形采用方波，接收X和Z两个分量，然而该系统没有实现商业化飞行。Smelting EM-30系统由于采用大收发距的共轴装置实现较大的勘探深度。20世纪70年代末期，大收发距频率域固定翼航空电磁系统基本被淘汰，固定翼航空电磁以时间域系统为主。直升机系统则向着多频发射、多分量接收方向发展。1976年，在DIGHEM I的基础上，DIGHEM II研发成功，并通过系统改进实现双频发射（900Hz和3600Hz）和多分量接收。70年代末期，一代更先进的甚低频航空电磁系统被成功研发，主要包括Herz Totem、Scintrex SE-90和Sander VLF-EM II系统。值得注意的是70年代早期，人们曾提出使用飞艇作为航空电磁系统的搭载平台。这种平台的优势在于能够将导线设计为环绕飞艇的线圈，实现超大线圈面积和超大发射磁矩。然而，基于飞艇平台的航空电磁系统在飞行观测时，由于受天气等因素影响严重，飞行稳定性难以保证，最终未获得广泛应用。

20世纪80年代早期，由于航空电磁在铀矿勘查中的出色表现及世界各大矿业公司非常活跃的矿产勘查实践活动，航空电磁系统得到了迅猛的发展。很多已有系统被升级，新一代系统被研发。80年代中期，由于各大公司削减矿产勘查预算，航电技术走向萧条，这一时期航空电磁系统发展相对缓慢。1983年，Geoterrex开发了新的INPUT航空电磁勘探平台CASA 212，并于1985年成功研发针对这一平台且与INPUT系统具有相似结构的GEOTEM系统。相比于固定翼航空电磁系统受到的冲击，基于直升机平台的航电系统继续向着多频和多线圈结构的方向发展，许多新型多线圈、多频直升机航电系统被成功研发。1982年，Questor公司成功研发了新一代直升机INPUT系统，旨在地形复杂地区获得好的飞行数据。该系统采用Z方向大发射线圈，线圈匝数为6匝。该系统的研发目标是开发一套与固定翼INPUT系统具有相近的发射功率、勘探深度和分辨率的直升机系统，主要针对复杂地形条件下的目标体勘查。美国加利福尼亚大学伯克利分校成功研发UNICOIL直升机系统（UNICOIL cryogenic helicopter system）。该系统采用超导UNICOIL作为发射和接收线圈，工作频率为40Hz，具有较大的探测深度。然而，该系统由于需要大量液氦而飞机存储空间有限，缺乏实用价值。到90年代，航电系统主要发展方向为多频、高分辨率的直升机吊舱系统和低频固定翼时间域系统。

经历了航空电磁勘查技术的萧条，20世纪90年代矿产资源勘探开始回暖，给航空电磁勘查技术发展带来了新的活力。固定翼时间域航电系统基本实现了三分量接收、发射波形宽度和基频可调、接收B和$\mathrm{d}B/\mathrm{d}t$信号等功能，而直升机吊舱式频率域航电系统基本实现了多频发射和接收，发射和接收线圈通常被安置在$6\sim9\mathrm{m}$称为Bird的吊舱中。其中，90年代早期，World Geoscience开发了SALTMAP系统。该系统是第一个专门为近地表电阻率成像而设计的固定翼时间域航电系统。同时，Geotech公司引入HUMMING BIRD直升机航电系统。该系统发射和接收线圈均安装在4.5m长的吊舱中，以增加系统的灵活性，而Elliott Geophysics International研发出一种新型半航空系统FLAIRTEM。该系统本质上是

TURAIR 系统的时间域版本。90 年代晚期，航空电磁系统研发再次得到快速发展。其中，固定翼系统包括 1997 年研发成功的 GEOTEM，1998 年研发成功的 MEGATEM 和 QUESTEM，1999 年研发成功的 GEOTECH HAWK 系统（Thomson et al.，2007），直升机系统包括 1997 年研发成功的 Anglo ExplorHEM、AERODAT HELITEM 和 HELI QUESTEM 等，1998 年研发成功的 THEM 和 DIGHEM RES BIRD，1999 年研发成功的 AeroTEM、NewTEM 和 SIAL PHOENIX 等航电系统。

进入 21 世纪，人们对航空电磁系统和勘查技术提出了更高要求。固定翼系统主要向着具有更大发射功率和勘探深度的方向发展，而直升机系统主要向着多线圈结构、宽频带、高分辨率和高精度方向发展。在此期间研发的航空电磁系统是目前全球各大航空地球物理公司应用的主要勘探系统（图 1.1），包括 Fugro Airborne Surveys 公司 2001 年研发成功

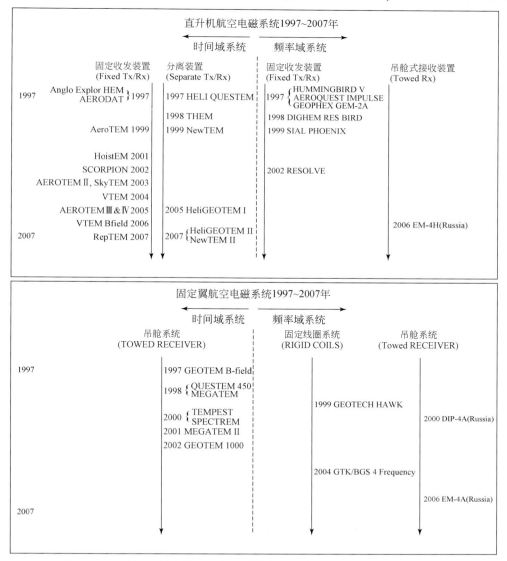

图 1.1　直升机和固定翼航空电磁系统发展历史（Thomson et al.，2007）

的时间域固定翼 MEGATEM II 系统和 2002 年研发成功的频率域直升机吊舱 RESOLVE 系统，2005 年研发成功的时间域直升机吊舱 HeliGEOTEM 系统和 2008 年研发成功的 HELITEM 系统；Aeroquest 公司 2003 年研发成功的系列直升机时间域吊舱系统 AeroTEM；Geotech 公司 2004 年研发成功的系列直升机时间域吊舱系统 VTEM；SkyTEM Surveys 公司 2003 年研发成功的系列直升机时间域吊舱系统 SkyTEM（Thomson et al.，2007）。这些系统各具特色，目前承担了全球超过 90% 的航空地球物理电磁勘查任务。

1.1.2　国内航空电磁勘查技术现状

我国航空电磁系统发展起步较早，然而由于历史原因目前技术尚不够成熟。从 20 世纪 50 年代末开始，原地矿部物化探研究所开始研发长导线半航空电磁探测仪器，后转入硬支架频率域航电系统。1970 ~ 1974 年，国土资源部航空物探遥感中心（原航空物探大队）开展航电系统研制，后因故中止；1976 ~ 1983 年原长春地质学院开展过固定翼时间域航空电磁 M-1 系统的研制，并被黑龙江物探队和湖北航空物探队应用于生产飞行；1976 年北京地质仪器厂开展直升机时间域航电系统研制；1974 ~ 1980 年桂林冶金地质研究所开展直升机时间域航电系统研制；1981 ~ 1983 年原长春地质学院在对 M-1 系统进行改进的基础上研制出 M-2 型固定翼时间域航电系统，后因经费短缺停止。90 年代，由于地质行业经历了转型期和不景气，航空地球物理，特别是航空电磁勘查系统研发处于停滞状态。进入 21 世纪，随着国家经济高速发展和对能源和矿产资源的需求激增，地质行业迎来春天。航空地球物理电磁勘查技术和仪器研发再度受到重视。目前，国内自主研发的系统主要包括中国地质科学院地球物理地球化学勘查研究所研发的固定翼三频航空电磁系统 HDY-402 和国土资源航空物探遥感中心和吉林大学合作研发的 CHTEM 时间域直升机航空电磁勘查系统。HDY-402 系统采用直立共面发射和接收装置，收发距为 19.2m，工作频率为 463Hz、1563Hz 和 8333Hz，最大采样率为 8 次/s，噪声水平<20PPM，零漂小于 100PPM/h，勘探深度大约 100m。由于受飞行高度影响，观测信号强度较弱，系统应用受到限制，主要用于浅部矿产和地下水资源勘查。我国自主研发的时间域航空电磁系统由于技术原因，发射功率较小（~28 万 Am^2），目前未能在我国矿产资源等勘查领域获得广泛应用。近年来，国内相关单位尝试从国外引进航空电磁探测系统，主要有中国冶金地质总局从加拿大引进的 TS150 系统和中国科学院电子学研究所从俄罗斯引进的 Impulse A5 系统。TS150 直升机时间域航电系统最大发射磁矩为 155000Am^2，记录全波形 B 和 dB/dt，基频 25 ~ 150Hz，可进行多分量采集。Impulse A5 时间域直升机系统最大发射磁矩 1.6×10^5 Am^2，发射基频为 25Hz 和 75Hz，吊挂装置离地高度为 30 ~ 50m。另外，中国国土资源航空物探遥感中心于 2010 ~ 2011 年从加拿大 Aeroquest 公司引进 AeroTEM-IV 时间域航空电磁系统。由于该系统采用硬支架设计，发射磁矩和勘探深度较小。该系统至今未能在我国矿产资源勘查中发挥作用。

我国航空电磁勘探的另一个途径是利用国外地球物理公司提供的各种商业性飞行观测服务。这种途径由于造价过于昂贵使用较少。目前国内有少数单位从事半航空电磁勘查系统和技术研发，然而，由于该技术发射源与接收机距离较远，存在严重的体积效应，丧失常规航空电磁勘查系统发射和接收装置的紧凑性（compact）和高分辨率目标探测的技术优势，可以预测该系统在我国矿产资源勘查中将不会发挥太大作用。

航空电磁具有很长的发展历史，国际上航空电磁勘查系统目前已发展得相当完善，技术也非常成熟。然而，我国航空电磁勘查系统研发还处于初级阶段，目前尚未成功研发出能适合我国地形复杂地区深部矿产资源勘查的航空电磁探测系统。为了满足我国深部和广大地形复杂地区的找矿需求，迫切需要研发适合我国地形地质条件的航空电磁系统。

1.2　航空电磁勘查系统发展现状

目前，国际上规模较大的航空电磁勘探公司包括加拿大 Fugro Airborne Surveys（现已被 CGG 收购）、Geotech、Aeroquest（现已被 Geotech 收购）和丹麦 SkyTEM Surveys 公司。这些公司拥有强大的科技实力和先进的勘探设备，基本占领了全球航空地球物理勘查技术服务市场。

1.2.1　CGG/Fugro 公司及其系统

CGG 公司成立于 1931 年，现已发展成为世界领先的地球物理勘探公司之一。2013年，CGG Veritas 收购了 Fugro 公司的地球科学部，包括航空地球物理分部 Fugro Airborne Surveys。航空地球物理勘探是 CGG/Fugro 提供的全球技术服务之一。该公司拥有的航空电磁系统包括 DIGHEM、RESOLVE、GEOTEM、MEGATEM、HeliGEOTEM、HELITEM、MULTIPULSE 等。这些系统涵盖了直升机和固定翼、时间域和频率域，使得 CGG/Fugro 公司能够出色地完成全球各种复杂地质条件和勘探目标的飞行观测任务。

DIGHEM 和 RESOLVE 是全数字直升机频率域航电系统，具有较小的零漂和较低的噪声水平，能够提供先进的校准和实时信号处理技术。DIGHEM 系统［图 1.2（a）］拥有三对水平共面和两对直立共轴线圈，频率覆盖范围大（900Hz ~ 56kHz），确保了该系统对地质体有很高的灵敏度。RESOLVE 系统［图 1.2（b）］包含五对水平共面（频率为300Hz ~ 140kHz）和一对直立共轴线圈（频率约 3300Hz）。该系统凭借较大的频率覆盖范围、较高水平和垂向分辨率、高采样率和实时信号处理技术，在构造填图、矿产、地热和地下水资源勘查等领域获得广泛应用。表 1.1 和表 1.2 给出了 DIGHEM 和 RESOLVE 的部分系统参数。DIGHEM 和 RESOLVE 系统适用于较浅目标体勘查（<120m），主要用于勘探浅部矿产资源、环境和工程、地下水、海侵和极地研究等。

（a）   （b）

图 1.2　频率域航空电磁系统（图片来自 Fugro Airborne Surveys 公司）

（a）DIGHEM 系统；（b）RESOLVE 系统

表 1.1　频率域航空电磁 DIGHEM 系统参数

参数类别	系统参数
线圈对个数	5
工作频率	900Hz，7200Hz，56kHz（HCP） 1000Hz，5500Hz（VCX）
飞机飞行高度	~60m
飞行速度	~120km/h
吊舱高度	~30m
采样率	0.1s
收发距	8m（900Hz，1000Hz，5500Hz，7200Hz） 6.3m（56kHz）
噪声水平	10PPM（900Hz，HCP） 10PPM（1000Hz，VCX） 10PPM（5500Hz，VCX） 20PPM（7200Hz，HCP） 40PPM（56kHz，HCP）
发射磁矩	$211Am^2$（900Hz，HCP） $211Am^2$（1000Hz，VCX） $67Am^2$（5500Hz，VCX） $56Am^2$（7200Hz，HCP） $15Am^2$（56kHz，HCP）
勘探深度	<120m

注：资料来自 Fugro Airborne Surveys 公司

表1.2 频率域航空电磁 RESOLVE 系统参数

参数类别	系统参数
线圈对个数	6
工作频率	300Hz，1500Hz，5500Hz，25kHz，120kHz（水平共面） 3300Hz（直立共轴）
飞机飞行高度	~60m
吊舱高度	~30m
采样率	0.1s
收发距	9m
噪声水平	5PPM（300Hz，HCP） 10PPM（1500Hz，HCP） 20PPM（5500Hz，HCP） 30PPM（25kHz，HCP） 50PPM（120kHz，HCP） 15PPM（3300Hz，VCX）
发射磁矩	300Am² （300Hz，HCP） 175Am²（1500Hz，HCP） 70Am²（5500Hz，HCP） 35Am²（25kHz，HCP） 20Am²（120kHz，HCP） 210Am²（3300Hz，VCX）
勘探深度	<120m

注：资料来自 Fugro Airborne Surveys 公司

　　时间域航空电磁系统 GEOTEM 和 MEGATEM 系统采用固定翼飞行平台。MEGATEM（图1.3）是基于 GEOTEM 系统研发的，采用四引擎固定翼飞机 Dash-7 作为飞行平台（Smith et al.，2003），发射基频可调。该系统发射磁矩大于 $2\times10^6\,Am^2$，是目前世界上发射功率和勘探深度最大的固定翼时间域航空电磁系统。该系统可进行 on-time 和 off-time 宽频带多分量观测，目前主要用于大面积电磁扫面和深部目标体探测。表1.3 给出了 MAGTEM 系统的部分系统参数。GEOTEM 是装载于双引擎固定翼飞机 CASA212 飞机上的时间域航空电磁系统，发射磁矩可达 $1\times10^6\,Am^2$，发射基频可调，可进行宽频带 on-time 和 off-time 多分量观测（Annan and Lockwood，1991）。目前，该系统主要用于金属矿、金刚石、铀矿、油气、地下水资源勘查和地质填图等。HeliGEOTEM 和 HELITEM 系统是在 GEOTEM 的基础上研发的直升机吊舱式时间域航电系统。HeliGEOTEM 集成了 GEOTEM 和 MEGATEM 系统的先进技术，具有更好的灵活性和分辨率（Fountain et al.，2005）。HELITEM 系统（图1.4）在 HeliGEOTEM 的基础上进行了进一步改进。首先，由于采用铜线代替铝管作为发射线圈，减轻发射系统质量，增加发射磁矩，可达 $2\times10^6\,Am^2$；其次，由于将多分量接收机直接置于发射线圈上方（HeliGEOTEM 系统采用独立吊舱），增加了系统对地下导电介质的探测灵敏度；再次，HELITEM 系统可进行宽频带 on-time 和 off-time 多分量观测。综合直升机航电系统的横向高分辨率和时间域系统发射功率和勘探深度大的优点，该系统目前被广泛应用于矿产、油气、地下水资源勘查和构造填图等。表 1.4 给出了 HELITEM 系统的部分系统参数。所有 CGG/Fugro 公司时间域航空电磁系统均采用三分量接收，采集到的二次场数据具有很低的噪声水平，使得这些系统具有很高的探测灵敏度和很大的勘探深度。MULTIPULSE 时间域航电系统是由 CGG 公司现有的时间域航电系统改造而成，可以使用直升机或固定翼飞行平台。该系统通过在前端发射一个高能量的半正弦波，再在末端发射一个快速关断的方波或梯形波，实现了系统既具有很大的勘探深度，有利于探测深部目标体，又具有较高的近地表分辨率的特点（Chen et al.，2014）。

图 1.3　MEGATEM 时间域航空电磁系统（图片来源于 Richard Smith，个人通信，2017）

表 1.3　时间域航空电磁 MEGATEM 系统参数

发射基频	15Hz/12.5Hz	30Hz/25Hz	90Hz/75Hz
发射线圈匝数	4	4	5
发射线圈面积	400m^2	400m^2	400m^2
发射磁矩	1.12×10^6 Am^2	1.12×10^6 Am^2	1×10^6 Am^2
典型发射电流	700A	700A	500A
脉冲宽度	8ms	4ms	2ms
半周期采样率	192Hz	192Hz	64Hz
接收线圈	三分量感应线圈传感器		
测量信号	电压（dB/dt）或 B 场		
信号带宽	基频至 10kHz		
数字记录	所有时间道		
勘探深度	800～1200m		

注：资料来自 Fugro Airborne Surveys 公司

图 1.4　HELITEM 时间域航空电磁系统（图片来自 Fugro Airborne Surveys 公司）

表 1.4　时间域航空电磁 HELITEM 系统参数

参数类别	系统参数
发射线圈面积	$708\,\mathrm{m}^2$
发射线圈匝数	2
发射波形	半正弦波
发射信号基频	30Hz/90Hz
波形宽度	4ms/2ms
发射电流	~1500A
发射磁矩	$\sim 2\times 10^6\,\mathrm{Am}^2$
发射线圈高度	~30m
接收线圈类型	X、Y、Z 三分量传感器
采样率	10Hz
勘探深度	600~800m

注：资料来自 Fugro Airborne Surveys 公司

　　凭借众多优良的频率域和时间域、直升机和固定翼航空电磁勘探系统，CGG/Fugro 公司在全球范围内承担了各种勘探目标的航空电磁飞行观测任务。例如，CGG/Fugro 公司使用 DIGHEM 系统在非洲南部进行煤田勘查；使用 HELITEM MULTIPULSE 系统在加拿大 Athabasca 地区进行油砂勘探；使用 MEGATEM 系统在美国 Texas 西部进行地下水盐碱化调查（Paine and Collins，2003）；利用 RESOLVE 系统在德国北部海岸对海侵情况进行调查（Wiederhold et al.，2010）；利用 GEOTEM 系统在澳大利亚西部进行镍矿勘查（Wolfgram and Golden，2001）；2012 年 CGG/Fugro 公司使用 HELITEM 系统在加拿大 Lalor 湖对火山成因的硫化物矿床进行勘探（Yang and Oldenburg，2013），均取得了很好的勘探效果。

1.2.2　Geotech 公司及其系统

加拿大 Geotech 公司已有超过 30 年的发展历史。过去 30 年中，Geotech 公司不断完善其航电系统，并积极研发新系统以提高服务质量。1982 年研发了四频直升机航电系统，并在加拿大内陆水域进行勘探飞行；1983 年研发了第一个海水水深探测系统，并完成了NORDA 水深勘查项目；1987 年利用研发的直升机航电系统在阿拉斯加完成了冰层厚度勘查；1992 年研发了轻量级多频数字式直升机航电系统；1998 年研发了可现场编程的多频固定翼航电系统；2000 年研发了全数字被动源电磁勘探系统；2002 年研发了全数字时间域航空电磁系统 VTEM（Witherly et al.，2004），成功实现大磁矩发射和多分量接收，该系统目前服务于全球资源勘查和环境工程等应用领域。2006 年研发出基于天然场源的ZTEM 系统，并成功完成首次勘查飞行；2007 年第一次使用 ZTEM 系统进行商业性矿产勘查（Witherly and Sattel，2013）；2010 年研发了固定翼 ZTEM 系统-FWZTEM；2012 年公司为拓展全球商业飞行业务收购了 Aeroquest 航空地球物理公司。

Geotech 公司提供的航空电磁勘查服务主要基于他们的 VTEM 系统（多功能时间域电磁勘查系统）和 ZTEM 系统。VTEM 系统（图 1.5）采用了共中心垂直偶极发射、多分量接收的装置形式以产生对称的系统响应（Witherly et al.，2004）。这种装置可确保任何不对称电磁异常皆由地下异常体产生，从而使辨别异常体位置和分析电磁数据更加容易。此外，VTEM 系统采用了大功率发射和低噪声接收线圈，使得系统具有很高的信噪比。由于具有以上优点，VTEM 系统受到业界的广泛认可，目前该系统已经完成超过 200 万测线千米飞行观测。表 1.5 给出了 VTEM 系统的部分系统参数。Geotech 公司的 ZTEM 系统（图 1.6）是在 AFMAG 系统的基础上研发的频率域电磁勘查系统。该系统可以搭载在直升机或固定翼两种飞行平台上。与其他商业电磁系统不同，该系统使用电离层电流或自然界产生的25～720Hz 的雷电信号作为激发场源（Witherly and Sattel，2012）。实际飞行观测时，采用直升机或固定翼飞机吊挂一个垂直线圈测量垂直磁场，同时在地面基站放置两个正交的水平线圈观测水平磁场，从而计算电磁倾子以反演地下电性结构分布特征。由于采用了特制的接收装置和先进的信号处理技术，该系统具有低噪声、高分辨率和较大的勘探深度。ZTEM 在过去几年完成了超过 25 万测线千米的勘探任务。表 1.6 给出了 ZTEM 系统的部分系统参数。

利用 VTEM 和 ZTEM 系统，Geotech 公司在全球成功完成各种飞行勘查任务（Witherly et al.，2004；Witherly and Sattel，2012，2013；Kaminski and Oldenburg，2012）。具有代表性的包括：在加拿大魁北克省 Geotech 公司利用 VTEM 系统勘查 Caber富锌块状硫化物矿床；在坦桑尼亚 Victoria 地区利用 VTEM 系统成功进行金矿勘查；在美国亚利桑那北部利用 VTEM 系统成功进行了铀矿勘查。同时，Geotech 公司利用 ZTEM系统在加拿大萨斯喀彻温进行铀矿勘查；在美国内华达州东南部利用 ZTEM 系统对金、银矿床进行勘查。2007 年，该公司利用 ZTEM 系统在加拿大安大略省进行 PGM-Cu-Ni矿床勘查，均取得了良好的应用效果。

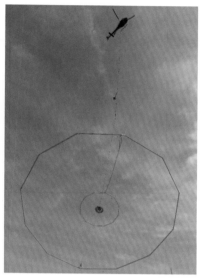

图 1.5　VTEM 时间域航空电磁系统（图片来源于李怀渊，个人通信，2017）

表 1.5　时间域航空电磁 VTEM 系统参数

参数类别	VTEM^{TM}super max	VTEM^{TM}plus	VTEM^{TM}
发射线圈类型	十二边形，垂直偶极	十二边形，垂直偶极	八边形，垂直偶极
发射信号基频	25Hz/30Hz	25Hz/30Hz	25Hz/30Hz
发射线圈高度	～30m	～30m	～30m
发射波形	多边形	多边形	多边形
信号宽度	4～8ms	7ms	3.4～7ms
峰值发射磁矩	1300000Am^2	625000Am^2	240000Am^2
接收线圈类型	X、Y、Z 三分量传感器	X、Y、Z 三分量传感器	Z 分量传感器
噪声抑制 （spheric noise rejection）	数字（Digital）	数字（Digital）	数字（Digital）
工业噪声压制	50Hz 或 60Hz	50Hz 或 60Hz	50Hz 或 60Hz
接收线圈高度	～30m	～30m	～30m
工作飞行速度	～90km/h	～90km/h	～90km/h
工作温度	−45～45℃	−45～45℃	−45～45℃

注：资料来自 Geotech 公司网页：http://geotech.ca/services/electromagnetic/vtem-versatile-time-domain-electromagnetic-system/

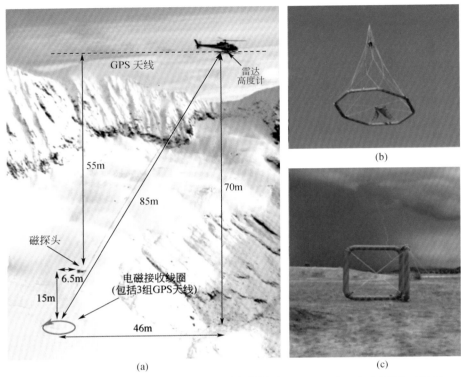

图 1.6　ZTEM 被动源航空电磁系统（图片来源于 Jean Legault，个人通信，2017）

（a）ZTEM 航空电磁系统；（b）运动接收线圈；（c）基站接收线圈

表 1.6　航空电磁 ZTEM 系统参数

参数类别	系统参数
接收线圈类型	垂直偶极 H_z（运动线圈） 水平偶极 H_x，H_y（基站线圈）
工作飞行速度	~80km/h
接收线圈高度	~50m
接收线圈直径	7.2m（运动线圈） 3.5m（基站线圈）
接收频率	30Hz，45Hz，90Hz，180Hz，360Hz（720Hz 可选） 25Hz，37Hz，75Hz，150Hz，300Hz（600Hz 可选）
测量信号	T_{zx}（H_z/H_x），T_{zy}（H_z/H_y）
趋肤深度	1~3km（1000Ω·m） 0.3~1km（100Ω·m）

资料来源：Connor，2013

1.2.3　Aeroquest 公司及其系统

　　Aeroquest 公司曾经拥有超过 10 套时间域航电系统。凭借其全球业务能力，Aeroquest 公司在世界各地进行矿产和油气资源勘查，提供准确的近地表成像结果。Aeroquest 公司的时间域航空电磁勘探主要基于其研发的直升机 AeroTEM 系统（图 1.7），该系统在全球范围内完成超过 50 万测线千米的飞行观测。Aeroquest 公司于 1996 年开始研发 AeroTEM 时间域航空电磁系统。1999 年，第一套 AeroTEM 系统研发成功，并投入商业飞行。该系统采用固定线圈结构，发射线圈半径为 5m，线圈匝数为 8 匝，接收机由刚性支架固定于发射线圈中心，系统质量约 270kg，收发装置悬挂于飞机下方 60m；发射波形为三角波，发射基频为 150Hz（Boyko et al.，2001）。然而，由于发射线圈半径较小，发射电流强度较弱（60A）等，该系统的发射磁矩仅为 18000Am^2。为了增大系统的发射磁矩，Aeroquest 公司于 2000 年成功研发了 AeroTEM II 航电系统，该系发射磁矩达 40000Am^2（Balch and Boyko，2003），接收信号强度可与固定翼航电系统相比。由于采用了固定线圈装置，AeroTEM II 能够发现非常微弱的异常信号，对中等规模良导异常体探测深度超过 200m。此外，该系统引入了 on-time 数据采集技术，增加了系统对浅部目标体的分辨能力。随后的几年里，Aeroquest 公司又先后开发了 AeroTEM III、AeroTEM IV 和 AeroTEM HD 三套系统，研发目标为增大发射磁矩和提高信噪比。目前，AeroTEM 系统的最大发射磁矩已超过 1×10^6 Am^2，最大勘探深度超过 600m（Rudd，2011）。表 1.7 给出了 AeroTEM II、AeroTEM IV 和 AeroTEM HD 三套系统的部分系统参数。AeroTEM 航电系统具有以下特色：采用了聚焦 Footprint 技术，可以提供地下导体的电性特征信息，圈定异常体范围；同时记录 X 和 Z 分量数据，对垂直地质体十分敏感；能够采集 on-time 和早期 off-time 数据，满足弱导电地质体勘探和电导率成像的需求；拥有大功率发射（在 30Hz 时可达到 1×10^6 Am^2），接收信

图 1.7　AeroTEM 时间域航空电磁系统（Balch and Boyko，2003）

号具有较高的信噪比，保证了较大的勘探深度。基于以上优势，AeroTEM 时间域航空电磁系统被广泛应用于金属矿、油砂及地下水调查等领域（Balch and Boyko，2003）。Aeroquest 公司于 2012 年被 Geotech 公司收购。

表 1.7　时间域航空电磁 AeroTEM 系统参数

参数类别	AeroTEM II	AeroTEM IV	AeroTEM HD
发射线圈类型	垂直磁偶极	垂直磁偶极	垂直磁偶极
发射线圈直径	5m	12m	20m
发射信号基频	125Hz/150Hz（75Hz/90Hz 可选）	25Hz/30Hz（75Hz/90Hz 可选）	25Hz/30Hz（75Hz/90Hz 可选）
发收线圈高度	~30m	~30m	~30m
发射磁矩	$40000\,\mathrm{Am}^2$	$340000\,\mathrm{Am}^2$	$1000000\,\mathrm{Am}^2$
拖缆长度	40m	60m	70m
接收线圈类型	X、Z 分量传感器	X、Z 分量传感器	X、Z 分量传感器
采样率	10Hz	10Hz	10Hz
输出数据	对 X 及 Z 分量有 16 个 on-time 数据道和 17 个 off-time 数据道		
发射波形	双极性三角脉冲，20%~50% 占空比		
磁传感器	高灵敏度传感器		

注：资料来自 Aeroquest 公司网页

1.2.4　SkyTEM Surveys 公司及其系统

SkyTEM Surveys 公司是国际领先的航空地球物理公司之一。该公司研发航空地球物理探测系统，可以采集时间域电磁、磁和放射性数据（radiometric），并提供先进的数据处理技术。SkyTEM 能够为客户提供不同的系统，每一个系统均有各自的特点，可以满足不同勘查需求。SkyTEM 的勘查系统主要有 SkyTEM301、SkyTEM304、SkyTEM312、SkyTEM312[FAST]、SkyTEM508 和 SkyTEM516。SkyTEM301 系统使用了精确校准技术，能够测量超早期 dB/dt信号（4μs），提供详细的浅地表信息。由于该系统尺寸小、质量轻，其飞行速度可达140km/h，可代替小功率频率域航空电磁系统。SkyTEM304 ［图 1.8（a）］自 2004 年起已成功应用于地下水、矿产资源、油气勘探及岩土工程等领域。该系统最初配置了 X 和 Z 分量电磁接收线圈。2007 年，系统进行了更新升级，添加了与发射机同步的总磁场观测技术。该系统把所有的传感器安置在承载框架上，使得这些传感器与地表距离较近，从而确保了采集的数据具有较高的灵敏度。表 1.8 给出了 SkyTEM304 部分系统参数。SkyTEM312系统将小尺寸框架和大功率发射技术有机结合，是一款质量轻、探测深度大的航电系统。该系统将发射线圈安置在轻量级空气动力学框架上，发射线圈面积为 $341\,\mathrm{m}^2$。系统分为高发射磁矩（线圈匝数 12）和低发射磁矩（线圈匝数 2）两种工作模式。低发射磁矩发射电流为 5.9A，断电时间为 18μs；高发射磁矩发射电流为 122A，断电时间为 320μs，最大发射磁矩可达 50 万 Am^2。基于以上设计，SkyTEM312 系统能同时采集地表和深部数据，最大勘探深度超过 500m。SkyTEM312^{FAST} 在 SkyTEM312 系统的基础上增加了空气动力学设计，飞行速度可达 150km/h。该系统采样率高于固定翼系统且施工成本较低，在特定情况下可以替代固定翼航电系统。SkyTEM508 系统的开发旨在获得具有较高信噪比的晚期道数据。该系统与 SkyTEM304 在传感器安置方面采取了相同的措施，确保了采集的数据具有较高精度和信噪比。该系统可以在飞行过程中进行远程设置，在 35ms 的 off-time 时间道仍然可以采集高质量数据。SkyTEM516 ［图 1.8（b）］ 是 SkyTEM Surveys 公司开发的深部航空电磁探测系统。该系统在晚期时间道仍具有较高的信噪比，勘探深度可达 600m。在高发射磁矩条件下，该系统能够采集到 300～12000μs 的高质量 off-time 数据，因此可以提供从浅地表到地球深部的地质信息。表 1.8 给出了 SkyTEM516 系统的部分系统参数。

(a)　　　　　　　　　　　　　　(b)

图 1.8　SkyTEM 时间域航空电磁系统

（a）SkyTEM304 系统；（b）SkyTEM516 系统。图片来源于 SkyTEM Surveys 公司网页 http://skytem. com/photos/

表 1.8　时间域航空电磁 SkyTEM 系统参数

参数类别	SkyTEM304		SkyTEM516	
	低发射磁矩	高发射磁矩	低发射磁矩	高发射磁矩
系统总质量	550kg	550kg	820kg	820kg
线框长度	28m	28m	34.6m	34.6m
线框宽度	16.5m	16.5m	20.6m	20.6m
拖曳电缆长度	35m	35m	35m	35m
收发装置高度	～30m	～30m	～30m	～30m
工作飞行速度	80～100km/h	80～100km/h	80～100km/h	80～100km/h
最大飞行速度	120km/h	120km/h	120km/h	120km/h
最大风速	10m/s	10m/s	10m/s	10m/s

续表

参数类别	SkyTEM304		SkyTEM516	
	低发射磁矩	高发射磁矩	低发射磁矩	高发射磁矩
工作温度	$-30\sim45℃$	$-30\sim45℃$	$-30\sim45℃$	$-30\sim45℃$
发射线圈类型	垂直偶极	垂直偶极	垂直偶极	垂直偶极
发射线圈匝数	1	4	2	16
发射线圈面积	$314m^2$	$314m^2$	$536m^2$	$536m^2$
发射电流	9A	110A	3.5A	120A
发射基频	275Hz	25Hz	275Hz	25Hz
峰值发射磁矩	$3000Am^2$	$150000Am^2$	$4000Am^2$	$1\times10^6Am^2$
on-time	$800\mu s$	10ms	$800\mu s$	5ms
off-time	$1018\mu s$	10ms	$1018\mu s$	15ms

注：资料来自 SkyTEM Surveys 公司网页 http://skytem.com/system-specifications/

1.3　航空电磁数据处理技术现状

航空电磁在野外实际勘探时，由于飞机受到气流、雷电、飞机自身的震动及速度不稳定等因素的影响，测量的数据包含大量噪声。由于对数据成像和反演有意义的是信号强度较弱的二次场，很小的噪声对反演结果会产生很大影响。此外，随着仪器科学的发展，航电系统实现了多通道密集采样，这在提高航空电磁勘探精度的同时，也使航空电磁数据量变得非常庞大，数据解释成本极大提高。通过数据预处理和处理技术，改善数据质量、提高信噪比、适当精简数据量，对航空电磁成像与反演解释有着重要的意义。本节仅对航空电磁数据处理技术的发展现状进行综述，具体的处理技术将在第5章详细阐述。

通常情况下，航空电磁数据由采集的原始数据得到可进行反演和成像处理的数据需依次经过数据预处理和数据处理的过程。数据预处理过程主要包括背景场去除、天电噪声去除、运动噪声去除、叠加和抽道，而数据处理过程主要包括记录点位置校正、姿态校正和调平等。

1.3.1　背景场去除

背景场包括发射电流在接收线圈内直接感应出的感应电动势和飞机本身的感应电流在接收线圈内产生的感应电动势，以及由于飞机上金属表皮轻微颤动引起的附加噪声。这些信号不包含地下介质的信息，且对二次场影响巨大，因此需要去除这些背景场信号。

当飞机飞至距离地面大于1000m时大地响应可以忽略，这时接收线圈记录的感应电动势可以作为背景场。飞机在每个飞行架次前、后在高空飞行以记录背景场。高空飞行一般需要9s以上的时间并且模仿近地表飞行条件。

1.3.2　天电噪声去除

所谓天电是指在大气层中存在大量的带电粒子，由于雷电作用，这些带电粒子通过放电产生电磁辐射，然后经过空气和地面进行传播。天电噪声的幅值随着一天中时间的不同、一年中季节的不同及纬度的不同而变化。电磁系统的工作频率通常为 5 ~ 25kHz，在此频率范围内，天电是最主要的天然噪声源。天电噪声具有频率高、幅值大的特点，在测量数据上表现为数据发生突跳。在天电活动比较少的环境下，天电噪声影响 0.05% 的 X、Y 分量数据，0.005% 的 Z 分量数据；而在天电活动频繁的地区，天电噪声影响 2% 的 X、Y 分量数据，0.5% 的 Z 分量数据。针对天电噪声的去除，Macnae 和 West（1984）提出裁剪法（pruning）去除天电干扰。该方法基于天电噪声在整体数据中所占比例较小，将含有天电噪声的数据裁剪掉，不会对数据产生较大影响。裁剪法的具体过程是首先对航空电磁信号设定一个天电识别阈值，该阈值可通过所调查地区的天电噪声经验水平设定，对于幅值大于这一阈值的信号设定为天电噪声。然后通过对数据信号进行删除的方式达到裁剪天电噪声的目的。Fugro 公司还通过采用 alpha-trim 均值滤波法对天电进行自动去除。第 5 章将对该方法进行详细介绍。

1.3.3　运动噪声去除

运动噪声是指在飞行测量过程中接收线圈切割地球磁力线，引起接收线圈内磁通变化而产生的感应电动势。该噪声频率较低，并且会伴随着测量工作一直存在，对测量结果产生较大影响。去除线圈运动噪声有多种方法，常用的有 Fugro 公司采用的陷波法。该方法基于其研发的航电系统运动噪声频率通常为 2 ~ 3Hz 的特性，对这一特定频率的数据信号使用陷波滤波器进行滤除，从而去除运动噪声。此外，Lemire（2001）提出使用拉格朗日最优化算法去除运动噪声。该算法使用拉格朗日最优化对运动噪声进行多项式拟合，通过从采集信号中减去拟合运动噪声的多项式值以达到去除运动噪声的目的。由于运动噪声与系统运动学和动力学特征有关，通常需要先识别各系统的运动噪声特点，然后采取相应的去除方法。

1.3.4　叠加

航空电磁勘探通常数据采样很密集，对这些数据全部进行后续处理会花费大量时间，因此必须缩减航空电磁的数据量。通过加权叠加的办法可以有效地、不失真地将采集到的数据综合到一个物理测点上，从而提高数据的信噪比，大幅度减少数据量。

1.3.5　抽道

时间域航空电磁系统数据采集过程中，每个测点通常采集上千道电磁数据，导致数据量庞大。对全部测量数据进行处理会花费大量的计算资源。抽道技术能够从各个测点的全部时间道数据中，抽取部分时间道数据来描述测点信号衰减特征，从而大大减少数据量，提高后续数据处理的工作效率。通常情况下，在测量系统断电后，时间域电磁信号在每个测点都近似呈 e 指数衰减。早期信号强，衰减速度快；晚期信号弱，衰减速度慢。常用的数据抽道技术为对数等间隔或似对数等间隔抽道。

1.3.6　记录点位置校正

航空电磁数据采集是在飞机高速飞行的状态下进行的，发射与接收之间会存在一定的时间延迟，这种时间延迟会导致记录点位置产生偏移；此外，受飞机的飞行方向及飞行环境等因素的影响，接收机传感器的位置与 GPS 记录的测点位置会出现不同程度的偏差，导致异常记录点与实际异常位置有一定的偏移。记录点位置偏移对现有的航空电磁系统是普遍存在的，因此有必要对数据进行位置偏移校正。记录点位置校正通常采用将系统在有一定延伸的金属体（如高压线等）上方进行双向飞行确定。

1.3.7　姿态校正

航空电磁勘查通常假设吊舱（频率域系统）或收发线圈（时间域系统）水平飞行。然而在实际飞行过程中，吊舱或收发装置往往会出现旋转、摆动或偏移。这种线圈位置和姿态的变化会导致实际测量数据与线圈水平飞行时存在偏差，这种现象称为姿态效应（Yin and Fraser，2004）。姿态效应对数据解释影响十分严重。因此，在数据成像和反演解释前对数据进行姿态校正十分必要。姿态效应可采用总姿态校正和近似的几何校正技术（Fitterman and Yin，2004；Yin and Fraser，2004）。

1.3.8　调平

调平的主要目的是消除零漂影响。零漂的产生原因较多，如环境温度的变化所引起系统的几何尺寸变化，系统收发距之间的微小变化，甚至在测量过程中正对太阳飞行与背对太阳飞行，都会引起仪器系统的零漂偏移。零漂偏移在成像图中表现为窗帘状或块状条带，或者不同飞行架次之间存在系统的响应差异。通过调平可以校正这些数据误差。1992年，周凤桐等提出伪切割线调平方法，实现了人机交互调平。Huang 和 Fraser（1999）提出适用于 DIGHEM 直升机频率域航空电磁系统的二维自动调平法；李文杰于 2007 年提出二维移动平均滤波自动调平法，2008 年又提出基于线与线相关性的航空频率域测量数据的调平技术（李文杰，2007，2008）。

调平主要分为航次调平、测线调平和微调平。调平的目的在于消除由于外部条件变化对电磁系统造成的影响，从而给观测的电磁数据带来的误差。航空电磁调平技术将在第 5 章详细阐述。

航空电磁预处理能够从海量的、含有大量噪声的原始数据中提取出精简的、高质量的电磁数据，为航空电磁数据处理做准备。航空电磁数据处理技术能够对航空电磁数据进一步优化，为航空电磁成像和反演提供数据支撑。

1.4　航空电磁反演技术现状

1.4.1　航空电磁成像技术

航空电磁数据成像经历了几十年的发展历程，成像方法多、成像理论较为成熟，在航空地球物理界获得了广泛应用。航空电磁数据成像是将观测的电磁响应数据转换为表征地下介质电性分布特征的中间参数（如视电导率、视深度等），并利用这些中间参数之间的关系对地下电性结构进行成像。常用的航空电磁数据成像方法有 Sengpiel、差分视电阻率、电导率深度成像（CDI）和浮动薄板法。近年来，国内外学者在成像方面做了大量的研究。Sengpiel（1988）提出了质心深度成像法（Sengpiel 成像），即利用传播函数与视电阻率的关系构建一个近似电阻率剖面。该方法在良导介质的航空电磁数据处理中取得了较好的效果，但是其无法准确确定地质体的真实埋深。Sengpiel 和 Siemon（2000）对该方法进行了改进，通过重新定义视电阻率与质心深度之间的关系提高了对垂向电阻率的成像灵敏度。在 Sengpiel 成像的基础上，Huang 和 Fraser（1996）提出了差分视电阻率成像法，即将视电阻率和视深度转化成差分电阻率和差分深度，进而获得电阻率随深度变化的地电成像模型。与 Sengpiel 成像相比，该方法能够更准确地描述地下地质体的埋深。Yin 等（2015）以频率域航空电磁为例对差分电阻率法和其他成像方法进行了对比，指出差分电阻率法对航空电磁数据具有较好的成像效果。电导率深度成像主要是基于扩散理论，构建时间/频率与成像深度的关系，进而获得电导率深度剖面。Fraser（1978）提出半空间和假层半空间视电阻率的概念，Huang 和 Rudd（2008）对半空间查表法和假层半空间查表法的电导率深度成像进行研究，指出半空间查表法存在二值性问题，并重点阐述了假层半空间查表法成像的优势。浮动薄板概念（Macnae and Lamontagne，1987；Nekut，1987；Macnae et al.，1998）描述了发射线圈像源对应的深度与电导率之间的关系。通过假设阶跃响应可用一系列指数基函数表示，Macnae 等（1991）、Wolfgram 和 Karlik（1995）、Chen 和 Macnae（1998）及 Stolz 和 Macnae（1998）等研究了如何利用反褶积或分解方法将航空电磁任意波形响应转换为阶跃响应。进而，Macnae 团队基于浮动薄板理论研发了 EMFlow 成像技术和软件，在航空电磁数据处理中获得广泛应用。Sattel（2004）利用 EMFlow 对理论和实测数据进行成像；Chen 等（2015）基于 EMFlow 对加拿大阿尔伯塔省油砂矿区的 HELITEM 数据进行处理，获得了良好的应用效果。航空电磁数据成像的相关理论将在第 3 章详细介绍。

1.4.2　航空电磁一维反演

航空电磁反演理论在过去几十年得到了快速发展。航空电磁系统一般具有紧凑特征，系统影响范围（footprint）很小。考虑到小范围内地下电性变化较小，一维电磁反演方法获得广泛应用。航空电磁勘探过程中会产生海量数据，一维反演因其具有速度快且能反映地下主要电性结构的特点成为航空电磁数据处理和解释的首要环节。其基本思想是从一个初始模型出发，计算理论模型和实测数据的拟合差，当拟合差满足要求时反演结束，否则沿着某一下降方向更新模型，直至拟合差满足要求为止。Marquardt-Levenburg 反演也称阻尼最小二乘反演，是一种最常用的反演方法。该方法只要求最大限度地拟合数据，因此算法简单、反演速度快。航空电磁通常数据采样密集，传统的单点反演可能出现相邻测点电阻率或层厚不连续等问题。Auken 等（2000）、Auken 和 Christensen（2004）提出了横向约束反演 Laterally Constrained Inversion（LCI），即在模型拟合项中添加了相邻测点的模型参数约束项。这种拟二维的反演方法在地下电性层较平缓的勘探区域获得了良好的应用效果。Siemon 等（2009）利用 LCI 反演进行直升机吊舱频率域航电数据处理，反演结果较单点 Marquardt-Levenburg 反演得到了很大改善。蔡晶等（2014）提出加权横向约束反演方法，并将频率域航空电磁数据处理结果与阻尼最小二乘法和成像结果进行了对比，指出加权横向约束能取得更好的反演效果。对于模型拟合项，除了可以进行横向约束外，同样可以施加纵向光滑约束，如 Occam 反演（Constable et al.，1987；deGroot-Hedlin and Constable，1990；Sattel，2005；Vallée and Smith，2009）。Occam 反演是基于模型粗糙度概念，利用尽可能简单、光滑的模型来拟合观测数据。该方法的关键在于搜索拉格朗日乘子（平衡数据拟合和模型粗糙度的参数）。Sattel（2005）、Vallée 和 Smith（2009）、强建科等（2013）基于 Occam 方法对时间域航空电磁数据进行了反演。以上反演方法都是基于负向梯度进行搜索，这使得反演问题容易陷入局部极小而无法获得真解。近年来，基于求解全球最小值的反演方法，如模拟金属淬火、贝叶斯反演等方法也得到了深入研究。其中，模拟金属淬火是通过模拟流体冷却结晶的热力学过程，按照玻尔兹曼分布进行上行和下行搜索全球最小值。Yin 和 Hodges（2007）将其成功应用于频率域航空电磁数据反演之中。另外，Yin 等（2014）对频率域航空电磁数据进行了变维数贝叶斯反演研究，并与 Occam 反演结果进行对比，验证了方法的有效性。必须指出的是基于全球搜索的反演方法存在计算量庞大的问题。随着计算技术的不断进步，实现大型计算问题将能很快得到解决，全球最小搜索反演可望获得实际应用。

1.4.3 航空电磁三维反演

一维反演是基于地表地形平缓且不存在三维地质体的前提条件。然而，实际电磁勘探中起伏地形和复杂地质体等非常普遍，此时一维反演效果不好，需进行复杂三维模型反演。三维电磁反演技术近年发展较快，已经开始从单纯的理论研究走向实际应用。过去十几年，各种优化算法被引用到求解多维模型最小值问题，包括高斯牛顿法（Gauss-Newton）、拟牛顿法（Quasi-Newton）和非线性共轭梯度法（NLCG）等。这些算法在内存需求和计算速度上可以满足三维电磁反演的需求（刘云鹤和殷长春，2013）。对于大规模的三维电磁数据反演，为节省内存和计算时间，通常灵敏度矩阵非显式地计算，即通过伴随方法计算灵敏度矩阵和向量的乘积。与高斯牛顿法相比，拟牛顿法和非线性共轭梯度法每次迭代正演计算量少，但反演收敛速度较慢。基于高斯牛顿法，Sasaki 和 Nakazato（2003）、Wilson 等（2006）、Holtham 和 Oldenburg（2010）、Salzo 和 Villa（2012）、Sasaki 等（2013）、Haber 和 Schwarzbach（2014）都在航空电磁反演理论和应用方面做了深入的研究工作。不同于其他反演方法，拟牛顿法的模型更新步长是通过搜索获得的，而海森矩阵的逆矩阵是从一个初始正定矩阵通过线性组合迭代计算得到。该方法因计算量较少获得了广泛应用（Ellis，1995；Haber，2005；Lewis and Overton，2013；刘云鹤和殷长春，2013）。基于梯度的直接优化算法——非线性共轭梯度法是节省内存的有效方法。刘云鹤和殷长春（2013）分别利用非线性共轭梯度法和拟牛顿法对三维频率域航空电磁数据进行反演；Kamm 和 Pedersen（2014）使用非线性共轭梯度法对瑞典北部低频航空电磁数据进行反演，获得的反演结果与已知地质情况吻合较好。尽管三维反演可以提供更全面的地电信息，但三维正演求解精度和速度、大型系数矩阵计算、非唯一性及稳定性问题仍然制约着三维反演技术的快速实现（Avdeev，2005）。近年来，Cox 和 Zhdanov（2007）提出利用航空电磁系统"footprint"概念减小反演规模；Oldenburg 等（2008）利用多波前求解技术实现多发射源航电数据快速反演，这两种技术使得三维航空电磁快速反演成为可能。同时，局部网格（Yang et al.，2014）和八叉树理论（Haber and Schwarzbach，2014）的引入，也进一步推动了航空电磁三维反演理论和技术进步。

1.5 航空电磁勘查技术展望

航空电磁系统作为一种高效的地球物理勘查手段，在金属矿、油气、环境工程、地下水、灾害预测和海洋等领域发挥积极作用。不少西方国家已实现国土面积电磁扫面全覆盖。我国国土面积的近 2/3 为无人区，这些地区由于地形条件复杂，地面人员无法接近，地球物理勘探程度较低。为了满足国家经济发展对矿产资源的需求，必须采用有效的地球物理勘查手段对这些地区进行国土调查和资源勘探。航空电磁系统由于采用飞行器作为搭载平台，无需地面人员接近勘查作业区，特别适合高山、沙漠、湖泊沼泽、森林覆盖等地形复杂地区的勘查任务。然而，由于国外的高技术封锁和垄断，航空电磁关键技术（如超大功率发射、大动态范围多分量采集、吊舱动态监测和控制技术、飞行平台运动噪声抑制等）无法取得突破性进展，使得国内航空电磁技术一直停留在地面原理样机阶段，目前尚未研出出可用于实际飞行观测的实用化航电系统。大力发展适应于我国复杂地形地质条件的航空电磁勘查系统迫在眉睫。

鉴于直升机和固定翼、时间域和频率域航空电磁系统各具特色，勘探目标和领域各不相同，为满足我国广大无人区及深部能源和矿产资源、环境工程和地下水等勘查技术需求，航空电磁技术应该向着频率域和时间域、直升机和固定翼、主动源和被动源同步发展的方向进行，实现我国国土面积多尺度、全深度（约几千米）覆盖。同时，还应通过发展综合地球物理勘查技术（航空重力、航磁、航电、航空放射性），实现地球物理数据多参数反演和综合解释。

未来我国航空电磁系统发展面临的技术难点主要包括：①大功率多脉冲电磁发射技术，用于改善浅部地表分辨率同时提高深部目标体探测能力；②多分量大动态范围、高灵敏度 on-time 和 off-time 电磁信号采集技术；③电磁传感器及空气中电、磁场检测技术；④航空平台运动噪声抑制和去除技术；⑤基于物理成因的航空电磁数据校正技术；⑥航空电磁数据三维反演技术等。

航空电磁数据处理技术应在现有数据处理方法的基础上，进一步提高背景场去除、运动噪声去除、天电噪声去除、叠加、抽道等原始数据流处理的应用效果。航空电磁数据反演的准确性取决于数据质量和反演手段的有效性。数据反演工作必须采取由简到繁、由整体到细节、由一维到多维循序渐进式的地球物理反演技术。反演解释中电磁成像是基础，它能从海量电磁数据中快速提取地下主要电性信息，同时可为一维反演提供初始模型；对于成层较好的区域，可通过施加横向约束获得更加光滑和连续的反演界面；对于地质情况比较复杂的地区，一维反演难以取得好的效果，必须进行三维反演以获得地下精细结构。此时，可以依据成像和一维反演结果建立初始模型，以改善三维反演的收敛性。最后，通过将航空重、磁、电、放射性资料相结合进行综合地球物理反演和解释，以进一步提高航空地球物理勘探的有效性。

本章通过系统总结国内外航空电磁勘查技术、仪器装备和数据处理及正反演技术的发展现状，以期通过借鉴国外相关技术研究和系统开发的成功经验，突破国内航空电磁发展的技术瓶颈，打破西方国家对我国实行的技术封锁和垄断，发展适合我国特殊地质条件的航空电磁勘查系统。

参 考 文 献

蔡晶，齐彦福，殷长春. 2014. 频率域航空电磁数据的加权约束反演. 地球物理学报，57（3）：953-960

李文杰. 2007. 用于频率域航空电磁数据的二维自动调平. 成都理工大学学报，34（4）：447-451

李文杰. 2008. 频率域航空电磁. 中国地质大学（北京）博士学位论文

刘云鹤，殷长春. 2013. 三维频率域航空电磁反演研究. 地球物理学报，56（12）：4278-4287

强建科，李永兴，龙建波. 2013. 航空瞬变电磁数据一维 Occam 反演. 物探化探计算技术，35（5）：501-505

周凤桐，陈本池，阎永利. 1997. 航空电磁法数据处理与图示技术. 物探与化探，16（1）：44-48

Annan A P, Lockwood R. 1991. An application of airborne GEOTEM in Australian conditions. Exploration Geophysics, 22（1）：5-12

Auken E, Christensen A V. 2004. Layered and laterally constrained 2D inversion of resistivity data. Geophysics, 69（3）：752-761

Auken E, Sørensen K I, Thomsen P. 2000. Lateral constrained inversion（LCI）of profile oriented data-the resistivity case. Proceedings of the EEGS-ES, Bochum, Germany, EL06

Avdeev D B. 2005. Three-dimensional electromagnetic modelling and inversion from theory to application. Geophysics, 26（6）：767-799

Balch S L, Boyko W P. 2003. The AeroTEM airborne electromagnetic system. Leading Edge, 22（6）：562-566

Boyko W, Paterson N R, Kwan K. 2001. AeroTEM characteristics and field results. Leading Edge, 20（10）：1130-1138

Chen J, Macnae J C. 1998. Automatic estimation of EM parameters in tau-domain. Exploration Geophysics, 29（2）：170-174

Chen T, Hodges G, Christensen A N, et al. 2014. Multipulse airborne TEM technology and test result over oilsands. 76th EAGE Conference and Exhibition-Workshops

Chen T, Hodges G, Miles P. 2015. MULTIPULSE-high resolution and high power in one TDEM system. Exploration Geophysics, 46 (1): 49-57

Connor G T. 2013. Modeling the electromagnetic response of the helicopter-borne ZTEM system for vertical thin plate conductors buried below conductive overburden. 6th International AEM Conference and Exhibition

Constable S C, Parker R L, Constable C G. 1987. Occam's inversion: A practical algorithm for generating smooth models from electromagnetic sounding data. Geophysics, 52 (3): 289-300

Cox L H, Zhdanov M S. 2007. Large scale 3D inversion of HEM data using a moving footprint. SEG Expanded Abstracts, 26 (1): 467-471

deGroot-Hedlin C, Constable S. 1990. Occam's inversion to generate smooth, two-dimensional models from magnetotelluric data. Geophysics, 55: 1613-1624

Ellis R G. 1995. Airborne electromagnetic 3D modelling and inversion. Exploration Geophysics, 26 (3): 138-143

Fitterman D V, Yin C C. 2004. Effect of bird maneuver on frequency-domain helicopter EM response. Geophysics, 69 (5): 1203-1215

Fountain D. 1998. Airborne electromagnetic systems-50 years of development. Exploration Geophysics, 29 (2): 1-11

Fountain D, Smith R, Payne T, et al. 2005. A helicopter time-domain EM system applied to mineral exploration: system and data. First Break, 23 (1): 73-78

Fraser D. 1978. Resistivity mapping with an airborne multi-coil electromagnetic system. Geophysics, 43 (1): 144-172

Haber E. 2005. Quasi-Newton methods for large-scale electromagnetic inverse problems. Inverse Problems, 21 (1): 305-323

Haber E, Schwarzbach C. 2014. Parallel inversion of large-scale airborne time-domain electromagnetic data with multiple OcTree meshes. Inverse Problems, 30: 055011-055038

Holtham E, Oldenburg D W. 2010. Three-dimensional inversion of ZTEM data. Geophysical Journal International, 182 (1): 168-182

Huang H P, Fraser D C. 1996. The differential parameter method for multifrequency airborne resistivity mapping. Geophysics, 61 (1): 100-109

Huang H P, Fraser D C. 1999. Airborne resistivity data leveling. Geophysics, 64: 378-385

Huang H P, Rudd J. 2008. Conductivity-depth imaging of helicopter-borne TEM data based on a pseudolayer half-space model. Geophysics, 73 (3): F115-F120

Kaminski V, Oldenburg D. 2012. The geophysical study of Drybones kimberlite using 3D time domain EM inversion and 3D ZTEM inversion algorithms. 22nd international Geophysical Conference and Exhibition: 26-29

Kamm J, Pedersen L B. 2014. Inversion of airborne tensor VLF data using integral equations. Geophysical Journal International, 198: 775-794

Lemire D. 2001. Baseline Asymmetry, Tau projection, B-field estimation and automatic half-cycle rejections. THEM Geophysics Inc. Technical Report

Lewis A S, Overton M. 2013. Nonsmooth optimization via quasi-Newton methods. Mathematical Programming, 141 (1-2): 135-163

Macnae J, Lamontagne Y. 1987. Imaging quasi-layered conductive structures by simple processing of transient electromagnetic data. Geophysics, 52 (4): 545-554

Macnae J, West G F. 1984. Noise processing techniques for time-domain EM system. Geophysics, 49 (7):

934-948

Macnae J，King A，Stolz N，et al. 1998. Fast AEM data processing and inversion. Exploration Geophysics，29（2）：163-169

Macnae J C，Smith R，Polzer B D，et al. 1991. Conductivity-depth imaging of airborne electromagnetic step-response data. Geophysics，56（1）：102-114

Nekut A G. 1987. Direct inversion of time-domain electromagnetic data. Geophysics，52（10）：1431-1435

Oldenburg D W，Haber E，Shekhtman R. 2008. Forward Modelling and Inversion of Multi-Source TEM Data. SEG Technical Program Expanded Abstracts，27（1）：559-563

Paine J G，Collins E W. 2003. Applying airborne electromagnetic induction in groundwater salinization andresource studies，West Texas. Symposium on the Application of Geophysics to Engineering and Environmental Problems 2003：722-738

Rudd J. 2011. The AeroTEM advantage. Twelfth international Congress of the Brazilian Geophysical Society

Salzo S，Villa S. 2012. Convergence analysis of a proximal Gauss-Newton method. Computational Optimization and Applications，53（2）：557-589

Sasaki Y，Nakazato H. 2003. Topographic effects in frequency-domain helicopter-borne electromagnetics. Exploration Geophysics，34（2）：24-28

Sasaki Y，Yi M J，Choi J. 2013. 3D inversion of ZTEM data for uranium exploration. 23rd International Geophysical Conference and Exhibition，Melbourne，Australia，1-4

Sattel D. 2004. The resolution of shallow horizontal structure with airborne EM. Exploration Geophysics，35（3）：208-216

Sattel D. 2005. Inverting airborne electromagnetic（AEM）data with Zohdy's method. Geophysics，70（4）：G77-G85

Sengpiel K P. 1988. Approximate inversion of airborne EM data from a multilayered ground. Geophysical Prospecting，36（4）：446-459

Sengpiel K P，Siemon B. 2000. Advanced inversion methods for airborne electromagnetic exploration. Geophysics，65（6）：1983-1992

Siemon B，Auken E，Christiansen A V. 2009. Laterally constrained inversion of helicopter-borne frequency-domain electromagnetic data. Journal of Applied Geophysics，67（3）：259-268

Slichter L B. 1955. Geophysics applied to prospecting for ores. Economic Geology，50th Anniversary Volume

Smith R，Fountain D，Allard M. 2003. The MEGATEM fixed wing transient EM system applied to Mineral exploration：a discovery case history. First Break，21（7）：73-77

Stolz E，Macnae J. 1998. Evaluating EM waveforms by singular-value decomposition of exponential basis functions. Geophysics，63（1）：64-74

Thomson S，Fountain D，Watts T. 2007. Airborne geophysics- evolution and revolution. Proceedings of exploration 07：Fifth Decennial International Conference on Mineral Exploration：19-37

Vallée M A，Smith R S. 2009. Application of Occam's inversion to airborne time-domain electromagnetics. The Leading Edge，28（3）：284-287

Wiederhold H，Siemon B，Steuer A，et al. 2010. Coastal aquifers and saltwater intrusions in focus of airborne e-lectromagnetic surveys in Northern Germany. 21st Salt Water Intrusion Meeting Azores（Portugal），June

Wilson G A，Raiche A P，Sugeng F. 2006. 2.5D inversion of airborne electromagnetic data. Exploration Geophysics，37（4）：363-371

Witherly K，Sattel D. 2012. The application of ZTEM to porphyry copper-gold exploration. 22nd International

Geophysical Conference and Exhibition: 26-29

Witherly K, Sattel D. 2013. An assessment of ZTEM and time domain EM results over three mineral deposits. 23rd International Geophysical Conference and Exhibition: 11-14

Witherly K, Lrvine R, Morrison E B. 2004. The Geotech VTEM time domain helicopter EM system. ASEG Extended Abstracts, (1): 140-141

Wolfgram P, Golden H. 2001. Airborne EM applied to sulphide Nickel -examples and analysis. Geophysics, 32: 136-140

Wolfgram P, Karlik G. 1995. Conductivity-depth transform of GEOTEM data. Exploration Geophysics, 26 (3): 179-185

Yang D K, Oldenburg D W. 2013. 3D conductivity models of Lalor Lake VMS deposit from ground loop and airborne EM data sets. 23rd International Geophysical Conference and Exhibition, Melbourne, Australia, 1-4

Yang D K, Oldenburg D W, Haber E. 2014. 3-D inversion of airborne electromagnetic data parallelized and accelerated by local mesh and adaptive soundings. Geophysical Journal International, 196 (3): 1492-1507

Yin C C, Fraser D C. 2004. Attitude corrections of helicopter EM data using a superposed dipole model. Geophysics, 69 (2): 431-439

Yin C C, Hodges G. 2007. Simulated annealing for airborne EM inversion. Geophysics, 72 (4): F189-F195

Yin C C, Qi Y F, Liu Y H, et al. 2014. Trans-dimensional Bayesian inversion of frequency-domain airborne EM data. Chinese Journal of Geophysics, 57 (9): 2971-2980

Yin C C, Ren X Y, Liu Y H, et al. 2015. Review on airborne electromagnetic inverse theory and applications. Geophysics, 80 (4): W17-W31

第2章 航空电磁正演理论

2.1 频率域航空电磁一维正演理论及数值计算方法

2.1.1 电磁感应方程

本章直接从麦克斯韦方程出发讨论频率域航空电磁一维正演理论。我们首先给出麦克斯韦方程组：

$$\nabla \times \boldsymbol{E} = -\frac{\partial \boldsymbol{B}}{\partial t} \tag{2.1}$$

$$\nabla \times \boldsymbol{H} = \boldsymbol{J} + \boldsymbol{J}^e + \frac{\partial \boldsymbol{D}}{\partial t} \tag{2.2}$$

$$\nabla \cdot \boldsymbol{B} = 0 \tag{2.3}$$

$$\nabla \cdot \boldsymbol{D} = q \tag{2.4}$$

式中，$\boldsymbol{E}$、$\boldsymbol{B}$ 和 $\boldsymbol{D}$ 分别为电场强度、磁感应强度和电位移矢量；$\boldsymbol{J}^e$ 为源电流密度；q 为电荷密度。考虑到导电介质中电荷很快地消失，因此可以假设 $q = 0$。另外，还可写出如下物性方程：

$$\boldsymbol{J} = \sigma \boldsymbol{E}, \quad \boldsymbol{B} = \mu \boldsymbol{H}, \quad \boldsymbol{D} = \varepsilon \boldsymbol{E} \tag{2.5}$$

式中，$\boldsymbol{H}$ 为磁场强度；σ 为电导率；$\mu = \mu_r \mu_0$ 为磁导率，$\mu_0 = 4\pi \times 10^{-7}$ H/m，为真空磁导率；$\varepsilon = \varepsilon_r \varepsilon_0$ 为介电常数，$\varepsilon_0 = 8.85 \times 10^{-12}$ F/m 为真空介电常数。

下面给出典型发射源对应的源电流密度。对于位于 $\boldsymbol{r}_0$ 处偶极矩为 $\boldsymbol{d}$ 的电偶极子，则有

$$\boldsymbol{J}^e = \delta^3(\boldsymbol{r} - \boldsymbol{r}_0)\boldsymbol{d} \tag{2.6}$$

而对于位于 $\boldsymbol{r}_0$ 处偶极矩为 $\boldsymbol{m}$ 的磁偶极子，则有

$$\boldsymbol{B} = \mu_0(\boldsymbol{H} + \boldsymbol{M}), \quad \boldsymbol{M} = \delta^3(\boldsymbol{r} - \boldsymbol{r}_0)\boldsymbol{m}, \quad \boldsymbol{J}^e = -\boldsymbol{m} \times \nabla \delta^3(\boldsymbol{r} - \boldsymbol{r}_0) \tag{2.7}$$

由式（2.1）~式（2.5）可以得到如下电场二阶偏微分方程：

$$\nabla \times \nabla \times \boldsymbol{E} + \varepsilon\mu \frac{\partial^2 \boldsymbol{E}}{\partial^2 t} + \sigma\mu \frac{\partial \boldsymbol{E}}{\partial t} = -\mu \frac{\partial \boldsymbol{J}^e}{\partial t} \tag{2.8}$$

假设时间因子 $e^{i\omega t}$，我们得到频率域电场满足的亥姆赫兹方程为

$$\nabla \times \nabla \times \boldsymbol{E} + (i\omega\sigma\mu - \omega^2\varepsilon\mu)\boldsymbol{E} = -i\omega\mu \boldsymbol{J}^e \tag{2.9}$$

引入虚拟导纳 $\sigma' = \sigma + i\omega\varepsilon$（Harrington，1961），式（2.9）可以简化为

$$\nabla \times \nabla \times \boldsymbol{E} + i\omega\sigma'\mu\boldsymbol{E} = -i\omega\mu \boldsymbol{J}^e \tag{2.10}$$

考虑到航空电磁勘查系统使用的频率较低，为简化起见，在下面的讨论中我们忽略位移电流（似稳条件），此时 $\sigma' = \sigma$，则式（2.10）简化为

$$\nabla \times \nabla \times \boldsymbol{E} + i\omega\sigma\mu\boldsymbol{E} = -i\omega\mu\boldsymbol{J}^e \qquad (2.11)$$

2.1.2　层状介质中电磁 TE 和 TM 极化模式

本节讨论层状介质中电磁场的计算问题。我们建立如图 2.1 所示的坐标系，x、y 轴位于地表，坐标原点位于地面，z 轴垂直向下。对于一维层状介质，我们假设电导率、磁导率仅随垂向坐标发生变化，即 $\sigma = \sigma(z)$，$\mu = \mu(z)$。

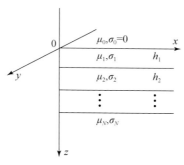

图 2.1　一维层状介质模型

由式（2.2）～式（2.4），我们得到总电流密度的散度 $\nabla \cdot (\boldsymbol{J} + \boldsymbol{J}^e) = 0$。因此，在激发源以外区域，磁场和电流密度满足下列无散条件：

$$\nabla \cdot \boldsymbol{J} = 0, \qquad \nabla \cdot \boldsymbol{B} = 0 \qquad (2.12)$$

由位场理论可知，任何一个无源场可通过两个标量势表述，一个描述了该无源场的螺旋管场（toroidal）特征，而另一个描述无源场的极向场（poloidal）特征，即

$$\boldsymbol{J} = \boldsymbol{J}^E + \boldsymbol{J}^M, \qquad \boldsymbol{B} = \boldsymbol{B}^E + \boldsymbol{B}^M \qquad (2.13)$$

式中

$$\boldsymbol{J}^E = -i\omega\mu\sigma \nabla \times (\hat{z}\varphi^E), \qquad \boldsymbol{J}^M = \sigma \nabla \times \nabla \times (\hat{z}\varphi^M) \qquad (2.14)$$

$$\boldsymbol{B}^E = \mu \nabla \times \nabla \times (\hat{z}\varphi^E), \qquad \boldsymbol{B}^M = \sigma\mu \nabla \times (\hat{z}\varphi^M) \qquad (2.15)$$

式中，φ^E 和 φ^M 为标量势。式（2.14）和式（2.15）中 $\boldsymbol{J}^E$ 和 $\boldsymbol{B}^M$ 是螺旋管场（没有 z 分量），而 $\boldsymbol{J}^M$ 和 $\boldsymbol{B}^E$ 是极向场（旋度没有 z 分量）。利用式（2.5），我们得到电磁场表达式：

$$\boldsymbol{E}^E = -i\omega\mu \nabla \times (\hat{z}\varphi^E), \qquad \boldsymbol{E}^M = \nabla \times \nabla \times (\hat{z}\varphi^M) \qquad (2.16)$$

$$\boldsymbol{H}^E = \nabla \times \nabla \times (\hat{z}\varphi^E), \qquad \boldsymbol{H}^M = \sigma \nabla \times (\hat{z}\varphi^M) \qquad (2.17)$$

式（2.14）～式（2.17）中 $\boldsymbol{E}^E$ 和 $\boldsymbol{B}^E$ 及 $\boldsymbol{H}^M$ 和 $\boldsymbol{J}^M$ 在无源区自动满足似稳条件下式（2.1）和式（2.2）。然而，为了使得其他场也满足类似的条件，我们必须强加如下条件：

$$\nabla \times \boldsymbol{H}^E = \boldsymbol{J}^E, \qquad \nabla \times \boldsymbol{E}^M = -\frac{\partial \boldsymbol{B}^M}{\partial t} \qquad (2.18)$$

对于层状介质，式（2.18）等价于：

$$\nabla^2 \varphi^{E, M} = i\omega\sigma\mu\varphi^{E, M} \qquad (2.19)$$

综上所述，无源区电磁场满足麦克斯韦方程［式（2.1）～式（2.4）］，它们分别通过

两个标量势 φ^E 和 φ^M 描述，这两个标量势看似独立，事实上却通过式（2.2）中的源项相互耦合。由 φ^E 生成的电场没有 z 分量，因此该部分场称为切向电场模式（TE 模式）。相比之下，由 φ^M 生成的磁场没有 z 分量，因此该部分场称为切向磁场模式（TM 模式）。由此，我们给出导电介质中 TE 和 TM 两种模式的电磁场表达式，参见表 2.1。其分量形式如表 2.2，表 2.3 和表 2.4 给出了不导电介质中电磁场分量表达式。

表 2.1　导电介质中电磁场 TE 和 TM 分解模式

TE 模式	TM 模式
$\boldsymbol{B}^E = \mu\, \nabla \times \nabla \times (\hat{z}\varphi^E)$	$\boldsymbol{B}^M = \sigma\mu\, \nabla \times (\hat{z}\varphi^M)$
$\boldsymbol{H}^E = \nabla \times \nabla \times (\hat{z}\varphi^E)$	$\boldsymbol{H}^M = \sigma\, \nabla \times (\hat{z}\varphi^M)$
$\boldsymbol{J}^E = -i\omega\mu\sigma\, \nabla \times (\hat{z}\varphi^E)$	$\boldsymbol{J}^M = \sigma\, \nabla \times \nabla \times (\hat{z}\varphi^M)$
$\boldsymbol{E}^E = -i\omega\mu\, \nabla \times (\hat{z}\varphi^E)$	$\boldsymbol{E}^M = \nabla \times \nabla \times (\hat{z}\varphi^M)$
$\nabla^2 \varphi^E = i\omega\sigma\mu\varphi^E$	$\nabla^2 \varphi^M = i\omega\sigma\mu\varphi^M$

表 2.2　导电介质中电磁场 TE 和 TM 分解表达式

TE 模式	TM 模式
$H_x^E = \dfrac{\partial^2 \varphi^E}{\partial x \partial z}$	$H_x^M = \sigma\, \dfrac{\partial \varphi^M}{\partial y}$
$H_y^E = \dfrac{\partial^2 \varphi^E}{\partial y \partial z}$	$H_y^M = \sigma\, \dfrac{\partial \varphi^M}{\partial x}$
$H_z^E = -\left(\dfrac{\partial^2 \varphi^E}{\partial x^2} + \dfrac{\partial^2 \varphi^E}{\partial y^2} \right)$	$H_z^M = 0$
$E_x^E = -i\omega\mu\, \dfrac{\partial \varphi^E}{\partial y}$	$E_x^M = \dfrac{\partial^2 \varphi^M}{\partial x \partial z}$
$E_y^E = i\omega\mu\, \dfrac{\partial \varphi^E}{\partial x}$	$E_y^M = \dfrac{\partial^2 \varphi^M}{\partial y \partial z}$
$E_z^E = 0$	$E_z^M = -\left(\dfrac{\partial^2 \varphi^M}{\partial x^2} + \dfrac{\partial^2 \varphi^M}{\partial y^2} \right)$

表 2.3　不导电介质中电磁场 TE 和 TM 分解模式

TE 模式	TM 模式
$\boldsymbol{B}^E = \mu\, \nabla \times \nabla \times (\hat{z}\varphi^E)$	$\boldsymbol{B}^M = 0$
$\boldsymbol{H}^E = \nabla \times \nabla \times (\hat{z}\varphi^E)$	$\boldsymbol{H}^M = 0$
$\boldsymbol{J}^E = 0$	$\boldsymbol{J}^M = 0$
$\boldsymbol{E}^E = -i\omega\mu\, \nabla \times (\hat{z}\varphi^E)$	$\boldsymbol{E}^M = \nabla \times \nabla \times (\hat{z}\varphi^M)$
$\nabla^2 \varphi^E = 0$	$\nabla^2 \varphi^M = 0$

表 2.4　不导电介质中电磁场 TE 和 TM 分解表达式

TE 模式	TM 模式
$H_x^{\mathrm{E}} = \dfrac{\partial^2 \varphi^{\mathrm{E}}}{\partial x \partial z}$	$H_x^{\mathrm{M}} = 0$
$H_y^{\mathrm{E}} = \dfrac{\partial^2 \varphi^{\mathrm{E}}}{\partial y \partial z}$	$H_y^{\mathrm{M}} = 0$
$H_z^{\mathrm{E}} = -\left(\dfrac{\partial^2 \varphi^{\mathrm{E}}}{\partial x^2} + \dfrac{\partial^2 \varphi^{\mathrm{E}}}{\partial y^2} \right)$	$H_z^{\mathrm{M}} = 0$
$E_x^{\mathrm{E}} = -i\omega\mu \dfrac{\partial \varphi^{\mathrm{E}}}{\partial y}$	$E_x^{\mathrm{M}} = \dfrac{\partial^2 \varphi^{\mathrm{M}}}{\partial x \partial z}$
$E_y^{\mathrm{E}} = i\omega\mu \dfrac{\partial \varphi^{\mathrm{E}}}{\partial x}$	$E_y^{\mathrm{M}} = \dfrac{\partial^2 \varphi^{\mathrm{M}}}{\partial y \partial z}$
$E_z^{\mathrm{E}} = 0$	$E_z^{\mathrm{M}} = -\left(\dfrac{\partial^2 \varphi^{\mathrm{M}}}{\partial x^2} + \dfrac{\partial^2 \varphi^{\mathrm{M}}}{\partial y^2} \right)$

上面讨论中我们还没有考虑到电磁场的连续性边界条件。利用电磁场 E 和 H 在电性分界面上切线分量的连续性，可以得到标量势 φ^{E} 和 φ^{M} 的边界条件：

$$\left[\mu \varphi^{\mathrm{E}} \right] = 0, \qquad \left[\frac{\partial \varphi^{\mathrm{E}}}{\partial z} \right] = 0, \qquad \left[\sigma \varphi^{\mathrm{M}} \right] = 0, \qquad \left[\frac{\partial \varphi^{\mathrm{M}}}{\partial z} \right] = 0 \qquad (2.20)$$

从式（2.20），我们发现由于空气中没有电流存在，地表导电介质中 $\varphi^{\mathrm{M}}(0^+) = 0$。由此，我们进一步可以推断，对于源位于空气（$z<0$）而地下电导率仅随 z 发生变化的情况，$\varphi^{\mathrm{M}} \equiv 0$。此时，地下电流只存在水平分量，电流水平流动。由于在下半空间 $\varphi^{\mathrm{M}} \equiv 0$，所以 $\dfrac{\partial \varphi^{\mathrm{M}}(0^+)}{\partial z} = 0$。考虑到式（2.20）中的连续性，可以推测 $\dfrac{\partial \varphi^{\mathrm{M}}(0^-)}{\partial z} = 0$。假设 $\varphi_0^{\mathrm{M}}(x, y, z)$ 为由源产生的 TM 模式标量势，则在源之外区域满足 $\nabla^2 \varphi_0^{\mathrm{M}} = 0$，镜像标量势 $\varphi_0^{\mathrm{M}}(x, y, -z)$ 也满足相同的方程。由此可得出结论：在空气中满足 $\nabla^2 \varphi^{\mathrm{M}} = 0$，且在地表满足条件 $\dfrac{\partial \varphi^{\mathrm{M}}(0^-)}{\partial z} = 0$ 的标量势可表示为

$$\varphi^{\mathrm{M}}(x, y, z) = \varphi_0^{\mathrm{M}}(x, y, z) + \varphi_0^{\mathrm{M}}(x, y, -z), \qquad z < 0 \qquad (2.21)$$

2.1.3　自由空间中偶极子电磁场

本节以不导电自由空间中磁偶极子为例，研究利用 TE 和 TM 标量势求解电磁场问题。自由空间中一个位于 $\boldsymbol{r}_0$，偶极矩为 $\boldsymbol{m}$ 的磁偶极子产生的磁场为

$$\boldsymbol{H}(\boldsymbol{r}) = \nabla\nabla \cdot \left(\frac{\boldsymbol{m}}{4\pi R} \right), \qquad R = |\, \boldsymbol{r} - \boldsymbol{r}_0 \,| \qquad (2.22)$$

对于垂直磁偶极子 $\boldsymbol{m} = m\hat{\boldsymbol{z}}$，$E_z = 0$，$H_z \neq 0$，仅存在 TE 模式，则

$$\boldsymbol{H}(\boldsymbol{r}) = \boldsymbol{H}^{\mathrm{E}}(\boldsymbol{r}) = \frac{m}{4\pi} \nabla\frac{\partial}{\partial z}\left(\frac{1}{R} \right) = \nabla\frac{\partial \varphi^{\mathrm{E}}}{\partial z} \qquad (2.23)$$

由此 $\varphi^{\mathrm{E}}(\boldsymbol{r}, \omega) = \dfrac{m}{4\pi R}$，从而由表 2.1 可以得到柱坐标系（$r, \varphi, z$）中电场表达式：

$$E = E^{\mathrm{E}} = i\omega\mu_0\hat{z}\times\nabla\varphi^{\mathrm{E}} = \frac{i\omega\mu_0 m}{4\pi}\frac{\partial}{\partial r}\left(\frac{1}{R}\right)\hat{\boldsymbol{\varphi}} = -\frac{i\omega\mu_0 mr}{4\pi R^3}\hat{\boldsymbol{\varphi}} \qquad (2.24)$$

对于沿 x 方向水平磁偶极子 $\boldsymbol{m} = m\hat{\boldsymbol{x}}$，$E_z \neq 0$，$H_z \neq 0$，存在 TE 和 TM 模式，则

$$H(\boldsymbol{r}) = H^{\mathrm{E}}(\boldsymbol{r}) = \frac{m}{4\pi}\nabla\frac{\partial}{\partial x}\left(\frac{1}{R}\right) = \nabla\frac{\partial\varphi^{\mathrm{E}}}{\partial z} \qquad (2.25)$$

由此 $\varphi^{\mathrm{E}}(\boldsymbol{r}, \omega) = \dfrac{m(x-x_0)\,\mathrm{sign}(z-z_0)}{4\pi R(R + |z-z_0|)}$。为了计算水平磁偶极子的垂直电场 E_z，我们利用式（2.24），通过坐标旋转并结合表 2.2 得到：

$$E_z(\boldsymbol{r}) = E_z^{\mathrm{M}}(\boldsymbol{r}) = -\frac{i\omega\mu_0 m(y-y_0)}{4\pi R^3} = \frac{\partial^2\varphi^{\mathrm{M}}}{\partial z^2} \qquad (2.26)$$

因此，我们有 $\varphi^{\mathrm{M}}(\boldsymbol{r}, \omega) = -\dfrac{i\omega\mu_0 m(y-y_0)}{4\pi(R+|z-z_0|)}$。利用表 2.2 中的公式，我们得到电场表达式：

$$E(\boldsymbol{r}) = E^{\mathrm{E}}(\boldsymbol{r}) + E^{\mathrm{M}}(\boldsymbol{r}) = \frac{i\omega\mu_0 m\,\mathrm{sign}(z-z_0)}{4\pi}\left[\hat{z}\times\nabla\frac{x-x_0}{R(R+|z-z_0|)} + \nabla\frac{y-y_0}{R(R+|z-z_0|)}\right]$$
$$(2.27)$$

2.1.4 波数域电磁场

本节讨论对于给定的发射源和层状介质模型电磁场在波数域的求解方法。为此，我们对电磁场关于水平坐标 (x, y) 进行二维傅里叶变换，即

$$\varphi^{\mathrm{E,M}}(\boldsymbol{r}, \omega) = \frac{1}{4\pi^2}\int_{-\infty}^{+\infty}\!\!\int f_{\mathrm{E,M}}(z, \boldsymbol{k}, \omega)e^{i\boldsymbol{k}\cdot\boldsymbol{r}}\mathrm{d}^2\boldsymbol{k} \qquad (2.28)$$

式中，$\boldsymbol{k} = u\hat{\boldsymbol{x}} + v\hat{\boldsymbol{y}}$，$\mathrm{d}^2\boldsymbol{k} = \mathrm{d}u\mathrm{d}v$。将该式代入表 2.1 中最后两个方程，得到波数域中标量势满足的微分方程：

TE 模式，

$$f_{\mathrm{E}}''(z) = \alpha^2(z)f_{\mathrm{E}}(z) \qquad (2.29)$$

TM 模式，

$$f_{\mathrm{M}}''(z) = \alpha^2(z)f_{\mathrm{M}}(z) \qquad (2.30)$$

其中 $\alpha^2(z) = k^2 + i\omega\mu\sigma(z)$，$k^2 = |\boldsymbol{k}|^2 = u^2 + v^2$。由表 2.2 中各式，同时考虑到 $\partial/\partial x \to iu$，$\partial/\partial y \to iv$，我们得到波数域电磁场 TE 和 TM 分解表达式。需要指出的是，下面的讨论中我们将所有波数域电磁场加波浪线表示，参见表 2.5。

表 2.5 波数域电磁场 TE 和 TM 分解表达式

TE 模式	TM 模式
$\tilde{H}_x^{\mathrm{E}} = iuf_{\mathrm{E}}'$	$\tilde{H}_x^{\mathrm{M}} = iv\sigma f_{\mathrm{M}}$

TE 模式	TM 模式
$\tilde{H}_y^{\mathrm{E}} = ivf_{\mathrm{E}}'$	$\tilde{H}_y^{\mathrm{M}} = -iu\sigma f_{\mathrm{M}}$
$\tilde{H}_z^{\mathrm{E}} = k^2 f_{\mathrm{E}}$	$\tilde{H}_z^{\mathrm{M}} = 0$
$\tilde{E}_x^{\mathrm{E}} = \omega\mu v f_{\mathrm{E}}$	$\tilde{E}_x^{\mathrm{M}} = iuf_{\mathrm{M}}'$
$\tilde{E}_y^{\mathrm{E}} = -\omega\mu u f_{\mathrm{E}}$	$\tilde{E}_y^{\mathrm{M}} = ivf_{\mathrm{M}}'$
$\tilde{E}_z^{\mathrm{E}} = 0$	$\tilde{E}_z^{\mathrm{M}} = k^2 f_{\mathrm{M}}$

2.1.5 层状介质中波数域电磁场求解

层状介质模型简单但理论意义较大。参见图 2.1，假设 N 层大地中各层的电导率为 σ_0，σ_1，σ_2，$\cdots$，σ_N，磁导率为 μ_0，μ_1，μ_2，$\cdots$，μ_N，层界面埋深为 $d_1 = 0$，d_2，$\cdots$，d_N，层厚度为 h_1，h_2，$\cdots$，h_{N-1}，则由式（2.29）和式（2.30），f_{E} 和 f_{M} 满足相同的方程，即

$$f''(z) = \alpha_n^2(z)f(z)，\quad \alpha_n^2(z) = k^2 + i\omega\mu_n\sigma_n，\quad d_n < z < d_{n+1} \tag{2.31}$$

式（2.31）中，我们已忽略了位移电流（介电常数项）的影响。在介质分界面上 f_{E} 和 f_{M} 满足不同的边界条件：

$$[\mu f_{\mathrm{E}}] = 0，\quad [f_{\mathrm{E}}'] = 0，\quad [\sigma f_{\mathrm{M}}] = 0，\quad [f_{\mathrm{M}}'] = 0 \tag{2.32}$$

下面首先讨论 TE 模式。为方便起见，我们首先引入 TE 阻抗：

$$Z_{\mathrm{E}}(z，\boldsymbol{k}，\omega) = \frac{\tilde{E}_x^{\mathrm{E}}(z，\boldsymbol{k}，\omega)}{\tilde{H}_y^{\mathrm{E}}(z，\boldsymbol{k}，\omega)} = -\frac{\tilde{E}_y^{\mathrm{E}}(z，\boldsymbol{k}，\omega)}{\tilde{H}_x^{\mathrm{E}}(z，\boldsymbol{k}，\omega)} = -i\omega\mu\frac{f_{\mathrm{E}}(z，\boldsymbol{k}，\omega)}{f_{\mathrm{E}}'(z，\boldsymbol{k}，\omega)} \tag{2.33}$$

以及归一化阻抗：

$$C_{\mathrm{E}}(z，\boldsymbol{k}，\omega) = \frac{Z_{\mathrm{E}}(z，\boldsymbol{k}，\omega)}{i\omega\mu} = -\frac{f_{\mathrm{E}}(z，\boldsymbol{k}，\omega)}{f_{\mathrm{E}}'(z，\boldsymbol{k}，\omega)} \tag{2.34}$$

$$B_{\mathrm{E}}(z，\boldsymbol{k}，\omega) = \frac{i\omega\mu}{Z_{\mathrm{E}}(z，\boldsymbol{k}，\omega)} = -\frac{f_{\mathrm{E}}'(z，\boldsymbol{k}，\omega)}{f_{\mathrm{E}}(z，\boldsymbol{k}，\omega)} \tag{2.35}$$

由式（2.31）中的微分方程，我们得到的通解中包含向上和向下传播的电磁场，即

$$f_{\mathrm{E}}(z) = b_n^- e^{-\alpha_n(z-d_n)} + b_n^+ e^{+\alpha_n(z-d_n)}，\quad d_n < z < d_{n+1} \tag{2.36}$$

而在下半空间 $z \geqslant d_N$，我们仅有向下传播的电磁场：

$$f_{\mathrm{E}}(z) = b_N^- e^{-\alpha_N(z-d_N)}，\quad z \geqslant d_N \tag{2.37}$$

由于 $B_{\mathrm{E}}^n = -\dfrac{f_{\mathrm{E}}'(d_n)}{f_{\mathrm{E}}(d_n+0)}$，$C_{\mathrm{E}}^n = -\dfrac{f_{\mathrm{E}}(d_n+0)}{f_{\mathrm{E}}'(d_n)}$，式中我们使用 $d_n + 0$ 主要是考虑到在磁性分界面上 f_{E} 的不连续性，即 $f_{\mathrm{E}}(d_n+0) = (\mu_{n-1}/\mu_n)f_{\mathrm{E}}(d_n-0)$，则由式（2.36）和式（2.37），可以得到：

$$B_{\mathrm{E}}^n = \alpha_n \frac{B_{\mathrm{E}}^{n+1} + \alpha_n\gamma_n\tanh(\alpha_n h_n)}{\alpha_n\gamma_n + B_{\mathrm{E}}^{n+1}\tanh(\alpha_n h_n)}，\quad n = N-1，\cdots，1，\quad B_{\mathrm{E}}^N = \alpha_N，\quad \gamma_n = \mu_{n+1}/\mu_n$$

$$\tag{2.38}$$

$$C_E^n = \frac{1}{\alpha_n} \frac{\alpha_n \gamma_n C_E^{n+1} + \tanh(\alpha_n h_n)}{1 + \alpha_n \gamma_n C_E^{n+1} \tanh(\alpha_n h_n)}, \qquad n = N-1, \cdots, 1, \qquad C_E^N = 1/\alpha_N \quad (2.39)$$

借助于 B_E^n 和 C_E^n 可以得到地下导电介质中任意位置的标量势。事实上，从式（2.36）我们有

$$\frac{f_E(d_{n+1})}{f_E(d_n)} = \frac{H_z^E(d_{n+1})}{H_z^E(d_n)} = \frac{\alpha_n + B_E^n}{\alpha_n \gamma_n + B_E^{n+1}} e^{-\alpha_n h_n} \qquad (2.40)$$

$$\frac{f_E'(d_{n+1})}{f_E'(d_n)} = \frac{H_x^E(d_{n+1})}{H_x^E(d_n)} = \frac{H_y^E(d_{n+1})}{H_y^E(d_n)} = \frac{1 + \alpha_n C_E^n}{1 + \alpha_n \gamma_n C_E^{n+1}} e^{-\alpha_n h_n} \qquad (2.41)$$

$$\frac{f_E(z)}{f_E(d_n)} = \frac{1}{2}(1 + B_E^n/\alpha_n)\left[e^{-\alpha_n(z-d_n)} - \frac{B_E^{n+1} - \alpha_n \gamma_n}{B_E^{n+1} + \alpha_n \gamma_n} e^{-\alpha_n(h_n + d_{n+1} - z)} \right] \qquad (2.42)$$

$$\frac{f_E'(z)}{f_E'(d_n)} = \frac{1}{2}(1 + \alpha_n C_E^n)\left[e^{-\alpha_n(z-d_n)} + \frac{1 - \alpha_n \gamma_n C_E^{n+1}}{1 + \alpha_n \gamma_n C_E^{n+1}} e^{-\alpha_n(h_n + d_{n+1} - z)} \right],$$

$$d_n \leqslant z \leqslant d_{n+1} \quad n = 1, 2, \cdots, N-1 \qquad (2.43)$$

$$\frac{f_E(z)}{f_E(d_N)} = \frac{f_E'(z)}{f_E'(d_N)} = e^{-\alpha_N(z-d_N)}, \qquad z \geqslant d_N \qquad (2.44)$$

对于 TM 模式，可以进行类似的推导。为此，我们引入 TM 阻抗：

$$Z_M(z, \mathbf{k}, \omega) = \frac{\tilde{E}_x^M(z, \mathbf{k}, \omega)}{\tilde{H}_y^M(z, \mathbf{k}, \omega)} = -\frac{\tilde{E}_y^M(z, \mathbf{k}, \omega)}{\tilde{H}_x^M(z, \mathbf{k}, \omega)} = -\frac{f_M'(z, \mathbf{k}, \omega)}{\sigma(z) f_M(z, \mathbf{k}, \omega)} \qquad (2.45)$$

同时我们定义：

$$B_M^n = -\frac{f_M'(d_n)}{f_M(d_n + 0)}, \qquad C_M^n = -\frac{f_M(d_n + 0)}{f_M'(d_n)} \qquad (2.46)$$

式（2.46）中同样考虑了不连续性 $f_M(d_n + 0) = (\sigma_{n-1}/\sigma_n) f_M(d_n - 0)$。按照前面相同的方法，我们可得到如下 TM 模式递推公式：

$$B_M^n = \alpha_n \frac{B_M^{n+1} + \alpha_n \beta_n \tanh(\alpha_n h_n)}{\alpha_n \beta_n + B_M^{n+1} \tanh(\alpha_n h_n)}, \qquad n = N-1, \cdots, 1, \qquad B_M^N = \alpha_N, \qquad \beta_n = \sigma_{n+1}/\sigma_n$$

$$(2.47)$$

$$C_M^n = \frac{1}{\alpha_n} \frac{\alpha_n \beta_n C_M^{n+1} + \tanh(\alpha_n h_n)}{1 + \alpha_n \beta_n C_M^{n+1} \tanh(\alpha_n h_n)}, \qquad n = N-1, \cdots, 1, \qquad C_M^N = 1/\alpha_N \quad (2.48)$$

以及标量势的递推公式：

$$\frac{\sigma_{n+1} f_M(d_{n+1} + 0)}{\sigma_n f_M(d_n + 0)} = \frac{H_x^M(d_{n+1})}{H_x^M(d_n)} = \frac{H_y^M(d_{n+1})}{H_y^M(d_n)} = \frac{J_z^M(d_{n+1})}{J_z^M(d_n)} = \beta_n \frac{\alpha_n + B_M^n}{\alpha_n \beta_n + B_M^{n+1}} e^{-\alpha_n h_n} \quad (2.49)$$

$$\frac{f_M'(d_{n+1})}{f_M'(d_n)} = \frac{E_x^M(d_{n+1})}{E_x^M(d_n)} = \frac{E_y^M(d_{n+1})}{E_y^M(d_n)} = \frac{1 + \alpha_n C_M^n}{1 + \alpha_n \beta_n C_M^{n+1}} e^{-\alpha_n h_n} \qquad (2.50)$$

$$\frac{f_M(z)}{f_M(d_n + 0)} = \frac{1}{2}(1 + B_M^n/\alpha_n)\left[e^{-\alpha_n(z-d_n)} - \frac{B_M^{n+1} - \alpha_n \beta_n}{B_M^{n+1} + \alpha_n \beta_n} e^{-\alpha_n(h_n + d_{n+1} - z)} \right] \qquad (2.51)$$

$$\frac{f_M'(z)}{f_M'(d_n)} = \frac{1}{2}(1 + \alpha_n C_M^n)\left[e^{-\alpha_n(z-d_n)} + \frac{1 - \alpha_n \beta_n C_M^{n+1}}{1 + \alpha_n \beta_n C_M^{n+1}} e^{-\alpha_n(h_n + d_{n+1} - z)} \right],$$

$$d_n \leqslant z \leqslant d_{n+1}, \qquad n = 1, 2, \cdots, N-1 \tag{2.52}$$

$$\frac{f_M(z)}{f_M(d_N + 0)} = \frac{f'_M(z)}{f'_M(d_N)} = e^{-\alpha_N(z-d_N)}, \qquad z \geqslant d_N \tag{2.53}$$

2.1.6　TE 和 TM 模式源项耦合

我们首先考虑 TE 模式。对于 TE 模式，电磁激发源以感应的方式耦合到地下导电半空间。假设发射源位于空气中 $z_0 = -h$ 处，在 $-h < z < 0$ 区域，$\alpha_0 = k$，则有

$$f_E(z) = (e^{-kz} + r_0 e^{kz}) f^e_{E0}(\boldsymbol{k}, \omega), \qquad -h < z < 0 \tag{2.54}$$

式（2.54）中，第一项 $f^e_E(z) = f^e_{E0}(\boldsymbol{k}, \omega) e^{-kz}$ 表示向正 z 方向传播的源场，第二项为反射场。另外，我们有

$$r_0 = \frac{k - B_E}{k + B_E}, \qquad B_E = B^0_E = -\frac{f'_E(0)}{f_E(0)} = \frac{\mu_0}{\mu_1} B^1_E \tag{2.55}$$

代入式（2.54）可得

$$f_E(0) = (1 + r_0) f^e_{E0} = \frac{2k}{k + B_E} f^e_E(0) \tag{2.56}$$

同理可得

$$f'_E(0) = -k(1 - r_0) f^e_{E0} = \frac{2B_E}{k + B_E} f^e_E{}'(0) \tag{2.57}$$

从式（2.56）和式（2.57）可以得到地表电磁场和源场的比值：

$$\frac{f_E(0)}{f^e_E(0)} = \frac{\tilde{E}^E_x(0)}{\tilde{E}^e_x(0)} = \frac{\tilde{E}^E_y(0)}{\tilde{E}^e_y(0)} = \frac{\tilde{H}^E_z(0)}{\tilde{H}^e_z(0)} = \frac{2k}{k + B_E} \tag{2.58}$$

$$\frac{f'_E(0)}{f^e_E{}'(0)} = \frac{\tilde{H}^E_x(0)}{\tilde{H}^e_x(0)} = \frac{\tilde{H}^E_y(0)}{\tilde{H}^e_y(0)} = \frac{2B_E}{k + B_E} \tag{2.59}$$

另外，从式（2.54）可以看出，地表附近反射场和入射场的比值为 $r_0 = (k - B_E)/(k + B_E)$。对于 TM 模式，依据发射源不同存在感应和传导两种耦合，分别讨论如下。

（1）感应耦合情况。如前所述，对于源位于空气中而地下电导率仅随 z 发生变化的情况，$\varphi_M \equiv 0$，由式（2.28）$f_M(z) \equiv 0$（$z > 0$）。基于上述 TE 模式中关于发射源的假说，我们有

$$f_M(z) = (e^{-kz} + e^{kz}) f^e_{M0}(\boldsymbol{k}, \omega), \qquad -h < z < 0 \tag{2.60}$$

式中，取反射系数 $r_0 = 1$，这是由于从发射源向下传播的电磁信号在 $z=0$ 处被全部反射。

（2）传导耦合情况。TM 模式电磁场可以通过向地下供电的方式产生，此时下半空间中 $\varphi^M \neq 0$。假设供电电流的垂直分量为 $J^e_z(0)$，则由表 2.2 可以得到：

$$J^e_z(x, y, 0, \omega) = -\sigma(0^+) \left[\frac{\partial^2 \varphi^M}{\partial x^2} + \frac{\partial^2 \varphi^M}{\partial y^2} \right] \Bigg|_{z = +0} \Rightarrow \hat{J}^e_z(0, \boldsymbol{k}, \omega) = k^2 \sigma(0^+) f_M(0^+)$$

$$\tag{2.61}$$

由于源位于地表（$z=0$），当 $z<0$ 时，$f_{\mathrm{M}}(z)=f_{\mathrm{M}}(0^-)e^{kz}$，则由式（2.46）和式（2.61）得到：

$$f_{\mathrm{M}}(0^-,\ \boldsymbol{k},\ \omega)=-\frac{B_{\mathrm{M}}}{k}f_{\mathrm{M}}(0^+,\ \boldsymbol{k},\ \omega)=-\frac{B_{\mathrm{M}}}{\sigma(0^+)k^3}\tilde{J}_z^e(0,\ \boldsymbol{k},\ \omega) \tag{2.62}$$

式（2.62）中 $B_{\mathrm{M}}=B_{\mathrm{M}}^1$。对于点电流元 $J_z^e(x,\ y,\ 0,\ t)=I(t)\delta(x)\delta(y)$，则有

$$\tilde{J}_z^e(0,\ \boldsymbol{k},\ \omega)=\tilde{I}(\omega),\qquad I(t)=\frac{1}{2\pi}\int_{-\infty}^{+\infty}\tilde{I}(\omega)e^{i\omega t}\mathrm{d}\omega \tag{2.63}$$

而对于一个沿 x 方向的电偶极子 $\boldsymbol{d}(t)=d(t)\hat{\boldsymbol{x}}$，则有

$$J_z^e(x,\ y,\ 0,\ t)=-d(t)\delta'(x)\delta(y),\qquad \tilde{J}_z^e(0,\ \boldsymbol{k},\ \omega)=-iu\tilde{d}(\omega),\qquad d(t)=\frac{1}{2\pi}\int_{-\infty}^{+\infty}\tilde{d}(\omega)e^{i\omega t}\mathrm{d}\omega$$
$$\tag{2.64}$$

同样，对于一个任意定向的水平电偶极子，我们有 $\tilde{J}_z^e(0,\ \boldsymbol{k},\ \omega)=-i\boldsymbol{k}\cdot\tilde{\boldsymbol{d}}(\omega)$。

2.1.7 波数域电磁场合成

本节仅讨论频率域时谐电磁场求解问题。为简单起见我们首先忽略时谐因子 $e^{i\omega t}$，即在式（2.28）中去除时间因子。由此，对于一个电磁场分量 $A(\boldsymbol{r},\ t)$，忽略时谐因子的表达式为

$$A(\boldsymbol{r},\ \omega)=\frac{1}{4\pi^2}\iint_{-\infty}^{+\infty}\tilde{A}(\boldsymbol{k},\ \omega)e^{i\boldsymbol{k}\cdot\boldsymbol{r}}\mathrm{d}^2\boldsymbol{k} \tag{2.65}$$

$$\tilde{A}(\boldsymbol{k},\ \omega)=\iint_{-\infty}^{+\infty}A(\boldsymbol{r},\ \omega)e^{-i\boldsymbol{k}\cdot\boldsymbol{r}}\mathrm{d}^2\boldsymbol{r} \tag{2.66}$$

为得到频率域电磁场的全解表达式，只需将通过式（2.65）获得的电磁场乘以时谐因子 $e^{i\omega t}$。

2.1.8 电性源和磁性源电磁场

我们首先引入柱坐标系 $(r,\ \varphi,\ z)$，z 轴垂直向下，地表位于 $z=0$ 处，偶极子源位于 z 轴上，高度 $z=-h$。由于偶极子源产生的是三维电磁场，我们必须利用式（2.65）。对于偶极子源位于层状介质上方的情况，电磁场是关于 z 轴对称的，即 $A(\boldsymbol{r})=A(r)$，我们可以将式（2.65）中关于 φ 的积分计算出来。为此，将 $u=k\cos\alpha$，$v=k\sin\alpha$ 及坐标变换关系 $x=r\cos\varphi$，$y=r\sin\varphi$ 及 $\mathrm{d}^2\boldsymbol{r}=r\mathrm{d}r\mathrm{d}\varphi$ 代入式（2.66），得到：

$$\tilde{A}(\boldsymbol{k})=\iint_{-\infty}^{+\infty}A(\boldsymbol{r})e^{-i\boldsymbol{k}\cdot\boldsymbol{r}}\mathrm{d}^2\boldsymbol{r}=\int_0^{+\infty}\left[\int_0^{2\pi}e^{ikr\cos(\varphi-\alpha)}\mathrm{d}\varphi\right]A(r)r\mathrm{d}r=2\pi\int_0^{+\infty}A(r)J_0(kr)r\mathrm{d}r=\tilde{A}(k)$$
$$\tag{2.67}$$

由此，我们得到如下汉克尔变换对：

$$A(r) = \frac{1}{2\pi}\int_0^{+\infty}\tilde{A}(k)J_0(kr)k\mathrm{d}k \tag{2.68}$$

$$\tilde{A}(k) = 2\pi\int_0^{+\infty}A(r)J_0(kr)r\mathrm{d}r \tag{2.69}$$

下面我们利用上述公式推导空气中存在垂直和水平磁偶极子，以及大地表面存在水平电偶极子时电磁场空间分布。

1. 垂直磁偶极子

物理上磁偶极子可以通过一个小线圈来实现。假设线圈面积为 S，匝数为 N，当其中发射电流为 I 时，则发射磁矩 $m = NIS$。假设有一个磁偶极矩为 m 的垂直磁偶极子（VMD），位于空气中 $r_0 = 0$，$z_0 = -h$（$h>0$），由于电场仅存在切向分量 $\boldsymbol{E} = E_\varphi\hat{\boldsymbol{\varphi}}$，垂直分量 $E_z = 0$，此时我们仅需要考虑 TE 模式。假设 $R^2 = r^2 + (z+h)^2$，参考式（2.22）~式（2.24），利用 Weber 积分可得

$$\varphi_0^{\mathrm{E}}(\boldsymbol{r},\omega) = \frac{m}{4\pi R} = \frac{m}{4\pi}\int_0^\infty e^{-k\,|\,z+h\,|}J_0(kr)\mathrm{d}k \tag{2.70}$$

结合式（2.28）和式（2.68）~式（2.70），并考虑到向正 z 方向传播的源场 $f_{\mathrm{E}}^e(z) = f_{\mathrm{E}0}^e(\boldsymbol{k},\omega)e^{-kz}$，则

$$\varphi_0^{\mathrm{E}}(\boldsymbol{r},\omega) = \frac{1}{2\pi}\int_0^\infty f_{\mathrm{E}}^e(z,k,\omega)J_0(kr)k\mathrm{d}k \tag{2.71}$$

$$f_{\mathrm{E}0}^e(k,\omega) = \frac{m}{2k}e^{-kh} \tag{2.72}$$

由此，我们得到式（2.54）中的 $f_{\mathrm{E}0}^e$，再由式（2.54）和式（2.55），可得到位于发射偶极下方空气（$-h \leqslant z \leqslant 0$）中：

$$f_{\mathrm{E}}(z,k,\omega) = \frac{m}{2k}\left[e^{-k\,|\,z+h\,|} - \frac{B_{\mathrm{E}} - k}{B_{\mathrm{E}} + k}e^{k(z-h)}\right] \tag{2.73}$$

式（2.73）中第一项表示一次势，而第二项代表地下导电介质反射场的势。由于指数项使用绝对值，该式也适合 $z<-h$ 区域。因此，我们得到大地上方任意位置的电磁势为

$$\varphi^{\mathrm{E}}(\boldsymbol{r},\omega) = \frac{m}{4\pi}\int_0^\infty\left[e^{-k\,|\,z+h\,|} - \frac{B_{\mathrm{E}} - k}{B_{\mathrm{E}} + k}e^{k(z-h)}\right]J_0(kr)\mathrm{d}k$$

$$= \frac{m}{4\pi}\left[\frac{1}{R} - \int_0^\infty\frac{B_{\mathrm{E}} - k}{B_{\mathrm{E}} + k}e^{k(z-h)}J_0(kr)\mathrm{d}k\right],\quad z \leqslant 0 \tag{2.74}$$

2. 水平大回线源

假设空气中存在一个水平大回线发射源，半径为 a，发射电流为 I，位于 $r_0 = 0$，$z_0 = -h$（$h>0$）。我们可以将该大回线剖分成一系列具有相同电流的小回线，则空间中任一点电磁场（势）等效于这些小回线（可近似为磁偶极子）产生的场（势）之和。

如图 2.2 所示，相邻偶极子源由于电流流动方向相反相互抵消，因此所有磁偶极子源

产生的场等价于大回线产生的场。由式（2.70）得到：

$$\varphi_0^E(\boldsymbol{r},\ \omega) = \frac{I}{4\pi}\int_0^\infty e^{-k|z+h|}\mathrm{d}k\int_0^a\int_0^{2\pi}J_0(kR')\,r'\mathrm{d}r'\mathrm{d}\varphi' \tag{2.75}$$

式中，$(R')^2 = r^2 + (r')^2 - 2rr'\cos(\varphi - \varphi')$。对于 $r=0$ 的特殊情况，式（2.75）变成：

$$\varphi_0^E(\boldsymbol{r},\ \omega) = \frac{I}{4\pi}\int_0^\infty e^{-k|z+h|}\mathrm{d}k\int_0^a\int_0^{2\pi}J_0(kR')\,r'\mathrm{d}r'\mathrm{d}\varphi' = \frac{Ia}{2}\int_0^\infty e^{-k|z+h|}\frac{1}{k}J_1(ka)\mathrm{d}k \tag{2.76}$$

综合式（2.71）和式（2.76）可以得到：

$$f_{E0}^e(k,\ \omega) = \frac{\pi Ia}{k^2}J_1(ka)e^{-kh} \tag{2.77}$$

从而

$$\varphi^E(\boldsymbol{r},\ \omega) = \frac{Ia}{2}\int_0^\infty \left[e^{-k|z+h|} - \frac{B_E - k}{B_E + k}e^{k(z-h)} \right]J_1(ka)J_0(kr)\frac{\mathrm{d}k}{k} \tag{2.78}$$

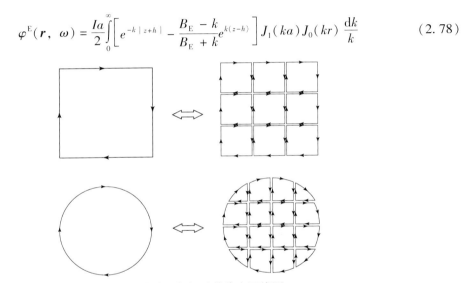

图 2.2　等效磁偶极子替代大回线源

3. 水平磁偶极子源

假设有一个水平磁偶极子，位于 $r_0=0$，$z_0=-h$（$h>0$），由于 $H_z \neq 0$，$E_z \neq 0$，我们必须同时考虑 TE 和 TM 两种模式。

1）TE 模式

利用式（2.25）和贝塞尔函数积分，得到：

$$\varphi_0^E(\boldsymbol{r},\ \omega) = \frac{mx\,\mathrm{sign}(z+h)}{4\pi R(R+|z+h|)} = \frac{m}{4\pi}\int_0^\infty e^{-k|z+h|}J_1(kr)\mathrm{d}k \cdot \cos\varphi \cdot \mathrm{sign}(z+h) \tag{2.79}$$

$$f_{E0}^e(k,\ \omega) = \frac{m}{2k}e^{-kh}\cos\varphi \cdot \mathrm{sign}(z+h) \tag{2.80}$$

则由式（2.54）和式（2.55）得到：

$$f_E(z,\ k,\ \omega) = \frac{m}{2k}\left[e^{-k|z+h|} - \frac{B_E - k}{B_E + k}e^{k(z-h)} \right]\cos\varphi \cdot \mathrm{sign}(z+h) \tag{2.81}$$

$$\varphi^{\mathrm{E}}(\boldsymbol{r}, \omega) = \frac{m}{4\pi}\left[\frac{r}{R(R + |z + h|)} - \int_0^\infty \frac{B_{\mathrm{E}} - k}{B_{\mathrm{E}} + k} e^{k(z-h)} J_1(kr) \mathrm{d}k\right]\cos\varphi \cdot \mathrm{sign}(z + h) \quad (2.82)$$

2）TM 模式

由式（2.26）可知 $\varphi_0^{\mathrm{M}}(\boldsymbol{r}, \omega) = -\dfrac{i\omega\mu_0 my}{4\pi(R + |z + h|)}$ ，则由式（2.21）可得

$$\varphi^{\mathrm{M}}(\boldsymbol{r}, \omega) = -\frac{i\omega\mu_0 my}{4\pi}\left[\frac{1}{\sqrt{r^2 + (z + h)^2} + |z + h|} + \frac{1}{\sqrt{r^2 + (-z + h)^2} + (-z + h)}\right], \quad z \leqslant 0$$

$$(2.83)$$

$$\varphi^{\mathrm{M}}(\boldsymbol{r}, \omega) \equiv 0, \quad z > 0 \tag{2.84}$$

4. 水平电偶极子源

物理上电偶极子源可由通以电流 I 的两个接地电极构成，该接地电极分别位于（ℓ，0，0）和（$-\ell$，0，0）处，则电偶源的偶极矩为 $\boldsymbol{d} = d\hat{\boldsymbol{x}} = 2I\ell\hat{\boldsymbol{x}}$。由于电偶源发射产生的电磁场同时拥有 TE 和 TM 模式，因此我们分别讨论电磁场两种模式的解。

1）TE 模式

参考朴华荣（1990），一个电偶源在无限空间中产生的垂直磁场可以表示为 $H_z^e = \dfrac{dy}{4\pi R^3}$，$R^2 = r^2 + z^2$，则利用表 2.3 和表 2.4，得到：

$$H_z^e = \frac{\partial^2 \varphi_0^{\mathrm{E}}}{\partial z^2} = \frac{dy}{4\pi R^3} = -\frac{d}{4\pi}\frac{\partial}{\partial y}\left(\frac{1}{R}\right) = \frac{d}{4\pi}\int_0^\infty e^{-k|z|} J_1(kr) k \mathrm{d}k \cdot \sin\varphi \tag{2.85}$$

再利用公式 $\displaystyle\int_0^\infty e^{-kz} J_1(kr) \frac{\mathrm{d}k}{k} = \frac{r}{R + |z|}$ ，得到：

$$\varphi_0^{\mathrm{E}}(\boldsymbol{r}, \omega) = \frac{d}{4\pi}\int_0^\infty e^{-k|z|} J_1(kr) \frac{\mathrm{d}k}{k} \cdot \sin\varphi = \frac{dy}{4\pi(R + |z|)} \tag{2.86}$$

则空气中（$z<0$）TE 模式的标量势为

$$\varphi^{\mathrm{E}}(\boldsymbol{r}, \omega) = \frac{d}{4\pi}\left[\frac{r}{(R + |z|)} - \int_0^\infty \frac{B_{\mathrm{E}} - k}{B_{\mathrm{E}} + k} e^{-k|z|} J_1(kr) \frac{\mathrm{d}k}{k}\right]\sin\varphi \tag{2.87}$$

2）TM 模式

由式（2.62）和式（2.64），有

$$f_{\mathrm{M}}(0^-, \boldsymbol{k}, \omega) = -\frac{B_{\mathrm{M}}}{\sigma(0^+)k^3}\tilde{J}_z^e(0, \boldsymbol{k}, \omega) = \frac{B_{\mathrm{M}} iud}{\sigma(0^+)k^3} \tag{2.88}$$

将其代入式（2.28），并利用式（2.67）得到：

$$\varphi^{\mathrm{M}} = \frac{1}{4\pi^2}\int\int_{-\infty}^{+\infty} f_{\mathrm{M}} e^{ik \cdot r} \mathrm{d}^2\boldsymbol{k}$$

$$= \frac{1}{2\pi}\int_0^\infty f_{\mathrm{M}}(0^-, \boldsymbol{k}, \omega) e^{-k|z|} J_0(kr) k \mathrm{d}k$$

$$= \frac{d}{2\pi\sigma(0^+)} \frac{\partial}{\partial x} \int_0^\infty e^{-k|z|} B_{\mathrm{M}} J_0(kr) \frac{\mathrm{d}k}{k^2}$$

$$= -\frac{d}{2\pi\sigma(0^+)} \int_0^\infty e^{-k|z|} B_{\mathrm{M}} J_1(kr) \frac{\mathrm{d}k}{k} \cos\varphi, \quad z < 0 \tag{2.89}$$

2.1.9 空气中电性源和磁性源电磁场积分表达式

在获得不同发射源的标量势之后，我们可以得到空气中（$z<0$）电磁场的积分表达式。为此，我们首先定义：

$$\eta(k, \zeta) = \frac{B_{\mathrm{E}} - k}{B_{\mathrm{E}} + k} e^{-k\zeta}, \quad \delta(k, \zeta) = 2\left[\frac{B_{\mathrm{M}}}{k^2} - \frac{1}{B_{\mathrm{E}} + k}\right] e^{-k\zeta} \tag{2.90}$$

$$\kappa^2 = i\omega\mu\sigma(0^+), \quad z_\pm = h \pm z, \quad R_\pm^2 = r^2 + z_\pm^2 \tag{2.91}$$

式（2.90）中 B_{E} 和 B_{M} 分别由式（2.55）和式（2.62）给出。同时，我们定义如下积分表达式：

$$T_1(\zeta) = \int_0^\infty \eta(k, \zeta) J_0(kr) \mathrm{d}k \tag{2.92}$$

$$T_2(\zeta) = \int_0^\infty \eta(k, \zeta) J_0(kr) k \mathrm{d}k \tag{2.93}$$

$$T_3(\zeta) = \int_0^\infty \eta(k, \zeta) J_0(kr) k^2 \mathrm{d}k \tag{2.94}$$

$$T_4(\zeta) = \int_0^\infty \eta(k, \zeta) J_1(kr) \mathrm{d}k \tag{2.95}$$

$$T_5(\zeta) = \int_0^\infty \eta(k, \zeta) J_1(kr) k \mathrm{d}k \tag{2.96}$$

$$T_6(\zeta) = \int_0^\infty \eta(k, \zeta) J_1(kr) k^2 \mathrm{d}k \tag{2.97}$$

$$T_7(\zeta) = \int_0^\infty \delta(k, \zeta) J_0(kr) k \mathrm{d}k \tag{2.98}$$

$$T_8(\zeta) = \int_0^\infty \delta(k, \zeta) J_1(kr) \mathrm{d}k \tag{2.99}$$

1. 垂直磁偶极子源

假设磁偶极子的偶极矩为 m，位于 $r_0 = 0$，$z_0 = -h$（$h \geqslant 0$），则有

$$\varphi^{\mathrm{E}}(\boldsymbol{r}, \omega) = \frac{m}{4\pi}\left[\frac{1}{R_+} - \int_0^\infty \eta(k, z_-) J_0(kr) \mathrm{d}k\right] = \frac{m}{4\pi}\left[\frac{1}{R_+} - T_1(z_-)\right] \tag{2.100}$$

$$E_\varphi = i\omega\mu_0 \frac{\partial\varphi^{\mathrm{E}}}{\partial r} = \frac{-i\omega\mu_0 m}{4\pi}\left[\frac{r}{R_+^3} - \int_0^\infty \eta(k,\ z_-)J_1(kr)k\,\mathrm{d}k\right] = \frac{-i\omega\mu_0 m}{4\pi}\left[\frac{r}{R_+^3} - T_5(z_-)\right]$$

$$(2.101)$$

$$H_r = \frac{\partial^2\varphi^{\mathrm{E}}}{\partial r\partial z} = \frac{m}{4\pi}\left[\frac{3z_+ r}{R_+^5} + \int_0^\infty \eta(k,\ z_-)J_1(kr)k^2\,\mathrm{d}k\right] = \frac{m}{4\pi}\left[\frac{3z_+ r}{R_+^5} + T_6(z_-)\right] \quad (2.102)$$

$$H_z = \frac{\partial^2\varphi^{\mathrm{E}}}{\partial z^2} = \frac{m}{4\pi}\left[\frac{3z_+^2 - R_+^2}{R_+^5} - \int_0^\infty \eta(k,\ z_-)J_0(kr)k^2\,\mathrm{d}k\right] = \frac{m}{4\pi}\left[\frac{3z_+^2 - R_+^2}{R_+^5} - T_3(z_-)\right]$$

$$(2.103)$$

2. 水平磁偶极子源

假设磁偶极子的偶极矩为 m，位于 $r_0 = 0$，$z_0 = -h$（$h \geqslant 0$），则有

$$
\begin{aligned}
\varphi^{\mathrm{E}}(\boldsymbol{r},\ \omega) &= \frac{m}{4\pi}\left[\frac{r}{R_+(R_+ + |z_+|)} - \int_0^\infty \eta(k,\ z_-)J_1(kr)\,\mathrm{d}k\right]\cos\varphi \cdot \mathrm{sign}(z+h)\\
&= \frac{m}{4\pi}\left[\frac{r}{R_+(R_+ + |z_+|)} - T_4(z_-)\right]\cos\varphi \cdot \mathrm{sign}(z+h)
\end{aligned}
$$

$$(2.104)$$

$$\varphi^{\mathrm{M}}(\boldsymbol{r},\ \omega) = -\frac{i\omega\mu_0 mr}{4\pi}\left[\frac{1}{R_+ + |z_+|} + \frac{1}{R_- + |z_-|}\right]\sin\varphi \qquad (2.105)$$

$$
\begin{aligned}
E_r^{\mathrm{E}} &= -\frac{i\omega\mu_0}{r}\frac{\partial\varphi^{\mathrm{E}}}{\partial\varphi} = \frac{-i\omega\mu_0 m}{4\pi}\left[-\frac{\mathrm{sign}(z_+)}{R_+(R_+ + |z_+|)} + \frac{1}{r}\int_0^\infty \eta(k,\ z_-)J_1(kr)\,\mathrm{d}k\right]\sin\varphi\\
&= \frac{-i\omega\mu_0 m}{4\pi}\left[-\frac{\mathrm{sign}(z_+)}{R_+(R_+ + |z_+|)} + \frac{1}{r}T_4(z_-)\right]\sin\varphi
\end{aligned}
$$

$$(2.106)$$

$$
\begin{aligned}
E_\varphi^{\mathrm{E}} &= i\omega\mu_0\frac{\partial\varphi^{\mathrm{E}}}{\partial r} = -\frac{i\omega\mu_0 m}{4\pi}\left\{\frac{\mathrm{sign}(z_+)}{R_+(R_+ + |z_+|)} - \frac{z_+}{R_+^3} - \int_0^\infty \eta(k,\ z_-)\left[\frac{J_1(kr)}{r} - kJ_0(kr)\right]\mathrm{d}k\right\}\cos\varphi\\
&= \frac{-i\omega\mu_0 m}{4\pi}\left[\frac{\mathrm{sign}(z_+)}{R_+(R_+ + |z_+|)} - \frac{z_+}{R_+^3} + T_2(z_-) - \frac{1}{r}T_4(z_-)\right]\cos\varphi
\end{aligned}
$$

$$(2.107)$$

$$E_r^{\mathrm{M}} = \frac{\partial^2\varphi^{\mathrm{M}}}{\partial r\partial z} = \frac{-i\omega\mu_0 m}{4\pi}\left[\frac{z_-}{R_-^3} - \frac{z_+}{R_+^3} - \frac{1}{R_-(R_- + z_-)} + \frac{\mathrm{sign}(z_+)}{R_+(R_+ + |z_+|)}\right]\sin\varphi \quad (2.108)$$

$$E_\varphi^{\mathrm{M}} = \frac{1}{r}\frac{\partial^2\varphi^{\mathrm{M}}}{\partial z\partial\varphi} = \frac{-i\omega\mu_0 m}{4\pi}\left[\frac{1}{R_-(R_- + z_-)} - \frac{\mathrm{sign}(z_+)}{R_+(R_+ + |z_+|)}\right]\cos\varphi \quad (2.109)$$

$$E_z^{\mathrm{M}} = \frac{\partial^2\varphi^{\mathrm{M}}}{\partial z^2} = \frac{-i\omega\mu_0 mr}{4\pi}\left[\frac{1}{R_+^3} + \frac{1}{R_-^3}\right]\sin\varphi \qquad (2.110)$$

$$E_r = E_r^{\mathrm{E}} + E_r^{\mathrm{M}},\qquad E_\varphi = E_\varphi^{\mathrm{E}} + E_\varphi^{\mathrm{M}},\qquad E_z = E_z^{\mathrm{E}} + E_z^{\mathrm{M}} \qquad (2.111)$$

$$
\begin{aligned}
H_r &= \frac{\partial^2\varphi^{\mathrm{E}}}{\partial r\partial z} = \frac{m}{4\pi}\left\{\frac{3r^2 - R_+^2}{R_+^5} + \int_0^\infty \eta(k,\ z_-)\left[\frac{J_1(kr)}{r} - kJ_0(kr)\right]k\,\mathrm{d}k\right\}\cos\varphi\\
&= \frac{m}{4\pi}\left[\frac{3r^2 - R_+^2}{R_+^5} - T_3(z_-) + \frac{1}{r}T_5(z_-)\right]\cos\varphi
\end{aligned}
$$

$$(2.112)$$

$$H_\varphi = \frac{1}{r}\frac{\partial^2 \varphi^E}{\partial \varphi \partial z} = \frac{m}{4\pi}\left[\frac{1}{R_+^3} + \frac{1}{r}\int_0^\infty \eta(k,z_-)J_1(kr)k\mathrm{d}k\right]\sin\varphi = \frac{m}{4\pi}\left[\frac{1}{R_+^3} + \frac{1}{r}T_5(z_-)\right]\sin\varphi$$

$$(2.113)$$

$$H_z = \frac{\partial^2 \varphi^E}{\partial z^2} = \frac{m}{4\pi}\left[\frac{3z_+ r}{R_+^5} - \int_0^\infty \eta(k,z_-)J_1(kr)k^2\mathrm{d}k\right]\cos\varphi = \frac{m}{4\pi}\left[\frac{3z_+ r}{R_+^5} - T_6(z_-)\right]\cos\varphi$$

$$(2.114)$$

3. 水平电偶极子源

假设沿 x 方向水平电偶极子的偶极矩为 d，位于 $r_0 = 0$，$z_0 = 0$，则由式（2.87）和式（2.89）式有

$$\varphi^E(\boldsymbol{r},\omega) = \frac{d}{4\pi}\left[\frac{r}{R + |z|} - \int_0^\infty \eta(k,-z)J_1(kr)\frac{\mathrm{d}k}{k}\right]\sin\varphi, \qquad R^2 = r^2 + z^2 \quad (2.115)$$

$$\varphi^M(\boldsymbol{r},\omega) = -\frac{d}{2\pi\sigma(0^+)}\int_0^\infty B_M e^{-k|z|}J_1(kr)\frac{\mathrm{d}k}{k}\cos\varphi \qquad (2.116)$$

$$\begin{aligned}
E_r &= -\frac{i\omega\mu_0}{r}\frac{\partial \varphi^E}{\partial \varphi} + \frac{\partial^2 \varphi^M}{\partial r \partial z}\\
&= -\frac{i\omega\mu_0 d}{4\pi}\left\{\frac{1}{R} + \int_0^\infty \left[k\delta(k,-z) - \eta(k,-z)\right]J_0(kr)\mathrm{d}k - \frac{1}{r}\int_0^\infty \delta(k,-z)J_1(kr)\mathrm{d}k\right\}\cos\varphi\\
&= -\frac{i\omega\mu_0 d}{4\pi}\left[\frac{1}{R} - T_1(-z) + T_7(-z) - \frac{1}{r}T_8(-z)\right]\cos\varphi
\end{aligned}$$

$$(2.117)$$

$$\begin{aligned}
E_\varphi &= i\omega\mu_0\frac{\partial \varphi^E}{\partial r} + \frac{1}{r}\frac{\partial^2 \varphi^M}{\partial \varphi \partial z}\\
&= -\frac{i\omega\mu_0 d}{4\pi}\left[-\frac{1}{R} + \int_0^\infty \eta(k,-z)J_0(kr)\mathrm{d}k - \frac{1}{r}\int_0^\infty \delta(k,-z)J_1(kr)\mathrm{d}k\right]\sin\varphi\\
&= -\frac{i\omega\mu_0 d}{4\pi}\left[-\frac{1}{R} + T_1(-z) - \frac{1}{r}T_8(-z)\right]\sin\varphi
\end{aligned}$$

$$(2.118)$$

$$\begin{aligned}
H_r &= \frac{\partial^2 \varphi^E}{\partial r \partial z} = \frac{d}{4\pi}\left\{\frac{|z|}{R^3} - \frac{1}{R(R + |z|)} - \int_0^\infty \eta(k,-z)\left[-\frac{J_1(kr)}{r} + kJ_0(kr)\right]\mathrm{d}k\right\}\sin\varphi\\
&= \frac{d}{4\pi}\left[\frac{|z|}{R^3} - \frac{1}{R(R + |z|)} - T_2(-z) + \frac{1}{r}T_4(-z)\right]\sin\varphi
\end{aligned}$$

$$(2.119)$$

$$\begin{aligned}
H_\varphi &= \frac{1}{r}\frac{\partial^2 \varphi^E}{\partial \varphi \partial z} = \frac{d}{4\pi}\left[\frac{1}{R(R + |z|)} - \frac{1}{r}\int_0^\infty \eta(k,-z)J_1(kr)\mathrm{d}k\right]\cos\varphi\\
&= \frac{d}{4\pi}\left[\frac{1}{R(R + |z|)} - \frac{1}{r}T_4(-z)\right]\cos\varphi
\end{aligned}$$

$$(2.120)$$

$$H_z = \frac{\partial^2 \varphi^E}{\partial z^2} = \frac{d}{4\pi}\left[\frac{r}{R^3} - \int_0^\infty \eta(k,-z)kJ_1(kr)\mathrm{d}k\right]\sin\varphi = \frac{d}{4\pi}\left[\frac{r}{R^3} - T_5(-z)\right]\sin\varphi$$

$$(2.121)$$

2.1.10　快速汉克尔变换及频率域航空电磁响应数值计算

快速汉克尔变换是计算航空电磁响应的有效方法。考虑如下形式的汉克尔积分：

$$g(r) = \int_0^\infty f(k) J_\nu(kr) \, \mathrm{d}k, \quad \nu > -1 \tag{2.122}$$

由于贝塞尔函数的振荡特性，式（2.122）利用数值积分直接计算比较困难。利用快速汉克尔变换计算可以极大地提高计算速度和精度。为此，我们在式（2.122）中引入如下变换：

$$x = \ln(r/r_0), \quad y = -\ln(kr_0) \tag{2.123}$$

式中，r_0 为任意参考长度。假设：

$$G(x) = rg(r), \quad F(y) = f(k), \quad H_\nu(x) = e^x J_\nu(x) \tag{2.124}$$

则

$$G(x) = \int_{-\infty}^{+\infty} F(y) H_\nu(x-y) \, \mathrm{d}y = F * H_\nu \tag{2.125}$$

进而，我们对式（2.125）中的函数 $F(y)$ 进行抽样，即 $F_n = F(y_n) = F(n\Delta)$，$\Delta = \ln 10/n_{\mathrm{d}}$，$n_{\mathrm{d}}$ 为每个级次对数等间隔采样点数。在满足抽样定理的条件下，我们可以利用离散场值 F_n 恢复连续信号，即

$$\bar{F}(y) = \sum_{n=-\infty}^{+\infty} F_n P(y - n\Delta) \tag{2.126}$$

式（2.126）中为使得在抽样节点可以恢复离散抽样值，插值函数 P 应满足如下条件

$$P(n\Delta) = \begin{cases} 1, & n = 0 \\ 0, & n \neq 0 \end{cases} \tag{2.127}$$

研究发现，式（2.127）中抽样函数的最佳选择为

$$P(y) = \frac{\sin(\pi y/\Delta)}{\pi y/\Delta} = \mathrm{sinc}(y/\Delta) \tag{2.128}$$

则按照抽样定理，当 $F(y)$ 是有限带宽的函数时，即当 $|f| > 1/2\Delta$，$F(f) = 0$，利用式（2.126）可以完全恢复 $F(y)$。将式（2.126）代入式（2.125）得到：

$$\bar{G}(x) = \sum_{n=-\infty}^{+\infty} F_n \int_{-\infty}^{+\infty} P(y - n\Delta) H_\nu(x - y) \, \mathrm{d}y = \sum_{n=-\infty}^{+\infty} F_n \bar{H}_\nu(x - n\Delta) \tag{2.129}$$

其中，

$$\bar{H}_\nu(x) = \int_{-\infty}^{+\infty} P(y) H_\nu(x - y) \, \mathrm{d}y \tag{2.130}$$

进一步对式（2.129）中的 x 进行离散 $x = m\Delta$，则有

$$\bar{G}_m = \sum_{n=-\infty}^{+\infty} F_n \bar{H}_{m-n}, \quad \bar{G}_m = \bar{G}(m\Delta), \quad \bar{H}_m = \bar{H}_\nu(m\Delta) \tag{2.131}$$

将式（2.124）代入式（2.131），得到：

$$g(r) = \int_0^\infty f(k) J_\nu(kr) \, \mathrm{d}k \Rightarrow g(r_m) = \frac{1}{r_m} \sum_{n=-\infty}^{\infty} f(k_n) \bar{H}_\nu[(m-n)\Delta] \tag{2.132}$$

式（2.132）中，如果每个级次10个采样点（$n_d = 10$），则$r_m = r_0 e^{m\Delta} = r_0 10^{\frac{m}{10}}$，$k_n = e^{-n\Delta}/r_0 = 10^{-\frac{n}{10}}/r_0$。$\bar{H}_m$称为汉克尔变换滤波系数，朴华荣（1990）给出了汉克尔变换滤波系数的详细计算公式。表2.6~表2.9分别给出$\nu = 0，1，-1/2，1/2$的汉克尔变换滤波系数。汉克尔变换系数的选取取决于计算精度和计算条件。

表2.6　汉克尔变换系数 H_0

No.	n	H_0	No.	n	H_0
1	−59	2.89878288d−07	34	−26	5.78383437d−04
2	−58	3.64935144d−07	35	−25	7.28137738d−04
3	−57	4.59426126d−07	36	−24	9.16674828d−04
4	−56	5.78383226d−07	37	−23	1.15401453d−03
5	−55	7.28141338d−07	38	−22	1.45282561d−03
6	−54	9.16675639d−07	39	−21	1.82896826d−03
7	−53	1.15402625d−06	40	−20	2.30254535d−03
8	−52	1.45283298d−06	41	−19	2.89863979d−03
9	−51	1.82900834d−06	42	−18	3.64916703d−03
10	−50	2.30258511d−06	43	−17	4.59373308d−03
11	−49	2.89878286d−06	44	−16	5.78303238d−03
12	−48	3.64935148d−06	45	−15	7.27941497d−03
13	−47	4.59426119d−06	46	−14	9.16340705d−03
14	−46	5.78383236d−06	47	−13	1.15325691d−02
15	−45	7.28141322d−06	48	−12	1.45145832d−02
16	−44	9.16675664d−06	49	−11	1.82601199d−02
17	−43	1.15402621d−05	50	−10	2.29701042d−02
18	−42	1.45283305d−05	51	−9	2.88702619d−02
19	−41	1.82900824d−05	52	−8	3.62691810d−02
20	−40	2.30258527d−05	53	−7	4.54794031d−02
21	−39	2.89878259d−05	54	−6	5.69408192d−02
22	−38	3.64935186d−05	55	−5	7.09873072d−02
23	−37	4.59426051d−05	56	−4	8.80995426d−02
24	−36	5.78383329d−05	57	−3	1.08223889d−01
25	−35	7.28141144d−05	58	−2	1.31250483d−01
26	−34	9.16675882d−05	59	−1	1.55055715d−01
27	−33	1.15402573d−04	60	0	1.76371506d−01
28	−32	1.45283354d−04	61	1	1.85627738d−01
29	−31	1.82900694d−04	62	2	1.69778044d−01
30	−30	2.30258630d−04	63	3	1.03405245d−01
31	−29	2.89877891d−04	64	4	−3.02583233d−02
32	−28	3.64935362d−04	65	5	−2.27574393d−01
33	−27	4.59424960d−04	66	6	−3.62173217d−01

续表

No.	n	H_0	No.	n	H_0
67	7	−2.05500446d−01	84	24	−9.89266288d−05
68	8	3.37394873d−01	85	25	6.24152398d−05
69	9	3.17689897d−01	86	26	−3.93805393d−05
70	10	−5.13762160d−01	87	27	2.48472358d−05
71	11	3.09130264d−01	88	28	−1.56774945d−05
72	12	−1.26757592d−01	89	29	9.89181741d−06
73	13	4.61967890d−02	90	30	−6.24131160d−06
74	14	−1.80968674d−02	91	31	3.93800058d−06
75	15	8.35426050d−03	92	32	−2.48471018d−06
76	16	−4.47368304d−03	93	33	1.56774609d−06
77	17	2.61974783d−03	94	34	−9.89180896d−07
78	18	−1.60171357d−03	95	35	6.24130948d−07
79	19	9.97717882d−04	96	36	−3.93800005d−07
80	20	−6.26275815d−04	97	37	2.48471005d−07
81	21	3.94338818d−04	98	38	−1.56774605d−07
82	22	−2.48606354d−04	99	39	9.89180888d−08
83	23	1.56808604d−04	100	40	−6.24130946d−08

表 2.7　汉克尔变换系数 H_1

No.	n	H_1	No.	n	H_1
1	−59	1.84909557d−13	16	−44	1.80025587d−10
2	−58	2.85321327d−13	17	−43	2.93061898d−10
3	−57	4.64471808d−13	18	−42	4.52203829d−10
4	−56	7.16694771d−13	19	−41	7.36138206d−10
5	−55	1.16670043d−12	20	−40	1.13588466d−09
6	−54	1.80025587d−12	21	−39	1.84909557d−09
7	−53	2.93061898d−12	22	−38	2.85321326d−09
8	−52	4.52203829d−12	23	−37	4.64471806d−09
9	−51	7.36138206d−12	24	−36	7.16694765d−09
10	−50	1.13588466d−11	25	−35	1.16670042d−08
11	−49	1.84909557d−11	26	−34	1.80025583d−08
12	−48	2.85321327d−11	27	−33	2.93061889d−08
13	−47	4.64471808d−11	28	−32	4.52203807d−08
14	−46	7.16694771d−11	29	−31	7.36138149d−08
15	−45	1.16670043d−10	30	−30	1.13588452d−07

No.	n	H_1	No.	n	H_1
31	−29	1.84909521d−07	66	6	−7.83723737d−02
32	−28	2.85321237d−07	67	7	−3.40675627d−01
33	−27	4.64471580d−07	68	8	−3.60693673d−01
34	−26	7.16694198d−07	69	9	5.13024526d−01
35	−25	1.16669899d−06	70	10	−5.94724729d−02
36	−24	1.80025226d−06	71	11	−1.95117123d−01
37	−23	2.93060990d−06	72	12	1.99235600d−01
38	−22	4.52201549d−06	73	13	−1.38521553d−01
39	−21	7.36132477d−06	74	14	8.79320859d−02
40	−20	1.13587027d−05	75	15	−5.50697146d−02
41	−19	1.84905942d−05	76	16	3.45637848d−02
42	−18	2.85312247d−05	77	17	−2.17527180d−02
43	−17	4.64449000d−05	78	18	1.37100291d−02
44	−16	7.16637480d−05	79	19	−8.64656417d−03
45	−15	1.16655653d−04	80	20	5.45462758d−03
46	−14	1.79989440d−04	81	21	−3.44138864d−03
47	−13	2.92971106d−04	82	22	2.17130686d−03
48	−12	4.51975783d−04	83	23	−1.36998628d−03
49	−11	7.35565435d−04	84	24	8.64398952d−04
50	−10	1.13444615d−03	85	25	−5.45397874d−04
51	−9	1.84548306d−03	86	26	3.44122545d−04
52	−8	2.84414257d−03	87	27	−2.17126585d−04
53	−7	4.62194743d−03	88	28	1.36997597d−04
54	−6	7.10980590d−03	89	29	−8.64396364d−05
55	−5	1.15236911d−02	90	30	5.45397224d−05
56	−4	1.76434485d−02	91	31	−3.44122382d−05
57	−3	2.84076233d−02	92	32	2.17126544d−05
58	−2	4.29770596d−02	93	33	−1.36997587d−05
59	−1	6.80332569d−02	94	34	8.64396338d−06
60	0	9.97845929d−02	95	35	−5.45397218d−06
61	1	1.51070544d−01	96	36	3.44122380d−06
62	2	2.03540581d−01	97	37	−2.17126543d−06
63	3	2.71235377d−01	98	38	1.36997587d−06
64	4	2.76073871d−01	99	39	−8.64396337d−07
65	5	2.16691977d−01	100	40	5.45397218d−07

表 2.8　汉克尔变换系数 $H_{1/2}$

No.	n	$H_{1/2}$	No.	n	$H_{1/2}$
1	−79	2.59511140d−13	36	−44	4.61467796d−08
2	−78	3.66568771d−13	37	−43	6.84744729d−08
3	−77	5.17792877d−13	38	−42	5.46574678d−08
4	−76	7.31400730d−13	39	−41	1.13319899d−07
5	−75	1.03313281d−12	40	−40	2.16529974d−07
6	−74	1.45933600d−12	41	−39	2.88629942d−07
7	−73	2.06137146d−12	42	−38	3.42872728d−07
8	−72	2.91175734d−12	43	−37	4.79119489d−07
9	−71	4.11297804d−12	44	−36	7.42089419d−07
10	−70	5.80971771d−12	45	−35	1.07736521d−06
11	−69	8.20647323d−12	46	−34	1.46383231d−06
12	−68	1.15919058d−11	47	−33	2.01727682d−06
13	−67	1.63740747d−11	48	−32	2.89058198d−06
14	−66	2.31288804d−11	49	−31	4.15237809d−06
15	−65	3.26705939d−11	50	−30	5.84448989d−06
16	−64	4.61481521d−11	51	−29	8.18029430d−06
17	−63	6.51864545d−11	52	−28	1.15420854d−05
18	−62	9.20775900d−11	53	−27	1.63897017d−05
19	−61	1.30064201d−10	54	−26	2.31769096d−05
20	−60	1.83718747d−10	55	−25	3.26872676d−05
21	−59	2.59512512d−10	56	−24	4.60786867d−05
22	−58	3.66566596d−10	57	−23	6.51827321d−05
23	−57	5.17796324d−10	58	−22	9.20862590d−05
24	−56	7.31395267d−10	59	−21	1.30169143d−04
25	−55	1.03314147d−09	60	−20	1.83587481d−04
26	−54	1.45932228d−09	61	−19	2.59595544d−04
27	−53	2.06139321d−09	62	−18	3.66324384d−04
28	−52	2.91172287d−09	63	−17	5.18210697d−04
29	−51	4.11303268d−09	64	−16	7.30729970d−04
30	−50	5.80963112d−09	65	−15	1.03385239d−03
31	−49	8.20661047d−09	66	−14	1.45738764d−03
32	−48	1.15916883d−08	67	−13	2.06298256d−03
33	−47	1.63744194d−08	68	−12	2.90606402d−03
34	−46	2.31283340d−08	69	−11	4.11467958d−03
35	−45	3.26714598d−08	70	−10	5.79034253d−03

No.	n	$H_{1/2}$	No.	n	$H_{1/2}$
71	−9	8. 20005721d−03	106	26	2. 13268793d−04
72	−8	1. 15193892d−02	107	27	−1. 34629970d−04
73	−7	1. 63039399d−02	108	28	8. 47737417d−05
74	−6	2. 28256811d−02	109	29	−5. 34940636d−05
75	−5	3. 22248555d−02	110	30	3. 39044416d−05
76	−4	4. 47865102d−02	111	31	−2. 13315638d−05
77	−3	6. 27330675d−02	112	32	1. 33440912d−05
78	−2	8. 57058673d−02	113	33	−8. 51629074d−06
79	−1	1. 17418179d−01	114	34	5. 44362672d−06
80	0	1. 53632646d−01	115	35	−3. 32112278d−06
81	1	1. 97718112d−01	116	36	2. 07147191d−06
82	2	2. 28849924d−01	117	37	−1. 42009413d−06
83	3	2. 40310905d−01	118	38	8. 78247755d−07
84	4	1. 65409072d−01	119	39	−4. 55662890d−07
85	5	2. 84709685d−03	120	40	3. 38598103d−07
86	6	−2. 88015846d−01	121	41	−2. 87407831d−07
87	7	−3. 69097392d−01	122	42	1. 07866151d−07
88	8	−2. 50109866d−02	123	43	−2. 47240242d−08
89	9	5. 71811110d−01	124	44	5. 35535110d−08
90	10	−3. 92261390d−01	125	45	−3. 37899811d−08
91	11	7. 63282774d−02	126	46	2. 13200368d−08
92	12	5. 16233693d−02	127	47	−1. 34520338d−08
93	13	−6. 48015161d−02	128	48	8. 48765951d−09
94	14	4. 89045523d−02	129	49	−5. 35535110d−09
95	15	−3. 26934308d−02	130	50	3. 37899811d−09
96	16	2. 10542571d−02	131	51	−2. 13200368d−09
97	17	−1. 33862849d−02	132	52	1. 34520338d−09
98	18	8. 47098801d−03	133	53	−8. 48765951d−10
99	19	−5. 35134516d−03	134	54	5. 35535110d−10
100	20	3. 37814024d−03	135	55	−3. 37899811d−10
101	21	−2. 13157364d−03	136	56	2. 13200368d−10
102	22	1. 34506352d−03	137	57	−1. 34520338d−10
103	23	−8. 48929744d−04	138	58	8. 48765951d−11
104	24	5. 35521822d−04	139	59	−5. 35535110d−11
105	25	−3. 37744800d−04	140	60	3. 37899811d−11

No.	n	$H_{1/2}$	No.	n	$H_{1/2}$
141	61	$-2.13200368\text{d}-11$	151	71	$-2.13200368\text{d}-13$
142	62	$1.34520338\text{d}-11$	152	72	$1.34520338\text{d}-13$
143	63	$-8.48765951\text{d}-12$	153	73	$-8.48765951\text{d}-14$
144	64	$5.35535110\text{d}-12$	154	74	$5.35535110\text{d}-14$
145	65	$-3.37899811\text{d}-12$	155	75	$-3.37899811\text{d}-14$
146	66	$2.13200368\text{d}-12$	156	76	$2.13200368\text{d}-14$
147	67	$-1.34520338\text{d}-12$	157	77	$-1.34520338\text{d}-14$
148	68	$8.48765951\text{d}-13$	158	78	$8.48765951\text{d}-15$
149	69	$-5.35535110\text{d}-13$	159	79	$-5.35535110\text{d}-15$
150	70	$3.37899811\text{d}-13$	160	80	$3.37899811\text{d}-15$

表 2.9　汉克尔变换系数 $H_{-1/2}$

No.	n	$H_{-1/2}$	No.	n	$H_{-1/2}$
1	-79	$2.06136905\text{d}-05$	23	-57	$2.59510987\text{d}-04$
2	-78	$2.31289411\text{d}-05$	24	-56	$2.91176117\text{d}-04$
3	-77	$2.59510987\text{d}-05$	25	-55	$3.26704977\text{d}-04$
4	-76	$2.91176117\text{d}-05$	26	-54	$3.66569013\text{d}-04$
5	-75	$3.26704977\text{d}-05$	27	-53	$4.11297197\text{d}-04$
6	-74	$3.66569013\text{d}-05$	28	-52	$4.61483046\text{d}-04$
7	-73	$4.11297197\text{d}-05$	29	-51	$5.17792493\text{d}-04$
8	-72	$4.61483046\text{d}-05$	30	-50	$5.80972733\text{d}-04$
9	-71	$5.17792494\text{d}-05$	31	-49	$6.51862128\text{d}-04$
10	-70	$5.80972733\text{d}-05$	32	-48	$7.31401338\text{d}-04$
11	-69	$6.51862128\text{d}-05$	33	-47	$8.20645798\text{d}-04$
12	-68	$7.31401337\text{d}-05$	34	-46	$9.20779731\text{d}-04$
13	-67	$8.20645798\text{d}-05$	35	-45	$1.03313185\text{d}-03$
14	-66	$9.20779730\text{d}-05$	36	-44	$1.15919300\text{d}-03$
15	-65	$1.03313185\text{d}-04$	37	-43	$1.30067386\text{d}-03$
16	-64	$1.15919300\text{d}-04$	38	-42	$1.45934758\text{d}-03$
17	-63	$1.30063594\text{d}-04$	39	-41	$1.63736791\text{d}-03$
18	-62	$1.45933753\text{d}-04$	40	-40	$1.83717393\text{d}-03$
19	-61	$1.63740364\text{d}-04$	41	-39	$2.06139779\text{d}-03$
20	-60	$1.83719710\text{d}-04$	42	-38	$2.31292846\text{d}-03$
21	-59	$2.06136905\text{d}-04$	43	-37	$2.59509216\text{d}-03$
22	-58	$2.31289411\text{d}-04$	44	-36	$2.91171913\text{d}-03$

No.	n	$H_{-1/2}$	No.	n	$H_{-1/2}$
45	−35	3. 26705274d−03	80	0	1. 00497639d−01
46	−34	3. 66573497d−03	81	1	6. 12957673d−02
47	−33	4. 11298389d−03	82	2	−1. 61089677d−04
48	−32	4. 61478774d−03	83	3	−1. 11788439d−01
49	−31	5. 17789398d−03	84	4	−2. 27537061d−01
50	−30	5. 80975956d−03	85	5	−3. 39004635d−01
51	−29	6. 51865626d−03	86	6	−2. 25128760d−01
52	−28	7. 31398701d−03	87	7	8. 98282221d−02
53	−27	8. 20638525d−03	88	8	5. 12510465d−01
54	−26	9. 20777863d−03	89	9	−1. 31992157d−01
55	−25	1. 03313095d−02	90	10	−3. 35136695d−01
56	−24	1. 15918750d−02	91	11	3. 64868217d−01
57	−23	1. 30061134d−02	92	12	−2. 34039653d−01
58	−22	1. 45930967d−02	93	13	1. 32085305d−01
59	−21	1. 63734829d−02	94	14	−7. 56742380d−02
60	−20	1. 83712300d−02	95	15	4. 52294327d−02
61	−19	2. 06118381d−02	96	16	−2. 78295834d−02
62	−18	2. 31262799d−02	97	17	1. 73730545d−02
63	−17	2. 59454424d−02	98	18	−1. 09136433d−02
64	−16	2. 91092752d−02	99	19	6. 87375185d−03
65	−15	3. 26529562d−02	100	20	−4. 33428131d−03
66	−14	3. 66297458d−02	101	21	2. 73401087d−03
67	−13	4. 10749227d−02	102	22	−1. 72459229d−03
68	−12	4. 60614368d−02	103	23	1. 08818007d−03
69	−11	5. 16082753d−02	104	24	−6. 86772273d−04
70	−10	5. 78193388d−02	105	25	4. 33171350d−04
71	−9	6. 46506860d−02	106	26	−2. 73205246d−04
72	−8	7. 22544346d−02	107	27	1. 72553539d−04
73	−7	8. 03874550d−02	108	28	−1. 08902562d−04
74	−6	8. 92662302d−02	109	29	6. 85481905d−05
75	−5	9. 80669847d−02	110	30	−4. 32863569d−05
76	−4	1. 07049420d−01	111	31	2. 74469631d−05
77	−3	1. 13757634d−01	112	32	−1. 72366943d−05
78	−2	1. 18327339d−01	113	33	1. 07823485d−05
79	−1	1. 13965022d−01	114	34	−6. 91067843d−06

No.	n	$H_{-1/2}$	No.	n	$H_{-1/2}$
115	35	4.40721935d−06	138	58	−1.08817810d−10
116	36	−2.66544867d−06	139	59	6.86593961d−11
117	37	1.67950395d−06	140	60	−4.33211503d−11
118	38	−1.16700131d−06	141	61	2.73337979d−11
119	39	7.00645910d−07	142	62	−1.72464606d−11
120	40	−3.54965432d−07	143	63	1.08817810d−11
121	41	2.87715082d−07	144	64	−6.86593961d−12
122	42	−2.40527599d−07	145	65	4.33211503d−12
123	43	7.15541964d−08	146	66	−2.73337979d−12
124	44	−6.86593961d−08	147	67	1.72464606d−12
125	45	4.33211503d−08	148	68	−1.08817810d−12
126	46	−2.73337979d−08	149	69	6.86593961d−13
127	47	1.72464606d−08	150	70	−4.33211503d−13
128	48	−1.08817810d−08	151	71	2.73337979d−13
129	49	6.86593961d−09	152	72	−1.72464606d−13
130	50	−4.33211503d−09	153	73	1.08817810d−13
131	51	2.73337979d−09	154	74	−6.86593961d−14
132	52	−1.72464606d−09	155	75	4.33211503d−14
133	53	1.08817810d−09	156	76	−2.73337979d−14
134	54	−6.86593961d−10	157	77	1.72464606d−14
135	55	4.33211503d−10	158	78	−1.08817810d−14
136	56	−2.73337979d−10	159	79	6.86593961d−15
137	57	1.72464606d−10	160	80	−4.33211503d−15

2.2　时间域航空电磁一维正演理论及数值计算方法

2.2.1　脉冲响应和阶跃响应

时间域航空电磁正演模拟主要采用反傅里叶变换法。我们首先以脉冲响应和阶跃响应为例说明航空电磁响应的时频转换过程。对于脉冲激发，时间域和频率域电磁响应之间存在如下关系：

$$B_I(t) = \frac{1}{2\pi} \int_{-\infty}^{+\infty} B(\omega) e^{i\omega t} \, \mathrm{d}\omega \qquad (2.133)$$

式中，$B(\omega)$ 为频率域航空电磁响应；$B_I(t)$ 为时间域脉冲响应。对于阶跃激发，选取

如下形式的阶跃电流，即

$$I(t) = \begin{cases} I_0, & t \leqslant 0 \\ 0, & t > 0 \end{cases} \tag{2.134}$$

其傅氏变换为 $I_0 / (-i\omega)$，则时间域阶跃响应可表示为

$$B_s(t) = \frac{1}{2\pi} \int_{-\infty}^{+\infty} \frac{B(\omega)}{-i\omega} e^{i\omega t} \mathrm{d}\omega \tag{2.135}$$

理论上，我们可以利用式（2.133）和式（2.135）计算时间域航空电磁脉冲响应和阶跃响应。然而，实际计算时通常将式（2.135）转化成反正弦或反余弦变换，并利用其与贝塞尔函数的关系将其转换为半整数阶汉克尔变换进行数值计算。为此将式（2.133）和式（2.135）写成一般形式：

$$f(t) = \frac{1}{2\pi} \int_{-\infty}^{+\infty} F(\omega) e^{i\omega t} \mathrm{d}\omega \tag{2.136}$$

其中，对于脉冲激发 $F(\omega) = B(\omega)$，而对于阶跃激发，$F(\omega) = B(\omega) / (-i\omega)$。将式（2.136）中的 t 用 $-t$ 替换可得

$$f(-t) = f_{\mathrm{DC}} = \frac{1}{2\pi} \int_{-\infty}^{+\infty} F(\omega) e^{-i\omega t} \mathrm{d}\omega \tag{2.137}$$

式中，f_{DC} 为直流场。将式（2.136）和式（2.137）相减可得

$$f(t) = f(-t) + \frac{1}{2\pi} \int_{-\infty}^{+\infty} F(\omega)(e^{i\omega t} - e^{-i\omega t}) \mathrm{d}\omega = f_{\mathrm{DC}} + \frac{i}{\pi} \int_{-\infty}^{+\infty} F(\omega) \sin\omega t \mathrm{d}\omega \tag{2.138}$$

考虑到 $F(-\omega) = F^*(\omega)$，式（2.138）经过简单变换得到：

$$f(t) = f_{\mathrm{DC}} + \frac{i}{\pi} \int_{-\infty}^{+\infty} [F(\omega) - F^*(\omega)] \sin\omega t \mathrm{d}\omega = f_{\mathrm{DC}} - \frac{2}{\pi} \int_{-\infty}^{+\infty} \mathrm{Im}[F(\omega)] \sin\omega t \mathrm{d}\omega \tag{2.139}$$

此外，正弦函数与半整数阶贝塞尔函数满足如下关系：

$$\sin\omega t = \sqrt{\frac{\pi\omega t}{2}} J_{1/2}(\omega t) \tag{2.140}$$

将式（2.140）代入式（2.139），并考虑到时间域航空电磁系统通常采用线圈测量磁感应信号，因此可假设式（2.139）中 $f_{\mathrm{DC}} = 0$，则时间域航空电磁响应计算公式为

$$f(t) = -\sqrt{\frac{2t}{\pi}} \int_{0}^{+\infty} \mathrm{Im}[F(\omega) \sqrt{\omega}] J_{1/2}(\omega t) \mathrm{d}\omega \tag{2.141}$$

采用节 2.1.10 快速汉克尔变换方法对式（2.141）进行数值离散，并根据式（2.132）可得到时间域航空电磁响应的数值计算公式。

2.2.2 任意波形时间域航空电磁响应

任意发射波形的时间域航空电磁响应和脉冲响应及阶跃响应之间存在如下褶积关系：

$$B(t) = I(t) * B_I(t) = -I(t) * \frac{\mathrm{d}B_s}{\mathrm{d}t} = -\frac{\mathrm{d}I}{\mathrm{d}t} * B_s \tag{2.142}$$

$$\frac{\mathrm{d}B}{\mathrm{d}t} = \frac{\mathrm{d}I}{\mathrm{d}t} * B_I(t) = -\frac{\mathrm{d}I}{\mathrm{d}t} * \frac{\mathrm{d}B_s}{\mathrm{d}t} = -\frac{\mathrm{d}^2 I}{\mathrm{d}t^2} * B_s \qquad (2.143)$$

式中，$I(t)$ 为发射电流；$B_I(t)$ 和 $B_s(t)$ 分别是上面讨论的电磁脉冲响应和阶跃响应，两者存在微分和积分的关系。理论上，式（2.142）和式（2.143）中各式是等价的，然而数值计算时航空电磁系统的脉冲响应在早期段存在奇异性，因此通常利用式（2.142）和式（2.143）中阶跃响应和电流的时间导数进行褶积。利用 Yin 等（2008）给出的高斯积分可以将式（2.142）和式（2.143）中褶积运算离散化，即

$$\int_a^b f(x)\,\mathrm{d}x = \frac{b-a}{2} \sum_{j=1}^{N_G} w_j f\left(\frac{b-a}{2}x_j + \frac{a+b}{2}\right) \qquad (2.144)$$

式中，N_G 为高斯积分点数；x_j 为高斯抽样点坐标；w_j 为加权系数（Press et al.，1997）。

下面研究层状介质时间域航空电磁脉冲响应和阶跃响应特征。我们设计如图 2.3 所示的模型。发射源位于直角坐标系原点正上方，测点坐标为 $(x, 0, z)$。发射线圈高度 $h_T = 30\mathrm{m}$，接收线圈高度 $h_R = 50\mathrm{m}$，水平收发距 $r = 10\mathrm{m}$。航空电磁系统的发射偶极矩为 $615000\mathrm{Am}^2$。我们分别讨论表 2.10 中均匀半空间、两层和三层介质模型的脉冲响应和阶跃响应特征。为方便起见，本节使用电阻率代替电导率，即 $\rho = 1/\sigma$，后续章节中将根据需要在电导率和电阻率之间进行切换。

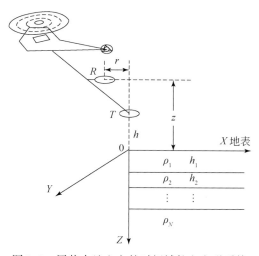

图 2.3　层状大地上方的时间域航空电磁系统

表 2.10　层状介质模型参数

均匀半空间	两层介质	三层介质
$\rho_1 = 100\Omega \cdot \mathrm{m}$	$\rho_1 = 100\Omega \cdot \mathrm{m}$，$h_1 = 30\mathrm{m}$	$\rho_1 = 100\Omega \cdot \mathrm{m}$，$h_1 = 30\mathrm{m}$
	$\rho_2 = 10\Omega \cdot \mathrm{m}$	$\rho_2 = 10\Omega \cdot \mathrm{m}$，$h_2 = 30\mathrm{m}$
		$\rho_3 = 500\Omega \cdot \mathrm{m}$

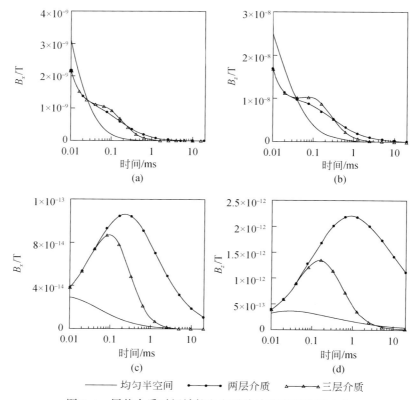

图 2.4　层状介质时间域航空电磁脉冲响应和阶跃响应

（a）和（b）X 和 Z 方向的脉冲响应；（c）和（d）X 和 Z 方向的阶跃响应

　　图 2.4 分别给出航空电磁系统 X 和 Z 方向的脉冲响应（a）、（b），阶跃响应（c）、（d）。由图可以看出，脉冲响应在早期时间道（$t=0$）出现奇异性，而阶跃响应随时间减小趋于一个渐进值。因此，利用脉冲响应进行褶积运算会出现不稳定性，而利用阶跃响应进行褶积不存在稳定性问题。这就很好地说明，尽管式（2.142）和式（2.143）中的褶积运算在理论上是等价的，但由于脉冲响应在早期出现奇异性，因此，式（2.142）和式（2.143）中仅最后的褶积算法稳定可靠。鉴于此，本节利用发射波形时间导数与阶跃响应进行褶积计算任意发射波形的时间域航空电磁响应。

　　下面以 Fugro 公司 HeliGEOTEM 和 HELITEM 系统为例讨论时间域航空电磁系统全时（on-time 和 off-time）响应的正演模拟问题。模型及系统参数同上，发射波形为半正弦波和梯形波（图 2.5）。发射基频 $f=30\mathrm{Hz}$，半正弦波和梯形波脉宽为 4ms，而梯形波的上升沿和下降沿均为 0.2ms。

　　图 2.6 和图 2.7 分别给出层状介质上方半正弦波和梯形波激发的时间域航空电磁全时响应。其中，（a）～（d）是利用脉冲响应与发射波形褶积的结果，而（e）～（h）是利用阶跃响应褶积的结果。从图可以看出：①利用阶跃响应和发射电流褶积计算的磁场 B 和磁感应 $\mathrm{d}B/\mathrm{d}t$ 之间保持很好的积分和微分关系，而利用脉冲响应计算的磁场 B 和磁感应 $\mathrm{d}B/\mathrm{d}t$ 不存在积分和微分关系；②由脉冲响应计算的电磁响应与电阻率基本无关，响应曲线几

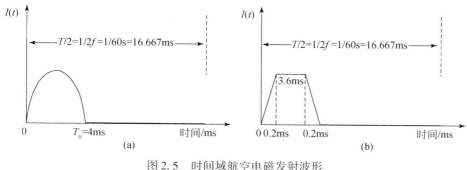

图 2.5　时间域航空电磁发射波形

（a）半正弦波；（b）梯形波

乎重合，不能反映地下电性分布特征，相反，由阶跃响应计算的电磁响应很好地反映地下电性变化特征；③计算结果表明利用两种方法计算的 off-time 电磁响应相同，主要差别在于 on-time 电磁响应。因此，为获得任意发射波形时间域航空电磁响应，应采用阶跃波与实际发射波形（或电流时间导数）褶积进行计算。

由上面讨论可知，为获得任意发射波形时间域航空电磁全时响应，需要首先计算出针对相同系统的阶跃响应，再通过和电流的一阶/二阶导数进行褶积计算。这种计算方法对获得 on-time 电磁响应至关重要。本节的理论是否适用于其他瞬变电磁勘探领域有待进一步研究。附录 1 和附录 2 中给出了本节研究频率域和时间域航空电磁算法程序。

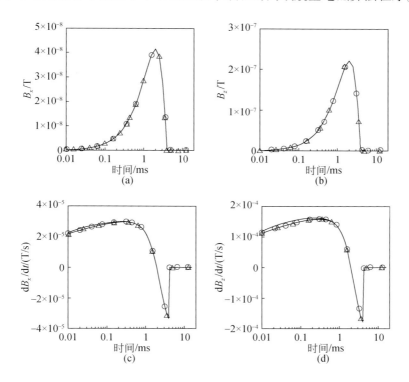

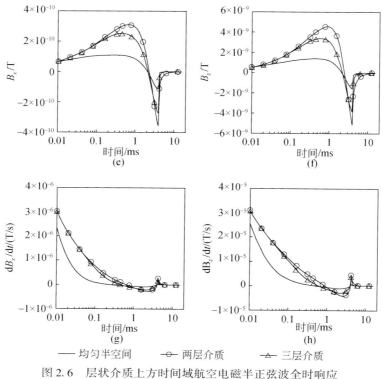

图 2.6　层状介质上方时间域航空电磁半正弦波全时响应

（a）~（d）利用脉冲响应褶积结果；（e）~（h）利用阶跃响应褶积结果

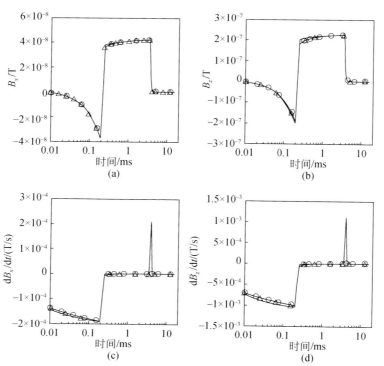

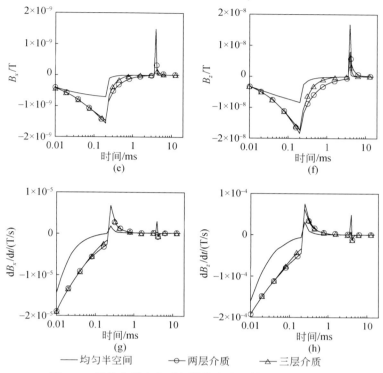

图 2.7　层状介质上方时间域航空电磁梯形波全时响应

（a）~（d）利用脉冲响应褶积结果；（e）~（h）利用阶跃响应褶积结果

2.3　航空电磁各向异性正演和影响特征分析

　　直升机航空电磁系统被广泛应用于地球物理填图，其数据通常采用各向同性模型进行解释。然而，在地层层理比较发育的地区，依据各向同性模型的数据解释会出现错误结果，因此有必要将传统的各向同性模型扩充到各向异性模型。本节讨论各向异性对航空电磁系统的影响及如何从航空电磁数据中识别大地各向异性的问题。

2.3.1　航空电磁各向异性研究现状

　　频率域航空电磁系统以其较高的分辨率正在越来越广泛地应用于浅地表地质填图、矿产资源勘查和环境工程等领域（Huang and Fraser，2000，2001，2002）。大多数频率域航空电磁系统采用直升机吊舱作为承载平台，称为 HEM。吊舱中包含直立共轴（VCX）和水平共面（HCP）线圈［图 2.8（a）］。如果将吊舱绕长轴旋转 90°，水平共面线圈旋转到垂直面，则我们得到直立共面装置 VCP［图 2.8（b）］。对于各向同性水平层状大地，磁场响应和视电阻率与飞行方向无关。然而，在地层层理发育、断裂带或变质带地区，大地不再认为是各向同性的，磁场响应和视电阻率均随着飞行方向发生变化，此时只有采用电各向异性模型对航空电磁数据进行解释才能获得正确的结果。

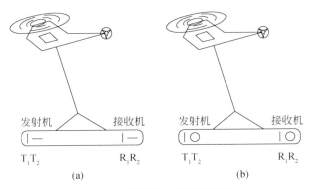

图 2.8 三种不同的测量线圈系统

（a）直立共轴 VCX 和水平共面 HCP 装置；（b）直立共轴 VCX 和直立共面 VCP 装置

如果介质的电阻率不随电流流动方向变化，则这种介质称为各向同性介质。反之，如果介质电阻率随着电流方向变化，则称为各向异性介质。电各向异性在实际地质工作中并不罕见，如沉积岩地区不同岩性薄层（虽然每层都是各向同性的，但各层具有不同的导电率），或者具有一定走向的局部断裂构造叠加。根据电路理论可知，当这些薄层以串联或并联方式叠在一起时，可导致电阻率随电流方向发生变化，表现为各向异性。电各向异性实质上是三维结构，就目前的计算条件模拟这些精细结构非常困难。因此，当这些精细结构远小于某一个尺度 scale length（如波长）时，可以利用一些综合参数描述这些精细结构，并称为各向异性。Keating 等（1998）展示了在加拿大东部存在电阻率各向异性大于 100：1 的绿泥沉积岩；Everett 和 Constable（1999）阐述了如何将各向同性薄层等效为各向异性模型；Weiss 和 Newman（2002）讨论了由薄层叠合产生的电阻率各向异性。Weiss 等（2001）、Lu 等（2002）及 al-Garni 和 Everett（2003）将在各向异性介质中计算得到的电磁场进行可视化，展示了电磁场在各向异性介质中的分布特征。

各向异性对地面电磁法影响特征的研究可追溯到 20 世纪 60 年代。Mann（1965）解决了平面波激发条件下各向异性介质中电磁响应的计算问题。O'Brien 和 Morrison（1967）、Reddy 和 Rankin（1971）、Loewenthal 和 Landisman（1973）、Abramovici（1974）、Shoham 和 Loewenthal（1975）、Dekker 和 Hastie（1980），以及 Morgan 等（1987）进一步深入研究了电磁各向异性问题。对于偶极子源在横向各向同性介质中的电磁感应问题，Sinha 和 Bhattacharya（1967）、Chlamtac 和 Abramovici（1981）进行了研究。Li 和 Pedersen（1991，1992）研究了方位各向异性电磁感应问题。随后，Yin 和 Weidelt（1999）提出了一种计算层状介质任意各向异性直流电阻率模拟算法，而 Yin 和 Maurer（2001）又将该方法推广到层状任意各向异性介质的 CSAMT 模拟之中。Kriegshauser 等（2000）提出了地球物理测井中的各向异性模拟方法，而 Wang 和 Fang（2001）、Newman 和 Alumbaugh（2002），以及 Davydycheva 等（2003）利用有限差分技术模拟了感应测井三维任意各向异性响应。目前，电磁各向异性的研究主要局限于地面和井中，有关各向异性对航空电磁测量的影响研究成果相对较少，只有 Weiss 等（2000）、Yin 和 Hodges（2003）及 Yin 和 Fraser（2004b）开展了相关研究工作。本节考虑全张量各向异性模型，采用类似于各向同性介质航空电磁响应的推导方法，引入两个相互耦合的标量势（一个极向场和一个螺旋管场）来描述电磁感应过程，在波数域中通过利用电磁连续性边界条件将其向下延拓，并在空气中耦合到发射源上以实现电磁场的求解。当地下存在水平各向同性（TI）介质时，这两个标量势不再相互耦合，此时我们将它们组合成一个新的标量并利用连续性边界条件向下延拓。对于波数较大的情况，由于场的延拓需要计算很大和很小指数项的乘积，导致计算机内存溢出。为此，我们将波数域分成两部分。对于小波数，我们利用延拓算法；由于大波数电磁场类似于直流场，航空系统系统无法观测到，因此我们简单予以忽略。

2.3.2　层状任意各向异性介质航空电磁正演模拟

在航空电磁勘探中，电磁场 $\boldsymbol{E}$、$\boldsymbol{H}$、$\boldsymbol{B}$ 和电流密度 $\boldsymbol{J}$ 满足如下方程：

$$\nabla \times \boldsymbol{E} = -i\omega\boldsymbol{B}, \qquad \nabla \cdot \boldsymbol{J} = 0 \tag{2.145}$$

$$\nabla \times \boldsymbol{H} = \boldsymbol{J}, \qquad \nabla \cdot \boldsymbol{B} = 0 \tag{2.146}$$

其中时间因子同样取为 $e^{i\omega t}$。假设电磁场为似稳场，$\boldsymbol{B} = \mu_0\boldsymbol{H}$，$\boldsymbol{J} = \sigma\boldsymbol{E} + \boldsymbol{J}^e$，其中 μ_0 为地下介质的磁导率（设定为自由空间中的磁导率），$\boldsymbol{J}^e$ 为源电流强度，而

$$\boldsymbol{\sigma} = \boldsymbol{\rho}^{-1}, \qquad \boldsymbol{\rho} = \begin{pmatrix} \rho_{xx} & \rho_{xy} & \rho_{xz} \\ \rho_{xy} & \rho_{yy} & \rho_{yz} \\ \rho_{xz} & \rho_{yz} & \rho_{zz} \end{pmatrix} \tag{2.147}$$

分别是电导率和电阻率张量。因为大地的导电过程不受磁场的影响，同时考虑到导电介质中能量耗散 $\frac{1}{2}\boldsymbol{E}\boldsymbol{\sigma}\boldsymbol{E}^*$（$\boldsymbol{E}^*$ 为复共轭）为正，因此电导率和电阻率张量是对称正定张量（Onsager，1931）。在空气中我们假设 $\boldsymbol{\sigma} = 0$。根据 Yin（2000）、式（2.147）可由主轴电阻率张量 $\boldsymbol{\rho}_0$ 经过三次欧拉旋转获得（图2.9），即

$$\boldsymbol{\rho}_0 = \begin{pmatrix} \rho_x & 0 & 0 \\ 0 & \rho_y & 0 \\ 0 & 0 & \rho_z \end{pmatrix} \tag{2.148}$$

$$\boldsymbol{\rho} = \boldsymbol{D}\boldsymbol{\rho}_0\boldsymbol{D}^{\mathrm{T}} \tag{2.149}$$

$$\boldsymbol{D} = \boldsymbol{D}_x\boldsymbol{D}_y\boldsymbol{D}_z = \begin{pmatrix} 1 & 0 & 0 \\ 0 & \cos\varphi & \sin\varphi \\ 0 & -\sin\varphi & \cos\varphi \end{pmatrix} \begin{pmatrix} \cos\psi & 0 & \sin\psi \\ 0 & 1 & 0 \\ -\sin\psi & 0 & \cos\psi \end{pmatrix} \begin{pmatrix} \cos\chi & -\sin\chi & 0 \\ \sin\chi & \cos\chi & 0 \\ 0 & 0 & 1 \end{pmatrix} \tag{2.150}$$

式中，φ、ψ 和 χ 为旋转角；$\boldsymbol{D}_x$、$\boldsymbol{D}_y$、$\boldsymbol{D}_z$ 为旋转矩阵，其表达式为

$$\boldsymbol{D}_x = \begin{pmatrix} 1 & 0 & 0 \\ 0 & \cos\varphi & \sin\varphi \\ 0 & -\sin\varphi & \cos\varphi \end{pmatrix}, \qquad \boldsymbol{D}_y = \begin{pmatrix} \cos\psi & 0 & \sin\psi \\ 0 & 1 & 0 \\ -\sin\psi & 0 & \cos\psi \end{pmatrix}, \qquad \boldsymbol{D}_z = \begin{pmatrix} \cos\chi & -\sin\chi & 0 \\ \sin\chi & \cos\chi & 0 \\ 0 & 0 & 1 \end{pmatrix} \tag{2.151}$$

由式（2.145）和式（2.146）可知，磁场 $\boldsymbol{H}$ 和电流密度 $\boldsymbol{J}$ 是螺线管型的矢量场。因

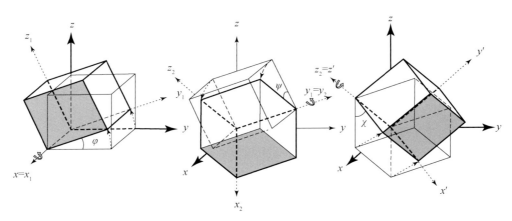

图 2.9　欧拉旋转和坐标转换（Liu and Yin，2014）

此，参照 2.1 节可将电磁场用两个标量势表示，并重写式（2.13）~式（2.17）如下：

$$\boldsymbol{H} = \nabla \times (\hat{z}T_{\mathrm{H}}) + \nabla \times \nabla \times (\hat{z}P_{\mathrm{H}}) \tag{2.152}$$

$$\boldsymbol{J} = \nabla \times (\hat{z}T_{\mathrm{J}}) + \nabla \times \nabla \times (\hat{z}P_{\mathrm{J}}) \tag{2.153}$$

式中，$\hat{z}$ 为笛卡尔坐标系中沿垂向方向上单位矢量，z 轴原点位于大地和空气分界面上。

在水平波数域 $\boldsymbol{k} = u\hat{x} + v\hat{y}$ 中，$k = |\boldsymbol{k}|$，$\hat{x}$ 和 $\hat{y}$ 是笛卡尔坐标系中沿水平方向的两个单位矢量，我们定义波数域中电磁场为 $\tilde{F}$，可通过傅里叶变换与空间域场 F 联系起来，即

$$F(x, y) = \frac{1}{4\pi^2} \iint_{-\infty}^{+\infty} \tilde{F}(u, v) e^{i(ux+vy)} \mathrm{d}u\mathrm{d}v \tag{2.154}$$

则式（2.152）和式（2.153）可表示为

$$\tilde{\boldsymbol{J}} = \begin{pmatrix} iv\tilde{T}_{\mathrm{J}} + iu\tilde{P}'_{\mathrm{J}} \\ -iu\tilde{T}_{\mathrm{J}} + iv\tilde{P}'_{\mathrm{J}} \\ k^2\tilde{P}_{\mathrm{J}} \end{pmatrix}, \qquad \tilde{\boldsymbol{H}} = \begin{pmatrix} iv\tilde{T}_{\mathrm{H}} + iu\tilde{P}'_{\mathrm{H}} \\ -iu\tilde{T}_{\mathrm{H}} + iv\tilde{P}'_{\mathrm{H}} \\ k^2\tilde{P}_{\mathrm{H}} \end{pmatrix} \tag{2.155}$$

其中右上角单引号表示关于 z 的导数。由安培定律可得

$$\tilde{T}_{\mathrm{H}} = \tilde{P}_{\mathrm{J}}, \qquad \tilde{T}_{\mathrm{J}} = k^2\tilde{P}_{\mathrm{H}} - \tilde{P}''_{\mathrm{H}} \tag{2.156}$$

则根据式（2.156）和法拉第定律可得均匀大地中标量势满足的微分方程：

$$a\tilde{P}''_{\mathrm{H}} - (ak^2 + i\omega\mu_0 k^2)\tilde{P}_{\mathrm{H}} - b\tilde{P}'_{\mathrm{J}} + ck^2\tilde{P}_{\mathrm{J}} = 0 \tag{2.157}$$

$$d\tilde{P}''_{\mathrm{J}} + 2e\tilde{P}'_{\mathrm{J}} - (c^2 + af)\tilde{P}_{\mathrm{J}} - i\omega\mu_0 b/k^2\tilde{P}'_{\mathrm{H}} + i\omega\mu_0 c\tilde{P}_{\mathrm{H}} = 0 \tag{2.158}$$

其中，

$$a = v^2\rho_{xx} - 2uv\rho_{xy} + u^2\rho_{yy} \tag{2.159}$$

$$b = (v^2 - u^2)\rho_{xy} + uv(\rho_{xx} - \rho_{yy}) \tag{2.160}$$

$$c = iv\rho_{xz} - iu\rho_{yz} \tag{2.161}$$

$$d = \rho_{xx}\rho_{yy} - \rho_{xy}^2 \tag{2.162}$$

$$e = iv(\rho_{xz}\rho_{xy} - \rho_{yz}\rho_{xx}) + iu(\rho_{yz}\rho_{xy} - \rho_{xz}\rho_{yy}) \tag{2.163}$$

$$f = \rho_{zz} + i\omega\mu_0/k^2 \tag{2.164}$$

在电性层分界面上，磁场 $\boldsymbol{H}$、电流密度 $\boldsymbol{J}$ 的垂向分量和电场 $\boldsymbol{E}$ 的切向分量连续。由此可得（Yin and Maurer，2001）

$$[\tilde{P}_H] = 0, \quad [\tilde{P}'_H] = 0, \quad [\tilde{P}_J] = 0, \quad [(-i\omega\mu_0 b\tilde{P}_H + k^2 d\tilde{P}'_J + k^2 e\tilde{P}_J)/a] = 0 \tag{2.165}$$

式中，$[\ ]$ 表示函数在界面两侧的差值。

为求解空气中的电磁响应，我们必须将电磁标量势耦合到发射源上。对于垂直磁偶极子源，磁性源界面两侧的水平磁场分量不连续，而垂直磁场分量连续；对于水平磁偶极子源，磁性源界面两侧的垂直磁场分量不连续，而水平磁场分量连续。我们利用这些电磁场特征来确定标量势的跳跃条件。

1. 垂直磁偶极子

假设一个垂直磁偶极子（VMD）位于直角坐标系原点正上方 h 处，则空气中的磁场为

$$\boldsymbol{H}(\boldsymbol{r} - \boldsymbol{r}_0) = \nabla\left(\nabla \cdot \frac{m}{4\pi|\boldsymbol{r} - \boldsymbol{r}_0|}\hat{z}\right) \tag{2.166}$$

其中 $\boldsymbol{r}_0 = (x_0, y_0, z_0) = (0, 0, -h)$ 为源位置，而 $\boldsymbol{r} = (x, y, z)$ 为接收点位置，磁矩 $m = ISN$，其中 I、S 和 N 分别是发射线圈中的电流、发射线圈面积和匝数。$\hat{z}$ 是垂直方向的单位矢量。从式（2.166），可以得到磁场的水平分量和垂直分量为

$$\boldsymbol{H}_h(\boldsymbol{r} - \boldsymbol{r}_0) = -\hat{x}\frac{m}{4\pi}\frac{\partial}{\partial x}\frac{z - z_0}{|\boldsymbol{r} - \boldsymbol{r}_0|^3} - \hat{y}\frac{m}{4\pi}\frac{\partial}{\partial y}\frac{z - z_0}{|\boldsymbol{r} - \boldsymbol{r}_0|^3} \tag{2.167}$$

$$H_z(\boldsymbol{r} - \boldsymbol{r}_0) = \frac{m}{4\pi}\frac{\partial^2}{\partial z^2}\frac{1}{|\boldsymbol{r} - \boldsymbol{r}_0|} \tag{2.168}$$

对式（2.167）进行二维傅里叶变换得到：

$$\tilde{\boldsymbol{H}}_h(\boldsymbol{k}, z - z_0) = \iint_{-\infty}^{+\infty}\boldsymbol{H}_h(\boldsymbol{r} - \boldsymbol{r}_0)e^{-i\boldsymbol{k}\cdot\boldsymbol{r}}\mathrm{d}^2\boldsymbol{r} = -\frac{im\boldsymbol{k}}{4\pi}(z - z_0)\iint_{-\infty}^{+\infty}\frac{e^{-i\boldsymbol{k}\cdot\boldsymbol{r}}}{|\boldsymbol{r} - \boldsymbol{r}_0|^3}\mathrm{d}^2\boldsymbol{r}$$

$$= -\frac{im\boldsymbol{k}}{2}\mathrm{sign}(z - z_0)e^{-i\boldsymbol{k}\cdot\boldsymbol{r}_0 - k|z - z_0|} \tag{2.169}$$

根据式（2.155），磁场的水平投影 $\tilde{\boldsymbol{H}}_h$ 为

$$\tilde{\boldsymbol{H}}_h = i(\boldsymbol{k} \times \hat{z})\tilde{P}_J + i\boldsymbol{k}\tilde{P}'_H \tag{2.170}$$

将其与 $i\boldsymbol{k}$ 做标量积得到：

$$\tilde{P}'_H = -\frac{i\boldsymbol{k} \cdot \tilde{\boldsymbol{H}}_h}{k^2}, \quad [\tilde{P}'_H]_-^+ = -\frac{i\boldsymbol{k} \cdot [\tilde{\boldsymbol{H}}_h]_-^+}{k^2} \tag{2.171}$$

式中，$[\ ]_-^+$ 为穿过源位置 $z = z_0$ 的跃变。将式（2.169）代入式（2.171）的第二式中，并考虑 $\boldsymbol{k} \cdot \boldsymbol{r}_0 = 0$ 可得

$$[\tilde{P}'_H] = -m \tag{2.172}$$

类似地，对式（2.168）进行二维傅里叶变换可以得到：

$$\tilde{H}_z(\boldsymbol{k},\ z-z_0) = -\frac{m}{2}\frac{\partial}{\partial z}\big[\,\mathrm{sign}(z-z_0)\,e^{-i\boldsymbol{k}\cdot\boldsymbol{r}_0 - k|z-z_0|}\,\big] \tag{2.173}$$

考虑到 $\boldsymbol{k}\cdot\boldsymbol{r}_0 = 0$，由式（2.155）和式（2.173）可得

$$\big[\tilde{P}_{\mathrm{H}}\big] = \frac{1}{k^2}\big[\tilde{H}_z\big]_-^+ = 0 \tag{2.174}$$

2. 水平磁偶极子

假设将一个沿 x 方向的水平磁偶极子（HMD–x）置于直角坐标系原点正上方 h 处，则空气中的磁场为

$$\boldsymbol{H}(\boldsymbol{r}-\boldsymbol{r}_0) = \nabla\Big(\nabla\cdot\frac{m}{4\pi|\boldsymbol{r}-\boldsymbol{r}_0|}\hat{\boldsymbol{x}}\Big) \tag{2.175}$$

其水平和垂直分量分别为

$$\boldsymbol{H}_h(\boldsymbol{r}-\boldsymbol{r}_0) = \hat{\boldsymbol{x}}\frac{m}{4\pi}\frac{\partial^2}{\partial x^2}\frac{1}{|\boldsymbol{r}-\boldsymbol{r}_0|} + \hat{\boldsymbol{y}}\frac{m}{4\pi}\frac{\partial^2}{\partial x\partial y}\frac{1}{|\boldsymbol{r}-\boldsymbol{r}_0|} \tag{2.176}$$

$$H_z(\boldsymbol{r}-\boldsymbol{r}_0) = \frac{m}{4\pi}\frac{\partial^2}{\partial x\partial z}\frac{1}{|\boldsymbol{r}-\boldsymbol{r}_0|} \tag{2.177}$$

对式（2.176）进行二维傅里叶变换可得

$$\tilde{\boldsymbol{H}}_h(\boldsymbol{k},\ z-z_0) = -\frac{mu\boldsymbol{k}}{4\pi}\iint_{-\infty}^{+\infty}\frac{e^{-i\boldsymbol{k}\cdot\boldsymbol{r}}}{|\boldsymbol{r}-\boldsymbol{r}_0|}\mathrm{d}^2\boldsymbol{r} = -\frac{mu\boldsymbol{k}}{2k}e^{-i\boldsymbol{k}\cdot\boldsymbol{r}_0 - k|z-z_0|} \tag{2.178}$$

将式（2.178）代入式（2.171）第二个式中可得

$$\big[\tilde{P}'_{\mathrm{H}}\big] = 0 \tag{2.179}$$

类似地，对式（2.177）式进行二维傅里叶变换得

$$\tilde{H}_z(\boldsymbol{k},\ z-z_0) = -\frac{imu}{4\pi}(z-z_0)\iint_{-\infty}^{+\infty}\frac{e^{-i\boldsymbol{k}\cdot\boldsymbol{r}}}{|\boldsymbol{r}-\boldsymbol{r}_0|^3}\mathrm{d}^2\boldsymbol{r} = -\frac{imu}{2}\mathrm{sign}(z-z_0)\,e^{-i\boldsymbol{k}\cdot\boldsymbol{r}_0 - k|z-z_0|}$$

$$\tag{2.180}$$

将式（2.180）代入式（2.155）中，并考虑 $\boldsymbol{k}\cdot\boldsymbol{r}_0 = 0$，可得到：

$$\big[\tilde{P}_{\mathrm{H}}\big] = \frac{1}{k^2}\big[\tilde{H}_z\big]_-^+ = -\frac{imu}{k^2} \tag{2.181}$$

采用与上面相同的方法可以得到沿 y 方向的水平磁偶极子（HMD–y）在发射源处的跳跃条件为

$$\big[\tilde{P}'_{\mathrm{H}}\big] = 0,\qquad \big[\tilde{P}_{\mathrm{H}}\big] = -\frac{imv}{k^2} \tag{2.182}$$

在得到源附近的跳跃条件后，我们可以对标量势 $\tilde{P}_{\mathrm{H}}$ 和 $\tilde{P}_{\mathrm{J}}$ 及电磁场进行求解。假设如图2.10所示的层状各向异性大地模型，各层电阻率张量为 $\boldsymbol{\rho}_n$，层厚度为 h_n，上顶面边界深度为 d_n（$n=1,\ 2,\ \cdots,\ N$），则在地下各层中，式（2.157）和式（2.158）的通解可以写成 $\tilde{P}_{\mathrm{H}} \sim A_{\mathrm{H}}e^{-\alpha z}$，$\tilde{P}_{\mathrm{J}} \sim A_{\mathrm{J}}e^{-\alpha z}$，其中 A_{H} 和 A_{J} 是振幅。将 $\tilde{P}_{\mathrm{H}}$ 和 $\tilde{P}_{\mathrm{J}}$ 代入式（2.157）和式（2.158）可以得到：

$$\begin{pmatrix} \alpha^2 a - ak^2 - i\omega\mu_0 k^2 & \alpha b + k^2 c \\ \alpha i\omega\mu_0 b + i\omega\mu_0 k^2 c & \alpha^2 k^2 d - 2\alpha k^2 e - k^2 c^2 - k^2 af \end{pmatrix} \begin{pmatrix} A_H \\ A_J \end{pmatrix} = \begin{pmatrix} 0 \\ 0 \end{pmatrix} \tag{2.183}$$

式（2.183）只有当系数矩阵的行列式为零时才有非零解，这意味着下式必须得到满足：

$$ad\alpha^4 - 2ae\alpha^3 - (k^2 ad + i\omega\mu_0 k^2 d + ac^2 + a^2 f + i\omega\mu_0 b^2/k^2)\alpha^2$$
$$+ (2k^2 ae + 2i\omega\mu_0 k^2 e - 2i\omega\mu_0 bc)\alpha + k^2 ac^2 + k^2 a^2 f + i\omega\mu_0 k^2 af = 0 \tag{2.184}$$

式（2.184）是一个关于 α 的四阶代数方程式，可以通过一个变换转换成三阶形式，然后利用解析方法求解（Bronstein and Semendjajew，1979）。此方程的解中包括两个实部为正的解 α_1 和 α_2（描述了下行波）和两个实部为负的解 α_3 和 α_4（描述了上行波）。根据式（2.183），我们引入标量势振幅比值：

$$\gamma_m = \frac{A_{Jm}}{A_{Hm}} = -\frac{\alpha_m^2 a - ak^2 - i\omega\mu_0 k^2}{\alpha_m b + k^2 c} = -\frac{i\omega\mu_0 c + \alpha_m i\omega\mu_0 b/k^2}{\alpha_m^2 d - 2\alpha_m e - c^2 - af}, \quad m = 1，2，3，4 \tag{2.185}$$

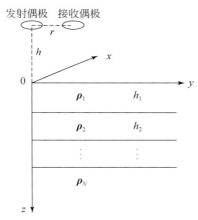

图 2.10　层状各向异性大地模型

$\boldsymbol{\rho}_n$（$n=1$，2，$\cdots$，N）和 h_n（$n=1$，2，$\cdots$，$N-1$）分别为电阻率张量和厚度

在基底以上各地层中，电磁场同时存在上行波和下行波，式（2.184）中的方程存在四个解。在深度为 $d_n < z < d_{n+1}$ 的第 n 层中，$\tilde{P}_{Hn}$ 和 $\tilde{P}_{Jn}$ 可以表示为

$$\tilde{P}_{Hn} = \sum_{m=1}^{4} A_{mn}^- e^{-\alpha_{mn}(z-d_n)} \tag{2.186}$$

$$\tilde{P}_{Jn} = \sum_{m=1}^{4} \gamma_{mn} A_{mn}^- e^{-\alpha_{mn}(z-d_n)} \tag{2.187}$$

将式（2.186）和式（2.187）代入连续性边界条件式（2.165）中得到：

$$\boldsymbol{A}_n^+ = \boldsymbol{E}_n \boldsymbol{A}_n^-, \quad \boldsymbol{S}_n \boldsymbol{A}_n^+ = \boldsymbol{S}_{n+1} \boldsymbol{A}_{n+1}^- \tag{2.188}$$

或者

$$\boldsymbol{A}_{n+1}^- = \boldsymbol{S}_{n+1}^{-1} \boldsymbol{S}_n \boldsymbol{E}_n \boldsymbol{A}_n^- \tag{2.189}$$

其中 $\boldsymbol{A}_n^- = (A_{1n}^-，A_{2n}^-，A_{3n}^-，A_{4n}^-)^{\mathrm{T}}$，$\boldsymbol{A}_n^+ = (A_{1n}^+，A_{2n}^+，A_{3n}^+，A_{4n}^+)^{\mathrm{T}}$。$A_{mn}^-$ 和 $A_{mn}^+ = A_{mn}^- \exp(-\alpha_{mn} h_n)$ 分别是第 n 层顶部和底部标量势的幅值（图 2.11）。

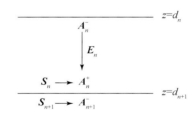

图 2.11　电磁场向下延拓

定义如下传播矩阵 $\boldsymbol{E}_n$ 和连续矩阵 $\boldsymbol{S}_n$

$$\boldsymbol{E}_n = \begin{pmatrix} e^{-\alpha_{1n}h_n} & 0 & 0 & 0 \\ 0 & e^{-\alpha_{2n}h_n} & 0 & 0 \\ 0 & 0 & e^{-\alpha_{3n}h_n} & 0 \\ 0 & 0 & 0 & e^{-\alpha_{4n}h_n} \end{pmatrix} \tag{2.190}$$

$$\boldsymbol{S}_n = \begin{pmatrix} 1 & 1 & 1 & 1 \\ -\alpha_{1n} & -\alpha_{2n} & -\alpha_{3n} & -\alpha_{4n} \\ \gamma_{1n} & \gamma_{2n} & \gamma_{3n} & \gamma_{4n} \\ \eta_{1n} & \eta_{2n} & \eta_{3n} & \eta_{4n} \end{pmatrix} \tag{2.191}$$

其中 $\eta_{mn} = (-i\omega\mu_0 b_n - k^2 d_n \alpha_{mn} \gamma_{mn} + k^2 e_n \gamma_{mn})/a_n$，我们可以将两个标量势向下延拓，并且利用矩阵乘积将地表处标量势与基底半空间顶界面处标量势联系起来［参照式（2.189）］，即

$$\boldsymbol{A}_N^- = (\boldsymbol{S}_N^{-1}\boldsymbol{S}_{N-1}\boldsymbol{E}_{N-1}) \cdots (\boldsymbol{S}_3^{-1}\boldsymbol{S}_2\boldsymbol{E}_2)(\boldsymbol{S}_2^{-1}\boldsymbol{S}_1\boldsymbol{E}_1)\boldsymbol{A}_1^- = \boldsymbol{M}\boldsymbol{A}_1^- \tag{2.192}$$

下面我们讨论空气半空间中的 $\tilde{P}_{\mathrm{H}}$ 和 $\tilde{P}_{\mathrm{J}}$ 的求解问题。空气中不存在电流，因此根据式（2.155）可以得到 $\tilde{P}_{\mathrm{J}} = 0$。根据式（2.156），空气中的 $\tilde{P}_{\mathrm{H}}$ 满足：

$$\tilde{P}_{\mathrm{H}}'' - k^2 \tilde{P}_{\mathrm{H}} = 0 \tag{2.193}$$

其解为

$$\tilde{P}_{\mathrm{H}}^- = A_{\mathrm{H}} e^{k(z+h)}, \qquad z < -h \tag{2.194}$$

$$\tilde{P}_{\mathrm{H}}^+ = A_{\mathrm{H}}^+ e^{-kz} + A_{\mathrm{H}}^- e^{kz}, \qquad -h \leqslant z < 0 \tag{2.195}$$

将式（2.194）和式（2.195）代入式（2.172）和式（2.174），对于垂直磁偶极子源，我们得到

$$A_{\mathrm{H}}^+ e^{kh} + A_{\mathrm{H}}^- e^{-kh} - A_{\mathrm{H}} = 0 \tag{2.196}$$

$$-kA_{\mathrm{H}}^+ e^{kh} + kA_{\mathrm{H}}^- e^{-kh} - kA_{\mathrm{H}} = -m \tag{2.197}$$

根据式（2.196）和式（2.197），可以得到 $A_{\mathrm{H}}^+ = \dfrac{m}{2k} e^{-kh}$，$A_{\mathrm{H}}^- = \left(A_{\mathrm{H}} - \dfrac{m}{2k}\right) e^{kh}$，则标量势为

$$\tilde{P}_{\mathrm{H}}^+ = \frac{m}{2k}\left[e^{-k(z+h)} - e^{k(z+h)} \right] + A_{\mathrm{H}} e^{k(z+h)} \tag{2.198}$$

同理，将式（2.194）和式（2.195）代入式（2.179）和式（2.181），可以得到沿 x 方向的水平磁偶极子的 $\tilde{P}_{\mathrm{H}}^+$ 表达式：

$$\tilde{P}_{\mathrm{H}}^{+} = -\frac{imu}{2k^2}\left[e^{-k(z+h)} + e^{k(z+h)}\right] + A_{\mathrm{H}}e^{k(z+h)} \tag{2.199}$$

将式（2.194）和式（2.195）代入式（2.182），可以得到沿 y 方向的水平磁偶极子的 $\tilde{P}_{\mathrm{H}}^{+}$ 表达式：

$$\tilde{P}_{\mathrm{H}}^{+} = -\frac{imv}{2k^2}\left[e^{-k(z+h)} + e^{k(z+h)}\right] + A_{\mathrm{H}}e^{k(z+h)} \tag{2.200}$$

在得到地下和空气中的标量位 $\tilde{P}_{\mathrm{H}}$ 和 $\tilde{P}_{\mathrm{J}}$ 之后，我们将它们耦合在一起，即可计算式（2.198）~式（2.200）中的 A_{H} 和 $\tilde{P}_{\mathrm{H}}^{+}$。为此，将大地中的 $\tilde{P}_{\mathrm{H}}$ 和 $\tilde{P}_{\mathrm{J}}$[式（2.186）和式（2.187）中取 $n=1$]及空气中吊舱以下的 $\tilde{P}_{\mathrm{H}}^{+}$[式（2.198）~式（2.200）]代入连续性边界条件式（2.165）中，可以得到：

$$\boldsymbol{K}\boldsymbol{A}_1^- = \begin{pmatrix} D_{\mathrm{H}} \\ D_{\mathrm{J}} \end{pmatrix} \tag{2.201}$$

式中，$\boldsymbol{A}_1^-$ 为 $n=1$ 层的振幅向量；$\boldsymbol{K}$ 为耦合矩阵：

$$\boldsymbol{K} = \begin{pmatrix} k+\alpha_{11} & k+\alpha_{21} & k+\alpha_{31} & k+\alpha_{41} \\ \gamma_{11} & \gamma_{21} & \gamma_{31} & \gamma_{41} \end{pmatrix} \tag{2.202}$$

而 D_{H}，D_{J} 为源项。对于垂直磁偶极子源（VMD），我们有

$$D_{\mathrm{H}} = me^{-kh}, \qquad D_{\mathrm{J}} = 0 \tag{2.203}$$

对于沿 x 方向的水平磁偶极子源（HMD-x），我们有

$$D_{\mathrm{H}} = -\frac{imu}{k}e^{-kh}, \qquad D_{\mathrm{J}} = 0 \tag{2.204}$$

对于沿 y 方向的水平磁偶极子源（HMD-y），我们有

$$D_{\mathrm{H}} = -\frac{imv}{k}e^{-kh}, \qquad D_{\mathrm{J}} = 0 \tag{2.205}$$

而空气中 $\tilde{P}_{\mathrm{H}}$ 的振幅 A_{H} 计算如下：
对于垂直磁偶极子源，

$$A_{\mathrm{H}} = (A_{11}^- + A_{21}^- + A_{31}^- + A_{41}^-)e^{-kh} + \frac{m}{2k}(1 - e^{-2kh}) \tag{2.206}$$

对于 HMD-x，

$$A_{\mathrm{H}} = (A_{11}^- + A_{21}^- + A_{31}^- + A_{41}^-)e^{-kh} + \frac{imu}{2k^2}(1 + e^{-2kh}) \tag{2.207}$$

对于 HMD-y，

$$A_{\mathrm{H}} = (A_{11}^- + A_{21}^- + A_{31}^- + A_{41}^-)e^{-kh} + \frac{imv}{2k^2}(1 + e^{-2kh}) \tag{2.208}$$

将式（2.206）~式（2.208）代入式（2.198）~式（2.200）即可获得空气中吊舱下方的标量位 $\tilde{P}_{\mathrm{H}}^{+}$。

下面求解振幅向量 $\boldsymbol{A}_1^-$。我们已经基于电磁场在 $z \to \infty$ 处的传播特征及吊舱处存在发射源的情况，建立了一套线性方程组。其中包括式（2.192）中由 $\boldsymbol{A}_N^- = (A_{1N}^-, A_{2N}^-, 0, 0)^{\mathrm{T}}$

第三和第四分量给出的齐次方程（描述了基底半空间中不存在上行波的事实），同时还包括式（2.201）中包含源项的两个非齐次方程。通过将式（2.192）和式（2.201）中的 $\boldsymbol{M}$ 和 $\boldsymbol{K}$ 矩阵分解为 2×2 的子矩阵，然后通过对所有非奇异矩阵求逆即可获得电磁场的解。

利用式（2.192）和式（2.201），我们可以求解出振幅矢量 $\boldsymbol{A}_{\mathrm{I}}^{-}$，然后将其代入式（2.206）~式（2.208）中获得 A_{H}，再将 A_{H} 代入式（2.198）~式（2.200）中，可以获得空气中的 $\tilde{P}_{\mathrm{H}}^{+}$。最后利用式（2.155），可以计算出对于不同偶极子源的航空电磁响应。理论上，利用这种方法可以计算任意层状各向异性介质上方航空电磁响应，然而在具体实现过程中会出现一些数值问题。

第一个问题源于大波数的情况。由于扩散矩阵 $\boldsymbol{E}$ 中包含 e 指数项，其指数可为正数和负数，在进行电磁场的向下延拓过程中，我们必须计算指数过大和指数过小数的乘积，过大或过小的指数项会出现溢出，导致计算不稳定性。我们将大波数定义为

$$k^2 \gg \omega\mu_0/\rho_{\min} \tag{2.209}$$

式中，$\rho_{\min}$ 为地下电阻率张量 $\boldsymbol{\rho}$ 的最小特征值。根据 Yin 和 Maurer（2001），在式（2.209）设定的条件下，式（2.157）和式（2.158）中与频率相关的部分相比于其他部分可以忽略，进而可以将方程化简为

$$a\tilde{P}_{\mathrm{H}}'' - ak^2\tilde{P}_{\mathrm{H}} - b\tilde{P}_{\mathrm{J}}' + ck^2\tilde{P}_{\mathrm{J}} = 0 \tag{2.210}$$

$$d\tilde{P}_{\mathrm{J}}'' + 2e\tilde{P}_{\mathrm{J}}' - (c^2 + a\rho_{zz})\tilde{P}_{\mathrm{J}} = 0 \tag{2.211}$$

上述方程展示了大波数场可以按照直流场进行处理。由于在航空电磁中，我们利用线圈测量感应磁场，无法观测到直流场。因此，在实际计算中大波数成分对航空电磁响应的贡献被忽略。

第二个问题源于横向各向异性（TI）。当地下介质为 TI 介质时，$\tilde{P}_{\mathrm{H}}$ 和 $\tilde{P}_{\mathrm{J}}$ 不再耦合，因此我们无法引入两个标量势的比值来实现场的向下延拓。在此情况下，我们通过将两个不耦合的标量势合成一个新的标量势，进而根据连续性条件将这个新的标量势向下延拓（Yin and Maurer，2001）。

第三个问题源于一次场。在频率域航空电磁响应中，一次场比二次场大很多。为了获得较高的二次场灵敏度，通常利用补偿线圈去除一次场，仅测量二次场。二次场的实部和虚部利用一次场归一化获得 PPM 响应。同样由于计算精度限制，在数值实现过程中会出现稳定性问题。二次场由于受到强大一次场压制，不能精确计算。因此，在数值模拟过程中，我们在波数域中将一次势（自由空间的标量势）从总势中剔除。这个过程与求解半空间标量势的过程相似，只是 $\tilde{P}_{\mathrm{H}}^{+}$ 仅包含向外传播的波，即

$$\tilde{P}_{\mathrm{H}}^{-} = A_{\mathrm{H}}e^{k(z+h)}, \qquad \tilde{P}_{\mathrm{H}}^{+} = A_{\mathrm{H}}^{+}e^{-kz} \tag{2.212}$$

将式（2.212）代入式（2.172）、式（2.174）、式（2.179）、式（2.181）和式（2.182），对于空气中垂直磁偶极子源，我们得到：

$$A_{\mathrm{H}} = \frac{m}{2k}, \qquad A_{\mathrm{H}}^{+} = \frac{m}{2k}e^{-kh}, \qquad \tilde{P}_{\mathrm{H0}}^{+} = \frac{m}{2k}e^{-k(z+h)} \tag{2.213}$$

对于 x 方向水平磁偶极子：

$$A_{\mathrm{H}} = \frac{imu}{2k^2}, \qquad A_{\mathrm{H}}^+ = -\frac{imu}{2k^2}e^{-kh}, \qquad \tilde{P}_{\mathrm{H0}}^+ = -\frac{imu}{2k^2}e^{-k(z+h)} \qquad (2.214)$$

对于 y 方向水平磁偶极子：

$$A_{\mathrm{H}} = \frac{imv}{2k^2}, \qquad A_{\mathrm{H}}^+ = -\frac{imv}{2k^2}e^{-kh}, \qquad \tilde{P}_{\mathrm{H0}}^+ = -\frac{imv}{2k^2}e^{-k(z+h)} \qquad (2.215)$$

将式（2.213）~式（2.215）中的一次势从总场势式（2.198）~式（2.200）中剔除，并将去除后的二次势代入式（2.155）。考虑到空气中没有电流（$\tilde{T}_{\mathrm{H}} = \tilde{P}_{\mathrm{J}} = 0$），我们可以得到接收线圈处的二次磁场为

$$\tilde{H}_x^s = iu\big[(\tilde{P}_{\mathrm{H}}^+)' - (\tilde{P}_{\mathrm{H0}}^+)'\big] \qquad (2.216)$$

$$\tilde{H}_y^s = iv\big[(\tilde{P}_{\mathrm{H}}^+)' - (\tilde{P}_{\mathrm{H0}}^+)'\big] \qquad (2.217)$$

$$\tilde{H}_z^s = k^2(\tilde{P}_{\mathrm{H}}^+ - \tilde{P}_{\mathrm{H0}}^+) \qquad (2.218)$$

2.3.3 数值算例

本节以 DIGHEM 直升机航空电磁系统为例，模拟与分析层状各向异性介质上方的航空电磁系统响应特征。我们计算各向异性地层上 VCX 及 VCP 线圈的水平磁场分量和 HCP 线圈的垂直磁场分量，并给出不同飞行方向的视电阻率分布特征（极性图）。

为了验证上述算法的精度，我们首先设计了一个两层各向异性模型：第一层包含 50 个电阻率分别为 $1\Omega \cdot \mathrm{m}$ 和 $10\Omega \cdot \mathrm{m}$ 的各向同性交互薄层，厚度为 $0.1\mathrm{m}$。根据 Yin 和 Hodges（2003）的研究，此模型等效于一个厚度为 50m 的各向异性（TI）层，纵向电阻率为 $\rho_{l1} = 1.818\Omega \cdot \mathrm{m}$，而横向电阻率为 $\rho_{t1} = 5.5\Omega \cdot \mathrm{m}$。基底半空间电阻率为 $50\Omega \cdot \mathrm{m}$，飞行高度为 30m，收发距为 8m。图 2.12 中圆点为本节讨论的各向异性算法模拟结果，而线条为利用 Weidelt（1991）程序针对 51 个层状各向同性模型的计算结果。从图 2.12 可以看出二者吻合很好，验证了本节所提算法的有效性。

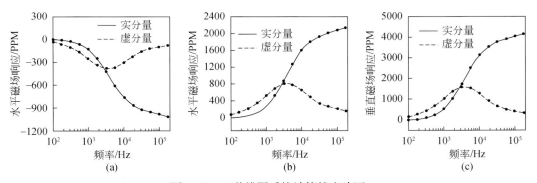

图 2.12 三种线圈系统计算精度验证

（a）直立共轴线圈；（b）直立共面线圈；（c）水平共面线圈。图中圆点为本节算法结果
（顶层为 TI 介质的两层模型），线条为 Weidelt（1991）各向同性程序 51 层计算结果

1. 电各向异性对航空电磁响应的影响特征

图 2.13 展示了三个各向异性模型。其中，基底均为电阻率 $1000\Omega\cdot m$ 的各向同性半空间，而顶层电阻率张量可由相应的三轴各向异性半空间绕 x 轴旋转 $60°$ 得到，其中 x 轴与层理走向方向一致（图 2.13）。三个模型顶层沿层理的纵向电阻率为 $\rho_{t1}=100\Omega\cdot m$，而垂直层理的横向电阻率 ρ_{t1} 对三个模型：模型 1 为 $100\Omega\cdot m$，模型 2 为 $200\Omega\cdot m$，模型 3 为 $400\Omega\cdot m$。顶层厚度为 50m，系统参数同图 2.12。图 2.14 展示了航空电磁 VCX、VCP 和 HCP 系统响应。从图可以看出，各向异性对航空电磁响应有很大影响。其特征与导电体电磁响应基本特征相符，即在高频段对实分量的影响较大，而在中频段对虚分量的影响较大。另外，我们可以看出三个不同模型的计算结果存在明显差异，这说明航空电磁响应对地下介质各向异性非常敏感。图 2.15 中假设的模型与图 2.14 的模型 3 相同，只是第一层张量电阻率绕 x 轴的旋转角 φ 发生变化。由图可以很明显看出航空电磁响应对地下介质各向异性的敏感性。这些算例说明航空电磁数据可以求解导电大地各向异性。

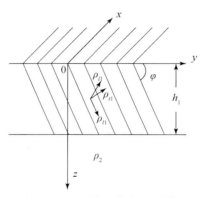

图 2.13 两层大地各向异性模型

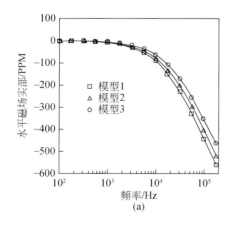

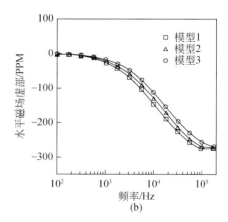

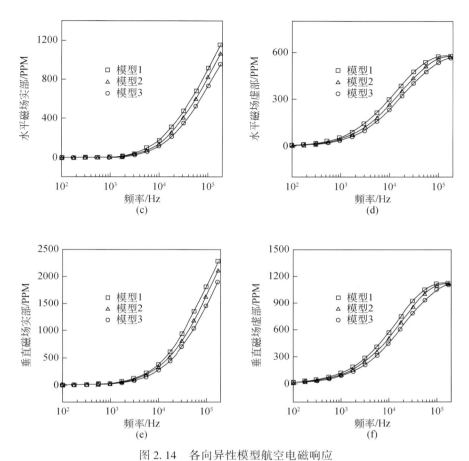

图 2.14　各向异性模型航空电磁响应
（a）和（b）直立共轴线圈；（c）和（d）直立共面线圈；（e）和（f）水平共面线圈

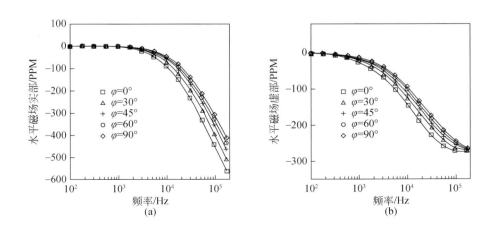

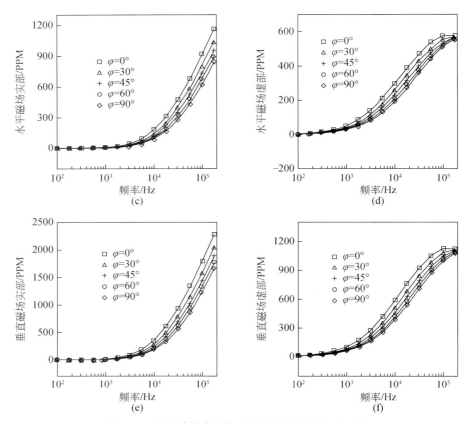

图 2.15　不同旋转角度各向异性模型航空电磁响应

（a）和（b）直立共轴线圈；（c）和（d）直立共面线圈；（e）和（f）水平共面线圈

2. 航空电磁响应识别地下介质各向异性特征

Yin（2001）引入了不同线圈系响应比的概念，如 VCX/HCP 和 VCX/VCP 等。如果这些正交线圈系在相同频率条件下工作，则其响应的比值对飞行高度不敏感。虽然这种线圈系可以设计，但商业化航电系统通常对不同线圈系采用不同的频率。Yin 和 Hodges（2003）证实由单一线圈系测量的电磁响应定义的视电阻率（Fraser，1978）可以代替比值来识别地下介质的各向异性特征。下面我们将通过算例说明视电阻率参数对飞行高度不敏感性，因此在实际测量中无需测量相同频率正交线圈系响应，也可识别出大地各向异性特征。

图 2.16 展示了各向异性半空间（模型 2）和各向同性半空间（模型 1）的视电阻率极性图。图中的矢量长度代表视电阻率，而矢量方位代表飞行方向。方位各向异性半空间的纵向电阻率为 $\rho_l = 100\Omega \cdot m$（图 2.13 中沿层理方向），而横向电阻率为 $\rho_t = 400\Omega \cdot m$（图 2.13 中垂直层理方向）。模型 1 中的各向同性均匀半空间电阻率为 $200\Omega \cdot m$。发射频率为 102kHz，其他航空系统参数同图 2.12。从直立共轴 VCX 和直立共面 VCP 的视电阻率计算结果可以看出，各向异性和各向同性模型的视电阻率极性图存在明显的差异。这提供

了由航空电磁响应识别地下介质各向异性特征的可能性。实际上，VCP 最大和最小视电阻率分别与各向异性高电阻率和低电阻率主轴方向一致，而 VCX 视电阻率分布却呈现出一种各向异性反常现象，即视电阻率最大和最小值与各向异性介质真电阻率分布相互正交。水平共面 HCP 视电阻率形成一个圆，与各向同性模型的结果在形态上一致，只是大小有所区别。这意味着根据 HCP 线圈系统响应和视电阻率无法识别地下介质的各向异性特征。

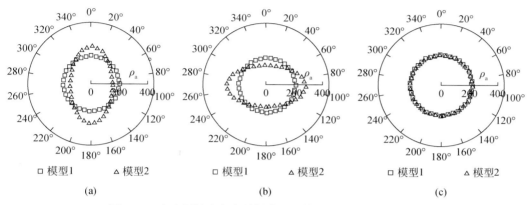

图 2.16　各向同性和各向异性半空间模型的视电阻率极性图
（a）直立共轴；（b）直立共面；（c）水平共面

　　图 2.17 展示了飞行高度对 HEM 系统 PPM 响应和视电阻率的影响。我们假设模型与图 2.16 中的模型 2 相同，频率为 6200Hz。极性图中的矢量长度代表 PPM 响应或视电阻率值，而矢量方位代表飞行方向。从极性图 2.17（a）和（b）可以看出，飞行高度对直立共轴 VCX 线圈响应有很大的影响；然而，从极性图 2.17（c）可以看出，飞行高度对视电阻率实质上没有影响。对于直立共面 VCP 线圈系可以得到相同的结论，如图 2.17（d）~（f）所示。此外，我们还发现 VCX 线圈最大和最小 PPM 响应分别与高阻和低阻各向异性主轴相对应，而 VCP 线圈响应呈现反常现象。所有视电阻率极性图分布特征与图 2.16 类似。

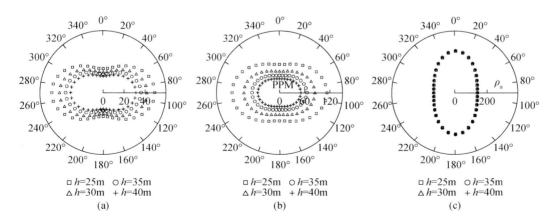

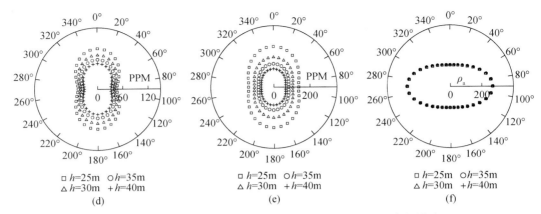

图 2.17　飞行高度对航空电磁系统 PPM 响应及视电阻率的影响
（a）直立共轴实分量；（b）直立共轴虚分量；（c）直立共轴视电阻率；
（d）直立共面实分量；（e）直立共面虚分量；（f）直立共面视电阻率

　　上述观察到的现象很容易进行物理解释。事实上，对于图 2.13 所示的方位各向异性半空间模型（$\varphi = 90°$），当测量装置沿层理方向飞行时（沿 x 方向），VCX 线圈平面垂直于层理，此时线圈系统在地下产生的感应电流遇到高阻电性，导致在此方向测量到较小的电磁响应和高视电阻率值。当测量装置垂直层理方向飞行时（沿 y 方向），VCX 线圈位于层理面上，地下感应电流较强，观测到较强的电磁响应和低视电阻率值。因此，VCX 电磁响应极性图与地下介质电阻率分布吻合很好（如大的电磁响应对应于高阻各向异性主轴，而小的电磁响应对应于低阻各向异性主轴），而视电阻率显示各向异性反常现象（如大的视电阻率对应于低阻各向异性主轴）。类似分析适用于 VCP 线圈系统，值得注意的是此时地下电流位于与飞行方向平行的平面内。因此，当测量装置沿层理方向飞行时会产生大感应电流，可测量到强电磁响应和低视电阻率；当测量装置垂直层理方向飞行时，感应电流会遇到高阻，导致弱的电磁响应和高视电阻率。对于 HCP 线圈系统，其发射和接收线圈均为水平，所以只有地下感应电流的水平分量对测量结果产生影响。此种线圈装置的水平电流不随飞行方向而改变，因此电磁响应和视电阻率分布不具有方向性。

　　图 2.18 展示了利用不同的发射频率识别地下介质不同电性层各向异性特征的算例。假设一个两层模型，其顶层为各向同性地层，$\rho_1 = 150\Omega \cdot m$，$h_1 = 50m$；而底层为倾斜各向异性，纵向和横向电阻率与图 2.16 中模型 2 相同，$\varphi = 60°$。由图可以看出，当发射频率为 102kHz 时，电磁场主要集中在顶部各向同性地层中，VCX 和 VCP 视电阻率分布是环形的，视电阻率值等于顶层电阻率 $150\Omega \cdot m$；当发射频率为 380Hz 时，电磁场穿透第一层后主要分布于底部各向异性半空间中，此时可以观察到各向异性对电磁响应的影响，同时底层的各向异性主轴方向也可以确定。与前面讨论结果类似，VCP 线圈系的视电阻率分布与下半空间的各向异性主轴方向一致，而 VCX 视电阻率呈现各向异性反常现象。

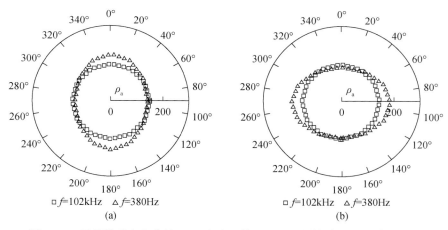

图 2.18　两层模型直立共轴 VCX 和直立共面 VCP 不同频率视电阻率极性图

（a）直立共轴线圈；（b）直立共面线圈

2.3.4　野外实测数据例子

本节利用 Fugro 航电系统 RESOLVE 在地下水勘查项目中获得的数据来检验航空直升机系统对大地各向异性的识别能力。RESOLVE 系统有五个水平共面线圈和一个直立共轴线圈。实际观测分别沿 0°、45°、90°和 135°四个方向飞行，每个方向飞 5 条测线，飞行线距 200m。试验区块广泛分布白垩纪 Devil's River 地层，构成含水层的上半部分。Yin 和 Hodges（2003）利用 Occam 反演获得该区电导率–深度剖面，指示含水层的厚度超过 200m。我们选择这一测区主要是因为水平共面装置在各飞行方向观测到相同的视电阻率，表明岩性分布非常均匀。Devil's River 地层为坚硬的粒状灰岩到泥岩、燧石和泥质灰岩，其走向是东—北东向，地层向南倾（0.2%）。测区的岩石被 Balcones 断裂破坏。这些断层是一系列近直立的正断层，下盘向南倾。Balcones 断裂走向北东向。

图 2.19 展示了测区（位置见图 2.20）中 1、4 和 8 号三个测点的视电阻率分布。测点选择在四条测线相交的位置。由图可以看出，所有测点 HCP 视电阻率呈圆形，证实了 HCP 线圈结构对半空间各向异性不敏感。然而，VCX 视电阻率在各测点均显示北东向较高的视电阻率，而在北西向较低。由于各向异性反常现象，我们推测各向异性高阻主轴为北西向，而各向异性低阻主轴为北东向。采用相同的流程，可以获得测区 21 个测点的各向异性主轴方向，并在图 2.20 中以箭头展示。各向异性视电阻率与测区的已知构造密切相关。如果局部断层与 Balcones 断裂平行，那么断层面上（北东向）的视电阻率较低，而垂直断层面的电阻率（北西向）较高。

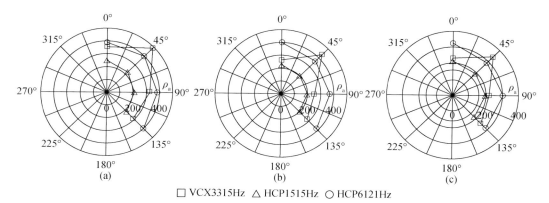

□ VCX3315Hz △ HCP1515Hz ○ HCP6121Hz

图 2.19　美国得克萨斯州地下水勘查典型测点视电阻率极性图

（a）1 号点结果；（b）4 号点结果；（c）8 号点结果

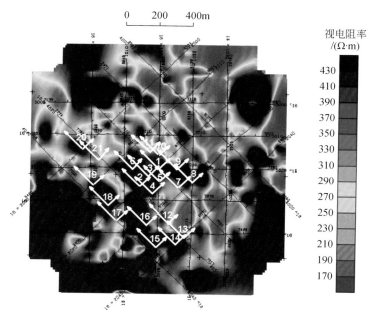

图 2.20　美国得克萨斯州地下水勘查各向异性主轴方向识别和 VCX3300Hz 视电阻率分布

2.3.5　小结

通过使用两个标量势描述电磁场，我们推导出层状各向异性大地航空电磁响应的计算方法。依据波数大小采用不同处理手段：小波数电磁场利用连续性边界条件进行向下延拓；而大波数电磁场与直流场相似，航空电磁系统探测不到，因此大波数电磁响应被忽略。通过从总标量势中去除自由空间的势，可以去除强大的一次场，提高了二次场计算精度和稳定性。

通过计算各向异性大地上不同线圈装置的航空电磁响应，我们展示了在频率范围 100Hz ~ 200kHz 各向异性对航空电磁响应的影响特征，这一频率范围涵盖了目前所有直升机航电系统的观测频段。数值结果表明大地各向异性对于高频实部和中频虚部响应影响较大。由于大多数航空电磁系统都工作在这个频率范围之内，在对具有明显各向异性地区的电磁数据进行解释时，需要特别注意各向异性对航空电磁响应的影响。航空电磁视电阻率是展示各向异性特征的理想参数。它对飞行高度不敏感，为了计算视电阻率，也不需要使用具有相同频率的两组线圈。视电阻率极性图可用于识别各向异性主轴方向，进而可以设计相应的各向异性模型对航空电磁数据进行反演解释。野外实测数据结果也证实了航空电磁观测技术可以识别大地各向异性。附录 3 中给出了本节研究航空电磁各向异性一维模型算法程序。

2.4　航空电磁姿态效应

直升机航空电磁勘探通常假设吊舱系统平稳飞行，此时吊舱内的线圈呈现水平或直立状态。在这种假设情况下，航空电磁数据被转换成等价电性参数（电导率、磁导率、介电常数）或反演成为水平层状介质模型。然而，实际情况是吊舱发生摆动、倾斜和偏航等变化，称为姿态效应。当吊舱发生姿态变化时，线圈的方向和位置相对正常飞行条件发生改变，导致勘探数据发生变化。因此本节首先介绍姿态变化对航空电磁系统响应的影响，分析半空间和层状介质上方三种线圈结构（直立共轴、直立共面和水平共面）的姿态效应，并区分其中的几何和感应成分。进而，我们还将讨论基于简单重叠系统模型（superposed system）的航空电磁姿态效应中占据主导地位的几何效应校正方法。

2.4.1　航空电磁系统吊舱姿态变化

随着直升机航空电磁系统（HEM）在矿产资源、环境和工程领域发挥越来越重要的作用，各种定量解释方法得到迅速发展。这就对航空电磁数据采集和处理解释带来挑战。过去当定性解释很普遍时，某些特殊噪声源的影响不被重视，通常采用调平或滤波予以去除。然而，当进行电磁数据定量解释时，这种简单去除明显不合理，因为这些特殊噪声（效应）是与特定的物理过程紧密相连的，只能通过研究其物理成因、建立模型并计算对于不同物理过程的校正因子予以校正。Fitterman（1998）研究了导电大地对电磁系统校准产生的影响，Huang 和 Fraser（2001，2002）研究了磁化率和介电常数对航空电磁响应的影响，而 Yin 和 Hodges（2003）、Yin 和 Fraser（2004b）研究了各向异性对航空电磁系统响应的影响。

对于频率域航空电磁系统，发射和接收线圈均放置于一个吊舱中。吊舱通常距飞机大约 30m。吊舱的姿态变化通常包括由外力引起的摆动（roll）、倾斜（pitch）和偏航（yaw），这些姿态变化改变了线圈系统的定向以及和导电大地的耦合。我们将系统带姿态飞行（摆动、倾斜和偏航）和吊舱平稳飞行时电磁响应的差异称为姿态效应。

有关航空电磁系统姿态效应的研究始于 20 世纪 80 年代。Son（1985）研究了单一姿态变化对航空电磁直立共轴、直立共面和水平共面系统的影响，Holladay 等（1997）认识到姿态校正对航空电磁解释的重要性，Reid 等（2003）将姿态校正应用于冰层厚度探测。本节研究频率域航空电磁系统由发射和接收机姿态变化导致和大地耦合关系的变化特征。我们考虑三种线圈装置，包括在地质填图中常用的能产生最大耦合的直立共轴线圈系统（VCX）和水平共面线圈系统（HCP），以及将线圈沿吊舱长轴方向旋转90°而得到的直立共面线圈系统（VCP）。线圈系的姿态变化考虑三种情况：由飞机与线圈连接的电缆左右晃动引起线圈摆动，由飞机在飞行过程中速度不均匀引起的吊舱倾斜，以及在飞机飞行过程中飞机受到侧风等外力引起的偏航。

为研究各姿态变化的具体情况，假设如图 2.21 的两种坐标系：一种是平行于地面的地球坐标系或参考坐标系（x，y，z），另一种是与吊舱保持一致的吊舱坐标系（x'，y'，z'）。参考坐标系是飞机平稳飞行的坐标系，x 轴沿飞行方向，y 轴垂直于飞行方向，z 轴垂直向下。在飞机不受外界干扰时吊舱坐标系（x'，y'，z'）和地球坐标系重合；但当吊舱发生姿态变化时，x'、y'、z' 将偏离地球坐标系（x，y，z）。图 2.21 展示各种姿态变化的情况，实际飞行观测时吊舱可发生这几种姿态组合变化。为求解系统姿态变化对电磁响应的影响，我们需要将吊舱倾斜姿态转回到水平姿态，这等价于从吊舱坐标系转回到地球坐标系。

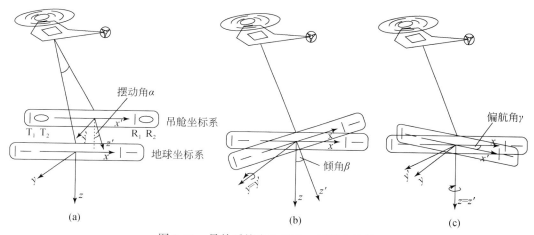

图 2.21　吊舱系统发生摆动、倾斜和偏航

（a）摆动；（b）倾斜；（c）偏航。（x，y，z）为地球/参考坐标系，而（x'，y'，z'）为
吊舱坐标系，实际吊舱姿态可为这些姿态的组合

对于两个坐标系之间的转换关系可用转换矩阵表示。假设 $\boldsymbol{v}^{\mathrm{i}}$ 代表地球坐标系中的向量，$\boldsymbol{v}^{\mathrm{b}}$ 代表吊舱坐标系中的向量，则有

$$\boldsymbol{v}^{\mathrm{i}} = \boldsymbol{D}_\gamma \boldsymbol{D}_\beta \boldsymbol{D}_\alpha \boldsymbol{v}^{\mathrm{b}} = \boldsymbol{D} \boldsymbol{v}^{\mathrm{b}} \tag{2.219}$$

式中，α、β、γ 分别代表摆动角、倾角和偏航角；上角 i 为地球坐标系，b 为吊舱坐标系；$\boldsymbol{D}_\alpha$、$\boldsymbol{D}_\beta$、$\boldsymbol{D}_\gamma$ 为相应的转换矩阵（Wiesel，1989），即

$$\boldsymbol{D}_\alpha = \begin{pmatrix} 1 & 0 & 0 \\ 0 & \cos\alpha & -\sin\alpha \\ 0 & \sin\alpha & \cos\alpha \end{pmatrix}, \quad \boldsymbol{D}_\beta = \begin{pmatrix} \cos\beta & 0 & \sin\beta \\ 0 & 1 & 0 \\ -\sin\beta & 0 & \cos\beta \end{pmatrix}, \quad \boldsymbol{D}_\gamma = \begin{pmatrix} \cos\gamma & -\sin\gamma & 0 \\ \sin\gamma & \cos\gamma & 0 \\ 0 & 0 & 1 \end{pmatrix}$$

$$\tag{2.220}$$

由式（2.219）可得

$$\boldsymbol{v}^{\mathrm{b}} = \boldsymbol{D}^{\mathrm{T}}\boldsymbol{v}^{\mathrm{i}} = \boldsymbol{D}_{\alpha}^{\mathrm{T}}\boldsymbol{D}_{\beta}^{\mathrm{T}}\boldsymbol{D}_{\gamma}^{\mathrm{T}}\boldsymbol{v}^{\mathrm{i}} = \boldsymbol{R}\boldsymbol{v}^{\mathrm{i}}, \qquad \boldsymbol{v}^{\mathrm{i}} = \boldsymbol{R}^{-1}\boldsymbol{v}^{\mathrm{b}}, \qquad \boldsymbol{R} = \boldsymbol{D}^{\mathrm{T}}, \qquad \boldsymbol{D} = \boldsymbol{D}_{\gamma}\boldsymbol{D}_{\beta}\boldsymbol{D}_{\alpha}$$

$$(2.221)$$

$$\boldsymbol{R} = \begin{pmatrix} c_{\mathrm{P}}c_{\mathrm{Y}} & c_{\mathrm{P}}s_{\mathrm{Y}} & -s_{\mathrm{P}} \\ s_{\mathrm{R}}s_{\mathrm{P}}c_{\mathrm{Y}} - c_{\mathrm{R}}s_{\mathrm{Y}} & s_{\mathrm{R}}s_{\mathrm{P}}s_{\mathrm{Y}} + c_{\mathrm{R}}c_{\mathrm{Y}} & s_{\mathrm{R}}c_{\mathrm{P}} \\ c_{\mathrm{R}}s_{\mathrm{P}}c_{\mathrm{Y}} + s_{\mathrm{R}}s_{\mathrm{Y}} & c_{\mathrm{R}}s_{\mathrm{P}}s_{\mathrm{Y}} - s_{\mathrm{R}}c_{\mathrm{Y}} & c_{\mathrm{R}}c^{\mathrm{P}} \end{pmatrix} \qquad (2.222)$$

式（2.222）为简化起见，我们已使用 c_{R}、s_{R}、c_{P}、s_{P}、c_{Y} 和 s_{Y} 代替 $\cos\alpha$、$\sin\alpha$、$\cos\beta$、$\sin\beta$、$\cos\gamma$ 和 $\sin\gamma$。下面我们分别考虑如图 2.22 所示的三种常用装置。

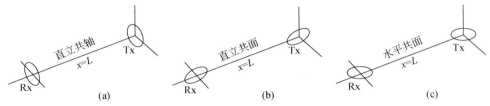

图 2.22　航空电磁常用装置图（L 为发收距）

对 VCX、VCP 和 HCP 装置，我们分别假设吊舱坐标系中沿长轴方向、两翼方向和垂直方向的单位向量 $(1, 0, 0)^{\mathrm{T}}$、$(0, 1, 0)^{\mathrm{T}}$ 和 $(0, 0, 1)^{\mathrm{T}}$，则地球坐标系中的对应向量为

$$\hat{\boldsymbol{x}}^{\mathrm{i}} = \boldsymbol{R}^{-1}\hat{\boldsymbol{x}}^{\mathrm{b}} = \boldsymbol{R}^{-1}\begin{pmatrix} 1 \\ 0 \\ 0 \end{pmatrix} = \boldsymbol{R}^{\mathrm{T}}\begin{pmatrix} 1 \\ 0 \\ 0 \end{pmatrix} = \begin{pmatrix} c_{\mathrm{P}}c_{\mathrm{Y}} \\ c_{\mathrm{P}}s_{\mathrm{Y}} \\ -s_{\mathrm{P}} \end{pmatrix} \qquad (2.223)$$

$$\hat{\boldsymbol{y}}^{\mathrm{i}} = \boldsymbol{R}^{-1}\hat{\boldsymbol{y}}^{\mathrm{b}} = \boldsymbol{R}^{-1}\begin{pmatrix} 0 \\ 1 \\ 0 \end{pmatrix} = \begin{pmatrix} s_{\mathrm{R}}s_{\mathrm{P}}c_{\mathrm{Y}} - c_{\mathrm{R}}s_{\mathrm{Y}} \\ s_{\mathrm{R}}s_{\mathrm{P}}s_{\mathrm{Y}} + c_{\mathrm{R}}c_{\mathrm{Y}} \\ s_{\mathrm{R}}c_{\mathrm{P}} \end{pmatrix} \qquad (2.224)$$

$$\hat{\boldsymbol{z}}^{\mathrm{i}} = \boldsymbol{R}^{-1}\hat{\boldsymbol{z}}^{\mathrm{b}} = \boldsymbol{R}^{-1}\begin{pmatrix} 0 \\ 0 \\ 1 \end{pmatrix} = \begin{pmatrix} c_{\mathrm{R}}s_{\mathrm{P}}c_{\mathrm{Y}} + s_{\mathrm{R}}s_{\mathrm{Y}} \\ c_{\mathrm{R}}s_{\mathrm{P}}s_{\mathrm{Y}} - s_{\mathrm{R}}c_{\mathrm{Y}} \\ c_{\mathrm{R}}c_{\mathrm{P}} \end{pmatrix} \qquad (2.225)$$

由于现代频率域航空电磁系统发射和接收线圈通常采用相同的定向，因此式（2.223）~式（2.225）中的单位向量同时定义了发射机方向 $\hat{\boldsymbol{s}}_{\mathrm{T}}$ 和接收机方向 $\hat{\boldsymbol{s}}_{\mathrm{R}}$。在下面讨论层状介质电磁相应时，我们假设发射机和接收机分别位于 $(0, 0, -h)$ 和 $(r_0, 0, z)$，其中 r_0 为 Tx-Rx 发收距。利用式（2.221）可以计算发射机和接收机在地球坐标系中的位置。此外，航空电磁系统通常采用雷达或者激光测量高程，当吊舱的姿态发生变化时，高程读数必将发生变化，从而产生误差。然而，由于航空电磁数据反演通常将高度作为反演参数，可以准确确定，因此本书暂不考虑高度变化造成的影响。

2.4.2 层状介质电磁响应

我们采用 2.1 节的理论推导。对于 N 层介质，各层电导率为 σ_n，厚度为 h_n，空间任意一点的磁场可以表示为地球坐标系中一次场和二次场之和，即

$$\boldsymbol{H} = \boldsymbol{H}^{\mathrm{p}} + \boldsymbol{H}^{\mathrm{s}} \tag{2.226}$$

则对于吊舱坐标系中的三个方向单元偶极 $\hat{\boldsymbol{s}}_{\mathrm{T}}$（对于 VCX、VCP 和 HCP 分别为 $\hat{\boldsymbol{x}}^{\mathrm{b}}$、$\hat{\boldsymbol{y}}^{\mathrm{b}}$ 和 $\hat{\boldsymbol{z}}^{\mathrm{b}}$），发射偶极矩为 $\boldsymbol{m}^{\mathrm{b}} = I S_{\mathrm{T}} \hat{\boldsymbol{s}}_{\mathrm{T}}$，$\hat{\boldsymbol{s}}_{\mathrm{T}} = [\hat{\boldsymbol{x}}^{\mathrm{b}}, \hat{\boldsymbol{y}}^{\mathrm{b}}, \hat{\boldsymbol{z}}^{\mathrm{b}}]$，其中 I 为发射电流，S_{T} 为发射线圈面积。利用式（2.221）的矩阵变换，我们得到：

$$\boldsymbol{m}^{\mathrm{i}} = \boldsymbol{R}^{-1} \boldsymbol{m}^{\mathrm{b}} = I S_{\mathrm{T}} \boldsymbol{R}^{-1} \hat{\boldsymbol{s}}_{\mathrm{T}} \tag{2.227}$$

总磁场可以写成：

$$\boldsymbol{H} = (\boldsymbol{h}^{\mathrm{p}} + \boldsymbol{h}^{\mathrm{s}}) \boldsymbol{m}^{\mathrm{i}} \tag{2.228}$$

式中，$\boldsymbol{h}^{\mathrm{p}}$ 和 $\boldsymbol{h}^{\mathrm{s}}$ 是层状介质的张量格林函数，分别由下式给出：

$$\boldsymbol{h}^{\mathrm{p}} = \begin{pmatrix} h^{\mathrm{p}}_{xx} & h^{\mathrm{p}}_{xy} & h^{\mathrm{p}}_{xz} \\ h^{\mathrm{p}}_{yx} & h^{\mathrm{p}}_{yy} & h^{\mathrm{p}}_{yz} \\ h^{\mathrm{p}}_{zx} & h^{\mathrm{p}}_{zy} & h^{\mathrm{p}}_{zz} \end{pmatrix} = \frac{1}{4\pi} \begin{pmatrix} \dfrac{3x^2 - R_+^2}{R_+^5} & \dfrac{3xy}{R_+^5} & \dfrac{3xz_+}{R_+^5} \\[3mm] \dfrac{3xy}{R_+^5} & \dfrac{3y^2 - R_+^2}{R_+^5} & \dfrac{3yz_+}{R_+^5} \\[3mm] \dfrac{3xz_+}{R_+^5} & \dfrac{3yz_+}{R_+^5} & \dfrac{3z_+^2 - R_+^2}{R_+^5} \end{pmatrix} \tag{2.229}$$

$$\boldsymbol{h}^{\mathrm{s}} = \begin{pmatrix} h^{\mathrm{s}}_{xx} & h^{\mathrm{s}}_{xy} & h^{\mathrm{s}}_{xz} \\ h^{\mathrm{s}}_{yx} & h^{\mathrm{s}}_{yy} & h^{\mathrm{s}}_{yz} \\ h^{\mathrm{s}}_{zx} & h^{\mathrm{s}}_{zy} & h^{\mathrm{s}}_{zz} \end{pmatrix} = \frac{1}{4\pi} \begin{pmatrix} \dfrac{x^2 - y^2}{r^3} T_5 - \dfrac{x^2}{r^2} T_3 & -\dfrac{xy}{r^2}\left(\dfrac{2T_5}{r} - T_3\right) & \dfrac{x}{r} T_6 \\[3mm] \dfrac{xy}{r^2}\left(\dfrac{2T_5}{r} - T_3\right) & \dfrac{y^2 - x^2}{r^3} T_5 - \dfrac{y^2}{r^2} T_3 & \dfrac{y}{r} T_6 \\[3mm] -\dfrac{x}{r} T_6 & -\dfrac{y}{r} T_6 & -T_3 \end{pmatrix} \tag{2.230}$$

式中，$z_{\pm} = h \pm z$，$R_{\pm}^2 = r^2 + z_{\pm}^2$，$T(z-)$ 函数由 2.1 节给出。按照法拉第电磁感应定律，我们得到三个接收线圈中产生的感应电动势为

$$\boldsymbol{V} = -\mathrm{i}\omega\mu_0 S_{\mathrm{R}} \boldsymbol{H} \cdot \hat{\boldsymbol{s}}_{\mathrm{R}} \tag{2.231}$$

式中，S_{R} 为接收线圈面积；$\hat{\boldsymbol{s}}_{\mathrm{R}}$ 为接收线圈的单位法向量在地球坐标系中的投影。对于 VCX、VCP 和 HCP 装置，$\hat{\boldsymbol{s}}_{\mathrm{R}}$ 可以取式（2.223）~ 式（2.225）中的 $\hat{\boldsymbol{x}}^{\mathrm{i}}$、$\hat{\boldsymbol{y}}^{\mathrm{i}}$、$\hat{\boldsymbol{z}}^{\mathrm{i}}$，而 $\boldsymbol{V} = (V_{\mathrm{VCX}}, V_{\mathrm{VCP}}, V_{\mathrm{HCP}})^{\mathrm{T}}$ 表示三个偶极子在同方向接收机中产生的感应电动势。

2.4.3 直升机航空电磁系统姿态效应

下面我们讨论姿态对航空电磁系统响应的影响。首先我们引入吊舱姿态发生变化和吊舱平稳飞行时电磁响应的比值，进而分析姿态响应特征及如何在电磁数据处理中使用这些

比值进行姿态校正。

1. VCX 线圈系统

图 2.23 给出对于一个半空间模型 VCX 系统姿态变化和吊舱平稳飞行时电磁响应比值随倾角的变化情况。为便于比较，我们同时给出后面将要讨论的几何姿态效应。由于系统的对称性，摆动角没有影响，因此没有考虑。我们假设 Tx-Rx 发收距为 8m，吊舱中点高度为 30m。从图可以看出，倾角增加了实分量和虚分量，但视电阻率减小。由于视电阻率是由电磁场实虚分量比值定义的（Fraser，1978），因此受吊舱姿态影响较小。增加半空间电阻率稍微减少系统的姿态效应（主要减少感应部分）。然而，甚至当大地为非常高阻时，倾角的影响不会消失（几何效应部分）。

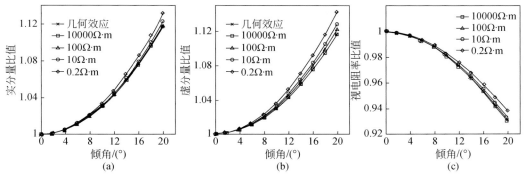

图 2.23　不同半空间电阻率条件下倾角对 VCX 响应的影响（发射频率为 6200Hz）

图 2.24 给出不同频率条件下倾角对 VCX 响应的影响。从图可以看出，这些比值与频率有关，响应比值随频率的增加而增加。值得注意的是，频率和大地电阻率起相反的作用，这是由电磁感应过程决定的，即感应数决定电磁场的特征。姿态角对视电阻率的影响小于对电磁实虚分量的影响。最后，我们研究飞行高度的影响。从图 2.25 可以看出，除虚分量一定程度受高度影响外，实分量和视电阻率几乎不受影响。

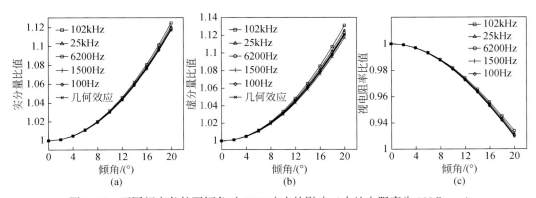

图 2.24　不同频率条件下倾角对 VCX 响应的影响（大地电阻率为 100Ω · m）

分析上述结果我们得出结论：航空电磁系统姿态效应包括两部分。一部分是几何效应，仅取决于吊舱系统关于地球坐标系的姿态变化（导致发射和接收偶极的定向和耦合关系发生变化），与大地电阻率和频率无关。另一部分是感应效应，与大地电阻率和发射频率（感应数）相关，几何效应比感应效应强很多。

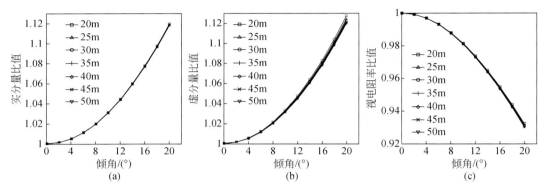

图 2.25　不同飞行高度条件下倾角对 VCX 响应的影响

发射频率为 6200Hz，大地电阻率为 $100\,\Omega\cdot\text{m}$

为更好地理解上述计算结果，我们首先重点研究 VCX 线圈系统。假设吊舱系统只发生倾斜（$\alpha = \gamma = 0$，$\beta \neq 0$），将式（2.223）代入式（2.227），则有

$$\boldsymbol{m}_{\text{VCX}}^{\text{i}} = IS_{\text{T}}\hat{\boldsymbol{x}}^{\text{i}} = IS_{\text{T}}\begin{pmatrix} c_{\text{P}} \\ 0 \\ -s_{\text{P}} \end{pmatrix} \tag{2.232}$$

从式（2.228），二次磁场为

$$\boldsymbol{H}_{\text{VCX}}^{\text{s}} = \boldsymbol{h}^{\text{s}}\,\boldsymbol{m}_{\text{VCX}}^{\text{i}} = IS_{\text{T}}\begin{pmatrix} h_{xx}^{\text{s}}c_{\text{P}} - h_{xz}^{\text{s}}s_{\text{P}} \\ h_{yx}^{\text{s}}c_{\text{P}} - h_{yz}^{\text{s}}s_{\text{P}} \\ h_{zx}^{\text{s}}c_{\text{P}} - h_{zz}^{\text{s}}s_{\text{P}} \end{pmatrix} \tag{2.333}$$

则从式（2.231）可得

$$V_{\text{VCX}}(\beta) = -\,\text{i}\omega\mu_0 S_{\text{R}}\boldsymbol{H}_{\text{VCX}}^{\text{s}}\cdot\hat{\boldsymbol{x}}^{\text{i}} = -\,\text{i}\omega\mu_0 S_{\text{R}}S_{\text{T}}I\cdot(h_{xx}^{\text{s}}c_{\text{P}}^2 - h_{xz}^{\text{s}}c_{\text{P}}s_{\text{P}} - h_{zx}^{\text{s}}c_{\text{P}}s_{\text{P}} + h_{zz}^{\text{s}}s_{\text{P}}^2)$$
$$\tag{2.234}$$

从式（2.230）可以看出 $h_{xz}^{\text{s}} = -h_{zx}^{\text{s}}$，式（2.234）中的中间两项抵消。将式（2.230）代入式（2.234），并考虑到 $x = r = r_0\cos\beta$，$y=0$，则式（2.234）简化为

$$V_{\text{VCX}}(\beta) = \frac{\text{i}\omega\mu_0 S_{\text{R}}S_{\text{T}}I}{4\pi}\left[\left(T_3 - \frac{T_5}{r}\right)c_{\text{P}}^2 + T_3 s_{\text{P}}^2\right] = \frac{\text{i}\omega\mu_0 S_{\text{R}}S_{\text{T}}IT_3}{4\pi}\left[\left(1 - \frac{T_5}{rT_3}\right)c_{\text{P}}^2 + s_{\text{P}}^2\right]$$
$$\tag{2.235}$$

注意式（2.235）中如果 T_5/rT_3 是一个常数，则吊舱倾角的影响变成一个乘子，对电磁响应实虚分量的影响相同。图 2.26（a）给出不同地电模型和不同飞行高度 T_5/rT_3 与无量纲参数 $r/\delta = r/\sqrt{2\rho_1/\omega\mu_0}$ 之间的关系，吊舱中心高度为 30m。从图可以看出，当 r/δ 很小时，T_5/rT_3 趋于左端渐近线 0.5，随 r/δ 增大 T_5/rT_3 逐渐增加，但其幅值在很大范围内保

持在 0.5 ~ 0.514（变化 <3%，相位变化小于 0.3°）。图 2.26（b）展示均匀半空间模型（100Ω·m）在不同飞行高度条件下两者之间的关系。从图可以看出，当 r/δ 较小时，T_5/rT_3 接近 0.50，随着 r/δ 增大 T_5/rT_3 逐渐增加，但其幅值在很大范围内保持在 0.5 ~ 0.54。飞行高度越小 T_5/rT_3 越大。这种 T_5/rT_3 从 0.5 增大的情况属于姿态效应的感应部分。由图 2.26 展示的结果，我们发现如下共同特征：①对较小的 r/δ，$T_5/rT_3 = 0.5$；②T_5/rT_3 随着 r/δ 增大而增加，其值由 r/h 控制，当 $r/h<0.3$ 时，$T_5/rT_3 \approx 0.5$。Yin 和 Fraser（2004b）将 $r/h<0.3$ 的航空电磁系统定义为重叠（superposed）系统，并由此给出航空电磁重叠系统姿态效应几何成分的校正算法。

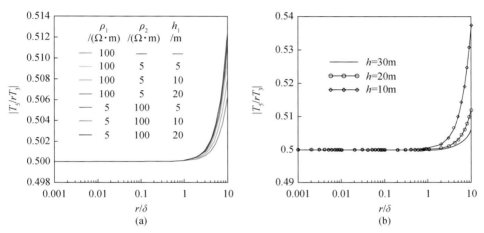

图 2.26　不同模型电阻率和不同飞行高度条件下 T_5/rT_3 和归一化发收距 r/δ 之间的关系
（a）不同模型电阻率；（b）不同飞行高度。发射频率为 6200Hz

利用式（2.235），可以计算吊舱倾斜和吊舱保持平稳飞行时电磁响应的比值，即

$$V_{\text{VCX}}(\beta)/V_{\text{VCX}}(0) = \left[c_P^2 + s_P^2 \Big/ \left(1 - \frac{T_5}{rT_3} \right) \right] \tag{2.236}$$

式（2.236）描述了一个极坐标系中与倾角 β 相关的椭圆方程，短轴为 1（对应于 $\beta = 0°$），而长轴为 $1 \Big/ \left(1 - \dfrac{T_5}{rT_3} \right) \geq 2$（对应于 $\beta = 90°$）。我们定义仅随倾角发生变化的部分为几何效应，而剩下的感应部分取决于 T_5/rT_3，后者改变了椭圆的形状。当 r/δ 很小时，$T_5/rT_3 \approx 0.5$，则式（2.236）简化成

$$V_{\text{VCX}}(\beta)/V_{\text{VCX}}(0) \approx c_P^2 + 2s_P^2 \tag{2.237}$$

式（2.237）与 Yin 和 Fraser（2004b）的公式（23）相同。分析式（2.236）和式（2.237）的不同有益于加深对航空电磁系统姿态效应中几何部分和感应部分的理解。

2. VCP 线圈系统

大多数频率域航空电磁系统使用 VCX 和 HCP 装置。然而，在一些特殊区域（如各向异性区域），Yin 和 Hodges（2003）、Yin 和 Fraser（2004b）证实了 VCP 装置也非常有用。实际飞行观测中，我们只需将 HCP 线圈绕吊舱长轴旋转 90°即可获得 VCP。图 2.27 给出

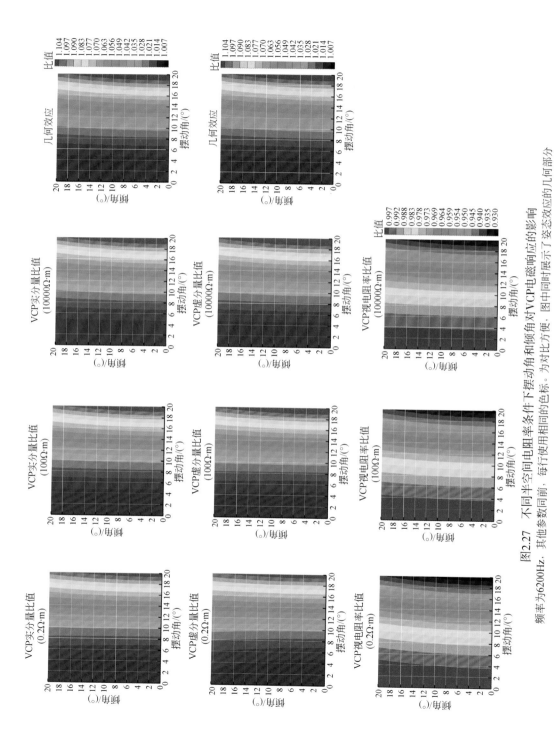

图2.27　不同半空间电阻率条件下摆动角和倾角对VCP电磁响应的影响

频率为6200Hz，其他参数同前，每行使用相同的色标。为对比方便，图中同时展示了姿态效应的几何部分

VCP 系统非平稳飞行和平稳飞行时电磁响应的比值与吊舱系统摆动角和倾角之间的关系。从图可以看出，摆动角增加电磁响应的比值，而减少视电阻率比值。倾角对 VCP 系统响应几乎不产生影响。图中对应于不同大地电阻率的比值非常相似，再次说明几何效应占据主导地位，感应效应仅在 r/δ 很大时才能识别。

类似于前面的推导，我们可以得到 VCP 装置的比值表达式，并进而分析倾角和摆动角对航空电磁响应的影响特征。考虑到吊舱首先绕垂直吊舱的轴旋转（倾斜），然后绕长轴旋转（摆动），发射偶极矩可以通过将式（2.224）中的 $\hat{\boldsymbol{y}}^{\mathrm{i}}$ 代入式（2.227）中，并令 $\gamma = 0$，有

$$\boldsymbol{m}_{\mathrm{VCP}}^{\mathrm{i}} = IS_{\mathrm{T}}\hat{\boldsymbol{y}}^{\mathrm{i}} = IS_{\mathrm{T}}\begin{pmatrix} s_{\mathrm{R}}s_{\mathrm{P}} \\ c_{\mathrm{R}} \\ s_{\mathrm{R}}c_{\mathrm{P}} \end{pmatrix} \tag{2.238}$$

则二次磁场可表示为

$$\boldsymbol{H}_{\mathrm{VCP}}^{\mathrm{s}} = \boldsymbol{h}^{\mathrm{s}}\boldsymbol{m}_{\mathrm{VCP}}^{\mathrm{i}} = IS_{\mathrm{T}}\begin{pmatrix} h_{xx}^{\mathrm{s}}s_{\mathrm{R}}s_{\mathrm{P}} + h_{xy}^{\mathrm{s}}c_{\mathrm{R}} + h_{xz}^{\mathrm{s}}s_{\mathrm{R}}c_{\mathrm{P}} \\ h_{yx}^{\mathrm{s}}s_{\mathrm{R}}s_{\mathrm{P}} + h_{yy}^{\mathrm{s}}c_{\mathrm{R}} + h_{yz}^{\mathrm{s}}s_{\mathrm{R}}c_{\mathrm{P}} \\ h_{zx}^{\mathrm{s}}s_{\mathrm{R}}s_{\mathrm{P}} + h_{zy}^{\mathrm{s}}c_{\mathrm{R}} + h_{zz}^{\mathrm{s}}s_{\mathrm{R}}c_{\mathrm{P}} \end{pmatrix} \tag{2.239}$$

在式（2.231）中将 $\hat{\boldsymbol{s}}_{\mathrm{R}}$ 用 $\hat{\boldsymbol{y}}^{\mathrm{i}}$ 代替，则有

$$V_{\mathrm{VCP}}(\alpha,\ \beta) = -i\omega\mu_0 S_{\mathrm{R}}\boldsymbol{H}_{\mathrm{VCP}}^{\mathrm{s}} \cdot \hat{\boldsymbol{y}}^{\mathrm{i}} = -i\omega\mu_0 S_{\mathrm{R}}S_{\mathrm{T}}I \cdot (h_{xx}^{\mathrm{s}}s_{\mathrm{R}}^2s_{\mathrm{P}}^2 + h_{xy}^{\mathrm{s}}s_{\mathrm{R}}c_{\mathrm{R}}s_{\mathrm{P}} + h_{xz}^{\mathrm{s}}s_{\mathrm{R}}^2s_{\mathrm{P}}c_{\mathrm{P}} + h_{yx}^{\mathrm{s}}s_{\mathrm{R}}c_{\mathrm{R}}s_{\mathrm{P}}$$
$$+ h_{yy}^{\mathrm{s}}c_{\mathrm{R}}^2 + h_{yz}^{\mathrm{s}}s_{\mathrm{R}}c_{\mathrm{R}}c_{\mathrm{P}} + h_{zx}^{\mathrm{s}}s_{\mathrm{R}}^2s_{\mathrm{P}}c_{\mathrm{P}} + h_{zy}^{\mathrm{s}}s_{\mathrm{R}}c_{\mathrm{R}}c_{\mathrm{P}} + h_{zz}^{\mathrm{s}}s_{\mathrm{R}}^2c_{\mathrm{P}}^2) \tag{2.240}$$

由式（2.230）可知 $H_{ij}^{\mathrm{s}} = -H_{ji}^{\mathrm{s}}$（$i \neq j$），则式（2.240）可简化为

$$V_{\mathrm{VCP}}(\alpha,\ \beta) = -i\omega\mu_0 S_{\mathrm{R}}S_{\mathrm{T}}I \cdot (h_{xx}^{\mathrm{s}}s_{\mathrm{R}}^2s_{\mathrm{P}}^2 + h_{yy}^{\mathrm{s}}c_{\mathrm{R}}^2 + h_{zz}^{\mathrm{s}}s_{\mathrm{R}}^2c_{\mathrm{P}}^2) \tag{2.241}$$

同时，考虑到 $x = r = r_0\cos\beta$，$y = 0$，则有

$$V_{\mathrm{VCP}}(\alpha,\ \beta) = \frac{i\omega\mu_0 S_{\mathrm{R}}S_{\mathrm{T}}I}{4\pi}\left[\left(T_3 - \frac{T_5}{r}\right)s_{\mathrm{R}}^2s_{\mathrm{P}}^2 + \frac{T_5}{r}c_{\mathrm{R}}^2 + T_3 s_{\mathrm{R}}^2c_{\mathrm{P}}^2\right] \tag{2.242}$$

因此

$$V_{\mathrm{VCP}}(\alpha,\ \beta)/V_{\mathrm{VCP}}(0,\ 0) = \left[\left(T_3 - \frac{T_5}{r}\right)s_{\mathrm{R}}^2s_{\mathrm{P}}^2 + \frac{T_5}{r}c_{\mathrm{R}}^2 + T_3 s_{\mathrm{R}}^2c_{\mathrm{P}}^2\right]\bigg/\left(\frac{T_5}{r}\right) \tag{2.243}$$

式（2.243）中，当摆动角 $\alpha = 0$，$V_{\mathrm{VCP}}(0,\ \beta)/V_{\mathrm{VCP}}(0,\ 0) = 1$，说明倾斜对 VCP 的影响很小（参见图 2.27）。当倾角 β 为零时，则

$$V_{\mathrm{VCP}}(\alpha,\ 0)/V_{\mathrm{VCP}}(0,\ 0) = c_{\mathrm{R}}^2 + s_{\mathrm{R}}^2 T_3\bigg/\left(\frac{T_5}{r}\right) \tag{2.244}$$

式（2.244）描述了一个极坐标系中的椭圆，短轴和长轴分别为 1 和 $T_3\big/\left(\dfrac{T_5}{r}\right)$，同样感应效应导致长轴发生变化。当 r/δ 和 r/h 均很小时，$T_3\big/\left(\dfrac{T_5}{r}\right) \approx 2$，式（2.244）简化为

$$V_{\mathrm{VCP}}(\alpha,\ 0)/V_{\mathrm{VCP}}(0,\ 0) = c_{\mathrm{R}}^2 + 2s_{\mathrm{R}}^2 \tag{2.245}$$

式（2.245）与 Yin 和 Fraser（2004a）的式（19）给出的紧凑系统表达式相同。类似地，在 r/δ 和 r/h 均很小的条件下，式（2.243）变成

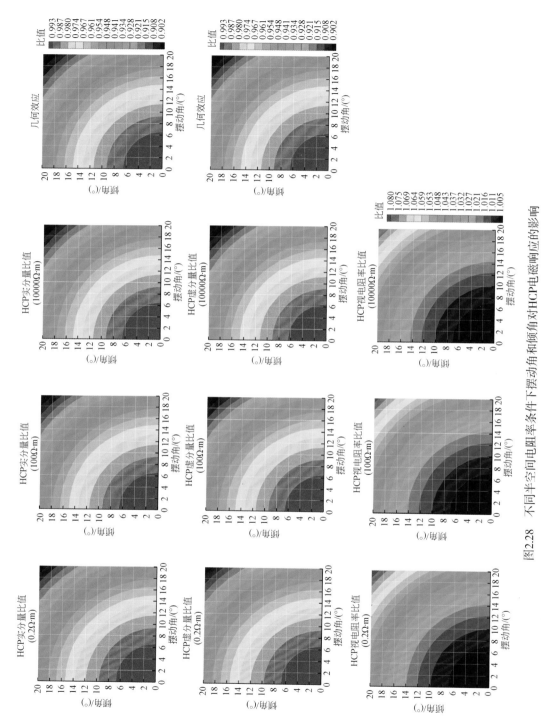

图2.28 不同半空间电阻率条件下摆动角和倾角对HCP电磁响应的影响。频率为6200Hz。其他参数同前。每行使用相同的色标。为对比方便。图中同时展示了姿态效应的几何部分

$$V_{\text{VCP}}(\alpha,\ \beta)/V_{\text{VCP}}(0,\ 0) = 1 + s_{\text{R}}^2 c_{\text{P}}^2 \tag{2.246}$$

式（2.246）描述了组合姿态变化的几何效应。从图 2.27 中展示的结果可以明显看出几何效应占主导地位。

3. HCP 线圈系统

图 2.28 展示 HCP 线圈响应与吊舱姿态之间的关系。与 VCX 和 VCP 不同，摆动角和倾角对 HCP 电磁响应均有较大影响，导致电磁场实虚分量减小、视电阻率增大。摆动角和倾角对 HCP 系统响应的影响具有较好的对称性。与其他装置形式相同，几何效应占据主导地位。通过类似的推导，可以获得如上所说的吊舱姿态变化和平稳飞行时的电磁响应比值。然而，由于将 VCP 旋转 90° 便得到 HCP 装置，我们可采用类比法得到：

$$V_{\text{HCP}}(\alpha,\ \beta) = V_{\text{VCP}}(\alpha + 90°,\ \beta) \tag{2.247}$$

因此，对于 HCP 线圈装置，我们有

$$V_{\text{HCP}}(\alpha,\ \beta)/V_{\text{HCP}}(0,\ 0) = \left(1 - \frac{T_5}{rT_3}\right)c_{\text{R}}^2 + \frac{T_5}{rT_3}(s_{\text{R}}^2 + c_{\text{R}}^2 c_{\text{P}}^2) \tag{2.248}$$

当 r/δ 和 r/h 均很小时，$T_5/rT_3 \approx 0.5$，则式（2.248）可简化为

$$V_{\text{HCP}}(\alpha,\ \beta)/V_{\text{HCP}}(0,\ 0) = 0.5(1 + c_{\text{R}}^2 c_{\text{P}}^2) \tag{2.249}$$

式（2.249）表明摆动角和倾角的影响是对称的，表现为图 2.28 中的圆形等值线，同时对于较小的 r/δ，总姿态效应逼近式（2.249）给出的几何效应。

图 2.29 给出吊舱姿态变化对 HCP 两层大地（$\rho_1 = 10\Omega \cdot \text{m}$，$\rho_2 = 100\Omega \cdot \text{m}$，$h_1 = 20\text{m}$）电磁响应的影响。我们考虑（$\alpha = 15°$，$\beta = 15°$）和（$\alpha = 0$，$\beta = 0$）两种情况。从图 2.29（a）和（b）可以看出，导电体的基本电磁感应特征清晰可见。然而，吊舱姿态变化和平稳飞行时电磁响应的差异在于，实分量随频率而增加，但虚分量随频率先增加后减少，并在 8000Hz 时出现极大值。如果将电磁响应投影在对数坐标系中，参见图 2.29（c）~（e），我们可以看到在频率 100~100000Hz，实虚分量和视电阻率比值呈现均匀分布，说明对于层状介质模型几何效应仍然占据主导地位。因此，作为一级近似，我们可以利用半空间的校正因子对层状介质电磁响应进行姿态效应校正。

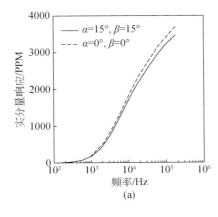

(a)

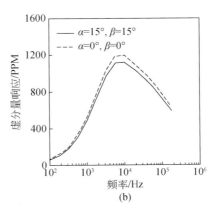

(b)

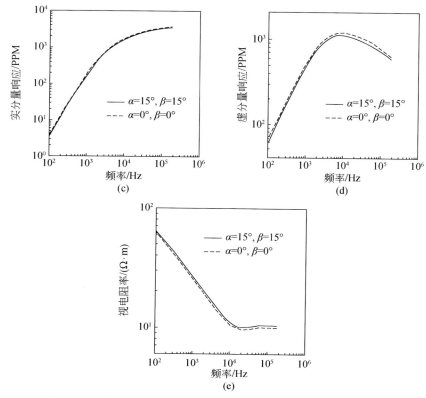

图 2.29 组合姿态对水平共面线圈 HCP 两层模型电磁响应的影响

（a）和（b）使用线性坐标以展示姿态效应在不同频率的影响特征；（c）~（e）使用
对数坐标展示校正因子基本为常数，反映几何效应的主导作用

　　基于上述讨论，我们建议采用下列方式对航空电磁数据中的姿态效应进行校正：无论是良导还是高阻大地，我们假设一个高阻半空间计算电磁响应的比值，并对数据进行校正，这将去除占主导地位的几何效应。然后，我们对校正的数据进行反演获得地电模型，并利用新模型参数重新计算校正因子，再对数据进行校正，这种过程循环直到数据没有更多的改变为止。

2.4.4　基于叠加偶极的航空电磁姿态效应校正

　　前面章节讨论了任意收发距航空电磁系统的姿态效应问题。然而，实际航空电磁系统的收发距远小于飞行高度。在这种情况下，可以将分离装置近似为重叠装置。这种重叠装置也称为叠加偶极（superposed dipole，SD）。本节将研究基于 SD 的姿态效应校正算法。上面描述的全姿态效应校正算法精确有效，但由于该方法需要设计多次反演和姿态校正迭代，当工区范围大、数据量大时，该算法效率低耗时多。因此，本节讨论的基于叠加偶极的姿态效应校正主要校正几何效应，它可校正 95% 以上姿态效应。我们首先讨论 SD 条件下几种常用装置（HCP，VCX，VCP）姿态变化与响应之间的关系，推导姿态校正函数；

然后通过对比 SD 校正和 2.4.3 节介绍的全姿态校正结果，说明 SD 姿态校正的有效性。

1. HCP 和 VCP 摆动姿态效应校正

在叠加装置的假设条件下 $r_0 \rightarrow 0$，因此 $r \le r_0 \rightarrow 0$，从而有 $J_0(kr \rightarrow 0) = 1$ 和 $J_1(kr \rightarrow 0) = kr/2$。将上述关系代入式 (2.94)、式 (2.96) 和式 (2.97)，可得

$$T_5/r = T_3/2, \qquad T_6/T_3 = 0 \qquad (2.250)$$

假设在吊舱坐标系下 HCP 装置发射偶极矩为 $\boldsymbol{m}_{HCP}^b = m\hat{z}^b = (0, 0, m)^T$，$m = IS_T$，系统摆动角为 α。对 $\boldsymbol{m}_{HCP}^b$ 进行旋转，能够得到地球坐标系中该系统在 y 和 z 方向偶极矩 $m_y^i = -m\sin\alpha$，$m_z^i = m\cos\alpha$。由式 (2.230) 和式 (2.250)，可以推导出地球坐标系中二次场为 ($x = r \rightarrow 0$，$y = 0$)

$$H_{yy}^s = -\frac{m_y^i}{4\pi r}T_5 = -\frac{m_y^i}{8\pi}T_3, \qquad H_{zz}^s = -\frac{m_z^i}{4\pi}T_3, \qquad H_{xy}^s = H_{zy}^s = H_{yz}^s = H_{xz}^s = 0 \qquad (2.251)$$

将式 (2.251) 中由 y 和 z 方向偶极产生的场分量进行合成，同时考虑到接收偶极与发射偶极具有相同的定向 $\hat{s}_R^i = \boldsymbol{D}(0, 0, 1)^T$，则根据式 (2.231) 可得接收线圈处感应电动势为

$$V_{HCP}(\alpha) = -i\omega\mu_0 S_R \cdot \left[(H_{xy}^s + H_{xz}^s)d_{13} + (H_{yy}^s + H_{yz}^s)d_{23} + (H_{zy}^s + H_{zz}^s)d_{33} \right] \qquad (2.252)$$

式中，d_{ij} 为旋转矩阵 $\boldsymbol{D}$ 中的元素。将式 (2.251) 和 d_{13}、d_{23}、d_{33} 代入式 (2.252)，可得吊舱系统发生摆动时接收机的感应电动势为

$$V_{HCP}(\alpha) = \frac{i\omega\mu_0 S_R S_T I T_3}{4\pi}(0.5\sin^2\alpha + \cos^2\alpha) \qquad (2.253)$$

进一步我们可以推导 HCP 装置有无姿态效应时接收机响应之比为

$$V_{HCP}(\alpha)/V_{HCP}(0) = 0.5\sin^2\alpha + \cos^2\alpha = 0.25\cos2\alpha + 0.75 \qquad (2.254)$$

从上面的推导结果可以发现，对于叠加偶极 SD 系统，姿态效应仅为几何效应，与大地导电性无关。类似地，我们可以推导出 VCP 装置有无摆动效应时接收响应之比为

$$V_{VCP}(\alpha)/V_{VCP}(0) = -0.5\cos2\alpha + 1.5 \qquad (2.255)$$

2. VCX 和 HCP 装置倾斜姿态效应校正

假设在吊舱坐标系下 VCX 装置发射偶极矩为 $\boldsymbol{m}_{VCX}^b = m\hat{x}^b = (m, 0, 0)^T$，$m = IS_T$，系统倾角为 β。对 $\boldsymbol{m}_{VCX}^b$ 进行旋转可得地球坐标系中沿 x 和 z 方向偶极矩 $m_x^i = m\cos\beta$，$m_z^i = -m\sin\beta$。由式 (2.230) 和式 (2.250)，可以推导出地球坐标系中二次场为 ($x = r \rightarrow 0$，$y = 0$)

$$H_{xx}^s = -\frac{m_x^i}{8\pi}T_3, \qquad H_{zz}^s = -\frac{m_z^i}{4\pi}T_3, \qquad H_{yx}^s = H_{zx}^s = H_{xz}^s = H_{yz}^s = 0 \qquad (2.256)$$

根据式 (2.231)，接收线圈感应电动势可表示为

$$V_{VCX}(\beta) = -i\omega\mu_0 S_R \cdot \left[(H_{xx}^s + H_{xz}^s)d_{11} + (H_{yx}^s + H_{yz}^s)d_{21} + (H_{zx}^s + H_{zz}^s)d_{31} \right] \qquad (2.257)$$

将式 (2.256) 和 d_{11}、d_{21}、d_{31} 代入式 (2.257)，得到吊舱发生摆动时接收机处感应电动势为

$$V_{\mathrm{VCX}}(\beta) = -\frac{i\omega\mu_0 S_R S_T I T_3}{4\pi}(0.5\cos^2\beta + \sin^2\beta) \tag{2.258}$$

进一步我们可以推导 VCX 装置有无姿态效应时接收机响应之比为

$$V_{\mathrm{VCX}}(\beta)/V_{\mathrm{VCX}}(0) = -0.5\cos2\beta + 1.5 \tag{2.259}$$

上述推导结果再次表明，对于叠加偶极 SD 系统，姿态效应仅为几何效应。类似地，我们可以推导出 HCP 装置有无倾斜时接收机响应之比为

$$V_{\mathrm{HCP}}(\beta)/V_{\mathrm{HCP}}(0) = 0.25\cos2\beta + 0.75 \tag{2.260}$$

3. HCP 装置双旋转姿态效应校正

假设在吊舱坐标系下 HCP 装置发射偶极矩为 $\boldsymbol{m}_{\mathrm{HCP}}^{\mathrm{b}} = m\hat{z}^{\mathrm{b}} = (0, 0, m)^{\mathrm{T}}$，$m = IS_{\mathrm{T}}$。如果系统同时发生摆动和倾斜两种旋转（摆动角为 α，倾角为 β），由前面的讨论，我们能够得到地球坐标系中沿 x、y 和 z 方向偶极矩为 $m_x^{\mathrm{i}} = m\cos\alpha\sin\beta$、$m_y^{\mathrm{i}} = -m\sin\alpha$ 和 $m_z^{\mathrm{i}} = m\cos\alpha\cos\beta$。由式（2.230）和式（2.250），可以推导出地球坐标系中磁矩为 m_x^{i}、m_y^{i}、m_z^{i} 的偶极产生的二次磁场为

$$H_{xx}^{\mathrm{s}} = -\frac{m_x^{\mathrm{i}}}{8\pi}T_3, \qquad H_{yx}^{\mathrm{s}} = 0, \qquad H_{zx}^{\mathrm{s}} = 0 \tag{2.261}$$

$$H_{xy}^{\mathrm{s}} = 0, \qquad H_{yy}^{\mathrm{s}} = -\frac{m_y^{\mathrm{i}}}{8\pi}T_3, \qquad H_{zy}^{\mathrm{s}} = 0 \tag{2.262}$$

$$H_{xz}^{\mathrm{s}} = 0, \qquad H_{yz}^{\mathrm{s}} = 0, \qquad H_{zz}^{\mathrm{s}} = -\frac{m_z^{\mathrm{i}}}{4\pi}T_3 \tag{2.263}$$

将上式中各偶极子源产生的相同分量相加，然后代入式（2.231），考虑到接收线圈与发射线圈的姿态相同，我们得到接收线圈处的感应电动势为

$$V_{\mathrm{HCP}}(\alpha, \beta) = -\frac{i\omega\mu_0 S_R S_T I T_3}{8\pi}(1 + \cos^2\alpha\cos^2\beta) \tag{2.264}$$

进一步我们可以推导 HCP 装置有无姿态效应时接收机响应之比为

$$V_{\mathrm{HCP}}(\alpha, \beta)/V_{\mathrm{HCP}}(0, 0) = 0.5(1 + \cos^2\alpha\cos^2\beta) \tag{2.265}$$

从式（2.265）中可以发现，对于 SD 线圈装置，摆动角和倾角对 HCP 线圈响应的影响是对称的。由于在 SD 假设条件下，VCX 装置不受摆动的影响，而 VCP 装置不受倾斜的影响，因此无需推导这两种装置的双旋转姿态校正公式。此外，对于各向同性层状模型，三种线圈装置对偏转均不敏感（Yin and Fraser，2004a），因此吊舱偏转姿态校正算法不予讨论。

4. 几何效应和总姿态效应

利用 SD 假设对姿态效应进行校正能简化校正程序，提高数据处理效率。然而，由于该方法实质上是对分离线圈装置的近似，因此本节分析这种近似给全姿态校正造成的误差。以 VCX 线圈装置为例，我们首先计算了该分离装置有无倾斜姿态效应时系统响应之比（该比值反映了系统的总姿态效应）；然后我们计算了在 SD 假设条件下，装置有无倾斜姿态效应时系统响应之比（该比值反映了系统的几何效应），并比较总姿态效应与几何效应之间的差异。假设 VCX 系统收发距为 8m，吊舱高度 30m。为了使感应效应最大化，

发射频率选择 Fugro 公司 RESOLVE 系统的最高频率 100kHz。表 2.11 给出了使用式 (2.259) 计算的几何效应（GE）以及使用式（2.236）计算得到的总姿态效应（TE）结果。从表中我们可以看出，总姿态效应始终大于几何效应，两者之间的差别与大地电阻率和发射频率有关。地下介质导电性越好，系统工作频率越高，姿态效应的感应成分越多。然而，即使地下介质导电率为 $0.2\Omega \cdot m$，工作频率为 100kHz，倾角为 20° 时，几何效应仍然占总姿态效应的 97%。通过对 VCP 和 HCP 装置进行类似的模拟，我们可以得出结论：总姿态效应中几何效应占绝对主导地位（大于 95%）。因此本节提出的 SD 假设合理有效，适用于目前所有的商用航空电磁系统。我们可以使用 SD 假设条件下计算的校正因子对航空电磁观测数据进行快速校正。

表 2.11 导电介质上方总姿态效应和几何效应对比

倾角	GE	大地电阻率							
		$10000\Omega \cdot m$		$100\Omega \cdot m$		$1\Omega \cdot m$		$0.2\Omega \cdot m$	
		TE^{RE}	TE^{IM}	TE^{RE}	TE^{IM}	TE^{RE}	TE^{IM}	TE^{RE}	TE^{IM}
0°	1.000	1.000	1.000	1.000	1.000	1.000	1.000	1.000	1.000
5°	1.008	1.008	1.008	1.008	1.008	1.009	1.009	1.009	1.009
10°	1.030	1.030	1.031	1.033	1.034	1.034	1.037	1.034	1.037
15°	1.067	1.067	1.069	1.071	1.075	1.076	1.082	1.076	1.082
20°	1.117	1.118	1.121	1.124	1.131	1.132	1.143	1.133	1.144

注：RE 表示实分量，IM 表示虚分量，GE 表示几何效应，TE 表示总姿态效应

2.4.5 实测航空电磁数据姿态校正

本节以美国某地实测航空电磁数据为例说明航空电磁姿态效应校正的基本流程及总姿态效应和几何效应的关系。该数据是利用 Fugro 地球物理公司直升机系统 RESOLVE 观测的，其中 HCP 线圈频率为 400Hz ~ 100kHz，而 VCX 线圈频率为 3300Hz。图 2.30（a）展示测区部分测线摆动角和倾角数据，在此测线上直升机发生转向，导致吊舱姿态发生变化。吊舱姿态利用姿态传感器记录。飞机转向发生在 724 号点附近，然而从图可以看出吊舱在此之前已发生偏转。另一处吊舱姿态变化发生在 740 ~ 750 号点。我们首先应用前述迭代校正流程对总姿态效应进行校正。为此，我们首先假设一个电阻率为 $10000\Omega \cdot m$ 的半空间计算校正因子对 6 个频率数据进行校正。由于假设的高电阻率，校正主要针对几何效应进行。其次，校正后的数据利用 Hodges（2003）的算法反演成 5 层电阻率模型，并计算新的校正因子对数据重新校正后再进行反演。经过 2 ~ 3 次迭代，数据不再有进一步改善，终止校正并输出反演结果。我们将此流程称为总姿态校正。图 2.30（b）展示对于频率 100kHz 校正前后的数据。在 714 ~ 725 测点之间，系统姿态摆动角和倾角均超过 15°，校正前后数据差别较大。为比较起见，我们同时展示了 2.4.4 节讨论的基于 SD 的几何效应校正结果。从图可以看出，姿态效应几何成分占主导地位，校正几何效应可有效地校正系统的总姿态效应。事实上，由于本测区飞行高度较高，在 718 ~ 750 号点飞行高度大于 40m，在 721 号点之后高度达到 50m，因此 $r/h<0.16$，满足几何效应占主导地位的条件。

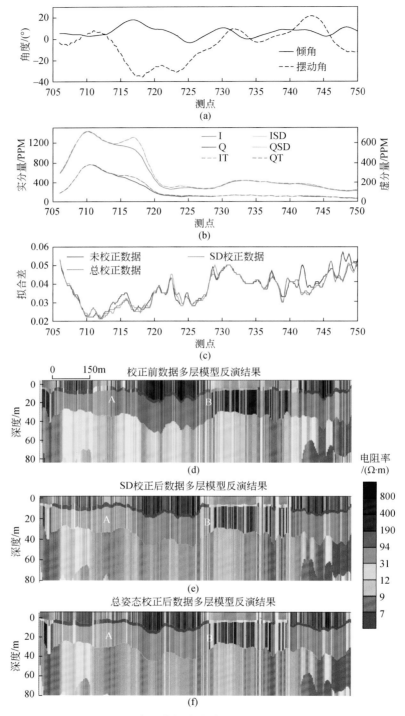

图 2.30 实测数据姿态效应校正及反演结果

图中 I 和 Q 表示电磁场实虚分量，SD 表示基于叠加偶极的几何校正，T 表示全姿态校正。

（a）姿态角；（b）实测数据及校正后数据；（c）反演数据拟合差；（d）～（f）反演结果。

为比较起见，图中也给出 Yin 和 Fraser（2004a）的几何效应校正结果

图 2.30（c）给出校正前后数据的拟合差。经过全姿态校正和几何校正（Yin and Fraser，2004a）后的数据拟合差变小，且总姿态校正的拟合差更小。图 2.30（d）～（f）展示一维反演结果。从图可以看出，校正前后数据反演没有大的构造差异，然而校正后的数据反演结果中层界面较光滑，其中尤以总姿态校正的效果更明显（A-B 段）。必须指出的是，虽然利用上述迭代校正和反演流程校正了全姿态效应，然而校正耗时巨大，特别是当测区较大且地下电性结构复杂时计算工作量难以承受，因此我们建议采用 SD 方法对航空电磁系统姿态效应进行校正。

2.4.6　小结

航空电磁系统的姿态效应分成两个部分，其中占主导地位的几何效应仅与吊舱相对于大地坐标系的姿态角有关，而较小的感应效应则取决于频率和大地电阻率（感应数）及飞行高度和发收距的相对大小。数值结果表明，几何效应占总姿态效应的95%以上，高阻或低频（小感应数）时，姿态效应中的感应成分可以忽略。对于层状大地，只要收发距比飞行高度小很多时，可得出类似的结论，因此可采用相同的流程进行数据校正。虽然结合迭代反演和全姿态校正能够更好地校正姿态效应，然而较之于简单的几何效应校正更费时。因此，作为一级近似，可以利用几何校正代替全姿态校正。本节讨论的校正算法也适合于其他航空电磁系统。

2.5　航空电磁激发极化效应

2.5.1　激发极化效应对航空瞬变电磁扩散的影响

过去，回线装置瞬变电磁中的激发极化现象（induced polarization，IP）受到了众多学者的关注。Spies（1980）在瞬变电磁实测数据中发现符号反转现象，并对此给出解释，认为可能是 IP 效应引起的。Weidelt（1982）证明了重叠回线装置下，如果地下介质的电导率是非频散的，那么无论地下介质电导率如何分布，瞬变电磁响应都不会出现符号反转现象。许多学者研究了重叠（或中心）回线瞬变电磁响应的符号反转现象。在排除几何效应、介电常数和磁导率频散等因素后，人们普遍认为这是由于电化学极化机制引起的电导率频散现象（Lee，1975，1981；Weidelt，1982；Raiche，1983；Lewis and Lee，1984；Raiche et al.，1985；Hohmann and Newman，1990）。相比其他电磁勘探方法，重叠（或中心）回线瞬变电磁法数据中的符号反转现象直接指示了地下极化体的存在，因此是测量大地极化率的有效方法。

航空瞬变电磁法作为瞬变电磁方法之一，航空电磁数据中经常出现符号反转现象。虽然学者普遍认为航空瞬变电磁负响应是由激发极化效应引起的，然而有关激发极化效应产生电磁负响应的机理，目前尚没有给出很好的解释。Smith 等（1988）为快速计算时间域激电响应，提出一种近似褶积算法，在其理论推导过程中忽略与极化电流相关的耦合项，得到近似极化电流，其方向与感应电流方向相反。然而，由于该耦合项对早期道的影响较大，特别是对于低阻极化模型，实际极化电流会出现变号，此时 Smith 等（1988）得出的结论不够精确。为了分析实际极化电流扩散特征，我们考虑了与极化电流相关耦合项的影响，通过分析感应电流和极化电流的分布特征，对航空瞬变电磁负响应产生机理给出合理解释。

1. 含激电效应的电磁扩散正演理论

考虑激电效应的影响，正演模拟中以复电阻率代替常规电阻率进行计算。Pelton 等（1978）提出一种用于描述岩石激电效应的数学模型，即 Cole-Cole 模型。将其改写为复电导率形式得到：

$$\sigma(\omega) = \sigma_\infty \left(1 - \frac{\eta}{1 + (1 - \eta)(i\omega\tau)^c} \right) = \sigma_\infty + \Delta\sigma(\omega) \qquad (2.266)$$

式中，σ_∞ 为高频极限电导率，其倒数为 ρ_∞；η 为充电率；τ 为时间常数；c 为频率相关系数；ω 为角频率；i 为虚单位。

$$\Delta\sigma(\omega) = -\frac{\sigma_\infty\eta}{1 + (1 - \eta)(i\omega\tau)^c} \qquad (2.267)$$

本节选择航空瞬变电磁发射源为垂直磁偶极子。设发射源位于直角坐标系原点正上方 h 处，x、y 轴位于水平地表面，z 轴垂直向下。发射磁偶为单位偶极。参考 2.1 节，垂直磁偶源在空间任意一点 $(x，y，z)$ 产生的水平电场分量为

$$E_x = -\frac{i\omega\mu_0}{2\pi} \frac{y}{r} \int_0^\infty f_E(z，k，\omega) J_1(kr) k^2 \mathrm{d}k \qquad (2.268)$$

$$E_y = \frac{i\omega\mu_0}{2\pi} \frac{x}{r} \int_0^\infty f_E(z，k，\omega) J_1(kr) k^2 \mathrm{d}k \qquad (2.269)$$

其中，$r = \sqrt{x^2 + y^2}$，f_E 为与地下电性参数有关的核函数。上述频率域电磁响应可采用汉克尔变换计算，再根据欧姆定律得到频率域电流密度 $\boldsymbol{j}(\omega)$。利用殷长春等（2013）给出的时间域电磁响应变换方法，可得时间域电流密度 $\boldsymbol{j}(t)$ 响应为

$$\boldsymbol{j}(t) = -\sqrt{\frac{2t}{\pi}} \int_0^\infty \mathrm{Im}\left(-\frac{\boldsymbol{j}(\omega)}{i\sqrt{\omega}} \right) J_{1/2}(\omega t) \mathrm{d}\omega \qquad (2.270)$$

式中，$J_{1/2}$ 为半整数阶贝塞尔函数。式（2.270）中的积分可通过表 2.8 给出的 160 点汉克尔滤波系数计算。

根据 Smith 等（1988）的理论，极化介质中的总电场 $\boldsymbol{E}^{\mathrm{tot}}$ 和总电流密度 $\boldsymbol{j}^{\mathrm{tot}}$ 可写成

$$\boldsymbol{E}^{\mathrm{tot}}(\omega) = \boldsymbol{E}^{\mathrm{fund}}(\omega) + \boldsymbol{E}^{\mathrm{pol}}(\omega) \qquad (2.271)$$

$$\boldsymbol{j}^{\mathrm{tot}}(\omega) = \boldsymbol{j}^{\mathrm{fund}}(\omega) + \boldsymbol{j}^{\mathrm{pol}}(\omega) \qquad (2.272)$$

式中，$\boldsymbol{E}^{\mathrm{fund}}$、$\boldsymbol{j}^{\mathrm{fund}}$ 分别为极化介质中频率域感应电场、感应电流密度（不存在 IP 效应）；$\boldsymbol{E}^{\mathrm{pol}}$、$\boldsymbol{j}^{\mathrm{pol}}$ 分别为频率域极化电场、极化电流密度。

根据欧姆定律，总电流密度和感应电流密度可写成

$$\boldsymbol{j}^{\mathrm{tot}}(\omega) = \sigma(\omega) \boldsymbol{E}^{\mathrm{tot}}(\omega) \qquad (2.273)$$

$$\boldsymbol{j}^{\mathrm{fund}}(\omega) = \sigma_\infty \boldsymbol{E}^{\mathrm{fund}}(\omega) \qquad (2.274)$$

根据以上公式可以得到极化电流密度 $\boldsymbol{j}^{\mathrm{pol}}(\omega)$ 的表达式

$$\boldsymbol{j}^{\mathrm{pol}}(\omega) = \frac{\Delta\sigma(\omega)}{\sigma_\infty}\boldsymbol{j}^{\mathrm{fund}}(\omega) + \left[\sigma_\infty + \Delta\sigma(\omega)\right]\boldsymbol{E}^{\mathrm{pol}}(\omega) \qquad (2.275)$$

式（2.275）中，第二项表示与极化电流相关的耦合项。不同于 Smith 等（1988）给出的近似极化电流，本节计算极化电流时包含该耦合项，因此所获得的电流为实际极化电流。

2. 精度验证

为了验证上述转换算法计算时间域电流密度的精度，我们将本节计算结果与 Raiche（2001）的算法结果进行了对比。以两种不同电阻率的均匀极化半空间模型为例，发射源为垂直磁偶极子，磁矩为 $1\mathrm{Am}^2$，发射源高度为 30m，测点为地下（50m，0m，50m）处，我们分别计算该点总电流密度、感应电流密度和极化电流密度随时间的变化。图 2.31 给出精度验证结果（虚线表示负电流密度），可以看出本节计算结果与 Raiche（2001）的算法结果吻合很好，不考虑电流密度在变号时刻的相对误差，图 2.31 中两种模型的相对误差均在 5% 以内。

另外，从图 2.31（a）中可以看出，低阻极化模型早期极化电流为正，晚期出现符号反转现象。对于高阻极化模型，由于电流扩散较快，正向极化电流很早衰减殆尽，因此，图 2.31（b）所示的时间范围内实际极化电流均为负向（没有发生变号）。然而，对于高阻极化模型来说，如能准确计算更早时间道的极化电流，将会发现早期极化电流为正，晚期变为负值，从而出现变号现象。

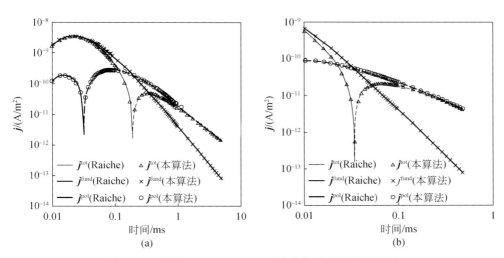

图 2.31　利用 Raiche（2001）对本节算法进行精度验证

（a）低阻极化模型，$\rho_\infty = 25\Omega\cdot\mathrm{m}$，$\eta = 0.5$，$\tau = 0.001\mathrm{s}$，$c = 0.6$；

（b）高阻极化模型，$\rho_\infty = 250\Omega\cdot\mathrm{m}$，$\eta = 0.5$，$\tau = 0.001\mathrm{s}$，$c = 0.6$。虚线表示负响应

3. 耦合项的影响

为了分析式（2.275）中耦合项对实际极化电流的影响，我们针对图 2.31 中的模型，

在地下（50m，0m，50m）处，分别计算近似极化电流（Smith et al，1988）、耦合项和实际极化电流。图2.32展示了两种不同极化模型中耦合项的影响。从图中可以看出，低阻极化模型早期耦合项为正，其大小比近似极化电流大，因此实际极化电流早期为正，晚期变为负值。高阻极化模型中耦合项相对于近似极化电流较小（0.01ms后），故实际极化电流为负值。从两种模型的结果可以看出，早期道耦合项的影响较大，特别是低阻极化模型，而晚期道的影响可以忽略不计。由于早期道耦合项的影响是造成实际极化电流出现变号的关键，其影响不可忽略，故本节在极化电流正演模拟过程中均考虑耦合项的影响。从图中也可以看出，当地下介质为高阻极化时，Smith等（1988）给出的近似极化电流和实际极化电流基本相同，然而当地下介质为低阻极化时，两者差别较大，这是忽略耦合项造成的。

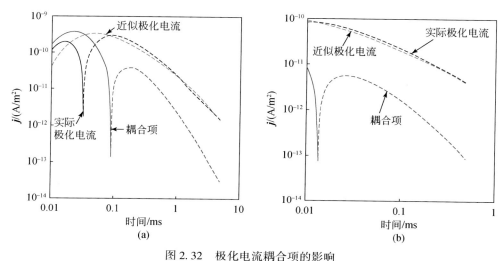

图2.32 极化电流耦合项的影响

（a）低阻极化模型；（b）高阻极化模型。虚线表示负响应

4. 理论模型分析

为了研究激电效应对航空瞬变电磁扩散的影响，本节分别针对表2.12中的模型，计算地下介质中的电流分布。为提高计算效率，正演过程中采用OpenMP并行技术。通过分析其中感应电流、极化电流及总电流的分布，阐述激发极化效应的充放电过程，并对航空瞬变电磁中负响应产生机理给出物理解释。此外，我们还对比分析不同充电率、高频极限电导率及层状极化介质对电磁扩散的影响特征。

表2.12 均匀半空间模型参数

半空间模型	σ_∞ /（S/m）	η	τ /s	c
模型1	0.02	0.5	0.001	0.6
模型2	0.02	0.25	0.001	0.6
模型3	0.02	0.0	0.001	0.6
模型4	0.1	0.5	0.001	0.6
模型5	0.002	0.5	0.001	0.6

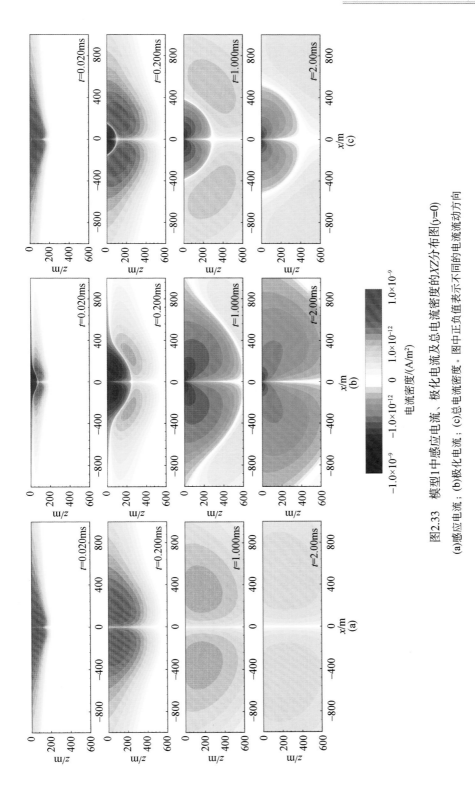

图2.33　模型1中感应电流、极化电流及总电流密度的XZ分布图(y=0)

(a)感应电流；(b)极化电流；(c)总电流密度。图中正负值表示不同的电流流动方向

1）感应电流与极化电流

为了研究极化介质中不同电流分布规律，合理解释航空瞬变电磁负响应产生机理，我们以模型 1 为例，计算极化介质中不同时刻感应电流、极化电流和总电流密度。图 2.33 展示 0.02ms、0.2ms、1.0ms、2.0ms 感应电流、极化电流及总电流密度的 XZ 分布图（$y=0$）。图 2.34 给出模型 1 中测点（100m，0m，100m）处几种不同电流密度的时间分布。

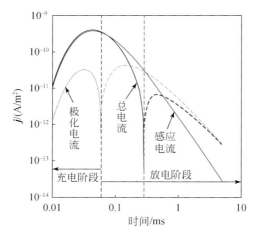

图 2.34　模型 1 中测点（100m，0m，100m）处感应电流、极化电流和总电流密度随时间变化特征
虚线表示负响应

从图 2.33 和图 2.34 可以看出，感应电流总是沿正方向流动，随着时间不断向下和向外扩散，电流强度逐渐衰减，形成"烟圈"效应。与感应电流相比，极化电流具有独特的扩散特征：①早期道极化电流沿正方向流动，强度先增加后减弱，为充电阶段；②随时间推移，充电达到饱和，此时极化电流为零；③充电阶段结束后进入放电阶段，极化电流变为负方向；④极化电流在整个扩散过程中，充电阶段呈现与感应电流相似的"烟圈"扩散特征，然而，在放电阶段，反方向极化电流不具有"烟圈"扩散特征。虽然极化电流不断向外扩大，强度不断减弱，但其极大值一直位于坐标原点处。这种现象可以从数学和物理角度做出合理解释。事实上，对式（2.275）两边取散度，得

$$\nabla \cdot \boldsymbol{j}^{\mathrm{pol}}(\boldsymbol{\omega}) = \nabla \cdot \left[\Delta\sigma(\boldsymbol{\omega}) \, \boldsymbol{E}^{\mathrm{fund}}(\boldsymbol{\omega}) \right] + \nabla \cdot \left[\sigma(\boldsymbol{\omega}) \, \boldsymbol{E}^{\mathrm{pol}}(\boldsymbol{\omega}) \right] \qquad (2.276)$$

由于均匀半空间电导率的梯度为零，故式（2.276）可写成：

$$\nabla \cdot \boldsymbol{j}^{\mathrm{pol}}(\boldsymbol{\omega}) = \Delta\sigma(\boldsymbol{\omega}) \, \nabla \cdot \boldsymbol{E}^{\mathrm{fund}}(\boldsymbol{\omega}) + \sigma(\boldsymbol{\omega}) \, \nabla \cdot \boldsymbol{E}^{\mathrm{pol}}(\boldsymbol{\omega}) \qquad (2.277)$$

从式（2.277）可知，极化电流的散度是由感应电场的散度和极化电场的散度组成。由于感应电流为螺线管场，即

$$\nabla \cdot \boldsymbol{E}^{\mathrm{fund}}(\boldsymbol{\omega}) = 0 \qquad (2.278)$$

同时由于极化电场是由离子定向移动产生的有源场，故其散度不为零，因此极化电流的散度也不为零。在早期充电阶段，感应电流占主导地位，极化电流中感应成分占主导地位，因而呈"烟圈"扩散特征；而在晚期放电阶段，感应电流发生极大衰减，极化电流中极化电场部分占主导地位，极化电流呈非"烟圈"扩散特征。对于总电流分布特征，由于总电流包含感应电流与极化电流，在早期呈现出感应电流扩散特征，而晚期呈现出非螺线管的极化电流扩散特征。

　　根据上述感应电流和极化电流的充放电过程，我们可以对极化介质电磁响应出现符号反转现象给出物理解释。早期感应电流对整个极化半空间进行充电，极化电流与感应电流方向一致，均呈"烟圈"向下和向外扩散。随着时间推移，感应电流逐渐衰减，当感应电流衰减至无法维持充电状态时，极化体充电达到饱和，此时极化电流为零。之后进入放电阶段，极化电流变为负方向，其强度先增加后减小，当某一时刻极化电流大于感应电流时，极化介质中总电流变为负方向，此时航空电磁系统可能会观测到负电磁响应。

　　必须指出，尽管地下为极化介质，且晚期道总电流出现负方向，但航空瞬变电磁系统中仍有可能观测不到负响应数据。这是因为航空电磁响应与系统的 Footprint 有关（Yin et al., 2014），当晚期道 Footprint 影响区域中既包括正向电流又包括负向电流时，如果负向电流的响应远大于正向电流的响应，则航空电磁系统观测到负电磁响应；反之，则航空电磁系统中观测不到负响应数据。通常高阻极化区由于感应电流衰减快，更容易观测到由激电效应引起的负电磁响应。另外，从图 2.34 可以看出，大约在 $t = 0.06$ ms 时，测点（100m，0m，100m）处充电达到饱和，极化电流为零，之后极化电流变为负方向，处于放电阶段。在放电早期阶段，感应电流大于极化电流，总电流为正；随着时间推移，当极化电流大于感应电流时，总电流变为负方向。

　　2）充电率对电磁扩散的影响

　　针对表 2.12 给出的不同充电率模型，我们研究充电率对电磁扩散的影响。图 2.35 给出模型 1～3 中总电流密度的 XZ 分布图（$y = 0$）。从图中可以看出，不同充电率模型均存在电磁扩散现象。其中，非极化半空间中电流呈"烟圈"扩散特征［图 2.35（c）］，而极化半空间由于存在激电效应［图 2.35（a）、（b）］，电流扩散过程中出现变号，随时间向下和向外扩散。由于早期激电效应不明显，感应电流占主导地位，故在不同充电率模型中早期电流扩散特征相似。随着时间推移，极化电流开始占主导地位，激电效应变得明显，随之极化介质中出现负向总电流。另外从图 2.35 可以很明显地看出，充电率越大，负响应幅值越大、出现时间越早，影响范围越大。

　　3）σ_∞ 对电磁扩散的影响

　　为了研究极化介质 σ_∞ 对电磁扩散的影响，图 2.36 展示了表 2.12 中不同电导率极化模型（模型 1、4 和 5）总电流密度的 XZ 分布图（$y = 0$）。从图中可以看出，对于均匀极化半空间模型，σ_∞ 越大（低阻极化模型），电流扩散速度越慢，负向电流出现时间越晚，相同时刻负向电流影响范围越小。相反，高阻极化区激电效应明显且出现较早。

　　4）层状极化介质对电磁扩散的影响

　　考虑到层状介质存在电性分界面，也会对电磁扩散产生影响，我们以两层介质模型为例进行讨论。模型表层为极化层，基底为非极化半空间。图 2.37 给出了层状模型参数。图 2.38 展示了 4 个不同时刻层状介质中的感应电流、极化电流及总电流密度的 XZ 分布图（$y = 0$）。从图 2.38 可以看出，与均匀半空间模型不同的是，由于层状介质存在电性分界面，其电流密度在分界面两侧不连续。其中，感应电流从表层穿透分界面保持正向流动；极化电流只产生于表层极化层中，非极化基底不产生极化电流，随着时间的推移，表层极化层中的极化电流向下传播，穿透电性分界面并在非极化半空间中扩散。考虑到总电流为感应电流与极化电流的综合效应，从图 2.38（c）可以看出，总电流仅在表层极化层中出现符号反转现象，在非极化基底中感应电流始终占主导地位，总电流未发生变号。

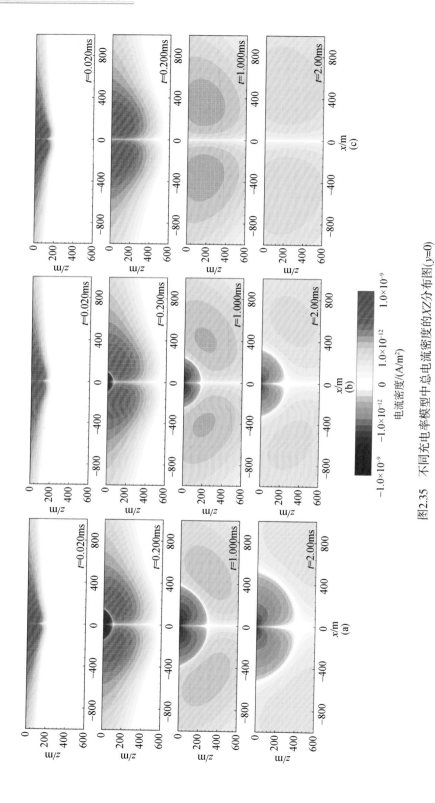

图2.35 不同充电率模型中总电流密度的XZ分布图(y=0)

(a)η=0.5；(b)η=0.25；(c)η=0。图中正负值表示不同的电流流动方向

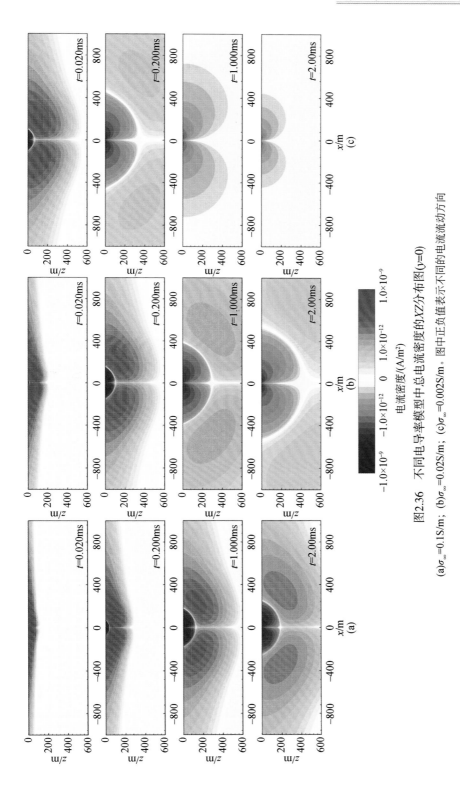

图2.36　不同电导率模型中总电流密度的XZ分布图(y=0)

(a)σ_∞=0.1S/m；(b)σ_∞=0.02S/m；(c)σ_∞=0.002S/m。图中正负值表示不同的电流流动方向

空气				
$\sigma_{\infty 1}=0.1S/m$ $\eta_1=0.5$ $\tau_1=0.001s$ $c_1=0.6$ $h_1=80m$				
$\sigma_{\infty 2}=0.01S/m$				

图 2.37　层状极化介质模型

2.5.2　航空瞬变电磁激电效应正演模拟

本节以 Fugro 公司时间域 HeliGEOTEM 航电系统为例，以复电阻率代替常规电阻率，计算地下介质存在激电效应时二次磁场响应 B_z 和磁感应 dB_z/dt。对于时间域航空电磁响应的数值计算方法参考 2.2 节，这里主要研究层状介质模型的航空激电效应特征。我们计算和分析不同 Cole-Cole 模型参数对航空瞬变电磁激电效应的影响。

图 2.39 ~ 图 2.41 分别展示了均匀极化半空间模型中不同激电参数对航空瞬变电磁响应的影响。从图中可以看出，均匀极化半空间模型中，激电参数主要影响航空电磁响应的振幅和负响应出现时间，且仅出现一次变号。这些可类似于 2.5.1 节进行解释：对于均匀极化半空间模型，在晚期极化电流占主导地位，总电流变为负方向，并不断向下和向外扩散，导致晚期道电磁响应始终为负响应。同时，由于不同激电参数会影响极化半空间中电流强度及扩散速度，航空瞬变电磁系统中出现电磁负响应的时间也会不同。

从图 2.39 可以看出，均匀极化半空间模型的充电率越大，航空电磁响应衰减越快，出现电磁负响应的时间越早，相应地负响应幅值越大。从图 2.40 可以看出，均匀极化半空间模型的时间常数越大，航空电磁响应衰减越慢，出现电磁负响应的时间越晚。从图 2.41 可以看出，均匀极化半空间模型频率相关系数越大，航空电磁响应衰减越快，出现电磁负响应的时间越早，相应地负响应幅值越大。

图 2.42 ~ 图 2.44 分别展示了两层极化模型中不同激电参数对航空瞬变电磁响应的影响特征。从图中可以看出，层状极化介质模型中，由于基底非极化层的存在，航空瞬变电磁响应可能出现两次变号，其中时间常数和频率相关系数对航空瞬变电磁响应的影响较小。由图 2.42 可见，表层极化层充电率越大，航空瞬变电磁响应衰减越快，幅值越小。其中，当充电率 $\eta_1=0.9$ 时，出现两次变号；而当充电率较小时未出现变号。这一现象可以通过航空电磁系统的 Footprint 来解释。事实上，图 2.43 展示了图 2.42 中两种不同充电率模型中（$\eta_1=0.6$ 和 $\eta_1=0.9$）总电流密度的 XZ 分布（$y=0$）。图 2.43 左边为较低充电率模型，航空电磁响应未出现变号，这是由于表层极化层负向极化电流影响范围较小，强度较弱，系统 Footprint 影响区域中正向电流的响应始终大于负向电流响应，故航空瞬变电磁响应未出现变号现象。图 2.43 右边为较高充电率模型，早期时间道正向总电流占主导地位，航空电磁响应未发生变号；随着时间推移，表层极化层中负向总电流不断扩散，强度较大，此时系统 Footprint 影响区域中负向电流响应大于正向电流响应，故航空瞬变电磁响应出现变号现象；晚期时间道表层极化层中的负向总电流衰减殆尽，而非极化基底半空间中的正向电流占主导地位，此时系统 Footprint 区域中正向电流响应大于负向电流响应，

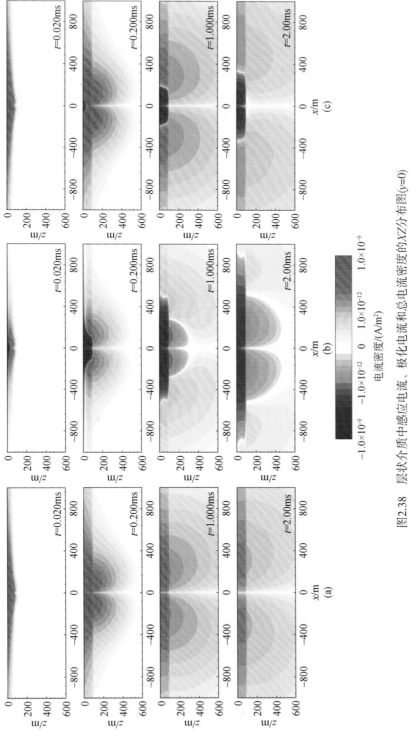

电流密度/(A/m²)

-1.0×10^{-9}　-1.0×10^{-12}　0　1.0×10^{-12}　1.0×10^{-9}

图2.38　层状介质中感应电流、极化电流和总电流密度的XZ分布图($y=0$)

(a)感应电流；(b)极化电流；(c)总电流密度。图中正负值表示不同的电流动方向

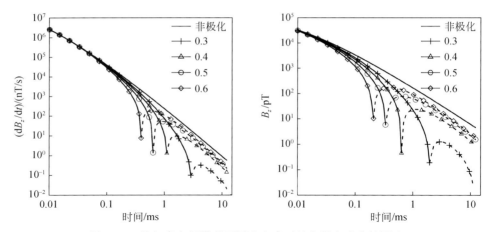

图 2.39　均匀半空间模型不同充电率对航空激电响应的影响

模型参数 $\sigma_{\infty} = 0.01\mathrm{S/m}$, $\tau = 1\mathrm{ms}$, $c=0.6$, 充电率 η 从 0 变化到 0.6。虚线表示负响应

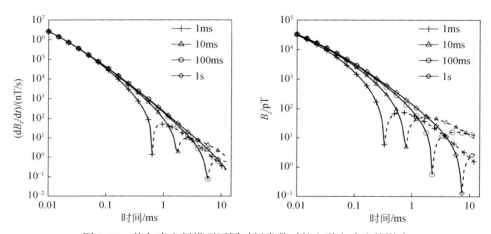

图 2.40　均匀半空间模型不同时间常数对航空激电响应的影响

模型参数 $\sigma_{\infty} = 0.01\mathrm{S/m}$, $\eta = 0.5$, $c=0.6$, 时间常数 τ 从 1ms 变化到 1s。虚线表示负响应

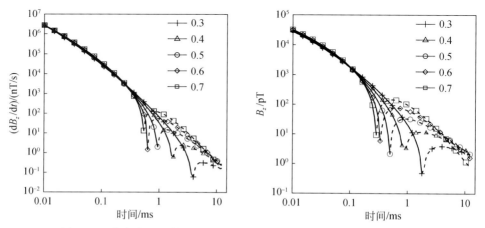

图 2.41　均匀半空间模型不同频率相关系数 c 对航空激电响应的影响

模型参数 $\sigma_{\infty} = 0.01\mathrm{S/m}$, $\eta = 0.5$, $\tau = 1\mathrm{ms}$, 频率相关系数 c 从 0.3 变化到 0.7。虚线表示负响应

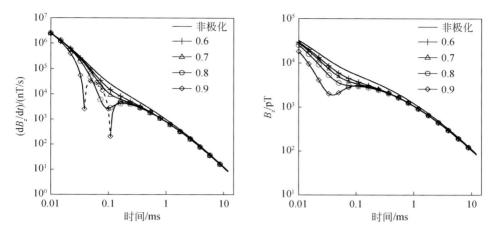

图 2.42　两层极化介质模型不同充电率时航空电磁响应

模型参数 $\sigma_{\infty 1} = 0.01\text{S/m}$，$\tau_1 = 1\text{ms}$，$c_1 = 0.6$，$h_1 = 80\text{m}$，$\sigma_{\infty 2} = 0.1\text{S/m}$，充电率 η_1 从 0 变化到 0.9。虚线表示负响应

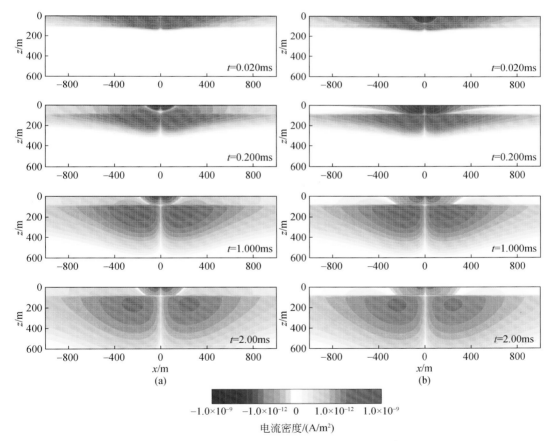

图 2.43　不同充电率两层介质模型中总电流密度的 *XZ* 分布图（$y = 0\text{m}$）

（a）$\eta_1 = 0.6$；（b）$\eta_1 = 0.9$。图中正负值表示不同的电流流动方向，模型参数参见图 2.42

航空瞬变电磁响应又变为正响应。因此，图 2.42 中当充电率 $\eta_1 = 0.9$ 时，航空瞬变电磁响应出现两次变号，第一次是表层极化层产生的激电效应引起，而第二次变号是表层极化层中激电效应衰减殆尽，而非极化基底中感应电流占主导地位所致。由于磁场响应 B_z 为磁感应 $\mathrm{d}B_z/\mathrm{d}t$ 的时间积分，在很大程度长平均了电磁信号，因此 B_z 中激电效应引起的变号现象没有 $\mathrm{d}B_z/\mathrm{d}t$ 明显。图 2.44 和图 2.45 展示两层介质中表层极化体不同时间常数和频率相关系数对航空电磁响应的影响特征。由图可以看出，时间常数或频率相关系数越大，电磁响应变号出现越晚。对于所有模型，晚期道电磁响应基本相同，表征非极化下半空间的电磁响应。同样，相对于磁感应 $\mathrm{d}B_z/\mathrm{d}t$，磁场响应 B_z 的激电效应并不明显。

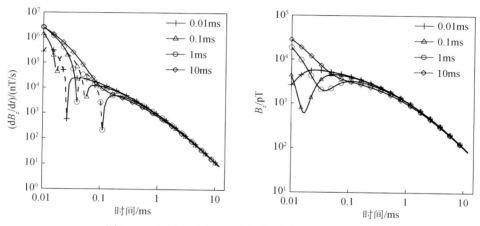

图 2.44　两层极化模型不同时间常数航空电磁响应

模型参数 $\sigma_{\infty 1} = 0.01\mathrm{S/m}$，$\eta_1 = 0.9$，$c_1 = 0.6$，$h_1 = 80\mathrm{m}$，$\sigma_{\infty 2} = 0.1\mathrm{S/m}$，时间常数 τ_1 从 $0.01\mathrm{ms}$ 变化到 $10\mathrm{ms}$。虚线表示负响应

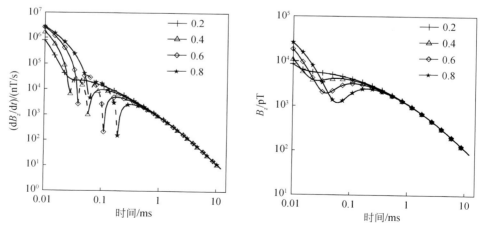

图 2.45　两层极化模型不同频率相关系数航空电磁响应

模型参数 $\sigma_{\infty 1} = 0.01\mathrm{S/m}$，$\eta_1 = 0.9$，$\tau_1 = 1\mathrm{ms}$，$h_1 = 80\mathrm{m}$，$\sigma_{\infty 2} = 0.1\mathrm{S/m}$，频率相关系数 c_1 从 0.2 变化到 0.8。虚线表示负响应

2.5.3　小结

本节以航空瞬变电磁激电效应理论和算法为基础，通过分析均匀半空间模型中感应电流密度和极化电流密度的分布特征，阐述激电效应的充放电过程，对航空瞬变电磁中负响应产生机理给出解释。通过对比分析不同激电参数对航空瞬变电磁扩散的影响，得出以下结论：

（1）极化介质中既存在感应电流，又存在极化电流。早期感应电流影响较大，激电效应不明显，而晚期极化电流占主导地位，激电效应变得明显。

（2）早期充电过程中极化电流呈现类似于感应电流的"烟圈"扩散特征，而晚期的极化电流受离子/电子放电影响是有源场，不再呈现"烟圈"扩散特征。

（3）极化介质的充电率越大，电流出现变号时间越早，负向总电流幅值也越大，影响范围越大。

（4）极化介质越高阻（电导率 σ_∞ 越小），电流出现变号时间越早，负向电流幅值及激电效应影响范围越大。

（5）在极化区，实际航空电磁勘探中能否观测到电磁负响应取决于测区电阻率、激电参数、电磁系统的 Footprint 和观测时间等因素。

（6）对于时间域航空电磁系统，地下介质的电阻率和充电率对电磁响应的影响最大，而其他激电参数影响较小；层状极化介质上方航空电磁响应可能出现多次变号现象；相对于磁感应 $\mathrm{d}B_z/\mathrm{d}t$，磁场 B_z 受激电效应影响较小。

2.6　航空电磁位移电流效应

为适应浅部地球物理成像和反演的需求，航空电磁系统（HEM）的探测频率逐渐升高。随之，越来越多的研究关注于位移电流对航空电磁系统响应的影响，尤其是由电磁波在自由空间中的有限传播速度导致的电磁信号相位漂移。本节基于 Yin 和 Hodges（2005b）的理论推导，获得对于导电、导磁和介电极化大地模型的航空电磁响应全参数解，研究位移电流和有限电磁波速度对航空电磁响应的影响，分析信号振幅、相位和视电阻率的变化特征。

航空电磁系统勘探频率的提高，有利于改善近地表分辨率。然而，高频电磁响应位移电流的贡献不可忽视，有必要考虑由空气介质和大地非零介电常数产生的位移电流效应。人们通常认为，电磁波从航空电磁发射机传播到地球表面并被反射回接收机会产生时间延迟，这种时间延迟可能导致 HEM 信号出现明显的相位移，进而造成 HEM 数据误差。假设空气的介电常数等于自由空间中的介电常数，对于典型的 HEM 电磁传感器，频率 100kHz，离地高度 30m，电磁场从发射机到接收机传播距离大约 60m。由于电磁波传播速度为光速 $c = 3 \times 10^8 \mathrm{m/s}$，则电磁波的传播时间约为 $0.04\mu\mathrm{s}$。假设时谐因子 $e^{i\omega t}$，$\omega = 2\pi f$ 为角频率，则该传播时间等价于 HEM 信号中相位漂移 $-7.3°$。这种相位漂移有时候被当作一种待校准误差。本节将通过理论和数据分析证明这种推断的不正确性。

前人的研究工作主要基于似稳条件，即假设空气和大地的介电常数为零。Huang 和 Fraser（2002）计算了介电常数非零时导电大地的电磁响应，然而他们忽略了空气位移电流的影响。本节针对介电极化的导电大地，假设空气的介电常数等于自由空间的介电常数，给出航空电磁系统响应的全解，并以 Fugro 公司频率域航空电磁系统中的水平共面线圈装置为例计算电磁响应。最后我们对完全导电半空间电磁响应的特例进行分析。

2.6.1　电磁场全解形式

如图 2.46 所示，假设航空电磁系统在导电、导磁和介电极化的层状大地上方飞行。设 xy 坐标平面位于地表，z 轴垂直向下。空气的介电常数位为 $\varepsilon_0 = 8.854 \times 10^{-12} \mathrm{F/m}$，磁导率为 $\mu_0 = 4\pi \times 10^{-7} \mathrm{H/m}$。由于前面章节推导的理论公式中均忽略了位移电流项，因此本节中对于介电常数、磁导率和电导率分别为 ε_n，μ_n，$\sigma_n (n = 0, 1, 2, \cdots, N)$ 的均匀大地模型，我们采用 Ward 和 Hohmann（1988）的全参数电磁响应的理论计算公式。对于 HCP 线圈装置，接收机处的垂直磁场为

$$H_z = \frac{m}{4\pi} \int_0^\infty \left[e^{-\alpha_0(z+h)} + r_0(k) e^{\alpha_0(z-h)} \right] \frac{k^3}{\alpha_0} J_0(kr) \mathrm{d}k \tag{2.279}$$

$$r_0 = \frac{\alpha_0 - B_E}{\alpha_0 + B_E}, \qquad B_E^n = \alpha_n \frac{B_E^{n+1} + \alpha_n \gamma_n \tanh(\alpha_n h_n)}{\alpha_n \gamma_n + B_E^{n+1} \tanh(\alpha_n h_n)} \tag{2.280}$$

式中，$\alpha_n = \sqrt{k^2 - \omega^2 \varepsilon_n \mu_n + i\omega \sigma_n \mu_n}$，$\alpha_0 = \sqrt{k^2 - \omega^2 \varepsilon_0 \mu_0}$，$\gamma_n = \mu_{n+1}/\mu_n$（$n = 0, 1, 2, \cdots, N$）；$B_E = B_E^0$；$h$ 为发射机的高度；m 为发射磁矩；r 为收发距。从总场中分离二次场，并假设 $z = -h$，有

$$H_z^s = \frac{m}{4\pi} \int_0^\infty r_0(k) \frac{k^3}{\alpha_0} e^{-2\alpha_0 h} J_0(kr) \mathrm{d}k \tag{2.281}$$

在航空电磁法中，二次场通常由一次场归一化，并表示为 PPM 形式。参考 Ward 和 Hohmann（1988）的研究，当发射机和接收机处于相同的高度时，HCP 线圈产生的一次场为

$$H_z^p = -\frac{m}{4\pi r^3} e^{-ik_0 r} (1 + ik_0 r - k_0^2 r^2) \tag{2.282}$$

式中，$k_0 = \omega/c$ 为自由空间波数。

2.6.2　自由空间位移电流的影响

本节利用上述全参数解研究位移电流对航空电磁系统的影响。首先假设地下介质是不极化介质，具有和自由空间相同的介电常数。在这种情况下，将位移电流称为自由空间位移电流。通过与似稳条件下（$\varepsilon = 0$）HEM 响应进行对比，可以总结自由空间位移电流对 HEM 响应的影响特征，并确定何时似稳条件不再成立。我们以 Fugro 公司 DIGHEM 和 RESOLVE 系统的 HCP 线圈结构为例，频率为 300Hz ~ 100kHz。我们只讨论均匀半空间模型并假设其磁导率为自由空间的磁导率。

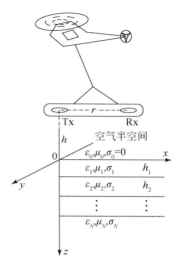

图 2.46　导电和导磁极化大地上方直升机航空电磁系统

图 2.47 展示了自由空间位移电流对 HCP 系统的影响。假设收发距 $r_0 = 8\text{m}$，吊舱系统高度 $h = 30\text{m}$。我们将结果表示成相对于似稳条件下（$\varepsilon = 0$）电磁信号变化的百分比和相位移。从图中可以看出，对于地下高阻介质，高频段位移电流的影响变得明显。在假设的系统参数和半空间模型条件下，如果地下介质的电阻率低于 $1000\Omega \cdot \text{m}$ 或频率低于 10kHz，HEM 信号中无法察觉到位移电流的影响，说明似稳假设接近电磁场真解。然而，当频率大于 10kHz，位移电流的影响随着频率和大地电阻率的增大而急剧增加。当频率为 100kHz 时，对于 $10000\Omega \cdot \text{m}$ 的半空间，和似稳情况相比 HEM 系统响应的实分量增加 18%，而虚分量增加了 1.7%，相位移为 2.3°。

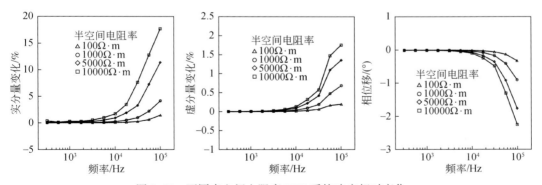

图 2.47　不同半空间电阻率 HCP 系统响应相对变化
相对变化定义为位移电流存在时的响应和似稳条件下响应变化的百分比

自由空间位移电流的影响也可以通过视电阻率展示出来。从图 2.48 给出的结果可以看出，位移电流减少了假层半空间定义的视电阻率（Fraser，1978）。当频率为 100kHz 时，对于 $10000\Omega \cdot \text{m}$ 的均匀半空间改变量大约 4%。图 2.49 展示了不同飞行高度时位移电流对 HEM 系统响应的影响。均匀半空间电阻率为 $5000\Omega \cdot \text{m}$，收发距为 8m，吊舱系统的高度为 1～30m。从图中可以看出，吊舱高度越低，位移电流对 HEM 系统响应的影响越小。

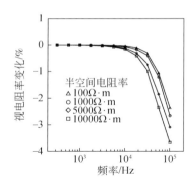

图 2.48　不同半空间电阻率 HCP 系统视电阻率相对变化

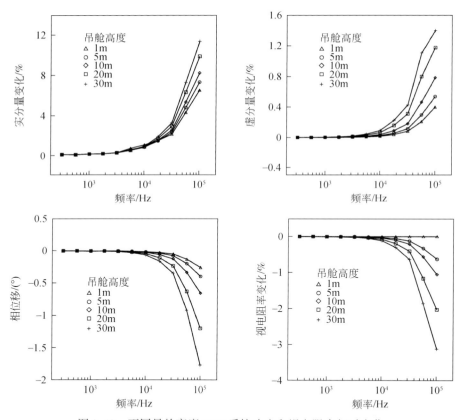

图 2.49　不同吊舱高度 HCP 系统响应和视电阻率相对变化

2.6.3　地下介质位移电流的影响

到目前为止，我们假设地下介质的介电常数为自由空间的介电常数。实际上，地下介质经常存在不同程度的介电极化特性（Telford et al.，1976）。图 2.50 展示了由式（2.279）~ 式（2.282）计算的不同半空间电阻率和介电常数条件下电磁响应实虚部和视电阻率以及与似稳态（$\varepsilon = 0$）情况的对比。系统参数假设与图 2.47 相同，频率为 100kHz。图 2.51 展示了半空间电阻率为 1000Ω·m 时，不同介电常数条件下 HCP 实部和虚部电磁响应及视电阻率随频率的变化特征。

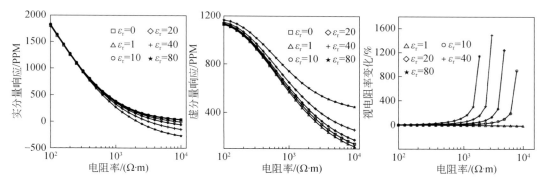

图 2.50　不同介电常数半空间模型 HCP 实虚部响应及视电阻率随大地电阻率的变化

视电阻率变化以百分比表示，频率为 100kHz。大地位移电流使得 HCP 实部响应减小，虚部响应和视电阻率增加

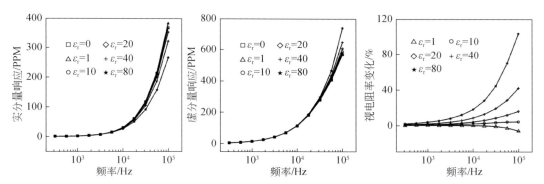

图 2.51　不同介电常数半空间模型 HCP 实虚部响应及视电阻率随发射频率的变化

半空间电阻率为 1000 Ω·m。当频率低于 10kHz 时，大地位移电流不存在实质性影响

从图可以看出，地下介质的位移电流减小了电磁响应的实分量，增加了虚分量和视电阻率（不像自由空间的位移电流增加电磁响应实分量和虚分量，轻微地减小视电阻率）。地下介质的位移电流对 HEM 系统响应的影响比自由空间位移电流要严重得多。这表明在测区是介电极化时，地下介质的位移电流效应必须考虑。对于一个电阻率为 1000Ω·m 的均匀半空间，如果频率低于 10kHz，地下介质位移电流对航空系统响应没有实质性影响。

2.6.4　理想导电半空间位移电流的影响

本节以理想导电介质为例，说明为何以光速传播的电磁波，在一个飞行高度为 30m 的航空电磁系统中产生的相移不能达到 7.3°。根据 Ward 和 Hohmann（1988）的研究，一个

磁矩为 m 的垂直磁偶极子在无限导电介质上方产生的一次场和二次场为

$$H_z^p = -\frac{m}{4\pi R_-^3}e^{-ik_0R_-}\left[(1 + ik_0R_- - k_0^2R_-^2) - \frac{(z+h)^2}{R_-^2}(3 + 3ik_0R_- - k_0^2R_-^2)\right] \quad (2.283)$$

$$H_z^s = \frac{m}{4\pi R_+^3}e^{-ik_0R_+}\left[(1 + ik_0R_+ - k_0^2R_+^2) - \frac{(z-h)^2}{R_+^2}(3 + 3ik_0R_+ - k_0^2R_+^2)\right] \quad (2.284)$$

式中，k_0 为自由空间波数；$R_\pm = \sqrt{r^2 + (z\mp h)^2}$；$h$ 和 z 分别为发射机和接收机的高度；r 为收发距。式（2.284）中的二次场可以利用发射偶极的镜象获得。式（2.283）和式（2.284）的表达式满足地表（$z = 0$）总磁场为零的边界条件：$H_z^p + H_z^s = 0$。对于目前国际常用的航空电磁系统，如 Fugro 公司的 DIGHEM 或 RESOLVE 系统，收发距远小于飞行高度，$r \ll h$。对于 $f = 100\text{kHz}$ 和飞行高度 $h = 30\text{m}$，式（2.283）和式（2.284）中的指数项在 $z = z_0 = -h$ 和 $r \ll h$ 时，二次场相对一次场相位移为 $-k_0(R_+ - R_-) \approx -2h\omega/c = -7.3°$。这是人们普遍关注的有限电磁波传播速度对 HEM 信号产生影响的原因。然而，上述结果忽略了式（2.283）和式（2.284）中其他项的影响，这些项会抵消由指数项产生的部分相位移。事实上，如果 $z = z_0 = -h$ 并考虑到 $k_0R_- = k_0r \ll k_0R_+ \approx 2k_0h \ll 1$，我们忽略式（2.283）中所有含 k_0R_- 的项，并将式（2.284）展成级数（$x = k_0R_+$），可得

$$(1 + ix - x^2)e^{-ix} = 1 - \frac{1}{2}x^2 + \frac{2i}{3}x^3 + \cdots \quad (2.285)$$

$$(3 + 3ix - x^2)e^{-ix} = 3 + \frac{1}{2}x^2 + \frac{1}{8}x^4 + \cdots \quad (2.286)$$

将式（2.285）和式（2.286）代入式（2.284）并与式（2.283）取比值，可得

$$\frac{H_z^s}{H_z^p} \approx \left(\frac{r}{2h}\right)^3\left(2 + 4k_0^2h^2 - \frac{16i}{3}k_0^3h^3\right) \quad (2.287)$$

式（2.287）括号中第二项 $4k_0^2h^2$ 只能产生小的振幅变化，而有效相位移为 $-(8/3)k_0^3h^3 = -0.04°$（对于频率 $f = 100\text{kHz}$ 和飞行高度 $h = 30\text{m}$）。

从这个例子可以看出，偶极子源电磁场传播不能用单一指数项描述。实际电磁场传播过程只能由式（2.283）和式（2.284）给出的指数项和非指数项组合起来描述。根据 Stratton（1941），式（2.283）和式（2.284）的三个非指数项和指数项结合在一起分别代表静态电磁场、感应电磁场和电磁辐射场。如果与 $ik_0R_\pm$ 和 $k_0^2R_\pm^2$ 相关的感应和辐射分量被忽略，则当电磁场通过空气传播，相位移可能会很大（如上文估计的，对于 HEM 电磁传感器高度为 30m，频率为 100kHz，产生的相位移为 $-7.3°$）。然而，当考虑感应和辐射项时，静态分量产生的相位移将在很大程度上被削弱。由此可知，空气中有限速度传播的电磁波所产生的相位移实际上很小。

2.6.5　小结

相对于介电极化大地，空气位移电流对 HEM 信号的影响很小。仅当测量频率很高或地下介质非常高阻（如频率>10kHz，大地电阻率>1000Ω·m）时，位移电流的影响才变得明显。自由空间的位移电流增加 HCP 系统响应信号的实虚分量（相对于似稳态情况），

而减少视电阻率。相对于自由空间的位移电流,地下介质的位移电流对航空电磁响应的影响很大。它会减小电磁信号的实分量,增大虚分量,导致视电阻率增加。在高阻且有一定介电极化的区域,需要特别注意地下介质的位移电流效应。似稳态假设仅在低频、大地良导和弱介电极化的情况下成立。由于位移电流效应随飞行高度的降低而减小,当 HEM 系统的飞行高度较低时(如环境和工程应用)或当系统置于地面标定时,无需考虑位移电流的影响。将偶极电磁场传播特征用简单指数形式(静态项)描述,而忽略高阶感应和辐射项,将产生很大的相位误差。由于传导项和辐射项的抵消作用,实际位移电流造成的相位移很小。

2.7 航空电磁多参数正演及影响特征

2.7.1 航空电磁多参数正演计算

航空电磁响应受各种电性参数(电阻率、磁导率、介电常数、极化参数等)影响。考虑到航空电磁的极化效应已在相关章节讨论,本节仅讨论其他参数对航空电磁响应的影响。我们以水平共面 HCP 垂直磁场为例分别讨论频率域和时间域两种情况,并且为讨论方便起见直接引用 Ward 和 Hohmann(1988)的全参数理论公式。为此,重写式(2.279)如下:

$$H_z = \frac{m}{4\pi} \int_0^\infty \left[e^{-\alpha_0(z+h)} + r_0(k) e^{\alpha_0(z-h)} \right] \frac{k^3}{\alpha_0} J_0(kr) \, dk$$

式中各参数的意义见 2.6 节。利用上式可以获得频率域响应,然后利用 2.2 节时频转换方法可将频率域响应转换成时间域阶跃响应,进而再和发射波形褶积获得任意波形时间域响应。

2.7.2 频率域航空电磁多参数响应特征

本节研究大地介电常数、磁导率和电阻率对频率域航空电磁响应的影响特征。不同于上节仅讨论介电常数的影响,我们将针对磁导率和介电常数均发生变化的情况进行讨论。

1. 磁导率对频率域航空电磁响应的影响

假设均匀半空间电阻率为 $100\Omega \cdot m$,频率域航空电磁系统飞行高度为 $h = 30m$,收发距 $r = 8m$,图 2.52 展示相对介电常数 $\varepsilon_r = 1$ 时大地磁导率对航空电磁响应的影响。由图可以看出,当地下介质的介电常数保持不变时,磁导率增加导致实分量减少,低频段出现负值;对虚分量的影响主要发生在高频段,磁导率增加导致虚分量增加,随频率降低磁导率对虚分量的影响逐渐减小。图 2.53 给出磁性半空间($\varepsilon_r = 1$,$\mu_r = 1.5$)电阻率变化时电磁响应的变化特征。由图可以看出,当大地为磁性介质时,电磁响应实分量出现很强的负值,且电阻率越高负值越向高频段移动;虚分量响应最大值随电阻率增大也向高频段移动。

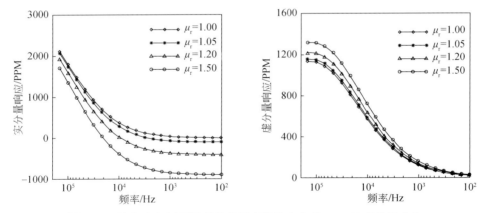

图 2.52　均匀半空间不同磁导率频率域航空电磁 HCP 垂直磁场响应

相对介电常数 $\varepsilon_r = 1$，半空间电阻率为 $100\ \Omega \cdot m$

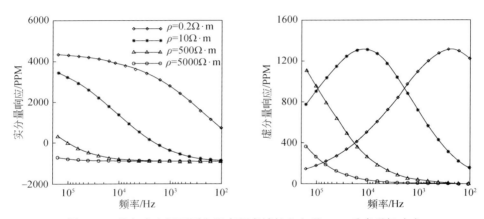

图 2.53　均匀半空间不同电阻率频率域航空电磁 HCP 垂直磁场响应

相对介电常数 $\varepsilon_r = 1$，$\mu_r = 1.5$

2. 综合参数对频率域航空电磁响应的影响

图 2.54 给出相对介电常数 $\varepsilon_r = 1$ 时，不同大地电阻率和相对磁导率对航空电磁响应的影响。由图可以看出，对于相同大地电阻率，电磁响应实分量随相对磁导率的增加而减小，在低频段出现负响应，这种现象随电阻率的增加变得严重；随着频率的增加，磁导率对实分量的影响逐渐减弱。相比之下，大地磁导率对虚分量的影响较小，虚分量呈现导电介质的电磁感应特征（在特定感应数达到最大值），大地磁导率仅导致虚分量响应幅值发生微弱变化。图 2.55 展示相对磁导率 $\mu_r = 1$ 时，不同大地电阻率和介电常数对航空电磁系统响应的影响。由图可以看出，介电常数对航空电磁响应的影响主要发生在高阻区和高频段。此时，介电常数越大，位移电流的影响越大。图 2.56 展示全参数对航空电磁响应的影响。由图可以看出，介电常数的影响相对较小，而磁导率对电磁响应的影响主要是导致实分量减弱，甚至出现负响应，特别是在小感应数条件（高阻区和低频段）。类似地，电

磁响应虚分量在某一感应数出现极值。频率越高，极值越往高阻区移动。

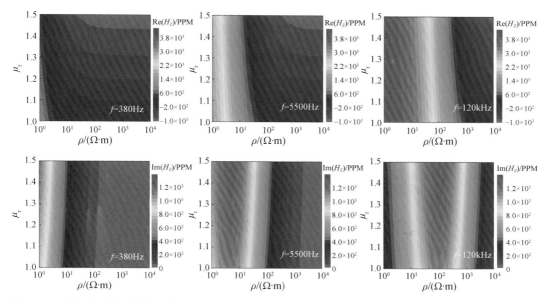

图 2.54　均匀半空间不同电阻率和磁导率频率域航空电磁 HCP 垂直磁场响应（相对介电常数 $\varepsilon_r=1$）

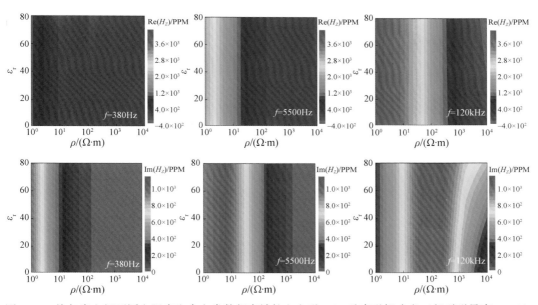

图 2.55　均匀半空间不同电阻率和介电常数频率域航空电磁 HCP 垂直磁场响应（相对磁导率 $\mu_r=1$）

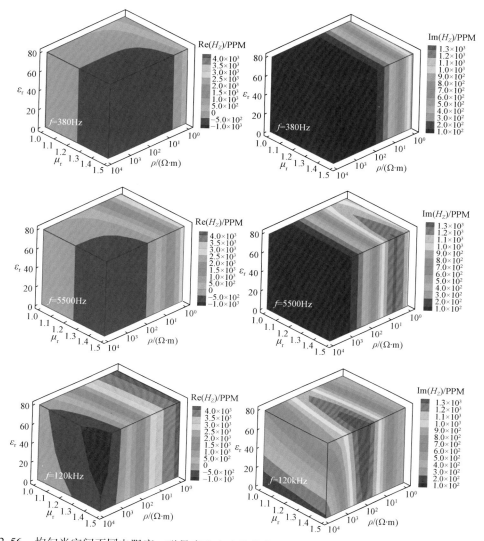

图 2.56　均匀半空间不同电阻率、磁导率和介电常数条件下频率域航空电磁 HCP 垂直磁场响应

2.7.3　时间域航空电磁多参数响应特征

1. 磁导率对时间域航空电磁响应的影响

本节以均匀半空间模型为例，研究大地磁导率、介电常数等对不同发射波形时间域航空电磁响应的影响特征。航空电磁系统参数参见 2.2 节，其中发射线圈距地面高度 $h_T = 30\text{m}$，接收线圈距地面高度 $h_R = 50\text{m}$，发射线圈和接收线圈之间的水平距离 $r = 10\text{m}$，发射偶极矩为 615000Am^2，梯形波的上升沿和下降沿时间均为 0.2ms，稳定时间为 3.6ms，半正弦波持续时间为 4.0ms，基频为 30Hz。图 2.57 给出均匀半空间电阻率为 $100\Omega \cdot \text{m}$，相对

介电常数 $\varepsilon_r=1$ 时，不同磁导率半正弦和梯形波激励的电磁响应。从图可以看出，无论对半正弦波还是梯形波，磁导率使得航空电磁响应发生很大变化，特别是 on-time 信号出现很强的负值。对于梯形波发射，磁导率的变化除影响到信号幅值外，还可导致脉冲上升沿和下降沿电磁信号的极性发生变化。

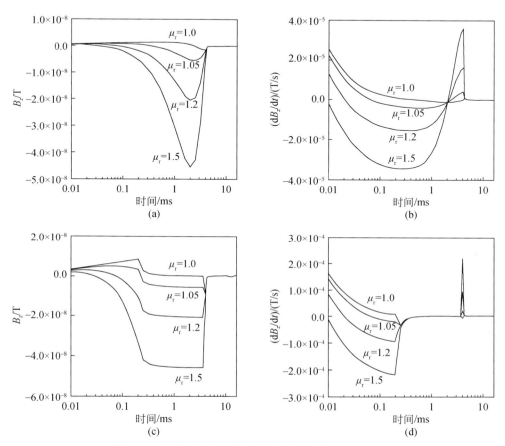

图 2.57　均匀半空间不同磁导率时间域航空电磁响应

（a）、（b）发射波形为半正弦波；（c）、（d）发射波形为梯形波。相对介电常数 $\varepsilon_r=1$

2. 介电常数对时间域航空电磁响应的影响

图 2.58 给出均匀半空间电阻率为 $100\Omega\cdot m$，磁导率 $\mu_r=1$ 时，介电常数对半正弦和梯形波激励的电磁响应。从图可以看出，无论对于半正弦还是梯形波激发，介电常数对航空电磁响应的影响均较小。

3. 综合参数对时间域航空电磁响应的影响

图 2.59 和图 2.60 给出均匀半空间相对介电常数 $\varepsilon_r=1$ 时，不同电阻率和磁导率对半正弦和梯形波激励电磁响应的影响。图中我们仅给出 off-time 电磁响应。从图可以看出，

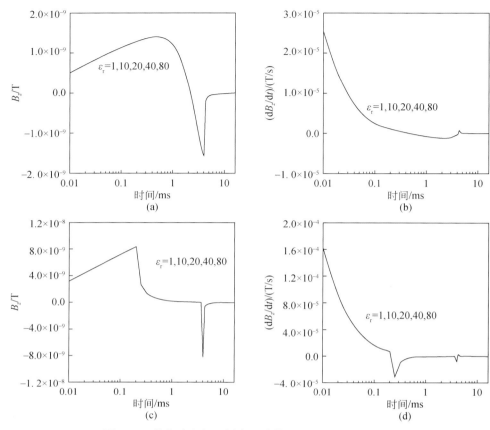

图 2.58　均匀半空间不同介电常数时间域航空电磁响应

（a）、（b）发射波形为半正弦波；（c）、（d）发射波形为梯形波。磁导率 $\mu_r = 1$

无论对于半正弦还是梯形波，电磁响应随时间发生衰减，受磁导率的影响磁场响应产生负响应；而磁感应虽然也发生衰减，但没有发生变号。图 2.61 和图 2.62 给出均匀半空间相对磁导率 $\mu_r = 1$ 时，不同电阻率和介电常数对半正弦和梯形波激励电磁响应的影响。由图可以看出，电磁响应随时间发生衰减，但介电常数的影响很小。图 2.63 和图 2.64 给出综合参数对时间域航空电磁响应的影响。由图可以看出，无论对于半正弦还是梯形波，大地磁导率和电阻率对电磁信号起决定性的作用，介电常数的影响较小。

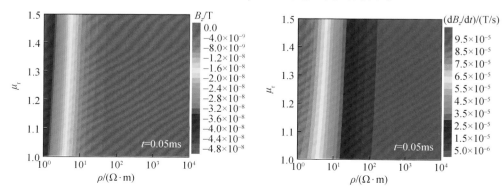

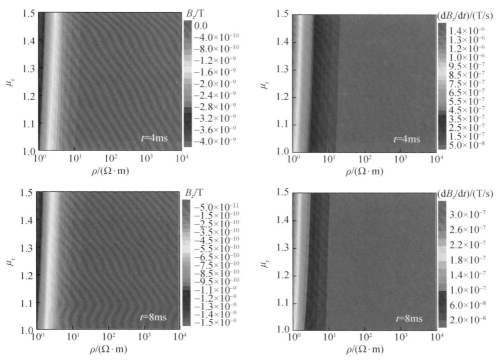

图 2.59　均匀半空间不同电阻率和磁导率半正弦波时间域航空电磁 off-time 响应

图中给出的时间为断电后时间，相对介电常数 $\varepsilon_r = 1$

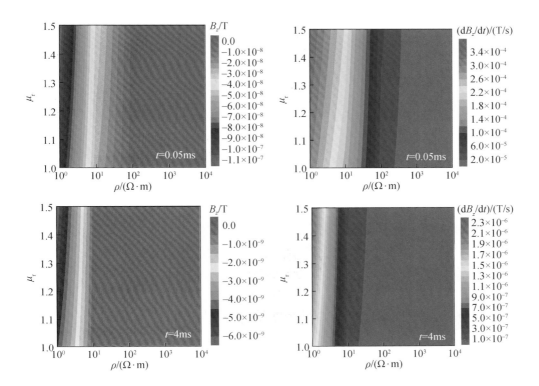

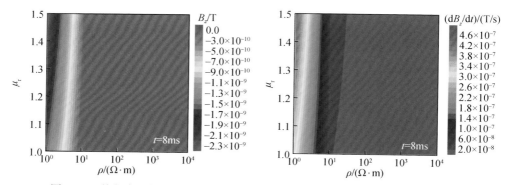

图 2.60　均匀半空间不同电阻率和磁导率梯形波时间域航空电磁 off-time 响应

图中给出的时间为断电后时间，相对介电常数 $\varepsilon_{\mathrm{r}}=1$

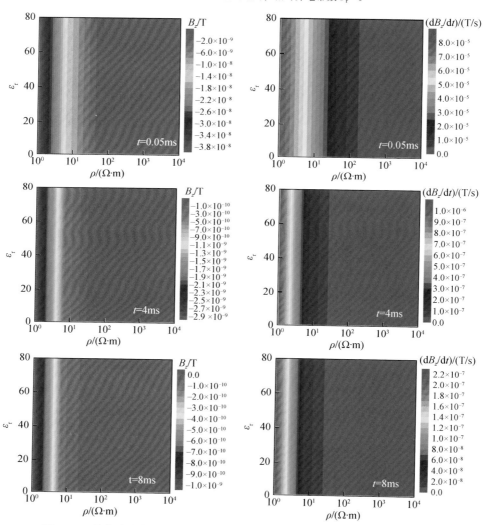

图 2.61　均匀半空间不同电阻率和介电常数半正弦波时间域航空电磁响应

图中给出的时间为断电后时间，相对磁导率 $\mu_{\mathrm{r}}=1$

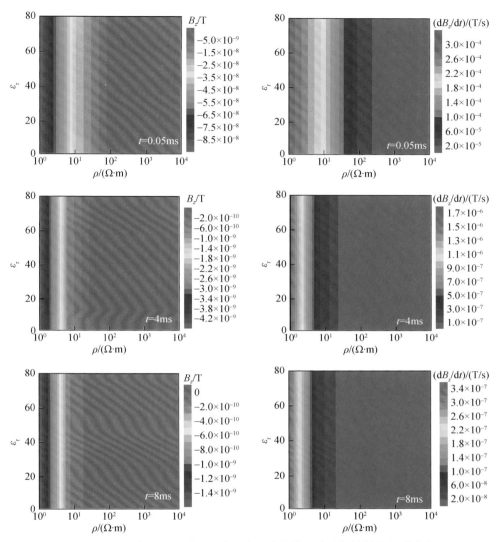

图 2.62 均匀半空间不同电阻率和介电常数梯形波时间域航空电磁响应

图中给出的时间为断电后时间，磁导率 $\mu_r = 1$

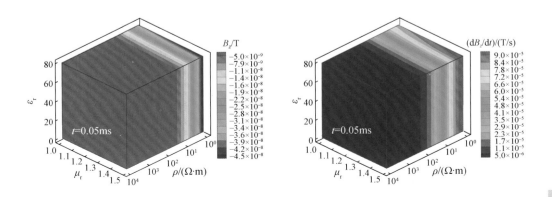

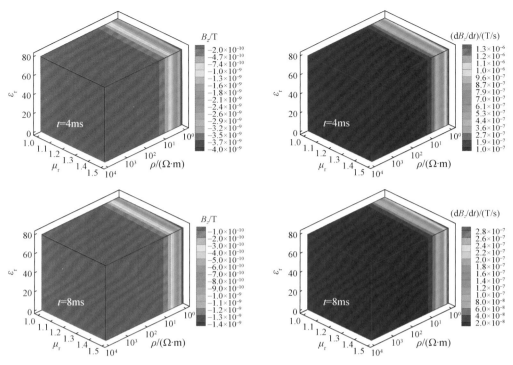

图 2.63 均匀半空间不同电阻率、磁导率和介电常数半正弦波时间域航空电磁响应
图中给出的时间为断电后时间

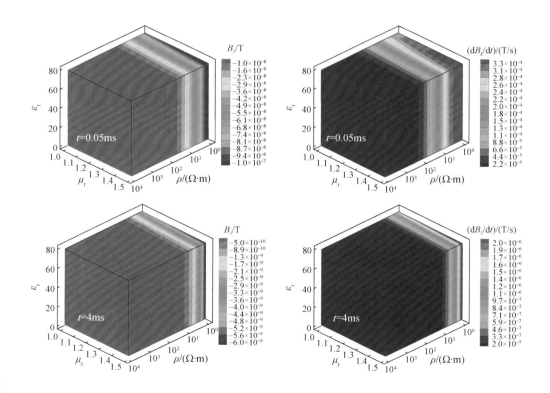

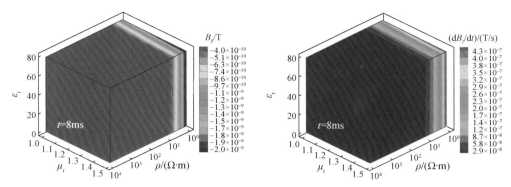

图 2.64 均匀半空间不同电阻率、磁导率和介电常数梯形波时间域航空电磁响应

图中给出的时间为断电后时间

2.8 航空电磁扩散特征及"烟圈"效应

航空电磁发射源在地下产生的感应电流分布形态和扩散特征是评估航空电磁系统勘探能力，如探测深度、影响范围（Beamish，2003；Yin et al.，2014）及横纵向分辨率的有效手段，可进一步为航空电磁系统设计和数据处理提供理论依据。

地球物理学家已经对地面瞬变电磁系统的电磁扩散现象做了很多研究。Lewis 和 Lee（1978）研究了位于均匀半空间地表的大回线产生的瞬变场。Nabighian（1979）将均匀半空间介质中的感应电流描述为一个"烟圈"。Hoversten 和 Morrison（1982）展示了位于层状介质上方的线圈产生的感应场分布。Reid 和 Macnae（1998）比较了层状各向异性介质中的频率域和时间域"烟圈"效应。Wang（2002）探究了倾斜各向异性半空间和两层介质中的"烟圈"效应。al-Garni 和 Everett（2003）研究了各向异性对 Loop-Loop 线圈响应的影响。Beamish（2003，2004）基于均匀半空间中的感应电流分布研究了航空电磁系统的影响范围和趋肤深度。Reid 和 Vrbancich（2004）根据感应极限条件下电流分布特征研究了航空电磁系统的影响范围。

上述关于感应电流和电磁场特征的研究都采用静态的二维、三维等值线形式，没有考虑到电磁场随时间发生的振幅衰减和相位偏移的动态特征，因此没有完全呈现电磁场的扩散过程。本节通过展示电磁场在地下随时间（时间域）或相位（频率域）的传播过程，研究航空电磁扩散和"烟圈"效应。对于频率域电磁扩散，我们还将传统的各向同性模型拓展到复杂的二维/三维模型和各向异性模型。我们使用相关软件展示空间电磁场随时间变化的动态扩散过程，相关动态图件可以从本书作者处获得。

对于一维层状介质模型，我们应用 Weidelt（1991）提出的延拓算法及 Yin 和 Fraser（2004b）的各向异性模型算法计算全空间电磁场。对于二维/三维模型，我们使用 Raiche 等（2002）研发的 Loki_Air 算法计算电磁场空间分布。为直观展示频率域电磁扩散过程，Yin 和 Hodges（2007）将电流密度乘以时谐因子 $e^{i\omega t}$，计算电流密度矢量或等值面随时间的变化；对于时间域电磁扩散，殷长春等（2016）直接展示电流密度随时间的变化特征。

我们基于 Yin 和 Hodges（2007）及殷长春等（2016）的研究成果分析频率域和时间域航空电磁动态扩散特征。

2.8.1 一维介质中电磁场正演计算

由前面讨论，根据电磁场在地表和层界面处的连续性条件，可以采取向下延拓算法得到地下各点处的电磁场。假设地下各层介质的磁导率 $\mu = \mu_0$，参考 2.1 节中的理论推导，可以得到一维层状介质中的电磁场表达式。对于垂直磁偶极子，根据式（2.71）～式（2.74）可得层状介质中任意一点的电磁场为

$$\varphi^{\mathrm{E}}(\boldsymbol{r}, \omega) = \frac{1}{2\pi}\int_0^\infty f_{\mathrm{E}}(z, k, \omega)J_0(kr)k\mathrm{d}k \tag{2.288}$$

结合式（2.101）～式（2.103）可得

$$E_\varphi = i\omega\mu_0\frac{\partial\varphi^{\mathrm{E}}}{\partial r} = i\omega\mu_0\frac{1}{2\pi}\int_0^\infty f_{\mathrm{E}}(z, k, \omega)\frac{\partial}{\partial r}J_0(kr)k\mathrm{d}k$$

$$= -\frac{i\omega\mu_0}{2\pi}\int_0^\infty f_{\mathrm{E}}(z, k, \omega)J_1(kr)k^2\mathrm{d}k \tag{2.289}$$

$$H_r = \frac{\partial^2\varphi^{\mathrm{E}}}{\partial r\partial z} = \frac{1}{2\pi}\int_0^\infty \frac{\partial}{\partial z}f_{\mathrm{E}}(z, k, \omega)\frac{\partial}{\partial r}J_0(kr)k\mathrm{d}k$$

$$= -\frac{1}{2\pi}\int_0^\infty f'_{\mathrm{E}}(z, k, \omega)J_1(kr)k^2\mathrm{d}k \tag{2.290}$$

$$H_z = \frac{\partial^2\varphi^{\mathrm{E}}}{\partial z^2} = \frac{1}{2\pi}\int_0^\infty \frac{\partial^2}{\partial z^2}f_{\mathrm{E}}(z, k, \omega)J_0(kr)k\mathrm{d}k$$

$$= \frac{1}{2\pi}\int_0^\infty f_{\mathrm{E}}(z, k, \omega)\alpha^2(z)J_0(kr)k\mathrm{d}k \tag{2.291}$$

同理对于水平磁偶极子，根据式（2.81）和式（2.82）可以得到层状介质中

$$\varphi^{\mathrm{E}}(\boldsymbol{r}, \omega) = \frac{1}{2\pi}\cos\varphi\int_0^\infty f_{\mathrm{E}}(z, k, \omega)J_1(kr)k\mathrm{d}k \tag{2.292}$$

结合式（2.106）～式（2.114）得到：

$$E_r = -\frac{i\omega\mu_0}{r}\frac{\partial\varphi^{\mathrm{E}}}{\partial\varphi} = -\frac{i\omega\mu_0}{r}\frac{\partial}{\partial\varphi}\frac{1}{2\pi}\cos\varphi\int_0^\infty f_{\mathrm{E}}(z, k, \omega)J_1(kr)k\mathrm{d}k$$

$$= \frac{i\omega\mu_0}{2\pi r}\sin\varphi\int_0^\infty f_{\mathrm{E}}(z, k, \omega)J_1(kr)k\mathrm{d}k \tag{2.293}$$

$$E_\varphi = i\omega\mu_0\frac{\partial\varphi^{\mathrm{E}}}{\partial r} = i\omega\mu_0\frac{1}{2\pi}\cos\varphi\int_0^\infty f_{\mathrm{E}}(z, k, \omega)\frac{\partial}{\partial r}J_1(kr)k\mathrm{d}k$$

$$= \frac{i\omega\mu_0}{2\pi}\cos\varphi\int_0^\infty f_{\mathrm{E}}(z, k, \omega)\left[-\frac{1}{r}J_1(kr) + kJ_0(kr)\right]k\mathrm{d}k \tag{2.294}$$

$$H_r = \frac{\partial^2 \varphi^E}{\partial r \partial z} = \frac{1}{2\pi} \cos\varphi \int_0^\infty \frac{\partial}{\partial z} f_E(z, k, \omega) \frac{\partial}{\partial r} J_1(kr) k \mathrm{d}k$$

$$= \frac{1}{2\pi} \cos\varphi \int_0^\infty f_E'(z, k, \omega) \left[-\frac{1}{r} J_1(kr) + k J_0(kr) \right] k \mathrm{d}k \tag{2.295}$$

$$H_\varphi = \frac{1}{r} \frac{\partial^2 \varphi^E}{\partial \varphi \partial z} = \frac{1}{r} \frac{\partial^2 \varphi^E}{\partial \varphi \partial z} \frac{1}{2\pi} \cos\varphi \int_0^\infty f_E(z, k, \omega) J_1(kr) k \mathrm{d}k$$

$$= -\frac{1}{r} \frac{1}{2\pi} \sin\varphi \int_0^\infty \frac{\partial}{\partial z} f_E(z, k, \omega) J_1(kr) k \mathrm{d}k$$

$$= -\frac{1}{2\pi r} \sin\varphi \int_0^\infty f_E'(z, k, \omega) J_1(kr) k \mathrm{d}k \tag{2.296}$$

$$H_z = \frac{\partial^2 \varphi^E}{\partial z^2} = \frac{1}{2\pi} \cos\varphi \int_0^\infty \frac{\partial^2}{\partial z^2} f_E(z, k, \omega) J_1(kr) k \mathrm{d}k$$

$$= \frac{1}{2\pi} \cos\varphi \int_0^\infty f_E(z, k, \omega) \alpha^2(z) J_1(kr) k \mathrm{d}k \tag{2.297}$$

式中，$f_E(z, k, \omega)$ 和 $f_E'(z, k, \omega)$ 是第 n 层的核函数，其计算方法参考 2.1 节。

在求得柱坐标系中的电磁场之后，将其投影到直角坐标系，利用欧姆定律 $\boldsymbol{J} = \sigma \boldsymbol{E}$ 可得到地下电流密度分布。如果已知频率域场值，可根据 2.2 节通过傅里叶变换将其转换到时间域，得到时间域电磁响应。

2.8.2　频率域电磁场扩散特征

1. 一维各向同性介质

为获得随时间变化的电磁场数据，将上面计算得到的电磁场响应乘以时谐因子 $e^{i\omega t}$。对于层状各向同性介质模型，我们沿 x 和 y 轴方向选择 21×21 个网格节点，两个相邻网格节点的间距为 10m。我们假设相位 $e^{i\omega t}$ 从 $0°$ 变化到 $360°$。电流密度幅值的巨大差异给电流分布可视化带来了困难，为此我们使用一次场对电流密度进行归一化（除以 $1/r^3$）。在矢量图中，归一化之后的场表示为箭头，长度正比于归一化场强，箭头的中心代表计算点的位置。

图 2.65 表示频率为 3300Hz 的水平磁偶极子和频率为 56kHz 的垂直磁偶极子在电阻率为 $100\Omega \cdot \mathrm{m}$ 的均匀半空间模型中产生的电流密度。发射偶极高度为 30m，相位变化在图中以角度表示。从图 2.65（a）可以看出：①对水平磁偶极子，感应电流形成两个环，对应于水平磁偶极子磁通的两极，分别向地下注入或从地下流出，电流系统的极性随相位周期性变化；②对各向同性均匀半空间模型，没有感应电流垂向分量；③当感应电流向地下传播时，随着深度电流振幅衰减、相位变化。图 2.65（b）中垂直磁偶极子源的感应电流呈现了类似的模式，只是感应电流形成一个圆环，与垂直磁偶极子源向地下注入的磁力线相对应。

图 2.66 表示磁偶极子源在两层介质模型中产生的感应电流分布。发射频率和高度参

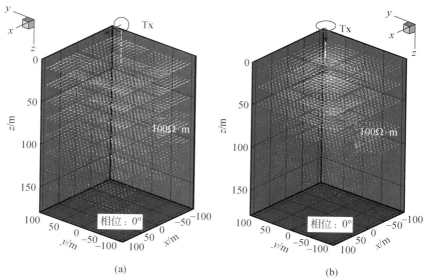

图 2.65　水平和垂直磁偶极子源在均匀各向同性半空间中的电流分布

数同图 2.65。第一层的电阻率为 $1000\Omega\cdot m$、厚度为 90m，第二层的电阻率为 $100\Omega\cdot m$。对比图 2.65 和图 2.66 可以看出：①与均匀半空间模型不同，在第二层良导层中也存在一个电流异常中心；②对于两层模型，水平磁偶极子和垂直磁偶极子都不存在垂向感应电流。事实上，结合图 2.65 和图 2.66 可以看出，在各向同性层状介质中，无论发射偶极子如何定向，地下均不存在垂向感应电流；③与均匀半空间模型相似，水平磁偶极子产生的感应电流形成两个环，而垂直磁偶极子产生的感应电流只形成一个圆环；④当仔细观察图 2.66 的感应电流动态变化时可以看出，感应电流在顶部高阻层比底部良导层中扩散速度快。

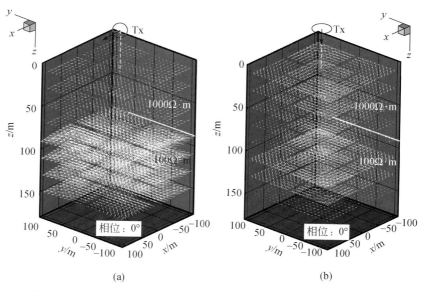

图 2.66　水平和垂直磁偶极子源在两层各向同性介质中的电流分布

2. 一维各向异性介质

Yin 和 Fraser（2004b）将电磁场的延拓理论扩展到层状各向异性模型中，并提出了对于航空电磁系统的数值模拟方法。本节使用该数值算法计算地下电磁场分布。为此，我们应用 Yin 和 Fraser（2004b）的式（B6）和式（B7）将空气中的电磁势延拓到地下，并在获得地下各层的电磁势后，利用 Yin 和 Maurer（2001）的式（41）和式（42）计算电磁场。

图 2.67 给出一个倾斜各向异性模型，沿着层理方向的纵向电阻率为 $\rho_l = 100\Omega \cdot m$，垂直层理方向的横向电阻率为 $\rho_t = 800\Omega \cdot m$，地层的倾角为 45°。层理方向沿着 y 轴，因此，在 x 轴方向地层向下倾斜。

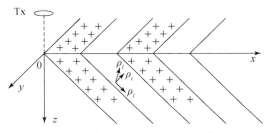

图 2.67　倾斜各向异性半空间模型

图 2.68 展示磁偶极子源在倾斜各向异性半空间模型中产生的感应电流分布。对于水平和垂直磁偶极子，计算频率分别为 3300Hz 和 6200Hz。图中偶极子相位变化以角度表示。从图 2.68（a）给出的水平磁偶极子源在地下产生的感应电流分布可以看出：①感应电流形成两个电流环，电流环的极性随着时间周期性变化；②不同于图 2.65 和图 2.66 的层状各向同性模型中不存在垂向感应电流的情况，磁偶极子在各向异性模型中产生很强的垂向电流；③根据感应电流的平面视图可以看出，表面电流环的形状不再是圆形（各向同性模型是圆形），而是呈现椭圆形，长轴平行于低电阻率方向（y 方向）；④地下感应电流

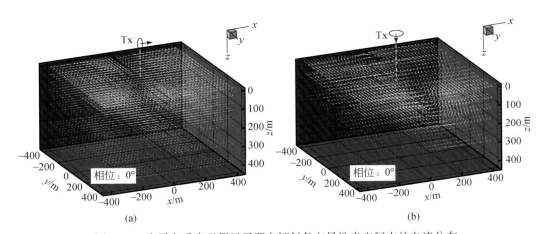

图 2.68　水平和垂直磁偶极子源在倾斜各向异性半空间中的电流分布

向倾斜层理的良导方向聚焦（电流通道效应）。从图 2.68（b）所示的垂直磁偶极子在地下产生的感应电流分布可以得出类似的结论，不同之处在于其感应电流只形成一个长轴沿 y 方向的椭圆形环。

3. 二维各向同性介质

对于二维介质模型，我们使用 Raiche 等（2002）研发的 Loki_Air 计算地下的感应电流分布。基于矢量有限元方法，Loki_Air 能够计算地下任意位置的电磁场。我们以二维各向同性介质为例，计算垂直磁偶极子源的感应电流分布。为此，首先设计一个倾斜接触带模型，接触带左侧电阻率为 $100\Omega\cdot m$，右侧电阻率为 $5\Omega\cdot m$，倾角为 $45°$。垂直磁偶极子的高度为 30m，频率为 6200Hz。图 2.69 展示了垂直磁偶极子在两个不同电阻率的接触带中产生的感应电流分布。从图可以看出：①垂直磁偶极子源的感应电流形成一个圆环，其中心位于偶极子正下方；②右侧良导介质的电流密度比左侧高阻区的电流密度强很多；③从电流密度分布能够清晰地看出不同电阻率的分界面。

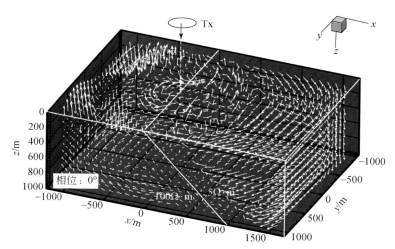

图 2.69　垂直磁偶极子源在不同电阻率的各向同性倾斜接触带中的电流分布

为进一步了解复杂模型中感应电流分布和扩散特征，我们设计一个电阻率为 $100\Omega\cdot m$ 的高阻半空间模型，其中存在一个电阻率为 $1\Omega\cdot m$ 的良导带。垂直磁偶极子源位于良导带中心正上方 30m，频率为 6200Hz。图 2.70 展示垂直磁偶极子源在该模型中产生的感应电流。从图可以看出：①感应电流呈环状流动；②良导带中的电流密度比高阻围岩中的电流密度强很多；③电流密度分布清晰地表明良导体和周围介质的电性分界面。

2.8.3　时间域电磁场扩散特征

对于时间域航空电磁系统的电磁扩散，本节计算了阶跃波激发条件下，从断电后 0.002ms 到 5.0ms 共 900 个时间点地下感应电流分布。我们首先选择 Yin 和 Hodges（2007）使用的电阻率为 $100\Omega\cdot m$ 的均匀半空间模型来计算和比较时间域/频率域电磁扩散过程的差

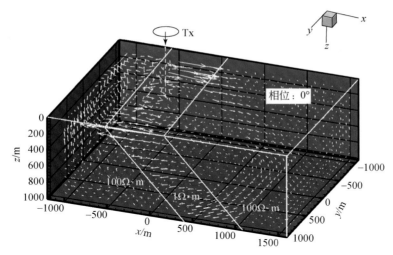

图 2.70　垂直磁偶极子源在倾斜良导带中的电流分布

异。图 2.71 表示断电 0.5ms 时刻磁偶极子源在地下产生的感应电流分布。其中图 2.71（a）和（b）分别表示垂直磁偶极子源和水平磁偶极子源在近地表产生的电流密度矢量，箭头的中心点代表计算电流密度的位置，箭头长度表示电流密度大小；图 2.71（c）和（d）分别表示垂直磁偶极子源和水平磁偶极子源在地下产生的三维感应电流分布。为了能清晰地看出感应电流在地下的分布形态，我们切掉了图 2.71（c）和（d）的右下角部分。

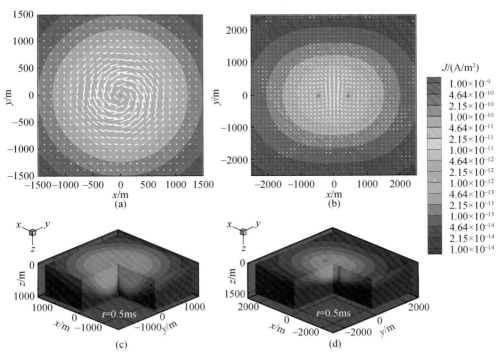

图 2.71　断电 0.5ms 时刻磁偶极子源在均匀半空间中产生的感应电流
（a）垂直磁偶极子源和（b）水平磁偶极子源在近地表产生的电流矢量图；（c）垂直磁偶极子源
和（d）水平磁偶极子源在地下产生的感应电流

从图 2.71 可以看出：①对于垂直磁偶极子，地下感应电流形成一个圆环，与垂直磁偶极磁力线垂直向地下注入相对应；②对于水平磁偶极子，地下感应电流形成两个叠加的电流环，对应于水平磁偶极子磁力线向地下注入或从地下流出的过程；③在层状各向同性介质中没有垂向电流，垂直磁偶极子源和水平磁偶极子源在地下产生的感应电流均沿为水平方向流动。

我们还利用前述算法计算了垂直磁偶极子源在电阻率为 $100\Omega \cdot m$ 的均匀半空间中产生的频率域感应电流（$f=900\,\text{Hz}$），并和本节计算的时间域感应电流进行比较，如图 2.72 所示。对比图 2.72（a）和（b）可以发现，时间域感应电流随着时间向下、向外扩散，强度不断衰减，而频率域感应电流周期性向外扩散，其强度和极性也发生周期性变化。由此我们可以得出结论：时间域电磁扩散过程表征了在外部激发源断电后发生的真正物理意义上的电磁扩散，而频率域中周期性"扩散"现象是与电磁激发源能量周期性输出相对应的。

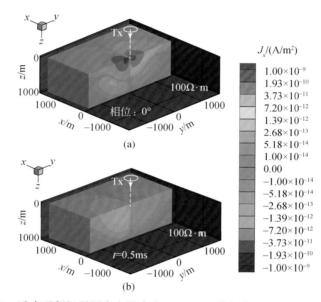

图 2.72　垂直磁偶极子源在电阻率为 $100\Omega \cdot m$ 均匀半空间产生的感应电流
（a）频率域：$f=900\,\text{Hz}$ 时实分量感应电流；（b）时间域：$t=0.5\,\text{ms}$ 时感应电流

为进一步研究电磁场在层状介质模型中的扩散特征，本节设计了一个两层地电模型：表层电阻率为 $50\Omega \cdot m$、厚度为 200m，底层电阻率为 $100\Omega \cdot m$。垂直磁偶极子位于地表上方 30m。图 2.73 展示垂直磁偶极子在两层介质中产生的感应电流分布。从图可以看出：①电流密度分布和电阻率分界面紧密相关，在第一层和第二层的边界上发生电流密度的突变，因此从电流密度分布可以清晰地分辨出地下电性分界面。产生这种电流密度突变的物理原因很简单。事实上，在地下电性分界面处垂向电流连续（均为 0），但是横向电流密度不连续，导致了总电流密度发生突变；②观察电磁场随时间的变化可以进一步发现，电磁场在表层良导层中传播速度慢，这意味着在航空电磁勘探中，需要观测较晚的电磁信号才能探测到良导盖层下的目标体。为便于直观研究，本节仅讨论了半空间和两层介质的情

况。需要指出的是，对于复杂的多层模型，电磁场在介质中的扩散规律是相同的。

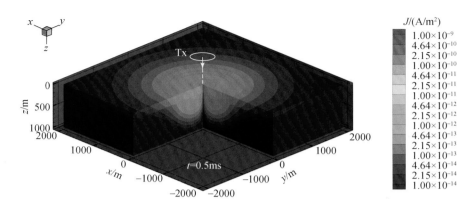

图 2.73　断电后 0.5ms 时刻垂直磁偶极子在两层介质中产生的感应电流分布

图中电性分界面清晰可见

2.8.4　"烟圈"效应

Nabighian（1979）将时间域电磁脉冲形成的电流环描述为一个"烟圈"，扩散到地下，不断变大且幅度发生衰减。以前关于"烟圈"效应的研究都是基于电磁扩散的静态描述。由于静态展示的局限性，电磁扩散的动态特征无法见到。本节通过随时间的动态变化方式展示电磁传播和"烟圈"在地下的扩散过程。从中可以清晰观察到振幅衰减、相位偏移和电磁场极性变化等特征。

1. 频率域"烟圈"效应

图 2.74 展示垂直磁偶极子源在均匀半空间中产生的感应电流密度水平分量等值线图。红色和蓝色分别代表沿 x 轴正向和反向流动的电流。均匀半空间的电阻率和偶极子参数与图 2.65 相同，频率为 56kHz。图中相位变化以角度表示。从图 2.74 可以看出：①垂直磁偶极子在均匀半空间中产生的感应电流是一个中心位于发射偶极子正下方的圆环（"烟圈"效应）；②当电磁场扩散时，电流中心或"烟圈"向下、向外移动，强度衰减；③电流密度的极性随时间周期性变化，表征激发源向地下周期性地输出电磁能量。

图 2.75 展示垂直磁偶极子源在两层介质模型中的电流密度等值线图。两层介质模型和偶极参数与图 2.66 相同，频率为 56kHz。由图 2.75 可以看出：①"烟圈"的结构和均匀半空间模型相似。然而，在层界面处存在一个局部电流最大值。②与顶部高阻层相比，良导层中"烟圈"扩散速度慢、衰减快。

图 2.76 展示垂直磁偶极子源在倾斜各向异性介质中的电流分布。模型与图 2.67 相同。从图 2.76 可以看出：①与各向同性模型相比，在各向异性介质中存在很强的垂向电流；②电流主要向良导方向扩散，导致电流分布的不对称性和多个电流中心；③电流的极性随时间周期变化；④最重要的发现是，电流分布的不对称性表征地下电阻率各向异性特征，如各向异性层理倾角及良导和高阻方向，这说明可以对地下各向异性特征进行识别。

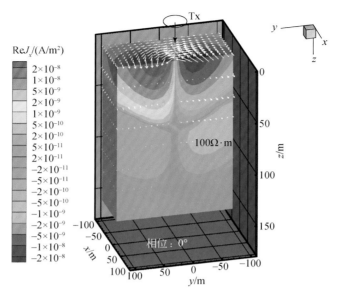

图 2.74　垂直磁偶极子源在各向同性半空间中产生的电流分布

频率为 56kHz

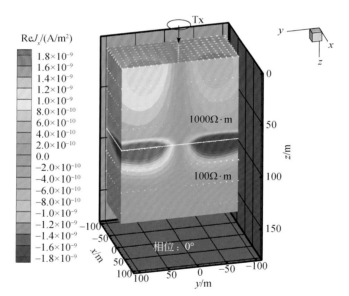

图 2.75　垂直磁偶极子源在两层各向同性介质中产生的电流分布

频率为 56kHz

2. 时间域"烟圈"效应

为了进一步研究时间域航空电磁系统的"烟圈"效应，我们从地下介质的感应电流系统中分离出一个表征电磁场扩散特征的电流环。t 时刻对应的电磁扩散深度为 $\sqrt{2t/\sigma\mu_0}$。

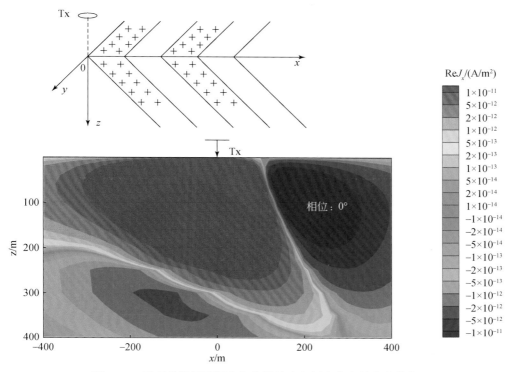

图 2.76　垂直磁偶极子源在各向异性半空间中产生的电流分布

对于垂直磁偶极子，我们取该深度上的最大电流密度作为电流环的阈值；而对于水平磁偶极子，我们取扩散深度平面上最大电流密度的 1/3 作为阈值。对于水平磁偶极子，选择较小电流环阈值的原因是：如前所述，垂直磁偶极子的感应电流在地下形成一个电流环，而水平磁偶极子的感应电流在地下形成两个叠加的电流环。如图 2.77 所示，对于水平磁偶极子，一个电流环外边界处的电流被另一个电流环的反向电流削弱，而中心处电流加倍。假设地下感应电流是指数衰减，即 $j = Ae^{-r/d}$，式中 r 为距电流环中心的距离，d 为扩散深度，则外边界和环中心处的电流密度之比为

$$\frac{j_{E}}{j_{C}} = \frac{Ae^{-r/d} - Ae^{-3r/d}}{2Ae^{-r/d}} = \frac{1 - e^{-2r/d}}{2} \qquad (2.298)$$

选取电流环的半径 r 是扩散深度的 0.55 倍（下面将说明），则

$$\frac{j_{E}}{j_{C}} = \frac{1 - e^{-1.1}}{2} = \frac{1}{3} \qquad (2.299)$$

因此，我们取扩散深度平面上最大电流密度的 1/3 作为水平磁偶极子电流环的阈值。

图 2.78 给出断电 0.5ms 和 2.0ms 时刻垂直磁偶极子和水平磁偶极子在地下产生的电流环。由图可以看出：①垂直磁偶极子的感应电流在地下只形成一个电流环（"烟圈"），而水平磁偶极子的感应电流在地下形成两个叠加的电流环，其中心位于偶极子正下方；②随着时间推移，垂直磁偶极子和水平磁偶极子的电流环都向下和向外传播，范围逐渐变大，同时振幅发生衰减，体现出感应电流随时间的扩散特征，即"烟圈"

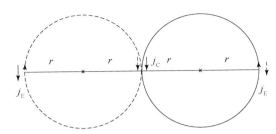

图 2.77　水平磁偶极子中心和边界电流分布

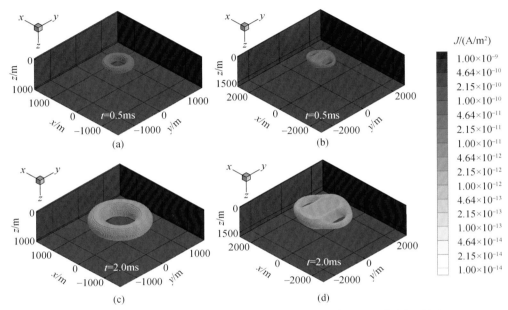

图 2.78　断电 0.5ms 和 2.0ms 时刻磁偶极子在地下产生的"烟圈"效应

（a）和（c）垂直磁偶极子；（b）和（d）水平磁偶极子

效应；③由于水平磁偶极子源向地下输入的电磁能量具有双极性，其"烟圈"分布特征较垂直磁偶极子源复杂。

图 2.79 表示断电 1.0ms 和 2.0ms 时垂直磁偶极子在两层介质中产生的电流环。两层介质模型的参数同图 2.73。从图 2.79 可以看出：①即使对于层状模型，地下介质中也只存在一个电流环。这与频率域感应电流"烟圈"发生周期性变化情况完全不同；②断电后早期"烟圈"只在第一层传播，随着时间的推移，向下传播到第二层，界面处感应电流连续性遭到破坏；③在地表良导层，"烟圈"传播慢、衰减较快，在基底高阻层，"烟圈"传播快、衰减较慢；④电磁场先在地表良导层中传播，经过一定时间后越过界面进入第二层。上下两层中电磁场传播速度不同导致的时间差异，造成下半空间"烟圈"范围较小。

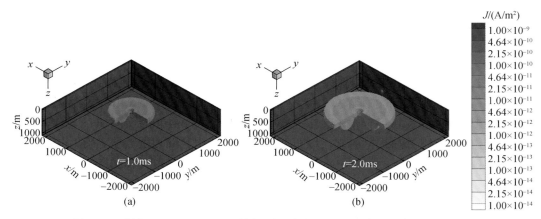

图 2.79　断电 1.0ms 和 2.0ms 时刻垂直磁偶极子在两层介质中产生的电流环

2.8.5　成像深度

在航空电磁领域，成像是处理航空电磁数据的一种快速有效手段。常用的方法包括电导率深度成像（CDI）和电导率深度转换（CDT）。为了对地下电性结构进行成像，通常将产生同样响应的均匀半空间模型的电阻率作为视电阻率，把扩散深度的一半近似作为成像深度，构建视电阻率–深度剖面。然而，到目前为止没有人能解释成像深度是如何确定的。本节从"烟圈"效应出发，建立最大电流位置和扩散深度的关系，并基于这个关系确定航空电磁的成像深度。

图 2.80 给出垂直磁偶极子和水平磁偶极子在不同电阻率的均匀半空间中产生的最大感应电流所在的深度和对应时刻扩散深度之间的关系。均匀半空间模型的电阻率分别是 $25\Omega\cdot m$、$50\Omega\cdot m$、$75\Omega\cdot m$ 和 $100\Omega\cdot m$。由图 2.80 可以看出，无论是垂直磁偶极子还

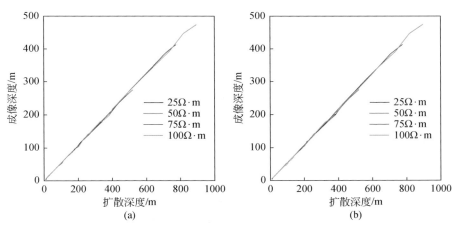

图 2.80　不同均匀半空间模型成像深度和扩散深度的关系

（a）垂直磁偶极子；（b）水平磁偶极子

是水平磁偶极子，地下最大感应电流的深度均和扩散深度保持线性关系。经过计算得出这个系数大约是 0.55，这表明最大感应电流的深度大约为扩散深度 $\sqrt{2t/\sigma\mu_0}$ 的 0.55 倍。我们定义最大感应电流的深度为航空电磁成像深度，这是因为某一时刻最大感应电流处的电性对航空电磁响应贡献最大。这也解释了作者在加拿大工作期间采用 $0.55\sqrt{2t/\sigma\mu_0}$ 作为经验成像深度取得很好成像效果的原因。

2.8.6　小结

与传统的基于等值线或静态矢量图描述相比，本节关于电磁扩散的动态展示更加直观地描述电磁场的扩散过程，更具有启发性。本节以随时间变化动态形式展示的电磁场有助于直观地理解电磁扩散的动态特征，如相位偏移、极性转换、振幅衰减和传播速度等。通过将电磁扩散展示为电流等值面的时间变化，电流"烟圈"效应清晰可见。对于频率域电磁系统，每半个周期出现一个极性相反的"烟圈"；而对于时间域系统，发射源断电后产生一个向下和向外扩散的"烟圈"。对于一维各向同性介质，无论发射机如何定向，地下不存在垂向感应电流。然而，对于各向异性介质，由于电流通道效应，地下存在明显的垂向感应电流。对于各向异性模型，电磁场和"烟圈"的不对称分布表征了大地各向异性特征。对于二维模型，不同介质的电阻率分界面可清晰分辨。磁场在导电介质中的扩散过程也可以相同的方式进行可视化展示。然而，由于毕奥-萨伐尔定律定义的体积分效应，局部的磁场没有电场对地下电性变化敏感，因此本节没有深入讨论。电磁扩散效应的动态展示将有助于提升我们对航空电磁系统的探测深度、分辨能力、影响范围（footprint）和成像深度的理解，从而提高数据解释能力。

2.9　半航空电磁系统一维正演理论

2.9.1　半航空系统电磁响应正演计算

半航空电磁法（semi-airborne electromagnetic method，SAEM）通过在地面利用大功率发射机向地下发射一次电磁场，并且利用装在飞机吊舱中的接收线圈来测量地下地质体产生的二次场，从而实现探测地质目标的一种航空地球物理勘探方法。该方法综合了航空电磁法和地面电磁法的优势，通过在地表发射大功率电磁场，提高了探测深度，同时又通过飞行平台达到迅速探测的目的。国外成熟的系统有 FLAIRTEM 系统（Elliott，1998）、TerraAir 系统（Smith et al.，2001）和 GREATEM 系统（Mogi et al.，2009）。国内相关系统也在积极研发之中。半航空电磁法一般采用地面接地长导线或者大回线作为发射源发射特定频率的方波，其中接地长导线较为常用，在空气中观测瞬变磁感应三个分量。

半航空电磁法一维正演理论和数值计算方法与 2.2 节类似，只需将频率域有限接地长导线源激发的电磁场转换到时间域，而有限接地长导线源可以看成电偶极子沿导线延伸方向的积分（Streich and Becken，2011）。因此，我们将有限长导线剖分成一系列电偶极子，

并采用有限求和方法代替数值积分。对于一维层状介质模型，空气中的总磁场可表示为

$$H_r^{\mathrm{T}} = \int_l H_r \mathrm{d}l = \sum_{j=1}^{N} \Delta l H_r^j \tag{2.300}$$

$$H_\varphi^{\mathrm{T}} = \int_l H_\varphi \mathrm{d}l = \sum_{j=1}^{N} \Delta l H_\varphi^j \tag{2.301}$$

$$H_z^{\mathrm{T}} = \int_l H_z \mathrm{d}l = \sum_{j=1}^{N} \Delta l H_z^j \tag{2.302}$$

式中，N 为有限接地长导线的剖分单元数；Δl 为剖分单元长度；H_r^j、H_φ^j、H_z^j 分别为第 j 个单位长度电偶极子产生的磁场，具体见式（2.119）~式（2.121）。在计算出频率域电磁响应后，利用 2.2 节中介绍的反傅里叶变换将其转换到时间域即可获得半航空系统瞬变电磁响应。我们还通过利用均匀半空间模型结果与澳大利亚 CSIRO 提供的开源软件 BEOWULF 程序进行对比，验证了本节算法的准确性。

2.9.2　半航空系统电磁响应特征

下面分析半航空系统电磁响应特征。为此我们针对 GREATEM 半航空电磁系统，分别设计均匀半空间、两层和三层介质模型，具体参数见表 2.13。有限接地长导线 AB 中点位于直角坐标原点，长 2400m，发射源端点坐标分别为（-1200m，0）和（1200m，0），发射电流为 500A 的方波。测点坐标为（1600m，2000m，30m），接收线圈高度为 30m，收发距 $r=2561$m。图 2.81 展示半航空电磁系统磁场 $\boldsymbol{B}$ 与磁感应 $\mathrm{d}\boldsymbol{B}/\mathrm{d}t$ 幅值随时间变化的衰减曲线。从图 2.81（a）~（c）可以看出：①磁感应 $\mathrm{d}\boldsymbol{B}/\mathrm{d}t$ 整体随着时间发生衰减，早期衰减速度慢，晚期衰减速度较快，其中 y 分量在某一时间道发生极性变化，导致响应变号；②不同模型的早期道响应曲线重合，而中晚期道随模型不同响应曲线形态发生变化，同时 y 分量变号的时间也发生变化；③相对于 $\mathrm{d}B_y/\mathrm{d}t$，$\mathrm{d}B_x/\mathrm{d}t$ 和 $\mathrm{d}B_z/\mathrm{d}t$ 曲线形态简单，没有变号现象，能够更有效地反映地下电性信息。从图 2.81（d）~（f）可以看出：①磁场 $\boldsymbol{B}$ 整体随着时间衰减，早期道随时间衰减缓慢，晚期道随时间衰减较快，其中 y 分量在某一时间道也出现变号现象；②不同模型的早期道响应曲线重合，在中晚期道响应随模型变化曲线形态基本保持一致，但衰减速率及变号时间不同；③相对于 B_y 分量，磁场 B_x 和 B_z 曲线形态简单；④对比上面各图发现半航空电磁勘探中，磁场 B_x、B_z 和磁感应 $\mathrm{d}B_x/\mathrm{d}t$、$\mathrm{d}B_z/\mathrm{d}t$ 可作为重点研究对象，其中磁感应 $\mathrm{d}B_x/\mathrm{d}t$、$\mathrm{d}B_z/\mathrm{d}t$ 相对于磁场 B_x、B_z 来说更能有效地反映地下电阻率变化特征。这是由于磁感应是磁场对时间/深度的导数，因此相对于磁场来说，磁感应提高了垂直方向上的电性分辨率。

表 2.13　层状介质模型参数

均匀半空间	两层介质	三层介质
$\rho_1 = 100\Omega \cdot \mathrm{m}$	$\rho_1 = 100\Omega \cdot \mathrm{m}$，$h_1 = 100$m	$\rho_1 = 100\Omega \cdot \mathrm{m}$，$h_1 = 100$m
	$\rho_2 = 10\Omega \cdot \mathrm{m}$	$\rho_2 = 10\Omega \cdot \mathrm{m}$，$h_2 = 100$m
		$\rho_3 = 500\Omega \cdot \mathrm{m}$

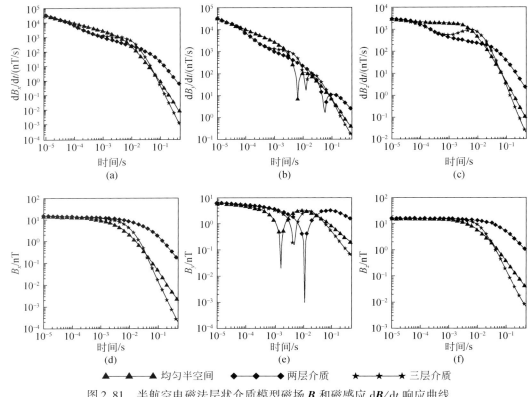

图 2.81　半航空电磁法层状介质模型磁场 **B** 和磁感应 d**B**/dt 响应曲线

模型如表 2.13，其中 （a）~（c）为 d**B**/dt 衰减曲线，（d）~（f）为 **B** 衰减曲线

　　为研究电阻率对半航空系统电磁响应的影响特征，设计 5 个不同电阻率的均匀半空间模型，电阻率分别为 1Ω·m、10Ω·m、100Ω·m、1000Ω·m、10000Ω·m。我们以垂直磁场 B_z 和磁感应 dB_z/dt 为例，观测系统参数选择与图 2.81 相同。

　　图 2.82 给出不同半空间电阻率的半航空磁场 B_z 和磁感应 dB_z/dt 的时间衰减曲线。从图可以看出：①dB_z/dt 和 B_z 随电阻率的变化曲线形态基本保持不变；②dB_z/dt 早期道响应幅值随电阻率的减小而减小、衰减缓慢，表征良导体上方瞬变场典型衰减特征；③磁场 B_z 早期道响应幅值受电阻率影响较小，衰减拐点的时间随电阻率的减小向晚期道移动；④磁感应对地下电性的分辨能力比磁场强。

　　为研究收发距对半航空电磁响应的影响特征，我们设计电阻率为 100Ω·m 的半空间模型，系统参数与图 2.81 相同。我们在发射源中垂线上（$x=0$）设置 5 个不同位置的测点，$y=600$m，1000m，3000m，6000m，10000m，接收线圈高度为 30m。图 2.83 展示半航空电磁法均匀半空间模型不同收发距时磁场 B_z 和磁感应 dB_z/dt 响应曲线。从图可以看出：①磁感应 dB_z/dt 和磁场 B_z 对于不同收发距曲线形态基本一致；②磁感应 dB_z/dt 早期道响应随收发距的增大而减小，衰减速度发生变化的拐点时间随收发距的增大向晚期道移动；③磁场 B_z 体现类似的特征，早期道响应幅值随收发距的增大而减小，衰减拐点时间随收发

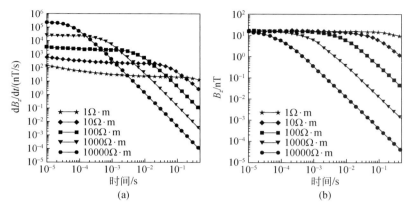

图 2.82 半航空电磁法不同半空间电阻率时磁场 B_z 和磁感应 $\mathrm{d}B_z/\mathrm{d}t$ 响应曲线

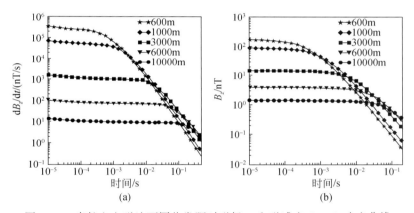

图 2.83 半航空电磁法不同收发距时磁场 B_z 和磁感应 $\mathrm{d}B_z/\mathrm{d}t$ 响应曲线

距的增大向晚期道移动。

下面研究飞行高度对半航空电磁响应的影响特征。我们设计一个均匀半空间模型,电阻率为 $100\Omega \cdot \mathrm{m}$,系统参数与图 2.81 相同。接收线圈高度 $z = 0$ (地面)、30m、60m、100m,测点在发射源中垂线 ($x = 0$) 上。图 2.84 是均匀半空间模型不同飞行高度的半航空磁场 B_z 和磁感应 $\mathrm{d}B_z/\mathrm{d}t$ 响应随时间的衰减曲线。从图中可以看出,总体上飞行高度仅在早期道对磁感应 $\mathrm{d}B_z/\mathrm{d}t$ 响应有一定影响。其主要原因在于接收点距发射源较远,接收点附近的电磁场已近于垂直入射的平面波,因此飞行高度的较小变化不会造成电磁响应大的变化;而在早期道由于电磁场高频成分丰富,波长较短,因此高度的细小变化必将在电磁信号中反映出来。

图 2.85 展示表 2.13 中均匀半空间上方半航空系统不同时间道电磁响应剖面。系统参数同图 2.81。由于在发射源正上方没有垂直磁场,而在无穷远处磁场也为零,因此在中间某一收发距处电磁响应取得最大值;不同时间道电磁响应清楚展示电磁场扩散特征。随时间推移,电磁响应影响范围扩大、幅值减小,极值点(异常中心)向外移动。

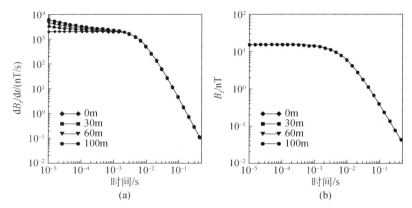

图 2.84　半航空电磁法不同飞行高度时磁场 B_z 和磁感应 dB_z/dt 响应曲线

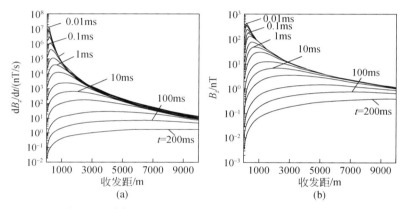

图 2.85　半航空电磁不同时间道 dB_z/dt 和 B_z 响应曲线

2.9.3　小结

综上所述，半航空电磁系统能够通过地面大功率发射实现大深度目标的探测，但其响应受发射源和测点之间所有电性的综合影响，存在严重的体积效应。这使得电磁数据解释比较困难，应用效果受到限制。然而，半航空系统电磁响应受飞行高度影响较小，相对其他航空系统这是一个不小的优势。它能有效避免因观测系统高度变化造成数据中的虚假异常。半航空系统磁场 B_x、B_z 和磁感应 dB_x/dt、dB_z/dt 响应相对于 y 分量来说形态简单，能够有效地反映地下电性分布特征，并且磁感应 dB_x/dt、dB_z/dt 响应相对于磁场 B_x、B_z 对地下电阻率变化更加灵敏。特别是由于垂直磁场容易观测，因此在实际勘探中，磁场 B_z 和磁感应 dB_z/dt 可作为重点研究对象。

必须指出，本书讨论半航空电磁系统的正演模拟算法并不表示作者推荐这种方法。事实上，本方法存在很强的体积效应，同时在空气中观测磁场时间导数（或感应电动势），造成分辨率严重受损（甚至比不上地面瞬变电磁法）。这就失去了航空电磁作为紧凑系统定点发射和接收以获得高分辨率的勘查技术优势。不难理解，国内研发半航空系统主要是为了解决目前全航空系统飞行员心理素质造成不敢飞的不得已之举。

参 考 文 献

朴华荣 . 1990. 电磁测深法原理 . 北京：地质出版社

殷长春，黄威，贲放 . 2013. 时间域航空电磁系统瞬变全时响应正演模拟 . 地球物理学报，56（9）：3153-3162

殷长春，邱长凯，刘云鹤，等 . 2016. 时间域航空电磁扩散特征和成像深度研究 . 地球物理学报，59（8）：3079-3086

Abramovici F. 1974. The forward magnetotelluric problem for an inhomogeneous and anisotropic structure. Geophysics, 39：56-68

al-Garni M, Everett M E. 2003. The paradox of anisotropy in electromagnetic loop-loop responses over a uniaxial half-space. Geophysics, 68（3）：892-899

Beamish D. 2003. Airborne EM footprints. Geophysical Prospecting, 51（1）：49-60

Beamish D. 2004. Airborne EM skin depths. Geophysical Prospecting, 52（5）：439-449

Bronstein I N, Semendjajew K A. 1979. Taschenbuch der Mathematik. B. G. Teubner Verlagsgesellschaft, Leipzig

Chlamtac M, Abramovici F. 1981. The electromagnetic fields of a horizontal dipole over a vertically inhomogeneous and anisotropic earth. Geophysics, 46：904-915

Davydycheva S, Druskin V, Habashy T. 2003. An efficient finite-difference scheme for electromagnetic logging in 3D anisotropic inhomogeneous media. Geophysics, 68：1525-1536

Dekker D L, Hastie L M. 1980. Magneto-telluric impedance of an anisotropic layered earth model. Geophysical Journal of the Royal Astronomical Society, 61（1）：11-20

Elliott P. 1998. The principles and practice of FLAIRTEM. Exploration Geophysics, 29：58-60

Everett M E, Constable S C. 1999. Electric dipole fields over an anisotropic seafloor：theory and application to the structure of 40 Myr Pacific Ocean Lithosphere. Geophysical Journal International, 136（1）：41-56

Fitterman D V. 1998. Sources of calibration errors in helicopter EM data. Exploration Geophysics, 29（2）：65-70

Fraser D C. 1978. Resistivity mapping with an airborne multicoil electromagnetic system. Geophysics, 43（1）：144-172

Harrington R F. 1961. Time-Harmonic Electromagnetic Fields. IEEE Press

Hodges G. 2003. Practical inversions for helicopter electromagnetic data. Proceedings of SAGEEP 2003, 45-58

Hohmann G W, Newman G A. 1990. Transient electromagnetic responses of surficial, polarizable patches. Geophysics, 55（8）：1098-1100

Holladay J S, Lo B, Prinsenberg S J. 1997. Bird orientation, effects in quantitative airborne electromagnetic interpretation of pack ice thickness sounding. Oceans'97, MTS（Marine Technology Society）/IEEE Conference Proc., 2：1114-1119

Hoversten G M, Morrison H F. 1982. Transient fields of a current loop source above a layered earth. Geophysics, 47（7）：1068-1077

Huang H, Fraser D C. 2000. Airborne resistivity and susceptibility mapping in magnetically polarizable areas. Geophysics, 65（3）：502-511

Huang H, Fraser D C. 2001. Mapping of the resistivity, susceptibility and permittivity of the earth using a helicopter-borne electromagnetic system. Geophysics, 66: 148-157

Huang H, Fraser D C. 2002. Dielectric permittivity and resistivity mapping using high-frequency, helicopter-borne EM data. Geophysics, 67 (3): 727-738

Keating P B, Katsube J, Kiss F G, et al. 1998. Airborne conductivity mapping of the Bathurst Mining Camp. Exploration Geophysics, 29 (2): 211-217

Kriegshauser B, Fanini O, Forgang S, et al. 2000. A New Multicomponent Induction Logging Tool To Resolve Anisotropic Formations. Transactions SPWLA 41st Annual Logging Symposium

Lee T. 1975. Sign reversals in the transient method of electrical prospecting (one-loop version). Geophysical Prospecting, 23 (4): 653-662

Lee T. 1981. Transient electromagnetic response of a polarizable ground. Geophysics, 46 (7): 1037-1041

Lewis R J G, Lee T J. 1984. The detection of induced polarization with a transient electromagnetic system. IEEE Transactions on Geoscience and Remote Sensing, (1): 69-80

Lewis R, Lee T. 1978. The transient electric fields about a loop on a half-space. Exploration Geophysics, 9 (4): 173-177

Li X, Pedersen L B. 1991. The electromagnetic response of an azimuthally anisotropic half-space. Geophysics, 56 (9): 1462-1473

Li X, Pedersen L B. 1992. Controlled-source tensor magnetotelluric responses of a layered earth with azimuthal anisotropy. Geophysical Journal of the Royal Astronomical Society, 111 (1): 91-103

Liu Y, Yin C. 2014. 3D anisotropic modeling for airborne EM systems using finite-difference method. Journal of Applied Geophysics, 109: 186-194

Loewenthal D, Landisman M. 1973. Theory for magnetotelluric observation on the surface of a layered anisotropic half-space. Geophysical Journal International, 35 (1-3): 195-214

Lu X, Alumbaugh D L, Weiss C J. 2002. The electric fields and currents produced by induction logging instruments in anisotropic media. Geophysics, 67 (2): 478-483

Mann J E. 1965. The importance of anisotropic conductivity in magnetotelluric interpretation. Journal of Geophysical Research, 70 (12): 2940-2942

Mogi T, Kusunoki K, Kaieda H, et al. 2009. Grounded electrical-source airborne transient electromagnetic (GREATEM) survey of Mount Bandai, north-eastern Japan. Exploration Geophysics, 40 (1): 1-7

Morgan M A, Fisher D L, Milne E A. 1987. Electromagnetic scattering by stratified inhomogeneous anisotropic media. IEEE Transaction on Antennae and Propagation, 35 (2): 191-197

Nabighian M N. 1979. Quasi-static transient response of a conducting half-space-An approximate representation. Geophysics, 44 (10): 1700-1705

Newman G A, Alumbaugh D L. 2002. A finite difference solution for 3D induction logging problems: Part II. Geophysics, 67: 484-491

Onsager L. 1931. Reciprocal relation in irreversible process. Physical Review, 37: 405-426

O'Brien D P, Morrison H F. 1967. Electromagnetic fields in an n-layer anisotropic half-space. Geophysics, 32 (4): 668-677

Pelton W H, Ward S H, Hallof P G, et al. 1978. Mineral discrimination and removal of inductive coupling with multifrequency IP. Geophysics, 43 (3): 588-609

Press W H, Teukolsky S A, Vetterling W H, et al. 1997. Numerical recipes in Fortran 77, 2nd Edition. Cambridge: Cambridge University Press

Raiche A. 2001. 3D EM modeling using integral equation algorithm. AMIRA Project Report P223E

Raiche A P. 1983. Negative transient voltage and magnetic field responses for a half-space with a Cole-Cole impedance. Geophysics, 48（6）: 790-791

Raiche A P, Bennett L A, Clark P J, et al. 1985. The use of Cole-Cole impedances to interpret the TEM response of layered earths. Exploration Geophysics, 16（2/3）: 271-273

Raiche A P, Annetts D W, Sugeng F. 2002. Airborne EM detection of targets beneath complex cover. 64th EAGE Conference & Exhibition

Reddy I K, Rankin D. 1971. Magnetotelluric effect of dipping anisotropies. Geophysical Prospecting, 19（1）: 84-97

Reid J, Vrbancich J. 2004. Footprints of airborne electromagnetic systems over one dimensional Earths. Preview, 111: 61

Reid J E, Macnae J C. 1998. Comments on the electromagnetic "smoke ring" concept. Geophysics, 63（6）: 1908-1913

Reid J E, Worby A P, Vrbancich J, et al. 2003. Ship-borne electromagnetic measurements of Antarctic sea ice thickness. Geophysics, 68（5）: 1537-1546

Shoham Y, Loewenthal D. 1975. Matrix polynomial representation of the anisotropic magnetotelluric impedance tensor. Physics of the Earth and Planetary Interors, 11（2）: 128-138

Sinha A K, Bhattacharya P K. 1967. Electric dipole over an anisotropic and inhomogeneous earth. Geophysics, 32（4）: 652-667

Smith R S, Walker P W, Polzer B D, et al. 1988. The time-domain electromagnetic response of polarizable bodies: an approximate convolution algorithm. Geophysical prospecting, 36（7）: 772-785

Smith R S, Annan A P, McGowan P D. 2001. A comparison of data from airborne, semi-airborne, and ground electromagnetic systems. Geophysics, 66（5）: 1379-1385

Son K H. 1985. Interpretation of electromagnetic dipole-dipole frequency sounding data over a vertically stratified earth. Ph. D. Thesis, North Carolina State University

Spies B R. 1980. A field occurrence of sign reversals with the transient electromagnetic METHOD. Geophysical Prospecting, 28（4）: 620-632

Stratton J A. 1941. Electromagnetic theory. New York: Mcgraw-Hill Book Company

Streich R, Becken M. 2011. Electromagnetic fields generated by finite-length wire sources: comparison with point dipole solutions. Geophysical Prospecting, 59（2）: 361-374

Telford W M, Geldart L P, Sheriff R E, et al. 1976. Applied Geophysics. Cambridge: Cambridge University Press

Wang T. 2002. The electromagnetic smoke ring in a transversely isotropic medium. Geophysics, 67（6）: 1779-1789

Wang T, Fang S. 2001. 3-D electromagnetic anisotropy modeling using finite differences. Geophysics, 66（5）: 1386-1398

Ward S H, Hohmann G W. 1988. Electromagnetic theory for geophysical applications. in: Nabighian M N（ed.）. Electromagnetic methods in applied geophysics. Society of Exploration Geophysics

Weidelt P. 1982. Response characteristics of coincident loop transient electromagnetic systems. Geophysics, 47（9）: 1325-1330

Weidelt P. 1991. Introduction into electromagnetic sounding. Lecture manuscript, Technical University of Braunschweig, Germany

Weiss C J, Newman G A. 2002. Electromagnetic induction in a fully 3D anisotropic earth. Geophysics, 67（4）: 1104-1114

Weiss C J, Gregg P M, Newman G A. 2000. Electromagnetic induction in a fully 3D heterogeneous anisotropic earth. EOS Transactions, AGU Fall Meeting Supplement, Abstract, GP61B-07

Weiss C J, Lu X, Alumbaugh D L. 2001. Visualization of eddy currents induced in an electrically anisotropic formation. Petrophysics, 42: 580-587

Wiesel W E. 1989. Spaceflight Dynamics (2nd ed.). New York: McGraw-Hill

Yin C. 2000. Geoelectrical inversion for a 1D anisotropic model and inherent non-uniqueness. Geophysical Journal International, 140 (1): 11-23

Yin C. 2001. The effect of electrical anisotropy on the response of airborne electromagnetic systems. Expanded Abstract of SEG Annual Meeting, San Antonio, U. S. A.

Yin C, Fraser D C. 2004a. Attitude corrections of helicopter-borne EM data using a superposed dipole model. Geophysics, 69 (2): 413-439

Yin C, Fraser D C. 2004b. The effect of the electrical anisotropy on the response of helicopter-borne frequency domain electromagnetic systems. Geophysical Prospecting, 52 (5): 399-416

Yin C, Hodges G. 2003. Identification of electrical anisotropy from helicopter EM data. Proceedings of SAGEEP: 419-431

Yin C, Hodges G. 2005a. Four dimensional visualization of EM fields for a helicopter EM system. 75th Annual International Meeting, SEG, Expanded Abstracts: 595-598

Yin C, Hodges G. 2005b. Influence of displacement currents on the response of helicopter electromagnetic systems. Geophysics, 70 (4): G95-G100

Yin C, Hodges G. 2007. 3D animated visualization of EM diffusion for a frequency-domain helicopter EM system. Geophysics, 72 (1): F1-F7

Yin C, Maurer H M. 2001. Electromagnetic induction in a layered earth with arbitrary anisotropy. Geophysics, 66 (5): 1405-1416

Yin C, Weidelt P. 1999. Geoelectrical fields in a layered earth with arbitrary anisotropy. Geophysics, 64 (2): 426-434

Yin C, Smith R S, Hodges G, et al. 2008. Modeling results of on- and off-time B and dB/dt for time-domain airborne EM systems. Extengded Abstract, 70th Annual EAGE conference and Exhibition, Rome, 1-4

Yin C, Huang X, Liu Y, et al. 2014. Footprint for frequency-domain airborne electromagnetic systems. Geophysics, 79 (6): E243-E254

第 3 章　航空电磁成像及反演理论

3.1　航空电磁成像理论

航空电磁成像是将观测数据（电磁响应）转换为表征地下介质电性分布特征的中间参数，如视电导率、视深度等。成像算法速度快，能从海量航空电磁数据中快速提取地下电性主要信息，适用于现场快速数据处理，同时它也可为复杂的航空电磁反演提供初始模型。本节主要介绍几种常用的航空电磁成像方法：Sengpiel 成像方法、差分视电阻率成像方法（differential resistivity）、电导率深度成像方法（CDI）和基于浮动薄板的电磁成像方法等。

3.1.1　Sengpiel 成像方法

Sengpiel 成像方法即质心深度–电阻率成像法，由 Sengpiel 于 1988 年提出，后经 Sengpiel 和 Siemon（2000）进一步改进而成。该方法是通过复传播函数（广义趋肤深度）定义一个"质心深度"，并利用其与视电阻率的关系获得一个近似电阻率剖面，进而实现电阻率深度成像。

根据 Mundry（1984）的研究，当航空电磁系统的飞行高度和收发距之间满足条件 $h \geqslant 3.3r$ 时，贝塞尔函数可以简化，则归一化二次磁场 H 可简化为

$$H = -pr^3 \int_0^{\infty} r_0 e^{-2kh} k^2 \mathrm{d}k \qquad (3.1)$$

式中，p 为依赖于系统装置的常数（HCP，$p=1$；VCP，$p=1/2$；VCX，$p=-1/4$）；k 为波数；r_0 为反射因子。令 $\lambda = kh$，$v = B_{\mathrm{E}}h$，对于均匀半空间，式（2.55）反射因子可写为

$$r_0 = \frac{k - B_{\mathrm{E}}}{k + B_{\mathrm{E}}} = \frac{\lambda - v}{\lambda + v} \qquad (3.2)$$

其中 $v = \sqrt{\lambda^2 + i2h^2/\delta^2}$，$\delta = \sqrt{2\rho/(\omega\mu_0)}$ 为趋肤深度，则式（3.1）可表示为

$$H = -p\left(\frac{r}{h}\right)^3 \int_0^{\infty} r_0 e^{-2\lambda} \lambda^2 \mathrm{d}\lambda \qquad (3.3)$$

频率域航空电磁数据采集时通常记录电磁响应的实部和虚部，因此将二次磁场和反射因子表示为实部和虚部的形式，并利用积分学中的广义平均值定理进行化简，可以得到：

$$H_{\mathrm{Re}} = \frac{1}{Q}\mathrm{Re}r_0(\lambda_{\mathrm{R}}) \qquad (3.4)$$

$$H_{\mathrm{Im}} = \frac{1}{Q}\mathrm{Im}r_0(\lambda_{\mathrm{I}}) \qquad (3.5)$$

其中 λ_{R} 和 λ_{I} 是与 λ 有关的均值，可通过趋肤深度 δ 等参数计算获得（Sengpiel，1988），而

$$Q = -\frac{4}{p}\left(\frac{h}{r}\right)^3 \tag{3.6}$$

令 $v = u + iw$，代入式（3.2）经过简单变换可得

$$\mathrm{Re}r_0 = \frac{-w^2}{u(\lambda' + u)} \tag{3.7}$$

$$\mathrm{Im}r_0 = \frac{-w\lambda'}{u(\lambda' + u)} \tag{3.8}$$

其中

$$u = \sqrt{(d_r + \lambda'^2)/2} \tag{3.9}$$

$$w = \sqrt{(d_r - \lambda'^2)/2} \tag{3.10}$$

$$d_r = \sqrt{\lambda'^4 + 4(h/\delta)^4} \tag{3.11}$$

$$\lambda' = \lambda_R \text{ 或 } \lambda' = \lambda_I \tag{3.12}$$

其中 λ_R 和 λ_I 可从式（3.4）~ 式（3.11）得到。如果将地下介质模型等价于一个均匀半空间，则半空间的电阻率定义为视电阻率。定义复传播函数 C

$$C = 1/v \tag{3.13}$$

并用视高度 h' 代表线圈系统到等价半空间表面的距离，则视厚度 $\Delta = h' - h$（Fraser，1978；Sengpiel，1983），而质心深度 z^* 定义为

$$z^* = \Delta + h'\mathrm{Re}C \tag{3.14}$$

利用视电阻率近似质心深度处电阻率 ρ^*

$$\rho^* = \rho_a \tag{3.15}$$

建立起 $\rho_a(z^*)$ 的匹配曲线，近似真实电阻率分布从而实现成像。式（3.14）和式（3.15）中的 ρ_a 和 h' 可从 4.4 节给出的诺模图中得到。

Sengpiel 和 Siemon（2000）对该方法进行了改进，通过重新定义视电阻率和质心深度，提高了视电阻率曲线对垂向电阻率的灵敏度。首先，Siemon（1996）重新简化了质心深度，第一种改进模式的深度和视电阻率可表示为

$$z_p^* = \Delta + \delta_a/2 \tag{3.16}$$

$$\rho_p^* = \rho_a (h/h')^2 \tag{3.17}$$

其中 δ_a 为利用视电阻率计算的视趋肤深度。第二种改进模式的质心深度和对应的视电阻率为

$$z_s^* = \Delta + \delta_a/\sqrt{2} \tag{3.18}$$

$$\rho_s^* = \rho_a \frac{1 + m'}{1 - m'} \tag{3.19}$$

其中

$$m' = m_1\left(\frac{m_1 + c}{1 + c}\right), \qquad c = 3\ln5 \tag{3.20}$$

$$m_1 = -\frac{f}{\rho_a}\frac{\mathrm{d}\rho_a}{\mathrm{d}f} \tag{3.21}$$

进而可分别建立 $\rho_p^*(z_p^*)$ 和 $\rho_s^*(z_s^*)$ 的关系曲线。利用 Sengpiel 和 Siemon（2000）改进的

Sengpiel 成像方法拟合真实模型的效果更好。

本节以频率域水平共面 HCP 装置为例对层状地电结构模型进行 Sengpiel 成像。线圈系统高度为 30m，发射频率选择 320Hz、1500Hz、6800Hz、22000Hz 和 100000Hz。层状模型设为三层，电阻率和层厚度自上而下分别为：$\rho_1 = 200\Omega \cdot m$，$h_1 = 25m$；$\rho_2 = 20\Omega \cdot m$，$h_2 = 20m$；$\rho_3 = 500\Omega \cdot m$。Sengpiel 成像结果如图 3.1 所示，三层介质电阻率的高低趋势和深度与设计的模型基本一致，总体效果良好，只有在深部存在高阻层时，成像电阻率低于真实电阻率。

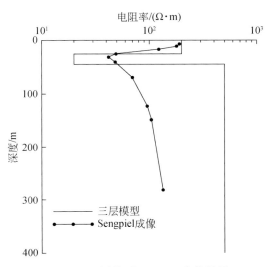

图 3.1　三层模型 Sengpiel 成像结果

3.1.2　差分视电阻率成像方法

差分视电阻率成像方法是基于有效深度和视电阻率概念建立起来的一种成像方法。其应用范围已经从地面电磁逐渐发展到航空电磁数据解释中。这种成像方法可以应用于时间域和频率域，本节将以频率域成像为例进行阐述。差分视电阻率成像的基本思想是从相邻频率的测量数据中获取差分电阻率，将其与差分深度结合进行成像。

首先，Huang 和 Fraser（1996）基于趋肤深度 δ 和视厚度概念定义有效深度 z 为

$$z = f(\delta, \ \Delta) \tag{3.22}$$

式中，Δ 为假层半空间视厚度或者视深度（视高度与传感器测量高度之差）。Huang 和 Fraser（1996）给出了式（3.22）中有效深度与 δ 及 Δ 间的经验关系（图 3.2）。

对于某一频率 f_j，视电阻率 ρ_a 与地下真实电阻率 $\rho(z)$ 的关系可近似表示为

$$\rho_{a_j} \approx z_j / \int_0^{z_j} 1/\rho(z)\,\mathrm{d}z \tag{3.23}$$

式中，z_j 为 f_j 对应的有效深度。实际航空电磁视电阻率 ρ_a 是根据测量的电磁响应数据通过查表法获得，详见 4.4 节。

同时引入视导纳 S_a，它是有效深度与视电阻率的比值

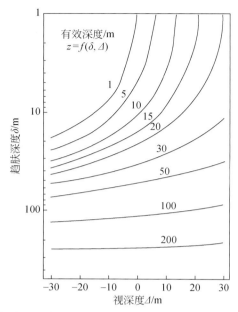

图 3.2　有效深度和频率域趋肤深度及视深度的关系（Huang and Fraser，1996，Permalink：https：//doi. org/10. 1190/1. 1574674）

$$S_{a_j} = z_j / \rho_{a_j} \tag{3.24}$$

假设两相邻频率间满足 $f_j > f_{j+1}$，则有效深度差 Δz 和导纳差 ΔS 可表示为

$$\Delta z = z_{j+1} - z_j \tag{3.25}$$

$$\Delta S = S_{a_{j+1}} - S_{a_j} \tag{3.26}$$

定义差分视电阻率和差分深度为

$$\rho_\Delta = \Delta z / \Delta S \tag{3.27}$$

$$z_\Delta = z_j + \Delta z / 2 \tag{3.28}$$

利用两者即可进行差分视电阻率成像。通过式（3.28）可以看出，该方法的成像深度位于两个相邻频率确定的有效深度中间。

差分视电阻率成像方法是一种依赖于趋肤深度和视深度的近似算法。该方法在一定程度上弥补了 Sengpiel 成像中深度偏小的缺点。本节以频率域水平共面装置为例对层状地电结构进行单点差分视电阻率成像，发射频率和三层模型参数与图 3.1 一致。成像结果如图 3.3 所示，显然每一层的成像电阻率和深度与模型都较好地吻合，成像效果良好。

为比较 Sengpiel 和差分视电阻率成像方法的有效性，下面进行一个楔形地电模型的频率域电磁数据成像。我们采用水平共面装置，飞行高度为 30m，收发距为 8m，发射频率采用 320Hz、1500Hz、6800Hz、22000Hz 和 100000Hz 五个频率。楔形模型及参数如图 3.4 所示，两种方法的成像结果如图 3.5 所示。由图可见，Sengpiel 成像的楔形电阻率接近真实电阻率，能显示大致趋势，但呈现的深度和范围比较模糊，深部高阻层没有充分反映出来；相比之下，差分视电阻率法对该模型的成像效果较好，楔形低阻体的形态、深度和电阻率与理论模型吻合很好，深部高阻基底有一定体现。

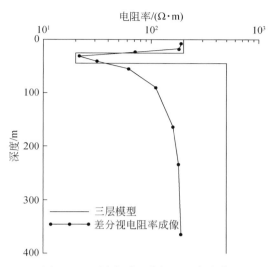

图 3.3　三层介质差分视电阻率成像

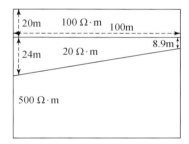

图 3.4　楔形地电模型

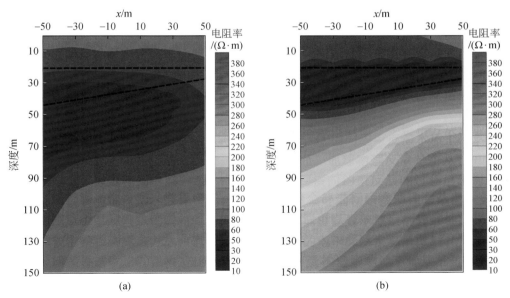

图 3.5　楔形地电模型频率域航空电磁成像结果

（a）Sengpiel 成像；（b）差分视电阻率成像

3.1.3　电导率深度成像方法（CDI）

前面介绍的 Sengpiel 成像和差分视电阻率成像均是针对频率域航空电磁数据，本节介绍时间域航空电磁成像方法。

1. 直接查表法电导率深度成像

直接查表法电导率深度成像的主要思想是将与某一时刻观测的电磁响应相同的均匀半空间模型的电导率作为该时刻地下不均匀介质的视电导率。根据电磁扩散原理，在某一时刻电磁场扩散到某一特定深度，定义为成像深度。如前所述，成像深度与扩散深度存在一定的比例关系，将其和视电导率组合即可进行电导率深度成像。

电导率深度成像按照如下步骤：①通过第 2 章所述的正演算法计算不同 off-time 时间道、不同飞行高度，以及不同电导率均匀半空间模型的磁感应 dB/dt 或磁场 B，并利用这些参数绘制插值表格，该表格反映电磁响应与飞行高度和大地电导率之间的关系；②利用插值方法获得实际飞行高度下的插值表格；③通过查表依次求出每一时间道观测的磁感应 dB/dt 或磁场 B 对应的大地视电导率；④根据电磁扩散深度求出每一时刻的成像深度，并进行电导率深度成像。

图 3.6 展示发射线圈高度为 30m 时从断电 0.012ms 到 9.55ms 共计 26 时间道的插值表。使用的系统参数为发射线圈高度 30m，接收线圈高度 50m，水平收发距 10m，发射磁矩为 $615440Am^2$。发射波形分别为宽度为 4ms 的半正弦波，上升沿和下降沿为 0.2ms、平稳时间为 3.6ms 的梯形波，以及上升沿和下降沿均为 2.0ms 的三角波。我们选择 64 个电导率，变化范围为 $0.0001 \sim 1000S/m$。

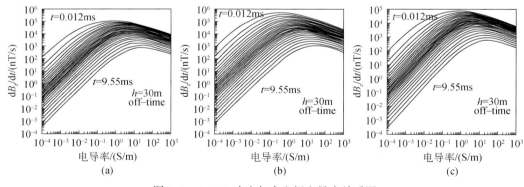

图 3.6　dB_z/dt 响应与半空间电导率关系图

（a）半正弦波；（b）梯形波；（c）三角波

由图 3.6 可以看出，随着电导率的增大，电磁响应值增大；在某个电导率时响应值达到最大值之后开始减小，即电磁响应值和电导率之间存在二值性。对比不同时间道结果发现，这种二值性在早期时间道比较明显。因此，在进行电导率深度成像时，可以从晚期时间道开始插值，当电导率出现二值性时，根据电导率的连续性取两个电导率中与稍晚时间道成像结果相近的作为当前时间道的视电导率。

时间域电磁扩散深度（diffusion depth）定义为

$$\delta = \sqrt{\frac{2t}{\sigma\mu_0}} \tag{3.29}$$

式中，t 为当前时间道；σ 为视电导率。传统的直接查表成像法采用的视深度是扩散深度乘以一个经验系数（由 2.8 节讨论可知为 0.55）。这种方法存在的问题是：若某一时间道的视电导率比上一时间道视电导率大，则由这种方法定义的本时间道对应的视深度可能比上一时间道的视深度小。由时间域电磁场扩散特性可知，这种结果显然不合理。因此，我们采用一种叠层递推的方式进行定义，即

$$\delta_j = \begin{cases} a\sqrt{\dfrac{2t_j}{\sigma_j\mu_0}}, & j \text{ 为第一个可获取视电导率的时间道} \\[3mm] \delta_{j-k} + b\left(\sqrt{\dfrac{2t_j}{\sigma_j\mu_0}} - \sqrt{\dfrac{2t_{j-k}}{\sigma_{j-k}\mu_0}}\right), & j \text{ 为其他时间道} \end{cases} \tag{3.30}$$

式中，a 和 b 都是经验系数；δ_j 和 δ_{j-k} 分别为本时间道和上一个可获取视电导率的时间道；k 为其间的道间隔。对于理论模型，a 和 b 可以通过均匀半空间或层状模型的成像结果经反复试验确定。对于实测数据，可以依据已知地质、钻井资料或其他方法获得的电阻率深度资料确定最佳参数。式（3.30）可有效解决实测数据中下一时间道视深度比上一时间道视深度小的问题。对于某些时间道由于数据误差或干扰导致无法通过查表法获取视电导率时，可采用插值技术从相邻测点获得。

2. 理论模型电导率深度成像

本节使用理论模型计算结果检验上述成像算法的有效性。系统参数和发射波形参见图 3.6。我们首先设计两个两层模型，第一个模型表层电导率为 0.01S/m，底层电导率为 0.1S/m，第二个模型表层电导率为 0.1S/m，底层电导率为 0.01S/m。两个模型的第一层厚度均为 100m。图 3.7 展示了对于三种发射波形使用直接查表法得到的成像结果。由图可以看出，直接查表法成像结果对于两种模型都准确地获得第一层的电导率，并在一定程度上反映了第二层的电导率变化趋势。

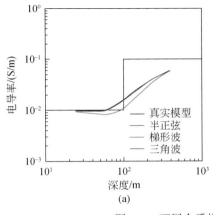

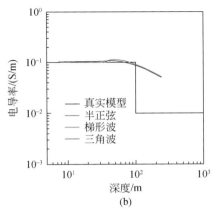

图 3.7　两层介质模型电导率深度成像结果

同时，本节还设计了两个三层模型。第一个模型表层电导率为 0.02S/m，厚度为 100m，第二层电导率为 0.2S/m，厚度为 20m，底层电导率为 0.002S/m。第二个模型表层电导率为 0.05S/m，厚度为 100m，第二层电导率为 0.005S/m，厚度为 20m，底层电导率为 0.05S/m。图 3.8 展示了对于三种发射波形使用直接查表法得到的成像结果。由图 3.8（a）可以看出，直接查表法成像结果均给出第一层真电导率，并在一定程度上反映了良导层和高阻层的电导率变化趋势。对于图 3.8（b）给出的低阻体中存在高阻层的模型，成像结果对高阻层反应微弱，这是瞬变电磁法对高阻体不敏感造成的。

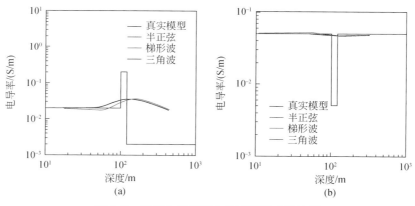

图 3.8　三层介质模型电导率深度成像结果

最后，本节设计一个半空间中存在山坡状低阻异常体的地电模型，背景电阻率为 100Ω·m，低阻异常体电阻率为 20Ω·m。模型关于通过异常体顶点的垂线对称，上底面埋深为 50～110m，下底面深度为 130m。其主剖面形态如图 3.9 所示，实际模型可将主剖面绕通过最高点的垂线旋转 360° 得到。我们使用 Yin 等（2016a）提出的非结构网格时间域三维有限元法进行正演模拟以获得理论响应数据。发射波形分别为宽度 4ms 的半正弦波及上升和下降沿 0.2ms，平稳时间为 3.6ms 的梯形波，航空电磁系统参数同上。我们设计 4 条测线，线距为 100m，点距为 10m。图 3.10 给出 $y = 0m$，100m，200m，300m 测线的成像结果，其中（a）～（d）表示发射半正弦波的成像结果，而（e）～（h）表示发射梯形波的成像结果。

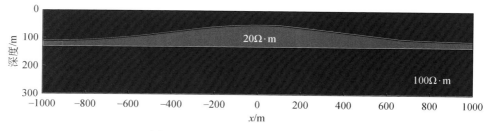

图 3.9　三维理论模型主剖面示意图

由图 3.10 可以看出，两种发射波形的成像结果均能较准确地刻画低阻异常体上界面位置，同时下界面位置也和理论模型吻合较好。在低阻异常体中心附近，异常响应大，成像得到的电阻率值接近真值；随着测点位置远离异常体中心，异常响应变小，成像得到的

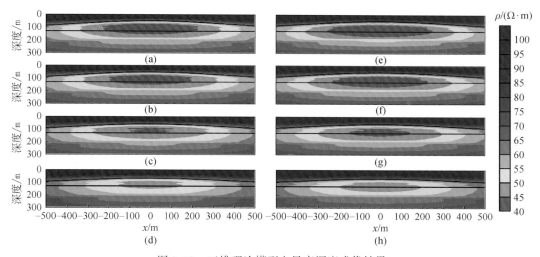

图 3.10　三维理论模型电导率深度成像结果

（a）～（d）$y=0$m，100m，200m，300m 半正弦波成像；（e）～（h）梯形波成像

视电阻率值略大于真实电阻率，成像结果很好地反映了低阻异常体的空间分布形态。

3. 实测数据电导率深度成像

本节使用直接查表法处理某地实测航空电磁勘查数据。测线数据经过了调平处理。发射波形为三角波，半波宽度为 1ms，基频为 75Hz，发射电流峰值为 430A。如图 3.11 所示，

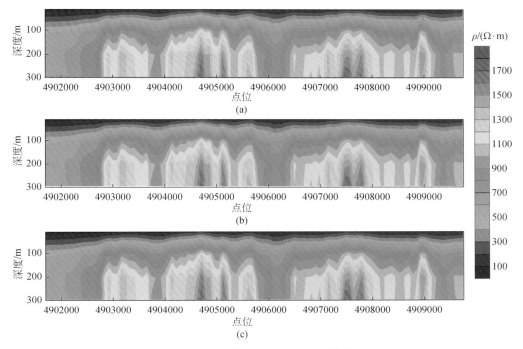

图 3.11　实测数据电导率深度成像结果

（a）L1 测线；（b）L2 测线；（c）L3 测线

成像结果光滑连续，展示了测区大致三层电性结构，表层电阻率约为 $200\Omega \cdot m$，厚度为 $50 \sim 80m$；第二层电阻率为 $800 \sim 1000\Omega \cdot m$，厚度为 $50 \sim 100m$；基底电阻率为 $1200 \sim 1800\Omega \cdot m$。测区的钻井资料表明，表层是大约 3m 厚电阻率为 $400\Omega \cdot m$ 的盖层，约 100m 深度范围以内电阻率约为 $800\Omega \cdot m$。$100 \sim 400m$ 范围内是电阻率约为 $1000\Omega \cdot m$ 的高阻基底。对比成像结果发现，直接查表法较准确地给出了第二层和第三层的电阻率，而地表盖层由于厚度太小没有从成像结果中有效地分辨出来。

3.1.4 基于浮动薄板的电磁成像方法

基于浮动薄板理论（或者 receding image）的电磁成像算法由澳大利亚 James Macnae 教授及其团队研发，其研发的 EMFlow 现已发展成为一种应用广泛的商业软件。它可实现时间域和频率域电磁数据成像。本节以时间域航空电磁成像为例进行介绍。

1. 发射波形校正

时间域航空电磁探测采用多种发射波形，如半正弦波、梯形波、方波、三角波等，以获得丰富的地下电性分布信息。但对含有波形的观测数据直接进行异常解释比较困难，特别是当发射波形比较复杂时，因此通常利用反褶积方法将实测数据转化为阶跃响应后再进行成像和反演解释。

首先时间域航空电磁阶跃响应可以用一系列指数形式表示，即

$$R(t) = \sum_i a_i \exp(-t/\tau_i) \qquad (3.31)$$

式中，τ_i 和 a_i 分别为第 i 个时间衰减常数和振幅系数。该式中的指数项由预先选定的 τ_i 决定（通常需要覆盖采样时间范围内场的衰减特征），而幅值系数 a_i 为待求未知数。

对于含有发射波形的观测数据，将指数基函数和波形进行褶积后与实测数据对比，通过最小二乘法可以获得振幅系数（Macnae et al.，1998），即对于任意发射波形，假设系统有 n 个测量时间窗，每个时间窗有 m 个基函数，则式（3.31）可表示为矩阵形式：

$$\begin{bmatrix} d_1 \\ \vdots \\ d_n \end{bmatrix} = \begin{bmatrix} E(t_1, \tau_1) \cdots E(t_1, \tau_m) \\ \vdots \qquad \vdots \qquad \vdots \\ E(t_n, \tau_1) \cdots E(t_n, \tau_m) \end{bmatrix} \begin{bmatrix} a_1 \\ \vdots \\ a_m \end{bmatrix} \qquad (3.32)$$

式中，d_i 为第 i 个实际观测响应；$E(t_i, \tau_j)$ 为第 i 个时间窗口对应第 j 个时间常数的基函数，可通过计算指数衰减基函数与发射波形的褶积获得。对式（3.32）进行求解可得到 a_i。

2. EMFlow 电导率深度成像

Macnae 等（1991）假设感应极限条件下的二次磁场可以用发射线圈的镜像产生的磁场来表示。初始时刻，发射线圈在地下介质中的像深度等于飞行高度，随着时间的推移，其位置逐渐下降，时刻 t 对应的镜像深度 d 可以根据预先计算的磁场 B 及磁感应 dB/dt 与像深度的关系通过查表获得（Macnae et al.，1991）。用 h 表示穿透深度，h_R 表示接收线圈

高度，则

$$h = (d - h_R)/2 \tag{3.33}$$

Macnae 和 Lamontagne（1987）、Eaton 和 Hohmann（1989）提出利用时间对深度的二阶导数计算视电导率，表示为

$$\sigma(h) = \frac{1}{\mu_0} \frac{\partial^2 t}{\partial h^2} \tag{3.34}$$

然而，二阶导数存在数值不稳定性，Macnae（2004）提出更加稳定的算法，即通过对式（3.34）进行深度积分获得导纳 S 后再计算电导率，即

$$S = \int_0^h \sigma \mathrm{d}z = \frac{1}{\mu_0} \frac{\partial t}{\partial h} \tag{3.35}$$

其中右端项可以用链式法则表示为

$$\frac{\partial t}{\partial h} = \frac{\partial t}{\partial R} \frac{\partial R}{\partial h} \tag{3.36}$$

由式（3.31）可知

$$\frac{\partial R}{\partial t} = - \sum_i \frac{a_i e^{-t/\tau_i}}{\tau_i} \tag{3.37}$$

式中，R 和 h 的关系可通过近似理论（如浮动薄板理论和 receding image method）（朴化荣，1990；Macnae et al.，1991）获得，而 $\partial R/\partial h$ 可以通过数值差商进行计算（Macnae，2004）。

　　根据式（3.35）~式（3.37）可以获得与深度对应的导纳 S。从深度–导纳的曲线中获取深度–电导率的方法有多种：①利用电导率与深度及导纳的关系，直接使用导纳对深度进行微分运算；②将深度等间隔划分，利用预先设定的一系列电导率对导纳进行拟合；③首先进行层数划分，然后在这些层之间用一定斜率的直线拟合导纳分布，则这些直线的斜率即为电导率，最后，利用获得的电导率和深度进行成像。

　　Macnae（2004）对 EMFlow 进行了改进以提升对浅部电导率的分辨能力。Chen 等（2015）利用 EMFlow 处理了加拿大 Alberta 省 Fort McMurray 油砂矿区的 HELITEM 观测数据。测区位于 Fort McMurray 矿区北东方向 60km，测区表层为 35m 中等导电性的冰川沉积，中间夹杂良导的黏土层。冰川沉积下伏厚度为 35~40m 相对高阻的 Grand Rapids 砂岩层，其下部 Clearwater 页岩地层为该测区的主要良导层，厚度为 60~80m。Clearwater 页岩下部为 Fort McMurray 地层，为油砂储集层。Fort McMurray 地层下部为高阻石灰岩基底，底部存在薄盐层。由于石灰岩中存在洞穴，可导致地层中的盐水上涌形成局部良导通道。图 3.12 展示测区观测数据及 EMFlow 成像结果。从图可以看出，地下各电性层分布及深部盐水上涌的局部通道可以有效的分辨。

3.1.5　时间域航空电磁 Tau 成像方法

1. Tau 成像物理机制

　　本节介绍时间域航空电磁数据处理中的 Tau 成像问题。Tau 成像不是对电阻率成像，它依据电磁场变化速率与地下介质导电性之间的关系进行成像。Annan（1974）提出一种

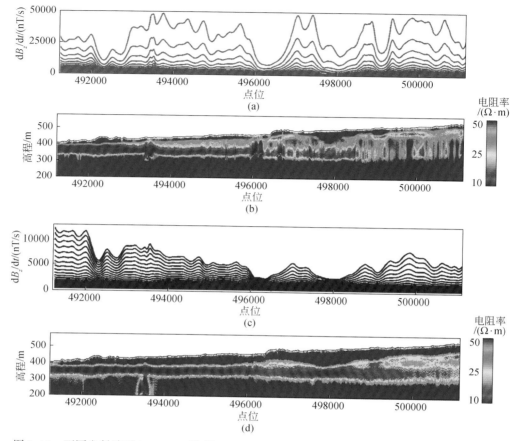

图 3.12 不同发射波形 HELITEM 数据 EMFlow 成像结果（图件来自 Chen，2016，个人通信）
（a）梯形波发射电磁响应；（b）梯形波视电阻率断面；（c）半正弦波发射电磁响应；（d）半正弦波视电阻率断面

基于本征电流展开计算自由空间中板状体模型任意发射源电磁响应的理论和方法。这种本征电流（或等效电流源）构成了感应电流的基函数。换句话说，任意板状体模型内的感应电流可由这些本征电流组合而成，因此计算板状体模型的电磁响应问题转化成计算本征电流组合的电磁响应问题。由于这些本征电流是与板状体长短边相关的环形，如果能确定这些本征电流的组合，就可以很容易计算长方形板状体的电磁响应。事实上，自由空间中电流环的电磁响应是简单的指数衰减函数，其衰减特征（时间常数 τ）由本征电流的阶数决定。

殷长春等（2016）通过研究时间域航空电磁场在导电介质中的扩散特征得出结论：时间域航空电磁场在导电介质中呈"烟圈"效应向下和向外扩散，范围逐渐扩大，同时强度逐渐减弱，某一时刻的最大电流对应于该时刻的成像深度（参见 2.8 节）。这就意味着导电介质中感应电流可以采用类似于上述自由空间中板状体本征电流进行描述。换句话说，某一时刻地下介质中的感应电流可用一系列（可能无限个）电流环代替（其强度和位置取决于大地导电性），而大地电磁响应可用这些电流环产生的指数衰减响应叠加计算。作为一级近似，我们可以忽略其他电流环作用，只利用某一时刻强度最大的电流环计算航空电磁响应。由此，我们可以将某一时刻电磁响应和地下某一深度电流环之间联系起来，进而建立电磁响应→电流环衰减特征→时间–深度的对应关系，这就是 Tau 成像的物理机制。另外，由 2.8 节讨论可知，电磁场在导电介质中衰减较慢（时间常数 τ 较大），而在高阻介质中衰减较快（时间常数 τ 较小）。因此，由时间常数 τ 的大小可以区分地下目标体的高阻/低阻特征，从而识别异常体的导电性。

由电磁感应原理可知，导电介质内二次场的扩散过程大致分为三个阶段：①早期阶段高频成分占主导，涡旋电流之间互感作用强，感应电流集中在导体表面，其分布仅与矿体的形状和大小有关。电磁场受导电性抵抗难以向导体内传播，呈现趋肤效应。②中期阶段场的高频成分在矿体内由于热损耗逐渐衰减，而较低频率成分逐渐占主导地位，表面电流开始衰减并随着时间推移向导体内部扩散。早期和中期涡流的迅速衰减过程体现在磁场衰减中，但此时的磁场衰减并不是按指数规律变化的。③晚期阶段感应电流每个电流环的阻抗和感抗均趋于渐近值，导体内电流分布相对稳定，热损耗速度减慢，涡流及与其对应的二次场随时间大致呈指数规律衰减。因此，晚期道时间常数 τ 能更好地反映地下介质电性信息，是确定异常体电性分布的重要参数。

2. Tau 成像算法

Dyck 等（1980）将瞬变电磁早期响应等效为 15 个互不影响的本征电流，而将晚期响应等效为一个本征电流。McNeill（1982）通过将低阻异常体简化为导电异常环研究了瞬变电磁响应的物理过程，给出几种规则目标体的衰减时间常数经验公式，并指出低阻体具有大的时间常数，其初始响应较小但衰减较慢。McCracken 等（1986）通过傅里叶变换推导出导电环瞬变电磁阶跃和脉冲响应公式，指出二次场具有指数衰减规律。Stolz 和 Macnae（1997，1998）利用指数基函数分解任意波形瞬变电磁数据，实现了瞬变电磁数据快速反演。Chen 和 Macnae（1998）采用矩阵束法（MPM）对 Tau 域特征参数进行自动提取。Holladay 等（2006）及 Asten 和 Duncan（2012）利用时间常数 Tau 异常进行 UXO 探测。Guo 等（2013）通过磁场 B 和磁感应 dB/dt 时间常数的比值估计矿床尺寸和电阻率。刘冲等（2014）对瞬变电磁数据进行多时窗 Tau 成像，而骆燕等（2016）采用"移动窗口"技术获得时间常数，并分析了低阻异常体航电时间常数特征。本节介绍三种计算 τ 的数值方法：①利用磁感应 dB/dt；②利用磁场 B；③利用比值方法。进而，我们尝试对各种典型异常体进行 Tau 成像。

由前面的讨论可知，一个地下目标导体可近似为无限个导电环，则目标体产生的瞬变响应可表示为各导电环响应之和，即

$$B(t) \cong \sum_j G_j \cdot e^{-t/\tau_j} \tag{3.38}$$

$$\frac{dB(t)}{dt} \cong -\sum_j \frac{G_j}{\tau_j} \cdot e^{-t/\tau_j} \tag{3.39}$$

其中，时间常数 τ_j 与地下目标体导电性有关，而 G_j 与观测系统及地下导电性有关；$B(t)$ 和 $\frac{dB}{dt}$ 可代表不同分量。

对式（3.38）和式（3.39）做一级近似，仅考虑一个电流环响应，则对于某一特定

时刻，我们有

$$B(t) = Ge^{-t/\tau} \tag{3.40}$$

$$\frac{\mathrm{d}B}{\mathrm{d}t} = -\frac{Ge^{-t/\tau}}{\tau} \tag{3.41}$$

式中，时间常数 $\tau = L/R$，R 为导电环电阻，而 L 为电感（McCracken et al.，1986；Stolz and Macnae，1997；牛之琏，2007）。在瞬变场衰减晚期，地下导体内涡流分布稳定，可视为一个等效导电回路，因此式（3.40）和式（3.41）特别适用于晚期时间道电磁信号。

对式（3.40）和式（3.41）取对数，我们可以得到如下线性函数：

$$\log B(t) = \log G - \frac{t}{\tau} \tag{3.42}$$

$$\log\left|\frac{\mathrm{d}B}{\mathrm{d}t}\right| = \log\left(\frac{G}{\tau}\right) - \frac{t}{\tau} \tag{3.43}$$

因此，在某一时窗内对 $\log B(t)$ 和 $\log|\mathrm{d}B/\mathrm{d}t|$ 进行直线拟合，其斜率的负倒数即为该时窗对应的视时间常数，分别记作 τ_s^B 和 $\tau_s^{\mathrm{d}B/\mathrm{d}t}$。另外，由式（3.40）和式（3.41）可以看出，视时间常数也可通过 $B(t)$ 和 $\mathrm{d}B/\mathrm{d}t$ 的比值求取，即

$$\tau_s^r = B(t) \bigg/ \left|\frac{\mathrm{d}B}{\mathrm{d}t}\right| \tag{3.44}$$

利用式（3.42）~式（3.44），通过计算各个测点对应各时间窗口的时间常数，可以实现视时间常数 τ_s 成像，τ_s 成像结果反映了地下电性分布信息。它是除视电阻率以外，反映地下导电性信息的另一个重要物理参数。

3. 理论模型 Tau 成像

本节 Tau 成像的研究目标在于设计一个移动窗口，对窗口内的电磁数据进行成像，进而根据成像结果判断窗口内地下电性分布特征。为此，我们设计一个如图 3.13 的三维模型。其中，电阻率为 $100\Omega\cdot m$ 的均匀半空间中埋藏一个 $1\Omega\cdot m$ 的三维水平厚板，异常体大小为 $100m\times100m\times50m$，顶面埋深 60m。航空电磁系统 HELITEM 采用中心回线装置，发射线圈高度为 30m，接收线圈高度为 30.5m。发射波形为半正弦波，发射基频为 30Hz，脉冲宽度为 4.0ms，发射磁矩约 39 万 Am^2。我们利用殷长春等（2016）的三维数值模拟算法计算 31 条测线的时间域航空电磁响应。进而，采用上述三种方法计算该模型的视时间常数 $\tau_s^{\mathrm{d}B/\mathrm{d}t}$、$\tau_s^B$ 和 τ_s^r。

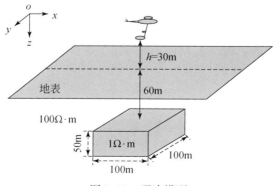

图 3.13　理论模型

　　图 3.14 和图 3.15 分别展示了三种方法计算的 $t=4.02$ms 视时间常数和各时间道在主剖面 $y=0$ 上的视时间常数曲线。从图中可以看出，三种方法计算的视时间常数值存在一定差异，其中 $\tau_s^{dB/dt}$ 小于 τ_s^B 和 τ_s^r，表明磁感应 dB/dt 衰减比较快。然而，所有 τ_s 成像结果都在低阻异常体上方呈现较大的视时间常数异常；而剖面曲线上各时间道计算的视时间常数均在异常体位置由早期时间常数随时间增大，进而逐渐过渡到晚期在异常体位置时间常数较小，最后逼近围岩的时间常数。因此，从定性角度来说，三种 τ_s 成像结果均很好地反映了地下良导异常体的分部特征。图 3.15 中的衰减常数特征可以做出如下物理解释：早期电磁场从高阻围岩向下传播遇到低阻异常体，衰减变慢，时间常数逐渐加大，导致异常体位置出现时间常数极大值；随着时间推移电磁场向低阻异常体集中，此时时间常数主要反映当前时刻低阻体的衰减特征，衰减较慢且呈现平缓变化趋势；在晚期电磁场穿越低阻体进入高阻围岩中，此时时间常数主要反映高阻围岩晚期道衰减特征（衰减较慢、时间常数较大）。然而，由于低阻体导致中间时间段电磁信号衰减慢，在晚期段仍有较强信号。为了实现从较强的场值衰减到与围岩一致的水平，电磁信号发生快速衰减，导致异常体附近出现时间常数极小值。良导围岩中存在高阻体的情况正好相反。

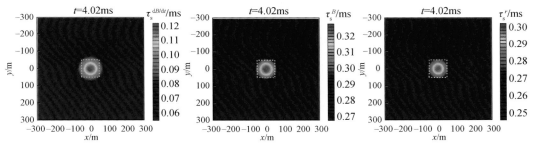

图 3.14　不同方法计算的时间常数成像结果（白色框给出异常体位置）

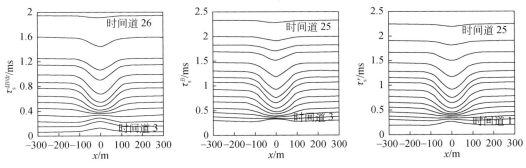

图 3.15　不同方法计算的 $y=0$ 剖面上各时间道视时间常数曲线

　　如上所述，从定性层面三种 τ_s 成像结果具有相同特征，因此下面针对各种典型异常体我们仅给出 $\tau_s^{dB/dt}$ 成像结果。模型如图 3.16 和图 3.17，航空电磁系统参数同图 3.14。从图 3.16 可以看出，水平和倾斜良导板时间常数成像结果均能很好地圈定异常体位置，由于直立板状体在两侧均产生较强的感应涡流，而视时间常数成像是以导电环模拟地下介质中的涡流，因此 τ_s 成像结果在直立薄板两侧均形成高异常。同理，在双直立薄板上方表现为两者叠加，因此在中间主异常两侧伴随较小的 τ_s 异常。比较各时间道主剖面时间常数曲线可以看出，低阻地质体上方时间常数均呈现向中间集中的异常特征，对应于等值线图中间出现高时间常数异常。相比之下，从图 3.17 可以看出，高阻异常体上方正好相反，时间常数表现为由中间向两边发散的异常特征，而时间常数等值线图则表现为低 τ_s 异常。因此，由 τ_s 成像结果不仅可以定性区分异常体的电性特征，还可以帮助识别异常体的几何特征。

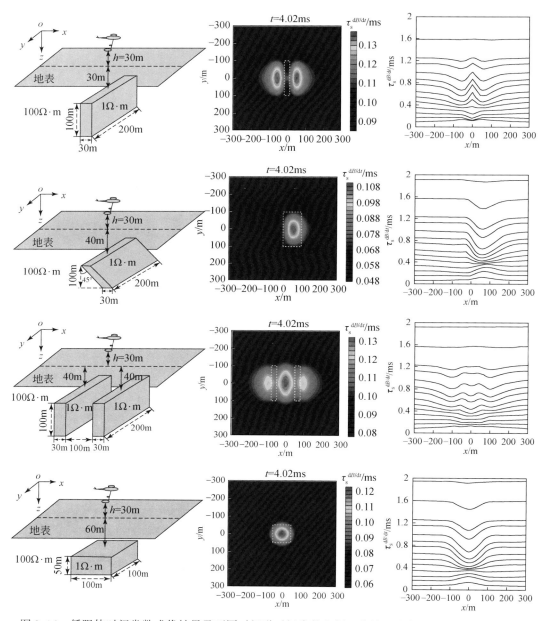

图 3.16　低阻体时间常数成像结果及不同时间道时间常数主剖面曲线（白色框给出异常体位置）

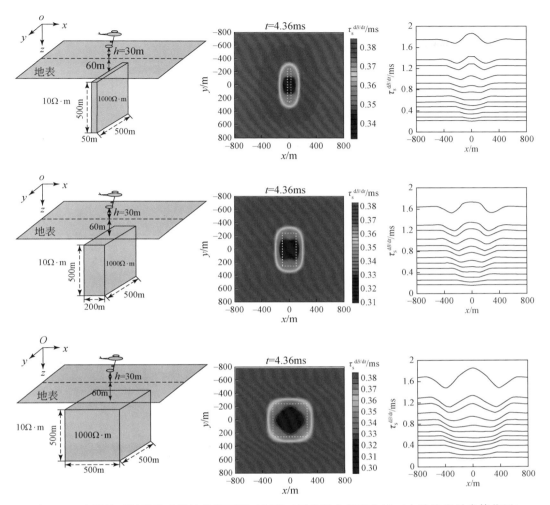

图 3.17　高阻体时间常数成像结果及不同时间道时间常数主剖面曲线（白线给出异常体位置）

利用类似于图 3.16 和图 3.17 的结果，我们可以事先构建 τ_s 成像量板。在对实测数据进行处理时，可以设计一个移动窗口，沿着航空电磁测线滑动并对窗口内数据进行 τ_s 成像，并和已知量板进行比对，从而对地下异常体特征进行识别。

4. 实测数据 Tau 成像

图 3.18 给出利用 HELITEM MULTIPULSE 系统获得的航空电磁实测数据成像结果，系统参数参见 3.4 节。我们仅利用半正弦波的数据进行 Tau 成像。由于测区地层比较水平，Tau 成像结果比较均匀，仅在左侧和中间部位发现局部良导体。另外，由图可以看出，早期道左侧时间常数较大，而晚期道右侧时间常数变大，说明良导地层由左向右逐渐变深。这个结论与后面给出的层状介质反演结果相符。必须指出的是，Tau 成像只能定性判断地下高阻体和低阻体的总体分布特征。为获得准确的异常体空间位置和规模，必须进行电磁数据的一维、二维和三维反演。

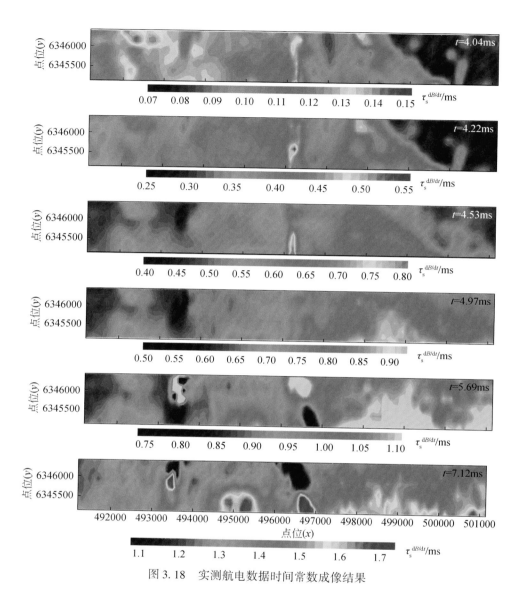

图 3.18　实测航电数据时间常数成像结果

3.1.6　小结

电导率成像方法不是反演方法，它是通过特定的转换方法将观测数据转换成视参数（视电阻率、视深度），从而实现成像。虽然这些成像方法不能严格拟合观测数据，然而能有效提取地下电性分布的主要特征。因此，地电成像的结果可以为电磁数据反演提供很好的初始模型。另外，电磁成像速度快，可作为野外实时数据处理的有效手段。对于各种频率域数据成像而言，Sengpiel 成像方法提出较早，方法比较粗糙，不能很好地反映地下电性信息，特别是深部异常体；而差分视电阻率由于采用电导率垂向导数，有效提高分辨率，成像效果比较理想。对于时间域电磁数据成像，我们主要介绍查表法。该方法中视电阻率受飞行高度测量精度影响较大。国外有人尝试采用假层半空间实现电导率深度成像。虽然假层电阻率不受飞行高度测量精度的影响，但该方法仍有许多技术难题没有得到很好的解决，特别是高阻层成像问题，目前尚不成熟。这也是当前航空电磁重要的研究方向。EMFlow 是基于浮动薄板（或者 receding image）的成像方法，可用于频率域和时间域航空数据处理，目前已形成商业化软件并获得广泛应用。该方法成功应用的前提是设定合适的时间常数，同时将实际发射波形数据通过反褶积变换成阶跃响应以提高方法的有效性。时间常数 Tau 成像无论从理论还是方法技术目前均不成熟，仍处于研究阶段。本节提供的成像结果仅能对地下电性分布特征识别起到定性和辅助作用。如何将不同方法获得的 τ_s 与大地电阻率联系起来，以及如何从观测时间道计算成像深度等问题均是时间域航空电磁勘探领域未来重要的研究方向。

3.2 Marquardt-Levenberg 反演

Marquardt-Levenberg 反演也称阻尼最小二乘反演（Marquardt，1963）。它是一种介于梯度法和高斯–牛顿法之间的反演方法。当阻尼因子很小时，其迭代步长逼近高斯–牛顿法；而当阻尼因子很大时，其步长逼近梯度法。阻尼最小二乘反演的目标函数通常仅包含数据拟合差，反演只要求最大程度地拟合数据。该方法从原理上比较简单，反演速度快。

3.2.1 基本原理

将观测数据以矢量形式表示为

$$\boldsymbol{d}_{\mathrm{obs}} = \begin{bmatrix} d_1, & d_2, & \cdots, & d_{N_{\mathrm{d}}} \end{bmatrix}^{\mathrm{T}} \tag{3.45}$$

式中，N_{d} 表示数据个数；d_j 为对应于第 j 个频率或时间道的电磁观测数据。在反演过程中我们对模型参数取对数以保证地电反演结果为正，而反演参数可以在 $[-\infty, +\infty]$ 之间变化，由此可将 N 层模型参数写成矢量形式：

$$\begin{aligned} \boldsymbol{m} = \begin{bmatrix} p_1, & p_2, & \cdots, & p_{2N} \end{bmatrix}^{\mathrm{T}} = [\ln\rho_1, & \ln\rho_2, & \cdots, & \ln\rho_N, \\ \ln h, & \ln h_1, & \ln h_2, & \cdots, & \ln h_{N-1}]^{\mathrm{T}} \end{aligned} \tag{3.46}$$

式中，h 为飞行高度；ρ_k 和 h_k 分别为第 k 层的电阻率和厚度，则反演方程可以简化为

$$\boldsymbol{d}_{\mathrm{obs}} = F(\boldsymbol{m}) \tag{3.47}$$

式中，F 为航空电磁法一维正演算子，其具体计算形式可参考 2.1 节和 2.2 节。

地球物理反演过程是不断迭代调整模型参数以实现目标函数最小化的过程。阻尼最小二乘反演目标函数定义为

$$\Phi = \sqrt{\frac{1}{N_{\mathrm{d}}} \sum_{j=1}^{N_{\mathrm{d}}} \left\{ [d_j - F_j(\boldsymbol{m})] / d_j \right\}^2} \tag{3.48}$$

式中，$F_j(\boldsymbol{m})$ 为由模型参数 $\boldsymbol{m}$ 正演计算得到的第 j 个频率或时间的模拟数据。

电磁响应与地电参数之间通常存在复杂的非线性关系。为简化计算，我们对其在初始

模型 $\boldsymbol{m}_0$ 处作泰勒展开，并忽略高阶项可得

$$d_{\mathrm{obs}} = F(\boldsymbol{m}_0) + \boldsymbol{J} \cdot (\boldsymbol{m} - \boldsymbol{m}_0) + \boldsymbol{e}_{\mathrm{obs}} \tag{3.49}$$

式中，$\boldsymbol{e}_{\mathrm{obs}}$ 为截断误差，而 $\boldsymbol{J}$ 是 $N_{\mathrm{d}} \times N_{\mathrm{p}}$ 雅克比矩阵，其元素可表示为

$$J_{jk} = \frac{\partial F_j(\boldsymbol{m})}{\partial p_k}, \quad j = 1, 2, \cdots, N_{\mathrm{d}}, \quad k = 1, 2, \cdots, N_{\mathrm{p}} \tag{3.50}$$

式中，$N_{\mathrm{p}} = 2N$ 是模型参数个数。忽略高阶项后，式（3.49）可以简写为

$$\boldsymbol{J}\Delta\boldsymbol{m} = \Delta \boldsymbol{d}_{\mathrm{obs}} \tag{3.51}$$

其中，$\Delta \boldsymbol{d}_{\mathrm{obs}} = \boldsymbol{d}_{\mathrm{obs}} - F(\boldsymbol{m}_0)$ 是观测数据与模型响应的差值，$\Delta\boldsymbol{m} = \boldsymbol{m} - \boldsymbol{m}_0$ 是模型改正量。

将式（3.51）两端乘以雅可比矩阵的转置 $\boldsymbol{J}^{\mathrm{T}}$ 得到：

$$\boldsymbol{J}^{\mathrm{T}}\boldsymbol{J}\Delta\boldsymbol{m} = \boldsymbol{J}^{\mathrm{T}}\Delta \boldsymbol{d}_{\mathrm{obs}} \tag{3.52}$$

式（3.52）在求解过程中经常会存在稳定性问题。这是由于在很多情况下矩阵 $\boldsymbol{J}^{\mathrm{T}}\boldsymbol{J}$ 存在很小的特征值导致反演解不稳定，为此我们引入阻尼因子 λ^2，并将式（3.52）变为

$$(\boldsymbol{J}^{\mathrm{T}}\boldsymbol{J} + \lambda^2\boldsymbol{I})\Delta\boldsymbol{m} = \boldsymbol{J}^{\mathrm{T}}\Delta \boldsymbol{d}_{\mathrm{obs}} \tag{3.53}$$

式中，$\boldsymbol{I}$ 为单位矩阵。从式（3.53）可得到模型改正量：

$$\Delta\boldsymbol{m} = (\boldsymbol{J}^{\mathrm{T}}\boldsymbol{J} + \lambda^2\boldsymbol{I})^{-1}\boldsymbol{J}^{\mathrm{T}} \cdot \Delta \boldsymbol{d}_{\mathrm{obs}} \tag{3.54}$$

对矩阵 $\boldsymbol{J}$ 进行奇异值分解：

$$\boldsymbol{J} = \boldsymbol{U}\boldsymbol{\Lambda}\boldsymbol{V}^{\mathrm{T}} \tag{3.55}$$

式中，$\boldsymbol{U}$ 和 $\boldsymbol{V}$ 分别为数据和参数特征向量矩阵；$\boldsymbol{\Lambda}$ 为矩阵 $\boldsymbol{J}^{\mathrm{T}}\boldsymbol{J}$ 的特征值构成的对角阵，则式（3.54）可以变换为

$$\Delta\boldsymbol{m} = \boldsymbol{V}\boldsymbol{\Lambda}(\boldsymbol{\Lambda}^2 + \lambda^2\boldsymbol{I})^{-1}\boldsymbol{U}^{\mathrm{T}} \cdot \Delta \boldsymbol{d}_{\mathrm{obs}} \tag{3.56}$$

在反演过程中通常假设一个较大的阻尼因子，并按一定规则不断减小其值以获得最优的模型改正量。通过以上方法，第 ℓ 次迭代反演得到的新模型可表示为

$$\boldsymbol{m}^{\ell+1} = \boldsymbol{m}^{\ell} + \Delta\boldsymbol{m} \tag{3.57}$$

利用式（3.57）得到的新模型进行正演计算，并代入目标函数求取新的拟合差，并与事先设定的阈值进行比较，当拟合差值小于设定阈值或者迭代次数达到设定的最大迭代次数时终止迭代，输出反演结果。反之，重新计算雅可比矩阵，并重复上述迭代过程。反演流程如图 3.19 所示。由于阻尼最小二乘法使用奇异值分解（sigular value decomposition，SVD），有时人们又将该方法称为 SVD 反演方法。

3.2.2　雅克比矩阵计算

对于一维层状大地模型，雅克比矩阵计算通常采用基于链式法则的解析法和基于差分公式的差分法。解析法直接从利用汉克尔积分表示的电磁场公式出发，使用链式法则对模型参数求导，从而推导出雅克比矩阵每个元素的表达式，然后使用汉克尔变换计算频率域雅克比矩阵。对于一维时间域航空电磁反演问题，还需要使用第 2 章介绍的正弦/余弦变换和褶积技术将频率域雅克比矩阵转换到时间域。相比之下，差分法通过选取适当的差分步长，对模型施加一定的扰动，求取扰动后电磁响应的改变量和模型扰动之间的比值近似

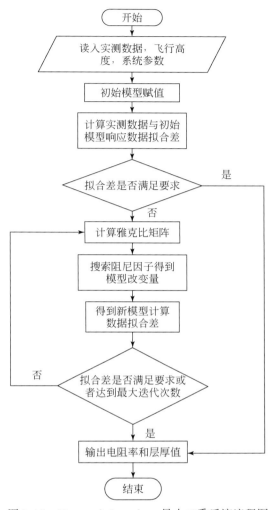

图 3.19　Marquardt-Levenberg 最小二乘反演流程图

获得雅克比矩阵。

　　一维层状介质中的频率域航空电磁响应是半解析的，可以通过半解析方法求取频率域雅克比矩阵。反演的模型参数（电阻率、飞行高度和层厚度）仅出现在频率域电磁响应公式的反射系数中，因此各场分量数据对模型参数求偏导实质上是对反射系数求导。我们采用链式法则计算雅可比矩阵。

　　本节中我们假设地下介质磁导率为真空磁导率，即 $\mu_n = \mu_0$（$n = 1, 2, \cdots, N$）。参考 2.1.6 节式（2.55），当 $\mu_1 = \mu_0$ 时，$B_E^0 = B_E^1 = B_E$。这里我们再次给出反射系数表达式：

$$r_0 = \frac{k - B_E}{k + B_E} \qquad (3.58)$$

考虑到 $\gamma_n = 1$，式（2.38）可简化成

$$B_E^n = \begin{cases} \alpha_n \dfrac{B_E^{n+1} + \alpha_n \tanh(\alpha_n h_n)}{\alpha_n + B_E^{n+1} \tanh(\alpha_n h_n)} & n = N-1,\ \cdots,\ 1 \\[4mm] \alpha_N & n = N \end{cases} \tag{3.59}$$

对式（3.58）求偏导可得

$$\frac{\partial r_0}{\partial p_n} = \frac{\partial r_0}{\partial B_E} \frac{\partial B_E}{\partial p_n} = -\frac{2k}{(k + B_E)^2} \frac{\partial B_E}{\partial p_n}, \qquad n = 1,\ 2,\ \cdots,\ 2N \tag{3.60}$$

式中，p_n（$n = 1,\ \cdots,\ N$）表示各层电阻率 ρ_n，而 p_n（$n = N+1,\ \cdots,\ 2N$）表示飞行高度 h 和各层厚度 h_n。由式（2.31）和式（2.38），利用链式求导法则可得 B_E 对电阻率的偏导数：

$$\frac{\partial B_E}{\partial \rho_n} = \frac{\partial B_E^1}{\partial B_E^2} \cdot \frac{\partial B_E^2}{\partial B_E^3} \cdots \frac{\partial B_E^{n-1}}{\partial B_E^n} \cdot \frac{\partial B_E^n}{\partial \alpha_n} \cdot \frac{\partial \alpha_n}{\partial \rho_n}, \quad n = 1,\ \cdots,\ N \tag{3.61}$$

对式（3.59）求偏导可得

$$\begin{aligned}
\frac{\partial B_E^n}{\partial \alpha_n} &= \frac{B_E^{n+1} + \alpha_n \tanh(\alpha_n h_n)}{\alpha_n + B_E^{n+1} \tanh(\alpha_n h_n)} \\[2mm]
&\quad + \alpha_n \frac{\left[\tanh(\alpha_n h_n) + \alpha_n h_n \operatorname{sech}^2(\alpha_n h_n) \right] \left[\alpha_n + B_E^{n+1} \tanh(\alpha_n h_n) \right]}{\left[\alpha_n + B_E^{n+1} \tanh(\alpha_n h_n) \right]^2} \\[2mm]
&\quad - \alpha_n \frac{\left[B_E^{n+1} + \alpha_n \tanh(\alpha_n h_n) \right] \left[1 + B_E^{n+1} h_n \operatorname{sech}^2(\alpha_n h_n) \right]}{\left[\alpha_n + B_E^{n+1} \tanh(\alpha_n h_n) \right]^2} \\[2mm]
&= \frac{B_E^{n+1} + \alpha_n \tanh(\alpha_n h_n)}{\alpha_n + B_E^{n+1} \tanh(\alpha_n h_n)} + \alpha_n \frac{\left[(\alpha_n^2 - B_E^{n+1^2}) h_n - B_E^{n+1} \right] \left[1 - \tanh^2(\alpha_n h_n) \right]}{\left[\alpha_n + B_E^{n+1} \tanh(\alpha_n h_n) \right]^2}
\end{aligned} \tag{3.62}$$

由式（2.31）可得

$$\frac{\partial \alpha_n}{\partial \rho_n} = -\frac{1}{2} (k^2 + i\omega\mu_0/\rho_n)^{-\frac{1}{2}} (i\omega\mu_0/\rho_n^2) \tag{3.63}$$

同样，可以计算 B_E 对层厚度的偏导数：

$$\frac{\partial B_E^1}{\partial h_n} = \frac{\partial B_E^1}{\partial B_E^2} \cdot \frac{\partial B_E^2}{\partial B_E^3} \cdots \frac{\partial B_E^{n-1}}{\partial B_E^n} \cdot \frac{\partial B_E^n}{\partial h_n}, \quad n = 1,\ \cdots,\ N-1 \tag{3.64}$$

由式（3.59）可得

$$\frac{\partial B_E^n}{\partial B_E^{n+1}} = \frac{\alpha_n^2 \left[1 - \tanh^2(\alpha_n h_n) \right]}{\left[\alpha_n + B_E^{n+1} \tanh(\alpha_n h_n) \right]^2} \tag{3.65}$$

$$\begin{aligned}
\frac{\partial B_E^n}{\partial h_n} &= \alpha_n \frac{\alpha_n^2 \operatorname{sech}^2(\alpha_n h_n) \left[\alpha_n + B_E^{n+1} \tanh(\alpha_n h_n) \right]}{\left[\alpha_n + B_E^{n+1} \tanh(\alpha_n h_n) \right]^2} \\[2mm]
&\quad - \alpha_n \frac{\left[B_E^{n+1} + \alpha_n \tanh(\alpha_n h_n) \right] B_E^{n+1} \alpha_n \operatorname{sech}^2(\alpha_n h_n)}{\left[\alpha_n + B_E^{n+1} \tanh(\alpha_n h_n) \right]^2} \\[2mm]
&= \frac{\alpha_n^2 (\alpha_n^2 - B_E^{n+1^2}) \operatorname{sech}^2(\alpha_n h_n)}{\left[\alpha_n + B_E^{n+1} \tanh(\alpha_n h_n) \right]^2} \\[2mm]
&= \frac{\alpha_n^2 (\alpha_n^2 - B_E^{n+1^2}) \left[1 - \tanh^2(\alpha_n h_n) \right]}{\left[\alpha_n + B_E^{n+1} \tanh(\alpha_n h_n) \right]^2}
\end{aligned} \tag{3.66}$$

实际计算时，我们先由式（3.65）计算 $\dfrac{\partial B_{\mathrm{E}}^{1}}{\partial B_{\mathrm{E}}^{2}} \cdot \dfrac{\partial B_{\mathrm{E}}^{2}}{\partial B_{\mathrm{E}}^{3}} \cdots \dfrac{\partial B_{\mathrm{E}}^{n-1}}{\partial B_{\mathrm{E}}^{n}}$，然后代入式（3.61）和式

（3.64）分别求出 $\dfrac{\partial B_{\mathrm{E}}^{1}}{\partial \rho_{n}}$ 和 $\dfrac{\partial B_{\mathrm{E}}^{1}}{\partial h_{n}}$，再利用式（3.60）求出 $\dfrac{\partial r_{0}}{\partial p_{n}}$。有关对飞行高度的导数计算

将在下面给出。

结合 2.1.9 节的推导，可以得到垂直磁偶极子发射源的磁场分量对模型参数（电阻率和层厚度）的偏导数表达式为

$$\frac{\partial H_{r}}{\partial p_{n}} = \frac{m}{4\pi} \int_{0}^{\infty} \frac{\partial r_{0}}{\partial p_{n}} e^{-k\zeta} J_{1}(kr) k^{2} \mathrm{d}k$$

$$\frac{\partial H_{z}}{\partial p_{n}} = -\frac{m}{4\pi} \int_{0}^{\infty} \frac{\partial r_{0}}{\partial p_{n}} e^{-k\zeta} J_{0}(kr) k^{2} \mathrm{d}k$$

$$(3.67)$$

水平磁偶极子发射源的磁场分量对模型参数偏导数的表达式为

$$\frac{\partial H_{r}}{\partial p_{n}} = \frac{m}{4\pi} \int_{0}^{\infty} \frac{\partial r_{0}}{\partial p_{n}} e^{-k\zeta} \left[\frac{J_{1}(kr)}{r} - k J_{0}(kr) \right] k \mathrm{d}k \cdot \cos\varphi$$

$$\frac{\partial H_{\varphi}}{\partial p_{n}} = \frac{m}{4\pi r} \int_{0}^{\infty} \frac{\partial r_{0}}{\partial p_{n}} e^{-k\zeta} J_{1}(kr) k \mathrm{d}k \cdot \sin\varphi$$

$$\frac{\partial H_{z}}{\partial p_{n}} = -\frac{m}{4\pi} \int_{0}^{\infty} \frac{\partial r_{0}}{\partial p_{n}} e^{-k\zeta} J_{1}(kr) k^{2} \mathrm{d}k \cdot \cos\varphi$$

$$(3.68)$$

采用汉克尔变换滤波算法计算式（3.67）和式（3.68）中的积分可得到频率域雅可比矩阵，再利用 2.2 节给出的反余弦变换和任意波形褶积算法可得时间域航空电磁雅可比矩阵。国外有人尝试过利用波形反褶积得到时间域阶跃响应，然后对反褶积后的数据进行反演。本节采用第一种方法。

由式（2.91）可知，$z_{-} = h - z$，其中 h 为发射偶极子源高度，z 为接收点垂直坐标。为了方便计算关于发射偶极高度的偏导数，记 $\Delta h = -h - z$。偶极子源高度仅出现在频率域电磁响应公式的指数项中，则垂直磁偶极子源各磁场分量对偶极子源高度的偏导数可表示为

$$\frac{\partial H_{r}}{\partial h} = -\frac{m}{2\pi} \int_{0}^{\infty} r_{0} e^{-k(2h+\Delta h)} k^{3} J_{1}(kr) \mathrm{d}k$$

$$\frac{\partial H_{z}}{\partial h} = \frac{m}{2\pi} \int_{0}^{\infty} r_{0} e^{-k(2h+\Delta h)} k^{3} J_{0}(kr) \mathrm{d}k$$

$$(3.69)$$

水平磁偶极子源各场分量对偶极子源高度的偏导数表达式为

$$\frac{\partial H_{r}}{\partial h} = -\frac{m}{2\pi} \int_{0}^{\infty} r_{0} e^{-k(2h+\Delta h)} \left[\frac{J_{1}(kr)}{r} - k J_{0}(kr) \right] k^{2} \mathrm{d}k \cdot \cos\varphi$$

$$\frac{\partial H_{\varphi}}{\partial h} = -\frac{m}{2\pi r} \int_{0}^{\infty} r_{0} e^{-k(2h+\Delta h)} J_{1}(kr) k^{2} \mathrm{d}k \cdot \sin\varphi$$

$$\frac{\partial H_{z}}{\partial h} = \frac{m}{2\pi} \int_{0}^{\infty} r_{0} e^{-k(2h+\Delta h)} J_{1}(kr) k^{3} \mathrm{d}k \cdot \cos\varphi$$

$$(3.70)$$

同样，在频率域求得磁场各分量对电阻率、层厚度和发射偶极高度的偏导数后，再根据式（2.142）和式（2.143）可实现向时间域转换并计算时间域雅可比矩阵。

3.2.3 频率域航空电磁理论数据反演

本节首先设计层状介质模型进行正演计算，然后使用单点 Marquardt-Levenberg 方法进行反演，以验证频率域航空电磁反演的有效性。理论数据是针对 DIGHEM 系统 HCP 装置计算的垂直磁场 PPM 响应。频率分别为 380Hz、1600Hz、6300Hz、25kHz 和 120kHz，收发距为 8m。我们在理论数据中加入了 3% 的高斯噪声。

我们首先假设两个两层介质模型。模型一为 G 型地电模型：第一层电阻率为 $10\Omega \cdot m$，厚度为 20m，第二层电阻率为 $100\Omega \cdot m$；模型二为 D 型地电模型：第一层电阻率为 $100\Omega \cdot m$，厚度为 20m，第二层电阻率为 $10\Omega \cdot m$。图 3.20（a）和（b）分别为 G 型和 D 型地电模型的反演结果。其中图 3.20（a）的反演初始模型为电阻率为 $100\Omega \cdot m$ 的均匀半空间，第一层厚度为 50m，图 3.20（b）的反演初始模型第一层电阻率为 $100\Omega \cdot m$，厚度为 50m，第二层电阻率为 $20\Omega \cdot m$。由图 3.20 可以看出，对于两层 G 型和 D 型地电模型，利用 Marquardt-Levenberg 反演方法均可得到准确的层界面位置和电阻率值。

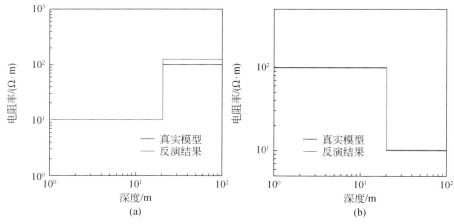

图 3.20 频率域航空电磁数据两层模型反演结果

（a）G 型地电模型；（b）D 型地电模型

进而，我们设计了两个三层介质模型。其中 H 型地电模型的电阻率分别为 $150\Omega \cdot m$、$10\Omega \cdot m$ 和 $200\Omega \cdot m$；第一层和第二层厚度分别为 25m 和 20m。反演的初始模型选择电阻率为 $100\Omega \cdot m$、第一层和第二层厚度均为 50m 的均匀半空间。K 型地电模型的电阻率分别为 $50\Omega \cdot m$、$300\Omega \cdot m$ 和 $20\Omega \cdot m$；厚度分别为 30m 和 20m。反演初始模型选择电阻率为 $300\Omega \cdot m$、第一层和第二层厚度均为 30m 的均匀半空间。图 3.21（a）和（b）分别为 H 型和 K 型地电模型的反演结果。由图 3.21 可以看出，对于三层 H 型地电模型，Marquardt-Levenberg 反演可以准确获得低阻层电阻率和层界面位置。对于三层 K 型地电模型，反演结果中表层和基底电阻率接近真值，但是对高阻层的反演效果不太理想，电阻率小于真值，这主要是航空电磁系统对高阻不敏感造成的。

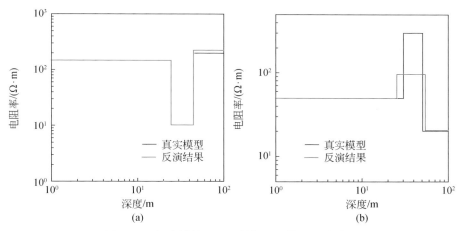

图 3.21　频率域航空电磁数据三层模型反演结果

（a）H 型地电模型；（b）K 型地电模型

3.2.4　频率域航空电磁实测数据反演

我们采用 Marquardt-Levenberg 方法对某地路基稳定性实际航空电磁观测数据进行反演，以验证该方法对实测数据反演的有效性。实测数据采用 HCP 装置测量垂直磁场 PPM 响应。观测频率分别为 386Hz、1538Hz、6257Hz、25790Hz 和 100264Hz，收发距为 8m。各测点采用相同的三层初始模型：第一层电阻率为 15Ω·m，厚度为 20m；第二层电阻率为 5Ω·m，厚度为 10m；第三层电阻率为 15Ω·m。

图 3.22 展示利用 Marquardt-Levenberg 方法的反演结果。由图中可见，地下的电性结构大体分为三层：第一层电阻率为 6~15Ω·m，厚度为 8~16m；第二层电阻率为 1~5Ω·m，厚度为 3m；第三层为电阻率 8~15Ω·m 的基底。经过实地勘查，确定第一层为泥沙层，第二层为黏土层，第三层为含砂质地层。其中第二层黏土层为本次勘查的目标层，它对路基的稳定性产生重要影响，确定其分布特征至关重要。

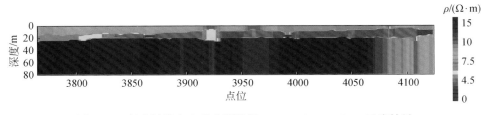

图 3.22　频率域航空电磁实测数据 Marquardt-Levenberg 反演结果

3.2.5　时间域航空电磁理论数据反演

本节设计了系列层状介质模型计算时间域航空电磁响应，同时对正演模拟数据加入

3%的高斯噪声，然后使用单点 Marquardt-Levenberg 方法进行反演，以验证其反演时间域航空电磁数据的有效性。时间域航空电磁系统参数参考 Geotech 公司研发的 VTEM 系统。发射线圈半径为 13m，接收线圈位于发射线圈中心，接收时间道为 26 道。我们分别设计三层 H 型和 K 型地电模型，其中 H 型地电模型从第一层到第三层电阻率及厚度分别为 $150\Omega \cdot m$，80m；$10\Omega \cdot m$，20m；$200\Omega \cdot m$。反演的初始模型选择电阻率为 $100\Omega \cdot m$、第一层和第二层厚度为 50m 的均匀半空间。时间域反演结果如图 3.23（a）所示，数据拟合差随模型迭代次数的变化如图 3.23（b）所示。由图 3.23 可知，对于三层 H 型地电模型，单点反演准确得到了第二层和第三层的电阻率，第一层的电阻率值偏差较大。经过三次迭代，数据拟合差降到<5%。

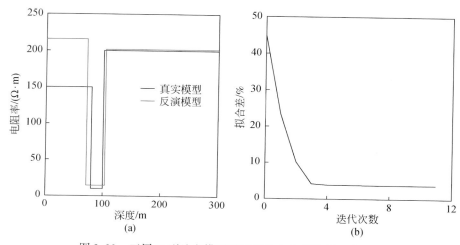

图 3.23　三层 H 型地电模型时间域航空电磁数据反演结果

图 3.24 给出 K 型地电模型的理论数据反演结果。我们假设第一层到第三层的电阻率和厚度分别为 $50\Omega \cdot m$，50m；$300\Omega \cdot m$，30m；$20\Omega \cdot m$。反演的初始模型仍然假设为电阻率 $100\Omega \cdot m$、第一层和第二层厚度为 50m 的均匀半空间。反演结果由图 3.24（a）给出，数据拟合差随迭代次数的变化由图 3.24（b）给出。从图可以看出，对于三层 K 型地电模型，单点反演得到了准确的第一层和第三层电阻率，对于第二层的高阻层只反映了大致的电阻率上升趋势而没有得到真电阻率值。这是由瞬变电磁法对高阻不敏感导致的。经过三次迭代，数据拟合差下降到 5%。

为进一步检验本节提出的反演算法对时间域航空电磁数据的有效性，我们设计四层 HK型和 KH 型地电模型。HK 型地电模型的电阻率分别为 $150\Omega \cdot m$、$10\Omega \cdot m$、$200\Omega \cdot m$、$30\Omega \cdot m$，第一层到第三层的厚度均为 40m。反演的初始模型为电阻率 $50\Omega \cdot m$，第一层到第三层的厚度均为 50m 的均匀半空间模型。图 3.25（a）给出反演结果，而数据拟合差随迭代次数的变化由图 3.25（b）给出。对于 KH 型地电模型，假设各层电阻率分别为 $150\Omega \cdot m$、$10\Omega \cdot m$、$200\Omega \cdot m$、$30\Omega \cdot m$，第一层到第三层的厚度都为 40m。反演的初始模型选择为电阻率为 $50\Omega \cdot m$，第一层到第三层的厚度均为 50m 的均匀半空间。图 3.26（a）给出反演结果，而数据拟合差随模型迭代次数的变化如图 3.26（b）所示。

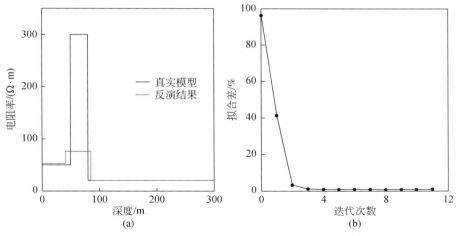

图 3. 24　三层 K 型地电模型时间域航空电磁数据反演结果

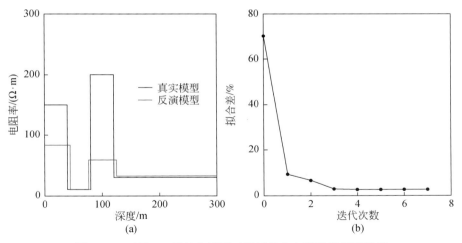

图 3. 25　四层 HK 型地电模型时间域航空电磁数据反演结果

由图 3. 25 和图 3. 26 可知, 对于四层 HK 型和 KH 型地电模型, 单点反演准确地获得了低阻层的电阻率, 而对于高阻层只反映了大致的电阻率上升趋势而没有得到真电阻率值。这仍然是瞬变电磁法对于高阻不敏感造成的。经过四次迭代, 数据拟合差下降到 5% 以下, 验证了反演算法对时间域航空电磁数据反演的有效性。

3.2.6　时间域航空电磁实测数据反演

本节对 Fugro/CGG 公司在加拿大 Fort McCurry 某测区使用 HELITEM MULTIPULSE 系统采集的实测航空电磁数据进行单点 Marquardt-Levenberg 反演。对实测数据进行抽样后点距约 12m。我们选取 10340、10350、10360 共三条测线 497000 ~ 499000 段累计约 500 个测点的数据进行单点最小二乘反演。每个测点反演的初始模型都是均匀半空间模型, 层数为

167

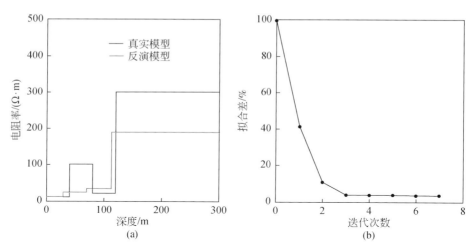

图 3.26 四层 KH 型地电模型时间域航空电磁数据反演结果

五层，电阻率为 50Ω·m，第一层到第四层的厚度均为 50m。

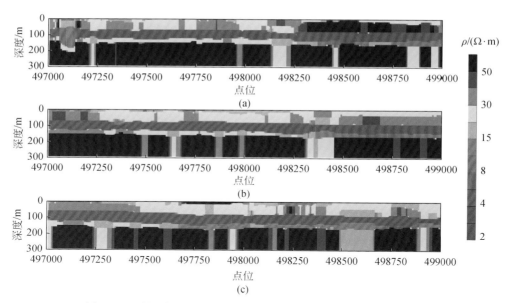

图 3.27 时间域航空电磁实测数据 Marquardt-Levenberg 反演结果

（a）L10340 测线；（b）L10350 测线；（c）L10360 测线

从图 3.27 可以看出，Marquardt-Levenberg 单点反演结果反映出地下电阻率和厚度的变化特征。第一层电阻率为 10~50Ω·m，厚度为 15~40m，大部分测点的第一层厚度都很薄；第二层电阻率为 20~50Ω·m，厚度为 30~50m，层界面比较连续；第三层电阻率很低，为 2~5Ω·m，厚度为 35~50m；第四层电阻率为 10~20Ω·m，厚度为 35~50m；基底为高阻层，电阻率大于 50Ω·m。

反演结果中第二层和第四层电阻率横向不连续，呈明显条带状，第五层中也有一些条带状低阻异常。条带状异常和横向不连续性会给后续的地球物理解释带来困难。这是单点 Marquardt-Levenberg 反演存在的主要问题。3.3 节将研究如何通过施加横向约束从航空电磁数据中获得光滑和连续的反演剖面。

3.3　横向约束反演

传统的航空电磁单点一维反演得到的电阻率和厚度经常会出现横向不连续性，导致层界面不光滑。即使相邻测点的反演结果也会出现突跳现象，给解释工作带来困难。航空电磁系统空间采样点距通常仅为几米，相邻测点由于距离较近各层的电阻率和厚度在横向上变化不大，特别是在一些沉积岩地区更是如此。当勘探区地下介质电阻率和厚度横向较连续时，我们可采取横向约束反演方法（laterally constrained inversion，LCI）。相比于 3.2 节介绍的 Marquardt-Levenberg 单点反演算法，横向约束反演算法一次可以反演多个测点，甚至同时反演一条测线数据。通过在相邻测点间施加横向约束，以保证电阻率断面的横向连续性，同时通过施加不同的加权因子，改变各电性参数（电阻率、厚度或深度）的约束强度，从而实现加权横向约束反演。从某种意义上说，横向约束反演是一种基于一维模型的拟二维反演方法。

3.3.1　电阻率和厚度横向约束

横向约束反演将多个测点的数据作为整体进行一维反演。假设反演抽取的测点数为 N_s，则观测数据可表示为

$$d_{obs} = (d_{obs\,1}，d_{obs\,2}，\cdots，d_{obsN_s})^T \tag{3.71}$$

全部反演参数可以表示为

$$m = (m_1，m_2，\cdots，m_{N_s})^T \tag{3.72}$$

式（3.71）中将 d_{obs} 扩展为 N_s 个测点的数据集，$d_{obs\,j}$ 和 m_j 分别为第 j 个测点的观测数据矢量和模型参数矢量，其定义参考 3.2 节。

横向约束反演首先需要考虑数据拟合，为此我们重写数据拟合关系式如下

$$J\Delta m = \Delta d_{obs} + e_{obs} \tag{3.73}$$

式中，$\Delta d_{obs} = d_{obs} - F(m_0)$ 为观测数据与模型响应之差；$\Delta m = m - m_0$ 为模型改正量；J 为总体雅克比矩阵

$$J = \text{diag}(J_1，J_2，\cdots，J_{N_s}) \tag{3.74}$$

式中，J_j 为第 j 个测点的雅克比矩阵，其元素由式（3.50）给出。

参考图 3.28，横向约束反演的主要思路是通过施加约束使相邻测点之间电阻率、厚度或深度在横向上的差别尽可能小，以达到光滑的目的。

为此，根据 Auken 和 Christiansen（2004）的研究，假设

$$R_p m - e_{rp} = 0 \tag{3.75}$$

方程左右两边减去 $R_p m_0$ 得到：

$$R_p \Delta m = \Delta r_p + e_{rp} \tag{3.76}$$

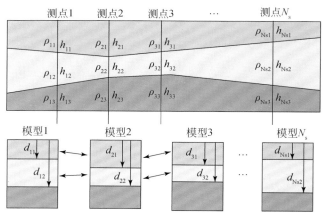

图 3.28 横向约束反演模型示意图（Auken et al.，2004）

其中，

$$\Delta r_p = - R_p \, m_0 \tag{3.77}$$

$$\Delta m = m - m_0 \tag{3.78}$$

式（3.75）中 e_{rp} 表征同一测线上相邻测点间同一层模型参数的差异，横向约束矩阵 R_p 是由 1 和 -1 构成的稀疏矩阵。其形式由下式给出：

$$R_p = \begin{bmatrix} 1 & 0 & \cdots & 0 & -1 & 0 & \cdots & 0 & 0 & 0 \\ 0 & 1 & 0 & \cdots & 0 & -1 & 0 & \cdots & 0 & 0 \\ \vdots & & & & & & \vdots & & & \vdots \\ 0 & 0 & 0 & \cdots & 0 & 1 & 0 & \cdots & 0 & -1 \end{bmatrix}_{S \times T} \tag{3.79}$$

其中，$S = (N_s - 1) \times 2N$，$T = N_s \times 2N$。

在实际反演中，为了平衡数据拟合和横向光滑特征，可以通过加权来调整横向约束强度（蔡晶等，2014）。为此，将式（3.76）改写成

$$R_p' \Delta m = \Delta r_p' + e_{rp}' \tag{3.80}$$

其中，

$$R_p' = W_p R_p \tag{3.81}$$

$$\Delta r_p' = - R_p' m_0 \tag{3.82}$$

式中，W_p 为横向约束加权矩阵。式（3.81）等价于将加权因子分别乘以式（3.79）R_p 矩阵相应的行。参数加权的权重根据实际需要设定。加权因子越大，横向约束越强，反演获得的参数横向连续性越好，反演结果越光滑。

3.3.2 深度约束

为了得到横向光滑的反演模型，有时也可以在对模型参数进行约束的同时加入层界面深度约束。根据 Auken 和 Christiansen（2004）的研究，我们假设：

$$R_d m - e_{rd} = 0 \tag{3.83}$$

两边减去 $\boldsymbol{R}_\mathrm{d}\,\boldsymbol{m}_0$ 得

$$\boldsymbol{R}_\mathrm{d}\Delta\boldsymbol{m} = \Delta\boldsymbol{r}_\mathrm{d} + \boldsymbol{e}_\mathrm{rd} \tag{3.84}$$

$$\Delta\boldsymbol{r}_\mathrm{d} = -\boldsymbol{R}_\mathrm{d}\,\boldsymbol{m}_0 \tag{3.85}$$

式中，$\boldsymbol{e}_\mathrm{rd}$ 为测线上相邻测点之间层界面深度的差异；$\boldsymbol{R}_\mathrm{d}$ 为由厚度和深度表示的稀疏矩阵，其形式如下：

$$\boldsymbol{R}_\mathrm{d} = \left[\begin{array}{ccccccccccc}
\cdots & 0 & \cdots & 0 & 1 & 0 & 0 & \cdots & 0 & \cdots \\
\cdots & 0 & \cdots & 0 & \dfrac{h_{k,1}}{d_{k,2}} & \dfrac{h_{k,2}}{d_{k,2}} & 0 & \cdots & 0 & \cdots \\
& \vdots & & \vdots & \vdots & \vdots & & & \vdots & \\
\cdots & 0 & \cdots & 0 & \dfrac{h_{k,1}}{d_{k,N-1}} & \dfrac{h_{k,2}}{d_{k,N-1}} & \dfrac{h_{k,3}}{d_{k,N-1}} & \cdots & \dfrac{h_{k,N-1}}{d_{k,N-1}} & \cdots \\
\cdots & 0 & \cdots & 0 & -1 & 0 & 0 & \cdots & 0 & \cdots \\
\cdots & 0 & \cdots & 0 & -\dfrac{h_{k+1,1}}{d_{k+1,2}} & -\dfrac{h_{k+1,2}}{d_{k+1,2}} & 0 & \cdots & 0 & \cdots \\
& \vdots & & \vdots & \vdots & \vdots & & & \vdots & \\
\cdots & 0 & \cdots & 0 & -\dfrac{h_{k+1,1}}{d_{k+1,N-1}} & -\dfrac{h_{k+1,2}}{d_{k+1,N-1}} & -\dfrac{h_{k+1,3}}{d_{k+1,N-1}} & \cdots & -\dfrac{h_{k+1,N-1}}{d_{k+1,N-1}} & \cdots
\end{array}\right]_{S\times T} \tag{3.86}$$

式中，$h_{i,j}$ 为第 i 个测点第 j 层的厚度；$d_{i,j}$ 为第 i 个测点第 j 层下界面的深度；$S = (N_\mathrm{s}-1)\times(N-1)$，$T = N_\mathrm{s}\times 2N$。同样，我们可采取与前面参数加权相同的模式对式（3.84）中各层深度进行加权约束。为此，我们引入加权矩阵，重组式（3.84）得到：

$$\boldsymbol{R}_\mathrm{d}'\Delta\boldsymbol{m} = \Delta\boldsymbol{r}_\mathrm{d}' + \boldsymbol{e}_\mathrm{rd}' \tag{3.87}$$

其中，

$$\boldsymbol{R}_\mathrm{d}' = \boldsymbol{W}_\mathrm{d}\boldsymbol{R}_\mathrm{d} \tag{3.88}$$

$$\Delta\boldsymbol{r}_\mathrm{d}' = -\boldsymbol{R}_\mathrm{d}'\,\boldsymbol{m}_0 \tag{3.89}$$

3.3.3　总体反演方程与阻尼最小二乘解

将数据拟合方程式（3.73）、电阻率和厚度约束方程式（3.80）及深度约束方程式（3.87）进行总体集成，可得在横向约束条件下的反演方程：

$$\begin{bmatrix} \boldsymbol{J} \\ \boldsymbol{R}_\mathrm{p}' \\ \boldsymbol{R}_\mathrm{d}' \end{bmatrix}\Delta\boldsymbol{m} = \begin{bmatrix} \Delta\boldsymbol{d}_\mathrm{obs} \\ \Delta\boldsymbol{r}_\mathrm{p}' \\ \Delta\boldsymbol{r}_\mathrm{d}' \end{bmatrix} + \begin{bmatrix} \boldsymbol{e}_\mathrm{obs} \\ \boldsymbol{e}_\mathrm{rp}' \\ \boldsymbol{e}_\mathrm{rd}' \end{bmatrix} \tag{3.90}$$

可进一步简化为

$$\boldsymbol{A}\cdot\Delta\boldsymbol{m} = \boldsymbol{b} + \boldsymbol{e} \tag{3.91}$$

类似于前面的讨论，我们可以利用最小二乘法求解式（3.91）。为此，将式（3.91）两边乘以矩阵 $\boldsymbol{A}$ 的转置，可得到如下方程：

$$A^{\mathrm{T}}A \cdot \Delta m = A^{\mathrm{T}}b \qquad (3.92)$$

其解为

$$\Delta m = (A^{\mathrm{T}}A)^{-1}A^{\mathrm{T}}b \qquad (3.93)$$

式（3.92）和式（3.93）中的系数矩阵同样存在奇异性问题，使得反演解出现不稳定性。为此，我们在系数矩阵中引入阻尼因子 λ^2，将式（3.92）变为

$$(A^{\mathrm{T}}A + \lambda^2 I)\Delta m = A^{\mathrm{T}}b \qquad (3.94)$$

式中，I 为单位矩阵。式（3.94）可使用前述 SVD 方法求解。在获得模型改正量后，可以进行模型更新。如此循环直到数据拟合差小于事先设定的阈值或者当迭代次数大于设定的迭代次数为止。必须指出，有时航空电磁剖面很长，数据量巨大，此时将整条测线的数据同时反演难度较大。为此可将剖面划分成区间，各区间之间适当重叠，这样在每个区间完成约束反演后，通过距离对反演参数进行加权平均即可实现整条测线的约束反演。在一些构造发育地区，构造两侧地层容易出现不连续性时，应谨慎使用横向约束反演方法。

3.3.4　频率域航空电磁理论模型横向约束反演

为了验证 LCI 方法的有效性，本节首先对理论模型的频率域航空电磁数据进行反演，并与单点 SVD 反演结果进行对比。理论模型数据是针对 Fugro 公司 DIGHEM 系统的 HCP 装置计算的垂直磁场响应。频率为 380Hz、1600Hz、6300Hz、25kHz 和 120kHz，收发距为 8m，飞行高度为 30m。如图 3.29（a）所示，设计的理论模型是四层水平层状大地，第一层电阻率为 $200\Omega \cdot m$，厚度为 20m，在横向 30~50 号点之间存在着 $50\Omega \cdot m$ 的低阻异常区；第二层电阻率为 $100\Omega \cdot m$，厚度为 30m；第三层电阻率为 $5\Omega \cdot m$，厚度为 10m；第四层为电阻率为 $1000\Omega \cdot m$ 的高阻基底。初始模型选择电阻率为 $200\Omega \cdot m$ 的均匀半空间，单点 SVD 反演和 LCI 反演结果如图 3.29（b）~（d）所示。实际反演中针对不同电性参数（ρ_1, h_1, t_1, ρ_2, h_2, t_2, ρ_3, h_3, t_3, ρ_4）采用加权横向约束。图 3.29（c）中的加权因子取为（0.9, 2, 2, 0.9, 0.9, 0.9, 0.9, 10, 0.9, 0.9），而图 3.29（d）中的加权因子取为（0.9, 2, 2, 0.9, 0.9, 0.9, 0.9, 2, 0.9, 0.9）。

从图 3.29 可以看出：①利用单点 SVD 反演方法和 LCI 方法均能显示地下电性分布为四层地电结构，第一层中间部分和第三层的低阻异常均得到不同程度的反映。然而，在单点 SVD 反演结果中各层电阻率连续性较差、条带明显，层界面比较粗糙。相比之下，LCI 反演结果中各层的连续性得到很大改善，层界面光滑，反演的各层电阻率横向分布比较均匀；②虽然图 3.29（c）和（d）中 LCI 反演均能得到光滑的反演界面，然而，由于采用不同的加权因子，取得的效果不同。图 3.29（c）中，由于加权因子过大，各层的电性沿水平方向被过度平均，导致第一、二层的电性分布模糊，第三层厚度明显大于理论值。相比之下，由于图 3.29（d）中采用的加权因子适中，反演的电性分界面连续，电性分布和厚度非常接近真实模型。这说明了选择合适加权因子的重要性。

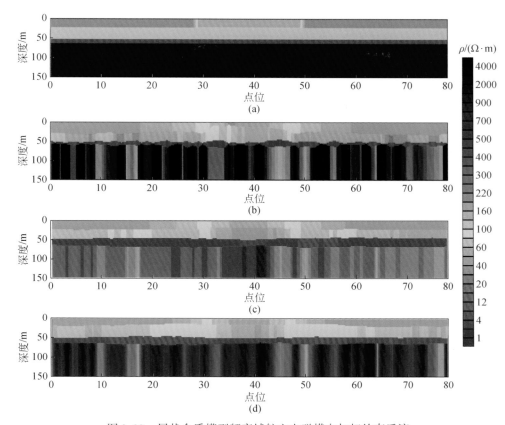

图 3.29　层状介质模型频率域航空电磁横向加权约束反演

（a）理论模型；（b）SVD 单点反演；（c）LCI 反演（大加权因子）；（d）LCI 反演（加权因子适中）

3.3.5　时间域航空电磁理论模型横向约束反演

本节设计理论模型对时间域航空电磁模拟数据进行横向约束反演以验证算法的有效性。正演模拟使用的航空电磁系统参考 Fugro/CGG 公司研发的 HELITEM MULTIPULSE 系统（Chen et al.，2015）。该系统发射线圈半径为 17.5m，匝数为 1 匝，发射电流由一个 4ms 宽的半正弦波和 1ms 宽的梯形波组成的多脉冲，发射基频为 30Hz，接收线圈位于发射线圈正中心上方 0.5m 处，接收时间道设为 56 道。

本次正演模拟设计的理论模型为图 3.30（b）所示的一个包含砂砾层的山谷状构造。包括三个电性层：第一层为低阻盖层，电阻率为 $10\Omega \cdot m$，厚度为 20m；第二层山谷状结构是电阻率为 $100\Omega \cdot m$ 的砂砾层，底部黏土半空间的电阻率为 $20\Omega \cdot m$。砂砾层从水文地质的角度可能是一个保护很好的含水层，因此通过反演得到其层界面和电阻率分布非常重要。正演模拟共设计了 101 个测点，采样间隔为 5m。测点飞行高度变化如图 3.30（a）所示。对于每个测点我们均使用一维模型进行正演得到磁感应 dB_z/dt 响应数据。为模拟实测航空电磁响应，我们对飞行高度和每个测点每个时间道的 dB_z/dt 响应加了 3% 高斯噪声。

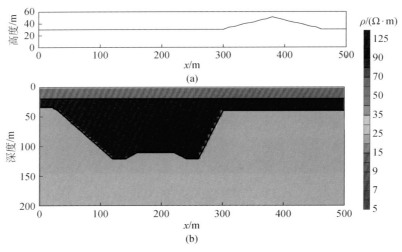

图 3.30　横向约束反演理论模型

(a) 飞行高度；(b) 理论模型

图 3.31 为理论模型单点最小二乘和 LCI 反演结果对比。对于每个测点我们选择反演初始模型为电阻率 $100\Omega \cdot m$ 的均匀半空间，第一层和第二层的厚度为 50m。由于第二层

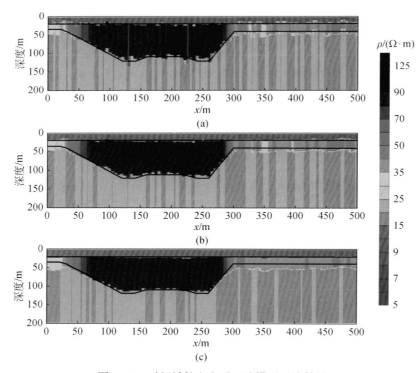

图 3.31　时间域航空电磁理论模型反演结果

(a) 单点最小二乘反演；(b) 加权因子均为 1 的横向约束反演；(c) 加权因子均为 2.5 的横向约束反演

厚度和下界面深度变化均较大，在反演中对第二层不施加厚度和深度约束。尝试对电阻率、厚度和深度采用强度不同的加权因子，研究不同加权因子对反演结果的影响特征。

由图 3.31 的反演结果可以看出：①单点最小二乘反演和横向约束反演均给出了地下三层地电结构，不同之处在于反演结果的横向连续性，单点最小二乘反演结果得到比较粗糙的层界面，相邻测点之间电阻率的横向连续性较差，第二层和第三层电阻率呈现条带状分布。相比之下，在反演中施加模型参数和深度横向约束，反演结果显示电阻率横向分布比较均匀，层界面光滑连续。②图 3.31（b）和（c）由于采取不同的横向约束加权因子，反演结果展示的层界面光滑度和电阻率连续性也不同。图 3.31（b）由于采用的加权因子太小，在一定程度上改善了反演结果，但电阻率条带仍较明显。图 3.31（c）由于采用了合适的加权因子，反演结果的电性分界面连续，非常接近真实地电模型。由此我们得出结论：横向约束反演中加权因子的选择对改善反演模型的光滑度和连续性非常重要。对于横向连续性较好的地层，可选取较大加权因子改善反演断面的连续性。

3.3.6　频率域航空电磁实测数据横向约束反演

本节对频率域航空电磁用于路基稳定性调查的实测数据进行反演，以验证 LCI 反演方法的有效性。实际观测采用 HCP 装置测量垂直磁场 H_z，频率为 386Hz、1538Hz、6257Hz、25790Hz 和 100264Hz。图 3.32 给出了利用 SVD 和 LCI 反演及 CDT 成像技术（Macnae et al.，1991）对实测数据的成像结果。各测点的反演初始模型均假设相同的三层模型：第一层电阻率为 $8\Omega \cdot m$，厚度为 20m，第二层电阻率为 $4\Omega \cdot m$，厚度为 10m，第三层电阻率为 $15\Omega \cdot m$。针对不同电性参数（ρ_1，h_1，t_1，ρ_2，h_2，t_2，ρ_3）采用加权因子（1，1，10，1，1，1，1）。由图可以看出，利用各种反演方法得到的结果均不同程度地反映地下

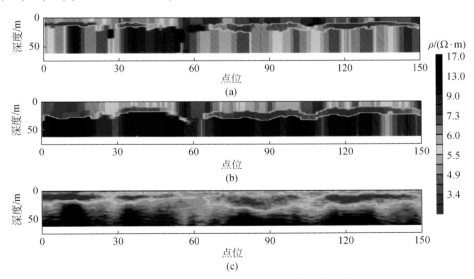

图 3.32　频率域航空电磁实测数据反演结果

（a）SVD 反演；（b）LCI 反演；（c）CDT 成像

电性分布特征。第一层为高阻层，电阻率为 $5 \sim 9\Omega \cdot m$，厚度约为 20m。通过对坝体的实际勘查，确认为坝体顶部的泥沙层。第二层为低阻薄层，电阻率为 $2 \sim 5\Omega \cdot m$，厚度为 10m 左右，确认为坝体中部的黏土层。该低电阻率层是本次飞行的勘查目标，其存在直接影响坝体的稳定性。第三层为高阻基底，电阻率为 $11 \sim 17\Omega \cdot m$，确认为坝体底部的含沙地层。对比各种反演结果不难发现，虽然 SVD 单点反演基本反映出地下电性分布特征，但各层的连续性较差，层界面不光滑，基底半空间电阻率反演结果中出现明显不均匀条带。相比之下，LCI 反演结果中各层的电阻率连续性得到很大改善，地层界面光滑连续。下半空间电阻率不均匀条带明显减少，很好地反映了坝基的稳定地质条件。另外，从施加的约束条件和地电断面反演结果可以进一步看出，对第一层底界面深度设定强约束条件（加权因子较大）可有效地改善整体反演效果，不仅各层界面的连续性得到改善，基岩中横向电性不连续性也得到较大改善，反演结果与 CDT 成像结果吻合较好。

3.3.7　时间域航空电磁实测数据横向约束反演

下面对 Fugro/CGG 公司在加拿大 Fort McCurry 某测区使用 HELITEM MULTIPULSE 系统采集的测线 10320 上共 100 个测点（点距 12m）的数据进行横向约束反演，进一步验证横向约束反演对时间域航空电磁数据的有效性。图 3.33 给出该段测线单点最小二乘和 LCI 反演结果。每个测点的初始模型均选择电阻率为 $100\Omega \cdot m$ 的五层地电模型。第一层到第四层的初始厚度都设为 50m。图 3.33（a）展示阻尼最小二乘反演结果，而图 3.33（b）~（d）分别是电阻率、厚度和深度加权因子均为 0（即没有横向约束）、0.25 和 1.5 的反演结果。

Chen 等（2015）在该测区进行了航空电磁系统飞行试验。其总结的测区地质资料表明，测区主要是 Athabasca 砂岩层，成层性很好，适合横向约束反演。表层为厚度约 35m、相对良导的冰渍层，内嵌有更良导的黏土、淤泥薄层。冰渍层下是 35~40m 相对高阻的 Grand Rapids 砂岩。砂岩层下部是厚度为 60~80m 的页岩，是测区主要的良导体。图 3.33 反演结果中第三层和第四层即为低阻页岩层。在页岩层之下是含油砂矿的 Fort McCurry 层，深处依次是 Devonian 石灰石和盐层。图 3.33（a）单点最小二乘反演结果中，第二层和第四层电阻率横向不连续，呈明显条带状。图 3.33（b）中各层电阻率、厚度和深度加权因子均为 0 时（即没有横向约束）反演结果和单点最小二乘反演结果相似，但不完全一样。这是单点最小二乘反演单独对数据拟合差进行评价并允许各个测点迭代次数不相同，而 LCI 反演各测点迭代次数相同且数据拟合进行整体评价所致。由于施加了横向约束，图 3.33（c）和（d）明显改善了反演剖面的横向连续性，界面更加光滑，电阻率分布均匀连续。由于加权因子较小，图 3.33（c）中第四层在 497600~498000 段电阻率和厚度出现了不连续；相比之下，图 3.33（d）由于施加较强的横向约束，反演的电阻率和厚度横向连续性较好，真实地反映了地下电性连续分布特征，与测区地质信息吻合较好。

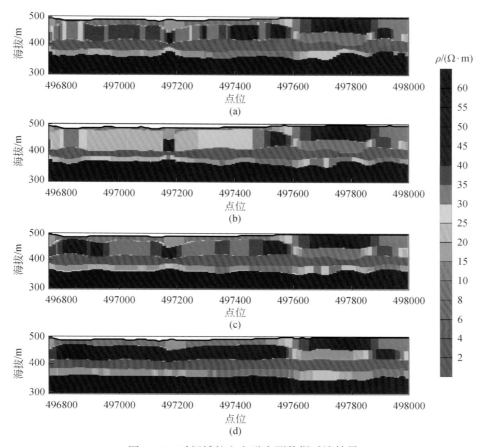

图 3.33　时间域航空电磁实测数据反演结果

（a）单点阻尼最小二乘反演；（b）多点阻尼最小二乘联合反演（没有施加横向约束）；（c）电阻率、厚度和
深度加权因子均为 0.25 的横向约束反演；（d）电阻率、厚度和深度加权因子均为 1.5 的横向约束反演

3.3.8　小结

由上面的理论和实测数据反演结果得出如下结论：①横向约束反演本质上仍然是一维反演，它无法实现真正意义上的二维/三维反演。然而，地球物理反演是个从已知到未知的过程。从电磁成像过程到单点一维 SVD 反演，再到横向约束反演的过程已经对地下电性分布特征有较明确的认知。以此为基础可以设计出很好的初始模型用于电磁二维/三维反演，极大地减少多解性。②然而，横向约束反演的前提是地下地层的连续性较好，电磁数据采样比较密集，因此该方法只适用于连续性较好的地下介质反演。此时，加权因子可根据实际地质条件选取。③在构造比较发育的地区，受构造影响地下地层的连续性较差，横向约束反演可能无法获得理想效果。④航空电磁测线较长，加上采样密集，数据量巨大，同时反演难度较大。为此，可先将测线数据分段反演，同时保持各段之间有一定数量测点的重叠，在获得各段反演结果后通过加权平均获得整条测线的反演结果。⑤由于在横

向约束条件下，正确的地电参数会改善相邻测点的反演结果。对于电性结构已知的测点，如有钻孔数据时，横向约束反演不仅可改善该测点的反演结果，也可改善相邻测点，甚至整条剖面的反演结果。

3.4 拟三维模型空间约束反演

航空电磁作为一种快速有效的勘查手段，在矿产资源和能源、地下水和环境工程领域得到了越来越广泛的应用，然而数据处理解释主要基于成像和一维反演。如前所述，其主要原因在于：①航空电磁数据量巨大，地球物理电磁二维、三维反演由于计算效率问题目前尚没有完全实用化；②航空电磁数据采样密集，因此相邻测点的地下电性差异不大，特别是在一些沉积岩地区，一维模型能很好地模拟地下电性分布特征。航空电磁数据一维反演常用的是针对每个测点单独进行反演的阻尼最小二乘法。然而，如上所述，由于反演解的不稳定性，单个测点一维反演结果中经常会出现电阻率或厚度沿横向方向发生突变的现象，造成反演的地电断面不光滑、分布不连续。因此，在地下介质横向连续性较好的地区（如沉积岩地区），施加横向约束进行多测点联合反演是一个很好的解决方案。

Viezzoli 等（2008）指出为获取连续的反演结果可以从两方面入手，即数据域和模型域。从数据域的角度就是在反演前对这些原始数据进行光滑。该方法过去被广泛应用于频率域和时间域航空电磁数据处理中。数据经光滑后信噪比增加，但分辨率降低。从模型域的角度就是在反演过程中对相邻测点的模型施加约束，不需要对数据进行光滑，有效保留数据中翔实的地下电性信息（Viezzoli et al.，2008）。横向约束技术已经被用于不同的地球物理数据反演之中（Auken et al.，2000）。Auken 等（2002）系统总结横向约束反演的思想，并将其成功运用于直流电法数据反演。对于二维电阻率数据和三维瞬变电磁数据同样可利用横向约束进行反演（Auken and Christiansen，2004；Auken et al.，2004）。Siemon 等（2009）和 Tartaras（2006）将横向约束反演扩展到航空电磁领域，分别对直升机和固定翼等航空电磁数据进行反演。蔡晶等（2014）在频率域航空电磁数据中引入横向加权约束，获得很好的反演结果。殷长春等（2015）将加权横向约束应用到时间域航空电磁数据的反演中，并通过对 CGG 公司航空电磁系统 HELITEM MULTIPULSE 的实测数据反演验证了方法的有效性。

3.3 节介绍了沿测线的横向约束比单点反演对地下介质的电性横向连续性有较大改善，反演的电性界面比较光滑。然而，必须指出的是，沿测线的横向约束反演方法并没有考虑相邻测线之间可能存在的构造关联性，因此往往只能给出沿测线方向连续性较好的反演结果。由于测线之间没有约束，垂直于测线的地质信息难以在测线数据反演中得到体现，反演得到的电阻率空间分布可能会给地下构造分布特征的解释造成不确定性（Viezzoli et al.，2008）。此外，垂直测线方向往往存在构造连续性较好的情况，因此施加测线间连续性约束可能会进一步改善反演效果。为解决这个问题，Viezzoli 等（2008）提出了空间约束反演（spatially constrained inversion，SCI），即沿测线和垂直测线方向同时施加约束，并于 2009 年将该算法运用于澳大利亚墨累河下游地区的环境评估。Santos 等（2011）将拟三维电导率成像运用于 DUALEM-421 数据反演取得了良好的效果。Vignoli 等（2015）

提出了一种基于梯度正则化的锐空间约束反演方法（sharp spatially constraint inversion）。

空间约束反演通常采用的算法为阻尼最小二乘法。这种基于最小二乘准则的反演方法，是通过最小化数据残差构成的目标函数求取模型"最优解"。反演过程只追求模拟数据与原始观测数据的最佳拟合。当利用最小二乘法进行空间约束反演时，为了克服奇异值分解及搜索阻尼因子时伴随正演所造成的计算效率问题，通常将大区域的数据集划分为许多小子集，然后以每个子集作为一个单元进行空间约束反演（Viezzoli et al.，2008）。反演过程中各测点的约束是按照 Delaunay 三角化准则进行选择。当数据量庞大时这种反演策略耗时巨大。为提高拟三维空间约束反演效率，减少内存需求，本节采用有限内存 L-BFGS 最优化方法，由于无需显式存储 Hessian 矩阵和灵敏度矩阵，减少了内存需求，同时保证了目标函数有较好的收敛性（韩波等，2012）。

本节讨论基于空间约束的航空电磁反演算法。该算法与前人采用的纯数学意义上的约束反演算法（如基于 Denaulay 准则）存在本质区别。首先本节算法考虑的是真正地质意义上的约束——沿测线方向距离很近的相邻测点之间的约束和沿构造走向（垂直测线）的连续性约束。另外，本节研究的反演算法收敛速度快、计算效率高，更适用于求解多测线、大数据量同时反演的最优化问题。我们以时间域航空电磁系统为例进行介绍。

3.4.1　正演模拟

假设时间域直升机航空电磁系统采用圆形回线作为发射源，在回线中心或中心上方接收随时间变化的磁感应强度或感应电动势。我们首先定义直角坐标系的原点位于圆形回线中心在地表的投影，x，y 平面位于大地表面，z 轴垂直向下。假设发射回线中的电流强度为 I，半径为 a，高度为 h，地下介质为一维层状各向同性介质，则由 2.1.8 节的理论推导可得圆形回线中心或上方的电磁势和电磁场。对于半径为 a 的水平大回线发射源，由式（2.78）可得空间任一点的电磁势为

$$\varphi^{\mathrm{E}}(\boldsymbol{r}, \omega) = \frac{Ia}{2} \int_0^\infty \left[e^{-k|z+h|} - \frac{B_{\mathrm{E}} - k}{B_{\mathrm{E}} + k} e^{k(z-h)} \right] J_1(ka) J_0(kr) \frac{\mathrm{d}k}{k} \tag{3.95}$$

另外，式（2.71）给出电磁势之间的关系：

$$\varphi^{\mathrm{E}}(\boldsymbol{r}, \omega) = \frac{1}{2\pi} \int_0^\infty f_{\mathrm{E}}(z, k, \omega) J_0(kr) k \mathrm{d}k \tag{3.96}$$

则由式（3.95）和式（3.96）可得

$$f_{\mathrm{E}}(z, k, \omega) = \frac{\pi Ia}{k^2} \left[e^{-k|z+h|} - \frac{B_{\mathrm{E}} - k}{B_{\mathrm{E}} + k} e^{k(z-h)} \right] J_1(ka) \tag{3.97}$$

而磁场 z 分量为

$$H_z = \frac{\partial^2 \varphi^{\mathrm{E}}}{\partial z^2} = \frac{1}{2\pi} \int_0^\infty \frac{\partial^2}{\partial z^2} f_{\mathrm{E}}(z, k, \omega) J_0(kr) k \mathrm{d}k = \frac{1}{2\pi} \int_0^\infty f_{\mathrm{E}}(z, k, \omega) J_0(kr) k^3 \mathrm{d}k \tag{3.98}$$

将式（3.97）代入式（3.98）得到

$$H_z = \frac{Ia}{2} \int_0^\infty \left[e^{-k|z+h|} - \frac{B_{\mathrm{E}} - k}{B_{\mathrm{E}} + k} e^{k(z-h)} \right] J_1(ka) J_0(kr) k \mathrm{d}k \tag{3.99}$$

当接收线圈位于回线中心或正上方时 $r=0$，可得

$$H_z = \frac{Ia}{2} \int_0^\infty \left[e^{-k|z+h|} - \frac{B_E - k}{B_E + k} e^{k(z-h)} \right] J_1(ka) k \mathrm{d}k \qquad (3.100)$$

在利用式（3.100）得到频率域响应之后，即可利用 2.2 节给出的算法获得阶跃响应，进而通过阶跃响应和发射电流导数的褶积计算任意发射波形时间域航空电磁响应。

3.4.2 约束方案

为了描述沿测线方向和垂直测线方向模型参数之间的相互约束，我们首先创建一个层状介质模型，同时基于横向约束反演思想设计两种模型反演方案：一种方案类似于 Occam 反演的思路，即假设层数和厚度固定仅反演电阻率；另一种方案是固定层数，反演地下介质的电阻率与厚度。我们通过在反演目标函数中引入约束项实现航空电磁数据的拟三维模型空间约束反演。

1. 模型建立

对于一个测区包含多条测线航空电磁数据的情况，首先依据测点的地理坐标建立一个统一的拟三维模型网格（图 3.34），其中 x 轴方向表示测线方向，y 轴垂直于测线方向，z 轴垂直向下。测点和网格节点一一对应（当测线数据不是规则网格时，可先进行网格化处理）。每个测点都使用 N_z 层模型，参考瞬变电磁场的扩散规律我们将剖分的厚度按指数方式递增。假设沿测线方向有 N_x 个网格（N_x 为测点个数）；垂直于测线方向有 N_y 个网格（N_y 为测线条数），$m_{i,j}^k$ 表示第（i，j）个网格节点的第 k 个模型参数。必须指出的是，虽然我们定义三维网格模型，然而本节所有正演模拟和雅克比矩阵的计算均使用一维模型，即各测点电磁响应仅与其对应网格节点的垂向电性分布有关，不受周围网格电性的影响。相邻测点电性之间的关联通过双向空间约束实现，因此我们称之为"拟三维"模型空间约束反演。当一次只反演一条测线数据时，本节的算法简化到前面介绍的横向约束反演。

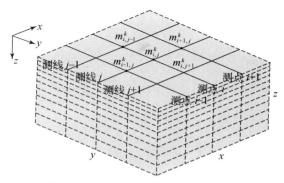

图 3.34 拟三维空间约束反演模型

2. 反演模型约束

对于本节拟三维模型空间约束的正则化反演，我们将目标函数定义为

$$\varphi(\boldsymbol{m}) = (\boldsymbol{d} - f(\boldsymbol{m}))^{\mathrm{T}} \boldsymbol{C}_{\mathrm{d}}^{-1} (\boldsymbol{d} - f(\boldsymbol{m})) + \lambda\, \boldsymbol{\psi}^{\mathrm{T}}(\boldsymbol{m}) \boldsymbol{\psi}(\boldsymbol{m}) \qquad (3.101)$$

式中，$\boldsymbol{d}$ 为观测数据；$\boldsymbol{m}$ 为模型参数向量，分别由各层电阻率或电阻率和厚度组成；$\boldsymbol{C}_{\mathrm{d}}$ 为数据方差矩阵；$f(\boldsymbol{m})$ 为模型响应算子。式（3.101）中第二项为本节采用的反演模型空间约束正则化项，引入正则化因子 λ 可在数据拟合和模型约束之间取得平衡。

对式（3.101）求导可得目标函数的梯度：

$$\boldsymbol{g} = \frac{\partial \varphi(\boldsymbol{m})}{\partial \boldsymbol{m}} = -2\, \boldsymbol{J}^{\mathrm{T}} \boldsymbol{C}_{\mathrm{d}}^{-1} (\boldsymbol{d} - f(\boldsymbol{m})) + 2\lambda\, \boldsymbol{\psi}^{\mathrm{T}}(\boldsymbol{m}) \boldsymbol{\psi}'(\boldsymbol{m}) \qquad (3.102)$$

其中，约束矩阵 $\boldsymbol{\psi}(\boldsymbol{m})$ 由各测点的模型参数约束项 $\psi_{i,j}^{k}$ 构成（$i = 1, 2, \cdots, N_x$，$j = 1, 2, \cdots, N_y$），$k = 1, 2, \cdots, 2N_z - 1$（不固定厚度）或 $k = 1, 2, \cdots, N_z$（固定厚度）。$\boldsymbol{J}$ 为雅克比矩阵，本节采用差分方法计算，通过和半解析解对比试验发现，采用 3% 模型改变量可满足数值计算精度要求。

对于式（3.101）和式（3.102）中的正则化项，采用对每个网格节点的模型参数及其周围网格（前、后、左、右）的模型参数施加约束，则第 (i, j) 个网格的第 k 个模型参数的约束项可表示为

$$\psi_{i,j}^{k} = w_x \big[(m_{i,j}^{k} - m_{i-1,j}^{k}) / (x_{i,j} - x_{i-1,j}) + (m_{i,j}^{k} - m_{i+1,j}^{k}) / (x_{i+1,j} - x_{i,j}) \big]$$
$$+ w_y \big[(m_{i,j}^{k} - m_{i,j-1}^{k}) / (y_{i,j} - y_{i,j-1}) + (m_{i,j}^{k} - m_{i,j+1}^{k}) / (y_{i,j+1} - y_{i,j}) \big]$$

$$(3.103)$$

式中，$\dfrac{w_x}{x_{i,j} - x_{i-1,j}}$，$\dfrac{w_x}{x_{i+1,j} - x_{i,j}}$，$\dfrac{w_y}{y_{i,j} - y_{i,j-1}}$，$\dfrac{w_y}{y_{i,j+1} - y_{i,j}}$ 分别表示沿着 x、y 方向施加约束的相对权重。针对边界测点无法使用全部约束项的情况，我们采用该测点周围可用的部分测点作横向约束，此时对式（3.103）中的约束项进行相应的取舍。在实际进行空间约束反演时，为计算式（3.102）中的目标函数梯度，需要计算模型约束项对模型参数 $m_{i,j}^{k}$ 的导数。由式（3.103）可得

$$(\psi_{i,j}^{k})' = w_x \big[1/(x_{i,j} - x_{i-1,j}) + 1/(x_{i+1,j} - x_{i,j}) \big] + w_y \big[1/(y_{i,j} - y_{i,j-1}) + 1/(y_{i,j+1} - y_{i,j}) \big]$$

$$(3.104)$$

通过选择合适的权重，相邻测点模型参数差的加权平均最小化，实现相邻测点模型参数相互约束。每个测点又与其他相邻测点进行约束，使得模型参数信息沿测线和垂直测线两个方向按照距离权重依次向外传递直至覆盖全局，从而整个测区成为一个关联的整体，实现了整个测区拟三维模型空间约束反演。

3.4.3　反演理论

在完成模型拟三维约束后，我们可以建立航空电磁拟三维空间约束反演流程。本节采用有限内存 L-BFGS 算法。其主要思想是只根据最近若干次迭代的曲率信息来构建近似 Hessian 矩阵的逆矩阵。本节采用 Nocedal 和 Wright（1999）提出的 L-BFGS 步长搜索技术

进行反演。

假设目标函数存在二阶导数，对其在已知点 $\boldsymbol{m}_\ell$ 处进行泰勒展开并忽略高阶项可得

$$\varphi(\boldsymbol{m}_\ell + \boldsymbol{p}_\ell) \approx \varphi_\ell + \boldsymbol{g}_\ell^{\mathrm{T}} \boldsymbol{p}_\ell + \frac{1}{2} \boldsymbol{p}_\ell^{\mathrm{T}} \boldsymbol{H}_\ell \boldsymbol{p}_\ell \tag{3.105}$$

式中，$\boldsymbol{H}_\ell$ 为 Hessian 矩阵；$\boldsymbol{p}_\ell$ 为模型搜索方向；$\varphi_\ell = \varphi(\boldsymbol{m}_\ell)$。令 $\frac{\partial \varphi}{\partial \boldsymbol{p}_\ell} = 0$，可得

$$\boldsymbol{p}_\ell = -\boldsymbol{H}_\ell^{-1} \boldsymbol{g}_\ell \tag{3.106}$$

由此，模型参数迭代由如下形式给出：

$$\boldsymbol{m}_{\ell+1} = \boldsymbol{m}_\ell - \alpha_\ell \boldsymbol{H}_\ell^{-1} \boldsymbol{g}_\ell \tag{3.107}$$

式中，α_ℓ 为迭代步长。我们从一个起始模型出发按照式（3.107）进行迭代，直到数据拟合差小于事先设定的阈值。Hessian 矩阵的逆矩阵迭代公式为

$$\boldsymbol{H}_{\ell+1}^{-1} = \boldsymbol{V}_\ell^{\mathrm{T}} \boldsymbol{H}_\ell^{-1} \boldsymbol{V}_\ell + \rho_\ell \boldsymbol{s}_\ell \boldsymbol{s}_\ell^{\mathrm{T}} \tag{3.108}$$

$$\rho_\ell = \frac{1}{\boldsymbol{y}_\ell^{\mathrm{T}} \boldsymbol{s}_\ell}, \qquad \boldsymbol{V}_\ell = \boldsymbol{I} - \rho_\ell \boldsymbol{y}_\ell \boldsymbol{s}_\ell^{\mathrm{T}} \tag{3.109}$$

$$\boldsymbol{s}_\ell = \boldsymbol{m}_{\ell+1} - \boldsymbol{m}_\ell, \qquad \boldsymbol{y}_\ell = \boldsymbol{g}_{\ell+1} - \boldsymbol{g}_\ell \tag{3.110}$$

由式（3.108）~式（3.110）可知，通过存储 n 个最近的向量组 $\{\boldsymbol{s}_i, \boldsymbol{y}_i, i = \ell - n,$ $\cdots, \ell - 1\}$ 对 $\boldsymbol{H}_\ell^{-1}$ 进行校正，即可生成 Hessian 矩阵的逆矩阵。该向量组包含了 n 个最新迭代的曲率信息，实践证明 n 值通常取 $3 \sim 20$ 即可得到满意的迭代解。

由此，可得 L-BFGS 方法实现拟三维模型空间约束反演的技术流程如下：

（1）针对初始模型利用式（3.103）计算约束项；

（2）利用式（3.102）计算目标函数的梯度；

（3）假设一个初始对称正定矩阵（通常为单位矩阵），利用式（3.108）~式（3.110）递推计算 Hessian 矩阵的逆矩阵；

（4）利用式（3.106）获取搜索方向 $\boldsymbol{p}_\ell$，再利用式（3.107）进行模型更新，同时利用式（3.101）计算目标函数值并判断是否满足要求。如满足要求，迭代终止；否则利用新模型替代初始模型，转入第（1）步。

应用 L-BFGS 方法进行迭代时，线性搜索的关键在于如何确定搜索方向 $\boldsymbol{p}_\ell$ 及搜索步长 α_ℓ。对于搜索步长 α_ℓ 的选择，我们通常采用如下充分下降条件和曲率条件，即

$$\varphi_{\ell+1} \leqslant \varphi_\ell + c_1 \alpha_\ell \boldsymbol{g}_\ell^{\mathrm{T}} \boldsymbol{p}_\ell \tag{3.111}$$

$$\boldsymbol{g}_{\ell+1}^{\mathrm{T}} \boldsymbol{p}_\ell \geqslant c_2 \boldsymbol{g}_\ell^{\mathrm{T}} \boldsymbol{p}_\ell \tag{3.112}$$

其中 $0 < c_1 < c_2 < 1$，c_1 通常取值很小，可取为 $c_1 = 10^{-4}$，c_2 通常取值较大，本节取为 0.9。式（3.111）和式（3.112）合称为 Wolfe 条件。

有限内存的拟牛顿法只需计算目标函数的一阶导数，无须计算二阶导数，因而计算量大大减小。同时，由于计算 Hessian 矩阵的逆矩阵时只需存储有限的早期迭代信息，节省内存需求，特别适用于大数据量航空电磁数据反演。

3.4.4　算例分析

1. 理论模型反演

本节讨论拟三维模型空间约束反演对理论和实测数据的反演效果。我们分别考虑 Geotech 公司的 VTEM 系统和 Fugro/CGG 公司的 HELITEM MULTIPULSE 系统。VTEM 系统的发射波形为阶梯状单脉冲，如图 3.35（a）所示。HELITEM 系统发射双脉冲，即先发射一个大磁矩的半正弦波，然后再发射一个小磁矩的梯形波，如图 3.35（b）所示。前者为了解决深部良导体探测，而后者主要用于解决浅部精细构造的探测问题。VTEM 系统发射线圈磁矩大约为 14.7 万 Am^2，发射和接收系统高度均为 30m，接收线圈位于发射线圈中心；而 HELITEM 系统采用中心回线装置，发射线圈高度为 30m，接收线圈高度为 30.5m，发射磁矩约 39 万 Am^2。

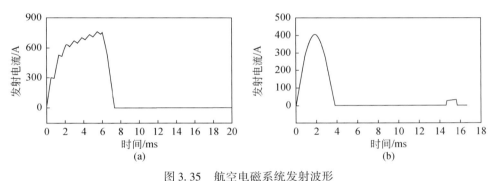

图 3.35　航空电磁系统发射波形

（a）VTEM 系统发射波形；（b）HELITEM MULTIPULSE 系统发射波形

我们假设一个电阻率为 $100\Omega\cdot m$ 的半空间中埋藏一个缓起伏的三维良导层模型。良导层电阻率为 $20\Omega\cdot m$，其上底面埋深为 $20\sim80m$，模型主剖面见图 3.36（a）。由于山坡状的三维良导层变化非常缓慢，相邻测点之间电性变化较小，可采用拟三维模型空间约束方法对时间域航空电磁数据进行反演。

三维非结构网格正演模拟使用时间域有限元法（Yin et al.，2016a），累计设计 21 条测线，线距为 50m，点距为 10m，每条测线计 101 个测点，共计 2121 个测点。我们分别考虑 VTEM 和 HELITEM 两种系统。为了更好地比较反演效果，对每个测点每个时间道的 dB_z/dt 响应加入 3% 的高斯噪声。

反演使用的初始模型层数设为 20 层，第一层厚度为 5m，以后各层按 1.12 倍递增。我们首先取 $w_x = w_y = 1$ 沿测线方向前后和垂直测线方向左右各取一个点，对当前测点实施空间约束。对于固定层厚的拟三维反演方案，在利用 L-BFGS 方法进行迭代反演时，仅更新电阻率，其他模型参数不变；而对于可变层厚的拟三维反演方案，则同时更新电阻率和厚度。我们首先通过试验（见后面讨论）确定最优正则化因子：对于 VTEM 系统，固定层厚和可变层厚的空间约束反演中正则化因子均取为 5；对于 HELITEM 系统，固定层厚空间约束反演中正则化因子取为 5，而可变层厚空间约束反演中正则化因子取为 50。图 3.36 和图 3.37 给出了 VTEM 数据反演结果，而图 3.38 和图 3.39 给出了 HELITEM 数据反演结果。

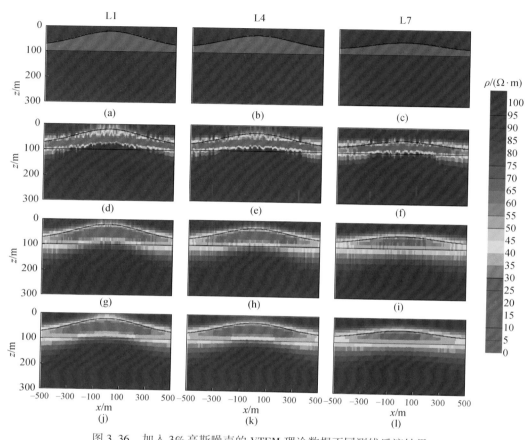

图 3.36　加入 3% 高斯噪声的 VTEM 理论数据不同测线反演结果

（a）~（c）理论模型；（d）~（f）单点反演；（g）~（i）固定层厚 SCI 反演；（j）~（l）可变层厚 SCI 反演

对于本模型我们共设计 21 条测线，其中 L1 测线为主剖面。图 3.36 为测线 L1、L4、L7 的 VTEM 数据反演结果。由图 3.36 中 L1 的四幅图（a）、（d）、（g）、（j）可以看出：①单点反演结果在噪声影响下存在较明显的电阻率突变现象，界面比较粗糙。与理论模型相比，界面拟合效果较差，低阻层厚度薄，也没有反演出良导层中间厚两边薄的特征。②由于施加了空间约束，两种 SCI 反演方案相比于单点反演的断面横向连续性有很大改善，与实际模型吻合较好。其中，图 3.36（g）中由于层厚固定，仅对电阻率施加横向约束，良导体的电阻率和界面反演的比较清晰，但电阻率横向连续性不好；相比之下，图 3.36（j）中由于层厚可变，通过对电阻率和厚度施加空间约束，既改善了层界面的光滑性，又改善了电阻率横向连续性。由理论模型（a）、（b）、（c）的电阻率分布可以看出三条测线的低阻层依次变薄，三种反演的结果均有所体现，并且不同测线三种反演策略的对比结果与主剖面得出的结论一致，相比于单点反演发生严重跳跃的现象，两种空间约束反演策略对噪声有较明显的抑制作用，反演的界面比较光滑，其中可变层厚反演结果最为理想。对于本模型的 21 条测线和 2121 个测点，在计算机（CPU 为 3.40GHz，内存为 8GB）上利用单点反演耗时约 10 小时 1 分，利用固定层厚 SCI 反演耗时 3 小时 20 分，而利用可变层厚 SCI 反演耗时约 6 小时 14 分。

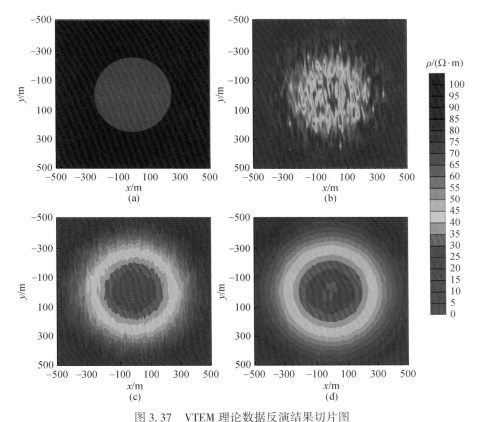

图 3.37　VTEM 理论数据反演结果切片图

（a）理论模型；（b）单点反演；（c）固定层厚 SCI 反演；（d）可变层厚 SCI 反演

为了更清楚地了解拟三维模型空间约束的反演效果，图 3.37 展示了上述三维模型反演结果在 $z=45m$ 处的水平切片。理论模型图 3.37（a）中低阻区为一个标准圆。对比三种反演结果可以看出：①受噪声影响，单点反演结果形状极不规则，低阻分布零散，边界严重畸变；②两种拟三维反演策略给出的切面基本反映理论模型的形状及范围，边界比较清晰，连续性较好。与图 3.36 得出的结论相同，可变层厚的空间约束反演效果最理想。

图 3.38 给出了同一个模型 HELITEM MULTIPULSE 系统理论数据的反演结果，同样在理论数据中加入 3% 高斯噪声。由图可以得出与上面相似的结论，即层厚可变的空间约束反演效果最好，层厚固定的空间约束反演效果较好，而单点反演效果最差。图 3.39 给出了 $z=45m$ 处反演结果的水平切片。很明显，单点反演受噪声影响较大，而施加空间约束后反演效果较好，其中尤以可变层厚的空间约束反演效果最佳。另外，对于本模型的 21 条测线，2121 个测点，模型剖分层数为 20 层，在计算机（CPU 为 3.40GHz，内存为

8GB）上利用单点反演耗时约 10 小时 47 分，利用固定层厚 SCI 反演耗时 4 小时 18 分，而利用可变层厚 SCI 反演耗时约 7 小时 13 分。可以看出 SCI 明显具有反演精度高，速度快的优点。

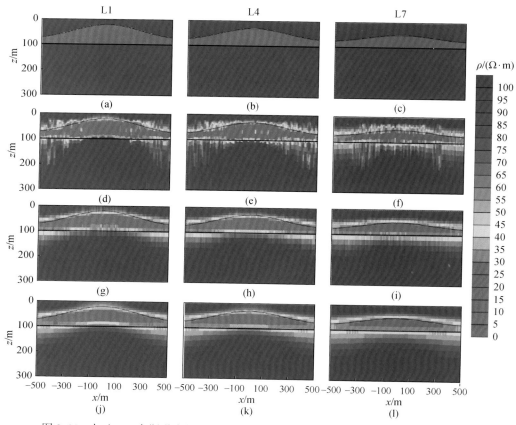

图 3.38　加入 3% 高斯噪声的 HELITEM MULTIPULSE 理论数据不同测线反演结果
（a）~（c）理论模型；（d）~（f）单点反演；（g）~（i）固定层厚 SCI 反演；（j）~（l）可变层厚 SCI 反演

　　为分析权重对横向约束反演效果的影响，图 3.40 给出沿测线方向和垂直测线方向施加不同权重时 VTEM 理论数据的可变层厚空间约束反演结果。对比图中的结果发现，相对于其他加权因子，采用 $w_x = w_y = 1$ 获得最佳反演结果，反演的良导体上下界面分别向真实边界聚焦，电阻率横向连续性得到明显改善。然而，当两个水平方向的约束相差太大时（如图中 $w_x \geqslant 5$，$w_y = 1$），则空间约束反演出现矫枉过正的情形，说明选择合适的加权因子至关重要。图 3.41 给出沿测线方向和垂直测线方向施加不同权重时 HELITEM 理论数据的可变层厚空间约束反演结果。由图可以看出，对于 HELITEM 系统，我们可以得出与上述相似的结论，选择 $w_x = w_y = 1$ 能获得最佳反演结果。

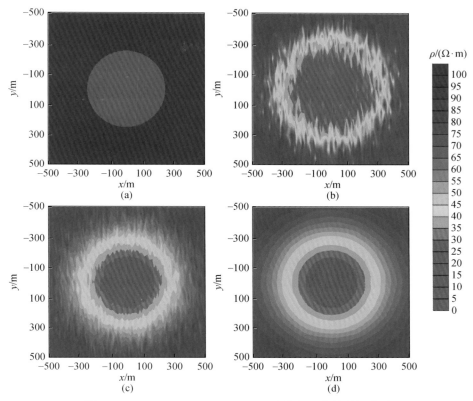

图 3.39 HELITEM MULTIPULSE 理论数据反演结果切片图

（a）理论模型；（b）单点反演；（c）固定层厚 SCI 反演；（d）可变层厚 SCI 反演

2. 实测数据反演

为进一步比较各种不同反演方法的有效性，我们对加拿大某区利用 HELITEM MULTIPULSE 系统采集的实测航空电磁数据进行反演。如前所述，HELITEM MULTIPULSE 系统在前端发射一个高能量的半正弦波，在末端再发射一个快速关断的方波或梯形波，以保证大勘探深度，同时增强近地表分辨率（殷长春等，2015）。测区累计飞行观测 6 条测线，线距 250m，每条测线有 248 个测点，点距 40m。假设反演层数为 12 层。图 3.42 给出了单点 SVD 反演、沿测线方向的横向约束 LCI 反演以及固定层厚和可变层厚拟三维空间约束 SCI 反演结果。空间约束反演中针对层厚固定和可变两种情况分别采用前述不同的正则化因子。由图可以看出：①单点反演结果中电阻率发生突变，横向不连续性现象严重；②沿测线方向的 LCI 反演结果中，中间良导层的连续性有一定改善，但高阻基底电阻率的连续性较差，特别是下半空间电阻率呈明显条带状；③固定层厚的 SCI 反演对地下主要构造反应效果明显，对整个测区的电阻率层状分布有较清晰的展示，然而电阻率横向连续性仍然不理想；④可变层厚的 SCI 反演相比于单点反演和固定层厚 SCI 反演，界面更光滑，电阻率横向连续性更好，与测区的地质特征吻合更好（Chen et al.，2015）。

187

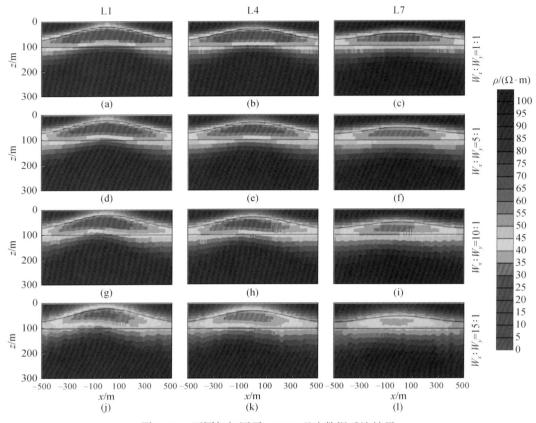

图 3.40 不同加权因子 VTEM 理论数据反演结果

3.4.5 小结

本节基于空间约束思想设计两种约束模式，利用 L-BFGS 成功实现拟三维模型空间约束反演，得出如下结论：

（1）空间约束反演方法沿着测线和垂直测线两个方向对地下电性参数施加约束，利用邻近测点传递信息，从而将所有测点联结成为一个整体，提供了一种有效的航空电磁数据空间约束反演。较之于单点反演和 LCI 反演，两种空间约束方案均能获得好的反演结果。

（2）本节提出的两种反演约束反演方案中，固定层厚约束反演仅对电阻率施加横向约束。相比之下，可变层厚约束反演既可对电阻率又可对层厚施加横向约束，反演效果更好。

（3）通过对比反演时间可以看出，当数据量较大时，基于 L-BFGS 算法的反演策略在保证反演精度的前提下具有速度快、计算效率高的优势。

（4）正则化因子和加权系数对约束反演效果有较大影响，实际数据反演时应通过大量模型试验确定。

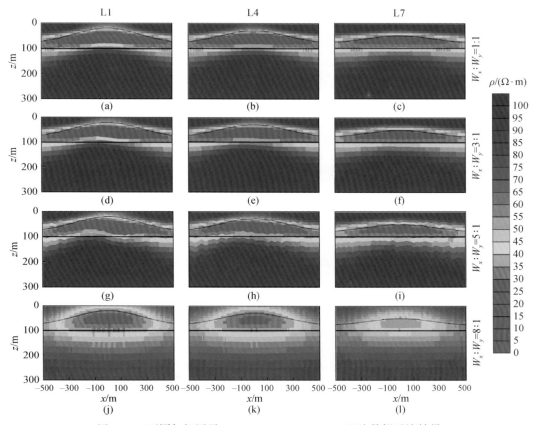

图 3.41 不同加权因子 HELITEM MULTIPULSE 理论数据反演结果

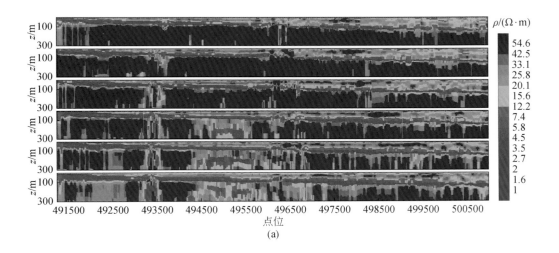

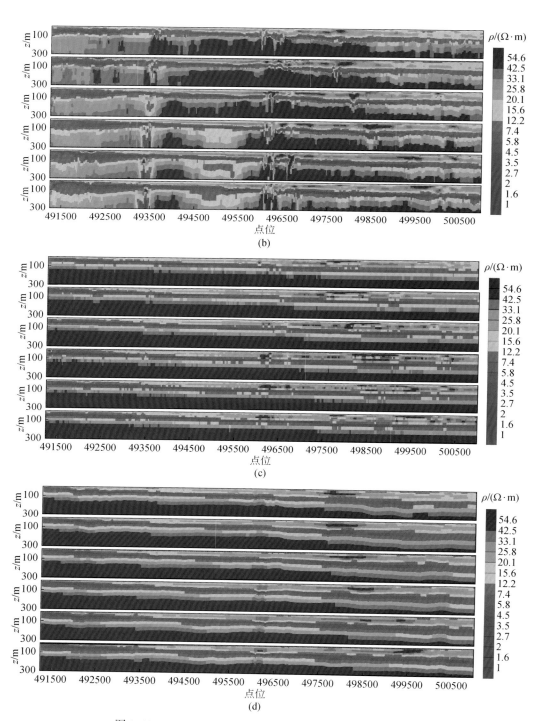

图 3.42　HELITEM MULTIPULSE 系统实测数据反演结果

（a）单点反演；（b）横向约束 LCI 反演；（c）固定层厚 SCI 反演；（d）可变层厚 SCI 反演

（5）考虑到本节所采用的模拟飞行测区和实测数据量均较小，我们将整个测区数据同时进行反演。对于测区较大的情况，受计算条件的限制，可能无法完成庞大数据的一次性反演。此时，可将测区划分成若干个小区块，之间保持适当重叠，在各小数据区块完成约束反演后，通过加权平均进行参数融合，实现整个测区的大数据反演。另外，本节仅讨论了比较简单的利用测点周围 4 个相邻测点进行约束的情况，对于更复杂的横向约束（如多点约束）或许能更好地改善反演效果，这些都是未来很好的研究方向。

3.5 Occam 反演

Occam 反演是一种非线性反演方法，该方法被广泛应用于航空、地面和海洋电磁数据反演当中。Occam 反演的总体思想就是用一个简单光滑模型描述地下电性结构，它要求在满足数据拟合的同时，使反演模型尽可能的光滑。该方法稳定性好，受初始模型的影响小。

Constable 等（1987）首次将 Occam 反演方法应用于电磁数据反演当中，为 Occam 反演方法在电磁数据处理中的应用开辟了先河。deGroot-Hedlin 和 Constable（1990）利用 Occam 方法对二维大地电磁数据进行反演，获得了光滑的反演结果。吴小平和徐果明（1998）通过对 Occam 反演方法中拉格朗日乘子的搜索方式进行改进，提高了反演效率。Key（2009）利用 Occam 反演方法对海洋电磁数据进行反演，同时对多频多分量数据进行反演实现了对高阻薄层的分辨。何梅兴等（2008，2011）成功将 Occam 反演应用于可控源音频大地电磁实测数据反演当中。Sattel（2005）、Vallée 和 Smith（2009）、强建科等（2013）将该方法应用于时间域航空电磁数据反演当中。

3.5.1 目标函数

由于观测数据中存在噪声，而且数据量有限，反演问题存在严重的多解性，为此我们在目标函数中加入正则化项，对模型空间进行约束。Constable 等（1987）认为利用一个尽可能简单、光滑的模型来解释观测数据可以有效避免对数据过度解释。增加模型光滑约束的目的是在满足数据拟合的基础上，从众多的解中选取最简单光滑的解模型。我们首先定义模型粗糙度，即模型光滑程度的倒数。它表示模型单元间电性参数的变化。模型粗糙度的定义形式有两种，分别为模型参数对深度的一阶和二阶导数平方和的积分，即

$$R_1 = \int \left(\frac{\mathrm{d}m}{\mathrm{d}z} \right)^2 \mathrm{d}z \tag{3.113}$$

$$R_2 = \int \left(\frac{\mathrm{d}^2 m}{\mathrm{d}z^2} \right)^2 \mathrm{d}z \tag{3.114}$$

式中，z 为深度；$m(z)$ 为相应深度所对应的电性参数，一般为地层的电阻率或电阻率的对数。我们将连续模型离散化：

$$m(z) = m_i, \quad z_{i-1} < z < z_i, \quad i = 1, 2, \cdots, N \tag{3.115}$$

其中 $z_0 = 0$，N 为模型离散层数，其设置应综合考虑电磁勘探方法的分辨率和计算效率。根

据电磁波在地下的传播规律，随着深度的增加高频成分迅速衰减仅保留低频成分，分辨率随之下降。因此，反演中应假设厚度随深度逐渐增加，即满足 $\dfrac{z_{i-1}}{z_i} < 1$ 这一规律。针对一维模型，在固定各层厚度之后，对粗糙度的微分形式进行离散，可得

$$R_1 = \| \partial_1 \boldsymbol{m} \|^2 = \sum_{i=2}^{N} (m_i - m_{i-1})^2 \tag{3.116}$$

$$R_2 = \| \partial_2 \boldsymbol{m} \|^2 = \sum_{i=2}^{N-1} (m_{i-1} - 2m_i + m_{i+1})^2 \tag{3.117}$$

其中，∂_1 和 ∂_2 分别为一阶和二阶差分算子，均为 $N \times N$ 矩阵。其具体形式为

$$\partial_1 = \begin{bmatrix} 0 & & & & \\ -1 & 1 & & & \\ & -1 & 1 & & \\ & & & \cdots & \\ & & & -1 & 1 \end{bmatrix} \tag{3.118}$$

$$\partial_2 = \begin{bmatrix} 0 & & & & \\ 0 & 0 & & & \\ 1 & -2 & 1 & & \\ & & & \cdots & \\ & & 1 & -2 & 1 \end{bmatrix} \tag{3.119}$$

其中，∂_1 应用最为广泛。

基于上述思想我们建立如下反演问题的目标函数：

$$\Phi = \| \partial \boldsymbol{m} \|^2 + \lambda^{-1} \{ \| \boldsymbol{W} \boldsymbol{d}_{\text{obs}} - \boldsymbol{W} F(\boldsymbol{m}) \|^2 - X_*^2 \} \tag{3.120}$$

式中，$\boldsymbol{d}_{\text{obs}}$ 为观测数据；F 为正演算子；$\boldsymbol{m}$ 为模型参数向量；X_* 为期望拟合差；$\boldsymbol{W}$ 为对角加权矩阵 $\text{diag}(1/\delta_1, 1/\delta_2, \cdots, 1/\delta_{N_d})$，$\delta_i$ 为第 i 个数据的均方误差，N_d 为数据个数，∂ 是模型差分算子；λ 为拉格朗日乘子。式（3.120）右边第一项是模型粗糙度项，表示模型的不光滑程度；第二项是数据拟合项，表示反演模型的正演响应与观测数据的拟合程度。拉格朗日乘子 λ 用来权衡数据拟合和模型光滑程度的相对权重。

3.5.2 模型更新

对非线性正演算子 $F(\boldsymbol{m})$ 进行泰勒展开，并略去二阶导数以上的项，可得

$$F(\boldsymbol{m}_2) \cong F(\boldsymbol{m}_1) + \boldsymbol{J}_1(\boldsymbol{m}_2 - \boldsymbol{m}_1) \tag{3.121}$$

式中，$\boldsymbol{J}_1$ 为针对模型 $\boldsymbol{m}_1$ 的雅克比矩阵，其计算同 3.2 节。将式（3.121）代入目标函数式（3.120）可得

$$U = \| \partial \boldsymbol{m}_2 \|^2 + \lambda^{-1} \{ \| \boldsymbol{W}(\boldsymbol{d}_{\text{obs}} - F(\boldsymbol{m}_1) + \boldsymbol{J}_1 \boldsymbol{m}_1) - \boldsymbol{W} \boldsymbol{J}_1 \boldsymbol{m}_2 \|^2 - X_*^2 \} \tag{3.122}$$

求取目标函数的极小值，即可直接获得此次迭代的新模型：

$$\frac{\partial U}{\partial \boldsymbol{m}_2} = 0 \quad \Rightarrow \quad \boldsymbol{m}_2 = [\lambda \partial^{\text{T}} \partial + (\boldsymbol{W} \boldsymbol{J}_1)^{\text{T}} \boldsymbol{W} \boldsymbol{J}_1]^{-1} (\boldsymbol{W} \boldsymbol{J}_1)^{\text{T}} \boldsymbol{W} \hat{\boldsymbol{d}} \tag{3.123}$$

其中，

$$\hat{d} = d_{\text{obs}} - F(m_1) + J_1 m_1 \tag{3.124}$$

利用式（3.123）对模型进行迭代更新，直到数据拟合差达到事先设定的阈值，即

$$\varepsilon = \sqrt{\frac{1}{N_{\text{d}}} \sum_{i=1}^{N_{\text{d}}} \left(\frac{F(m) - d_{\text{obs}\,i}}{\delta_i} \right)^2} \tag{3.125}$$

式中，理想的数据拟合差为 $\varepsilon = 1$。

3.5.3　拉格朗日乘子搜索方法

拉格朗日乘子 λ 是权衡数据拟合和模型粗糙度的参数，当 λ 无穷大时，目标函数中的数据拟合项趋于 0，此时仅关注模型的光滑程度；反之当 λ 趋于 0 时，目标函数中的粗糙度项被忽略，此时仅关注数据拟合。因此，合理选取拉格朗日乘子十分重要。理想的选择是：在满足数据拟合的基础上，使模型尽可能光滑。本节介绍两种较为常用的拉格朗日乘子搜索方法。

进退搜索法：①给定 λ 的两个初值 a 和 b，分别计算 λ 等于 a 和 b 所生成的新模型，并利用新模型计算正演响应和数据拟合差，定义拟合差较大的拉格朗日乘子为 a，拟合差较小的拉格朗日乘子为 b；②以一定的步长在 (a, b) 范围外两个不同的方向取值 c，利用 c 为拉格朗日乘子计算新模型及其正演响应和拟合差；③比较 λ 分别为 a、b 和 c 的拟合差，如果满足 $\varepsilon(a) > \varepsilon(b) > \varepsilon(c)$，则重新定义拉格朗日乘子 $a = b$，$b = c$，并重复第②步骤；④如果拟合差满足 $\varepsilon(a) > \varepsilon(b) < \varepsilon(c)$，则说明我们已经找到了一个区间 $[a, c]$，在这个区间中可以选择合适的 λ 以获得最小拟合差；⑤分别在区间 $[a, b]$ 和 $[b, c]$ 插入 d 和 e，分别计算拟合差，重复步骤④，以缩小区间和搜索范围，直至搜索区间足够小时停止搜索，利用最优的 λ 计算新模型，进行下一次迭代。该方法收敛稳定，但计算量较大，计算效率较低。

递推法：给定初始 λ^0 及步长 $f > 1$，每次迭代令 λ 按步长 f 减小，即 $\lambda^k = \lambda^{k-1}/f$。随着 λ 值逐渐减小，理论数据与观测数据逐步拟合，当拟合差小于设定的阈值时，此时的 λ 就是最优的拉格朗日乘子。该方法由吴小平和徐果明（1998）给出，方法简单且计算效率高，但收敛速度受初始 λ^0 的选取和步长 f 的影响较大。

3.5.4　数值算例

1. 频率域航空电磁数据反演

我们首先设计一个如图 3.43 所示的三层模型，即在 $100\Omega \cdot \text{m}$ 的半空间中存在电阻率为 $5\Omega \cdot \text{m}$、厚度为 10m 的低阻薄层，薄层顶面埋深 30m。测量装置是收发距为 10m 的航空电磁水平共面装置（HCP），观测 380Hz、1600Hz、6300Hz、25000Hz 和 120000Hz 五个频率，系统飞行高度为 30m。我们在数据中加入 3% 的高斯噪声后，利用 Occam 反演方法对地下电阻率进行反演，初始模型为 $50\Omega \cdot \text{m}$ 的均匀半空间。将地下分为 40 层，首层厚度为 2m，按照 1.03 倍递增，反演过程中厚度保持不变。

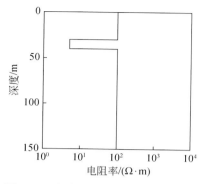

图 3.43　频率域航空电磁理论模型一

　　图 3.44 和图 3.45 展示了数据拟合差和拉格朗日乘子 λ 随迭代次数的变化情况。由图 3.44 可以看出，在迭代 7 次后，数据拟合均方差由初始的 123.44 下降到 1。对比图 3.44 和图 3.45 可以看出，随着 λ 的减小，目标函数中数据拟合项的权重逐渐加大，数据拟合差逐渐减小。图 3.46 展示了 Occam 反演结果。由图可以看出，反演结果十分光滑且与真实模型非常接近，准确地刻画出背景空间的电阻率及低阻薄层的电阻率和位置信息。然而，我们也发现 Occam 反演结果难以清晰地刻画层界面的具体位置。

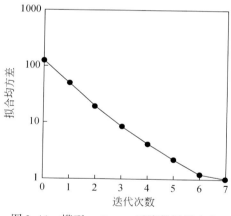

图 3.44　模型一 Occam 反演数据拟合差

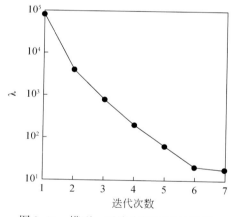

图 3.45　模型一反演中拉格朗日乘子
随迭代次数变化

　　进而，我们设计了一个复杂的四层介质模型，如图 3.47 所示。第一层电阻率为 $100\Omega \cdot m$，厚度为 20m；第二层电阻率为 $5\Omega \cdot m$，厚度为 5m；第三层电阻率为 $300\Omega \cdot m$，厚度为 50m；第四层为电阻率为 $50\Omega \cdot m$ 的基底。观测系统和发射频率与模型一相同。反演的初始模型为 $100\Omega \cdot m$ 的均匀半空间。将地下分为 40 层，首层厚度为 2m，按照 1.03 倍递增，反演过程中厚度保持不变。

　　图 3.48 和图 3.49 分别给出了数据拟合差和拉格朗日乘子 λ 随迭代次数的变化情况，图 3.50 为 Occam 反演结果。反演共迭代 21 次，数据拟合均方差由起始的 208.44 下降到 1.072。由图 3.48 和图 3.49 可以看出，随着 λ 的减小，数据拟合差逐渐减小，最后趋近

于 1。从图 3.50 可以看出，对于复杂模型 Occam 反演同样可以获得较好的反演结果，可以准确刻画地下介质的电性结构。

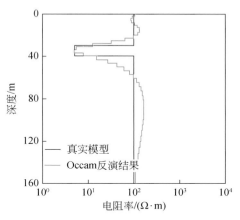

图 3.46　模型一 Occam 反演结果

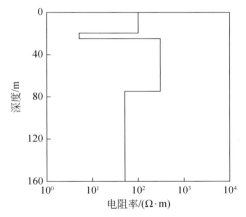

图 3.47　频率域航空电磁理论模型二

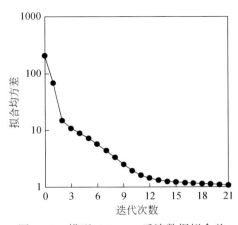

图 3.48　模型二 Occam 反演数据拟合差

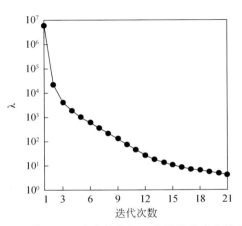

图 3.49　模型二反演中拉格朗日乘子随迭代次数变化

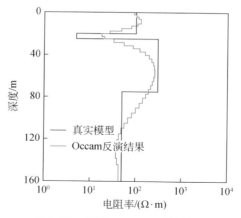

图 3.50　模型二 Occam 反演结果

　　为进一步验证本节 Occam 反演算法的有效性，我们给出实测数据的反演结果。该实测数据是利用 Fugro 公司的 RESOLVE 系统在某地储水层上方飞行观测的，其中 HCP 装置使用的频率为 386Hz、1514Hz、6122Hz、25960Hz 和 106400Hz，而 VCX 装置使用的频率为 3315Hz。我们分别利用 Occam 和 Marquardt-Levenberg 方法对实测数据进行反演。从图 3.51 可以看出，Occam 反演方法有效圈闭测区地下储水层分布特征，反演结果和层状介质 Marquardt-Levenberg 反演结果有良好的对应关系。

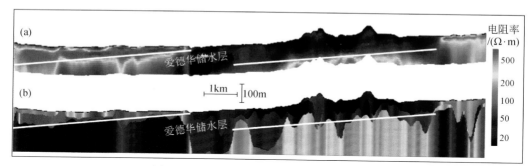

图 3.51　频率域航空电磁实测数据反演结果

（a）Occam 反演；（b）层状介质 Marquardt-Levenberg 反演

2. 时间域航空电磁数据反演

　　本节讨论时间域航空电磁 Occam 反演算例。时间域航空电磁系统采用中心回线系统，垂直磁偶极发射源和接收机高度均为 30m，接收机位于发射源中心。发射峰值磁矩是 615000Am^2，发射电流为半正弦波，基频为 30Hz，半正弦脉冲宽度为 4ms。我们在 off-time 取了 27 个时间道电磁响应作为反演数据，并在数据中加入 2% 的高斯噪声。初始模型设为 50Ω·m 的均匀半空间。将地下划分为 66 层，第一层厚度为 2m，其余厚度按 1.03 倍递增。反演过程中保持厚度不变，仅反演电阻率。我们采用解析法计算雅可比矩阵，对于拉格朗日乘子，我们采用进退搜索法。

如图 3.52，我们首先设计一个简单的四层地电模型，半空间的电阻率为 $100\Omega \cdot m$，在距离顶面 50m 处有一个厚度为 30m，电阻率为 $10\Omega \cdot m$ 的低阻层，低阻层下方存在一个厚度为 120m 的高阻层，电阻率为 $500\Omega \cdot m$。

图 3.53 给出了理论模型 Occam 反演结果。由图可以看出，厚度为 30m 的低阻层反演效果较好，层界面的位置较为清楚，但是对深度位于 $80 \sim 200m$ 的高阻层反演效果一般。由于电磁场对高阻的不敏感性，反演结果不能准确刻画高阻层的电阻率值。图 3.54 展示了数据拟合差随迭代次数逐渐降低，最后接近于 1。图 3.55 展示拉格朗日乘子 λ 随迭代次数的变化情况。由图可以看出，随着迭代次数的增加 λ 逐渐降低。

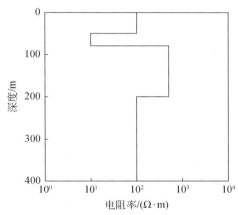

图 3.52　时间域航空电磁 Occam 反演理论模型三

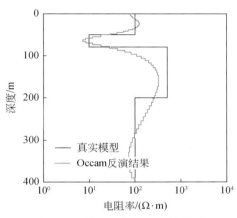

图 3.53　模型三 Occam 反演结果

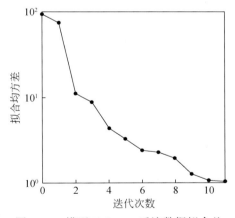

图 3.54　模型三 Occam 反演数据拟合差

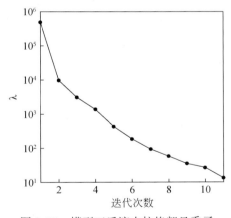

图 3.55　模型三反演中拉格朗日乘子
随迭代次数变化

我们设计了一个如图 3.56 所示的四层地电模型，第一层电阻率为 $10\Omega \cdot m$，厚度为 35m，第二层电阻率为 $300\Omega \cdot m$，厚度为 65m，第三层电阻率为 $20\Omega \cdot m$，厚度为 50m，第四层基底电阻率为 $800\Omega \cdot m$。

图 3.57 给出了 Occam 反演结果。由图可以看出，对于浅部和第三层低阻层反演效果很好，与真实模型很接近，而第二层高阻层没有准确反演出真电阻率值。图 3.58 和

图 3.59 分别给出了数据拟合差和拉格朗日乘子随迭代次数的变化。反演迭代 15 次，数据拟合差从 1125.872 下降到 1.012，拉格朗日乘子也随着迭代次数逐渐下降。

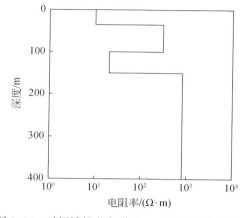

图 3.56　时间域航空电磁 Occam 反演理论模型四

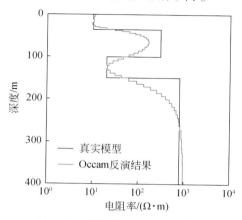

图 3.57　模型四 Occam 反演结果

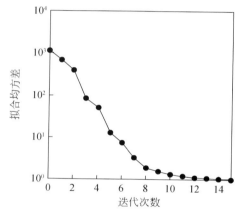

图 3.58　模型四 Occam 反演数据拟合差

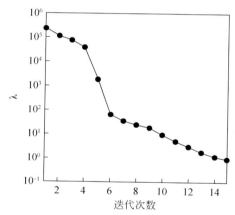

图 3.59　模型四反演中拉格朗日乘子随迭代次数变化

3.5.5　小结

　　Occam 反演的基本理念在于从观测数据中获得尽可能光滑和简单的模型，以降低对电磁数据的过度解释。该方法通过在反演方程中加入深度关于电导率的导数项，实现了在拟合数据的同时兼顾了模型的光滑性，如此可获得光滑稳定的反演结果。由上面的频率域和时间域航空电磁反演算例可以看出，将 Occam 反演应用于航空电磁数据反演，计算速度快，收敛稳定，是一种快速有效的航空电磁数据反演手段。

3.6　变维数贝叶斯反演

　　如前所述，传统的梯度反演方法首先将非线性反演问题线性化，然后沿着目标函数最速下降方向搜索极小点，并通过迭代技术获得最优解（Egbert and Kelbert，2012）。此类方法具有较高的工作效率，但是解的收敛性受初始模型影响很大，尤其是针对目标函数为多峰值的复杂情况，反演解容易陷入局部极小，严重影响了反演的精确性和稳定性，给地质解释带来困难。近年来，非线性反演方法在地球物理数据解释中越来越受到重视。师学明等（2000）提出大地电磁数据的多尺度逐次逼近遗传反演算法。通过模拟生物进化过程，采用随机优化技术，基于选择、变换和变异三种基本操作来处理模型参数，并以较大的概率搜索全局最优解；采用多尺度逐次逼近遗传算法，解决了有效基因丢失和早熟收敛问题。徐海浪和吴小平（2006）实现了电阻率二维神经网络反演。该方法是一种模拟人脑处理信息功能的新型人工智能技术，由神经元、网络结构和学习规则三个基本要素构成，利用大量简单的、高度互连的处理元素组成复杂的网络计算系统。利用神经网络可以解决许多传统人工智能方法无法解决的难题（姚姚，2002）。然而，上述反演方法都只能提供单一的"最佳"反演结果，并不能获得反演模型参数的不确定性信息。考虑到反演问题解的非唯一性，传统方法无法对反演结果的可靠性进行评价。为了解决这一问题，贝叶斯反演方法（Bayesian inversion）受到越来越多的关注。经验贝叶斯方法和分级贝叶斯方法已经被应用于一维大地电磁数据（Guo et al.，2011）和 2.5 维接地长导线源频率域电磁数据（Mitsuhata et al.，2002）的反演当中，通过加入模型约束，采用高效的优化方法，加快收敛速度，改善了反演效果。变维数贝叶斯反演方法是一种新发展起来的概率反演方法，利用可逆跳跃马尔科夫链蒙特卡洛方法（RJMCMC），按照建议分布在模型空间进行采样，根据接受概率接受或拒绝采样模型，最终获得反演参数的概率分布。此方法受初始模型影响小，收敛稳定，可以提供可靠的反演结果。相比前两种贝叶斯反演，在变维数贝叶斯反演方法中，模型层数作为反演参数也参与反演计算，其固有的节俭特征使得在满足数据拟合条件下使用最少的层数，获得最简单的反演模型。

针对变维数贝叶斯反演方法，国外的地球物理学家已经进行了卓有成效的研究。Green（1995）对传统的 MCMC 方法进行改进，提出了模型参数个数可变的 RJMCMC 方法，并与贝叶斯理论相结合，为变维数贝叶斯反演理论奠定了基础。Malinverno（2002）首次将 RJMCMC 方法应用于直流电阻率一维层状介质反演中，为 RJMCMC 方法在电磁数据反演领域的应用开辟了先河。Sambridge 等（2006）从贝叶斯理论角度对变维数反演问题进行了深入研究。Agostinetti 和 Malinverno（2010）采用变维数蒙特卡洛采样方法对远震接收函数进行数据处理，获得地下介质的弹性参数。Minsley（2011）利用变维数贝叶斯方法进行频率域航空电磁反演，通过施加纵向光滑约束有效地改善了反演效果。Ray 和 Key（2012）将变维数贝叶斯反演方法应用于海洋电磁各向异性数据反演解释中。

相比之下，国内对于变维数贝叶斯方法在电磁数据反演领域的研究相对较少。本节对变维数贝叶斯方法进行适当改进，并将其应用于航空电磁数据反演中。针对传统的变维数贝叶斯反演方法对深部良导层反演效果不佳的问题，通过合理引入先验信息加权系数，调整反演模型的约束强度，可在很大程度上改善反演效果。除此之外，通过改进模型统计方法，只将满足数据拟合要求的模型纳入统计范围，削弱了不合理模型对统计结果的干扰。下面我们对变维数贝叶斯算法的基本原理做详细介绍，通过对包含高斯噪声的理论数据和实测数据进行反演，并与 Occam 反演结果进行对比分析，验证调整先验信息权重改善反演结果的有效性。

3.6.1 后验概率分布

由贝叶斯公式可知，后验概率可定义为

$$p(\boldsymbol{m}\mid\boldsymbol{d}_{\mathrm{obs}})=\frac{p(\boldsymbol{m})p(\boldsymbol{d}_{\mathrm{obs}}\mid\boldsymbol{m})}{p(\boldsymbol{d}_{\mathrm{obs}})} \tag{3.126}$$

式中，$p(\boldsymbol{m})$ 为先验概率；$p(\boldsymbol{d}_{\mathrm{obs}}\mid\boldsymbol{m})$ 为似然函数；$\boldsymbol{d}_{\mathrm{obs}}$ 为观测数据；$\boldsymbol{m}$ 为模型参数。$p(\boldsymbol{d}_{\mathrm{obs}})$ 可表示为

$$p(\boldsymbol{d}_{\mathrm{obs}})=\int p(\boldsymbol{m})p(\boldsymbol{d}_{\mathrm{obs}}\mid\boldsymbol{m})\mathrm{d}\boldsymbol{m} \tag{3.127}$$

式中，$p(\boldsymbol{d}_{\mathrm{obs}})$ 为一个与模型参数无关、只取决于观测数据的常数。由此，将式（3.126）进一步简化为

$$p(\boldsymbol{m}\mid\boldsymbol{d}_{\mathrm{obs}})\propto p(\boldsymbol{m})p(\boldsymbol{d}_{\mathrm{obs}}\mid\boldsymbol{m})=p(k)p(\boldsymbol{z}\mid k)p(\boldsymbol{\rho}\mid k,\boldsymbol{z})p(h^{tx})p(\boldsymbol{d}_{\mathrm{obs}}\mid k,\boldsymbol{z},\boldsymbol{\rho},h^{tx}) \tag{3.128}$$

式中，k 为模型层数；$\boldsymbol{z}$ 为层界面深度；$\boldsymbol{\rho}$ 为模型电阻率；h^{tx} 为系统飞行高度；$p(k)$、$p(\boldsymbol{z}\mid k)$、$p(\boldsymbol{\rho}\mid k,\boldsymbol{z})$ 和 $p(h^{tx})$ 分别为层数、界面深度、电阻率和系统飞行高度的先验概率分布；$p(\boldsymbol{d}_{\mathrm{obs}}\mid k,\boldsymbol{z},\boldsymbol{\rho},h^{tx})$ 为衡量数据拟合程度的似然函数。

假设航空电磁数据中包含的随机噪声满足高斯分布，则似然函数可定义为多维正态分布，即

$$p(\boldsymbol{d}_{\mathrm{obs}}\mid k,\boldsymbol{z},\boldsymbol{\rho},h^{tx})=\left[(2\pi)^{N_{\mathrm{d}}}|\boldsymbol{C}_{\mathrm{d}}|\right]^{-1/2}\exp\left[-\frac{1}{2}(\boldsymbol{d}_{\mathrm{obs}}-F(\boldsymbol{m}))^{\mathrm{T}}\boldsymbol{C}_{\mathrm{d}}^{-1}(\boldsymbol{d}_{\mathrm{obs}}-F(\boldsymbol{m}))\right] \tag{3.129}$$

式中，N_{d} 为数据个数；$F(\boldsymbol{m})$ 为正演模拟响应算子；$\boldsymbol{C}_{\mathrm{d}}$ 为数据方差矩阵。

根据 Minsley（2011）的研究，将层数和系统飞行高度的先验概率 $p(k)$ 和 $p(h^{tx})$ 分别定义为 $(k_{\min},k_{\max})$ 和 $(h_{\min}^{tx},h_{\max}^{tx})$ 上的均匀分布，即

$$p(k)=\begin{cases}1/(k_{\max}-k_{\min}),&k_{\min}\leqslant k\leqslant k_{\max}\\0,&其他\end{cases} \tag{3.130}$$

$$p(h^{tx})=\begin{cases}1/(h_{\max}^{tx}-h_{\min}^{tx}),&h_{\min}^{tx}\leqslant h^{tx}\leqslant h_{\max}^{tx}\\0,&其他\end{cases} \tag{3.131}$$

式中，$k_{\min}$ 和 $k_{\max}$ 分别为最少和最多地层层数；$h_{\min}^{tx}$ 和 $h_{\max}^{tx}$ 分别为最小和最大飞行高度。一般情况下，将 $k_{\min}$ 设为 1，而 $k_{\max}$ 的取值要根据实际情况设置足够大，以满足数据拟合的要求。各层界面深度的先验概率分布假设为

$$p(\boldsymbol{z}\mid k)=\frac{(k-1)!}{\prod_{j=0}^{k-1}\Delta_{z}(j)} \tag{3.132}$$

其中，$\Delta_{z}(j)=(z_{\max}-z_{\min})-2jh_{\min}$，$h_{\min}=(z_{\max}-z_{\min})/(2k_{\max})$。$\Delta_{z}(j)$ 表示在已经存在 j 个层界面的基础上，设置新界面的可用空间。

地下各层电阻率的先验概率分布定义为多维正态分布，即

$$p(\boldsymbol{\rho}\,|\,k) = \left[(2\pi)^k\,|\,\boldsymbol{C}_{\rho_0}\,|\,\right]^{-1/2}\exp\left[-\frac{1}{2}(\boldsymbol{\rho}-\boldsymbol{\rho}_0)^{\mathrm{T}}\boldsymbol{C}_{\rho_0}^{-1}(\boldsymbol{\rho}-\boldsymbol{\rho}_0)\right] \tag{3.133}$$

式中，$\boldsymbol{\rho}_0$ 为最佳匹配半空间电阻率，可利用 SVD 反演方法进行数据拟合获得。$\boldsymbol{C}_{\rho_0} = \mathrm{diag}[\ln(1+\rho_r)^2]$，其中 ρ_r 表示电阻率的变化范围，即事先给定的最大和最小电阻率的差值 $\rho_r = \rho_{\max} - \rho_{\min}$（Malinverno，2002）。

考虑到模型约束信息包含在先验分布中，然而在以往的变维数贝叶斯反演中没有充分考虑改变先验分布权重对反演结果的影响。针对埋深较大的低阻层反演效果较差，不能准确反映真实电阻率和界面位置。殷长春等（2014）在先验概率分布中引入加权系数，通过合理选择加权系数，改变先验分布的权重，达到调整模型约束强度，改善反演效果的目的。将式（3.133）中的 $p(\boldsymbol{\rho}\,|\,k)$ 重新定义为

$$p(\boldsymbol{\rho}\,|\,k) = \left[(2\pi)^k\,|\,\boldsymbol{C}_{\rho_0}\,|\,\right]^{-1/2}\exp\left[-\frac{\lambda}{2}(\boldsymbol{\rho}-\boldsymbol{\rho}_0)^{\mathrm{T}}\boldsymbol{C}_{\rho_0}^{-1}(\boldsymbol{\rho}-\boldsymbol{\rho}_0)\right] \tag{3.134}$$

式中，λ 为加权系数，当 $\lambda = 1$ 时式（3.134）与式（3.133）相同。λ 值可根据经验进行选取。在反演过程中，选取合适的 λ 值非常重要。这是由于如果 λ 太小，会造成约束强度不足，不能明显改善反演效果；反之，如果 λ 取值太大会造成收敛速度急剧下降，影响计算效率。通常的选取方法为：首先按照平衡数据拟合项 $[\boldsymbol{d}_{\mathrm{obs}} - F(\boldsymbol{m})]^{\mathrm{T}}\boldsymbol{C}_{\mathrm{d}}^{-1}[\boldsymbol{d}_{\mathrm{obs}} - F(\boldsymbol{m})]$ 和模型约束项 $(\boldsymbol{\rho}-\boldsymbol{\rho}_0)^{\mathrm{T}}\boldsymbol{C}_{\rho_0}^{-1}(\boldsymbol{\rho}-\boldsymbol{\rho}_0)$ 的原则，对 λ 作粗略估计，再通过微调确定最恰当的加权系数。λ 需要事先给出，在反演过程中保持不变。

3.6.2　模型参数初始化

在进行贝叶斯反演之前需要给定反演模型参数的初始值，为反演提供先验信息。其中包括：最小和最大层数（$k_{\min}$，$k_{\max}$）、层界面最小和最大深度（$z_{\min}$，$z_{\max}$）、最小和最大系统飞行高度（$h_{\min}^{tx}$，$h_{\max}^{tx}$）及电阻率变化范围（$\rho_{\min}$，$\rho_{\max}$），并利用层界面和层数参数定义最小层厚度 $h_{\min} = (z_{\max} - z_{\min})/(2k_{\max})$。初始模型一般选为均匀半空间，层数为两层，层界面位于 $(z_{\max} - z_{\min})/2 + z_{\min}$ 处，初始系统飞行高度为实际测量高度。我们对各模型参数取对数，并在对数域内进行反演计算（Yin，2000），这是为了确保反演结果中各模型参数为正值，而反演参数变量可以在 $(-\infty, +\infty)$ 范围内变化。

3.6.3　建议分布

在变维数贝叶斯反演中，候选模型由当前模型根据建议分布函数生成，与之前的反演模型无关。因此，贝叶斯反演受初始模型的影响较小。候选模型的建议分布可表示为

$$q(\boldsymbol{m}'\,|\,\boldsymbol{m}) = q(k'\,|\,k)q(\boldsymbol{z}'\,|\,k',\boldsymbol{z})q(\boldsymbol{\rho}'\,|\,k',\boldsymbol{z}',\boldsymbol{\rho})q(h^{tx'}\,|\,h^{tx}) \tag{3.135}$$

理论上，建议分布的选取对反演的最终结果不会产生影响，然而事实证明选取合适的建议分布对提高工作效率有很大帮助。根据 Malinverno（2002）的研究，理想的建议分布应与后验分布相同，这样可以用较大的概率接受候选模型，加快收敛速度。

Green（1995）和 Minsley（2011）提出候选模型可以使用 RJMCMC 方法采样获得。其

中层数和层界面位置由新层生成—旧层灭亡过程定义。此过程包括以下四种基本状态：

（1）新层生成。在确保大于最小层厚度且小于最大层数的前提下，在最大和最小层界面位置之间随机生成一个新的层界面，层数增加1。

（2）旧层灭亡。在现有层界面中，随机选择一个层界面并将其删除，层数减少1。

（3）扰动更新。在层数保持不变的条件下，随机选择一个层界面，并将其位置在当前位置的（$-h_{\min}$，$h_{\min}$）范围内扰动。

（4）停滞不变。层数和界面位置都保持不变，只对电阻率进行反演。

上述四种状态的概率分别为

$$q(k' \mid k)=\begin{cases}1/6 & k'=k+1 \quad (\text{新层生成})\\ 1/6 & k'=k-1 \quad (\text{旧层灭亡})\\ 1/6 & k'=k \quad (\text{扰动更新})\\ 1/2 & k'=k \quad (\text{停滞不变})\end{cases} \tag{3.136}$$

相应的层界面位置按照均匀分布给出

$$q(z' \mid k', z)=\begin{cases}1/\Delta_z(k) & (\text{新层生成})\\ 1/k & (\text{旧层灭亡})\\ 1/(2kh_{\min}) & (\text{扰动更新})\\ 1 & (\text{停滞不变})\end{cases} \tag{3.137}$$

电阻率的建议分布定义为以当前模型电阻率为均值的多维正态分布，即

$$q(\boldsymbol{\rho}' \mid k',z',\boldsymbol{\rho})=\left[(2\pi)^{k'}\left|\boldsymbol{C}_{\rho_k^{k',z'}}\right|\right]^{-1/2}\exp\left[-\frac{1}{2}(\boldsymbol{\rho}_{k'}-\boldsymbol{\rho}_k^{k',z'})^{\mathrm{T}}\boldsymbol{C}_{\rho_k^{k',z'}}^{-1}(\boldsymbol{\rho}_{k'}-\boldsymbol{\rho}_k^{k',z'})\right] \tag{3.138}$$

式中，$\boldsymbol{\rho}_{k'}$ 和 $\boldsymbol{\rho}_k^{k',z'}$ 分别为新模型的电阻率和对应新模型层界面的当前模型电阻率，而 $\boldsymbol{C}_{\rho_k^{k',z'}}$ 为后验电阻率方差，可表示为

$$\boldsymbol{C}_{\rho_k^{k',z'}}=\left[\boldsymbol{J}^{\mathrm{T}}\boldsymbol{C}_{\mathrm{d}}^{-1}\boldsymbol{J}+\lambda\boldsymbol{C}_{\rho_0}^{-1}\right]^{-1} \tag{3.139}$$

其中，$\boldsymbol{J}=\partial F(\boldsymbol{m})/\partial\boldsymbol{\rho}_k^{k',z'}$。后验电阻率方差的选取对计算效率会产生十分重要的影响。它的大小决定采样步长，影响采样效率。如果采样步长过大，会使得相邻两次采样样本差距较大，造成接受概率过低，将有大量样本被拒绝；如果采样步长过小，会使得大量相似模型被采样并接收，造成接受概率过高，降低收敛速度（Ray and Key，2012）。通过引入并合理施加缩放系数f，可以有效地调节搜索步长的大小，进而提高反演效率。施加缩放系数后的电阻率方差可以表示为

$$\boldsymbol{C}'_{\rho_k^{k',z'}}=f\times\boldsymbol{C}_{\rho_k^{k',z'}} \tag{3.140}$$

通过调整f值，使得在整个搜索过程中接受概率保持在25%附近，可获得比较理想的反演效果。我们假设候选系统飞行高度满足以当前系统飞行高度为均值的一维正态分布（Minsley，2011），即

$$q(h^{tx'} \mid h^{tx})=(2\pi C_{h^{tx}})^{-1/2}\exp\left[-\frac{(h^{tx'}-h^{tx})^2}{2C_{h^{tx}}}\right] \tag{3.141}$$

式中，$C_{h^{tx}}$ 为系统飞行高度方差。

3.6.4　接受概率

在根据建议分布产生候选模型之后，需要按照接受概率判断候选模型是否可以接受。接受概率由下式定义（Green，1995）：

$$\alpha = \min\left[1, \frac{p(\boldsymbol{m}'|\boldsymbol{d}_{\text{obs}})}{p(\boldsymbol{m}|\boldsymbol{d}_{\text{obs}})} \cdot \frac{q(\boldsymbol{m}|\boldsymbol{m}')}{q(\boldsymbol{m}'|\boldsymbol{m})} \cdot |\boldsymbol{J}|\right] \tag{3.142}$$

其中 $|\boldsymbol{J}| = \left|\dfrac{\partial(\boldsymbol{m}')}{\partial(\boldsymbol{m})}\right|$，是由新模型对当前模型的导数构成的雅克比矩阵，一般直接取为 1（Agostinetti and Malinverno，2010）。根据式（3.128）和式（3.135）可以得到：

$$\frac{p(\boldsymbol{m}'|\boldsymbol{d}_{\text{obs}})}{p(\boldsymbol{m}|\boldsymbol{d}_{\text{obs}})} \cdot \frac{q(\boldsymbol{m}|\boldsymbol{m}')}{q(\boldsymbol{m}'|\boldsymbol{m})} = \frac{p(k')p(z'|k')p(\boldsymbol{\rho}'|k', z')p(h^{tx'})p(\boldsymbol{d}_{\text{obs}}|k', z', \boldsymbol{\rho}', h^{tx'})}{p(k)p(z|k)p(\boldsymbol{\rho}|k, z)p(h^{tx})p(\boldsymbol{d}_{\text{obs}}|k, z, \boldsymbol{\rho}, h^{tx})}$$

$$\times \frac{q(k|\boldsymbol{m}')q(z|k, \boldsymbol{m}')q(\boldsymbol{\rho}|k, z, \boldsymbol{m}')q(h^{tx}|h^{tx'})}{q(k'|\boldsymbol{m})q(z'|k', \boldsymbol{m})q(\boldsymbol{\rho}'|k', z', \boldsymbol{m})q(h^{tx'}|h^{tx})} \tag{3.143}$$

考虑到均匀分布和对称分布的特点，可以得到 $\dfrac{p(k')}{p(k)} = 1$，$\dfrac{p(h^{tx'})}{p(h^{tx})} = 1$，$\dfrac{q(k|\boldsymbol{m}')}{q(k'|\boldsymbol{m})} = 1$，$\dfrac{q(h^{tx}|h^{tx'})}{q(h^{tx'}|h^{tx})} = 1$，$\dfrac{p(z'|k')}{p(z|k)} \cdot \dfrac{q(z|k, \boldsymbol{m}')}{q(z'|k', \boldsymbol{m})} = \dfrac{k}{k'}$。对式（3.143）进行化简可以得到接受概率为

$$\alpha = \min\left[1, \frac{k}{k'} \cdot \frac{p(\boldsymbol{\rho}'|k', z')}{p(\boldsymbol{\rho}|k, z)} \cdot \frac{p(\boldsymbol{d}_{\text{obs}}|k', z', \boldsymbol{\rho}', h^{tx'})}{p(\boldsymbol{d}_{\text{obs}}|k, z, \boldsymbol{\rho}, h^{tx})} \cdot \frac{q(\boldsymbol{\rho}|k, z, \boldsymbol{m}')}{q(\boldsymbol{\rho}'|k', z', \boldsymbol{m})}\right]$$

$$\tag{3.144}$$

进而在 $[0, 1]$ 生成一个随机数 γ，并比较 γ 和 α，如果 $\gamma < \alpha$，则候选模型以概率 α 被接受，否则被拒绝。

3.6.5　收敛条件

在频率域/时间域航空电磁法中，模型参数与电磁响应之间存在非常复杂的非线性关系，目标函数可能出现多个峰值，因此单独使用一条马尔科夫链通常无法对整个模型空间进行充分搜索。为此，我们使用多条马尔科夫链，采用不同的初始模型和随机种子同时对反演模型进行搜索。不同链之间使用并行技术（OpenMP 或 MPI）同时进行采样，可大幅提升计算效率。

在贝叶斯反演过程中，首先是预热阶段，即搜索合适的模型使得数据拟合差小于事先设定阈值的过程。适当的模型一旦被找到，"预热"阶段结束，并将之后所有被接受的采样模型输出并计入统计。然而，为了能对模型空间进行充分搜索，贝叶斯反演在"预热"阶段结束后，仍然会接受一些不满足数据拟合要求的采样模型以保证模型搜索可以跳出目标函数的局部极小。如果将这些样本全部纳入统计范围，将会在一定程度上对统计结果产生负面影响。为此，殷长春等（2014）在遵循原有的模型采样方法和接受标准的基础上，

在"预热"阶段结束后，仍然只将满足数据拟合要求的模型纳入统计范围，以此削弱不合理模型对统计结果造成的干扰。

判断贝叶斯反演收敛的条件可以通过设置最大模型采样数或判断样本采样统计分布是否达到稳定条件等手段。Guitton 和 Hoversten（2011）使用势尺度衰减因子（potential scale reduction factor，PSRF）作为判断收敛的标准，以确定采样统计分布是否达到稳定条件。PSRF 综合考查每条链内部，以及链与链之间采样样本的统计分布特征，为判断变维数贝叶斯反演收敛提供可靠依据。下面给出 PSRF 的具体实现方法。为此，我们首先计算链与链之间的样品均方差（in-between variance）：

$$B/T = \frac{1}{S-1} \sum_{j=1}^{S} (\bar{\psi}_j - \bar{\psi}_{\text{total}})^2 \qquad (3.145)$$

和所有链上样本方差的均值（within variance）：

$$W = \frac{1}{S(T-1)} \sum_{i=1}^{S} \sum_{j=1}^{T} (\psi_{ij} - \bar{\psi}_i)^2 \qquad (3.146)$$

式中，ψ 为 MCMC 采样的样本，即模型参数；S 为链数；T 为每条链的采样数；$\bar{\psi}_{\text{total}}$ 为所有链上全部 $S \times T$ 个样本的平均值；$\bar{\psi}_i$ 为第 i 条链的采样平均值；ψ_{ij} 为第 i 条链第 j 个采样的样本。Brooks 和 Gelman（1998）利用 B 和 W 加权平均估算目标方差 $\hat{\sigma}^2$，即

$$\hat{\sigma}_+^2 = \frac{T-1}{T} W + \frac{B}{T} \qquad (3.147)$$

并计算合并后验方差：

$$\hat{V} = \hat{\sigma}_+^2 + \frac{B}{ST} \qquad (3.148)$$

最后计算尺度衰减因子（scale reduction factor）：

$$R = \frac{\hat{V}}{\sigma^2} \qquad (3.149)$$

式中，σ^2 为目标方差。由于 σ^2 不能准确知道，所以通常使用 W 代替，从而得到：

$$\hat{R} = \frac{\hat{V}}{W} \qquad (3.150)$$

对于多维情况，对应每个参数计算一个 $\hat{R}$，其中 $\hat{R}$ 的最大值被定义为 PSRF。根据 Chen 等（2008）的研究结果，对于简单模型情况，当 PSRF<1.1 时，可判断反演收敛；对于复杂模型，则应当放宽收敛条件，可定义 PSRF<1.2 为判断收敛条件。

3.6.6 数值算例

1. 频率域航空电磁反演

下面首先通过理论模型验证调整先验信息权重对改善反演结果的有效性。我们设计了两个水平层状模型，针对 HCP 装置计算 386Hz、1538Hz、6257Hz、25790Hz 和 100264Hz 五个频率的垂直磁场 PPM 响应，发射源到接收机的水平距离为 10m，系统飞行高度为 30m。我们在理论数据中加入高斯噪声后利用变维数贝叶斯方法进行反演。

首先设计一个三层介质模型（模型一），如图 3.60 所示，第一层电阻率为 $300\Omega\cdot m$，厚度为 30m；第二层电阻率为 $10\Omega\cdot m$，厚度为 5m；第三层电阻率为 $100\Omega\cdot m$。在垂直磁场的理论模拟数据中加入 3% 的高斯噪声（图 3.61），反演参数见表 3.1。下面分两种情况对变维数贝叶斯反演应用效果进行讨论：第一种情况假设系统飞行高度保持不变（图 3.62）；第二种情况假设系统飞行高度参与反演，可在 $20\sim40m$ 变化（图 3.63）。

表 3.1　模型一贝叶斯反演初始化参数

$k_{\min}$	$k_{\max}$	$z_{\min}$	$z_{\max}$	$h_{\min}$	$h_{\max}$	$\rho_{\min}$	$\rho_{\max}$
1	30	1m	120m	20m	40m	$0.1\Omega\cdot m$	$10^4\Omega\cdot m$

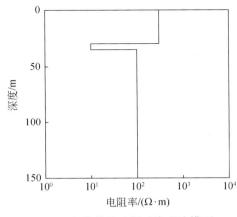

图 3.60　变维数贝叶斯反演理论模型一　　图 3.61　加噪声的频率域航空电磁反演数据

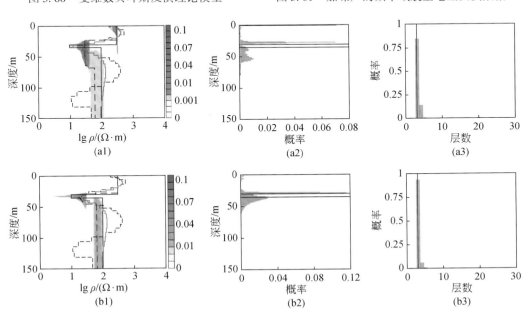

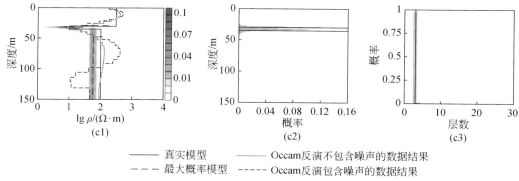

—— 真实模型   —— Occam反演不包含噪声的数据结果
‑‑‑ 最大概率模型   ‑‑‑ Occam反演包含噪声的数据结果

图3.62   系统飞行高度固定时模型一不同加权系数贝叶斯反演结果

（a1）~（a3）传统变维数贝叶斯 $\lambda = 1$ 反演结果；（b1）~（b3）加权系数

$\lambda = 30$ 的反演结果；（c1）~（c3）加权系数 $\lambda = 100$ 的反演结果

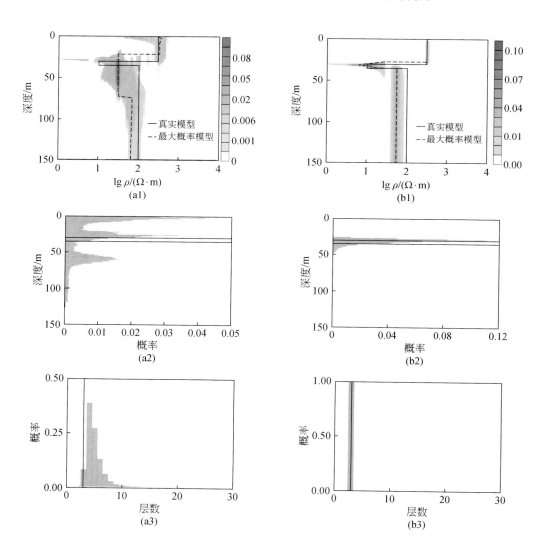

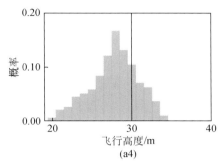
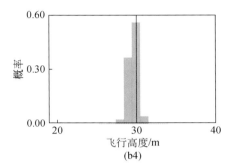

图 3.63　系统飞行高度参与反演时模型一不同加权系数贝叶斯反演结果

（a1）～（a4）加权系数 $\lambda = 1$ 的反演结果；（b1）～（b4）加权系数 $\lambda = 100$ 的反演结果

1）系统飞行高度固定情况

图 3.62 为系统飞行高度固定，不同加权系数的变维数贝叶斯反演结果。其中（a1）～（a3）为利用传统变维数贝叶斯方法获得的反演结果，（b1）～（b3）和（c1）～（c3）分别为加权系数 λ 分别等于 30 和 100 时的反演结果。（a1）、（b1）和（c1）是 RJMCMC 方法采样模型的复合分布，灰黑色阴影表示反演模型的概率分布，颜色越深概率越大，阴影部分的面积在一定程度上反映了反演结果的不确定性（与阴影面积成正比）。图中黑色实线为真实模型，黑色虚线为反演结果中最大概率模型，灰色虚线为含噪声数据的 Occam 反演结果，灰色实线为不含噪声数据的 Occam 反演结果。（a2）、（b2）、（c2）和（a3）、（b3）、（c3）分别是界面深度和层数的概率统计结果。图中黑色实线指示了真实界面位置和真实层数。三组反演结果均显示地下模型分为三层，第二层为低阻层，但是传统变维数贝叶斯反演方法对于低阻薄层的反演效果不佳，电阻率和界面位置都不准确，灰色阴影面积较大，表明反演结果的不确定性较强。相比之下，b 组和 c 组在引入加权系数 λ 后，反演效果得到很大改善，界面位置与实际模型吻合较好，电阻率更接近真实值。对比 b 组和 c 组的反演结果可发现，随着 λ 的增大，模型约束强度增强，阴影面积相应减小，采样模型更加集中，反演结果对低阻薄层的反映更加准确，可靠性得到有效提高。对比 Occam 反演方法对不含噪声和含有高斯噪声两组数据的反演结果，可以看出噪声对 Occam 反演结果影响较大；相比之下，贝叶斯反演结果更加稳定。除此之外，与 Occam 反演结果相比，变维数贝叶斯反演结果可以清晰地划分层界面，不产生强烈震荡和假异常。

2）系统飞行高度可变的情况

在实际工作中，由于树木和植被等因素，航空电磁系统难以获得准确的飞行高度。为解决这一问题，我们将系统飞行高度作为一个变量参与反演。图 3.63 给出加权系数 $\lambda = 1$ 和 $\lambda = 100$ 时反演结果的对比。其中（a4）和（b4）是系统飞行高度的统计分布，其他与图 3.62 意义相同。从图中可以看出，电磁系统高度的不确定性使得变维数贝叶斯反演变得复杂，效果受到很大影响。当 $\lambda = 1$ 时，模型层数、界面位置和系统高度均不准确，与真实模型相差较大。对比 a、b 两组反演结果发现，通过增大加权系数加强模型约束，反演效果得到明显改善。模型层数和系统飞行高度分布比较集中，与真实模型参数吻合较好，界面位置基本正确。与（a1）相比，（b1）中采样模型分布更加集中，阴影面积小，没有出现大面积低概率渲染区，反演结果的可靠性得到很大提高。

为了进一步验证调整先验信息权重对改善反演结果的有效性，我们还设计了更加复杂的四层模型（模型二）。第一层电阻率为 $100\Omega \cdot m$，厚度为 10m；第二层电阻率为 $10\Omega \cdot m$，厚度为 5m；第三层电阻率为 $300\Omega \cdot m$，厚度为 50m；第四层是电阻率为 $50\Omega \cdot m$。同样在理论数据中加入了 3% 的高斯随机噪声，反演参数见表 3.2，图 3.64 给出了反演结果。

表 3.2　模型二贝叶斯反演初始化参数

k_{min}	k_{max}	z_{min}	z_{max}	h_{min}	h_{max}	ρ_{min}	ρ_{max}
1	30	1m	120m	20m	40m	$0.1\Omega \cdot m$	$10^4\Omega \cdot m$

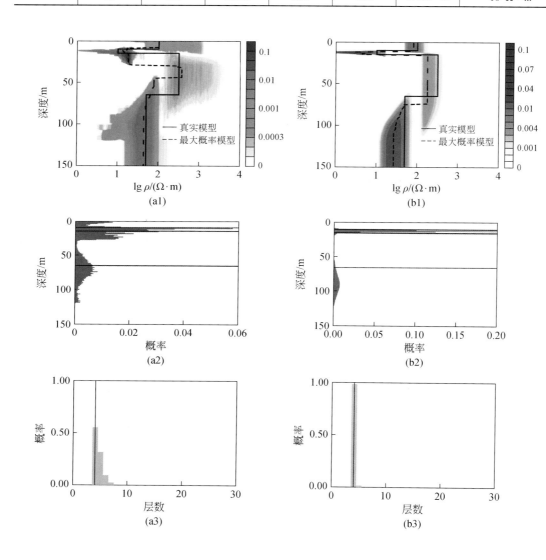

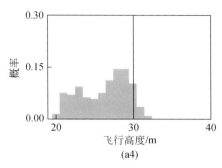
(a4)

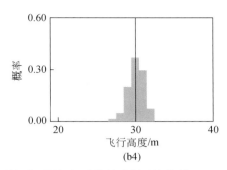
(b4)

图 3.64　模型二系统飞行高度参与反演时不同加权系数贝叶斯反演结果

（a1）～（a4）加权系数 $\lambda = 1$ 的反演结果；（b1）～（b4）加权系数 $\lambda = 70$ 的反演结果

从图 3.64 可以看出，对于复杂的四层模型，$\lambda = 1$ 时反演效果并不理想，系统飞行高度和界面位置均不准确，最大概率模型与真实模型差距较大。大面积低阻渲染区的出现说明反演结果具有较强的不确定性。相比之下，当 λ 增加到 70 时，反演效果得到明显改善。系统飞行高度与实际高度一致，最大概率模型和界面位置与真实模型吻合较好。采样模型以较大概率集中分布在真实模型附近，反演模型的可靠性得到很大改善。

为检验本节提出的贝叶斯算法对实测数据反演的有效性，我们分别采用 Occam 和贝叶斯方法对某地路基实测勘查数据进行反演，并对反演结果进行对比。实测数据采用航空电磁 HCP 装置观测垂直磁场。观测频率为 386Hz、1538Hz、6257Hz、25790Hz 和 100264Hz，收发距为 8m，系统飞行高度沿测线发生变化。

图 3.65 给出了 Occam 反演结果，初始模型为 $10\Omega \cdot m$ 的均匀半空间。由图可以看出，整条剖面各电性层连续性较好。反演结果反映出地下电性结构大体分为三层：第一层电阻率为 $8 \sim 18\Omega \cdot m$，厚度约为 10m 的高阻层，经实际勘查，确定为泥沙层；第二层电阻率为 $3 \sim 8\Omega \cdot m$，厚度约为 10m 的低阻层，确定为黏土层；第三层是电阻率为 $8 \sim 18\Omega \cdot m$ 的高阻基底，确定为含砂质地层。

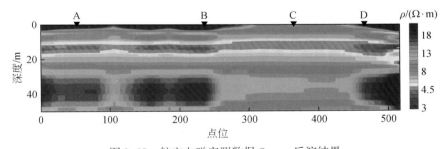

图 3.65　航空电磁实测数据 Occam 反演结果

A、B、C、D 为本节贝叶斯反演使用的数据点

为验证贝叶斯方法的有效性，我们在该实测剖面中选取了具有代表性的 A、B、C、D 四个测点进行变维数贝叶斯反演。根据实际资料，设定如表 3.3 所示的反演参数，针对四个测点取加权系数 λ 分别为 30、20、15 和 30。

表 3.3   实测数据贝叶斯反演初始化参数

k_{min}	k_{max}	z_{min}	z_{max}	h_{min}	h_{max}	ρ_{min}	ρ_{max}
1	10	1m	40m	20m	40m	$1\Omega \cdot m$	$100\Omega \cdot m$

图 3.66 给出 A、B、C 和 D 四个测点的贝叶斯反演结果。其中（a1）~（a4）、（b1）~（b4）、（c1）~（c4）和（d1）~（d4）分别是测点 A、B、C 和 D 的电阻率、深度、界面位置、层数和系统飞行高度的反演结果。由图可以看出，两种方法反演结果的整体趋势基本吻合。相比之下，贝叶斯反演结果能划分出更清晰的层界面，不产生强烈的震荡。通过施加合适的加权因子，采样模型的分布较为集中，反演模型的可靠性提高。在图（a4）~（d4）中黑色实线表示系统飞行高度的观测值，可以发现反演的系统飞行高度与实测数据基本吻合。

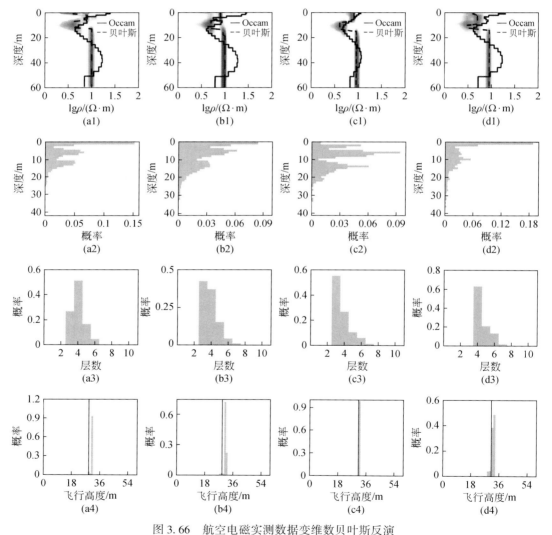

图 3.66   航空电磁实测数据变维数贝叶斯反演

（a1）~（a4）、（b1）~（b4）、（c1）~（c4）、（d1）~（d4）分别为测点 A、B、C 和 D 的反演结果

2. 时间域航空电磁反演

为了验证贝叶斯方法对时间域航空电磁数据反演的有效性，我们设计两个三层介质模型。与前面的讨论相同，我们同样考虑飞行高度固定和不固定两种情况。

1) 系统飞行高度固定情况

如图 3.67 所示，首先假设大地为三层 H 型地电模型（模型三）。第一层电阻率为 $300\Omega \cdot m$，厚度为 30m；第二层电阻率为 $10\Omega \cdot m$，厚度为 20m；第三层为电阻率为 $400\Omega \cdot m$ 的均匀半空间。测量系统采用分离装置，收发距为 10m，发射源高度为 30m，接受机位于发射源上方 20m 处。发射波形为单位磁矩的阶跃波。我们计算 10 个时间道的磁感应 dB_z/dt 响应，并在理论数据中加入 3% 的高斯随机噪声，数据由图 3.68 给出。我们假设发射源高度固定为 30m，利用变维数贝叶斯反演方法对层数、界面位置和电阻率进行反演，反演初始化参数见表 3.4。

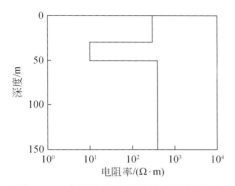

图 3.67　变维数贝叶斯反演理论模型三　　图 3.68　模型三反演数据中添加 3% 高斯噪声

表 3.4　模型三和模型四固定高度贝叶斯反演初始化参数

k_{min}	k_{max}	z_{min}	z_{max}	h	ρ_{min}	ρ_{max}
1	30	1m	120m	30m	$0.1\Omega \cdot m$	$10^4\Omega \cdot m$

图 3.69 给出了不同加权因子的贝叶斯反演结果。其中，（a1）~（c1）、（a2）~（c2）、（a3）~（c3）分别为 $\lambda = 10$、100、300 的反演结果；（a1）~（a3）是采样模型的复合分布，灰黑色阴影表示反演模型的概率分布。图中颜色越深表示概率越大，阴影部分的面积在一定程度上反映了反演结果的不确定性。图中黑色实线代表真实模型，虚线代表反演结果中概率最大模型。（b1）~（b3）和（c1）~（c3）分别是界面深度和层数的概率统计结果，图中黑色实线指示了真实界面位置和真实层数。由图 3.69 可以看出，贝叶斯反演结果与真实模型吻合很好，确定了地下三层地电结构，并获得了准确的层数、界面位置及电阻率信息。贝叶斯反演不仅可以提供单一的"最佳"反演结果，同时也提供了反演模型的不确定性信息，为判断反演结果的可靠性提供依据。对比（a1）~（c1）、（a2）~（c2）和（a3）~（c3），我们得出与前节相同的结论：随着 λ 增大，贝叶斯反演效果得到明显改善，反演结果与真实模型更加吻合；电阻率-深度复合分布图中的阴影面积减少，反演模型不确定性减小。

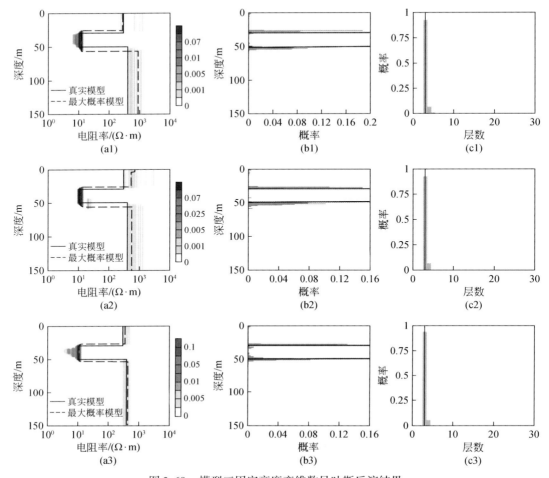

图 3.69　模型三固定高度变维数贝叶斯反演结果

（a1）～（a3）采样模型的复合分布；（b1）～（b3）层界面位置概率统计；（c1）～（c3）层数概率统计。

（a1）～（c1）、（a2）～（c2）、（a3）～（c3）分别对应 $\lambda=10$、100、300

　　我们设定大地为三层 K 型地电模型（模型四）。如图 3.70 所示，第一层电阻率为 $50\Omega\cdot m$，厚度为 20m；第二层电阻率为 $300\Omega\cdot m$，厚度为 30m；第三层为电阻率为 $40\Omega\cdot m$。测量装置与模型三相同。我们同样在理论数据中加入 3% 的高斯随机噪声（图 3.71），然后利用变维数贝叶斯反演方法对层数、界面位置和电阻率进行反演，反演初始化参数见表 3.4。本算例中同样将发射源高度固定为 30m。

　　图 3.72 给出加权因子分别为 $\lambda=100$、300 的贝叶斯反演结果。其中，（a1）～（c1）为 $\lambda=100$ 的反演结果，而（a2）～（c2）为 $\lambda=300$ 的反演结果。（a1）和（a2）是采样模型的复合分布，灰黑色阴影表示反演模型的概率分布，颜色越深概率越大。图中黑色实线代表真实模型，虚线代表反演结果中概率最大模型。（b1）、（b2）和（c1）、（c2）分别是界面深度和层数的概率统计结果，图中黑色实线指示了真实界面位置和真实层数。由图 3.72 可以看出，贝叶斯反演结果与真实模型吻合很好。反演确定了地下三层地电结构，并获得

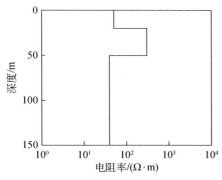
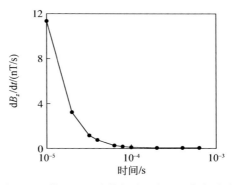

图 3.70　变维数贝叶斯反演理论模型四　　图 3.71　模型四反演数据中添加 3% 高斯噪声

了准确的层界面位置及电阻率分布信息。随着 λ 增大，模型约束强度增大，贝叶斯反演结果与真实模型更加吻合。对比图 3.69 和图 3.72 可以看出，当中间层为低阻层时，由于电磁场对低阻层的敏感性，贝叶斯反演给出更加准确的模型参数值。

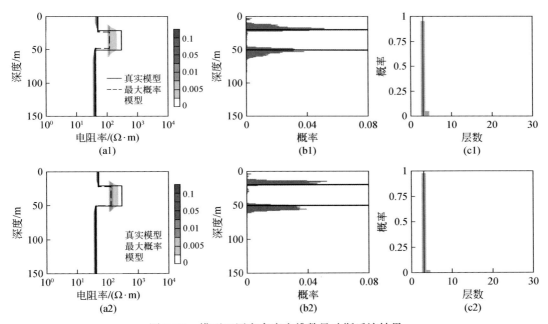

图 3.72　模型四固定高度变维数贝叶斯反演结果

（a1）、（a2）采样模型的复合分布；（b1）、（b2）层界面概率统计；（c1）、（c2）层数概率统计。
（a1）~（c1）对应 $\lambda = 100$，（a2）~（c2）对应 $\lambda = 300$

2）系统飞行高度不固定情况

针对上述讨论的两个三层地电模型，本节讨论可变飞行高度对贝叶斯反演结果的影响。首先针对图 3.67 中的 H 型断面，将发射源高度作为反演参数，对图 3.68 中添加 3% 高斯随机噪声的数据进行贝叶斯反演，初始化参数见表 3.5。反演过程中我们取加权因子 $\lambda = 3000$。图 3.73 给出贝叶斯反演结果。其中，（a）给出采样模型的复合分布，灰黑色阴影表示反演模型的概率分布，颜色越深概率越大，阴影部分的面积在一定程度上反映了反演结果的不确定性。图中黑色实线代表真实模型，虚线代表反演结果中最大概率模型。（b）和（c）分别是界面深度和层数的概率统计结果，图中黑色实线指示了真实界面位置和真实层数。（d）是发射源高度的概率统计结果，黑色实线指示了真实的飞行高度。由图 3.73 可以看出，贝叶斯反演结果与真实模型吻合很好，确定了地下为三层地电结构，获得了准确的层界面位置和飞行高度信息。电阻率-深度的复合分布图较好地刻画了地下电阻率分布特征。对比图 3.69 和图 3.73 可以看出，由于系统飞行高度参与反演，必须增大加权因子，意味着模型约束强度增大才能获得较好的反演结果。图 3.74 给出图 3.70 中 K 型断面理论模型的反演结果，初始化参数同表 3.5。同样，我们在数据中叠加 3% 的高斯噪声，并假设发射源高度参加反演，加权因子取为 $\lambda = 1000$。由图可以看出，地下各层的层参数得到很好的反演。对比固定和可变系统飞行高度两种情形，发现飞行高度加入贝叶斯反演将导致模型参数的分辨率降低，通过增大加权因子可获得较好的反演效果。

表 3.5　模型三和模型四可变高度贝叶斯反演初始化参数

k_{min}	k_{max}	z_{min}	z_{max}	h_{min}	h_{max}	ρ_{min}	ρ_{max}
1	30	1m	120m	25m	35m	$0.1\Omega\cdot m$	$10^4\Omega\cdot m$

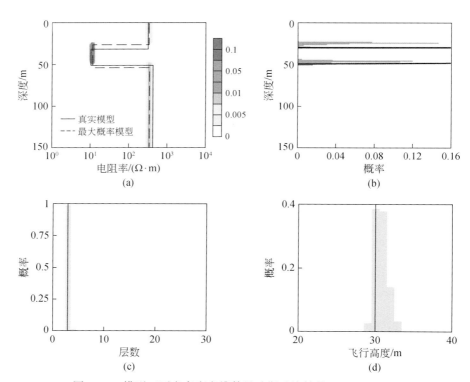

图 3.73　模型三可变高度变维数贝叶斯反演结果（$\lambda = 3000$）

（a）采样模型的复合分布；（b）层界面位置概率统计；（c）层数概率统计；（d）飞行高度概率统计

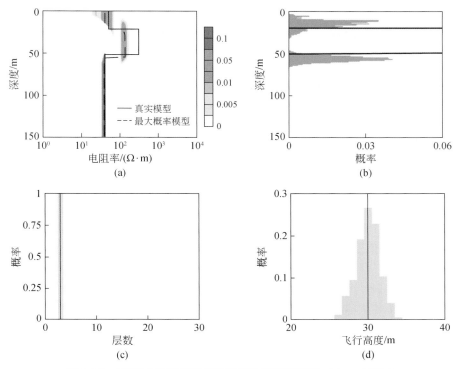

图 3.74　模型四可变高度变维数贝叶斯反演结果（ $\lambda = 1000$ ）

（a）采样模型的复合分布；（b）层界面位置概率统计；（c）层数概率统计；（d）飞行高度概率统计

3.6.7　小结

　　鉴于传统梯度反演方法受初始模型影响大，容易陷入局部极小的缺点，本节介绍一种完全非线性反演方法——变维数贝叶斯反演。通过对模型空间进行全局搜索，有效克服了初始模型对反演解的影响。根据建议分布采样获得候选模型，并根据接受概率筛选合理的采样模型并计入统计，最终得到反演模型的概率分布和模型参数的不确定性信息，为判断反演结果的可靠性提供依据。针对传统变维数贝叶斯方法不能准确反映深部低阻层电性分布信息的难题，我们在先验信息中引入加权系数，通过改变加权系数调整反演模型的约束强度，有效地改善了反演效果。在此基础上，对模型统计方法进行改进，避免了不合理模型的干扰。最后对含有高斯噪声的理论和实测航空电磁数据进行反演，验证了调整加权系数来改善反演结果的有效性，同时有力地证实本节提出的加权约束变维数贝叶斯反演是一种航空电磁数据反演解释的有效手段。

3.7　模拟金属淬火反演算法

　　随着航空电磁勘查技术在环境和工程领域中获得越来越广泛的应用，数据反演也越来越受到人们的关注。如前所述，航空电磁反演是非线性的（甚至对于简单的一维模型），需要将反演问题线性化并借助于迭代方法求解。传统的航空电磁反演方法，如 Marqudardt-Levenburg 反演或其改进方法，最小化一个目标函数。该目标函数通常定义为模型计算结果和观测数据之间的拟合差（Constable et al.，1987；Zhang et al.，2000；Hodges，2003；Huang and Fraser，2003；Tølbøll and Christensen，2006）。在反演问题被线性化后，可以得到一个关于模型修正量的方程。反演模型的搜索方向，定义为目标函数的负梯度方向。如此，搜索方向一直向着更小的拟合差方向进行。如果选择合适的初始模型（接近真实模型），搜索可以很容易收敛到真解。然而，由于航空电磁反演的非唯一性，意味着人们期望的全局极小值（真实模型）隐藏在许多局部极小之中。由于采用向下搜索，传统反演方法很容易陷入这些局部极小中，因此反演解的正确性严重依赖于初始模型。3.6 节讨论的贝叶斯反演虽然通过统计采样可以实现全球最小搜索，然而随机搜索过程中需要计算雅可比矩阵，导致计算工作量巨大，同时反演速度还取决于对模型的熟悉程度。对模型越熟悉，对各种参数的取值范围和方差估计越准确，反演收敛速度越快。

模拟金属淬火法（simulated annealing，SA）是基于 Metropolis 等（1953）的成果，其研究主要是为了找到原子团在一定温度下的平衡结构。Kirkpatrick 等（1983）的研究显示，SA 法可用于解决全球最优化问题。SA 法模拟液体或熔融金属冷却结晶的热力学过程。在金属淬火的热力学过程中，取决于温度，液体或者熔融金属可以呈现不同的平衡态。高温时分子能量高，可以杂乱无章地自由移动。随着温度的降低，热动力逐渐丧失。如果冷却过程足够慢，分子可以定向排列形成纯净的晶体，系统能量最小。然而，如果退火速度太快或者骤冷，分子无法达到最小能量状态，常以多晶态或玻璃质形式结束，这时系统具有较高的能量（陷入了局部极小）。这说明对于成功的退火过程，较高的初始温度并经历缓慢的冷却过程至关重要。

除了温度参数，数学最优化和金属退火过程可以很好地类比。其中，SA 法的系统结构对应数学最优化问题的模型设置，SA 法中的结构变化对应于模型更新；SA 法的系统能量对应于由模型结果和实测数据拟合差定义的目标函数。这种对比关系使得 SA 法可以有效地应用于数学最优化之中。SA 法相对于传统最优化方法的优点在于，如果设计合适的初始温度和冷却过程，SA 法可以避免陷入局部极小值，收敛于全球极小值。

自从 SA 法被引入数学最优化以来，已成功地解决了诸如 Walking Salesman（流动销售）（Kirkpatrick et al.，1983；Kirkpatrick，1984）、复杂集成电路设计及相关排列组合等经典数学问题（Kirkpatrick et al.，1983；Kirkpatrick，1984；Otten and van Ginneken，1989）。Landa 等（1989）首次将 SA 法引入地震数据反演中；通过 Sen 和 Stoffa（1991，1995）、Sen 等（1993）的深入研究，SA 法被广泛应用于地球物理反演中。Qu 等（1998）、Ma（2002）、Ryden 和 Park（2006）将 SA 法应用于地震反演中，Nagihara 和 Hall（2001）、Roy 等（2005）将其应用到了重力数据反演中。Chunduru 等（1996）、Yuval 和 Oldenburg（1997）、Roy（1999）、Kaikkonen 和 Sharma（2001）及 Bhattacharya 等（2003）将其应用于电阻率和 VLF 反演之中。然而，SA 法在航空电磁法反演领域的应用较少，Yin 和 Hodges（2007）首次将 SA 法应用于频率域航空电磁数据反演中。SA 法从玻尔兹曼概率分布出发，既容许向下搜索（拟合差减小），又容许向上搜索（拟合差增大），因此搜索过程中可以轻易地跳出局部极小，收敛于全局极小值。SA 法也避免了传统反演方法中雅可比矩阵的计算。本节基于 Yin 和 Hodges（2007）的研究，讨论 SA 法在航空电磁数据反演中的应用。我们以层状介质模型为例，重点分析模拟金属淬火过程的四个基本要素：模型结构、模型更新、目标函数和退火策略。最后，我们通过理论和实测数据反演验证 SA 法进行航空电磁反演的有效性。

3.7.1　模拟金属淬火基本原理

最优化问题中的模拟金属淬火方案被称为 Metropolis 过程（Kirkpatrick et al.，1983）。在此过程中，一个热力学系统的初始状态由能量 E 和温度 T 确定。保持温度 T 不变，给予初始结构一定的扰动，计算能量改变量 ΔE。如果能量改变为负（能量减少），新的结构被无条件接受（概率为 1）；如果能量改变为正（能量增加），我们按照如下玻尔兹曼概率接受新的结构，即

$$P = e^{-\Delta E/bT} \tag{3.151}$$

式中，b 为将温度与能量关联起来的玻尔兹曼常数。该过程重复一定次数，以达到当前温度下获得较广泛的抽样。然后，我们按照设计的退火方案降低温度，整个过程被重复直到冷却到凝固态。模拟金属淬火的实质是缓慢冷却。这意味着热动力系统中的分子被赋予足够的时间，随着温度降低，分子在活性逐渐降低的过程中重新分布。一个缓慢的降温或退火过程是保证系统达到最低能量状态的前提条件。

玻尔兹曼分布解释了 SA 法如何通过既容许向上又容许向下搜索来避免系统陷入局部极小。事实上，从式（3.151）可以看出，向下搜索时由于系统能量减少总是被容许的；然而，由于向上搜索会导致系统能量增加，因此只能按一定的概率接受。类比物理过程，当初始温度 T 选择很高时，按照式（3.151）接受一个增加系统内能的搜索的初始概率较大。这意味着增加系统内能的向上搜索在高温时容易被接受，因而模型搜索过程可以跳出局部极小而收敛到全局极小。随着温度的降低，由式（3.151）可知，增加系统能量的搜索被接受的概率越来越小。这意味着在低温条件下，只有向下搜索被接受。由此，随着系统能量（目标函数）的逐渐减小，分子定向排列有序完成，模拟淬火过程收敛到能量最低的全局极小。特别当温度趋近 0 时，搜索过程变为类似于传统反演算法的完全向下搜索。

模拟金属淬火的最优化过程可以分为以下几个步骤：①系统描述或者模型构造；②通过随机行走更新模型；③计算目标函数 E（等价于系统能量，其最优化是反演的目标）；④控制温度参数 T（等价于热力学系统温度）和退火方案（如何从初始温度逐渐降低）。

如前所述，SA 法应用到航空电磁反演是简单直接的。热力学系统的当前状态可类比于航空电磁的反演解，热力学系统的结构改变类比于航空电磁反演的模型更新，热力学系统的能量类比于航空电磁反演的目标函数（通常定义为模型计算结果与观测数据的拟合差），SA 法的稳定态（系统内能最小状态）类比于反演过程中的全局最小。下面将针对航空电磁反演分别讨论这些要素。

3.7.2　模型构造

　　航空电磁反演中构造模型问题涉及利用大地物性参数和电磁系统的几何参数对模型进行描述。在频率域航空电磁（HEM）系统中，发射机和接收机通常放置于一个位于直升机下方的吊舱中。典型的 HEM 系统包含水平共面线圈和直立共轴线圈。例如，Fugro 公司的 RESOLVE 系统有五对水平共面线圈和一对直立共轴线圈，收发距为 9m，频率为 380 ~ 102kHz。测量过程中吊舱的飞行高度大约为 30m。图 3.75 给出了在层状大地上方飞行的 HEM 系统示意图。参考 2.1 节，对于 HCP 发射机，接收机处的磁场由式（2.102）和式（2.103）给出，而对于 VCX 发射机（水平磁偶极子），接收机处的磁场由式（2.112）~ 式（2.114）给出。为避免赘述，这里不再给出电磁场的表达式。频率域航空电磁数据通常在去除一次场后将二次场用一次场归一化，并表示为 PPM 响应。本节反演中采用的数据均为 PPM 响应数据。

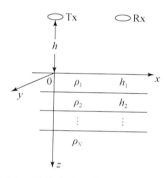

图 3.75　层状大地上方的航空电磁系统

图中只给出水平共面系统，将线圈绕着 y 轴旋转 90° 可获得直立共轴系统，h 为航空电磁系统飞行高度

3.7.3　随机行走用于模型更新

　　模拟金属淬火过程中系统结构改变等价于模型更新（修改模型参数），即从原始模型产生一个新模型。对于 N 层均匀半空间模型，共有 $2N$ 模型参数。由于所有模型参数均为正，我们同样使用对数参数，以保证反演参数可在 $-\infty$ 和 $+\infty$ 之间变化，而模型参数为正。参见图 3.75，本节航空电磁反演的模型参数可表示为

$$\boldsymbol{X} = (x_1, x_2, \cdots, x_{2N}) = (\ln\rho_1, \ln\rho_2, \cdots, \ln\rho_N, \ln h_1, \ln h_2, \cdots, \ln h_{N-1}, \ln h)$$

$$(3.152)$$

式中，$\rho_1, \rho_2, \cdots, \rho_N$ 和 $h_1, h_2, \cdots, h_{N-1}$ 是地下介质的电阻率和厚度；h 为线圈系统的高度。

　　SA 法用于数学最优化时，系统结构改变是随机的。这意味着 SA 法搜索是在模型空间里随机行走，寻找能量较低（拟合差较小）的状态。根据前面的讨论，如果系统能量在一次模型更新后降低，新的系统结构被无条件接受（向下搜索）；然而，如果系统能量增加（向上搜索），该搜索被接受的概率由式（3.151）的波尔兹曼概率决定。换言之，如果系

统能量减少，无条件接受模型更新；如果系统能量增高，模型更新仍然发生，但新模型被接受的可能性正比于温度 T，而反比于能量差 ΔE。随机行走不应总产生向上搜索，它应随着算法向着全局最小逼近而产生越来越多的向下搜索。只有采用有效的随机行走进行模型更新，才能保证搜索过程跳出局部极小而收敛到全局极小。选择随机行走用于模型更新是与特定问题相关的。自从 SA 法被引入数学最优化中，人们提出许多随机行走方案。Press 等（1992）提出单纯形法，Sen 和 Stoffa（1995）、Roy 等（2005）、Ryden 和 Park（2006）提出基于温度相关的柯西分布来确定模型更新方案。基于温度相关的柯西分布方案具有两个特点：①在反演的早期阶段温度很高，反演模型拥有很大的样本空间，当模型在低温条件下开始收敛时，反演模型的样本空间变得很小；②每一个模型参数有自己的退火策略和模型更新方案，因此允许对每个模型参数单独进行控制。下面我们采用 Sen 和 Stoffa（1995）提出的基于温度随机行走实现模型更新，即

$$x_j^{k+1} = x_j^k + y_j(x_j^{\max} - x_j^{\min}), \quad j = 1, 2, \cdots, 2N \tag{3.153}$$

$$y_j = \text{sign}(u_j - 1/2) T_j \left[(1 + 1/T_j)^{|2u_j-1|} - 1 \right] \tag{3.154}$$

式中，j 和 k 分别为第 j 个模型参数和第 k 次迭代（退火步骤）；$x_j^{\max}$ 和 $x_j^{\min}$ 为第 j 个模型参数的上下边界；T_j 为对应第 j 个模型参数的温度；u_j 为 [0, 1] 区间内一个均匀分布中随机抽取的随机数。

3.7.4 目标函数

在模拟金属淬火中，目标函数等价于系统给定状态的能量。退火过程的目的是使得模型从任意能量更新到最小能量状态。具体到最优化问题中，目标函数通常定义为模型计算结果与实测数据的拟合差，最优化的目标是使得目标函数或拟合差最小化。对于航空电磁反演问题，我们将目标函数定义为理论 PPM 响应和实测数据的均方根误差，即

$$E = \sqrt{\frac{1}{2M} \sum_{j=1}^{M} \left[\left(\frac{\text{Re}_j - \text{Re}_{0j}}{|H_{0j}|} \right)^2 + \left(\frac{\text{Im}_j - \text{Im}_{0j}}{|H_{0j}|} \right)^2 \right]} \tag{3.155}$$

式中，M 为频率个数；Re_j 和 Im_j 为第 j 个频率理论模型计算的实部和虚部 PPM 响应，而 $H_{0j} = (\text{Re}_{0j} + i\,\text{Im}_{0j})$ 为实测数据。在下面航空电磁 SA 反演算例中，式（3.155）作为目标函数用于理论和实测数据反演。

3.7.5 模拟退火策略

模拟金属淬火过程包含设置初始温度和搜索过程中的退火法则。初始温度和退火过程是与特定问题相关的，即初始温度和退火方法依赖于特定的模型参数。自从 SA 法被引入最优化问题中，已经提出了很多退火方案。其中，Dittmer 和 Szymanski（1995）在磁性反演中讨论了基于线性和几何衰减的退火方案，Nagihara 和 Hall（2001）、Ryden 和 Park（2006）发现几何衰减退火方案非常适用于重力和地震面波反演，而 Chunduru 等（1996）、Sen 和 Stoffa（1996）、Bhattacharya 等（2003）提出一个快速退火方案。该方案基于指数衰减，已成功应用于直流电阻率和激发极化数据反演中。所有这些退火方案都是为了在计算

速度和反演精度之间取得平衡。降温太快往往不能形成晶体（陷入局部极小），而缓慢的降温过程虽然可以搜索到全局极小值，但是花费时间太长。对于航空电磁反演，我们采用指数退火方案（Chunduru et al.，1996）：

$$T_k = T_0 e^{-ck^{1/N}} \tag{3.156}$$

式中，T_0 为初始温度；c 和 N 为常数。对于不同的模型，可选择不同的参数值，通常由实验确定。Ingber（1989）、Sen 和 Stoffa（1995）的研究显示，结合上述退火方案和模型更新策略式（3.153）和式（3.154），可以得到统计意义上的全局极小值。基于理论数据实验，我们针对式（3.152）的模型参数选择 $c=1$ 和 $N=2$，根据参数的可求解性 T_0 在 $1\sim10$ 选择。如后面讨论，对理论和合成数据，退火方法式（3.156）结合模型更新式（3.153）和式（3.154）证明是稳定有效的。航空电磁采样密集，反演的数据量大，相邻测点反演结果的一致程度要求高，因此反演的稳定性和有效性至关重要。

3.7.6　反演结果

1. 合成数据反演

下面我们首先讨论理论合成数据反演。模型假设为两层和三层大地。参照表 3.6，两层模型中第一层电阻率为 $50\Omega\cdot m$，厚度为 20m，下伏基岩的电阻率为 $500\Omega\cdot m$，飞行高度为 30m。合成数据包含 Fugro 公司 RESOLVE 系统的 6 个频率（$350\sim102000Hz$）。反演选择 20 个不同的初始模型，每个初始模型均在设定的参数可变范围内随机选择。对每个初始模型进行 350 次迭代（退火），每次迭代进行 40 次随机行走用于模型更新。图 3.76 展示了两层模型的反演结果。由图可以看出，所有反演搜索都收敛到了真解。随着温度的降低，拟合差从大于 60% 降低到 10^{-5}［图 3.76（e）］。拟合效果较差的是第二层电阻率［图 3.76（c）］。这是可预期的，因为通常良导体下方的高阻层难以准确地反演。因此，我们采用较高的初始温度来反演第二层电阻率［图 3.76（f）］。对上述两层模型，SA 法没有任何收敛问题，模型参数可以轻易从渐进值（对应于全局极小）识别出来。然而，对于更复杂的三层或多层地电模型，当解逼近全局极小时会出现两个问题：①反演模型在真实解附近震荡，不收敛于真解；②搜索有时候会跳出全局极小。图 3.77（a）展示 SA 法对表 3.7 中三层模型的反演结果。其中，第一层电阻率为 $100\Omega\cdot m$，厚度为 20m，中间层电阻率为 $20\Omega\cdot m$，厚度为 30m，第三层（下半空间）电阻率为 $50\Omega\cdot m$。SA 法退火参数也在表 3.7 中给出。我们进行 20 次反演操作，每次迭代 500 次（退火），每次迭代进行 40 次随机行走。我们选择反演效果最差的第二层厚度作为例子。由图 3.77（a）可以看出，在初始模型快速迭代后，所有搜索在低温段都收敛非常缓慢。在第 400 次迭代附近，有些搜索过程跳出了全局极小，并在真实模型附近震荡。理论上这很容易解释。事实上，从玻尔兹曼概率分布可以知道，即使是在低温段仍然存在较高的能量，因此搜索过程可能会跳出全局极小。为解决这个问题，我们设置一个温度阈值。当温度低于该阈值时，我们计算相邻两次模型更新的相对差。如果相对差很大，模型更新不被采纳。在震荡被去除后，最终的模型参数或者从渐进值或者从各模型的平均值得到。图 3.77（b）显示的结果为去除跳跃后的结果，可以看出反演的模型参数的收敛性。

表 3.6　两层模型 SA 法反演参数

参数	单位	真实模型	初始最小值	初始最大值	初始温度
ρ_1	$\Omega \cdot m$	50	10	500	1.5
ρ_2	$\Omega \cdot m$	500	100	2000	5.0
h_1	m	20	0	100	1.5
h	m	30	25	35	1.5

表 3.7　三层模型 SA 法反演参数

参数	单位	真实模型	初始最小值	初始最大值	初始温度
ρ_1	$\Omega \cdot m$	100	10	500	1.5
ρ_2	$\Omega \cdot m$	20	5	100	10
ρ_3	$\Omega \cdot m$	50	5	250	5.0
h_1	m	20	0	60	1.5
h_2	m	30	0	100	10
h	m	30	25	35	1.5

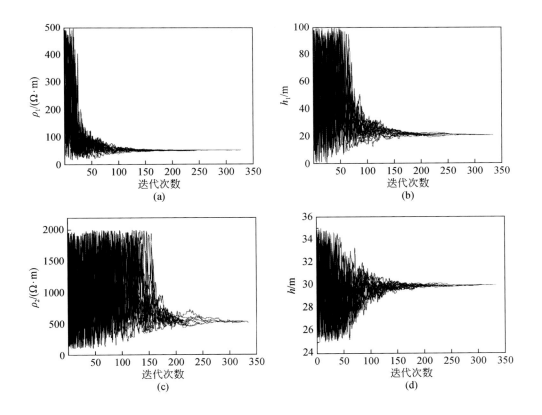

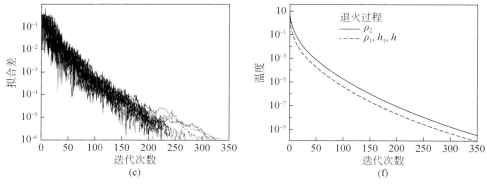

图 3.76　两层模型 SA 反演结果

（a）第一层电阻率；（b）第一层厚度；（c）第二层电阻率；（d）飞行高度；（e）拟合差；（f）温度降低过程

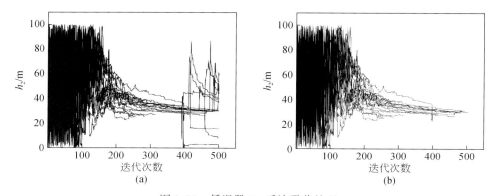

图 3.77　低温段 SA 反演震荡处理

（a）低温段出现震荡；（b）震荡被去除。模型参数见表 3.7

　　图 3.78 展示了表 3.7 给出的三层模型参数反演结果，低温震荡段已被有效去除。从图可以看出，在去除震荡后，真实模型参数很容易分辨。在下面对实测数据反演中，我们很难以图示形式显示每一测点的参数渐进值。因此，我们设定一个特定温度阈值。当温度低于该阈值时，我们开始扫描和去除参数震荡。在去除这些跳跃后，我们计算搜索结果剩余部分的平均值，并比较相邻两次平均值的偏差。如果偏差小于预先设定的阈值，本次搜索终止，输出平均值作为反演结果。

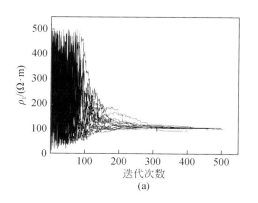

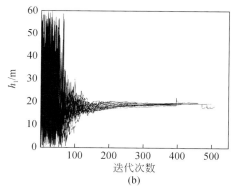

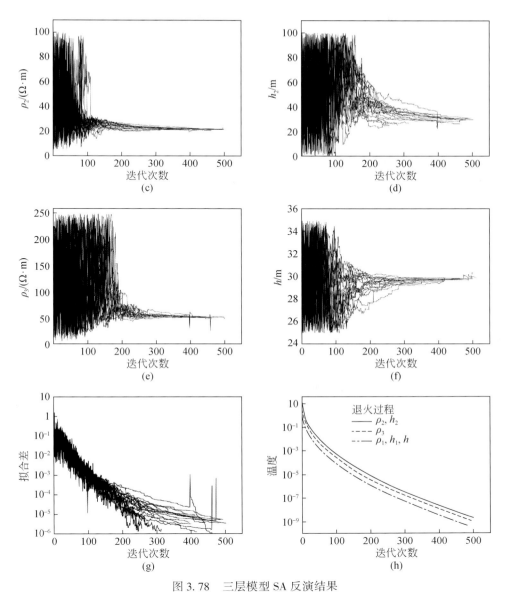

图 3.78　三层模型 SA 反演结果

（a）第一层电阻率；（b）第一层厚度；（c）第二层电阻率；（d）第二层厚度；（e）第三层电阻率；（f）飞行高度；
（g）拟合差；（h）温度降低过程。需要指出的是去除低温段的震荡后，真实的模型参数很容易分辨

　　对比两层和三层地电模型反演结果表明反演的模型参数越多，SA 法初始温度需设定的越高，这也很容易理解。事实上，反演中模型参数越多，模型参数空间的自由度越大。从模型解的收敛性来看，需要更高的初始温度和更多的迭代次数，以保证有更大的搜索空间搜索全局最小值。这种条件特别适用于物理上难以求解的地电参数，因为航空电磁数据对这些参数本身包含的信息量有限。

2. 实测数据反演

本节讨论 SA 法应用于 RESOLVE 系统在美国得克萨斯州堤坝监测数据反演结果。该工区航空电磁勘查目的是探明防洪堤下黏土层的厚度和分布特征。防洪堤土质包含较深的混合沉积层，既有河流沉积（较多的砂），又有河漫滩沉积（较多的黏土沉积物）。这些沉积物导电性较好，电阻率通常为 $2\sim20\Omega\cdot m$。图 3.79 展示了三层模型的 SA 反演结果。为了进行比较，我们同时展示了电导率成像 CDI（Macnae et al.，1991）和 Marquardt 反演结果（Hodges，2003）。与上面的合成算例类似，初始模型的范围选择为 Marquardt 反演得到的最佳模型乘以和除以一个固定因子。对于该数据集，对每个电阻率选择因子为 5，对每个层厚度选择因子为 3。对每个测点，我们运行 20 次不同初始模型的反演，进行 400 次迭代（降温），在每一个温度从事 40 次随机行走。每个测点反演平均耗时约 5 分钟。相比之下，通过合理设置初始模型，Marquardt 反演方法每个测点需要 10 秒，而 CDI 需要的时间更少。从图 3.79 可以看出，虽然 SA 法耗时较多，但相对于其他方法，SA 反演给出了更加连续和稳定可靠的地电断面。特别地，SA 反演结果中相邻测点电阻率和厚度更加连续，反演的边界更为光滑。

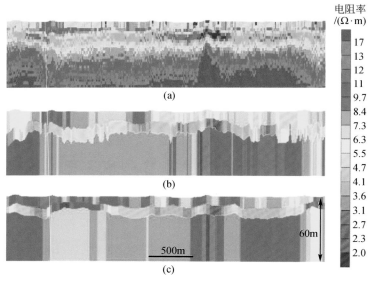

图 3.79　堤坝上方航空电磁实测数据反演
（a）CDI 成像；（b）三层 Marquardt 反演；（c）三层 SA 反演

3.7.7　小结

传统的反演方法通常只接受降低拟合差的向下搜索，很容易陷入局部极小。因此，好的初始模型对快速收敛到真解至关重要。相比之下，SA 法容许向上和向下搜索，使得该算法难以陷入局部极小。SA 反演搜索成功的关键在于较高的初始温度和精心设计的退火策略，初始模型起的作用相对较小。我们通过设置 0.1~10 倍于真实模型参数的初始模型取值范围进行理论实验（对于实测数据这个范围设定为 0.2 ~ 5），反演结果证实了 SA 法对初始模型选择的灵活性。这种灵活性对航空电磁数据反演非常有用，因为航空测量面积通常较大，地质情况复杂多变。然而，SA 反演技术是与特定问题密切相关的。SA 法的基本要素，如模型更新、初始温度、降温方法等依赖于特定的模型参数。因此，为了得到合理的淬火参数和过程，必须进行多次尝试。对于航空电磁反演，我们选择指数化的降温方法和温度相关的随机行走策略，而初始温度则依据参数的分辨率进行选择。理论和实测数据反演结果显示，较之于传统的反演方法，本节设计的 SA 法能提供更加稳定的反演结果。

相对于传统方法，SA 反演中的模型计算比较繁重。不仅在尝试性实验和优化选择参数过程中，在搜索过程中也需要大量计算。对一些难以求解的参数，退火过程在低温时收敛很慢，甚至跳出全局极小。在这种情况下，我们设计了震荡去除方法，并通过算术平均获得模型解。在条件容许时也可以考虑混合策略，即采用 SA 法搜索全局极小，而在反演解接近全局最小时利用快速下降搜索实现反演解的快速收敛。

3.8　航空电磁多参数反演

在传统的航空电磁数据反演解释过程中，磁化效应的影响通常被忽略，即假设大地的磁导率等于自由空间磁导率 $\mu = \mu_0 = 4\pi \times 10^{-7} \text{H/m}$。这种假设在无磁性地区能获得较好的反演结果。然而，在一些磁性较强地区，磁导率影响较大，忽略磁化效应可能会导致数据反演结果出现较大误差。Thomas（1975）指出，在飞行高度为 50m 时，相对磁导率 $\geqslant$ 1.005 就会对常规航空电磁系统产生明显的影响。事实上，很多火成岩和变质岩，以及由其风化产生的土壤的相对磁导率往往会大于 1.005。磁铁矿的平均相对磁导率为 7，这就意味着，只要地层中的磁铁矿含量为千分之一，整个地层的相对磁导率就会大于 1.005。研究表明，随着飞行高度的降低，磁导率对电磁响应的影响变得严重。因此，在磁化效应较强地区从事航空电磁观测，数据反演过程中有必要对电导率和磁导率同时进行反演。

3.8.1　多参数反演理论

本节以 Marquardt-Levenberg 反演方法为基础，将磁导率加入反演参数，实现对电阻率、磁导率和厚度的同步反演。Marquardt-Levenberg 反演算法的技术流程详见 3.2 节。本节对该反演方法的基本原理只做简要概述，着重介绍考虑磁导率时雅克比矩阵的推导。

假设观测的电磁响应数据向量为 $\boldsymbol{d} = [d_1, d_2, \cdots, d_{N_d}]^T$，$\boldsymbol{m}$ 为模型参数向量（包括大地电导率 σ_j、磁导率 μ_j、厚度 h_j 及系统飞行高度 h），即 $\boldsymbol{m} = [p_1, p_2, \cdots, p_{N_p}]^T = [\ln \sigma_1, \ln \sigma_2, \cdots, \ln \sigma_N, \ln \mu_1, \ln \mu_2, \cdots, \ln \mu_N, \ln h, \ln h_1, \ln h_2, \cdots, \ln h_{N-1}]^T$，T 为矩阵转置，$N_d$ 为数据个数。电磁响应和模型参数之间存在如下关系：

$$\boldsymbol{d} = F(\boldsymbol{m}) \tag{3.157}$$

式中，F 为正演算子，表征航空电磁响应与大地导电率和磁导率之间的非线性关系。对式（3.157）进行泰勒展开，并忽略高阶项得到：

$$\boldsymbol{A}\Delta\boldsymbol{m} = \Delta\boldsymbol{d} \tag{3.158}$$

式中，Δd 为模型正演响应与观测数据的拟合差；Δm 为模型参数改正量；A 为 $N_d \times N_p$ 的雅可比矩阵，其中 $N_p = 3N$ 分别表示模型参数个数，N 为层数。式（3.158）中，我们采用与 3.2 节相同的方法，通过引入阻尼因子并利用奇异值分解，从一个给定的初始模型迭代求解反演模型。

3.8.2 雅克比矩阵计算

根据式（2.55），我们重新给出反射系数的表达式：

$$r_0 = \frac{k - B_E}{k + B_E}, \qquad B_E = B_E^0 = -\frac{f_E'(0)}{f_E(0)} = \frac{\mu_0}{\mu_1} B_E^1 \tag{3.159}$$

在本节的推导中我们考虑地下介质磁导率的变化，重写式（2.38）如下：

$$B_E^n = \begin{cases} \alpha_n \dfrac{B_E^{n+1} + \alpha_n \gamma_n \tanh(\alpha_n h_n)}{\alpha_n \gamma_n + B_E^{n+1} \tanh(\alpha_n h_n)} & n = N-1, \cdots, 1 \\ \alpha_N & n = N \end{cases} \tag{3.160}$$

其中 $\gamma_n = \mu_{n+1}/\mu_n$。对式（3.159）求偏导：

$$\frac{\partial r_0}{\partial p_n} = \frac{\partial r_0}{\partial B_E} \frac{\partial B_E}{\partial p_n} = -\frac{2k}{(k+B_E)^2} \frac{\partial B_E}{\partial p_n} \tag{3.161}$$

式中，p_n 为第 n 层的模型参数。当 p 表示电导率 σ_n 或磁导率 μ_n 时，$n = 1, \cdots, N$；当 p 表示厚度 h_n 时，$n = 1, \cdots, N-1$，h 为电磁系统的飞行高度。根据式（3.159）和式（3.160），B_E 对电导率 σ_n 的偏导数为

$$\frac{\partial B_E}{\partial \sigma_n} = \frac{\partial B_E^0}{\partial B_E^1} \cdot \frac{\partial B_E^1}{\partial B_E^2} \cdot \frac{\partial B_E^2}{\partial B_E^3} \cdots \frac{\partial B_E^{n-1}}{\partial B_E^n} \cdot \frac{\partial B_E^n}{\partial \alpha_n} \cdot \frac{\partial \alpha_n}{\partial \sigma_n}, \quad n = 1, \cdots, N \tag{3.162}$$

其中，

$$\frac{\partial B_E^{n-1}}{\partial B_E^n} = \begin{cases} \dfrac{\mu_0}{\mu_1} & n = 1 \\ \dfrac{\alpha_{n-1}^2 \gamma_{n-1} [1 - \tanh^2(\alpha_{n-1} h_{n-1})]}{[\alpha_{n-1}\gamma_{n-1} + B_E^n \tanh(\alpha_{n-1} h_{n-1})]^2} & 1 < n \leq N \end{cases} \tag{3.163}$$

而

$$\frac{\partial B_E^n}{\partial \alpha_n} = \frac{B_E^{n+1} + \alpha_n \gamma_n \tanh(\alpha_n h_n)}{\alpha_n \gamma_n + B_E^{n+1} \tanh(\alpha_n h_n)} + \alpha_n \frac{[(\alpha_n^2 \gamma_n^2 - B_E^{n+1\,2}) h_n - \gamma_n B_E^{n+1}][1 - \tanh^2(\alpha_n h_n)]}{[\alpha_n \gamma_n + B_E^{n+1} \tanh(\alpha_n h_n)]^2} \tag{3.164}$$

$$\frac{\partial \alpha_n}{\partial \sigma_n} = \frac{1}{2}(k^2 + i\omega\mu_n\sigma_n)^{-\frac{1}{2}}(i\omega\mu_n) \tag{3.165}$$

B_E 对厚度 h_n 的偏导数为

$$\frac{\partial B_E}{\partial h_n} = \frac{\partial B_E^0}{\partial B_E^1} \cdot \frac{\partial B_E^1}{\partial B_E^2} \cdot \frac{\partial B_E^2}{\partial B_E^3} \cdots \frac{\partial B_E^{n-1}}{\partial B_E^n} \cdot \frac{\partial B_E^n}{\partial h_n}, \quad n = 1, \cdots, N-1 \tag{3.166}$$

其中，

$$\frac{\partial B_{\mathrm{E}}^n}{\partial h_n} = \frac{\alpha_n^2 (\alpha_n^2 \gamma_n^2 - B_{\mathrm{E}}^{n+1}{}^2)[1 - \tanh^2(\alpha_n h_n)]}{[\alpha_n \gamma_n + B_{\mathrm{E}}^{n+1} \tanh(\alpha_n h_n)]^2} \tag{3.167}$$

B_{E} 对磁导率 μ_n 的偏导数为

$$\frac{\partial B_{\mathrm{E}}}{\partial \mu_n} = \frac{\partial B_{\mathrm{E}}^0}{\partial B_{\mathrm{E}}^1} \cdot \frac{\partial B_{\mathrm{E}}^1}{\partial B_{\mathrm{E}}^2} \cdot \frac{\partial B_{\mathrm{E}}^2}{\partial B_{\mathrm{E}}^3} \cdots \frac{\partial B_{\mathrm{E}}^{n-2}}{\partial B_{\mathrm{E}}^{n-1}} \cdot \frac{\partial B_{\mathrm{E}}^{n-1}}{\partial \mu_n}, \quad n = 1, \cdots, N \tag{3.168}$$

其中,

$$\frac{\partial B_{\mathrm{E}}^{n-1}}{\partial \mu_n} = \begin{cases} \dfrac{\mu_0 \mu_1 \dfrac{\partial B_{\mathrm{E}}^1}{\partial \mu_1} - \mu_0 B_{\mathrm{E}}^1}{\mu_1^2} & n = 1 \\[4mm] \dfrac{\dfrac{\alpha_{n-1}^2}{\mu_{n-1}}\left(\mu_n \dfrac{\partial B_{\mathrm{E}}^n}{\partial \mu_n} - B_{\mathrm{E}}^n\right)[1 - \tanh^2(\alpha_{n-1} h_{n-1})]}{\left[\dfrac{\alpha_{n-1}\mu_n}{\mu_{n-1}} + B_{\mathrm{E}}^n \tanh(\alpha_{n-1} h_{n-1})\right]^2} & 1 < n \leqslant N \end{cases} \tag{3.169}$$

式中,

$$\frac{\partial B_{\mathrm{E}}^n}{\partial \mu_n} = \frac{\partial \alpha_n}{\partial \mu_n} \cdot \frac{\mu_n B_{\mathrm{E}}^{n+1} + \alpha_n \mu_{n+1} \tanh(\alpha_n h_n)}{\alpha_n \mu_{n+1} + \mu_n B_{\mathrm{E}}^{n+1} \tanh(\alpha_n h_n)}$$

$$+ \alpha_n \frac{\left(\alpha_n \mu_{n+1} B_{\mathrm{E}}^{n+1} - \mu_n \mu_{n+1} B_{\mathrm{E}}^{n+1} \dfrac{\partial \alpha_n}{\partial \mu_n} + \alpha_n^2 \mu_{n+1}^2 h_n \dfrac{\partial \alpha_n}{\partial \mu_n} - \mu_n^2 h_n B_{\mathrm{E}}^{n+1}{}^2 \dfrac{\partial \alpha_n}{\partial \mu_n}\right)[1 - \tanh^2(\alpha_n h_n)]}{[\alpha_n \mu_{n+1} + \mu_n B_{\mathrm{E}}^{n+1} \tanh(\alpha_n h_n)]^2}$$

$$\tag{3.170}$$

其中,

$$\frac{\partial \alpha_n}{\partial \mu_n} = \frac{1}{2}(k^2 + i\omega \mu_n \sigma_n)^{-\frac{1}{2}}(i\omega \sigma_n) \tag{3.171}$$

结合 2.1.9 节,垂直磁偶极子源的磁场分量对模型参数(电导率、磁导率和厚度)的偏导数表达式为

$$\frac{\partial H_r}{\partial p_n} = \frac{m}{4\pi} \int_0^\infty \frac{\partial r_0}{\partial p_n} e^{-k\zeta} J_1(kr) k^2 \mathrm{d}k$$

$$\frac{\partial H_z}{\partial p_n} = -\frac{m}{4\pi} \int_0^\infty \frac{\partial r_0}{\partial p_n} e^{-k\zeta} J_0(kr) k^2 \mathrm{d}k \tag{3.172}$$

式(3.172)中对系统飞行高度 h 的偏导数可参考式(3.69),其中反射因子 r_0 的计算参考式(2.55)。利用表 2.6 和表 2.7 所提供的滤波系数,可通过汉克尔变换计算式(3.172)中的积分得到频率域雅可比矩阵,同样可用汉克尔变换计算式(2.102)和式(2.103)的积分得到航空电磁响应。在获得频率域电磁响应和雅克比矩阵之后,再利用 2.2 节给出的反余弦变换将频率域电磁响应转换到时间域,并利用高斯积分和发射波形进行褶积,从而得到任意发射波形时间域航空电磁响应和雅克比矩阵。

3.8.3 反演算例

本节采用 Fugro/CGG 公司的 HELITEM 和 HeliGEOTEM 观测系统,参数如下:发射线圈

距地面高度为 30m，接收线圈距地面高度为 50m，发射线圈和接收线圈之间的水平距离 $r=$ 10m，发射偶极矩为 615000Am^2。分别以三角波和半正弦波作为发射波形，在正演模拟数据中添加 5% 高斯噪声。为简化起见，本节在讨论反演过程中，假设系统飞行高度保持不变。

1. 均匀半空间模型

首先假设一个均匀半空间模型，电阻率为 100Ω·m，相对磁导率 $\mu_r=1.05$。初始模型电阻率设为 50Ω·m，磁导率为自由空间的磁导率，线圈高度设为已知。我们分别计算三角波和半正弦波时间域航空电磁响应，并对数据添加高斯噪声后进行反演。反演结果如图 3.80 所示。由图可以看出，对于均匀半空间模型，无论是三角波还是半正弦波激发，时间域航空电磁反演结果与真实模型吻合很好，所有模型参数均取得很好的反演结果。

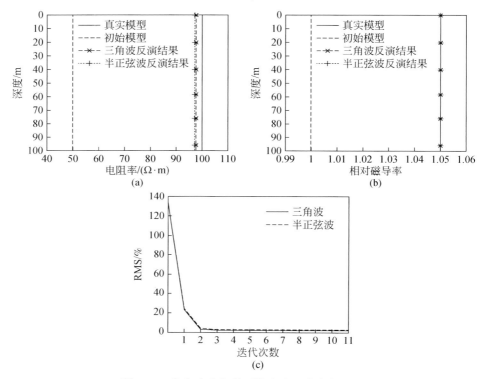

图 3.80　均匀半空间模型航空电磁多参数反演
（a）、（b）三角波和半正弦波激励时电阻率和相对磁导率反演结果；（c）拟合差

2. 单个磁性层模型

假设一个高阻磁性基底上存在一个低阻无磁性覆盖层，覆盖层电阻率为 10Ω·m，厚度为 50m，基底电阻率为 150Ω·m，相对磁导率为 1.05。我们选择两层介质初始电阻率均为 100Ω·m，磁导率为自由空间磁导率。反演结果示于图 3.81。由图可以看出，无论是三角波还是半正弦波发射，反演结果都比较理想。各参数均能很好地收敛到真实模型参数，数据拟合差小于 3%。

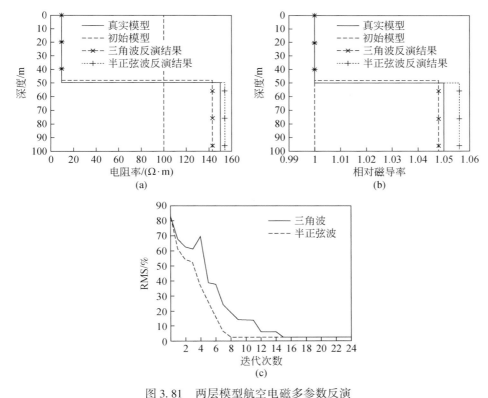

图 3.81 两层模型航空电磁多参数反演
（a）、（b）三角波和半正弦波激励时电阻率和相对磁导率反演结果；（c）拟合差

3. 多个磁性层模型

假设一个两层模型，其中覆盖层和基底均为磁性层，但是具有不同的磁导率。覆盖层电阻率为 $150\Omega\cdot\mathrm{m}$，相对磁导率为 1.50，厚度为 50m，基底电阻率为 $50\Omega\cdot\mathrm{m}$，相对磁导率为 1.05。初始模型中各层电阻率均为 $100\Omega\cdot\mathrm{m}$，磁导率为自由空间磁导率。反演结果如图 3.82。由图可以看出，无论是电阻率、磁导率还是厚度，经过迭代反演后均能得到准确的结果，拟合差小于 3%，反映出本节所提算法的有效性。

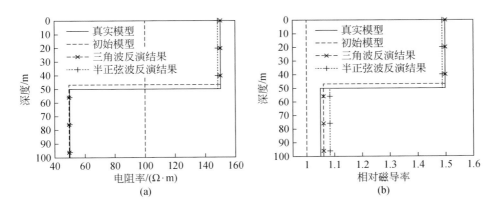

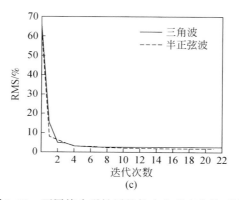

图 3.82　两层均为磁性层的航空电磁多参数反演

（a）、（b）三角波和半正弦波激励时电阻率和相对磁导率反演结果；（c）拟合差

3.8.4　小结

本节在讨论航空电磁多参数反演中，仅考虑比较简单的导电和导磁大地模型。实际情况是，大地存在导电性和不同程度的导磁性、介电性和极化特性，因此航空电磁观测数据中包含所有这些参数的综合影响。由于多参数必将导致电磁响应与各电性参数之间复杂的非线性关系，如果在当前的反演研究中将所有参数考虑进来将极大地增加反演难度。未来在多参数反演领域还有很大的研究空间。特别是随着参数的增加，航空电磁反演多解性会变得严重。如何采用相关技术手段，从观测的电磁响应中提取电性参数信息，从而在反演中减少多解性必将是未来的研究热点。另外，通过相关技术手段将各种效应（磁化、介电性、激电效应等）从电磁响应中分离出来，单独进行反演。这也将是未来航空电磁领域重要的研究方向。

参 考 文 献

蔡晶，齐彦福，殷长春.2014.频率域航空电磁数据的加权约束反演.地球物理学报，57（3）：953-960

韩波，胡祥云，何展翔，等.2012.大地电磁反演方法的数学分类.石油地球物理勘探，47（1）：177-187

何梅兴，胡祥云，陈玉萍，等.2008.CSAMT 奥克姆一维反演的应用.工程地球物理学报，5（4）：439-443

何梅兴，胡祥云，叶益信，等.2011.2.5 维可控源音频大地电磁法 Occam 反演理论及应用.地球物理学进展，26（6）：2163-2170

刘冲，王宇航，皇健，等.2014.瞬变电磁视时间常数 tau 成像分析与应用研究.物探化探计算技术，36（1）：28-34

骆燕，江民忠，宁媛丽，等.2016.不同类型低阻异常航电时间常数的特征分析.物探与化探，40（5）：991-997

牛之琏.2007.时间域电磁法原理.长沙：中南大学出版社

朴化荣.1990.电磁测深法原理.北京：地质出版社

强建科，李永兴，龙剑波 . 2013. 航空瞬变电磁数据一维 Occam 反演 . 物探化探计算技术，35（5）：
　　501-505

师学明，王家映，张胜业，等 . 2000. 多尺度逐次逼近遗传算法反演大地电磁资料 . 地球物理学报，
　　43（1）：122-130

吴小平，徐果明 . 1998. 大地电磁数据的 Occam 反演改进 . 地球物理学报，41（4）：547-554

徐海浪，吴小平 . 2006. 电阻率二维神经网络反演 . 地球物理学报，49（2）：584-589

姚姚 . 2002. 地球物理反演基本理论与应用方法 . 北京：中国地质出版社

殷长春，齐彦福，刘云鹤，等 . 2014. 频率域航空电磁数据变维数贝叶斯反演研究 . 地球物理学报，
　　57（9）：2971-2980

殷长春，张博，刘云鹤，等 . 2015. 航空电磁勘查技术发展现状及展望 . 地球物理学报，58（8）：
　　2637-2653

殷长春，邱长凯，刘云鹤，等 . 2016. 时间域航空电磁扩散特征和成像深度研究 . 地球物理学报，
　　59（8）：3079-3086

Agostinetti N P，Malinverno A. 2010. Receiver function inversion by trans-dimensional Monte Carlo sampling. Geo-
　　physical Journal of the Royal Astronomical Society，181（2）：858-872

Annan P. 1974. The equivalent source method for electromagnetic scattering analysis and its geophysical
　　application. PhD thesis，Memorial University of Newfoundland

Asten M W，Duncan A C. 2012. The quantitative advantages of using B-field sensors in time-domain EM
　　measurement for mineral exploration and unexploded ordnance search. Geophysics，77（4）：WB137-WB148

Auken E，Christiansen A V. 2004. Layered and Laterally Constrained 2D Inversion of Resistivity Data. Geophysics，
　　69（10）：752-761

Auken E，Sørensen K I，Thomsen P. 2000. Lateral constrained inversion（LCI）of profile oriented data-the
　　resistivity case. Proceedings of the EEGS-ES，Bochum，Germany，EL06

Auken E，Foged N，Sørensen K I. 2002. Model Recognition by 1-D Laterally Constrained Inversion of Resistivity
　　Data. Proceedings of the EEGS-ES，Aveiro，Portugal

Auken E，Christiansen A V，Jacobsen L，et al. 2004. Laterally Constrained 1D-Inversion of 3D TEM Data. Near
　　Surface 2004-10th European Meeting of Environmental and Engineering Geophysics. Netherlands，Utrecht

Bhattacharya B B，Shalivahan，Sen M K. 2003. Use of VFSA for resolution，sensitivity and uncertainty analysis in
　　1D DC resistivity and IP inversion. Geophysical Prospecting，51（5）：393-408

Brooks S P，Gelman A. 1998. General methods for monitoring convergence of iterative simulations. Journal of Com-
　　putational and Graphical Statistics，7（4）：434-455

Chen J，Macnae J C. 1998. Automatic estimation of EM parameters in tau-domain. Exploration Geophysics，
　　29（2）：170-174

Chen J，Kemna A，Hubbard S. 2008. A compare between Gauss-Newton and Markov-chain Monte Carlo-based
　　methods for inverting spectral induced-polarization data for Cole-Cole parameters. Geophysics，73（6）：
　　F247-F259

Chen T，Hodges G，Miles P. 2015. MULTIPULSE-high resolution and high power in one TDEM system.
　　Exploration Geophysics，46（1）：49-57

Chunduru R K，Sen M K，Stoffa P L. 1996. 2-D resistivity inversion using spline parameterization and simulated
　　annealing. Geophysics，61（1）：151-161

Constable S C，Parker R L，Constable C G. 1987. Occam's inversion：A practical algorithm for generating smooth
　　models from electromagnetic sounding data. Geophysics，52（3）：289-300

deGroot-Hedlin C, Constable S. 1990. Occam's inversion to generate smooth, two-dimensional models from magnetotelluric data. Geophysics, 55 (55): 1613-1624

Dittmer J K, Szymanski J E. 1995. The stochastic inversion of magnetics and resistivity data using the simulated annealing algorithm. Geophysical Prospecting, 43 (3): 397-416

Dyck A V, Bloore M, Vallee M A. 1980. User Manual for Programs PLATE and SPHERE. Research in Applied Geophysics, No. 14, Geophysics Laboratory, University of Toronto, Canada

Eaton P A, Hohmann G W. 1989. A rapid inversion technique for transient electromagnetic soundings. Physics of the Earth and Planetary Interiors, 53 (3): 384-404

Egbert G D, Kelbert A. 2012. Computational recipes for electromagnetic inverse problems. Geophysical Journal International, 189 (1): 251-267

Fraser D C. 1978. Resistivity mapping with an airborne multicoil electromagnetic system. Geophysics, 43 (1): 144-172

Green P J. 1995. Reversible jump Markov chain Monte Carlo computation and Bayesian model determination. Biometrika, 82 (4): 711-732

Guitton W T, Hoversten G M. 2011. Stochastic inversion for electromagnetic geophysics: Practical challenges and improving convergence efficiency. Geophysics, 76 (6): F373-386

Guo K, Mungall J E, Smith R S. 2013. The ratio of B-field and dB/dt time constants from time-domain electromagnetic data: a new tool for estimating size and conductivity of mineral deposits. Exploration Geophysics, 44 (4): 238-244

Guo R W, Dosso S E, Liu J X, et al. 2011. Non-linearity in Bayesian 1-D magnetotelluric inversion. Geophysical Journal International, 185 (2): 663-675

Hodges G. 2003. Practical inversions for helicopter electromagnetic data. 15th Annual Symposium on the Application of Geophysics to Environmental and Engineering Problems (SAGEEP). Proceedings: 45-58

Holladay J S, Doll W E, Beard L P, et al. 2006. UXO time-constant estimation from helicopter-borne TEM data. Journal of Environmental & Engineering Geophysics, 11 (1): 43-52

Huang H P, Fraser D C. 1996. The differential parameter method for multifrequency airborne resistivity mapping. Geophysics, 61 (1): 100-109

Huang H P, Fraser D C. 2003. Inversion of helicopter electromagnetic data to a magnetic conductive layered earth. Geophysics, 68 (4): 1211-1223

Ingber L. 1989. Very fast simulated re-annealing. Journal of Mathematical and Computer Modeling, 12 (8): 967-993

Kaikkonen P, Sharma S P. 2001. A comparison of performances of linearized and global nonlinear 2-D inversions of VLF and VLF-R electromagnetic data. Geophysics, 66: 462-475

Key K. 2009. 1D inversion of multicomponent, multifrequency marine CSEM data: Methodology and synthetic studies for resolving thin resistive layers. Geophysics, 74 (2): F9-F20

Kirkpatrick S. 1984. Optimization by simulated annealing: Quantitative studies. Journal of Statistical Physics, 34: 975-986

Kirkpatrick S, Gelatt C D, Vecchi M P. 1983. Optimization by simulated annealing. Science, 220: 671-680

Landa E, Beydoun W, Tarantola A. 1989. Reference velocity model estimation from prestack waveforms. Coherency optimization by simulated annealing. Geophysics, 54: 984-990

Ma X Q. 2002. Simultaneous inversion of prestack seismic data for rock properties using simulated annealing. Geophysics, 67: 1877-1885

Macnae J. 2004. Improving the accuracy of shallow depth determinations in AEM sounding. Exploration Geophysics, 35 (3): 203-207

Macnae J, Lamontagne Y. 1987. Imaging quasi-layered conductive structures by simple processing of transient electromagnetic data. Geophysics, 52 (4): 545-554

Macnae J, King A, Stolz N, et al. 1998. Fast AEM data processing and inversion. Exploration Geophysics, 29 (2): 163-169

Macnae J C, Smith R, Polzer B D, et al. 1991. Conductivity-depth imaging of airborne electromagnetic step-response data. Geophysics, 56 (1): 102-114

Malinverno A. 2002. Parsimonious Bayesian Markov chain Monte Carlo inversion in a nonlinear geophysical problem. Geophysical Journal of the Royal Astronomical Society, 151 (3): 675-688

Marquardt D W. 1963. An algorithm for least-squares estimation of nonlinear parameters. Journal of the society for Industrial and Applied Mathematics, 11 (2): 431-441

McCracken K G, Oristaglio M L, Hohmann G W. 1986. A comparison of electromagnetic exploration systems. Geophysics, 51 (3): 810-818

McNeill J D. 1982. Interpretation of large-loop transmitter transient electromagnetic surveys. Expanded Abstracts, Society of Exploration Geophysicists

Metropolis N, Rosenbluth A, Rosenbluth M, et al. 1953. Equation of state calculations by fast computing machines. Journal of Chemical Physics, 21 (6): 1087-1092

Minsley B J. 2011. A trans-dimensional Bayesian Markov chain Monte Carlo algorithm for model assessment using frequency-domain electromagnetic data. Geophysical Journal International, 187 (1): 252-272

Mitsuhata Y, Uchida T, Amano H. 2002. 2.5-D inversion of frequency-domain electromagnetic data generated by a grounded-wire source. Geophysics, 67 (6): 1753-1768

Mundry E. 1984. On the interpretation of airborne electromagnetic data for the two-layer case. Geophysical Prospecting, 32 (2): 336-346

Nagihara S, Hall S A. 2001. Three-dimensional gravity inversion using simulated annealing: constraints on the diapiric roots of allochthonous salt structures. Geophysics, 66: 1438-1449

Nocedal J, Wright S J. 1999. Numerical Optimization. New York: Springer-Verlag

Otten R, van Ginneken L. 1989. The Annealing Algorithm. Kluwer Academic Publishers, Boston

Press W H, Teukolsky S A, Vetterling W T, et al. 1992. Numerical Recipes. Cambridge: Cambridge University Press

Qu S, Zhang F, Yin X. 1998. A simulated annealing neural network and Lanzos inverse approach for impedance inversion. Extended Abstract of SEG 68th Annual Meeting: 1100-1103

Ray A, Key K. 2012. Bayesian inversion of marine CSEM data with a trans-dimensional self parametrizing algorithm. Geophysical Journal International, 191 (3): 1135-1151

Roy I G. 1999. An efficient non-linear least-square 1D inversion scheme for resistivity and IP sounding data. Geophysical Prospecting, 47 (4): 527-550

Roy L, Sen M K, Blankenship D D, et al. 2005. Inversion and uncertainty estimation of gravity data using simulated annealing. An application over Lake Vostok, East Antarctica. Geophysics, 70: J1-J12

Ryden N, Park C B. 2006. Fast simulated annealing inversion of surface waves on pavement using phase-velocity spectra. Geophysics, 71: R49-R58

Sambridge M, Gallagher K, Jackson A, et al. 2006. Trans-dimensional inverse problems, model comparison and the evidence. Geophysical Journal International, 167 (2): 528-542

Santos F A M, Triantafilis J, Bruzgulis K. 2011. Case History A spatially constrained 1D inversion algorithm for quasi-3D conductivity imaging: Application to DUALEM-421data collected in a riverine plain. Geophysics, 76 (2): 43-53

Sattel D. 2005. Inverting airborne electromagnetic (AEM) data with Zohdy's method. Geophysics, 70 (4): G77-G85

Sen M K, Stoffa P L. 1991. Nonlinear one-dimensional seismic waveform inversion using simulated annealing. Geophysics, 56: 1624-1638

Sen M K, Stoffa P L. 1995. Global optimization methods in geophysical inversion. Elsevier, Science Publication Company

Sen M K, Stoffa P L. 1996. Bayesian inference, Gibbs'sampler and uncertainty estimation in geophysical inversion. Geophys. Geophysical Prospecting, 44 (2): 313-350

Sen M K, Bhattacharya B B, Stoffa P L. 1993. Nonlinear inversion of resistivity sounding data. Geophysics, 58 (4): 496-507

Sengpiel K P. 1983. Resistivity/depth mapping with airborne electromagnetic survey data. Geophysics, 48 (2): 181-196

Sengpiel K P. 1988. Approximate inversion of airborne EM data from a multilayered ground. Geophysical Prospecting, 36 (4): 446-459

Sengpiel K P, Siemon B. 2000. Advanced inversion methods for airborne electromagnetic exploration. Geophysics, 65 (6): 1983-1992

Siemon B. 1996. Neue Verfahren zur Berechnung von scheinbaren spezifischen Widerständen und Schwerpunktstiefen in der Hubschrauberelektromagnetic. Protokoll Kolloquium Electromagneticsche Tiefenforschung: 89-100

Siemon B, Auken E, Christiansen A V. 2009. Laterally Constrained Inversion of Helicopter-Borne Frequency-Domain Electromagnetic Data. Journal of Applied Geophysics, 67 (3): 259-268

Stolz E M, Macnae J C. 1997. Fast approximate inversion of TEM data. Exploration Geophysics, 28 (3): 317-322

Stolz E M, Macnae J C. 1998. Evaluating EM waveforms by singular-value decomposition of exponential basis functions. Geophysics, 63 (1): 64-74

Tartaras E. 2006. Laterally constrained inversion of fixed-wing frequency-domain AEM data. Near Surface 2006-12th European Meeting of Environmental and Engineering Geophysics. Helsinki, Finland, B019

Thomas L. 1975. Electromagnetic Sounding with Susceptibility among the Model Parameters. Geophysics, 42 (1): 92-96

Tølbøll R J, Christensen N B. 2006. Robust 1D inversion and analysis of helicopter electromagnetic (HEM) data. Geophysics, 71 (2): G53-G62

Vallée M A, Smith R S. 2009. Application of Occam's inversion to airborne time-domain electromagnetics. Leading Edge, 28 (3): 284-287

Viezzoli A, Christiansen A V, Auken E, et al. 2008. Quasi-3D modeling of airborne TEM data by spatially constrained inversion. Geophysics, 73 (3): F105-F113

Vignoli G, Fiandaca G, Christiansen A V, et al. 2015. Sharp spatially constrained inversion with applications to transient electromagnetic data. Geophysical Prospecting, 63 (1): 243-255

Yin C. 2000. Geoelectrical inversion for a one-dimensional anisotropic model and inherent non-uniqueness. Geophysical Journal International, 140 (1): 11-23

Yin C, Hodges G. 2007. Simulated annealing for airborne EM inversion. Geophysics, 72 (4): F189-F195

Yin C, Qi Y F, Liu Y H, et al. 2016a. 3D time-domain airborne EM forward modeling with topography. Journal of

Applied Geophysics，134：11-22

Yin C，Qi Y F，Liu Y H. 2016b. 3D time-domain airborne EM modeling for an arbitrarily anisotropic earth. Journal of Applied Geophysics，131：163-178

Yuval，Oldenburg D W. 1997. Computation of Cole-Cole parameters from IP data. Geophysics，62（2）：436-448

Zhang Z，Routh P S，Oldenburg D W，et al. 2000. Reconstruction of 1-D conductivity from dual-loop EM data. Geophysics，65（2）：492-501

第4章 航空电磁勘查关键技术

4.1 航空电磁系统 Footprint

4.1.1 航空电磁系统 Footprint 概念

航空电磁勘查 (AEM) 经常覆盖数十平方千米至数百平方千米,观测数据量巨大,这就给航空电磁反演和解释带来了挑战。然而,实际观测中航空电磁系统的敏感区域远远小于测区。因此,在反演 AEM 数据时,我们可以应用 Footprint 概念只在小范围进行反演,从而可大大减少计算量,加快反演速度 (Cox and Zhdanov,2007;Cox et al.,2010)。航空电磁系统的 Footprint,广义上指的是电磁系统的影响范围,它是航空电磁系统分辨能力的一种度量。

对于频率域航空电磁系统,Liu 和 Becker (1990) 定义电磁 Footprint 为理想导体中,以发射源正下方为中心,对接收机中的电磁响应做出 90% 贡献的感应电流所形成方形区域的边长。Kovacs 等 (1995) 采用修正成像方法重新计算了 Liu 和 Becker (1990) 定义的 Footprint。Beamish (2003) 定义航空电磁系统的 Footprint 为在有限导电半空间中,以发射源正下方为中心感应电场振幅衰减到地表值 $1/e$ 所形成的区域。Reid 和 Vrbancich (2004) 计算了六种航空电磁系统的 Footprint,并据此指出 Liu 和 Becker (1990) 定义的 Footprint 能够估算主要的影响范围。Reid 等 (2006) 以 Liu 和 Becker 的 Footprint 为基础,定义 Footprint 为发射源正下方贡献了接收机处 90% 电磁响应的感应电流所形成立方体区域的边长,并且发现实分量的 Footprint 大于虚分量。Tølbøll 和 Christensen (2007) 定义灵敏度 Footprint 作为一个立方体区域的边长,其中任何一点的灵敏度达到最大灵敏度的 10%。Smith 和 Wasylechko (2012) 依据灵敏度计算了时间域航空电磁系统 Footprint。Cox 等 (2010) 根据"moving footprint"建立了三维快速反演算法,该算法极大地提高了航空电磁三维正反演速度。然而,所有这些定义都存在局限性。Liu 和 Becker (1990) 的定义仅仅考虑理想导体,因此电流只在地表流动。Beamish (2003) 的定义只考虑了航空电磁发射源而没有考虑整个发射-接收系统。尽管 Reid 等 (2006) 定义 Footprint 时考虑到大地有限导电性,但由于对立方体表面没有约束,存在局限性,因为立方体表面各处电流对航空电磁响应的影响存在差异。尽管根据灵敏度定义的 Footprint 理论上可行,然而,航空电磁系统只能测量电磁场值,无法观测到灵敏度。一个灵敏度很大的区域不一定产生足以被航空电磁系统观测到的电磁响应,特别是对电磁系统存在背景噪声的情况。

航空电磁 Footprint 的意义在于定义一个贡献区域,用该区域内的数据进行正演模拟和反演解释将极大地减少反演工作量,加快反演速度。本节将重点讨论和分析一种普遍适用的 Footprint 定义。这种定义是由 Yin 等（2014）提出，它既考虑了整个航空电磁发射和接收系统，又考虑了 Footprint 边界单元上的电流在接收机处的贡献。按照 Yin 等（2014）的研究，航空电磁系统的 Footprint 定义为地下有限导电半空间中的某一区域：①区域边界上每个单元中的感应电流在接收机处产生相同的电磁响应；②区域内整体感应电流对接收机电磁响应的贡献为地下半空间产生的总电磁响应的 90%。该定义能够适用于完整的航空电磁系统。下面的讨论仅以频率域航空电磁系统为例。

4.1.2 航空电磁系统 Footprint 计算方法

本节将以频率域水平共面 HCP 和直立共轴 VCX 系统为例，重点介绍 Yin 等（2014）提出的 Footprint 的计算方法，并对其影响因素进行分析。我们定义直角坐标系 (x, y, z) 和一个相应的柱坐标系 (r, φ, z)，坐标原点位于发射偶极正下方的地表，x 方向为测线方向，z 轴垂直向下。磁矩为 m 的发射偶极位于 $(0, 0, -h)$，接收机位于 $(x, 0, -h)$。

对于 HCP 和 VCX 系统，空气中的垂直和水平磁场分别由式（2.103）、式（2.112）和式（2.113）给出。为方便讨论，我们重新给出如下公式：

$$H_{z\_hcp} = \frac{m}{4\pi}\left\{ \frac{3z_+^2 - R_+^2}{R_+^5} - T_3(z_-) \right\} \tag{4.1}$$

$$H_{x\_vcx} = H_r\cos\varphi - H_\varphi\sin\varphi = \frac{m}{4\pi}\left\{ \cos^2\varphi\left[\frac{3r^2 - R_+^2}{R_+^5} - T_3(z_-) + \frac{T_5(z_-)}{r} \right] - \sin^2\varphi\left[\frac{1}{R_+^3} + \frac{T_5(z_-)}{r} \right] \right\} \tag{4.2}$$

式中，T_3 和 T_5 由 2.1 节给出。另外，参见 2.8 节，对于 HCP 系统，地下半空间中的切向电场为

$$E_\varphi = -\frac{i\omega\mu_0 m}{2\pi}\int_0^\infty f_E(z, k, \omega)J_1(kr)k^2\mathrm{d}k \tag{4.3}$$

而对于 VCX 系统，径向、切向和垂向电场分别为

$$E_{r\_vcx} = \frac{i\omega\mu_0 m}{2\pi r}\sin\varphi\int_0^\infty f_E(z, k, \omega)kJ_1(kr)\mathrm{d}k \tag{4.4}$$

$$E_{\varphi\_vcx} = \frac{i\omega\mu_0 m}{2\pi}\cos\varphi\int_0^\infty f_E(z, k, \omega)\left[kJ_0(kr) - \frac{1}{r}J_1(kr) \right]k\mathrm{d}k \tag{4.5}$$

$$E_{z\_vcx} = 0 \tag{4.6}$$

式中，$f_E(z, k, \omega)$ 是核函数，其计算由 2.1 节给出。在计算出极坐标下的电场分量后，可以将其转换到直角坐标，并利用欧姆定律 $\boldsymbol{J} = \sigma\boldsymbol{E}$ 计算电流密度，其中 σ 为大地电导率。

为定义航空电磁系统的 Footprint，我们将下半空间剖分成沿 x 方向、y 方向和 z 方向边长分别为 Δx、Δy 和 Δz 的单元（图 4.1）。使用式（4.3）~式（4.6）并结合欧姆定律计算离散单元的电流密度。由于单元体积很小，可以假设每个单元中电流密度为常数，则可以利用各离散单元的电流密度和自由空间张量格林函数积分，计算接收机处的二次磁场响应（纳比吉安，1992），即

$$\boldsymbol{H}(\boldsymbol{r}) = \int_{v'}\boldsymbol{G}_H(\boldsymbol{r}, \boldsymbol{r}')\cdot\boldsymbol{J}(\boldsymbol{r}')\mathrm{d}v' \tag{4.7}$$

$$G_{\mathrm{H}}(\boldsymbol{r},\ \boldsymbol{r}') = \frac{1}{4\pi\,|\,\boldsymbol{r}-\boldsymbol{r}'\,|^{3}}\begin{bmatrix} 0 & z-z' & y'-y \\ z'-z & 0 & x-x' \\ y-y' & x'-x & 0 \end{bmatrix} \tag{4.8}$$

式中，$\boldsymbol{r}$ 为接收机位置；$\boldsymbol{r}'$为地下电流元位置；$\boldsymbol{J}$（$\boldsymbol{r}'$）为电流密度，v' 为积分区域。

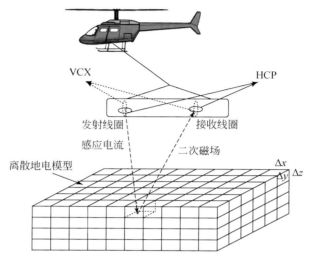

图 4.1　航空电磁系统 Footprint 计算原理图

利用式（4.7）和式（4.8）可得

$$H_{x}(\boldsymbol{r}) = \frac{1}{4\pi}\int_{v'}\frac{j_{y}\cdot(z-z')-j_{z}\cdot(y-y')}{|\,\boldsymbol{r}-\boldsymbol{r}'\,|^{3}}\mathrm{d}^{3}v' \tag{4.9}$$

$$H_{y}(\boldsymbol{r}) = \frac{1}{4\pi}\int_{v'}\frac{j_{z}\cdot(x-x')-j_{x}\cdot(z-z')}{|\,\boldsymbol{r}-\boldsymbol{r}'\,|^{3}}\mathrm{d}^{3}v' \tag{4.10}$$

$$H_{z}(\boldsymbol{r}) = \frac{1}{4\pi}\int_{v'}\frac{j_{x}\cdot(y-y')-j_{y}\cdot(x-x')}{|\,\boldsymbol{r}-\boldsymbol{r}'\,|^{3}}\mathrm{d}^{3}v' \tag{4.11}$$

式中，j_{x}、j_{y} 和 j_{z} 分别为单元中心沿 x 方向、y 方向和 z 方向的电流密度；$\mathrm{d}^{3}v'$ 为单元体积。结合式（4.3）～式（4.6），并利用式（4.9）～式（4.11）可计算半空间中体积 v' 中的电流源在接收机处产生的磁场响应。

　　为进行数值试验，我们假设图 4.1 所示的均匀半空间模型，电阻率为 $100\Omega\cdot\mathrm{m}$，发射频率为 10kHz，飞行高度为 30m，收发距为 8m。图 4.2 给出积分体积在 x 方向的边长与 HCP 系统响应 H_{z} 及 VCX 系统响应 H_{x} 的振幅、实部和虚部之间的关系。考虑到电磁场在水平方向和垂向方向的衰减特征不同，我们假设单元网格尺度为 5m×5m×1m。从图 4.2 可以看出，对于 HCP 和 VCX 系统，随着 x 方向边长增大，二次磁场的实部、虚部和振幅初始迅速增大，达到一个最大值后，缓慢降低到一个常数值（地下半空间对接收机的总二次磁场响应值）。进而，我们发现当振幅达到二次磁场的 90% 时，实部还没有达到 90%，而虚部大于 90%。这表明实部 Footprint 大于振幅 Footprint，而虚部 Footprint 小于振幅 Footprint。为了方便对比，我们同时给出 97% 二次磁场响应对应的积分体积大小。为简化起见，我们以振幅为例。从图 4.2 可以看出，无论对于 HCP 还是 VCX 系统，二次磁场 90% 对应的 x

方向边长远远小于 97% 对应的边长。这意味着通过引入 Footprint，我们能够在小范围内进行航空电磁反演而对精度不会产生太大影响，通过将各区域反演结果进行拼接可得到整个测区的反演结果，这将极大提高航空电磁的反演效率。

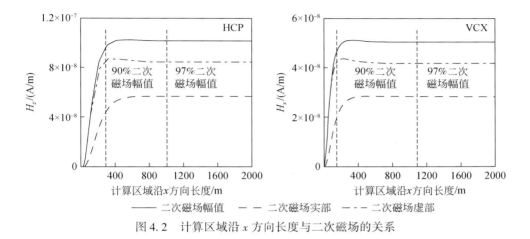

图 4.2　计算区域沿 x 方向长度与二次磁场的关系

4.1.3　频率域航空电磁系统 Footprint

我们将航空电磁系统 Footprint 定义为均匀半空间中贡献接收机处总二次磁场响应 90% 的地下感应电流形成的最小区域，同时在区域边界处所有电流对二次磁场的贡献相同。为此，我们需要找出积分公式 (4.9)~式 (4.11) 的外边界。这个外边界需要满足两个条件：①外边界各点的电流对二次磁场的贡献相同；②积分体积中总电流对二次磁场的贡献为接收机处总二次磁场（无限半空间）响应的 90%。这不同于由 Liu 和 Becker（1990）、Beamish（2003）及 Reid 等（2006）给出的 Footprint。他们或者没有考虑完整的发射–接收系统，或者仅针对理想导体，或者事先已经设定 Footprint 形状。这里给出的 Footprint 适用于一个完整的航空电磁系统和大地的有限导电性。此外，与 Reid 给出的 Footprint 不同，其定义的 Footprint 边界处电流对二次磁场贡献可以不同，本节给出的 Footprint 定义中，边界上的电流源对接收机处二次磁场的贡献是相等的，由此获得的 Footprint 不再是一个立方体，而是一个"碗"形区域。

在求取 Footprint 时，我们首先将计算区域离散成小单元，通过设定一个阈值定义一个地下等值面，在该等值面上每个单元内的电流在接收机中产生相同的二次磁场。然后，我们对等值面以内所有电流单元产生的二次磁场进行累加，将累加结果与式（4.1）和式（4.2）获得的总二次磁场做比值，若比值等于 90% 则确定为 Footprint 区域，若比值大于 90% 将减小阈值以缩小等值面，若小于 90% 将增大阈值以扩大等值面，如此试探直到找到 Footprint 为止。

下面我们分析航空电磁系统 Footprint 特征。为方便和 Beamish（2003）结果进行对比，我们首先选择与其相同的参数（发射频率为 10kHz，飞行高度为 30m，介质电阻率为

$100\Omega \cdot m$），唯一不同的是我们考虑了整个发射-接收系统，发射机和接收机分别位于 $(0，0，-30m)$ 和 $(8m，0，-30m)$。图 4.3 ~ 图 4.5 分别给出 HCP 系统的振幅、实分量和虚分量 Footprint，而图 4.6 ~ 图 4.8 分别给出 VCX 系统振幅、实分量和虚分量 Footprint。表 4.1 中给出沿各方向 Footprint 轴的长度。从图我们可以看出：①对于相同的系统参数和介质电阻率，HCP 比 VCX 系统的 Footprint 大。这是因为 HCP 系统不同于 VCX 系统，其地下最大电流并不是位于发射源正下方，而是位于距发射源正下方一定距离处，这个位置与飞行高度有关。因此，VCX 系统 Footprint 较小，系统更为紧凑。②无论是 HCP 还是 VCX 系统，实部 Footprint 最大，虚部 Footprint 最小，振幅 Footprint 位于两者之间。这是由于磁场的虚部主要受电磁场扩散效应影响，在导电介质中电磁场衰减很快，导致了很小的虚部 Footprint；而实部主要受电磁场几何衰减影响，衰减相对缓慢，导致实部 Footprint 较大。③比起 HCP 装置，VCX 系统 Footprint 的对称性较差。HCP 系统振幅和虚部 Footprint 的微弱不对称性仅从计算数据中看出（表 4.1）。④除了 Footprint 的主要区域外，VCX 系统的振幅 Footprint 在 x 轴两侧有两个不对称侧翼"side-wing"，虚部 Footprint 在接收机一侧有一个"side-wing"。这是因为 VCX 系统在地下介质中有两个极性相反的电流中心（Yin and Hodges，2007），导致了 VCX 系统 Footprint 较强的不对称性和"side-wing"现象。⑤由于 HCP 和 VCX 系统都是非重叠系统，发射和接收之间有一定的距离，所有的 Footprint 区域均向接收机一侧偏移。这个现象很容易解释。事实上，对 VCX 或 HCP 系统，地下均匀半空间中电流是关于发射源对称的，然而，对于一个非重叠系统，并且电磁接收机位于发射

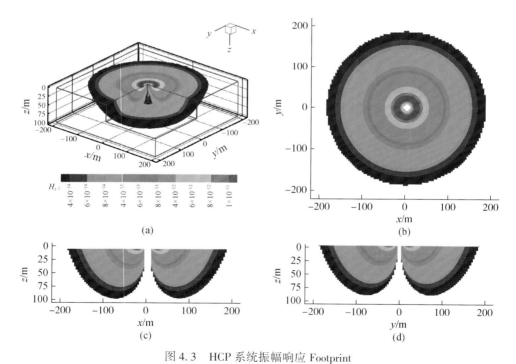

图 4.3　HCP 系统振幅响应 Footprint

（a）三维 Footprint 分布；（b）Footprint 在 x-y 平面等值线图；（c）Footprint 在 x-z 平面等值线图；（d）Footprint 在 y-z 平面等值线图。磁场单位为 A/m，模型和系统参数在文中给出

源后面的情况，发射源两侧的电流（即使强度相等），由于距离不同在接收机中产生的信号大小不同，距接收机越近的电流贡献较大，这就导致电磁 Footprint 区域不对称性，区域中心向接收机一侧偏移。⑥HCP 和 VCX 系统 Footprint 沿水平方向（x 方向和 y 方向）的长度大于垂向（z 方向）长度，这是由于电磁场在 z 方向主要是指数衰减，而在 x 方向和 y 方向为几何和指数衰减的综合，因此电磁场在水平方向和垂直方向的衰减速度不同，导致 Footprint 大小在不同方向上存在差异。

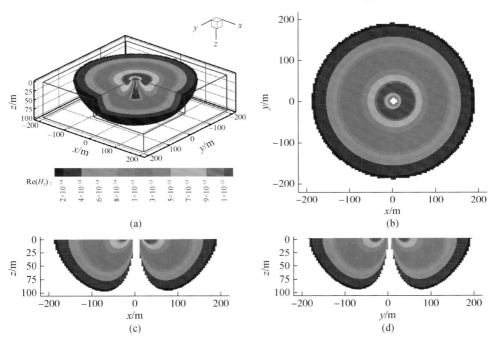

图 4.4　HCP 系统实部响应 Footprint

（a）三维 Footprint 分布；（b）Footprint 在 x-y 平面等值线图；（c）Footprint 在 x-z 平面等值线图；
（d）Footprint 在 y-z 平面等值线图。磁场单位为 A/m，模型和系统参数在文中给出

将图 4.3 和图 4.6 与 Beamish（2003）的图 10（a）和（b）比较，发现存在两点主要差异：①Beamish 计算的 Footprint 关于发射源是对称的，本节计算的对于完整航空系统的 Footprint 由于收发距的存在而不再关于发射源对称，其中 VCX 装置不对称性更为明显。这种不对称性随收发距的增大变得强烈。②Yin 等（2014）计算的 Footprint 比 Beamish 计算的 Footprint 范围大。本节计算的 Footprint 的不对称性很容易解释。事实上，在我们的 Footprint 计算中，我们考虑整个航空电磁发射–接收系统。虽然单个发射源的敏感区域是对称的，正如 Beamish（2003）给出的结果，但对于分离的发射–接收线圈装置，敏感区域不再关于发射源对称，而是向接收机方向偏移。可以预测这种不对称性随着收发距的增大而增大。我们计算出的 Footprint 比 Beamish 结果大的原因是我们假设 Footprint 为产生 90% 二次磁场值的区域，而 Beamish 以"趋肤深度"定义 Footprint，即磁场衰减到最大场值的 $1/e$（约 63%）时形成的区域。

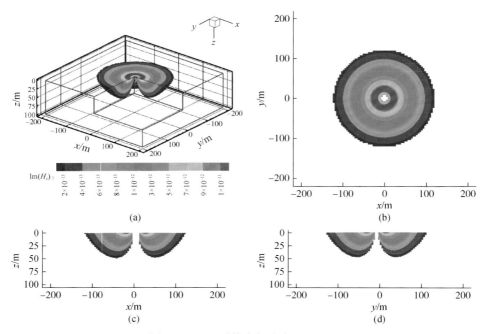

图 4.5　HCP 系统虚部响应 Footprint

（a）三维 Footprint 分布；（b）Footprint 在 x-y 平面等值线图；（c）Footprint 在 x-z 平面等值线图；
（d）Footprint 在 y-z 平面等值线图。磁场单位为 A/m，模型和系统参数在文中给出

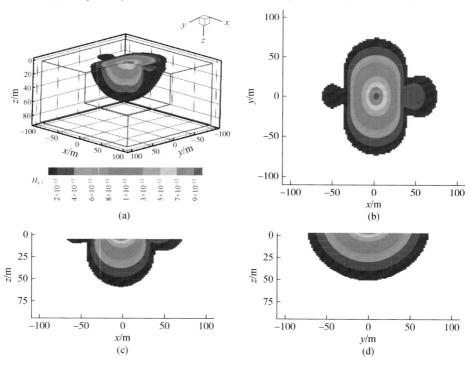

图 4.6　VCX 系统振幅响应 Footprint

（a）三维 Footprint 分布；（b）Footprint 在 x-y 平面等值线图；（c）Footprint 在 x-z 平面等值线图；
（d）Footprint 在 y-z 平面等值线图。磁场单位为 A/m，模型和系统参数在文中给出

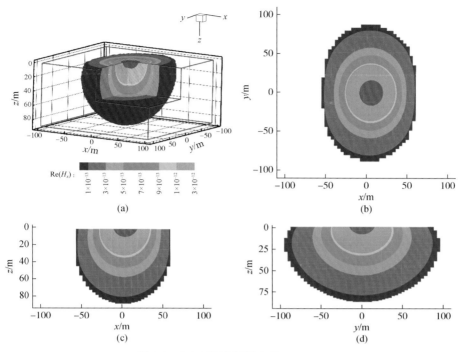

图 4.7　VCX 系统实部响应 Footprint

（a）三维 Footprint 分布；（b）Footprint 在 x-y 平面等值线图；（c）Footprint 在 x-z 平面等值线图；
（d）Footprint 在 y-z 平面等值线图。磁场单位为 A/m，模型和系统参数在文中给出

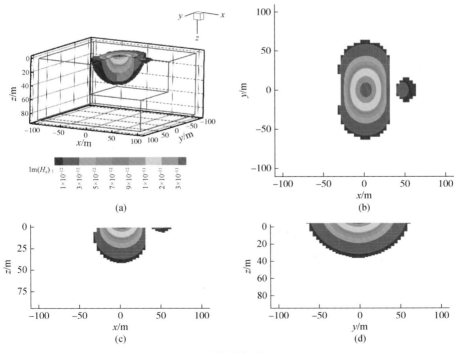

图 4.8　VCX 系统虚部响应 Footprint

（a）三维 Footprint 分布；（b）Footprint 在 x-y 平面等值线图；（c）Footprint 在 x-z 平面等值线图；
（d）Footprint 在 y-z 平面等值线图。磁场单位为 A/m，模型和系统参数在文中给出

243

表 4.1　不同线圈系统 **Footprint** 轴的长度　　　　　单位：m

线圈系统	HCP 系统			VCX 系统		
	x	y	z	x	y	z
振幅 Footprint	286	288	65	140	148	56
实部 Footprint	380	384	98	116	176	89
虚部 Footprint	244	248	50	92	128	42

4.1.4　航空电磁系统 Footprint 的影响因素

本节分析飞行高度、发射频率和大地电阻率对航空电磁系统 Footprint 的影响。我们采用不同的参数组合进行模拟。数值试验表明幅值、实部和虚部的 Footprint 有相同的特性，为简化起见我们以振幅 Footprint 为例进行分析。

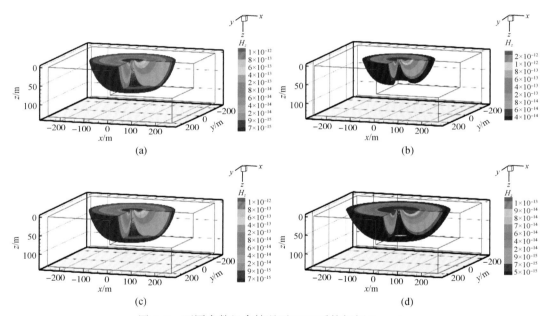

图 4.9　不同参数组合情况下 HCP 系统振幅 Footprint

（a）$f=5\text{kHz}$，$\rho=100\Omega\cdot\text{m}$，$h=30\text{m}$；（b）$f=10\text{kHz}$，$\rho=100\Omega\cdot\text{m}$，$h=30\text{m}$；（c）$f=10\text{kHz}$，$\rho=200\Omega\cdot\text{m}$，$h=30\text{m}$；
（d）$f=10\text{kHz}$，$\rho=100\Omega\cdot\text{m}$，$h=60\text{m}$。磁场单位为 A/m

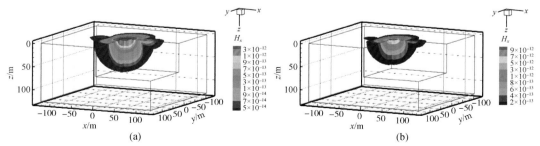

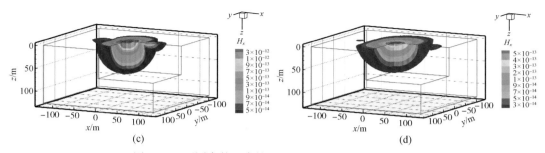

图 4.10　不同参数组合情况下 VCX 系统振幅 Footprint

（a）$f=5\text{kHz}$，$\rho=100\Omega\cdot\text{m}$，$h=30\text{m}$；（b）$f=10\text{kHz}$，$\rho=100\Omega\cdot\text{m}$，$h=30\text{m}$；（c）$f=10\text{kHz}$，$\rho=200\Omega\cdot\text{m}$，$h=30\text{m}$；（d）$f=10\text{kHz}$，$\rho=100\Omega\cdot\text{m}$，$h=60\text{m}$。磁场单位为 A/m

1. 飞行高度对 Footprint 的影响

图 4.9（b）和（d）给出飞行高度对航空电磁 HCP 系统 Footprint 的影响，而图 4.10（b）和（d）给出飞行高度对 VCX 系统 Footprint 的影响。从图中可以看出：①无论 HCP 还是 VCX 系统，电磁 Footprint 随飞行高度的增大而增大；②对于 VCX 系统，侧翼 "side-wings" 随着飞行高度的增大而减小。这些现象很容易解释。Footprint 反映航空电磁系统的影响范围，与手电筒的工作原理相同。照射目标离手电筒越远，手电筒光路影响范围越大。由于严重的平均效应，VCX 系统 Footprint 中的 "side-wing" 随着高度的增大而减小。图 4.11 给出 HCP 和 VCX 系统在 y 方向和 z 方向 Footprint 轴的长度与飞行高度之间的关系。从图可以看出，Footprint 轴长与飞行高度之间存在明显的线性关系。

为进一步分析航空电磁系统的 Footprint，我们研究了振幅、实部和虚部 Footprint 受飞行高度的影响特征。图 4.12 给出航空电磁 HCP 和 VCX 系统 Footprint 在 y 方向轴长与飞行高度的关系。除了线性关系外，我们还可以看出，在飞行高度较低时，两种系统的振幅 Footprint 均向虚部 Footprint 靠近，而随着飞行高度的增大，它逐渐远离虚部 Footprint 而向实部 Footprint 靠近，这同样是电磁传播的几何效应和感应效应的不同影响所导致的。飞行高度越大，几何效应越明显，Footprint 向实部靠近；反之飞行高度越小，感应效应作用变大，Footprint 向虚部靠近。

仔细研究计算结果我们还发现，发射频率和大地电阻率对 Footprint 的影响存在一种互补关系。分析图 4.9（a）、图 4.9（c）和图 4.10（a）、图 4.10（c）发现，当频率增大和大地电阻率减小时，在保持发射频率和大地电阻率比值不变的情况下，电磁 Footprint 保持不变。这表明单独的发射频率或介质电阻率并不是影响 Footprint 的固有参数。然而，某些参数组合，如感应数（与发射频率成正比，与电阻率成反比），将对 Footprint 大小起决定性的作用。

表 4.2 给出了不同频率和电阻率比值条件下，飞行高度与 Footprint 轴向长度的线性关系。从表中可以看出，Footprint 在水平方向上随高度变化非常快，这意味着电磁波的几何效应（衰减）起主导作用。然而，在垂直方向 Footprint 随着高度变化缓慢，意味着垂直方向上电磁波的感应效应（或指数衰减）占主导地位。进一步分析计算结果表明，频率和大

地电阻率以一种联合方式对 Footprint 产生影响，即感应数起决定作用。事实上，从表 4.2 可以看出：①发射频率与介质电阻率比值越小，感应数越小，电磁 Footprint 的轴向长度越大，表明 Footprint 随着波长而增大（与感应数成反比）；②大地电阻率越大或频率越低，z 轴斜率越大，这意味着波长越大（对应于缓慢衰减），垂直方向的 Footprint 越大。发射频率和大地电阻率的互补作用再次证实了感应数是影响 Footprint 的固有参数。

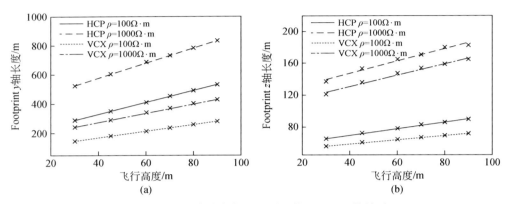

图 4.11　飞行高度与航空电磁系统 Footprint 的关系

（a）飞行高度与 Footprint y 轴长度关系；（b）飞行高度与 Footprint z 轴长度关系。

符号表示 Footprint 轴长的计算结果，而线条表示线性拟合

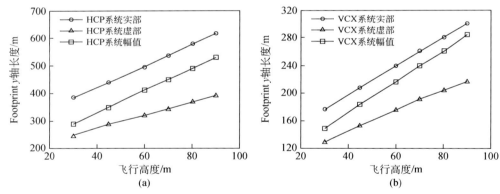

图 4.12　飞行高度与航空电磁振幅、实部和虚部 Footprint 的关系

（a）HCP 系统；（b）VCX 系统。其他参数与图 4.11 相同

表 4.2　不同比值条件下 Footprint 轴向长度与飞行高度 h 的线性关系

		实部	虚部	振幅
$f/\rho=1000$ $(1/\Omega \cdot m \cdot s)$	HCP	$y=84.88+4.37h$	$y=80.34+1.86h$	$y=57.94+4.47h$ $z=29.16+0.16h$
	VCX	$y=40.00+2.00h$	$y=81.43+2.23h$	$y=32.76+2.11h$ $z=21.32+0.11h$

续表

		实部	虚部	振幅
$f/\rho=100$ $(1/\Omega\cdot\mathrm{m}\cdot\mathrm{s})$	HCP	$y=266.29+3.87h$	$y=178.42+2.37h$	$y=186.49+4.02h$ $z=53.22+0.41h$
	VCX	$y=114.85+2.07h$	$y=86.38+1.45h$	$y=54.33+2.20h$ $z=48.65+0.26h$
$f/\rho=10$ $(1/\Omega\cdot\mathrm{m}\cdot\mathrm{s})$	HCP	$y=810.00+4.00h$	$y=431.41+3.50h$	$y=372.76+5.16h$ $z=116.28+0.78h$
	VCX	$y=273.20+3.10h$	$y=174.27+2.33h$	$y=147.14+3.17h$ $z=102.45+0.71h$

2. 感应数对 Footprint 的影响

从以上分析得知，航空电磁 Footprint 并不是单独依赖于发射频率或大地电阻率，而是两个参数的综合–感应数。感应数是 Footprint 的一个内在影响因素。图 4.13 分别给出感应数与 HCP 和 VCX 系统 Footprint 在 y 轴方向轴长（最大长度）之间的关系，其中模型的飞行高度为 30m。从图可以看出：①在小感应数时 Footprint 衰减很快；随着感应数的增大，Footprint 逐渐趋近于一个恒定值；②当感应数较小时，振幅 Footprint 接近虚部 Footprint；随着感应数的增大，振幅 Footprint 向实部 Footprint 靠近。这些现象可以解释如下：当感应数较小（低频或高阻）时，电磁信号衰减慢，这将导致较大的系统 Footprint；当感应数较大（高频或低阻）时，电磁信号衰减快，将获得一个较小的 Footprint。当 Footprint 趋近于一个常数时，这是纯几何因素所致。基于导电体的电磁感应原理，小感应数时电磁场虚部占主导地位，而在大感应数时实部占主导地位，因此振幅 Footprint 在小感应数时向虚部靠近，而在大感应数时向实部靠近。

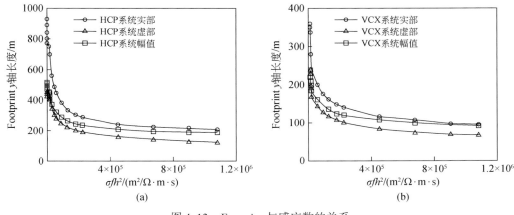

图 4.13 Footprint 与感应数的关系

（a）HCP 系统沿 y 方向轴长；（b）VCX 系统沿 y 方向轴长

对 Footprint 影响因素进行总结，可以得出如下结论：①在所有航空电磁系统 Footprint

的影响因素中，飞行高度是主导因素。飞行高度越大，系统 Footprint 越大。相比之下，发射频率和大地电阻率为次一级影响因素。②从感应数和飞行高度对 Footprint 影响的程度不同可以解释几何效应对 Footprint 的影响大于感应效应。③比起单独参数（介质电阻率和发射频率），感应数（$\omega\sigma\mu h^2$）或波长（$\lambda = \sqrt{10^7\rho/f}$）是影响 Footprint 感应部分的内在因素。④无论 HCP 还是 VCX 系统，在飞行高度低、发射频率低或者大地电阻率高时，振幅 Footprint 接近于虚部 Footprint。随着飞行高度增大、频率增高或者介质电阻率减小，振幅 Footprint 逐渐向实部 Footprint 靠近。

4.1.5 小结

以往的航空电磁 Footprint 定义存在局限性或者仅具理论价值，或者仅适用于理想导体和非完整航空电磁系统。相比之下，本节定义的 Footprint 适用于完整航空电磁系统和有限大地导电率的情况。结合张量格林函数，我们成功计算出地下感应电流产生的二次磁场，从而计算振幅、实部和虚部的 Footprint。数值模拟证实对于航空电磁发射-接收（Tx-Rx）系统，其 Footprint 不再关于发射源对称，形成的区域为椭球形状，中心向 Tx-Rx 中心区域移动。对于 VCX 系统，其 Footprint 可能存在 side-wings。在三种电磁 Footprint 中，实部 Footprint 最大，虚部 Footprint 最小。因此，在利用 Footprint 解释航空电磁数据时应更多关注实部 Footprint。

由于电磁传播不同的衰减模式（几何和感应），航空电磁 Footprint 在水平方向的范围比垂向方向大。VCX 系统的 Footprint 小于 HCP 系统，表明 VCX 系统更为紧凑。此外，VCX 系统的 Footprint 形态更为复杂。这是由于除了收发之间有一定距离外，还与 VCX 系统存在两个极化方向相反的电流中心有关。对于频率域航空电磁系统，飞行高度是 Footprint 的首要影响因素，飞行高度越大 Footprint 越大；相比之下，感应数（或者波长）对 Footprint 产生次一级影响。在低频或高阻的情况下，航空电磁系统 Footprint 较大。

利用本节定义的 Footprint 可以更好地确定航空电磁数据反演的灵敏区域，并以此划分反演区域，这使得航空电磁海量数据反演解释更为有效，为大测区数据处理和解释提供理论前提，同时应用"moving footprint"进行航空电磁数据反演必将成为未来的研究热点。本节仅以频率域航空电磁系统为例讨论了 Footprint 定义及计算方法，有关时间域航空电磁系统的 Footprint 也具有重要研究价值。

4.2 导电异常环用于航空电磁系统测试

4.2.1 研究背景

传统的航空电磁系统性能测试是在"已知"矿床上进行的。换句话说，试验时将系统在已知矿床上飞行，将观测结果与由已知矿床建立的模型响应进行对比以分析系统性能。

然而，由于矿区地质条件的复杂性，通常难以对数据进行准确模拟，使得系统测试、分析及不同系统进行对比变得异常困难。此外，在实际矿区进行系统测试需要将系统飞到矿区，涉及繁琐的后勤保障问题，测试成本较高。因此，发展导电异常环替代传统的在已知矿床进行航空电磁系统测试很有必要。导电异常环测试技术是由 Yin 和 Hodges（2009）研发成功的。该技术具有成本低廉、运输方便、易于进行模拟等优势。在进行系统测试时，异常环放置于地表，通过调节和异常环串联的电感或电阻，在航空电磁接收系统中产生系列电磁响应，比较由导电异常环产生的理论响应和实测数据，从而对航空电磁系统进行性能评价。通过将不同系统在同一个异常环上方飞过，还可以对不同系统进行性能对比。

4.2.2　理论推导

利用导电异常环进行航空电磁系统测试时，人们通常在大地表面铺设一个导电线框。我们首先建立如图 4.14 所示的模型，均匀半空间表面布设一矩形导电异常环，棱边长度分别为 L_1 和 L_2，航空电磁系统发射机（T）和接收机（R）飞行高度分别为 h_T 和 h_R。设置如图的坐标系，x 轴和 y 轴分别与矩形导电线框的棱边平行。我们以时间域直升机航空电磁系统为例，发射波形假设为半正弦波。当航空电磁系统在导电线框上空飞过时，航空系统接收机接收到的电磁信号包括三个部分：①发射机–大地–接收机系统（TER）响应；②发射机–导电线框–接收机系统（TLR）响应；③导电线框–大地–接收机系统（LER）响应。我们忽略各系统之间的二次耦合。

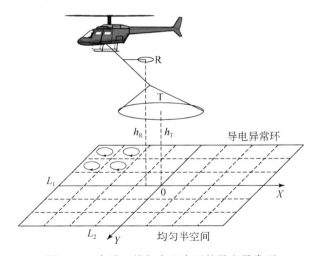

图 4.14　布设于均匀大地表面的导电异常环

1. 发射机–大地–接收机系统

发射机–大地–接收机系统（TER）的电磁响应可采用 2.1 节给出的航空电磁正演算法计算。为此，首先计算一维频率域航空电磁响应，并将其转换到时间域，得到时间域阶跃响应，再将该阶跃响应与实际发射波形进行褶积，得到对于任意发射波形的时间域航空电磁响应，具体计算方法参见 2.2 节。

2. 发射机–导电线框–接收机系统

当忽略二次耦合时，发射机–导电线框–接收机系统（TLR）的响应可单独进行计算。假设半正弦发射电流为

$$I_T(t) = \begin{cases} 0, & t < 0, \\ I_0 \sin \dfrac{\pi t}{T_1} & 0 \leqslant t \leqslant T_1, \\ 0, & t > T_1 \end{cases} \tag{4.12}$$

式中，t 为时间；I_0 和 T_1 分别为峰值电流和脉冲宽度。对式（4.12）进行傅里叶变换，得到频率域发射电流为

$$I_T(\omega) = \int_{-\infty}^{\infty} I_T(t) e^{-i\omega t} dt = \frac{\pi I_0}{T_1} \frac{1 + e^{-i\omega T_1}}{\left(\dfrac{\pi}{T_1}\right)^2 - \omega^2} \tag{4.13}$$

式中，ω 为角频率。按照 Telford 等（1986）的研究，导电线框中的感应电压为

$$V_L(\omega) = -M_{TL}\frac{dI}{dt} = -i\omega M_{TL} I_T(\omega) = -\frac{i\pi M_{TL} I_0 \omega}{T_1} \cdot \frac{1 + e^{-i\omega T_1}}{\left(\dfrac{\pi}{T_1}\right)^2 - \omega^2} \tag{4.14}$$

式中，M_{TL} 为发射机与导电线框之间的互感系数，我们将在 4.9 节中讨论互感系数的计算问题。假设导电线框的阻抗为 $Z_L = R + i\omega L$，其中 R 和 L 分别为导电线框的电阻和电感，则导电线框中的电流为

$$I_L(\omega) = \frac{V_L(\omega)}{Z_L} = -\frac{i\pi M_{TL} I_0 \omega}{T_1} \cdot \frac{1 + e^{-i\omega T_1}}{\left[\left(\dfrac{\pi}{T_1}\right)^2 - \omega^2\right](R + i\omega L)} \tag{4.15}$$

最后，我们得到接收机的感应电压为

$$V_R(\omega) = -i\omega M_{LR} I_L(\omega) = -M_{TL} M_{LR} I_0 \frac{\pi}{T_1} \frac{\omega^2(1 + e^{-i\omega T_1})}{\left[\left(\dfrac{\pi}{T_1}\right)^2 - \omega^2\right](R + i\omega L)} \tag{4.16}$$

式中，M_{LR} 为导电线框与接收机之间的互感系数，其表达式参见 4.9 节。为获得接收机中时间域电磁响应，我们对式（4.16）进行反傅里叶变换得到：

$$V_R(t) = \frac{1}{2\pi} \int_{-\infty}^{+\infty} V_R(\omega) e^{i\omega t} d\omega$$

$$= -M_{TL} M_{LR} I_0 \frac{i\pi}{T_1} \cdot \frac{1}{2\pi i} \int_{-\infty}^{+\infty} \frac{\omega^2(1 + e^{-i\omega T_1}) e^{i\omega t}}{\left[\left(\dfrac{\pi}{T_1}\right)^2 - \omega^2\right](R + i\omega L)} d\omega$$

$$= -M_{TL} M_{LR} I_0 \frac{\pi}{T_1 L} \cdot \frac{1}{2\pi i} \int_{-\infty}^{+\infty} \frac{\omega^2(1 + e^{-i\omega T_1}) e^{i\omega t}}{\left[\left(\dfrac{\pi}{T_1}\right)^2 - \omega^2\right](\omega - iR/L)} d\omega \tag{4.17}$$

式（4.17）中的积分可利用留数定理进行求解（Zwillinger，2003）。如图 4.15 所示，设置

积分路径为 ω 复平面上方绕过奇异点 $\omega = \pm\pi/T_1$ 的逆时针半圆。考虑到沿着两个实轴奇异点的积分可以忽略不计，而奇异点 $\omega = iR/L$ 包含在闭合曲线内，可由留数定理计算，即

$$V_R(t) = \frac{\pi M_{TL} M_{LR} I_0 R^2}{T_1 L^3} \cdot \frac{(1 + e^{RT_1/L}) e^{-Rt/L}}{\left(\dfrac{\pi}{T_1}\right)^2 + \left(\dfrac{R}{L}\right)^2} \tag{4.18}$$

最后，航空系统接收线圈中的磁感应可表示为

$$\frac{dB(t)}{dt} = -\frac{V_R(t)}{n_R S_R} = -\frac{\pi M_{TL} M_{LR} I_0 R^2}{n_R S_R T_1 L^3} \cdot \frac{(1 + e^{RT_1/L}) e^{-Rt/L}}{\left(\dfrac{\pi}{T_1}\right)^2 + \left(\dfrac{R}{L}\right)^2} \tag{4.19}$$

式中，n_R 和 S_R 分别为接收机线圈匝数和面积。由式（4.19）可知，自由空间中导电线框（异常环）的响应表现出导电体的典型指数衰减特征。

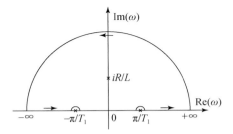

图 4.15　复平面上 ω 积分路径

3. 导电线框–大地–接收机系统

　　航空电磁系统飞过导电异常环后会在线框中产生感应电流，异常环作为新的发射源在地下导电介质中激发感应电流从而在接收机中产生电磁响应。由 2.1 节讨论可知，水平大回线发射源可用一系列磁偶极子源代替。为了推导导电线框–大地–接收机系统（LER）响应，将导电线框剖分为如图 4.14 所示的一系列磁偶极子，我们利用 Yin 等（2008）给出的算法计算各偶极单元产生的磁场。为此，需要得到导电线框中的电流及其时间导数。按照 Telford 等（1986）的研究，由式（4.19）可得

$$\frac{dI_L(t)}{dt} = \frac{n_R S_R}{M_{LR}} \cdot \frac{dB(t)}{dt} = -\frac{\pi M_{TL} I_0 R^2}{T_1 L^3} \cdot \frac{(1 + e^{RT_1/L}) e^{-Rt/L}}{\left(\dfrac{\pi}{T_1}\right)^2 + \left(\dfrac{R}{L}\right)^2} \tag{4.20}$$

　　参考 Yin 等（2008）的研究，假设发射偶极的高度 $h_T = 0$，我们计算每个偶极子产生的阶跃响应并和发射电流导数式（4.20）进行褶积，可得导电线框–大地–接收机系统的磁感应为

$$\frac{dB}{dt}(x_R, y_R, h_R, t) = \sum_{j=1}^{N_1} \sum_{k=1}^{N_2} \frac{dB_{jk}}{dt}(x_j, y_k, 0, x_R, y_R, h_R, t) \tag{4.21}$$

式中，dB_{jk}/dt 为中心位于 $(x_j, y_k, 0)$ 的偶极单元产生的磁感应；N_1 和 N_2 是 x 方向和 y 方向单元个数；(x_R, y_R, h_R) 是接收机坐标。

4.2.3　正演结果和实测数据分析

1. 自由空间中的导电线框响应

图4.16 给出位于自由空间中的导电异常环在 HeliGEOTEM 系统中产生的电磁响应（断电 TLR 响应）。假设 HeliGEOTEM 系统发射机高度为30m，接收机位于发射机前端30m 和上部15m 处。发射电流为基频为30Hz 的半正弦波，脉冲宽度为3.91ms，峰值电流为820A。在图4.16（a）中，首先假设异常环电感固定在 $L = 1.25 \times 10^{-3}$ H，电阻分别为 $R = 0.33\Omega$、3.3Ω 和 33Ω；在图4.16（b）中，我们假设异常环电阻固定为 $R = 3.3\Omega$，而电感分别为 $L = 0.63 \times 10^{-3}$ H、1.25×10^{-3} H 和 2.5×10^{-3} H。异常环的大小为 100m×200m。从图4.16（a）可以看出，自由空间中异常环响应呈现典型的良导体指数衰减特征。异常环的阻抗越小，信号衰减越慢，而初始信号对于某一个特定的导电异常环电阻值获得最大值。从图4.16（b）可以看出，导电异常环的电感越小，信号初始值越大，衰减越快。

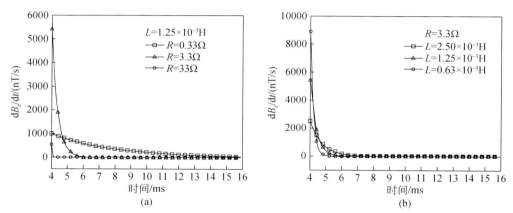

图 4.16　自由空间中 TLR 系统半正弦波激发时断电电磁响应
（a）异常环电感固定而电阻变化；（b）异常环电阻固定而电感变化

由上面讨论可以得出结论：导电异常环响应呈现指数衰减，其衰减模式由线圈的电感和电阻决定。通过调节异常环的电感和电阻，我们可以控制信号衰减常数和异常环响应的动态范围。换句话说，在实际航空电磁系统性能测试中，我们可以通过在异常环上串接电阻或电感来控制接收信号及其衰减，以满足不同的系统测试目标。

2. 导电大地上异常环响应

考虑到异常环铺设的大地可能存在导电性，我们下面进一步分析大地导电性对异常环电磁响应的影响特征。图4.17 给出不同地下介质电阻率情况下 TLR+LER 系统响应。假设异常环电阻 $R = 3.3\Omega$，电感 $L = 1.25 \times 10^{-3}$ H，其他几何参数与图4.16 一致。地下介质电阻率在 $10 \sim 10^{5}\Omega \cdot$ m 范围内可变。由图4.17 可以看出，大地导电性越好，地下介质对异常环电磁响应影响越大，也越早出现在晚期时间道响应。

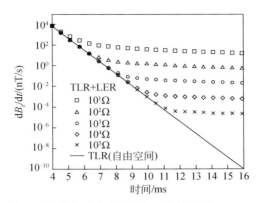

图 4.17　不同地下介质电阻率情况下半正弦波激发 TLR+LER 系统响应

图 4.18 展示了不同异常环电阻条件下大地导电性对接收机电磁响应的影响特征。假设大地电阻率为 $100\Omega\cdot m$，导电异常环电感固定为 $1.25\times10^{-3}\mathrm{H}$，而电阻在 $0.33\sim33\Omega$ 范围内变化。图中实线为自由空间异常环响应（TLR），而虚线为 TLR+LER 响应。从图可以看出，异常环电阻越小，地下导电介质对响应结果影响越小，接收信号越接近自由空间中异常环响应。因此，为了减少大地导电性的影响，获得好的测试结果，异常环电阻应尽可能小。

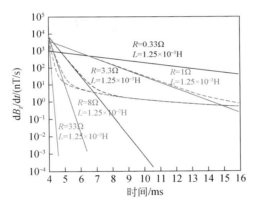

图 4.18　导电异常环电阻不同时半正弦波激发 TLR+LER 系统响应
实线为自由空间异常环响应（TLR），而虚线为 TLR+LER 系统响应。
异常环电阻越小，地下导电介质对响应结果影响越小

图 4.19 展示了不同线圈电感情况下大地导电性对接收机响应的影响特征。假设大地电阻率固定为 $100\Omega\cdot m$，异常环电阻固定为 3.3Ω，电感在 $0.31\times10^{-3}\sim5.0\times10^{-3}\mathrm{H}$ 范围内变化。图中的实线和虚线分别为 TLR 和 TLR+LER 响应。由图可以看出，异常环电感越大，地下介质导电性的影响越小，接收的电磁信号与自由空间信号越接近。因此，为了获得好的测试结果，异常环电感应尽可能取大。综上所述，在实际进行航空系统测试时，为了减小导电大地的影响，应尽可能减小异常环的电阻或增大异常环的电感，以便更好地模拟自由空间的异常环响应。

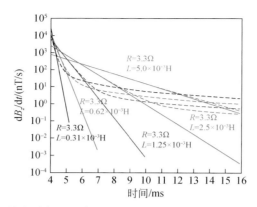

图 4.19　导电异常环电感不同时半正弦波激发 TLR+LER 系统响应

实线为自由空间异常环响应（TLR），而虚线为 TLR+LER 系统响应。异常环电感越大，

地下介质导电性的影响越小

3. 系统总响应

在以上的讨论中并未考虑 TER 响应，这首先是由于 TER 信号为背景信号。该背景信号可以通过在异常环临近区域观测到，或者通过将异常环断开，然后飞行航空电磁系统来获得；由下面讨论可知，除了在非常良导大地上方或非常早的 off-time 时间道，TER 系统信号远小于 LER 和 TLR 信号。

图 4.20 给出了不同地下介质电阻率情况下的系统总响应曲线（TER+TLR+LER）。与图 4.17 所示 TLR+LER 信号相比，可以看出：①TER 系统的影响主要发生在良导大地和早期 off-time 时间道；②测区介质电阻率越大，TER 系统对接收机响应的影响越小；③由于 TLR+LER 系统主要影响晚期道接收机信号，而 TER 系统主要影响早期时间道，因此存在一个与测区电阻率相关的时间窗口，在该时间窗口中可以用自由空间异常环的响应模拟接收机响应，对于图 4.20 中电阻率为 $1000\Omega\cdot\mathrm{m}$ 的半空间，时间窗口为 $4.5\sim6\mathrm{ms}$；④对于非常良导的测区或非常早的 off-time 时间道，地下导电介质的影响不可忽略，此时可以飞

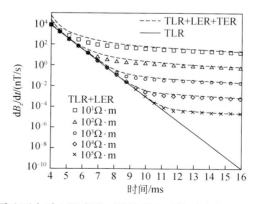

图 4.20　不同地下介质电阻率半正弦波激发系统总响应（TER+TLR+LER）

行航空电磁系统两次，一次异常环闭合而另一次异常环断开，两次观测数据的差即校正了背景信号。

4. 实测数据分析

为检验前述导电异常环模拟理论，我们在某良导测区对 Fugro 公司 HeliGEOTEM 系统进行测试飞行。发射机高度为 32m，接收机位于发射机前端 30m 和上部 15m 处，地面放置一个 100m × 200m 的线框模拟导电异常环，飞行测线垂直于线框长边并穿过线框中心。异常环电阻和电感分别为 3.8Ω 和 $1.15 \times 10^{-3}H$。同时，我们也在该测区利用 Fugro 频率域直升机 DIGHEM 系统进行了两次测试飞行，一次异常环闭合，而另一次异常环断开，以获得测区大地导电率信息。根据 Hodges 和 Beattie（2007）的研究，DIGHEM 系统观测结果表明导电异常环下方介质顶层电阻率为 65 ~ 330$\Omega \cdot m$，而下半空间比较均匀，电阻率为 150$\Omega \cdot m$。

图 4.21 展示了系统观测的峰值信号（实线）与模型响应（符号）的对比结果。我们假设一个电阻率为 150$\Omega \cdot m$ 的半空间来校正背景信号 TER，校正后的结果用虚线表示。从图可以看出，经背景场校正后的响应与模型结果吻合很好。图 4.22 为测区 HeliGEOTEM 系统观测结果。导电异常环中心位于 0 点位置，航空电磁系统记录点设为发射机与接收机的中点。由于异常环下方大地电阻率随位置变化（从图 4.22 可以看到异常环两侧背景信号不同），因此，我们在异常环两侧选取不同的电阻率以校正 TER 信号，左侧（位置 –175 ~ 50m）校正电阻率为 150$\Omega \cdot m$，而右侧（位置 50 ~ 155m）校正电阻率为 95$\Omega \cdot m$。比较图 4.22（a）中的原始数据和图 4.22（b）中经 TER 校正后的数据剖面发现，校正后的数据剖面具有更好的对称性。图 4.22（c）为正演计算的 TLR+LER 响应，其中导电异常环的参数与图 4.21 相同。模拟结果与 TER 改正后的观测数据吻合很好，仅在异常宽度上存在微小差异，这可能是导电异常环尺寸测量不准造成的。

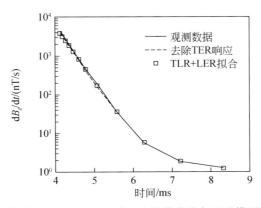

图 4.21　实测 HeliGEOTEM 电磁响应峰值曲线与理论模型结果对比

异常环位于导电大地上，发射电流为半正弦波，大地电导率利用 DIGHEM 系统获得

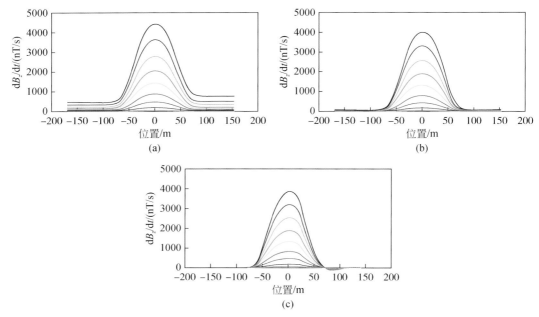

图 4.22　导电异常环实测 HeliGEOTEM 响应曲线及改正后的异常剖面
（a）原始数据；（b）校正 TER 信号后的数据；（c）TLR+LER 正演响应

4.2.4　小结

通过将电磁响应划分为三个系统，我们可以有效地模拟导电大地上异常环的电磁响应。在三个系统的电磁响应中，TER 系统响应较小并且仅发生在良导大地和早期 off-time 时间道，而在高阻区测试时可以忽略不计。在良导测试区，我们可以首先通过断开导电异常环，测量出大地背景信号，并进行校正。相比之下，TLR 和 LER 系统响应占主导地位。其中，LER 信号主要影响晚期 off-time 信号，测试区域越良导，该影响越大且出现越早。导电异常环的参数选择对航空电磁系统成功测试至关重要。异常环的电阻越小、电感越大，信号衰减越慢，接收机信号越接近自由空间中的异常环信号。因此，在导电大地上利用异常环进行航空电磁系统测试时，异常环的电阻应选的尽可能小，而电感应选的尽可能大。后者通过串联一个可调电感很容易实现。通过调节电感，人们可得到一定范围的电磁响应信号，满足不同航空系统性能测试需求。

4.3　航空电磁系统一次场去除技术

无论频率域还是时间域航空电磁系统，均存在由发射电流直接产生的一次场。由于一次响应非常强大，且不包含任何地电信息，航空电磁系统通常采取各种措施予以去除。本节简要介绍频率域和时间域航空电磁一次场去除技术。

4.3.1　频率域航空电磁一次场去除技术

频率域航空电磁系统发射和接收通常采用磁偶极子。由于发射偶极在接收偶极处产生的一次场比导电大地产生的二次响应强得多，为突出异常信号必须去除一次场。频率域航空电磁一次场去除通常采用 Bucking 技术。该技术是基于电偶极子在自由空间中产生的电磁场随收发距呈三次方衰减的特征，即 $H \sim 1/r^3$。由此，在距发射偶极 1/3 收发距处放置有效面积为接收偶极有效面积 1/27 倍的 Bucking 线圈，则当航空电磁系统在空中飞行时，Bucking 线圈中由发射电流产生的感应电压等于接收线圈中的一次感应电压，将两者反向后叠加即可消除一次场。必须指出的是，由于 Bucking 线圈的接收面积很小，对航空电磁系统接收的导电大地响应（二次响应）影响可以忽略不计。在频率域航空电磁法中，由 Bucking 线圈接收到的一次场通常被记录下来，用于对二次场进行归一化，以计算 PPM 响应。同时，也可通过对 Bucking 线圈中的观测信号进行相位旋转 90°，并和接收线圈中的信号进行对比以检测出电磁信号的实、虚分量。

4.3.2　时间域航空电磁一次场去除技术

时间域航空电磁系统通常采用有一定尺寸的导电环作为发射线圈，如 Fugro 公司的 HeliGEOTEM 和 HELITEM 系统、Geotech 公司的 VTEM 系统、Aeroquest 公司的 AeroTEM 系统及 SkyTEM 公司的系列 SkyTEM 系统等。其中，AeroTEM 和 SkyTEM 系统为硬支架系统，即发射和接收线圈相对位置固定，其他为软支架系统。传统时间域航空电磁系统仅观测断电后的二次场（off-time）信号，此时不存在一次场。然而，理论研究表明供电期间（on-time）电磁信号对深部良导体有很好的反应能力，因此目前时间域航空电磁系统均观测 on-time 和 off-time 电磁信号。与频率域航空电磁系统相同，供电期间由供电电流产生极强的一次场，完全掩盖反映深部良导体信息的二次场信号。另外，同时观测 on-time 和 off-time 信号给仪器系统的动态范围带来挑战。因此，时间域航空电磁系统去除一次场至关重要。

由于时间域航空电磁系统分为软支架和硬支架系统，相应地一次场去除也采取不同的技术。对于硬支架系统，可以通过三种途径去除一次场：①利用正演模拟计算出发射和接收线圈的互感。同样当设定 Bucking 线圈的位置和大小后可以计算出发射线圈和 Bucking 线圈之间的互感。计算发射和接收线圈及发射和 Bucking 线圈互感的比值，并通过调节线圈匝数使得 Bucking 线圈中观测的一次场等于接收线圈的一次场，从而达到消除一次场目的。②直接将接收线圈置于发射线圈的边缘，通过调节内、外侧接收线圈面积，达到发射电流在接收线圈中产生零磁通和零耦合，从而实现无一次场的航空电磁观测。③将发射电流反向接入补偿线圈，使得接收线圈中的一次场被去除。

对于软支架系统或吊舱系统，飞机在飞行观测过程中发射和接收线圈之间难以保持相对位置、姿态和形态不变，导致无法获得准确一次场信息，因此通常在数据处理过程中采用互相关技术去除一次场。考虑到一次场与发射电流的相关性，通过记录发射电流或者通过高空模拟实际飞行并利用接收线圈记录接收机电磁响应（reference wave），并将其与接收线圈的电磁信号进行互相关，实现一次场去除。必须指出的是，由于导电大地产生的电磁信号中有部分信号与发射电流相关，因此本方法去除一次场的同时，也造成导电大地电磁响应中部分信号的损失。

4.4 航空电磁视电阻率定义

4.4.1 概述

本节介绍航空电磁勘查领域非常重要的研究内容——视电阻率定义问题。我们分别介绍频率域和时间域航空电磁法中的三种定义方式：①基于半空间模型；②基于假层半空间模型；③全区视电阻率定义。

基于半空间模型的航空电磁视电阻率定义基本原理和地面直流电法类似，即利用均匀半空间代替地下电性不均匀分布，当均匀半空间产生与航空电磁系统观测到的电磁响应相同时，定义该均匀半空间的电阻率为地下非均匀介质的视电阻率。由于频率域航空电磁系统观测某一频率电磁场的实虚分量，因此视电阻率计算等价于向大地响应函数输入不同的电导率，使得输出的电磁响应拟合观测的电磁响应，在此过程中飞行高度作为已知参数；时间域航空电磁系统观测某一时间道的电磁相应，则可利用半空间模型拟合该时间道的电磁响应，在此过程中同样假设飞行高度为已知。然而，航空电磁系统是动态观测系统，由于树冠、地形或系统姿态变化可能导致飞行过程中高度难以准确测量，数据存在较大误差。此时，采用半空间模型计算视电阻率时，假设高度为已知的输入参数，通过直接拟合观测数据计算大地视电阻率无法获得准确结果。特别地，高度是航空电磁响应的一级影响参数，这意味着高度微小变化将导致视电阻率的很大变化。基于半空间模型的视电阻率定义在高度准确测量的情况下，对于地下均匀半空间模型可以得到真电阻率，在高度参数不正确时即使是均匀半空间也无法获得真电阻率值。

为克服基于半空间模型视电阻率算法的缺陷，Fraser（1978）提出假层半空间模型。其基本思路仍然采用均匀半空间模型，但我们不再将飞行高度这个敏感参数作为已知的输入参数，而是作为待求解参数。这就意味着在频率域中利用某一频率电磁响应的实、虚部求解半空间电阻率和系统视高度两个参数，并将视高度和测量高度的差值定义为一个假层的厚度（或者埋深）。该假层厚度对应树冠高度或者高度测量不准造成的误差。假层半空间模型克服了敏感的飞行高度对视电阻率的影响。它将高度测量误差或者树冠高度的影响置于假层厚度之中，削弱了基于半空间模型的视电阻率对高度的依赖关系。对于时间域航空系统，对应于每个时间道仅观测一个电磁响应（如磁感应信号 dB/dt），为了同时求解视电导率和视高度，我们还需要一个数据。通常我们采用多时间道电磁数据的衰减速率作为第二个数据进行视电阻率和视高度求解。图 4.23 给出半空间和假层半空间视电阻率定义对比，而图 4.24 给出频率域和时间域航空电磁系统利用假层半空间计算视电阻率的原理图。

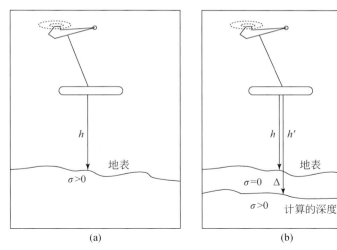

图 4.23　均匀半空间和假层半空间模型（Fraser，1978）

（a）均匀半空间模型；（b）假层半空间模型

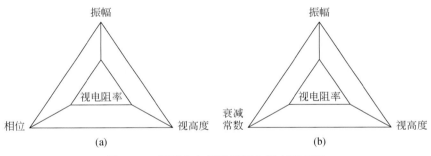

图 4.24　假层半空间计算视电阻率原理图

（a）频率域；（b）时间域

　　近年来，人们研究基于迭代求解反函数的全区视电阻率定义。其基本思路是将航空电磁响应和均匀半空间电阻率之间的非线性函数关系求逆，利用数值方法求解半空间电阻率，从而定义视电阻率。该方法应用的基本前提是电磁响应和半空间电阻率之间存在单调函数关系。对于非单调的情况，视电阻率存在非唯一解，理论尚待进一步深入研究。航空电磁系统视电阻率定义研究是电磁数据成像的基础，由于它能定性反映地下主要电性分布特征，被广泛用作成像参数。本节将展示并对频率域和时间域航空电磁系统半空间、假层半空间和全区视电阻率定义的有效性进行分析。我们将展示它们各自的优势和存在的不足，以期推动该领域的深入研究。

4.4.2　频率域航空电磁视电阻率定义

　　频率域航空电磁通常采用紧凑勘查系统，即发射和接收之间的距离远小于飞行高度。基于半空间模型的视电阻率定义是针对观测到的某一飞行高度和频率的电磁响应实、虚分量（Re，Im），利用搜索或查表法并结合插值技术，找出能拟合观测数据的半空间电阻率，并定义为视电阻率。频率域航空电磁系统对于一个频率可以观测到电磁响应的实部和虚部（或振幅和相位），然而理论上在利用半空间模型计算视电阻率时，我们仅需要给出某一高度、某一频率的一个数据（如振幅、相位、实部或虚部）即可。因此，存在多种可能的选择。Fraser（1978）指出在飞行高度准确的条件下利用振幅能有效地获得大地电阻率。图 4.25 作为例子给出频率为 1000Hz 时半空间模型振幅响应–飞行高度诺模图。对于实际观测的飞行高度和电磁响应振幅，由图可以查出一个半空间电阻率值，定义为基于半空间模型的视电阻率。

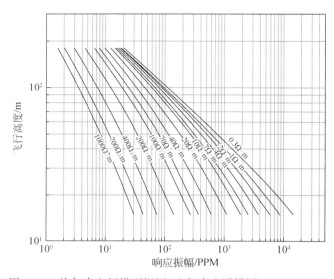

图 4.25　均匀半空间模型振幅–飞行高度诺模图（$f=1000$Hz）

视电阻率反映了地下电性不均匀性的综合影响，且主要反映与当前发射频率相对应的扩散深度处介质的电性分布特征。不同于地面电磁系统（高度为零或已知），航空系统高度难以准确测定。然而，如前所述，飞行高度是电磁响应的一级影响因素，这是由于发射源激发的一次场和大地产生的二次场在空气中传播时均受高度的直接影响。飞行高度测量不准必将造成视电阻率的严重畸变。为解决飞行高度观测不准确造成视电阻率计算误差，我们采用假层半空间模型计算视电阻率。图 4.26 展示频率为 1000Hz 的假层半空间视电阻率定义诺模图。它是通过一维正演计算获得的针对不同半空间电阻率、不同飞行高度的电磁响应幅值和实虚分量比值绘制而成（等价于相位角的正切）。该图表具有单值性，可以根据实际观测的航电系统响应振幅和相位，通过内插得到假层半空间视电阻率和航电系统的视高度 h'，并据此计算假层厚度 $\Delta = h' - h$。

下面讨论频率域视电阻率的模型算例。首先假设电阻率为 $100\Omega \cdot m$ 的均匀半空间模型，飞行高度为 30m，收发距为 8m，计算一系列频率的电磁响应。然后，分别基于半空间模型和假层半空间模型计算视电阻率。为研究飞行高度对视电阻率的影响，我们针对实际飞行高度为 30m 的数据分别计算飞行高度为 $h=26$m、28m、32m、34m 条件下（模拟飞行高度测量不准）基于半空间和假层半空间模型的视电阻率。由图 4.27 可以看

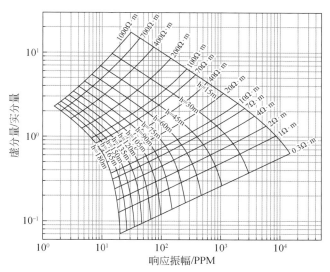

图 4.26　假层半空间视电阻率定义诺模图（$f = 1000\text{Hz}$）
横轴电磁响应振幅，纵轴虚实分量比（或相位的正切）

出，对于实际飞行高度为 30m 的飞行观测数据，如果使用正确高度，则两种定义均给出半空间真电阻率。然而，当飞行高度数据存在误差时，基于半空间模型的视电阻率受到很大影响。测量高度比实际高度越大，计算的视电阻率值越小；相反，测量高度比实际高度越小，计算的视电阻率值越大。这是由于测量高度比实际高度大时，半空间必须更良导才能产生足够强的感应电流，以保持接收机处电磁响应值不变；反之，当测量高度比实际高度小时，半空间必须更高阻以产生较小的感应电流，以保持相同的接收机响应。飞行高度观测误差越大，半空间视电阻率误差越大；频率越高，电磁波波长越短，飞行高度测量误差对视电阻率影响越大。然而，从图 4.27 可以看出，基于假层半空间的视电阻率受飞行高度测量误差的影响很小，有效展示了半空间的真电阻率，此时高度误差仅在假层厚度得到体现。这为消除实际飞行观测数据中由于树冠或飞行高度测量不准造成的影响提供了有效手段。

　　图 4.28 给出表 4.3 中两层模型基于半空间和假层半空间模型的视电阻率。由图可以看出，假层半空间视电阻率能更好地反映地下介质的真实电性分布。无论对于半空间模型还是假层半空间模型，下伏良导层比高阻层能得到更好的反映。图 4.29 给出表 4.3 中三层模型的半空间视电阻率和假层半空间视电阻率。假层半空间视电阻率能更有效地反映地下电性分布特征，曲线类型与真实地电断面的对应关系较好。对于多层模型，由于层界面附近电磁波反射和入射引起的干涉效应导致存在假极值的现象。从图 4.28 和图 4.29 可以看出，假层半空间视电阻率能有效压制这种假极值效应。

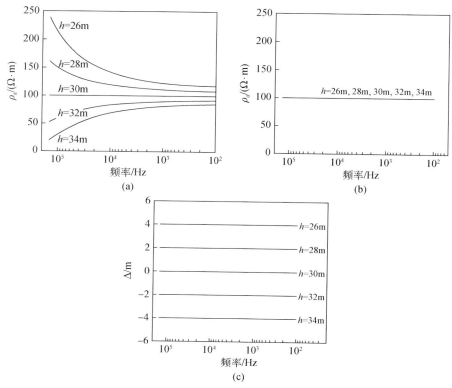

图 4.27　均匀半空间不同高度计算的频率域视电阻率

（a）基于半空间模型计算的视电阻率；（b）基于假层半空间计算的视电阻率；（c）假层半空间厚度

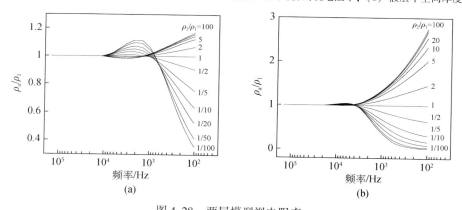

图 4.28　两层模型视电阻率

（a）半空间模型；（b）假层半空间模型

表 4.3　层状介质模型参数

两层介质模型	三层介质模型			
	A 模型	H 模型	K 模型	Q 模型
$\rho_1 = 100\Omega \cdot m$，$h_1 = 100m$	$\rho_1 = 100\Omega \cdot m$ $h_1 = 100m$	$\rho_1 = 100\Omega \cdot m$ $h_1 = 100m$	$\rho_1 = 100\Omega \cdot m$ $h_1 = 100m$	$\rho_1 = 100\Omega \cdot m$ $h_1 = 100m$

两层介质模型	三层介质模型			
	A 模型	H 模型	K 模型	Q 模型
$\rho_2 = 1\Omega\cdot m$、$2\Omega\cdot m$、$5\Omega\cdot m$、$10\Omega\cdot m$、$20\Omega\cdot m$、$50\Omega\cdot m$、$100\Omega\cdot m$、$200\Omega\cdot m$、$500\Omega\cdot m$、$1000\Omega\cdot m$、$2000\Omega\cdot m$、$5000\Omega\cdot m$、$10000\Omega\cdot m$	$\rho_2 = 500\Omega\cdot m$　$h_2 = 100m$	$\rho_2 = 10\Omega\cdot m$　$h_2 = 100m$	$\rho_2 = 1000\Omega\cdot m$　$h_2 = 100m$	$\rho_2 = 20\Omega\cdot m$　$h_2 = 100m$
	$\rho_3 = 2000\Omega\cdot m$	$\rho_3 = 500\Omega\cdot m$	$\rho_3 = 20\Omega\cdot m$	$\rho_3 = 5\Omega\cdot m$

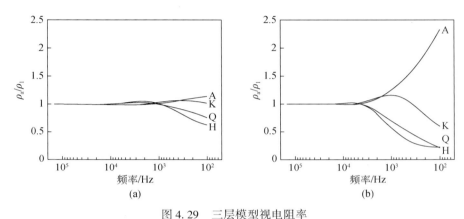

图 4.29　三层模型视电阻率

（a）半空间模型；（b）假层半空间模型。模型参数见表 4.3

4.4.3　时间域航空电磁视电阻率定义

本节讨论时间域航空电磁视电阻率定义问题。我们以 Fugro 公司 HeliGEOTEM 系统为例，发射波形和系统参数参见 2.2 节。时间域航空电磁视电阻率定义同样可采用半空间模型和假层半空间模型。由于本书 3.1 节给出了基于两种模型视电阻率的计算步骤和诺模图，这里不再赘述。对于半空间模型，我们计算对应于某一时刻电磁响应 $\mathrm{d}B/\mathrm{d}t$ 的半空间电阻率，以代替地下不均匀半空间的综合影响，并定义为视电阻率。基于半空间模型的视电阻率仍然将飞行高度作为已知输入参数，因此其测量精度仍然是影响视电阻率的主要因素。图 4.30 给出对于不同飞行高度的半空间模型视电阻率。由图 4.30（a）可以看出，系统飞行高度的误差导致半空间视电阻率严重偏离真电阻率值。时间越早，影响越严重。其物理原因和频率域相似。事实上，早期道信号中高频成分占主导地位（波长短），因此飞行高度的微小变化必然造成系统电磁响应的很大变化。同样，我们可以仿照频率域航空电磁视电阻率定义基于假层半空间的视电阻率。此时，电磁系统的飞行高度不再作为已知输入参数，而是作为输出参数，飞行高度的测量误差在假层厚度中得到体现。图 4.30（b）给出均匀半空间不同飞行高度对应的假层半空间视电阻率。由图可以看出，假层半空间视电阻率不受飞行高度测量误差的影响。由图 4.30（c）可以看出，假层的厚度和高度测量值之和给出了正确高度值。图 4.31 展示两层及三层介质基于半空间模型的视电阻率

（参考表4.3）。由图可以看出，当飞行高度测量准确时，基于半空间模型的视电阻率有效反映地下电性分布特征，视电阻率形态与地下电性有良好的对应关系。图 4.32 展示了两层和三层模型基于假层半空间的视电阻率。由图可以看出，对于覆盖层为高阻而下部为低阻的地电结构，假层半空间视电阻率能很好地反映地下电性。然而，当覆盖层为低阻而下部为高阻时，假层半空间视电阻率不能获得好的结果。图中没有给出 G 型和 A 型视电阻率。这也说明假层半空间视电阻率虽然可有效克服飞行高度测量误差的影响，然而其应用也存在局限性，特别是对高阻介质，电磁信号较弱，包含高阻层的电性信息较少，无法有效提取高阻层信息。

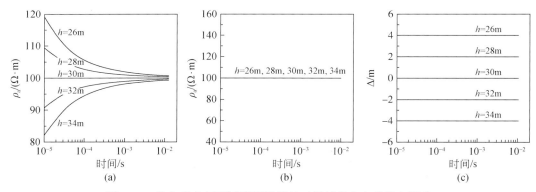

图 4.30　均匀半空间不同高度计算的时间域航空电磁视电阻率
（a）基于半空间模型计算的视电阻率；（b）假层半空间视电阻率；
（c）假层半空间厚度。半空间模型电阻率为 $100\Omega \cdot m$

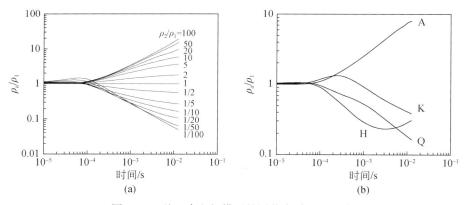

图 4.31　基于半空间模型的层状介质视电阻率
（b）中对应各种断面的模型参数见表4.3

4.4.4　航空电磁全区视电阻率定义

电磁勘探方法中大地电阻率和电磁响应之间存在一种复杂的非线性关系，通常无法用

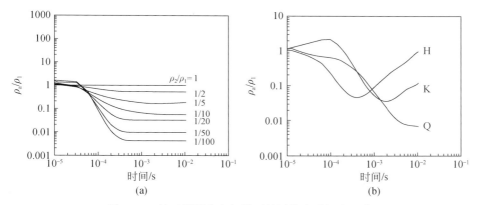

图 4.32　基于假层半空间模型的层状介质视电阻率
（b）中对应各种断面的模型参数见表 4.3

简明的显函数描述。因此，在频率域电磁法中区分近区和远区，而在时间域电磁法中区分早期和晚期，然后采用近似方法得到视电阻率定义。这些定义存在固有缺陷：①电磁响应近远区或早晚期是相对的，区分起来比较困难；②每种定义方法均存在适用范围和条件。当条件不满足时，定义的视电阻率不能真实地反映地下电性分布信息。为此，殷长春和朴化荣（1991）在国内首次提出全区视电阻率定义，其基本思想是利用数值算法直接求取电磁响应关于均匀半空间电阻率的反函数。该方法目前已推广应用于各种频率域和时间域电磁法，取得了良好的应用效果（黄皓平和朴化荣，1992；方文藻等，1992；汤井田和何继善，1994；严良俊等，1999；李建平等，2007；王华军，2008；张成范等，2009；陈清礼等，2009；杨海燕等，2010；赵越等，2015）。张莹莹等（2015）提出利用迭代算法求解半航空时间域电磁系统的全区视电阻率计算方法。本节以接地线源半航空瞬变电磁系统为例，讨论航空电磁法全区视电阻率计算方法。

　　接地线源半航空电磁系统的磁场 $\boldsymbol{B}$ 和磁感应响应 $\mathrm{d}\boldsymbol{B}/\mathrm{d}t$ 中，只有磁场 B_z 分量随半空间电阻率单调变化（张莹莹等，2015）。因此，本节以 B_z 分量为例研究全区视电阻率定义算法。对于其他场分量的视电阻率定义方法目前仍在研究之中。

　　我们首先将半航空电磁系统在均匀半空间上方产生的磁场 B_z 记为 $B_z(\rho,\ C,\ t)$，其中 C 表示半航空电磁系统参数。考虑到磁场与电阻率值的变化范围较大，为加快全区视电阻率迭代算法的收敛速度，我们对前人提出的半航空全区视电阻率迭代算法进行改进。令均匀半空间电阻率 $\rho = e^x$，并假设函数 F 为磁场 B_z 的对数，即 $F(\rho,\ C,\ t) = \ln B_z(\rho,\ C,\ t)$，对函数 F 在变量 x_0 邻域内进行泰勒展开可得

$$F(\rho,\ C,\ t) = F(\rho_0,\ C,\ t) + F'(\rho_0,\ C,\ t)\rho_0'(x - x_0) +$$
$$\frac{F''(\rho_0,\ C,\ t)\rho_0''}{2!}(x - x_0)^2 + \cdots\cdots + \frac{F^{(n)}(\rho_0,\ C,\ t)\rho_0^{(n)}}{n!}(x - x_0)^n + \cdots$$

$$(4.22)$$

其中 $\rho_0 = e^{x_0}$。式（4.22）中仅取到一阶导数项得到：

$$F(\rho, \ C, \ t) \approx F(\rho_0, \ C, \ t) + F'(\rho_0, \ C, \ t)\rho_0'(x - x_0) \qquad (4.23)$$

对式（4.23）进一步展开，并考虑到 $\rho_0' = \rho_0$，可得

$$F(\rho, \ C, \ t) \approx F(\rho_0, \ C, \ t) + \frac{B_z'(\rho_0, \ C, \ t)\rho_0}{B_z(\rho_0, \ C, \ t)}(x - x_0) \qquad (4.24)$$

将式（4.24）变换为迭代格式，即

$$x = \frac{\left[F(\rho, \ C, \ t) - F(\rho_0, \ C, \ t)\right]B_z(\rho_0, \ C, \ t)}{B_z'(\rho_0, \ C, \ t)\rho_0} + x_0 \qquad (4.25)$$

由此可得到迭代公式为

$$\Delta x_i = \frac{\left[F(\rho, \ C, \ t) - F(\rho_i, \ C, \ t)\right]B_z(\rho_i, \ C, \ t)}{B_z'(\rho_i, \ C, \ t)\rho_i} \qquad (4.26)$$

$$\rho_{i+1} = \rho_i \cdot e^{\Delta x_i} \qquad (4.27)$$

式（4.26）迭代终止条件为

$$\left| \frac{F(\rho, \ C, \ t) - F(\rho_{i+1}, \ C, \ t)}{F(\rho, \ C, \ t)} \right| \leq \varepsilon \qquad (4.28)$$

式中，ε 为给定的迭代终止阈值；$F(\rho, \ C, \ t)$ 为观测磁场的对数；$B_z(\rho_i, \ C, \ t)$ 为电阻率为 ρ_i 的半空间模型计算的理论磁场响应；$B_z'(\rho_i, \ C, \ t)$ 为磁场关于半空间电阻率的一阶导数。该迭代算法的流程图如图 4.33 所示。

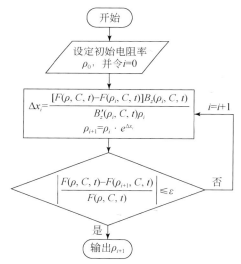

图 4.33　半航空磁场全区视电阻率算法流程图

　　为了验证本节全区视电阻改进算法的有效性，我们计算表 4.3 给出的不同层状介质模型视电阻率。半航空电磁系统有限接地长导线发射源 AB 中点位于直角坐标系原点，长度为 2400m，发射源端点坐标分别为（-1200m，0）和（1200m，0），发射电流为 500A 的方波。测点坐标为（1600m，2000m，30m），接收机高度为 30m，收发距为 2561m。图 4.34 展示了不同层状介质模型半航空电磁法全区视电阻率曲线。其中图 4.34（a）为两层介质模型，而图 4.34（b）为三层介质模型视电阻率曲线。从图 4.34（a）可以看出，早期全区视电阻率趋近于第一层电阻率，而在晚期逐渐趋于第二层电阻率；全区视电阻率曲线很

光滑，能够完整地反映模型的电性变化信息。从图 4.34（b）可以看出，全区视电阻率曲线有效地展示典型三层模型（A、H、K、Q）的视电阻率曲线，这进一步表明全区视电阻率定义能够有效反映地下电性分布特征，为航空电磁数据定性和定量解释提供了一种新的途径。

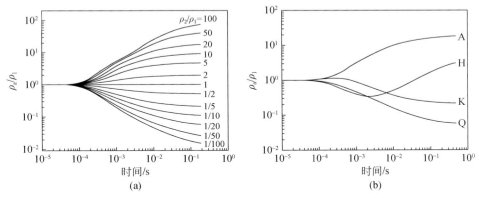

图 4.34　半航空电磁不同层状介质模型全区视电阻率曲线
（a）两层介质；（b）三层介质。A、H、K 和 Q 模型参见表 4.3

4.4.5　小结

通过本节对航空电磁视电阻率进行的系统研究，我们发现基于半空间模型的视电阻率由于将飞行高度作为已知的输入参数，其测量不准将导致视电阻率严重畸变。相比之下，基于假层半空间的视电阻率由于将飞行高度作为输出参数，这种方法不仅可以定义大地视电阻率，同时借助假层厚度可大大削弱飞行高度观测误差造成的影响。对于时间域航空电磁，基于半空间模型的视电阻率同样受飞行高度的影响，但在高度准确时对于高阻体可以较为准确地计算出视电阻率。相比之下，基于假层半空间模型的视电阻率虽然受飞行高度影响较小，但是对高阻层不敏感，在高阻区无法获得准确视电阻率值，应用上存在一定的局限性。如何获得高阻条件下的假层半空间模型视电阻率是未来重要的研究方向。全区视电阻率可以较准确地反映地下电性分布特征，然而，其应用前提是电磁响应和地下半空间电阻率之间存在简单的单调函数关系。对于两者之间不存在单调关系的情况，需要进一步深入研究。

4.5　航空电磁多波形发射技术

4.5.1　多波形发射研究现状

传统的航空电磁系统设计与开发理念主要是如何获得大勘探深度。然而，近年随着航空电磁勘查技术在浅地表，特别是环境与工程领域的广泛应用，获得翔实的近地表信息变得十分重要。因此，浅层高分辨率勘查逐渐成为航空电磁系统设计的重要指标之一。为了在保证较大勘探深度的前提下同时提高航空电磁系统浅地表分辨率，必须增加航空电磁系统的频带宽度。各大地球物理公司和相关学者在这方面进行了深入研究（Duncan et al.，1992；Lane et al.，2000；Sørensen and Auken，2004；Reid and Viezzoli，2007；Macnae，2007；Sunwall et al.，2013；Chen et al.，2015）。

为增加航空电磁系统的频带宽度，在保证浅部地表较高分辨率的同时获得大勘探深度，学者提出了双波/多波（multipulse）电磁发射技术。基于该技术，航空电磁系统被设计成可连续发射两种不同类型的脉冲电流，其中大磁矩（高能量）的发射脉冲用于探测深部地质体，而高频小磁矩发射脉冲用于获得浅层的高分辨率信息。早期双波发射系统的设计思路为先发射一系列高能量波形，再发射一系列低能量方波或梯形波（Sørensen and Auken，2004；Reid and Viezzoli，2007）。随着电子技术的不断发展，当代航空电磁系统采用在半个发射周期内发射一个高能量波形和一个低能量波形的发射方式。如果两个波形的发射时间间隔足够小，则接收机处可视为勘探同一测点的电磁信号（Chen et al.，2015）。

4.5.2 多波形发射系统

1. SkyTEM 系统

SkyTEM 系统的双波发射方式为首先发射一系列高能量（大磁矩）波形，然后发射一系列低能量（小磁矩）波形。实际发射波形中高能量和低能量波形的发射次数根据水平和垂向分辨率的需求确定。SkyTEM516 系统的归一化发射波形，如图 4.35 所示，其中电流幅值可根据实际需要选择，发射参数见表 4.4。

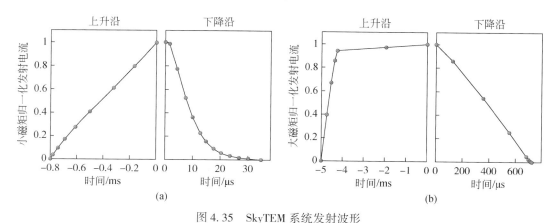

图 4.35　SkyTEM 系统发射波形

（a）小磁矩发射波形；（b）大磁矩发射波形。资料来源于 SkyTEM 公司

表 4.4　SkyTEM516 系统发射参数

参数	小磁矩	大磁矩
发射线圈匝数	2	16
发射线圈面积	536m^2	536m^2
最大发射电流	3.5A	120A
最大发射磁矩	4000Am^2	10^6 Am^2
发射基频	275Hz	25Hz
on-time	800μs	5ms
off-time	1018μs	15ms

资料来源：SkyTEM 公司

2. MULTIPULSE 系统

MULTIPULSE 系统是由 CGG 公司开发的多脉冲航空电磁勘查系统，包括直升机载 HELITEM 系统和固定翼飞机 GEOTEM 系统。两种系统的双波发射波形一致，在半个发射周期内均包括一个半正弦波和一个梯形波，如图 4.36（a）所示。图 4.36（b）展示了利用峰值电流归一化后的接收机频谱。从图 4.36（b）可以看出，多波发射在高频段较传统的半正弦波形具有更高的能量，可以更好地分辨浅部构造。

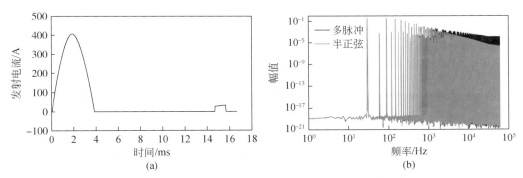

图 4.36　MULTIPULSE 系统发射波形和接收机频谱分布

（a）MULTIPULSE 系统发射波形；（b）接收机频谱振幅

HELITEM 和 GEOTEM 系统的发射参数见表 4.5。两个系统除了发射装置不同外，HELITEM 系统梯形波的采集时间为断电后 8μs，采集窗口宽度为 16μs，而 GEOTEM 系统梯形波的采集时间为断电后 16μs，采集窗口宽度为 49μs，其余参数类似。

表 4.5　MULTIPULSE 发射系统参数

参数	HELITEM	GEOTEM
发射基频	30Hz	30Hz
半正弦波宽度	4.0ms	4.0ms
半正弦波 off-time 时间	10.5ms	10.5ms

参数	HELITEM	GEOTEM
梯形波宽度	1.0ms	1.0ms
梯形波 off-time 时间	1.0ms	1.0ms
梯形波上升沿/下降沿	70μs	70μs
半正弦波发射磁矩	780000Am^2	762300Am^2
梯形波发射磁矩	62000Am^2	48000Am^2
发射机与接收机 几何关系	共中心 装置	接收机在发射机后 方131m、下方56m
发射机高度	35m	120m

资料来源: Chen et al. , 2015

4.5.3　多波形发射技术应用

　　本节以加拿大某地区 HELITEM MULTIPULSE 时间域航空电磁系统的实测数据反演为例说明双波发射系统的优越性。该地区表层为导电性适中、厚度约35m的冰碛层，其中包含有导电性较好的黏土层；在冰碛层下方是 35~40m 厚的高阻砂岩层；在砂岩下方是厚度为 60~80m 的良导页岩层；页岩下方有局部油砂沉积；底部为高阻石灰岩（Carrigy and Kramers，1973）。图 4.37 是其中一条测线的三维电磁反演结果。从图可以看出，半正弦波和双波反演结果对厚度 60~80m 的页岩层均有较高的分辨能力，然而两套数据在浅部反演结果存在明显差异，双波结果由于加入了高频梯形波数据对浅部构造分辨率明显提高。

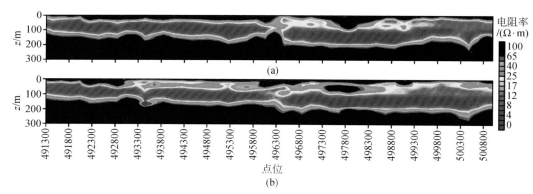

图 4.37　HELITEM MULTIPULSE 系统实测数据反演结果
（a）半正弦波数据反演；（b）双波数据反演

4.6　航空电磁异常体探测能力分析

　　分析航空电磁对异常体的探测能力是航空电磁系统研发和应用设计的重要研究内容。

首先，它可以为仪器系统设计提供参考数据。每套系统的设计研发都针对特定一类勘探目标进行的。对于这些特定的勘探目标，如何设计系统的参数至关重要。考虑到航空电磁系统主要用于良导目标体探测，因此研究和分析航空电磁对不同异常体的探测能力及影响因素给出了系统设计中需要重点考虑的参数指标。其次，航空电磁系统在研发成功后，针对不同的勘探目标，仪器系统的采集参数也必须通过理论模拟事先确定，以达到提高勘探效率、节省成本的同时获得最佳勘探效果的目的。航空电磁探测能力受飞行高度、发射波形、发射磁矩和发射基频等因素的影响，致使观测的不同场分量间勘探能力存在差异。如果航空电磁对所有磁场和磁感应分量、on-time 和 off-time 数据进行测量和处理解释，不仅数据量庞大、耗时长，而且出现大量冗余信息。因此，必须优选最佳参数组合。本节以时间域航空电磁系统为例，介绍如何利用响应比值方法分析航空电磁系统对地下典型目标体的探测能力。

4.6.1　三维航空电磁系统正演模拟

为了研究航空电磁系统对地下良导目标体的探测能力，我们首先必须通过对三维异常体进行正演模拟以确定地下存在三维异常体时航空电磁系统产生的异常响应。本节应用积分方程法进行航空电磁三维正演模拟。由于三维航空电磁正演模拟不是本书的重点，我们仅介绍其基本思路。利用并矢格林函数理论建立二次感应场和一次场的关系，求解异常体内感应电流分布，并利用并矢格林函数对异常体内感应电流体积分计算航空电磁系统的频率域响应。

从麦克斯韦旋度方程出发，取时谐为 $e^{i\omega t}$，根据式（2.10）有

$$\nabla \times \nabla \times \boldsymbol{E} + k^2 \boldsymbol{E} = -i\omega\mu \boldsymbol{J}^e \tag{4.29}$$

其中，$k^2 = i\omega\mu(\sigma + i\omega\varepsilon)$。结合矢量恒等式：

$$\nabla \times \nabla \times \boldsymbol{A} = \nabla(\nabla \cdot \boldsymbol{A}) - \nabla^2 \boldsymbol{A} \tag{4.30}$$

可得到频率域三维电磁散射问题的亥姆霍兹方程：

$$(\nabla^2 - k^2)\boldsymbol{E} = i\omega\mu \boldsymbol{J}^e \tag{4.31}$$

引入并矢格林函数求解磁场积分表达式，其满足的方程为

$$\nabla^2 \boldsymbol{G}_E(\boldsymbol{r}', \boldsymbol{r}) - k^2 \boldsymbol{G}_E(\boldsymbol{r}', \boldsymbol{r}) = i\omega\mu\delta(\boldsymbol{r}' - \boldsymbol{r})\boldsymbol{I} \tag{4.32}$$

式中，$\boldsymbol{G}_E(\boldsymbol{r}', \boldsymbol{r})$ 表示电并矢格林函数；$\boldsymbol{I}$ 为 3×3 单位并矢；$\delta(\boldsymbol{r}' - \boldsymbol{r})$ 为三维 δ 函数；$\boldsymbol{r}$、$\boldsymbol{r}'$ 分别为源点和场点的位置矢量。

结合式（4.29）和式（4.32）可以将任意一点电场计算公式表示为

$$\boldsymbol{E}(\boldsymbol{r}') = \boldsymbol{E}^p(\boldsymbol{r}') + \int(\Delta\sigma + i\omega\Delta\varepsilon)\boldsymbol{G}_E(\boldsymbol{r}', \boldsymbol{r}) \cdot \boldsymbol{E}(\boldsymbol{r}) \mathrm{d}v \tag{4.33}$$

式中，$\boldsymbol{E}^p(\boldsymbol{r}')$ 为入射电场；$\Delta\sigma$ 和 $\Delta\varepsilon$ 分别为目标体与围岩的电导率和介电常数差异，因此式中的体积分仅在异常体处进行。利用迭代方法求解目标体内电场，并利用欧姆定律计算目标体内电流。根据 Raiche（1974）的研究，利用电流密度和并矢格林函数可得到磁场积分表达式为

$$\boldsymbol{H}(\boldsymbol{r}') = -\frac{1}{i\omega\mu}\int\boldsymbol{J}(\boldsymbol{r}) \cdot \nabla \times \boldsymbol{G}_E(\boldsymbol{r}', \boldsymbol{r}) \mathrm{d}v \tag{4.34}$$

式（4.34）可用数值方法进行离散后计算三维航空电磁响应。利用 2.2 节理论可以将频率域计算结果转换到时间域，并通过褶积方法计算任意发射波形的时间域航空电磁响应。下面的讨论中我们利用开源代码 MarcoAir 计算频率域和时间域航空电磁响应。我们以时间域航空电磁系统为例进行讨论。

4.6.2　柱状良导体模型

为分析航空电磁系统对地下导电体的探测能力，我们将带异常体的航空电磁响应与半空间背景响应作比值，并通过设定响应比的阈值方法定义最大勘探深度。随着异常体埋深的增加，当异常响应衰减到半空间响应的 10% 时，认为此时的异常是可识别的最小异常，对应的异常体埋深定义为最大勘探深度。换句话说，当地下异常体的埋深逐渐增加到一定程度时，其产生的异常为半空间背景响应的 10%，此时异常体埋深定义为最大勘探深度。

本节假设的模型为常用的均匀半空间中存在一个柱状良导体。飞行系统采用时间域分离装置，异常体中心位于坐标原点正下方，取 z 轴向下为正，如图 4.38 所示。若沿着某一测线飞行观测，则在测量剖面上，不同磁场分量或磁感应分量接收到最大电磁响应的位置是不同的，而在最大响应位置对信号的识别能力是评价各分量探测能力的重要指标。换言之，在测量区域内寻找不同分量的最大勘探深度的首要工作是确定各分量的最大响应位置（记录点）。非对称航空电磁系统的记录点由模型试验确定。针对图 4.38 中的模型，本节以半正弦波（基频 30Hz，脉宽 4ms ［图 2.5（a）］）和梯形波（基频 30Hz，脉宽 4ms，上升沿和下降沿时间均为 0.2ms ［图 2.5（b）］）发射波形为例，进行记录点位置确定。如图 4.39 所示，其中横坐标为发射线圈中心对应地面测线上的位置，纵坐标为存在目标体的时间域电磁响应与均匀半空间响应的比值。在每一个发射线圈位置处，计算 B 和 $\mathrm{d}B/\mathrm{d}t$ 分量所有时间道的电磁响应比，并对每个分量在所有时间道提取响应比最大值，且对测线上所有位置采用同样的提取方法，最后形成各个分量的最大响应比剖面。根据图 4.39 的剖面结果，以时间域航空电磁二次响应最大值处作为记录点位置，可以很容易确定磁场分量 B_x

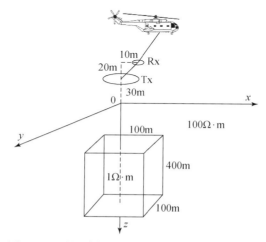

图 4.38　时间域航空电磁系统探测良导体示意图

和 B_z 及磁感应 dB_x/dt 和 dB_z/dt 在探测异常体最大埋深时的发射线圈位置。在此基础上，可以通过不断改变异常体的埋深直到响应比达到事先设定的阈值，以确定最大勘探深度。

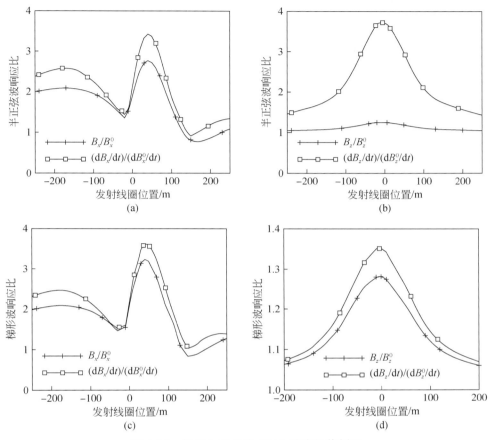

图 4.39　航空电磁 B 和 dB/dt 响应比值剖面

4.6.3　探测能力及影响因素分析

1. 发射波形对航空电磁系统探测能力的影响

目前，航空电磁系统采用多种发射波形进行飞行探测，如阶跃波、半正弦波、梯形波、三角波等，能够为地球物理勘查提供丰富的地电结构信息。然而，不同发射波形对地下异常体的探测能力不同，针对实际情况（如目标体形态、大小、导电性和埋深等）选择最佳发射波形和装置参数是获取高质量电磁数据和对地下目标体进行有效探测的关键。

本节以半正弦波和梯形波为例，进行不同波形探测能力比较分析。模型采用图 4.38 的柱状良导体，波形参数与上节一致。图 4.39 已经明确给出了不同分量对应的最大响应比位置即飞行系统的记录点位置。因此，固定飞行系统位置后，通过不断改变异常体埋深直至响应比达到阈值，可以确定各分量在 on-time 和 off-time 时的最大勘探深度。这里仅以 z 方向计算结果为例进行分析。

图 4.40 分别对两种波形的同一个分量在 off-time 时期的探测深度进行比较。从图 4.40（a）可以明显看出，发射波形为半正弦波和梯形波时，对应的 B_z 分量的探测深度相当，均在 140m 左右；在图 4.40（b）中，两种波形对应的 off-time 时期 $\mathrm{d}B_z/\mathrm{d}t$ 的探测深度也很接近，均在 150m 左右。因此，总的来说，对于本节假设的航空电磁系统和探测目标，两种发射波形的 off-time 探测能力差别很小。这种探测能力的相似性是两种波形对应的频谱成分相似造成的。图 4.41 给出具有相同发射能量的两种波形能谱对比结果。由图可以看出，半正弦波和梯形波在相同激发能量（脉冲和横轴之间构成的面积相同）的条件下，低频成分非常接近，因此对地下良导体具有相似的探测能力。

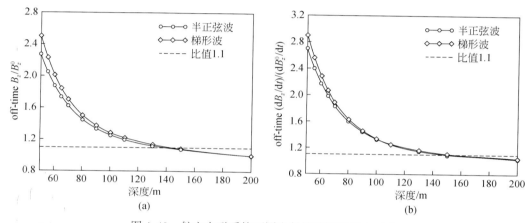

图 4.40　航空电磁系统不同发射波形探测能力对比

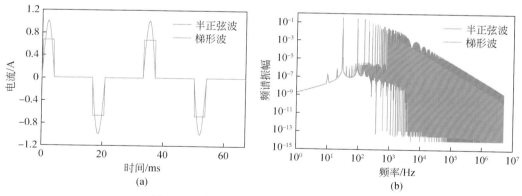

图 4.41　半正弦波和梯形波频谱特征对比

假设半正弦波和梯形波具有相同的激发能量。发射基频为 30Hz，脉冲宽度为 4ms，

梯形波上升沿和下降沿时间均为 0.2ms

2. 发射基频对航空电磁系统探测能力的影响

发射基频是一个完整发射波形周期的倒数，它表征了航空电磁发射脉冲重复的频率。

发射基频不同，发射波形的脉冲宽度和断电时间均不同，导致电磁波的扩散特征及异常体电磁响应发生变化，进而导致探测能力存在差异。本节以半正弦波为例，分析基频分别为30Hz 和 90Hz 两种情况下航空电磁系统的探测能力。其中，基频为 30Hz 发射波形对应的 on-time 和 off-time 分别为 4ms 和 12.667ms；而 90Hz 发射波形对应的 on-time 和 off-time 分别为 2ms 和 3.556ms。

如图 4.42 所示，不同发射基频时同一电磁分量的探测能力存在差异。在图 4.42（a）所示的 off-time 阶段，基频 30Hz 的 B_z 分量探测深度为 137m，明显高于 90Hz 时的 52m；而图 4.42（b）显示，基频 30Hz 和 90Hz 的 dB_z/dt 探测深度分别为 147m 和 105m。换言之，90Hz 基频探测深度较浅，而基频为 30Hz 时探测深度较大。因此，我们应根据实际目标体的估计埋深选择合适的基频进行航空电磁飞行探测。对于埋藏较深的目标体，应选用较低的发射基频，反之可选用较高的基频以保证浅地表的分辨率。

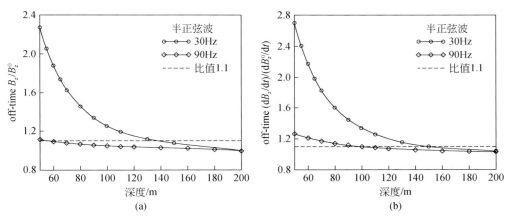

图 4.42　航空电磁系统不同发射基频探测能力对比

3. 脉冲宽度对航空电磁系统探测能力的影响

虽然不同基频的发射波形具有不同的勘探能力，但即使在同一基频情况下，仍然存在脉冲宽度选择的问题，不同的脉宽会使感应二次场的电磁波能量和分布发生变化，导致不同的异常体探测能力。这里仍以柱状良导体和 30Hz 半正弦波为例，讨论脉宽分别为 2ms 和 4ms 时的探测深度情况。由图 4.43 给出的结果可以看出，无论 B_z 还是 dB_z/dt，off-time信号在脉宽为 4ms 时呈现的探测能力明显强于脉宽为 2ms 的结果，对应的 B_z 探测深度分别是 137m 和 52m，而 dB_z/dt 的探测深度分别为 147m 和 105m。因此，对于时间域航空电磁系统，当发射电流脉宽较小时，由于向地下激发的电磁能量较小，对深部目标体探测能力较弱，增大脉宽增加激发能量，提高了航电系统的探测能力。

4. 异常体与围岩电性差异对航空电磁系统探测能力的影响

以上探测能力分析都是在围岩和异常体电阻率比值保持不变的情况下进行的。实际地质情况和电性结构非常复杂，其间的电性差异可以有很大变化。因此，本节主要讨论围岩

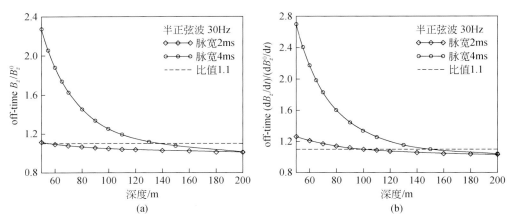

图 4.43　航空电磁系统不同发射电流脉冲宽度探测能力对比

与异常体电阻率比值对航空电磁系统探测能力的影响。

图 4.44 给出围岩与异常体电阻率之比分别为 100 和 10 时的探测能力对比。由图可以看出，当围岩与异常体电阻率之比由 100 变为 10 时，各分量的探测能力在 on-time 和 off-time

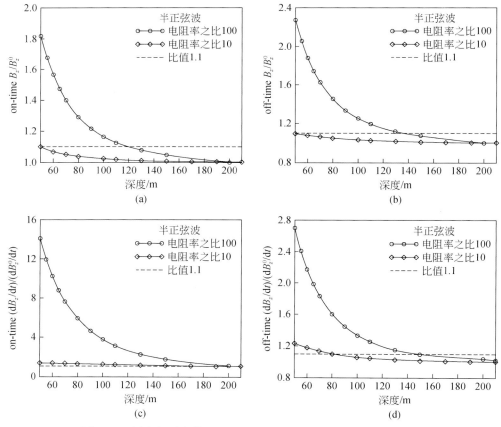

图 4.44　围岩与异常体不同电阻率比值时航空电磁系统探测能力

期间都发生了明显的下降。在图 4.44（a）和（b）中，B_z 分量在 on-time 和 off-time 期间探测深度分别下降了 70m 和 90m；而图 4.44（c）和（d）中的 $\mathrm{d}B_z/\mathrm{d}t$ 在 on-time 和 off-time 期间探测深度均下降了 60m。因此当围岩与异常体电阻率差异变小时，航空系统探测能力下降。

5. 飞行高度对航空电磁系统探测能力的影响

航空电磁系统的飞行高度是电磁数据采集和处理过程中的重要参数，较小的高度差异会引起航空电磁响应的很大变化。因此，研究不同飞行高度对航空电磁系统探测能力的影响十分重要。本节以飞行高度为 30m 和 50m 为例，讨论航空电磁系统探测能力，结果由图 4.45 给出，其对应的最大勘探深度见表 4.6。由图 4.45 和表 4.6 可以看出，当系统飞行高度增加时，对地下的探测深度会减小。当飞行高度由 30m 增加到 50m 时，on-time 阶段 $\mathrm{d}B_z/\mathrm{d}t$ 最大探测深度由 236m 减小到 180m，其他场分量也出现不同程度的降低，表明随着飞行高度的增加，电磁系统的探测能力减弱。为获得对深部良导体良好的探测能力，在保证飞行安全的前提下应尽可能降低系统的飞行高度。

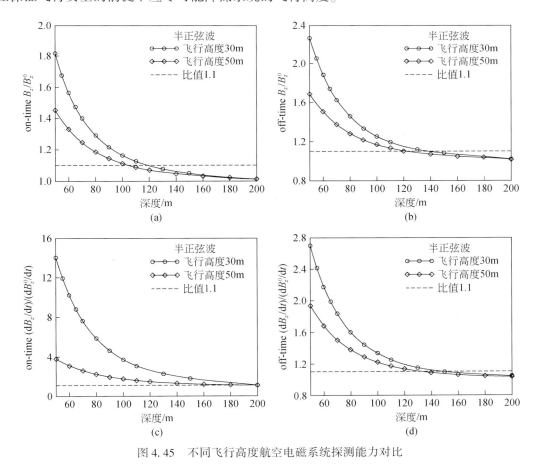

图 4.45　不同飞行高度航空电磁系统探测能力对比

表 4.6　不同飞行高度 B_z 和 dB_z/dt 的探测深度

飞行高度	30m		50m	
	B_z	dB_z/dt	B_z	dB_z/dt
on-time 探测深度/m	118.5	236	106	180
off-time 探测深度/m	137	147	121	130

4.6.4　小结

本节在时间域航空电磁勘探原理的基础上，以均匀半空间中三维良导体为例，进行了半正弦波和梯形波激励下的不同波形、不同基频、不同脉冲宽度、不同围岩与异常体电阻率比值及不同飞行高度情况下的磁场及磁感应 on-time 和 off-time 时间域响应的探测能力分析。实际航空电磁的观测设计中，我们应针对具体的勘探目标，选择具有最佳耦合的观测系统。同时，针对设定的模型进行数值模拟，分析其对目标体的探测能力，获得最佳系统参数组合，以保证在对目标体有效探测的前提下，减少航空观测的工作量、提高工作效率、减少勘探成本。

同一系统不同目标体探测能力不同，不同系统（装置形式、发射波形、基频、场分量等）对同一目标体有不同的探测能力。因此，针对特定的勘探靶区和目标体，只有优选最佳系统和参数组合，才可获得最佳勘探效果。本节仅提供一个研究思路，选择的目标体非常简单，所提出的用于异常识别的比值方法也只是许多方法中的一种，其他识别方法（如利用仪器背景噪声作为识别标准）也可用于航空电磁系统的探测能力研究。针对不同识别方法、不同目标体和不同系统组合的探测能力分析未来有着广阔的研究空间，将为航空电磁系统设计、研发和应用提供良好的技术支撑。

4.7　频率域航空电磁系统校准技术

航空电磁系统由于温度等外部条件变化导致系统漂移。为获得高质量数据，在实际飞行观测前必须对系统进行校准。系统校准的目的在于调整航空电磁接收机的增益和相位，以保证测得真实的电磁信号。换句话说，通过系统校准，观测到的电磁信号确实是由地下导电介质产生的。传统的频率域航空电磁系统校准假设校准地为高阻，因此大地导电率影响可以忽略，由此所得到的校准系数与自由空间中的校准系数相同。然而，由于实际工作中有时理想的高阻环境难以找到，因此必须考虑大地导电性对航空电磁系统校准的影响。

研究表明，导电大地对航空电磁系统校准的影响主要发生在高频部分，考虑到高频电磁场穿透深度较浅，在下面的讨论中仅考虑导电半空间模型。

传统频率域航空电磁系统的校准采用如下步骤。首先，将放置发射和接收线圈的吊舱架设于地面，保持水平共面线圈严格水平。通过在接收线圈附近放置一个永磁性磁棒使得发射和接收线圈保持基准相位一致。当磁棒平行线圈表面时，接收线圈中应产生可以忽略的电磁信号，当磁棒垂直于线圈表面时，接收线圈中仅产生负实分量。如果系统不满足这个条件，应通过电子方式予以调节。这种调节过程称为相位调整。通常在实际飞行观测中每天调节一次。其次，将一个电感已知的校准线圈（Q 线圈）放置在预先设定的位置，以便在实、虚分量信号通道中产生设定的校准信号。通过调整接收线圈的增益，观测的校准信号达到设定值。增益调整在每个飞行架次开始之前进行，且必须针对每个频率的发射和接收线圈组进行调整。最后，将吊舱飞到高空以减弱大地导电性影响，对每个信号通道调零。调零分别在每个飞行架次之前和之后进行，以便检查和校正仪器零漂和工作状态。

航空电磁校准通常假设自由空间模型，因此通常选择电阻率较高的校准场地。然而，在实际飞行观测中大地往往是导电的，此时导电大地会对航空电磁系统校准带来误差，从而影响到观测结果。Fitterman（1998）分析了导电大地对航空电磁系统校准的影响，发现当大地良导时，高频水平共面线圈系统受影响较大；Deszcz-Pan 等（1998）尝试利用地面和钻孔资料消除航空电磁数据中的校准误差。本节讨论航空电磁系统在导电大地上的校准及航空电磁数据校正问题，共分四个部分：①大地导电率对航空电磁数据影响特征；②如何选择合适的校准线圈和位置，以便在导电大地环境下获得预先设定的实、虚校准信号；③如何从校准场地航空电磁数据中直接计算大地导电率；④如何改正航空电磁数据中的校准误差。我们以 Fugro 公司的频率域直升机吊舱系统 DIGHEM 为例，基于均匀半空间模型分别研究水平共面 HCP 和直立共轴 VCX 两种装置电磁信号的校准技术及数据改正。

4.7.1　理论模型

图 4.46 给出 DIGHEM 系统位于导电大地上方（电导率 σ_i，厚度 h_i），其中 Tx 和 Rx 代表发射和接收线圈，Q 代表校准线圈，B 代表用于去除一次场的 Bucking 线圈。DIGHEM 系统采用 $r_{TB}/r_{TR}=1/3$ 的 Bucking 技术，这里 r_{TB} 和 r_{TR} 分别是 Bucking 线圈和接收线圈到发射线圈的距离。另外，Bucking 线圈和接收线圈的有效面积（匝数和面积乘积）被设定为 r_{TB}^3/r_{TR}^3，由此在自由空间，Bucking 线圈和接收线圈接收相同的一次响应，经反相叠加后去除接收线圈中的一次场。校准线圈 Q 通常与 Tx-Rx 轴同线方式放置，以产生一个校准信号；但当产生设定的校准信号导致校准线圈无法同线放置时，校准线圈也可采用旁线放置。在下面的讨论中，我们做出两个假设：①线圈可用偶极近似；②忽略二次耦合，即假设由校准线圈 Q 导致一次场的微弱扰动可以忽略不计。由式（2.103），对于一个位于导电大地上的垂直磁偶极子，位于同一高度的接收点处的垂直磁场为（$z_+=0$，$R_+=r$）

$$H_z = \frac{m}{4\pi}\left[-\frac{1}{r^3}-T_3(r)\right] \tag{4.35}$$

同理，由式（2.113）可以得到水平磁偶极子产生的水平磁场：

$$H_r = \frac{m}{4\pi}\left[\frac{2}{r^3}-T_3(r)+\frac{1}{r}T_5(r)\right] \tag{4.36}$$

式中，m 为发射线圈的偶极矩；r 为发收距；T_3 和 T_5 由式（2.94）和式（2.96）给出。下面分别讨论水平共面和直立共轴两种情况。

1. 水平共面线圈

根据式（4.35）我们得到由发射线圈 Tx 在校准线圈 Q 中产生的垂直磁场为

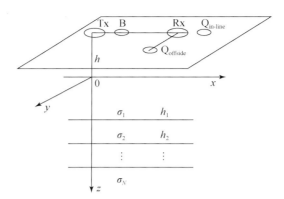

图 4.46 位于层状介质上方的航空电磁系统

$$H_z^{\mathrm{TQ}} = \frac{m_{\mathrm{T}}}{4\pi}\left[-\frac{1}{r_{\mathrm{TQ}}^3} - T_3(r_{\mathrm{TQ}})\right] \tag{4.37}$$

式中，m_{T} 为发射线圈的磁矩；r_{TQ} 为发射线圈 Tx 和校准线圈 Q 的距离。垂直磁场 H_z^{TQ} 在校准线圈中产生感应电动势为：$\varepsilon_{\mathrm{Q}} = -\mu_0 S_{\mathrm{Q}}\dfrac{\mathrm{d}H_z^{\mathrm{TQ}}}{\mathrm{d}t} = -i\omega\mu_0 S_{\mathrm{Q}}H_z^{\mathrm{TQ}}$，则校准线圈中的感应电流为

$$I_{\mathrm{Q}} = \frac{\varepsilon_{\mathrm{Q}}}{Z_{\mathrm{Q}}} = \frac{\varepsilon_{\mathrm{Q}}}{i\omega L_{\mathrm{Q}} + R_{\mathrm{Q}}} = -\mu_0 S_{\mathrm{Q}}H_z^{\mathrm{TQ}}\frac{i\omega}{i\omega L_{\mathrm{Q}} + R_{\mathrm{Q}}} \tag{4.38}$$

而校准线圈 Q 的磁矩为

$$m_{\mathrm{Q}} = I_{\mathrm{Q}}S_{\mathrm{Q}} = -\mu_0 S_{\mathrm{Q}}^2 H_z^{\mathrm{TQ}}\frac{i\omega}{i\omega L_{\mathrm{Q}} + R_{\mathrm{Q}}} \tag{4.39}$$

式中，S_{Q} 为校准线圈 Q 的有效面积（匝数×面积）；Z_{Q} 为阻抗；L_{Q} 和 R_{Q} 分别为线圈 Q 的电感和电阻。由式（4.35），我们进一步得到由校准线圈 Q 中电流在接收线圈 Rx 和 Bucking 线圈中产生的垂直磁场，即

$$H_z^{\mathrm{QR}} = \frac{m_{\mathrm{Q}}}{4\pi}\left[-\frac{1}{r_{\mathrm{QR}}^3} - T_3(r_{\mathrm{QR}})\right] \tag{4.40}$$

$$H_z^{\mathrm{QB}} = \frac{m_{\mathrm{Q}}}{4\pi}\left[-\frac{1}{r_{\mathrm{QB}}^3} - T_3(r_{\mathrm{QB}})\right] \tag{4.41}$$

式中，r_{QR} 和 r_{QB} 分别是校准线圈和接收及 Bucking 线圈之间的距离。由式（4.40）和式（4.41），同时考虑到 Bucking 线圈和接收线圈 Rx 有效面积的比值 $S_{\mathrm{B}}/S_{\mathrm{R}}$，则接收线圈中的校准信号和经一次场归一化的信号为

$$
\begin{aligned}
H_z &= H_z^{\mathrm{QR}} - \frac{S_{\mathrm{B}}}{S_{\mathrm{R}}}H_z^{\mathrm{QB}} \\
&= \frac{m_{\mathrm{Q}}}{4\pi}\left\{\left[-\frac{1}{r_{\mathrm{QR}}^3} - T_3(r_{\mathrm{QR}})\right] - \frac{S_{\mathrm{B}}}{S_{\mathrm{R}}}\left[-\frac{1}{r_{\mathrm{QB}}^3} - T_3(r_{\mathrm{QB}})\right]\right\} \\
&= \frac{\mu_0 S_{\mathrm{Q}}^2 m_{\mathrm{T}}}{16\pi^2}\left\{\frac{1}{r_{\mathrm{QR}}^3} + T_3(r_{\mathrm{QR}}) - \frac{S_{\mathrm{B}}}{S_{\mathrm{R}}}\left[\frac{1}{r_{\mathrm{QB}}^3} + T_3(r_{\mathrm{QB}})\right]\right\}\left[-\frac{1}{r_{\mathrm{TQ}}^3} - T_3(r_{\mathrm{TQ}})\right]\frac{i\omega}{i\omega L_{\mathrm{Q}} + R_{\mathrm{Q}}}
\end{aligned}
$$

$$= \frac{\mu_0 S_Q^2 m_T}{16\pi^2 L_Q} \left\{ \frac{1}{r_{QR}^3} + T_3(r_{QR}) - \frac{S_B}{S_R}\left[\frac{1}{r_{QB}^3} + T_3(r_{QB}) \right] \right\} \left[-\frac{1}{r_{TQ}^3} - T_3(r_{TQ}) \right] \frac{Q^2 + iQ}{1+Q^2}$$

$$(4.42)$$

$$\frac{H_z}{H_{z0}} = \frac{H_z}{-\dfrac{m_T}{4\pi r_{TR}^3}} = \frac{\mu_0 S_Q^2 r_{TR}^3}{4\pi L_Q} \left\{ \frac{1}{r_{QR}^3} + T_3(r_{QR}) - \frac{S_B}{S_R}\left[\frac{1}{r_{QB}^3} + T_3(r_{QB}) \right] \right\} \left[\frac{1}{r_{TQ}^3} + T_3(r_{TQ}) \right] \frac{Q^2 + iQ}{1+Q^2}$$

$$(4.43)$$

式中，$H_{z0} = -\dfrac{m_T}{4\pi r_{TR}^3}$ 是一次垂直磁场，而 $Q = \omega L_Q / R_Q$ 是校准线圈的 Q 值。对于自由空间的特殊情况，$\sigma_1 = 0$，$d_1 \to \infty$，由式（2.38）和式（2.90）有 $T_3(r) = 0$，则式（4.43）变成：

$$\frac{H_z}{H_{z0}} = \frac{\mu_0 S_Q^2}{4\pi L_Q}\left(\frac{r_{TR}}{r_{TQ}}\right)^3 \left[\frac{1}{r_{QR}^3} - \frac{S_B}{S_R}\frac{1}{r_{QB}^3} \right] \frac{Q^2 + iQ}{1+Q^2}$$

$$(4.44)$$

2. 直立共轴线圈

对于直立共轴线圈系统，我们可采用类似的方法得到接收线圈中的校准信号和归一化校准信号，即

$$H_r = H_r^{QR} - \frac{S_B}{S_R} H_r^{QB}$$

$$= \frac{m_Q}{4\pi}\left\{ \left[\frac{2}{r_{QR}^3} - T_3(r_{QR}) + \frac{1}{r_{QR}}T_5(r_{QR}) \right] - \frac{S_B}{S_R}\left[\frac{2}{r_{QB}^3} - T_3(r_{QB}) + \frac{1}{r_{QB}}T_5(r_{QB}) \right] \right\}$$

$$= -\frac{\mu_0 S_Q^2 m_T}{16\pi^2 L_Q}\left\{ \left[\frac{2}{r_{QR}^3} - T_3(r_{QR}) + \frac{1}{r_{QR}}T_5(r_{QR}) \right] - \frac{S_B}{S_R}\left[\frac{2}{r_{QB}^3} - T_3(r_{QB}) + \frac{1}{r_{QB}}T_5(r_{QB}) \right] \right\}$$

$$\times \left[\frac{2}{r_{TQ}^3} - T_3(r_{TQ}) + \frac{1}{r_{TQ}}T_5(r_{TQ}) \right] \frac{Q^2 + iQ}{1+Q^2}$$

$$(4.45)$$

$$\frac{H_r}{H_{r0}} = \frac{H_r}{\dfrac{m_T}{2\pi r_{TR}^3}} = -\frac{\mu_0 S_Q^2 r_{TR}^3}{8\pi L_Q}\left\{ \frac{2}{r_{QR}^3} - T_3(r_{QR}) + \frac{1}{r_{QR}}T_5(r_{QR}) - \frac{S_B}{S_R}\left[\frac{2}{r_{QB}^3} - T_3(r_{QB}) + \frac{1}{r_{QB}}T_5(r_{QB}) \right] \right\}$$

$$\times \left[\frac{2}{r_{TQ}^3} - T_3(r_{TQ}) + \frac{1}{r_{TQ}}T_5(r_{TQ}) \right] \frac{Q^2 + iQ}{1+Q^2}$$

$$(4.46)$$

式中，$H_{r0} = \dfrac{m_T}{2\pi r_{TR}^3}$ 是一次水平磁场。式（4.45）中的 m_Q 与式（4.39）相同，只是其中 H_z^{TQ} 由 H_r^{TQ} 代替，再通过假设 $r = r_{TQ}$，由式（4.36）可得到 H_r^{TQ}。对于自由空间的情况，我们有 $T_3(r) = T_5(r) = 0$，则式（4.46）变成：

$$\frac{H_r}{H_{r0}} = -\frac{\mu_0 S_Q^2}{2\pi L_Q}\left(\frac{r_{TR}}{r_{TQ}}\right)^3 \left[\frac{1}{r_{QR}^3} - \frac{S_B}{S_R}\frac{1}{r_{QB}^3} \right] \frac{Q^2 + iQ}{1+Q^2}$$

$$(4.47)$$

4.7.2　航空电磁系统在导电大地上的校准方法

本节讨论导电大地对航空电磁系统校准的影响，分析何时必须校正导电大地的影响及

如何校正的问题。我们以 Fugro 公司两种频率域系统 DIGHEM Standard 和 DIGHEM Resistivity 为例进行讨论。为方便起见，我们在下面的讨论中利用电阻率代替电导率。

1. 导电大地对航空电磁系统校准的影响

到目前为止，我们考虑层状介质的一般情况。对于假设的均匀半空间模型（假设电阻率为 ρ），则由式（2.94）和式（2.96）可得

$$T_3(r) = \int_0^\infty \frac{\alpha - \lambda}{\alpha + \lambda} e^{-2\lambda h} J_0(\lambda r) \lambda^2 \mathrm{d}\lambda \tag{4.48}$$

$$T_5(r) = \int_0^\infty \frac{\alpha - \lambda}{\alpha + \lambda} e^{-2\lambda h} J_1(\lambda r) \lambda \mathrm{d}\lambda \tag{4.49}$$

式（4.48）和式（4.49）中的积分可利用快速汉克尔变换计算。利用式（4.43）、式（4.44）、式（4.46）和式（4.47），我们可以计算航空电磁系统在导电半空间上校准时水平或垂直磁偶极子归一化电磁场和自由空间中校准时归一化电磁场之间的比值。进而，我们可以调节航空电磁系统各采集通道的增益，达到预先设定的实虚校准信号值。值得注意的是，导电大地上系统校准导致增益发生变化，航空电磁数据处理时必须对数据进行相应的校正。

表 4.7 和表 4.8 分别给出 DIGHEM Standard 和 DIGHEM Resistivity 两种系统的参数指标。图 4.47 给出利用式（4.43）、式（4.44）、式（4.46）和式（4.47）计算出的电磁场比值和半空间电阻率的关系，其中校准线圈的 Q 值假设为 1，整个线圈系统的离地高度为 1.23m。对 DIGHEM Standard 系统的水平共面装置（HCP 380Hz、900Hz 和 7200Hz）及直立共轴装置（VCX 900Hz 和 5500Hz），校准线圈均和 Tx-Rx 轴成同向排列；对于水平共面装置（HCP 56kHz），校准线圈垂直于 Tx-Rx 轴向排列；对于 DIGHEM Resistivity 系统，校准线圈对所有线圈均垂直于 Tx-Rx 轴向排列。由图可以看出：①对于 DIGHEM Standard 水平共面（380Hz、900Hz）或 DIGHEM Resistivity 水平共面（380Hz、1500Hz）装置，如果大地的电阻率大于 $10\Omega \cdot m$，则导电大地的影响小于 5%，电磁数据中的校准误差无需改正；②对于 DIGHEM Standard 水平共面（7200Hz）和 DIGHEM Resistivity 水平共面（6200Hz、25kHz）装置，当导电大地电阻率为 $100\Omega \cdot m$ 时其影响不可忽略，必须进行数据改正；③对于 DIGHEM Standard 水平共面（56kHz）或 DIGHEM Resistivity 水平共面系统（101kHz），当导电大地电阻率为 $500\Omega \cdot m$ 时，大地导电率影响不可忽略，必须进行数据改正；④比起水平共面装置，直立共轴系统受大地导电性的影响较小。对于 DIGHEM Standard 直立共轴系统（5500Hz），只要大地的电阻率不小于 $10\Omega \cdot m$，由式（4.43）、式（4.44）、式（4.46）和式（4.47）计算的比值接近于 1。因此，只有当大地电阻率小于 $10\Omega \cdot m$ 时，导电大地产生的校准误差必须进行改正。对于 900Hz 的情况，只有当大地导电率小于 $2\Omega \cdot m$ 时，导电大地产生的校准误差必须改正。

表 4.7 DIGHEM Standard 系统参数

线圈对	装置	频率/Hz	r_{TR} /m	r_{TB} /m
1	HCP	380	7.98	2.66

线圈对	装置	频率/Hz	r_{TR} /m	r_{TB} /m
2	HCP	900	7.98	2.66
3	VCX	900	7.98	2.66
4	VCX	5500	7.98	2.66
5	HCP	7200	7.98	2.66
6	HCP	56000	6.32	2.11

注：HCP-水平共面线圈；VCX-直立共轴线圈

表 4.8　DIGHEM Resistivity 系统参数

线圈对	装置	频率/Hz	r_{TR} /m	r_{TB} /m
1	HCP	380	7.86	2.62
2	HCP	1500	7.86	2.62
3	HCP	6200	7.86	2.62
4	HCP	25000	7.86	2.62
5	HCP	101000	7.86	2.62

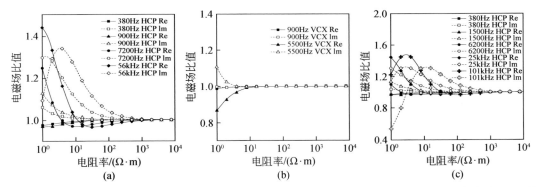

图 4.47　航空电磁系统分别位于导电半空间和自由空间中校准时航空电磁实分量 Re 及虚分量 Im 比值
（a）DIGHEM Standard HCP 装置；（b）DIGHEM Standard VCX 装置；
（c）DIGHEM Resistivity HCP 装置

　　另外，校准场地电阻率对航空电磁系统的相位也产生影响。众所周知，电磁系统相位校准是通过在接收机附近放置永磁性磁棒完成的。当磁棒平行于接收线圈平面时，磁棒和接收线圈之间没有耦合，因此接收线圈中不产生任何信号。当磁棒垂直于接收线圈时，两者之间存在耦合效应。由于磁棒的永磁特征，接收线圈中仅产生负的实分量响应。如果校准场地的大地不导电，则该信号应与发射源信号同相（或反相 180°）。当校准场地导电时，接收线圈中由永磁棒产生的磁场响应包括导电大地的影响，该电磁响应将不再和发射源信号同相。这意味着由永磁棒在接收线圈产生的信号发生相位移动。在航空电磁系统调相过程中，该相移通过电子方式补偿并由系统记录下来，以便在未来航空电磁数据处理中进行改正。

2. 利用辅助信息对航空电磁系统进行校准

传统的航空电磁系统在不导电大地/自由空间中进行校准过程中，通常设定校准线圈的 Q 值为 1，则由式（4.44）和式（4.47）可知校准信号的实虚部相同，相位为 45°。如果航电系统的实虚分量通道具有相同的增益，则可保证电磁信号实虚分量有相同的动态范围。这是目前大多数航空电磁系统的设计思路。然而，大地存在导电性，由前述讨论可知，在导电大地上进行航空电磁系统校准时，校准信号将发生振幅变化和相位移动。图 4.47 展示了校准信号的幅值变化特征，而图 4.48 分别展示了两种 DIGHEM 系统由于大地导电率引起的校准信号的相位移。从图可以看出，该相位移对应不同的电阻率和频率可达 −20° ～ 10°。由此证实在导电大地进行航空电磁系统校准时，简单通过调整系统的增益无法实现校准信号实虚分量同时达到事先设定的标准值。此时，我们需要采用如下步骤对航电系统进行校准：①由大地导电率引起的相位移通过电子补偿方式调节并被记录下来；②在引入校准线圈后，导电大地影响校准信号并产生附加相位移，校准线圈的 Q 值必须调节以补偿该相位移，从而获得相同的校准信号实虚分量，这与自由空间中系统校准时的思路相同［参见式（4.44）和式（4.47），假设 $Q=1$］。然而，这种校准又引起校准信号实虚分量的幅值变化，必须进一步调整系统增益。如此多次循环，费时且系统不易得到精确校准。为此，我们尝试依据事先设定的校准信号实虚分量值一次性确定校准线圈的位置和 Q 值，避免多次反复地对系统进行调节。该方法的前提是已知校准地的电阻率，本质上可归结为求解如下非线性方程组：

$$\mathrm{Re}f(x_1, x_2) = \mathrm{Re}f_0 \tag{4.50}$$

$$\mathrm{Im}f(x_1, x_2) = \mathrm{Im}f_0 \tag{4.51}$$

式中，f 是由式（4.43）和式（4.46）给出的归一化磁场表达式，未知数 x_1，x_2 假设为校准线圈相对接收线圈的位置 r_{QR} 及校准线圈的 Q 值，$\mathrm{Re}f_0$ 和 $\mathrm{Im}f_0$ 是事先设定的校准信号实虚分量值。我们利用 Newton-Raphson 方法求解式（4.50）和式（4.51）中的方程（Press et al., 1999）。为此，将式（4.50）和式（4.51）中的函数在一个初始模型附近展开成泰勒级数，通过求解一个线性方程组得到参数改正量并更新参数模型，如此循环直到模型参数的解收敛为止。对于在导电大地上进行系统校准的情况，选择在自由空间中的校准参数（校准线圈位置和 Q 值）作为初始模型，可以保证迭代快速收敛到正确的参数解。我们采用 Brown（1973）给出的软件求解上述方程。表 4.9 给出不同电阻率大地上 DIGHEM Standard 系统两个频率和 DIGHEM Resistivity 系统三个频率的求解结果。其中，校准信号的实虚分量均假设为 200PPM，校准线圈的离地高度为 1.23m，其他参数参见表 4.7 和表 4.8。利用表 4.9 可以很容易根据校准地点电阻率确定校准线圈的位置和 Q 值，一次性校准到位而无需多次调整。

在实际航空电磁系统校准时，校准线圈的电感是固定的，通过和校准线圈串联一个可变电阻很容易调节电阻值，从而获得期望的 Q 值。为获得校准线圈的精确位置，通常在实际校准中使用固定支架。如前所述，校准地点的大地导电性在接收线圈中产生一个相位移 φ_n，在利用永磁铁对系统调相过程中通过电子方式予以补偿。然而，系统对此相位有记忆，即所有飞行观测记录的信号中均包含该相位移的影响。

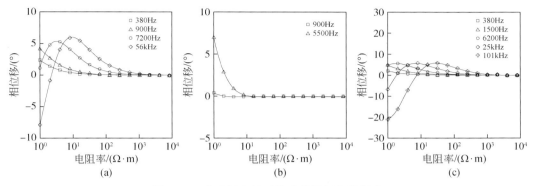

图 4.48　大地导电性对校准信号相位的影响

（a）DIGHEM Standard HCP 装置；（b）DIGHEM Standard VCX 装置；（c）DIGHEM Resistivity HCP 装置

下面首先考虑该相位对校准信号的影响。参见图 4.49，（Re，Im）是自由空间的相位坐标系，在引入导电大地后，相位坐标系旋转一个角度 φ_n 到（Re′，Im′）。调相过程是将相位坐标系（Re′，Im′）回转到原始的自由空间坐标系。因此，对于事先设定原始坐标系的校准信号 Re_0 和 Im_0，可以通过坐标变换确定新坐标系中的校准信号，即

$$Re'_0 = Re_0 \times \cos\varphi_n + Im_0 \times \sin\varphi_n \tag{4.52}$$

$$Im'_0 = - Re_0 \times \sin\varphi_n + Im_0 \times \cos\varphi_n \tag{4.53}$$

然后，将 Re'_0 和 Im'_0 代入前述搜索方法中，以确定校准线圈在导电大地上的位置和 Q 值。基于校准地电阻率，并结合所获得的校准线圈位置和 Q 值，我们可以计算出校准因子对航空电磁数据进行改正（图 4.47）。

表 4.9　校准线圈位置和 Q 值

大地电阻率 /($\Omega \cdot m$)	DIGHEM Standard 系统				DIGHEM Resistivity 系统					
	7200Hz		56kHz		6200Hz		25kHz		101kHz	
	r_{QR} /m	Q	r_{QR} /m	Q	r_{QR} /m	Q	r_{QR} /m	Q	r_{QR} /m	Q
1.0	1.662	1.033	1.732	0.759	1.956	1.194	1.774	0.784	1.375	0.422
2.0	1.657	1.184	1.829	0.977	1.916	1.225	1.858	1.029	1.582	0.548
3.0	1.640	1.209	1.848	1.096	1.890	1.203	1.865	1.138	1.704	0.677
5.0	1.615	1.193	1.842	1.200	1.861	1.158	1.847	1.213	1.812	0.863
8.0	1.595	1.156	1.820	1.239	1.840	1.117	1.820	1.223	1.857	1.026
10.0	1.587	1.137	1.806	1.239	1.832	1.099	1.806	1.213	1.864	1.091
20.0	1.567	1.084	1.765	1.195	1.815	1.057	1.767	1.157	1.848	1.212
30.0	1.560	1.061	1.744	1.156	1.808	1.041	1.750	1.121	1.824	1.224
40.0	1.556	1.048	1.732	1.130	1.805	1.032	1.740	1.099	1.807	1.214
50.0	1.553	1.039	1.724	1.111	1.803	1.026	1.734	1.083	1.793	1.199
80.0	1.550	1.026	1.711	1.078	1.800	1.017	1.724	1.057	1.768	1.158
100.0	1.548	1.021	1.706	1.065	1.799	1.014	1.720	1.047	1.758	1.138

大地电阻率 /$(\Omega \cdot m)$	DIGHEM Standard 系统				DIGHEM Resistivity 系统					
	7200Hz		56kHz		6200Hz		25kHz		101kHz	
	r_{QR} /m	Q	r_{QR} /m	Q	r_{QR} /m	Q	r_{QR} /m	Q	r_{QR} /m	Q
200.0	1.546	1.011	1.696	1.036	1.797	1.007	1.713	1.026	1.734	1.084
300.0	1.545	1.008	1.693	1.025	1.796	1.005	1.710	1.018	1.725	1.061
500.0	1.544	1.005	1.690	1.016	1.795	1.003	1.708	1.011	1.717	1.039
800.0	1.544	1.003	1.688	1.010	1.795	1.002	1.707	1.007	1.713	1.026
1000.0	1.544	1.002	1.687	1.008	1.795	1.001	1.706	1.006	1.711	1.021

注：除了 DIGHEM Standard 7200Hz 线圈系统采用校准线圈同线放置外，其他全部采用旁线。n_Q、d_Q 和 L_Q 分别是校准线圈的匝数、半径和电感。校准信号实虚分量均假设为 200PPM。

$f=7200$Hz	$f=56$kHz	$f=6200$Hz	$f=25$kHz	$f=101$kHz
$r_{TR}=7.98$m	$r_{TR}=6.32$m	$r_{TR}=7.86$m	$r_{TR}=7.86$m	$r_{TR}=7.86$m
$n_Q=124$	$n_Q=10$	$n_Q=124$	$n_Q=10$	$n_Q=10$
$d_Q=0.23$m	$d_Q=0.23$m	$d_Q=0.23$m	$d_Q=0.23$m	$d_Q=0.23$m
$L_Q=17$mH	$L_Q=0.13$mH	$L_Q=17$mH	$L_Q=0.13$mH	$L_Q=0.13$mH

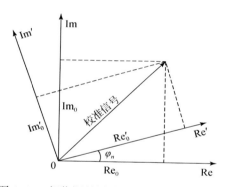

图 4.49　相位调整导致校准信号变化示意图

3. 无辅助信息的航空电磁系统校准

到目前为止，我们均假设已知校准场地的大地电阻率。然而，限于地球物理手段有时难以准确获得校准场地电性资料。下面讨论在没有任何辅助信息条件下如何从校准场地航空电磁数据中获得大地电阻率并实现航空电磁系统校准的方法。其出发点是对于地下均匀半空间，如果不存在校准误差，我们应该能从航空电磁测量数据中得到大地真电阻率。换言之，如果航空电磁数据被改正到系统在自由空间中校准的状态，即可获得校准场地电阻率。参见图 4.50，整个校准过程如下：①航空电磁数据（包含导电大地校准误差的实虚分量数据）利用 Fraser（1978，1990）提出的算法计算视电阻率；②该视电阻率被用于计算校正因子对航空电磁数据进行校正；③利用校正后数据再次计算视电阻率；④该视电阻率被用于计算新的校正因子校正数据；⑤本过程循环直到相邻两次计算的视电阻率变化小于事先设定的阈值。表 4.10 和表 4.11 给出 DIGHEM Standard 56kHz 和 DIGHEM Resistivity

25kHz 的计算结果。假设航空电磁系统飞行高度为 30m。表中第二列为大地真电阻率，第三、四列为包含导电大地校准误差的航空电磁数据，第五列为初始计算的电阻率，第六、七列分别为迭代求解的电阻率和迭代次数。表 4.12 给出表 4.10 中第一个模型迭代过程。由表可以看出，在校准场地比较良导的条件下，由带有校准误差电磁数据计算的初始电阻率离真实值较远，然而利用本节的迭代算法可有效获取地下介质的电阻率信息。在获得校准场地电阻率后，我们可以结合校准线圈的 Q 值计算校正系数对整个测区的数据进行改正。

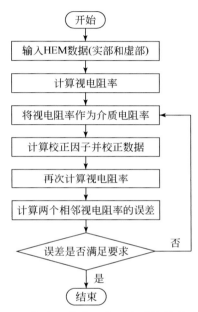

图 4.50　校准地点大地电阻率迭代计算流程图

表 4.10　利用迭代算法从 DIGHEM Standard 数据中确定校准场地电阻率

No.	$\rho_0 /(\Omega\cdot m)$	Re/PPM	Im/PPM	$\rho_{a1} /(\Omega\cdot m)$	$\rho_{aN} /(\Omega\cdot m)$	迭代次数
1	1.0	1499.9	393.7	8.10	1.01	5
2	5.0	1424.9	197.7	2.42	5.06	4
3	10.0	1387.1	276.3	5.01	10.11	5
4	50.0	941.7	507.6	41.8	50.38	3
5	100.0	668.8	502.3	91.3	100.6	3
6	500.0	203.9	296.3	490.7	501.5	2

注：DIGHEM Standard 系统 56kHz

表 4.11　利用迭代算法从 DIGHEM Resistivity 数据中确定校准场地电阻率

No.	$\rho_0 /(\Omega\cdot m)$	Re/PPM	Im/PPM	$\rho_{a1} /(\Omega\cdot m)$	$\rho_{aN} /(\Omega\cdot m)$	迭代次数
1	1.0	2650.3	769.6	4.64	1.00	4

No.	$\rho_0/(\Omega\cdot m)$	Re/PPM	Im/PPM	$\rho_{a1}/(\Omega\cdot m)$	$\rho_{aN}/(\Omega\cdot m)$	迭代次数
2	5.0	2483.7	544.6	2.82	5.01	5
3	10.0	2261.9	731.4	6.33	10.01	4
4	50.0	1199.2	919.4	44.13	50.03	3
5	100.0	757.0	785.5	93.50	100.1	3
6	500.0	180.8	355.2	491.8	500.1	2

注：DIGHEM Resistivity 系统 25kHz

表 4.12　利用迭代算法确定校准场地电阻率的迭代过程

迭代次数	Re/PPM	Im/PPM	$\rho/(\Omega\cdot m)$	f_g	Re′/PPM	Im′/PPM
1	1499.9	393.7	8.10	1.189	1834.8	184.7
2	1834.8	184.7	1.08	1.323	2042.0	205.6
3	2042.0	205.6	1.01	1.314	2028.1	204.2
4	2028.1	204.2	1.01	1.315	2029.1	204.3
5	2029.1	204.3	1.01	1.315	2029.1	204.3

注：模型为表 4.10 中第一个模型 $\rho = 1\Omega\cdot m$。Re′ 和 Im′ 为利用现有大地电阻率对校准误差改正后数据，f_g 为增益改正因子（见后面讨论）

4.7.3　航空电磁数据校正

由上面的讨论可知，在导电大地上进行航空电磁系统校准时各通道的增益均受到影响，因此航空电磁数据处理过程中必须进行改正。这些影响因子由导电大地上系统校准信号和自由空间中系统校准信号的比值决定，且该影响因子导致的增益变化在整个测区是不变的。因此，可以很容易对导电大地上校准信号引起的数据误差进行改正。事实上，依据是否可得到校准场地大地导电率信息，我们可选择相应的校准手段，然后计算校正因子对数据进行校正。考虑到当代航空电磁系统的实虚分量通道具有相同的增益，因此为得到相同的校准信号实虚分量值，必须通过调整校准线圈的 Q 值补偿由于大地导电性引起的相位移，以便接收机接收的信号相位保持在 45°。相比之下，如果航电系统在自由空间中校准，则我们简单地将校准线圈的 Q 值设为 1 即可满足要求。下面介绍当航空电磁系统在导电大地上校准时，如何将航空电磁观测数据改正到系统在自由空间中校准的水平。我们以水平共面系统为例。为讨论方便，我们重写式（4.43）如下：

$$\left(\frac{H_z}{H_{z0}}\right)_{\text{cond}} = \frac{\mu_0 S_Q^2 r_{\text{TR}}^3}{4\pi L_Q}\left\{\frac{1}{r_{\text{QR}}^3} + T_3(r_{\text{QR}}) - \frac{S_B}{S_R}\left[\frac{1}{r_{\text{QB}}^3} + T_3(r_{\text{QB}})\right]\right\}\left[\frac{1}{r_{\text{TQ}}^3} + T_3(r_{\text{TQ}})\right]\frac{Q^2+iQ}{1+Q^2}e^{-i\varphi_n}$$

$$= A_e e^{i\varphi_e} A_Q e^{i\varphi_Q} e^{-i\varphi_n} \tag{4.54}$$

式中，$A_Q e^{i\varphi_Q} = \dfrac{Q^2+iQ}{1+Q^2}$ 称为 Q 函数；$A_e e^{i\varphi_e}$ 代表了导电大地对校准信号的影响。在式

（4.54）中加入 $e^{-i\varphi_n}$，目的在于考虑系统在调相过程中导电大地产生的相位移对观测数据的影响。该相位移在利用永磁棒调相过程中已被记录下来。在实际航空电磁系统校准时，我们调节 Q 值直到 $\varphi_e + \varphi_Q - \varphi_n = 45°$，以得到相同的校准信号实虚分量。将该条件代入式（4.54）得到归一化垂直磁场的实虚分量为

$$\begin{matrix} \text{Re} \\ \text{Im} \end{matrix} \left(\frac{H_z}{H_{z0}} \right)_{\text{cond}} = A_e A_Q / \sqrt{2} \tag{4.55}$$

进而，调整航空系统的增益 g_{cond} 以得到事先设定的实、虚校准信号 S_0（PPM），即

$$\begin{matrix} \text{Re} \\ \text{Im} \end{matrix} \left(\frac{H_z}{H_{z0}} \right)_{\text{cond}} \times 10^6 \times g_{\text{cond}} = S_0 \tag{4.56}$$

类似地，我们从式（4.44）得到自由空间中校准信号：

$$\left(\frac{H_z}{H_{z0}} \right)_{\text{air}} = \frac{\mu_0 S_Q^2}{4\pi L_Q} \left(\frac{r_{\text{TR}}}{r_{\text{TQ}}} \right)^3 \left[\frac{1}{r_{\text{QR}}^3} - \frac{S_B}{S_R} \frac{1}{r_{\text{QB}}^3} \right] \frac{Q^2 + iQ}{1 + Q^2} = A_a A_Q e^{i\varphi_Q} \tag{4.57}$$

式中，$A_Q e^{i\varphi_Q}$ 与式（4.54）相同，而实数 A_a 包含了其他各项。为获得相同的实虚分量校准信号，我们假设 $Q = 1$，则式（4.57）变成：

$$\begin{matrix} \text{Re} \\ \text{Im} \end{matrix} \left(\frac{H_z}{H_{z0}} \right)_{\text{air}} = A_a / 2 \tag{4.58}$$

同样，我们调整系统增益 g_{air} 以便得到事先设定的校准信号 S_0，即

$$\begin{matrix} \text{Re} \\ \text{Im} \end{matrix} \left(\frac{H_z}{H_{z0}} \right)_{\text{air}} \times 10^6 \times g_{\text{air}} = S_0 \tag{4.59}$$

则从式（4.56）和式（4.59），我们得到对于相同设定的校准信号分别在导电大地和自由空间两种校准条件下系统增益比值为

$$f_g = \frac{g_{\text{air}}}{g_{\text{cond}}} = \frac{\text{Re} \left(\frac{H_z}{H_{z0}} \right)_{\text{cond}}}{\text{Re} \left(\frac{H_z}{H_{z0}} \right)_{\text{air}}} = \frac{\text{Im} \left(\frac{H_z}{H_{z0}} \right)_{\text{cond}}}{\text{Im} \left(\frac{H_z}{H_{z0}} \right)_{\text{air}}} = \frac{A_e A_Q / \sqrt{2}}{A_a / 2} = \sqrt{f_{\text{Re}}^2 + f_{\text{Im}}^2} \times \frac{Q}{\sqrt{Q^2 + 1}} \tag{4.60}$$

式中，f_{Re} 和 f_{Im} 是当 $Q = 1$ 系统分别在导电大地和自由空间校准时电磁信号实虚分量的比值（参见图 4.47）。按照式（4.43）和式（4.44），$A_e / A_a = \sqrt{(f_{\text{Re}}^2 + f_{\text{Im}}^2)/2}$。事实上，如果在式（4.43）和式（4.44）中假设 $Q = 1$，则得到

$$f_{\text{Re}} = \frac{\text{Re} \left[A_e e^{i\varphi_e}(1 + i)/2 \right]}{A_a / 2} = \sqrt{2} \frac{A_e}{A_a} \cos(\varphi_e + 45°) \tag{4.61}$$

$$f_{\text{Im}} = \frac{\text{Im} \left[A_e e^{i\varphi_e}(1 + i)/2 \right]}{A_a / 2} = \sqrt{2} \frac{A_e}{A_a} \sin(\varphi_e + 45°) \tag{4.62}$$

从式（4.61）和式（4.62）证实了上面的结论。式（4.60）中的比值构成对测区航空电磁数据进行增益调整时的校正系数。最后还需指出的是，在系统调相过程中，由于大地电性导致的相位移被补偿和记录并影响到所有观测数据，所以在航空电磁增益改正之前，所有数据必须先进行相位改正，即乘上一个相位因子 $e^{i\varphi_n}$。

图 4.51 展示航空电磁实测数据改正结果。DIGHEM Standard 系统是在电阻率为 $9\Omega \cdot m$ 的大地上进行的校准。调相发现频率 56kHz 线圈的相位移为 $5.3°$，而 7200Hz 线圈的相位移为 $3°$。这些相位移利用电子方式分别得到补偿后，并将结合到所有电磁观测数据

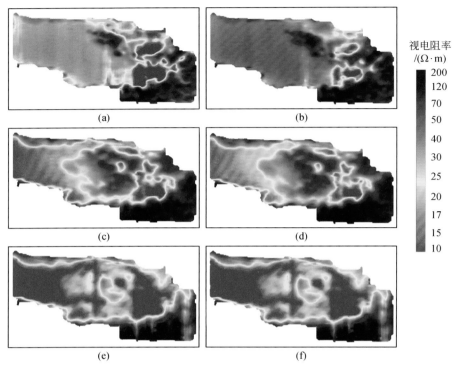

图 4.51　航空电磁实测数据改正结果（数据来源：MSE Technology Application Inc.）

左边为原始数据计算的视电阻率，右边为改正后数据计算的视电阻率。(a) 和 (b) 56kHz；
(c) 和 (d) 7200Hz；(e) 和 (f) 900Hz

中。进而，我们采用前述介绍的方法利用线圈 Q 及设定的校准信号对系统进行校准。在数据改正过程中，首先改正由于校准大地导电性产生的相位移。然后，我们利用式（4.43）和式（4.44）计算航空电磁系统在导电大地和自由空间两种环境下校准信号实虚分量的比值（ f_{Re} ，f_{Im} ），并利用式（4.60）计算增益改正因子。由于 900Hz 数据受校准误差的影响很小，因此数据无需改正。图 4.51 中，左右两边分别展示改正前和改正后的数据。比较左右两列可以看出：①56kHz 的视电阻率分布特征在改正前后变化较大，改正后的视电阻率值有一定程度的增加。②地质资料显示测区主要位于一个湖区，湖水电阻率大约为 $38\Omega \cdot m$。在进行航空电磁数据校准误差改正之前，56kHz 的视电阻率为 $20 \sim 30\Omega \cdot m$. 在一些特殊区域甚至低至 $1\Omega \cdot m$。然而，数据改正后湖区的视电阻率为 $30 \sim 45\Omega \cdot m$，良导区也基本消失。因此，该测区改正航空电磁数据中的校准误差取得了明显效果。③由于导电大地对航空电磁系统低频部分影响很小，从图 4.51 中可以看出 7200Hz 受影响很小，而 900Hz 数据几乎没有变化。图 4.52 将改正后的 56kHz 视电阻率和地理位置图叠合在一起。从图中可以看出，地表目标体和视电阻率分布之间存在着良好的对应关系。

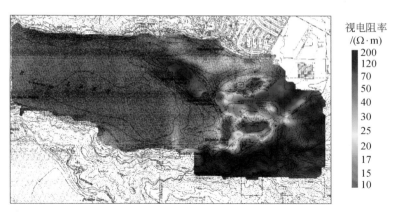

图 4.52 航空电磁 DIGHEM Standard 系统 56kHz 实测数据改正结果与地理位置的对应关系
（数据来源：MSE Technology Application Inc.）

4.7.4 小结

与自由空间中航空电磁系统校准相比，导电大地上的航空电磁系统校准导致校准信号振幅变化和相位偏移。这些变化进一步导致观测数据畸变。因此，航空电磁数据改正必不可少，特别对于线圈系统中的高频信号或良导大地作为校准场地的情况。基于本节计算结果，我们可以很容易确定大地导电性对航空系统校准的影响特征。针对校准场地电性是否已知，可以采取不同的方法对航空系统进行校准。当校准地电阻率已知时，可以利用搜索方法搜索校准线圈位置和 Q 值；反之，如果无法确定校准场地的电阻率信息，可以采用迭代方法从航空电磁数据中求解校准场地电阻率。此时，我们需要将系统从校准地上方做一次飞行观测。在获得校准场地电阻率后，我们可以计算校准因子对整个测区的电磁数据进行改正。最后，必须特别指出，在进行航空电磁系统校准时水平线圈必须严格水平放置，建议采用支架等辅助设备固定校准线圈。

4.8 航空电磁磁场计算和应用

4.8.1 磁场计算

传统的时间域航空电磁系统直接对接收线圈内的感应电压进行采集，再由感应电压转换得到磁感应 dB/dt。Smith 和 Annan（1998）研究表明磁场 B 与磁感应 dB/dt 对地下异常体的探测能力存在差异，特别是当地下存在低阻异常体时，磁场 B 对深部良导体探测能力比磁感应 dB/dt 强。因此，仅对 dB/dt 信号进行数据解释有时会降低航空电磁方法的探测能力。另外，由于技术原因，直接测量磁场 B 信号的航空电磁系统目前尚没有被成功应用于实际飞行观测，磁场 B 信号目前只能通过数学手段由 dB/dt 计算得到。转换的方法主要有以下两种：Stolz 和 Macnae（1997）提出通过将感应线圈测量的 dB/dt 与等价阶跃响应进行反褶积得到磁场 B。这种方法在理论上是正确的，但在处理实际问题时，由于发射波形测量不准导致反褶积不稳定，同时会引入新的噪声（Smith and Annan，2000）；裴易峰等（2014）提出，通过对实测 dB/dt 数据进行积分得到磁场 B。这种算法简单快捷，既可以加入测量系统中进行实时积分直接输出 B 值，也可以在测量结束后对 dB/dt 进行数值积分获得 B 场。本节详细介绍这种方法，并通过分析不同模型的 dB/dt 和 B 响应，研究两种信号对地下介质的探测能力。

磁场 B 与磁感应 dB/dt 之间满足如下的积分关系：

$$B = \int_0^t \frac{dB}{dt}dt - B(0) = -\int_t^\infty \frac{dB}{dt}dt \tag{4.63}$$

式（4.63）中第一项积分需要使用磁场的初始值 $B(0)$，对于实测数据 $B(0)$ 往往难以获得，因此考虑到磁场在 $t=\infty$ 已衰减殆尽，使用第二项积分比较方便。另外，利用第二项积分计算 B 场需要使用很晚期的 dB/dt 数据，由于系统存在背景噪声这些数据难以从实测数据中准确获得。为了解决晚期时间道的信号缺失问题，我们假设 dB/dt 场在晚期道符合指数或幂指数衰减规律，通过对最后几道实测 dB/dt 数据进行指数或幂指数拟合得到晚期道 dB/dt 数据，进而由式（4.63）计算积分。实际计算时，由于 dB/dt 采样非常密集，我们可简单采用矩形数值积分法进行分段求积。在晚期道利用解析办法计算出对 dB/dt 积分的贡献。最后，我们将分段积分得到的 B 值与晚期道解析积分值叠加得到实际 B 值响应。下面以垂直磁场为例讨论由磁感应计算磁场的方法。

1）幂指数拟合

首先对 dB_z/dt 数据和时间同时取对数，采用最小二乘法进行线性拟合，求出斜率 k 和截距 b，通过以下公式可以求得拟合的 dB_z/dt，并通过积分计算 B_z 值，即

$$dB_z/dt = t^{-k} \cdot e^b \tag{4.64}$$

$$B_z = -\int_t^\infty \frac{dB_z}{dt}dt = \frac{t^{-k+1}}{k-1}e^b \tag{4.65}$$

2）指数拟合

通过对最后若干道的 dB_z/dt 数据取对数，并用最小二乘法进行线性拟合，求出斜率 k 和截距 b。通过以下公式可以求得拟合的 dB_z/dt，并通过积分计算 B_z 值，即

$$dB_z/dt = e^{-kt+b} \tag{4.66}$$

$$B_z = \frac{1}{k}e^{-kt+b} \tag{4.67}$$

必须指出的是，由于积分过程相当于一个低通滤波器，对高频随机噪声有削弱作用，且我们使用指数和幂指数函数拟合弥补了缺失的晚期道数据，因此积分得到的 B 场可有效压制噪声，提高信噪比。

4.8.2 磁场和磁感应探测能力分析

本节利用理论仿真数据验证式（4.63）~式（4.67）的有效性。假设如下模型参数：

发射系统采用 Fugro 公司的 HeliGEOTEM 系统，发射波形为正弦波，基频为 30Hz（on-time 宽度为 4ms，off-time 宽度为 12.67ms），发射磁矩为 88.35 万 Am^2，发射机高度为 30m，接收机高度为 50m，发射接收水平距离 10m。图 4.53 对比了在 dB_z/dt 中叠加强度为 10000nT/s 的高斯噪声后对 B_z 信号的影响。从图中可以看出，加入高斯噪声对磁感应强度信号 dB_z/dt 有强烈的影响，加入噪声前后的信号均方误差为 4.08%。而对于积分计算的磁场信号 B_z，高斯噪声的影响十分微弱，加入噪声前后的信号均方误差仅为 0.13%。由此可见，通过积分得到的 B_z 场对随机噪声有明显的压制作用。

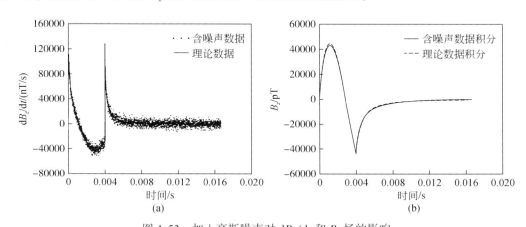

图 4.53　加入高斯噪声对 dB_z/dt 和 B_z 场的影响

（a）理论 dB_z/dt 与加噪声 dB_z/dt 数据；（b）理论 B_z 场与加噪后积分的 B_z 场

如上所述，dB/dt 和 B 场的探测能力存在差异。下面我们将通过对不同一维层状模型使用 dB/dt 和 B 场分别进行电阻率成像，分析这两种场数据对地下介质探测能力的差异，仍然以垂直磁场为例说明。图 4.54 对比了使用 dB_z/dt 和 B_z 场分别对地下良导层上方存在不同厚度覆盖层模型的成像结果。模型层数为三层，第二层良导层和第三层基底电阻率及厚度均保持不变，仅覆盖层的厚度发生改变。从图 4.54 中可以看出，在电阻率保持不变的情况下，对于不同埋深的低阻层，dB_z/dt 成像结果曲线均表现为 H 型，能够反映地下三层介质模型；对于磁场 B_z，图 4.54（a）中的成像结果没能呈现出 H 型。然而，随着良导层埋深增加，B_z 场的成像效果明显变好。由此可见，B_z 场对深部良导体的探测能力优于浅层良导体。图 4.55 给出了加入噪声后 dB_z/dt 和 B_z 场对上述模型的成像结果。其中，dB_z/dt 信号加入噪声强度为 0.5nT/s，B_z 场由含有噪声的 dB_z/dt 经积分求得。从图可以看出，dB_z/dt 成像结果在深部出现震荡，而 B_z 场成像结果稳定，表明晚期道电磁信号较弱，噪声影响严重。比较图 4.54 和图 4.55 可以进一步得出结论：对于理论数据，dB_z/dt 场具有很好的成像效果，对于实测数据，由于在晚期信号衰减到噪声水平以下，dB_z/dt 成像难以获得地下深部电性信息；虽然 B_z 场对浅部低阻层探测能力相对较弱，但由于晚期道信号信噪比高，利用 B_z 场数据能获得较好的深部成像结果。

图 4.56 给出了良导层电阻率改变，其他模型参数不变的三层模型电阻率成像结果。从图中可以看出，对于良导层埋深为 50m、电阻率为 10Ω·m 的三层模型，磁场 B_z 成像结果没能呈现出 H 型；随着该层电阻率降低，B_z 场成像效果逐渐得到改善，低阻层得到有

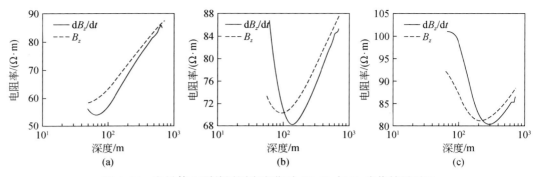

图 4.54 良导体上覆盖层厚度变化时 $\mathrm{d}B_z/\mathrm{d}t$ 与 B_z 成像结果对比

（a）$\rho_1 = 100\Omega \cdot \mathrm{m}$，$h_1 = 50\mathrm{m}$；$\rho_2 = 10\Omega \cdot \mathrm{m}$，$h_2 = 10\mathrm{m}$；$\rho_3 = 100\Omega \cdot \mathrm{m}$；

（b）$\rho_1 = 100\Omega \cdot \mathrm{m}$，$h_1 = 100\mathrm{m}$；$\rho_2 = 10\Omega \cdot \mathrm{m}$，$h_2 = 10\mathrm{m}$；$\rho_3 = 100\Omega \cdot \mathrm{m}$；

（c）$\rho_1 = 100\Omega \cdot \mathrm{m}$，$h_1 = 200\mathrm{m}$；$\rho_2 = 10\Omega \cdot \mathrm{m}$，$h_2 = 10\mathrm{m}$；$\rho_3 = 100\Omega \cdot \mathrm{m}$

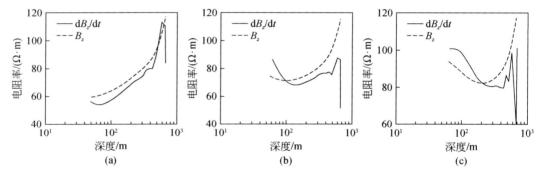

图 4.55 加入随机噪声后 $\mathrm{d}B_z/\mathrm{d}t$ 与 B_z 成像结果对比

$\mathrm{d}B_z/\mathrm{d}t$ 信号中加入强度为 $0.5\mathrm{nT}/s$ 的随机噪声，模型参数同图 4.54

效的反映。由此可见，良导层的电阻率越低，磁场 B_z 对其探测能力越强。

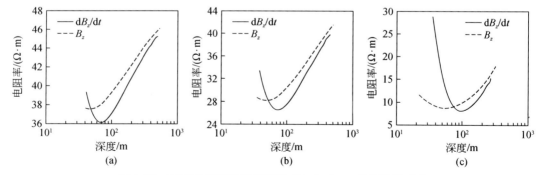

图 4.56 不同电阻率良导层模型 $\mathrm{d}B_z/\mathrm{d}t$ 与 B_z 成像结果对比

（a）$\rho_1 = 50\Omega \cdot \mathrm{m}$，$h_1 = 50\mathrm{m}$；$\rho_2 = 10\Omega \cdot \mathrm{m}$，$h_2 = 10\mathrm{m}$；$\rho_3 = 50\Omega \cdot \mathrm{m}$；

（b）$\rho_1 = 50\Omega \cdot \mathrm{m}$，$h_1 = 50\mathrm{m}$；$\rho_2 = 5\Omega \cdot \mathrm{m}$，$h_2 = 10\mathrm{m}$；$\rho_3 = 50\Omega \cdot \mathrm{m}$；

（c）$\rho_1 = 50\Omega \cdot \mathrm{m}$，$h_1 = 50\mathrm{m}$；$\rho_2 = 1\Omega \cdot \mathrm{m}$，$h_2 = 10\mathrm{m}$；$\rho_3 = 50\Omega \cdot \mathrm{m}$

4.8.3　小结

本节的讨论可以得出如下结论：磁感应 $\mathrm{d}B_z/\mathrm{d}t$ 对浅部异常体有很好的探测能力，而 B_z 值对于深部良导体有较好的探测能力。由于实际测量中 $\mathrm{d}B_z/\mathrm{d}t$ 受到测量仪器本身噪声水平的限制，$\mathrm{d}B_z/\mathrm{d}t$ 对深部良导体探测能力相对较弱。相比之下，由 $\mathrm{d}B_z/\mathrm{d}t$ 计算的 B_z 场在一定程度上压制了噪声，因而改善了深部良导体的探测能力。本节仅讨论了垂直磁场，对其他场分量的研究可以得出相似的结论。

4.9　任意线圈系互感的计算

航空电磁系统发射和接收线圈之间的互感对于计算一次场响应至关重要，特别是时间域航空电磁系统。由于航空电磁系统的紧凑性，发射和接收线圈相距较近，只能作为有限大小的回线进行处理。同时，考虑到航空电磁系统的动态特征，本节讨论两个任意方向和任意大小线圈之间的互感问题。

4.9.1　互感计算原理

如图 4.57 所示，假设空气中存在两个任意姿态的线圈，半径分别为 r_1 和 r_2。为方便讨论，我们假设一个线圈的坐标系为固定坐标系，另外一个线圈可以自由定向，其姿态通过三个姿态角（α，β，γ）进行描述，而相对位置通过（x_0，y_0，z_0）进行描述。

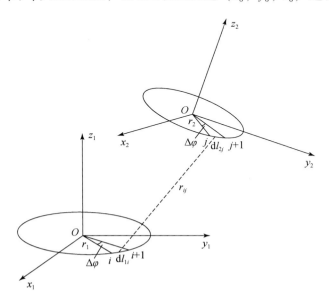

图 4.57　任意姿态的两个线圈互感计算

如果在线圈 1 中通以电流，则在线圈 2 中产生磁通。线圈 1 和 2 之间的互感 M_{12} 定义为线圈 2 中产生的总磁通量 $\boldsymbol{\Phi}_{12}$ 除以线圈 1 中的电流 i_1，即

$$M_{12} = \frac{\boldsymbol{\Phi}_{12}}{i_1} = \int_{S_2} \frac{\boldsymbol{B}_1 \cdot \mathrm{d}\boldsymbol{s}_2}{i_1} = \int_{S_2} \frac{\nabla \times \boldsymbol{A}_1 \cdot \mathrm{d}\boldsymbol{s}_2}{i_1} = \oint_{l_2} \frac{\boldsymbol{A}_1 \cdot \mathrm{d}\boldsymbol{l}_2}{i_1} \tag{4.68}$$

式中，S_2 为线圈 2 的面积；L_2 为其边界；$\boldsymbol{A}_1$ 和 $\boldsymbol{B}_1$ 分别为线圈 1 产生的矢量势和磁场。根据 Telford 等（1986）的研究，有

$$\boldsymbol{A}_1 = \frac{\mu i_1}{4\pi} \oint_{L_1} \frac{\mathrm{d}\boldsymbol{l}_1}{r} \tag{4.69}$$

因此得到如下互感计算公式（诺伊曼方程）：

$$M_{12} = \oint_{l_2} \frac{\boldsymbol{A}_1 \cdot \mathrm{d}\boldsymbol{l}_2}{i_1} = \frac{\mu}{4\pi} \oiint_{L_1 L_2} \frac{\mathrm{d}\boldsymbol{l}_1 \cdot \mathrm{d}\boldsymbol{l}_2}{r} \tag{4.70}$$

式中，$\mathrm{d}\boldsymbol{l}_1$、$\mathrm{d}\boldsymbol{l}_2$ 为线圈 1 和 2 中的切向单元矢量；r 为两个单元矢量中心的距离；L_1，L_2 为两个线圈的边界。

4.9.2 互感计算方法

在实际计算过程中，我们设定线圈 1 的坐标系为固定坐标系，将线圈 2 的坐标系利用欧拉旋转到线圈 1 的固定坐标系。参考图 4.57，当线圈 2 相对于线圈 1 旋转角度为（α，β，γ）时，根据 Yin（2000）的研究，有

$$\boldsymbol{v}_2 = \boldsymbol{D}^{\mathrm{T}} \boldsymbol{v}_1 = \boldsymbol{D}_\gamma^{\mathrm{T}} \boldsymbol{D}_\beta^{\mathrm{T}} \boldsymbol{D}_\alpha^{\mathrm{T}} \boldsymbol{v}_1 \tag{4.71}$$

式中，$\boldsymbol{v}_1 = (\hat{\boldsymbol{x}}_1, \hat{\boldsymbol{y}}_1, \hat{\boldsymbol{z}}_1)$ 表示原始坐标；$\boldsymbol{v}_2 = (\hat{\boldsymbol{x}}_2, \hat{\boldsymbol{y}}_2, \hat{\boldsymbol{z}}_2)$ 表示旋转后坐标；T 表示转置，旋转矩阵为

$$\boldsymbol{D}_\alpha = \begin{pmatrix} 1 & 0 & 0 \\ 0 & \cos\alpha & -\sin\alpha \\ 0 & \sin\alpha & \cos\alpha \end{pmatrix}, \quad \boldsymbol{D}_\beta = \begin{pmatrix} \cos\beta & 0 & \sin\beta \\ 0 & 1 & 0 \\ -\sin\beta & 0 & \cos\beta \end{pmatrix}, \quad \boldsymbol{D}_\gamma = \begin{pmatrix} \cos\gamma & -\sin\gamma & 0 \\ \sin\gamma & \cos\gamma & 0 \\ 0 & 0 & 1 \end{pmatrix}$$

$$\tag{4.72}$$

为计算线圈 1 和 2 之间的互感，我们首先将两个线圈剖分成 $N\varphi$ 个间隔为 $\Delta\varphi = 360/N\varphi$ 的扇形单元。如图 4.57 所示，对于线圈 1 中的（i，$i+1$）扇形单元，有

$$\varphi_{1i} = \Delta\varphi(i-1), \quad x_{1i} = r_1\cos\varphi_{1i}, \quad y_{1i} = r_1\sin\varphi_{1i}, \quad i = 1, 2, \cdots, N_\varphi \tag{4.73}$$

$$\varphi_{1, i+1} = \Delta\varphi i, \quad x_{1, i+1} = r_1\cos\varphi_{1, i+1}, \quad y_{1, i+1} = r_1\sin\varphi_{1, i+1} \tag{4.74}$$

$$x_1^i = \frac{x_{1, i+1} + x_{1i}}{2} = \frac{r_1}{2}(\cos\varphi_{1, i+1} + \cos\varphi_{1i}), \quad y_1^i = \frac{y_{1, i+1} + y_{1i}}{2} = \frac{r_1}{2}(\sin\varphi_{1, i+1} + \sin\varphi_{1i})$$

$$\tag{4.75}$$

$$\mathrm{d}\boldsymbol{l}_{1i} = r_1(\cos\varphi_{1, i+1} - \cos\varphi_{1i})\hat{\boldsymbol{x}}_1 + r_1(\sin\varphi_{1, i+1} - \sin\varphi_{1i})\hat{\boldsymbol{y}}_1 \tag{4.76}$$

而对于线圈 2 中的（j，$j+1$）扇形单元，则有

$$\varphi_{2j} = \Delta\varphi(j-1), \quad x_{2j} = r_2\cos\varphi_{2j}, \quad y_{2j} = r_2\sin\varphi_{2j}, \quad j = 1, 2, \cdots, N_\varphi \tag{4.77}$$

$$\varphi_{2, j+1} = \Delta\varphi j, \quad x_{2, j+1} = r_2\cos\varphi_{2, j+1}, \quad y_{2, j+1} = r_2\sin\varphi_{2, j+1} \tag{4.78}$$

对式（4.77）和式（4.78）进行坐标转换，可得到线圈 2 中的单元在线圈 1 的固定坐

标系中的坐标为

$$\begin{pmatrix} x'_{2j} \\ y'_{2j} \\ 0 \end{pmatrix} = \boldsymbol{D} \begin{pmatrix} x_{2j} \\ y_{2j} \\ 0 \end{pmatrix}, \qquad \begin{pmatrix} x'_{2,\,j+1} \\ y'_{2,\,j+1} \\ z'_{2,\,j+1} \end{pmatrix} = \boldsymbol{D} \begin{pmatrix} x_{2,\,j+1} \\ y_{2,\,j+1} \\ 0 \end{pmatrix}, \qquad \boldsymbol{D} = \begin{pmatrix} d_{11} & d_{12} & d_{13} \\ d_{21} & d_{22} & d_{23} \\ d_{31} & d_{32} & d_{33} \end{pmatrix} \qquad (4.79)$$

同时考虑到线圈 1 和 2 之间的坐标平移 $(x_0,\ y_0,\ z_0)$，有

$$x''_{2j} = \frac{x'_{2,\,j+1} + x'_{2j}}{2}, \qquad y''_{2j} = \frac{y'_{2,\,j+1} + y'_{2j}}{2}, \qquad z''_{2j} = \frac{z'_{2,\,j+1} + z'_{2j}}{2} \qquad (4.80)$$

$$x_2^j = x''_{2j} + x_0, \qquad y_2^j = y''_{2j} + y_0, \qquad z_2^j = z''_{2j} + z_0 \qquad (4.81)$$

而线圈 1 的第 i 单元到线圈 2 的第 j 单元的距离为

$$r_{ij} = \sqrt{(x_2^j - x_1^i)^2 + (y_2^j - y_1^i)^2 + (z_2^j)^2}$$

$$(4.82)$$

同理，可得

$$\mathrm{d}\boldsymbol{l}_{2j} = r_2(\cos\varphi_{2,\,j+1} - \cos\varphi_{2j})\hat{\boldsymbol{x}}_2 + r_2(\sin\varphi_{2,\,j+1} - \sin\varphi_{2j})\hat{\boldsymbol{y}}_2 \qquad (4.83)$$

由式 (4.71) 可得

$$\hat{\boldsymbol{x}}_2 = d_{11}\hat{\boldsymbol{x}}_1 + d_{21}\hat{\boldsymbol{y}}_1 + d_{31}\hat{\boldsymbol{z}}_1, \qquad \hat{\boldsymbol{y}}_2 = d_{12}\hat{\boldsymbol{x}}_1 + d_{22}\hat{\boldsymbol{y}}_1 + d_{32}\hat{\boldsymbol{z}}_1 \qquad (4.84)$$

将式 (4.84) 代入式 (4.83)，再将式 (4.82) 和式 (4.83) 代入式 (4.70)，并分别对 L_1 和 L_2 的各单元进行积分，即可得到空间任意定向的两个线圈之间的互感。上面讨论中，我们假设两个线圈的匝数均为 1，对于多匝线圈之间的互感可以简单地将式 (4.70) 计算得到的互感值乘以匝数。附录 4 中给出两个任意定向线圈之间互感的计算程序。

4.9.3　几种线圈系的互感算例

表 4.13 给出了不同线圈系互感计算结果，这些组合代表了当代频率域和时间域航空电磁系统的结构特征。

表 4.13　不同线圈系互感计算结果

发射线圈			接收线圈			互感值/H
位置/m	直径/m	角度/(°)	位置/m	直径/m	角度/(°)	
(0, 0, 0)	30	0, 0, 0	(0, 0, 0)	1	0, 0, 0	0.32917×10^{-7}
(0, 0, 0)	30	0, 0, 0	(0, 0, 0)	1	90, 0, 0	0.22277×10^{-22}
(0, 0, 0)	30	0, 0, 0	(0, 0, 0)	1	0, 90, 0	0.22277×10^{-22}
(0, 0, 0)	30	0, 0, 0	(10, 0, 20)	1	0, 0, 0	0.53399×10^{-8}
(0, 0, 0)	30	0, 0, 0	(10, 0, 20)	1	90, 0, 0	-0.13593×10^{-22}
(0, 0, 0)	30	0, 0, 0	(10, 0, 20)	1	0, 90, 0	0.28894×10^{-8}
(0, 0, 0)	0.6	0, 0, 0	(8, 0, 0)	0.6	0, 0, 0	-0.15662×10^{-10}
(0, 0, 0)	0.6	0, 0, 0	(8, 0, 0)	0.6	90, 0, 0	-0.10328×10^{-24}
(0, 0, 0)	0.6	0, 0, 0	(8, 0, 0)	0.6	0, 90, 0	0.23135×10^{-16}

续表

发射线圈			接收线圈			互感值/H
位置/m	直径/m	角度/(°)	位置/m	直径/m	角度/(°)	
(0, 0, 0)	0.6	0, 90, 0	(8, 0, 0)	0.6	0, 0, 0	0.23135×10^{-16}
(0, 0, 0)	0.6	0, 90, 0	(8, 0, 0)	0.6	90, 0, 0	0.23135×10^{-16}
(0, 0, 0)	0.6	0, 90, 0	(8, 0, 0)	0.6	0, 90, 0	0.31094×10^{-10}

4.10　高压线塔基接地电阻探测

高压线接地是电力行业不容忽视的问题。良好的高压线接地可大大减少雷击等自然灾害的破坏。本节主要研究利用直升机航空电磁系统探测高压线塔基接地问题。我们以两个电磁感应系统为研究对象：①发射机-大地-接收机系统；②高压线-大地-接收机系统。发射机-大地-接收机系统构成航空电磁接收机的背景信号，而高压线-大地-接收机系统产生的信号可用于求解高压线塔基接地电阻。忽略两个系统之间的耦合，我们计算航空电磁系统飞过的高压线框及其相邻两个线框的感应电动势，更远处的高压线框通过 Norton-Thevinin 等效性代替。利用 Mesh Current 方法计算高压线框内的电流，并将高压线框中的电流作为激发源，计算高压线-大地-接收机系统的电磁响应。为了识别接地不好的高压线塔，我们引入电磁响应实虚部和振幅的比值或相位等参数来归一化计算结果。数值模拟结果表明这些参数可很好地反映出高压线塔基的接地特征，并且不受飞行高度和飞行方向的影响。此外，我们还将高压线的悬链线特征考虑到模拟计算中，以对起伏山地地形导致高压线塔高程不同而造成的影响进行分析研究。本节采用直立共轴（VCX）和水平共面（HCP）装置进行测量。对比发现，HCP 装置的观测信号含有多个峰值，而 VCX 装置只含有一个单峰，因此采用 VCX 装置进行高压线塔基接地电阻的探测是理想的选择。理论电磁数据的反演表明航空电磁系统可以解译出高压线接地电阻。

高分辨率的直升机吊舱航空电磁系统（HEM）不仅可用于矿产勘查，在工程和环境等勘查领域也获得了广泛应用。目前大多数频率域直升机航空电磁系统包括直立共轴线圈和水平共面线圈两种装置。直立共轴线圈对横向不均匀的地层比较敏感，而水平共面线圈对层状地层的电性变化比较敏感（Fraser，1978；Huang and Fraser，2001，2002；Yin and Fraser，2004）。

在进行浅地表地球物理填图时，高压线产生的电磁响应通常被视为噪声，在航空电磁测量过程中对高压线信号通过监测技术进行识别，并在数据处理过程中标记为人文噪声予以去除。本节不再将高压线信号作为噪声，而是作为一种与高压线塔基接地电阻有密切联系的电磁信号进行研究。通过对此信号的分析有助于判断高压线塔基的接地条件，进而识别出高阻高压线塔，减少高压线遭遇雷击的危险性。

在电力工业中，雷电保护电缆（又称为接地线）通常与高压输电线平行布设。这些线缆半径为 3~10mm，根据不同的输电电压，水平间隔（两条以上）为 7~12m。这些电缆与高压线塔有良好的接触。标准的高压线塔有四个塔基，埋深约 3m，相距 6m，每个塔基有一个 3m 长的电极用于接地。因此，导电大地、地线和两个高压线塔构成一个感应线框，其电阻由接地线电阻、高压线塔电阻和塔基电阻组成。塔基电阻通常起主导作用。北美标准高压线塔接地电阻值通常为 20Ω 左右。Paolone 等（2004）基于模拟和实验研究了高压线接地和雷击防护问题，Paolone（2011）进一步证实通过实时检测高压线接地可以大大减少雷击的危险。

传统高压线塔基接地是在地线和高压线塔分离情况下检测的。高压不断电时这种检测极其危险，因而对输电线路保护性能定期检查无法实现。本节通过直升机航空电磁系统对高压线塔基接地进行检测，无需将接地线与高压线塔分开。相反，当 HEM 系统在高压线上空飞行时，由接地线、高压线塔和导电大地构成的高压线框（回线）对 HEM 发射机激发的电磁信号产生响应。回线中的感应电流主要取决于高压线塔的接地电阻，且在导电大地中激发二次感应（一次感应由 HEM 发射机产生）。因此，HEM 接收的信号包括发射机-大地-接收机系统（背景响应）和高压线-大地-接收机系统（接地响应）两种。背景信号可从航空电磁数据中识别出来并被剔除，剩余的信号则是由高压线框中的感应电流产生，这部分信号可以用来求取塔基的接地电阻。

本节讨论主要基于以下假设：①电流在导电大地中随着深度呈指数衰减，地下电流主要集中在地表处，因此可假设高压线框的一条边位于地表；②忽略发射机-大地-接收机系统与高压线-大地-接收机系统之间的耦合。由于这两个系统中的感应电流都很微弱，其间的二次耦合可以忽略。下面讨论中我们仅考虑三组高压线框，包括 HEM 系统正下方的高压线框和左右两个相邻线框。这三组线框中感应电流产生的电磁信号构成了接收机信号的主要部分。由于其他线框贡献较小，可通过 Norton-Thevinin 等效性代替。每组线框中的感应电动势通过法拉第定律求取，而电流由 Mesh Current 方法求取。本节在系统地阐述理论后，我们比较直立共轴和水平共面两种装置对高压线塔基接地的探测能力，给出不良接地塔基的识别参数，最终研究利用航空电磁数据反演高压线塔基接地电阻的方法。

4.10.1　高压线模型及感应电动势

首先计算由航空电磁发射机中的激发电流在高压线框中产生的感应电动势。图 4.58 给出单线框高压线模型。两条垂直线表示高压线塔，顶部的水平线代表接地线，底部的水平线代表导电大地。假设高压线塔之间的距离为 L_1，接地线的高度为 L_2，先忽略悬链线的影响，稍后再对其处理。搭载发射机和接收机的吊舱水平飞行，离地高度为 h。假设飞行方向与高压线框法线方向的夹角为 θ。以高压线框的法线方向作为 x 轴建立直角坐标系，y 轴方向与地线平行，z 轴沿着左侧高压线塔，向上为正。由于本节采用的坐标系中假设 z 轴向上，后面讨论中使用的第 2 章电磁场公式将作出适当的修改。

对于直立共轴装置，发射机为水平磁偶极子 m。根据 Weidelt（1991），空间任何一点 $P(x_P, y_P, z_P)$ 的水平磁场为

$$H_x = \frac{m\cos\theta}{4\pi}\left(\frac{3x^2}{R^5} - \frac{1}{R^3}\right) + \frac{m\sin\theta}{4\pi}\frac{3xy}{R^5} \qquad (4.85)$$

其中，

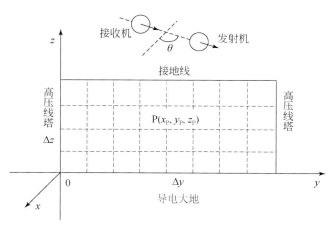

图 4.58　高压线塔、接地线和导电大地构成的单框高压线模型
θ 表示飞行方向与高压线法线方向的夹角,图中只展示直立共轴装置

$$x = x_{\mathrm{P}} - x_{\mathrm{T}}, \qquad y = y_{\mathrm{P}} - y_{\mathrm{T}}, \qquad z = z_{\mathrm{P}} - z_{\mathrm{T}}, \qquad r^2 = x^2 + y^2, \qquad R^2 = r^2 + z^2 \qquad (4.86)$$

$$x_{\mathrm{T}} = x_0 + \frac{r_0}{2}\cos\theta, \qquad y_{\mathrm{T}} = y_0 + \frac{r_0}{2}\sin\theta, \qquad z_{\mathrm{T}} = h \qquad (4.87)$$

式中,r_0 为收发距,(x_0, y_0, h) 为航空电磁系统记录点的坐标,定义为发射-接收偶极中点,$(x_{\mathrm{T}}, y_{\mathrm{T}}, z_{\mathrm{T}})$ 为发射机的坐标。由于我们假设坐标系的 yz 平面与高压线框重合,因此对于高压线框上所有点 $x_{\mathrm{P}} = 0$。同理,对于水平共面装置发射机为垂直磁偶极子 m,空间任何一点 $\mathrm{P}(x_{\mathrm{P}}, y_{\mathrm{P}}, z_{\mathrm{P}})$ 的水平磁场为

$$H_x = -\frac{m}{4\pi}\frac{3xz}{R^5} \qquad (4.88)$$

为了计算高压线框中产生的总感应电动势,将高压线框分为一系列小单元,对每个单元中的电动势进行积分。根据法拉第定律,有

$$E = -\mu_0 \frac{\partial}{\partial t}\int_S H_x \mathrm{d}s = -i\omega\mu_0\int_S H_x \mathrm{d}y\mathrm{d}z$$

$$= -i\omega\mu_0\Delta y\Delta z\sum_{j=1}^{M}\sum_{k=1}^{N}H_x\big[0,\ (j-1/2)\Delta y,\ (k-1/2)\Delta z\big] \qquad (4.89)$$

其中时谐因子设为 $e^{i\omega t}$,Δy、Δz 分别是 y 和 z 方向的单元长度,M、N 是每个方向的单元个数。同理,可计算其他线框中的感应电动势,这些电动势在电路求解中被当作电流源。

4.10.2　电路求解

图 4.59 给出高压线电路求解模型。其中除了直升机吊舱下面的高压线框,还包括与之相邻的左右各一个线框。我们考虑这种三个线框模型,主要是由于它们对航空电磁响应的贡献大于 99%。图 4.59 中,Z_{t2}、Z_{t3} 为高压线塔 T_2 和 T_3 的阻抗。它由高压线塔基的接地电阻和感应阻抗组成,Z_{c1}、Z_{c2} 和 Z_{c3} 为高压线塔之间地线的阻抗,E_1、E_2、E_3 是根据式(4.89)计算出的线框 1、2、3 中的感应电动势,Z_{L} 和 Z_{R} 分别是 a、b 两点向左和 c、d 两

点向右的 Norton-Thevinin 等效阻抗，这些等效阻抗可以通过梯形网格模型求取（Alexander et al.，2003）。

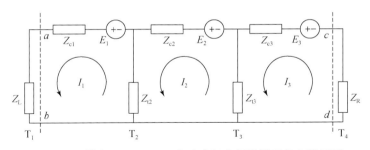

图 4.59　利用 Mesh Current 方法求解高压线模型的电路问题

由 Mesh Current 方法（Alexander et al.，2003）可知，电路求解问题可表示成如下形式（参图 4.59）：

$$I_1 Z_{11} + I_2 Z_{12} + I_3 Z_{13} = E_1 \qquad (4.90)$$
$$I_1 Z_{12} + I_2 Z_{22} + I_3 Z_{23} = E_2 \qquad (4.91)$$
$$I_1 Z_{31} + I_2 Z_{32} + I_3 Z_{33} = E_3 \qquad (4.92)$$

将式（4.90）～式（4.92）写为矩阵形式，即

$$ZI = E \qquad (4.93)$$

其中 $I = (I_1，I_2，I_3)^{\mathrm{T}}$，$E = (E_1，E_2，E_3)^{\mathrm{T}}$ 分别表示电流和感应电动势向量，而阻抗矩阵为

$$Z = \begin{pmatrix} Z_{11} & Z_{12} & Z_{13} \\ Z_{12} & Z_{22} & Z_{23} \\ Z_{13} & Z_{23} & Z_{33} \end{pmatrix} \qquad (4.94)$$

其中 $Z_{11} = Z_{\mathrm{L}} + Z_{t2} + Z_{c1}$，$Z_{12} = -Z_{t2}$，$Z_{13} = 0$，$Z_{22} = Z_{t2} + Z_{t3} + Z_{c2}$，$Z_{23} = -Z_{t3}$，$Z_{33} = Z_{t3} + Z_{\mathrm{R}} + Z_{c3}$，$Z_{ij} = Z_{ji}$（$i，j = 1，2，3$）表示阻抗。

4.10.3　高压线–大地–接收机系统响应

本节根据由式（4.93）获得的感应电流计算高压线–大地–接收机系统的电磁响应。在对高压线框结构研究后发现，由该电流在地下产生的电磁感应可近似成一个水平线框（高压线框）和一个位于地表但电流反向流动的虚拟电缆构成。该组合的总体效应等同于两个高压线塔和其间的接地线。为方便起见，将线圈划分成一系列水平磁偶极子，将地面电缆划分为一系列水平电偶极子。在这些偶极子的电磁响应被分别计算后，接收机中的总响应为线框响应减去地表电缆响应。

1. 线框产生的电磁响应

如图 4.60 所示，高压线框被划分成一系列小线框，每个小线框可看作电流方向相同的磁偶极子。由于相邻偶极子共同边上的电流反向，这些小线框的总体效应近似了大线

框。根据 2.1 节，任意偶极单元 $dm = I\Delta y\Delta z$ 产生的磁场为

$$dH_x^L = \frac{dm}{4\pi}\left\{\frac{3r^2}{R_+^5}\cos^2\varphi - \frac{1}{R_+^3} - T_3(z_-)\cos^2\varphi + T_5(z_-)\frac{\cos^2\varphi - \sin^2\varphi}{r}\right\} \quad (4.95)$$

$$dH_y^L = \frac{dm}{4\pi}\left\{\frac{3r^2}{R_+^5} - T_3(z_-) + \frac{2}{r}T_5(z_-)\right\}\sin\varphi\cos\varphi \quad (4.96)$$

$$dH_z^L = \frac{dm}{4\pi}\left\{\frac{3z_+r}{R_+^5} - T_6(z_-)\right\}\cos\varphi \quad (4.97)$$

则大线框在接收机中产生总的电磁响应为

$$H_x^L = \frac{I}{4\pi}\Delta y\Delta z\sum_{j=1}^{M}\sum_{k=1}^{N}\left\{\frac{3x^2}{R_+^5} - \frac{1}{R_+^3} - T_3(z_-)\cos^2\varphi + T_5(z_-)\frac{\cos^2\varphi - \sin^2\varphi}{r}\right\} \quad (4.98)$$

$$H_y^L = \frac{I}{4\pi}\Delta y\Delta z\sum_{j=1}^{M}\sum_{k=1}^{N}\left\{\frac{3xy}{R_+^5} - T_3(z_-)\sin\varphi\cos\varphi + \frac{2}{r}T_5(z_-)\sin\varphi\cos\varphi\right\} \quad (4.99)$$

$$H_z^L = \frac{I}{4\pi}\Delta y\Delta z\sum_{j=1}^{M}\sum_{k=1}^{N}\left\{\frac{3xz_+}{R_+^5} - T_6(z_-)\cos\varphi\right\} \quad (4.100)$$

其中

$$x = x_R - x_P = x_R, \qquad y = y_R - y_P = y_R - (j - 1/2)\Delta y, \qquad r^2 = x^2 + y^2 \quad (4.101)$$

$$\cos\varphi = x/r, \qquad \sin\varphi = y/r, \qquad z_\pm = z_P \mp z_R = (k - 1/2)\Delta z \mp z_R, \qquad R_+^2 = r^2 + z_+^2 \quad (4.102)$$

$$x_R = x_0 - \frac{r_0}{2}\cos\theta, \qquad y_R = y_0 - \frac{r_0}{2}\sin\theta, \qquad z_R = h \quad (4.103)$$

而积分 T_3、T_5 和 T_6 计算可参见式（2.94）~式（2.97）。

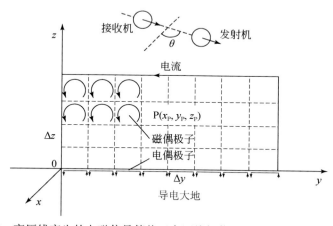

图 4.60　高压线产生的电磁信号等价于高压线框信号减去地面虚拟电缆的信号

2. 地表线缆产生的电磁响应

为了计算地表虚拟电缆在接收机中产生的电磁响应，我们将电缆划分为一系列电偶极子。根据 2.1 节的结果，地表上任意单元 $dp = I\Delta y$ 产生的磁场为

$$dH_x^c = \frac{dp}{4\pi} \left\{ \frac{|z|}{R^3} \cos^2\varphi + \frac{1}{R(R + |z|)} (\sin^2\varphi - \cos^2\varphi) - T_2(z)\cos^2\varphi + T_4(z) \frac{\cos^2\varphi - \sin^2\varphi}{r} \right\}$$

$$(4.104)$$

$$dH_y^c = \frac{dp}{4\pi} \left\{ \frac{|z|}{R^3} - \frac{2}{R(R + |z|)} - T_2(z) + \frac{2}{r}T_4(z) \right\} \sin\varphi\cos\varphi \qquad (4.105)$$

$$dH_z^c = \frac{dp}{4\pi} \left\{ \frac{r}{R^3} - T_5(z) \right\} \cos\varphi \qquad (4.106)$$

其中

$$x = x_R, \qquad y = y_R - (j - 1/2)\Delta y, \qquad z = z_R = h, \qquad r^2 = x^2 + y^2, \qquad R = r^2 + z^2$$

$$(4.107)$$

而 T_2、T_4 和 T_5 参见式（2.93）~式（2.95）。总的电磁响应 H_x^c、H_y^c、H_z^c 通过对式（4.104）~式（4.106）在地表沿电缆积分得到，即

$$H_x^c = \frac{I\Delta y}{4\pi} \sum_{j=1}^M \left\{ \frac{|z|}{R^3} \cos^2\varphi + \frac{1}{R(R + |z|)} (\sin^2\varphi - \cos^2\varphi) - T_2(z)\cos^2\varphi + T_4(z) \frac{\cos^2\varphi - \sin^2\varphi}{r} \right\}$$

$$(4.108)$$

$$H_y^c = \frac{I\Delta y}{4\pi} \sum_{j=1}^M \left\{ \frac{|z|}{R^3} - \frac{2}{R(R + |z|)} - T_2(z) + \frac{2}{r}T_4(z) \right\} \sin\varphi\cos\varphi \qquad (4.109)$$

$$H_z^c = \frac{I\Delta y}{4\pi} \sum_{j=1}^M \left\{ \frac{r}{R^3} - T_5(z) \right\} \cos\varphi \qquad (4.110)$$

当飞行方向与 x 轴成 θ 角时，直立共轴线圈中总的水平磁场为

$$H_r = (H_x^L - H_x^c)\cos\theta + (H_y^L - H_y^c)\sin\theta \qquad (4.111)$$

而水平共面线圈中总的垂直磁场不受飞行方向的影响，由线框和地表虚拟电缆的响应差值给出，即 $H_z = H_z^L - H_z^c$。航空电磁法中一次场通常利用补偿线圈补偿，二次场则通过一次场进行归一化，并表示为 $PPM = \frac{H}{H_0} \times 10^6$。

4.10.4　发射机–大地–接收机系统响应

当忽略两个系统之间的耦合时，发射机–大地–接收机系统的电磁响应可以单独研究。由 2.1 节的理论可知，直立共轴装置接收机中的磁场为

$$H_r = \frac{m}{4\pi} \left\{ \frac{2}{r_0^3} - T_3(z) + \frac{1}{r_0}T_5(z) \right\} \qquad (4.112)$$

对于水平共面装置有

$$H_z = \frac{m}{4\pi} \left\{ -\frac{1}{r_0^3} - T_3(z) \right\} \qquad (4.113)$$

其中 $z = 2h$。本节只考虑层状介质模型的情况，根据式（4.112）和式（4.113）计算出的电磁响应被当作背景信号，在解释高压线接地电阻时从电磁数据中剔除。

4.10.5　悬链线的影响

前面的讨论没有考虑高压线的悬链线特征。本节首先给出不同塔高情况下悬链线方程，然后讨论如何将悬链线的影响结合到航空电磁响应计算中。

悬链线是一条在重力作用下自然下垂的均匀链条。它的一个很重要的特性是线上任何一点的水平张力恒定不变（Yates，1952）。Calvert（2000）基于链条上重力和张力平衡的原理建立了悬链线方程。对于这里讨论的具有不同高度的两个高压线塔，成立如下微分方程：

$$\sqrt{1 + z'^2}\,\mathrm{d}y = az''\mathrm{d}y \qquad (4.114)$$

其中 $a = T/W$，T 表示水平张力，W 表示链条单位长度的质量，而撇号代表关于 y 的导数。对式（4.114）积分两次可得

$$z = a\cosh(y/a + c_1) + c_2 \qquad (4.115)$$

式中常量 a、c_1、c_2 首先由两个高压线塔高决定。对于 $y=0$ 和 $y=L_1$ 两种情况，有

$$z_1 = a\cosh(c_1) + c_2 \qquad (4.116)$$
$$z_2 = a\cosh(L_1/a + c_1) + c_2 \qquad (4.117)$$

为得到第三个方程，我们取悬链线的最低点高度。假设式（4.115）对 y 的导数为 0，得到 $y_0 = -ac_1$，将其代入式（4.115）中得到最低高度 $z_0 = a + c_2$，进而代入式（4.116）和式（4.117）可得到悬链线的其他参数。

4.10.6　模型试验

在解决悬链线问题后，高压线的几何结构已被定义。在数值处理中，将每个高压线框分为三个区域：①高压悬链线最低高度、两个高压线塔及地表定义的矩形区域；②左右两侧的悬链线区域分别由地线线缆、悬链线最低高度及左右两侧的高压线塔定义的区域。这些区域被进一步划分为小单元，这些单元的位置和面积等几何参数在计算高压线框中感应电动势和接收机中电磁响应前计算出来并被存储。为了得到地线和高压线塔的阻抗，我们采用 Carson（1926）和 Deri 等（1981）提出的方法。利用式（4.89）计算出吊舱下的高压线框和两个相邻线框的感应电动势，其他线框则利用 Norton-Thevinin 等效性替换。然后，根据式（4.93）计算每组线框中的电流，而接收机中的响应则利用式（4.98）~式（4.100）和式（4.108）~（4.110）计算。

1. 影响因素分析

本节研究高压线–大地–接收机系统电磁响应的影响因素。我们设计如下模型：20 个高压线塔高度均为 35m，各塔之间的水平距离为 300m。所有高压线悬链线最低点高度为 20m，所有塔基的接地电阻均为 20Ω。两条接地线与高压线平行，水平距离为 7m，电阻为 1.2Ω/km，大地为电阻率 100Ω·m 的均匀半空间。

图 4.61 展示吊舱高度对直立共轴装置电磁信号的影响（频率为 3300Hz，收发距为

9m）。吊舱在高压线框中间飞过并与线框正交。由图可以看出，电磁信号对飞行高度非常敏感，这表明在进行高压线接地电阻测量时，精确测量吊舱的高度至关重要。图 4.62 展示当吊舱高度恒定不变时飞行方向对电磁信号的影响。图中的角度表示吊舱的方向与高压线框法线方向的夹角。由图可以看出，吊舱的飞行方向是影响电磁信号的另一个重要因素。当吊舱与高压线垂直时可以测得最大信号；当吊舱与高压线平行时，直立共轴装置与高压线框不存在耦合关系，因此测不到任何电磁信号。图 4.63 表示不同地下电阻率对航空电磁信号的影响。为进行对比，我们给出由高压线框–大地–接收机和发射机–大地–接收机两个系统产生的总电磁信号。从图 4.63（a）和（b）可以看出，地下电阻率对电磁信号影响较小，而从图 4.63（c）和（d）可以看出，对于一维层状大地模型，发射机–大

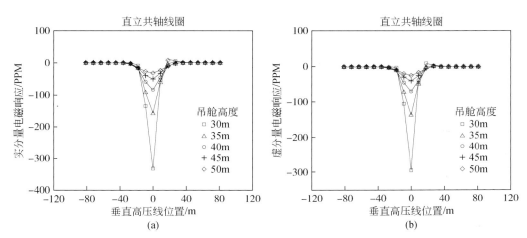

图 4.61　吊舱高度对高压线–大地–接收机系统电磁响应的影响

假设 20 个高压线塔高 35m，水平距离为 300m。图中给出的是位于第 10 线框中心正上方

垂直线框飞行的 VCX 系统电磁响应

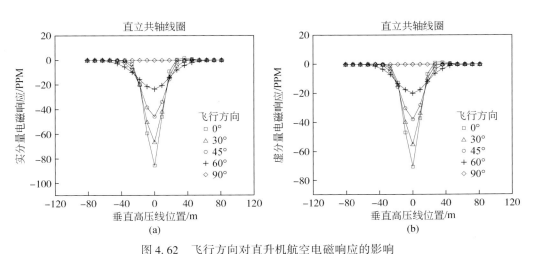

图 4.62　飞行方向对直升机航空电磁响应的影响

吊舱偏离高压线框法线方向越远，电磁信号越弱，当吊舱与高压线框平行时，测量不到任何电磁信号

地–接收机系统产生的信号垂直抬升由高压线框–大地–接收机系统产生的信号。在实际数据处理中，大地电性参数可通过反演背景场数据得到。图4.64展示高压线悬链线对电磁信号的影响。假设每条悬链线的最低点为20m，吊舱高度为40m，高压线塔高可变。曲线之间细小的变化表明悬链线对电磁信号的影响较小。结合图4.61可进一步得出结论：吊舱与地线悬链线最低点之间的高度差是影响电磁信号的主要因素。

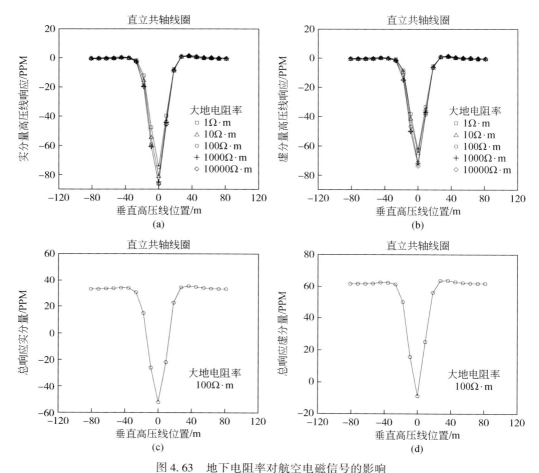

图4.63　地下电阻率对航空电磁信号的影响

（a）高压线–大地–接收机系统实分量响应；（b）高压线–大地–接收机系统虚分量响应；（c）100Ω·m均匀半空间总响应实分量（高压线+背景场响应）；（d）100Ω·m均匀半空间总响应虚分量（高压线+背景场响应）

2. 直立共轴和水平共面装置对比

图4.65为直立共轴和水平共面装置的电磁响应对比。除了吊舱高度固定在40m外，其他模型参数与图4.61相同。由图可以看出，直立共轴线圈电磁信号在高压线附近只存在一个单峰，而水平共面装置存在多个峰值。电磁信号在高压线附近急剧变化使得从水平共面装置的数据中提取与高压线相关的信息非常困难，因此水平共面装置不适合高压线接地电阻探测。

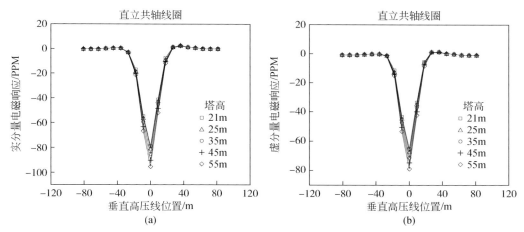

图 4.64 高压线悬链线对航空电磁信号的影响

假设悬链线的最低点均为 20m，吊舱高度为 40m，塔高可变。当吊舱和悬链线最低点的
高度差一定时，塔高的影响较小

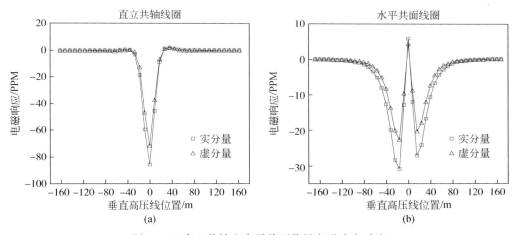

图 4.65 直立共轴和水平共面装置电磁响应对比

3. 接地不良的高压线塔基识别

本节主要研究利用航空电磁系统对高压线塔基接地情况进行监测，即从航空电磁观测数据中识别接地较差的高压线塔。根据之前的讨论可知，航空电磁信号受飞行方向和吊舱相对接地线位置的影响较大。为减少这些影响，我们引入相位及电磁信号实虚分量和振幅比值来识别接地不良的高压线塔。

图 4.66 给出的模型包含 20 个高压线塔，高度为 35~50m，水平距离为 300m，接地电阻和高压线塔的位置见表 4.14。图 4.66（a）展示了悬链线。假设 5 号和 17 号塔的接地电阻较高。所有图件采用相同的水平坐标，水平刻度表示塔的位置。下面考虑两种情况：①吊舱垂直于高压线飞行，恒定高度值为 55m［图 4.66（b）和（c）中的红线］；②吊舱

穿越高压线飞行，飞行高度和飞行方向变化 [图 4.66（b）和（c）中的绿线]。直立共轴系统沿穿越高压线的每条测线飞行，将各测线的峰值异常挑选出来，并以剖面形式展示。图 4.66（d）~（f）分别是振幅、相位、实分量和振幅比值（I/A），虚分量和振幅比值（Q/A）。从图中可以看出，相位和相关比值的一个典型特征是在每个塔上均有一个向上或向下的尖峰值。然而，当塔的电阻率很高时，这些尖峰消失，这可以从图 4.66（e）和（f）中 1200m 和 4800m 处看到（对应 5 号和 17 号塔）。这些特征极大地帮助我们识别和区分不良接地的高压线塔。此外，I/A 和 Q/A 的对称性进一步帮助识别和区分。另外，从图中还可以看出，虽然电磁信号的幅值受飞行高度和飞行方向影响较大，但相位和比值参数基本不受影响，从中很容易识别出不良接地的高压线塔。

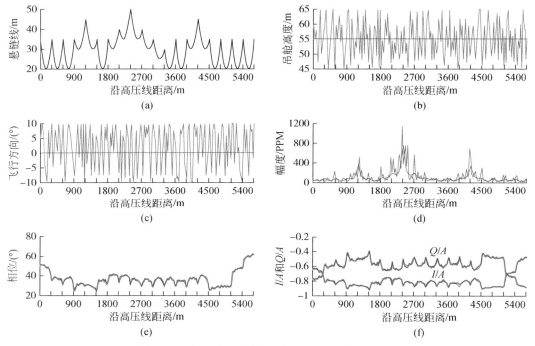

图 4.66　航空电磁系统识别不良接地的高压线塔

（a）悬链线；（b）可变飞行高度（绿色）和不变飞行高度（红色）；（c）可变飞行方向（绿色）和不变飞行方向（红色）；（d）电磁峰值异常；（e）相位；（f）实分量与振幅的比值（I/A）和虚分量和振幅比值（Q/A）。图中 1200m 和 4800m 处的不良接地高压线塔被很好地识别。所有图件水平刻度表示塔的位置

表 4.14　高压线塔位置和接地电阻

高压线塔	1	2	3	4	5	6	7	8	9	10	11	12	13	14	15	16	17	18	19	20
电阻/Ω	10	12	15	10	100	20	15	10	18	20	15	12	10	18	12	15	100	10	15	20

注：高压线塔间距为 300m

4. 高压线塔基接地电阻求取

本节使用 Yin（2000）提出的非线性最小二乘法求解高压线塔基的接地电阻。目标函

数定义为

$$Q(\boldsymbol{X}) = \sum_{i=1}^{N_d} \frac{|\, d_i - g_i(\boldsymbol{X}) \,|^2}{w_i^2} \tag{4.118}$$

式中，d_i 为航空电磁数据（$i = 1, 2, \cdots, N_d$），$g_i(\boldsymbol{X})$ 由式（4.98）~式（4.100）和式（4.108）~（4.111）定义，$\boldsymbol{X} = (R_{t1}, R_{t2}, \cdots, R_{tn_t})^T$ 为塔基接地电阻，权重因子 w_i 由电磁信号幅值确定。根据前面的讨论可知，式（4.98）~式（4.100）和式（4.108）~式（4.111）中的电磁场是高压线塔基接地电阻和大地电性参数的非线性函数。大地电性参数可通过分离背景场信号后进行反演得到（Hodges，2003）。由于电磁场是塔基接地电阻的非线性函数，反演问题通常需要通过线性化和迭代方式求解。具体求解方法可参照 3.2 节的介绍。

表 4.15 给出表 4.14 模型的反演结果。我们将垂直于高压线飞行观测的每个电磁响应剖面峰值异常（吊舱恰好在高压线正上方时）从数据中提取出来作为反演数据。各飞行观测剖面间的水平距离为 60m，总共抽取出 96 个反演数据。飞行高度和方向在图 4.66（b）和（c）中给出，作为反演初始模型将高压线塔基接地电阻均设定为 30Ω。从表 4.15 给出的反演结果可以看出，高压线塔基的接地电阻被很好地求解，不良接地的高压线塔被有效识别出来。

表 4.15　高压线塔基接地电阻反演结果

高压线塔	1	2	3	4	5	6	7	8	9	10	11	12	13	14	15	16	17	18	19	20
真实模型	10	12	15	10	100	20	15	10	18	20	15	10	18	12	15	100	10	15	20
初始模型	30	30	30	30	30	30	30	30	30	30	30	30	30	30	30	30	30	30	30	30
反演模型	10.0	12.2	15.3	10.4	88.	20.1	15.3	10.2	18.2	20.1	15.2	12.4	10.3	18.2	12.0	15.4	87.0	11.2	15.9	19.3

注：模型电阻单位为 Ω

4.10.7　小结

高压线接地可以利用航空电磁系统进行检测。在忽略二次耦合的情况下，可将高压线-大地-接收机系统信号从发射机-大地-接收机系统信号中分离出来。发射机-大地-接收机系统用于求取大地的电性参数，而高压线-大地-接收机信号可用来求解高压线塔基接地电阻。航空电磁系统的飞行方向和吊舱与高压线接地线之间的距离是影响电磁信号的关键因素，求取高压线接地电阻需要精确地对高压线几何参数及吊舱高度和方位进行测量。然而，如果直升机航空电磁系统的勘查目标是识别不良接地的高压线塔基，则可以通过相位及实虚分量和振幅比值来识别。这些参数可有效减少飞行高度和飞行方向的影响。利用最小二乘法可以从航空电磁数据中反演得到高压线接地电阻，从而有效识别出不良接地的高压线塔基。由于水平共面装置电磁响应的复杂性，使用直立共轴装置是进行高压线接地的最佳探测手段。

参 考 文 献

陈清礼，严良俊，付志红，等．2009．长偏移距瞬变电磁法全区视电阻率的二分搜索数值算法．石油地球物理勘探，44（6）：779-783

方文藻，李貅，李予国，等．1992．频率域电磁法中视电阻率全区定义．地球科学与环境学报，（4）：81-86

黄皓平，朴化荣．1992．水平多层大地上垂直磁偶极频率测深的全波视电阻率．地球物理学报，（3）：389-395

李建平，李桐林，赵雪峰，等．2007．层状介质任意形状回线源瞬变电磁全区视电阻率的研究．地球物理学进展，22（6）：1777-1780

米萨克 N·纳比吉安．1992．勘查地球物理电磁法．赵经祥，等译．北京：地质出版社

裴易峰，殷长春，刘云鹤，等．2014．时间域航空电磁磁场计算与应用．地球物理学进展，29（5）：2191-2196

汤井田，何继善．1994．水平电偶源频率测深中全区视电阻率定义的新方法．地球物理学报，37（4）：543-552

王华军．2008．时间域瞬变电磁法全区视电阻率的平移算法．地球物理学报，51（6）：1936-1942

严良俊，胡文宝，陈清礼，等．1999．长偏移距瞬变电磁测深的全区视电阻率求取及快速反演方法．石油地球物理勘探，34（5）：532-538

杨海燕，邓居智，张华，等．2010．矿井瞬变电磁法全空间视电阻率解释方法研究．地球物理学报，53（3）：651-656

殷长春，朴化荣．1991．电磁测深法视电阻率定义问题的研究．物探与化探，（4）：290-299

张成范，翁爱华，孙世栋，等．2009．计算矩形大定源回线瞬变电磁测深全区视电阻率．吉林大学学报（地球科学版），39（4）：755-758

张莹莹，李貅，姚伟华，等．2015．多辐射场源地空瞬变电磁法多分量全域视电阻率定义．地球物理学报，58（8）：2745-2758

赵越，王祐鹏，李貅．2015．大定源回线 Tem 地空系统全域视电阻率定义．物探与化探，39（2）：352-357

Alexander C K, Sadiku M N O, Sadiku M. 2003. Fundamentals of Electric Circuits. McGraw-Hill Companies

Beamish D. 2003. Airborne EM Footprints. Geophysical Prospecting, 51：49-60

Brown K M. 1973. Computer oriented algorithm for solving systems of simultaneous nonlinear algebraic equations. Academic Press

Calvert J B. 2000. The Catenary in "Mathematical Physics and Mathematics", at the website http：//www. du. edu/~jcalvert/math/mathom. htm

Carrigy M A, Kramers J W. 1973. Guide to the Athabasca oil sands area. Published by Alberta Research

Carson J R. 1926. Wave propagation in overhead wires with ground return. Bell System Technical Journal, 5（4）：539-554

Chen T Y, Hodges G, Miles P. 2015. MULTIPULSE-high resolution and high power in one TDEM system. Exploration Geophysics, 46（1）：49-57

Cox L H, Zhdanov M S. 2007. Large scale 3D inversion of HEM data using a moving footprint. SEG International Exposition and 77th Annual Meeting, San Antonio

Cox, L H, Wilson G A, Zhdanov M S. 2010. 3D inversion of airborne electromagnetic data using a moving footprint. Exploration Geophysics, 41（4）：250-259

Deri A, Tevan G, Semlyen A, et al. 1981. A simple model for homogeneous and multi-layer earth return. IEEE Transactions Power Apparatus and Systems, 100: 3686-3693

Deszcz-Pan M, Fitterman M, Labson V F. 1998. Reduction of inversion errors in helicopter EM data using auxiliary information. Exploration Geophysics, 29 (2): 142-146

Duncan A C, Roberts G P, Buselli G, et al. 1992. SALTMAP-Airborne EM for the environment. Exploration Geophysics, 23: 123-126

Fitterman D V. 1998. Source of calibration errors in helicopter EM data. Exploration Geophysics, 29 (2): 65-70

Fraser D C. 1978. Resistivity mapping with an airborne multicoil electromagnetic system. Geophysics, 43 (1): 144-172

Fraser D C. 1990. Layered-earth resistivity mapping: In: Fitterman D V (ed.). Developments and applications of modern airborne electromagnetic surveys. U. S. Geol. Surv. Bull., 1925: 33-41

Hodges G. 2003. Practical inversions for helicopter electromagnetic data. Proceedings of SAGEEP 2003: 45-58

Hodges G, Beattie D. 2007. Comparison of HeliGeoTEM II and Dighem V over the Maimon massive sulphide deposit. 10th SAGA meeting, Wild Coast, South Africa

Huang H, Fraser D C. 2001. Mapping of the resistivity, susceptibility and permittivity of the earth using a helicopter-borne electromagnetic system. Geophysics, 66: 148-157

Huang H, Fraser D C. 2002. Dielectric permittivity and resistivity mapping using high frequency helicopter-borne electromagnetic data. Geophysics, 67 (3): 727-738

Kovacs A, Holladay J S, Bergeron C J. 1995. The Footprint/altitude ratio for helicopter electromagnetic sounding of sea-ice thickness: comparison of theoretical and field estimates. Geophysics, 60 (2): 374-380

Lane R, Green A, Golding C, et al. 2000. An example of 3D conductivity mapping using the TEMPEST airborne electromagnetic system. Exploration Geophysics, 31 (2): 162-172

Liu G, Becker A. 1990. Two-dimensional mapping of sea ice keels with airborne electromagnetics. Geophysics, 55 (2): 239-248

Macnae J. 2007. Development in broadband airborne electromagnetics in the past decade. In: Milkereit B (ed.). Proceedings of Exploration 07. Fifth Decennial International Conference on Mineral Exploration: 387-398

Paolone M. 2011. Impact of lighting on the reliability of future power systems. http://www.serec.ethz.ch/EVENTS%20WEF%202011/LIGHTNING_14OCT11/9_Future%20Power%20Systems_PAOLONE.pdf

Paolone M, Nucci C A, Petrache E, et al. 2004. Mitigation of lightning-induced over-voltages in medium voltage distribution lines by means of periodical grounding of shielding wires and of surge arresters: modeling and experimental validation. IEEE Transactions on Power Delivery, 19 (1): 423-431

Press W H, Teukolsky S A, Vetterling W T, et al. 1999. Numerical recipes in Fortran 77, Second Edition. Cambridge: Cambridge University Press

Raiche A P. 1974. An integral equation approach to three-dimensinal modeling. Geophysical Journal International, 36 (2): 363-376

Reid J, Viezzoli A. 2007. High resolution near surface airborne electromagnetics-SkyTEM survey for uranium exploration at Pells Range, WA. ASEG2007 19th Geophysical Conference, Extended Abstracts: 1-4

Reid J E, Vrbancich J. 2004. A comparison of the inductive limit Footprints of airborne electromagnetic configurations. Geophysics, 69 (5): 1229-1239

Reid J E, Pfaffling A, Vrbancich J. 2006. Airborne electromagnetic footprints in 1D earths. Geophysics, 71 (2): G23-G72

Smith R, Annan P. 1998. The use of B-field measurements in an airborne time-domain system: Part I. Benefits of

B-field versus dB/dt data. Exploration Geophysics, 29 (2): 24-29

Smith R, Annan P. 2000. Using an induction coil sensor to indirectly measure the B-field response in the bandwidth of the transient electromagnetic method. Geophysics, 65 (5): 1489-1494

Smith R, Wasylechko R. 2012. Sensitivity cross-sections in airborne electromagnetic methods using discrete conductors. Exploration Geophysics, 43 (2): 95-103

Stolz E M, Macnae J C. 1997. Fast approximate inversion of TEM data. Exploration Geophysics, 28 (3): 317-322

Sunwall D, Cox L, Zhdanov M. 2013. Joint 3D inversion of time-and frequency-domain airborne electromagnetic data. SEG 2013 Expanded Abstract, Houston

Sørensen K I, Auken E. 2004. SkyTEM-a new high-resolution helicopter transient electromagnetic system. Exploration Geophysics, 35 (3): 194-202

Telford W M, Geldart L P, Sheriff R E, et al. 1986. Applied Geophysics. Cambridge: Cambridge University Press

Tølbøll R J, Christensen N B. 2007. Sensitivity functions of frequency-domain magnetic dipole-dipole systems. Geophysics, 72 (2): F45-F56

Weidelt P. 1991. Introduction into electromagnetic sounding: Lecture manuscript, Technical University of Braunschweig. Germany (hardcopy available upon request)

Yin C. 2000. Geoelectrical inversion for a one-dimensional anisotropic model and inherent non-uniqueness. Geophysical Journal International, 140 (1): 11-23

Yates R C. 1952. A handbook on curves and their properties. J. W. Edwards, Ann Arbor, Michigan: 12-14

Yin C, Fraser D C. 2004. The effect of the electrical anisotropy on the response of helicopter-borne frequency domain electromagnetic systems. Geophysical Prospecting, 52 (5): 399-416

Yin C, Hodges G. 2007. 3D animated visualization of EM diffusion for a frequency-domain helicopter EM system. Geophysics, 72 (1): F1-F7

Yin C, Hodges G. 2009. Wire-loop surface conductor for airborne EM system testing. Geophysics, 74 (1): F1-F8

Yin C, Smith R S, Hodges G, et al. 2008. Modeling results of on-and off-time B and dB/dt for time-domain airborne EM systems. 70th EAGE Conference and Exhibition incorporating SPE EUROPEC 2008

Yin C, Huang X, Liu Y, et al. 2014. Footprint for frequency-domain airborne electromagnetic systems. Geophysics, 79 (6): 243-E254

Zwillinger D. 2003. Standard mathematical tables and formulae. Chapman & Hall/CRC

第5章　航空电磁数据处理

航空电磁系统在野外实际勘探时，受到大气流、雷电、飞机自身震动、航速变化及温度和压力等因素的影响，观测数据中通常包含大量噪声，导致数据质量变差，区域与局部异常被扭曲和畸变。尤其是时间域航空电磁法，对数据成像和反演有意义的是强度较弱的二次场信号，很小噪声会对反演结果产生很大的影响。此外，随着仪器科学的发展，航空电磁系统实现了多通道密集采样，这在提高航空电磁勘探精度的同时，也使航空电磁数据量变得非常庞大，数据解释成本极大地提高。因此，通过数据预处理及处理技术，提高信噪比、改善数据质量、适当精简数据量，对航空电磁成像及反演解释有重要意义。

航空电磁数据中的很多"噪声"是由物理效应引起的，具有物理成因。因此，其处理不能简单地采用滤波技术。相反，必须依据物理成因建立数学模型计算相应的校正因子进行校正。由于相关数学模型的建立和校正因子计算已在相关章节介绍，本章主要介绍各种校正方法和应用效果。

我们将介绍航空电磁数据的质量监控，以及频率域和时间域航空电磁数据预处理和处理的技术流程。我们首先阐述各个处理流程的基本原理，并尽可能给出仿真数据或实测数据的处理结果。本章航空电磁数据质量监控和数据处理部分内容参考了国内外相关学者的研究成果（Huang and Fraser，1999；Valleau，2000；Huang，2008；朱凯光等，2013；李文杰，2008；裴易峰，2015）。

5.1　航空电磁数据质量监控

质量监控是航空电磁数据处理的基础。它是直接对原始数据流进行处理，从而确定航空电磁数据质量。航空电磁数据质量的好坏直接关系到后续电磁数据反演的效果。因此，国外航空地球物理公司非常重视航空电磁数据质量监控。航空电磁数据质量监控通常由野外地球物理工程师对观测数据进行现场分析、处理和评价。对于质检合格的数据可以传回解释中心进行后续处理和反演解释，而对于不合格的观测数据，依据不合格数据规模可采取措施进行部分剔除，部分测线重飞，甚至整个架次重飞。

航空电磁系统野外测得的数据质量好坏由事先设定的若干个飞行参数来判断。在每个飞行架次，负责航测飞行质量监控的野外地球物理工程师需要现场计算这些参数，以便决定采集的航电数据是否满足质量要求。在确定数据完整、各项关键技术指标符合航电测量作业指南或项目计划任务书的技术指标要求后，航电数据才能进行后面的预处理操作。

5.1.1　航空电磁数据质量监控方法

航空电磁数据监控的主要目的在于：①确保仪器工作正常；②确保数据质量；③确保

仪器的后续正常作业。航空电磁数据质量检查由负责质量监控的地球物理工程师在野外完成。在一个飞行架次结束后，数据被下载到基站（campus）的服务器上。飞行员和机上操作员在提交观测数据的同时还需提交飞行记录和航空电磁作业记录等。对这些记录进行检查核实是每个飞行架次评估的第一个重要环节。质检工程师需通过检查飞行和作业记录判断航电系统是否工作正常、操作是否规范、输入的作业参数是否符合项目设计和规范要求及野外工作条件（如天气状况）等。

在完成这些记录的检查核实后，可对观测数据进一步进行回放检查。质检工程师首先要检查数据是否可读，是否存在剖面或面积性数据缺失或饱和现象；是否存在数据突变现象；是否存在大面积天电干扰及其他人文干扰；所有高度计和定位数据是否相容、有无突跳现象；数据是否包含整个飞行架次的时间段，航空录像资料是否清晰完整等。如存在数据缺失或突变，应查找原因并做相应的记录，对干扰严重的数据要进行标注。数据质量检查主要是检验航电系统飞行过程中各项技术指标是否满足要求、GPS 导航定位精度、飞行高度及偏航数据等，需要在电脑上借助数学统计进行评估。

对于时间域和频率域航空电磁测量，通常需要进行航迹偏航监控、飞行高度统计和噪声水平等质量监控，此外还需要进行仪器灵敏度变化和零点漂移等质量监控。下面讨论具体的数据统计和质量监控方法。

1. 飞行高度统计

飞行高度是航空电磁响应的一级影响参数。换句话说，飞行高度的微小误差会导致航电数据的严重畸变。航空电磁在野外作业时依据飞行器不同，有严格的飞行高度要求。在考虑了飞行安全等因素，如天气因素、飞行限制区域、人口密集区域、障碍物、树冠和空气动力限制等因素，飞行员应按照设计的飞行高度进行飞行作业，以发挥航电系统的最佳工作性能。如图 5.1，直升机吊舱系统的飞机高度大约为 60m，而吊舱系统的高度一般为 30m 左右。对于频率域吊舱系统，发射和接收线圈均置于吊舱中，因此发射和接收系统飞行高度均为 30m；对于时间域直升机吊舱系统，如采用共中心装置（如 Geotech 公司的 VTEM 系统），则发射和接收处于同一高度（大约 30m），反之如采用分离系统（如 Fugro 公司的 HeliGEOTEM 系统，发射线圈高度大约为 30m，而接收线圈位于发射线圈前部 10m 和上部 20m；而对于 HELITEM 系统，发射和接收线圈高度相差很小，可以认为两者具有相同的飞行高度。地形条件比较复杂的地区可适当放宽飞行高度的限制。对于固定翼系统，通常观测线圈的吊舱离地高度大约为 70m，而飞机的飞行高度大约为 120m。

设计飞行高度时通常假定一个包络，如设计飞行高度为 30m，则可设计包络 30±5m。在进行飞行高度数据统计时，将超出设计高度包络的点数统计出来，计算和总测点的百分比。如果该比值大于设定的阈值（如 10% ~ 20%），则认为飞行观测数据质量存在问题，需要查找原因（局部地形、障碍物、树冠、恶劣天气等）以决定是否在不合格地段进行补充飞行，甚至整个架次重飞。通常，在给出统计结果的同时，需要标注出现不合格数据的地点和原因。根据相关工作规范或项目设计要求，因地形条件不同对于飞行高度统计设定的允许偏差范围可适当调整。在平原及低缓丘陵地区高度超出设计要求的测点数应小于总测点数的 10%，在比较高的丘陵区或山区高度异常点数应不大于 20%。

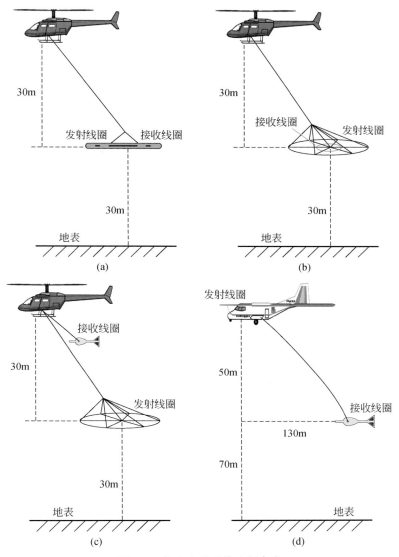

图 5.1　航空电磁系统飞行高度

（a）直升机频率域吊舱系统；（b）直升机时间域吊舱系统（共中心装置）；
（c）直升机时间域吊舱系统（分离装置）；（d）固定翼时间域吊舱系统

2. 飞行偏航统计

现代航空电磁系统均配备有先进的 GPS 导航定位系统。一方面，通过 GPS 定位并与实际观测数据同步，实现原始数据和记录点位置信息一一对应。通常需要四颗卫星以获得准确定位。另一方面，随着电子技术的进步，航迹规划目前已成为航空地球物理观测的基本流程之一。在实际飞行观测之前，工程技术人员将飞行测区投影到合同方提供的区域，并按照设计的线距和点距计算出测点位置和坐标，存储到文件中，实现航迹规划（图 5.2）。航迹规划中每条测线两端必须长出超过 200m，以保证信号叠加和未来的数据网格化。实际飞行观测时，飞行员可根据航迹规划进行实际飞行。同时，为改善飞行员定位精度，减少偏航概率，也可在地面设立一个基站，通过差分技术向飞行员提供实时定位信息。

图 5.2　航迹规划图（图片来自 ine. uaf. edu/werc/werc-projects/goldstream/news）

　　理论上，航空测线应该是互相平行的直线，但野外实际测量中，由于飞机受到侧风及人文障碍物（通信设施、建筑物、高压线等）的影响，飞行存在偏航现象。此时，飞机上的 GPS 记录的航迹和设计规划的航迹存在偏差，必须对飞机偏航进行检查和核实。实际操作时，质检工程师直接比对设计飞行航迹和实际飞行航迹。对偏离航迹的测点进行统计（图 5.3）。与飞行高度设计相似，航迹规划也是设计一个包络，当测点偏离在包络线之外时，被认为是偏离航迹，参与偏航统计。在地形和气候条件较好的区域进行航空电磁观测，可以假设航迹偏离线距的 10% 为许可范围。统计结果通常用百分数表示，定义为偏离航迹的点数占总测点数的百分比。当偏离的测点百分比小于设定的阈值，则认为飞行观测数据中偏航统计合格；反之，需要找出原因以决定是否需要补充观测，甚至重新观测。实际航迹和设计航迹要作为原始数据提交给用户，对于偏航测点数不满足要求的飞行架次要给出解释并提出补救措施。有时，人们也可对偏离距进行统计，获得最大偏离距、平均偏离距等统计信息，以对整个飞行架次进行质量评估。在人文障碍较少的地区偏航点数应小于总测点数的 10%，在人文障碍较多的地区偏航应小于 20%。除非存在安全隐患的情况，如建筑物、通信实施或高压线等必须避开的人文障碍物，否则实际飞行观测的测点偏离百分比不得超过设计的阈值。关于最大偏移距的阈值可根据观测点距和线距在设计中确定，实际进行数据质量检查时可依此统计相关测点数，并分析原因。如偏航统计不满足设计要求，需要安排部分重飞。

3. 零漂水平

　　航空电磁系统的零漂水平是衡量该套系统和观测数据质量的关键指标。零漂是仪器受外部温度压力变化的影响而产生，是无法预测和彻底消除的，通常呈非线性变化。因此，在航空电磁系统实际飞行过程中，能够实时监测仪器零漂水平，对评价航电系统数据质量至关重要。

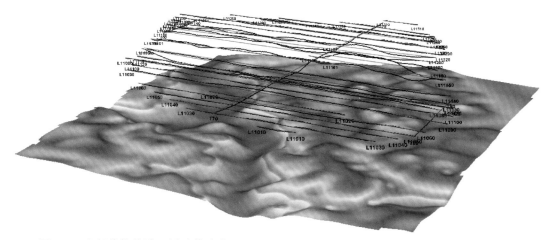

图 5.3　飞行偏航统计（图片修改自 https：//www.geosoft.com/products/oasis-montaj/new/81）
红线为设计航迹，黑线为实际航迹

对航电系统零漂的监测是在每个飞行架次前后分别将飞机飞到足够高处，并模拟实际飞行一定时间（如 30~60s），接收机继续采集和记录信号，这种飞行通常称为零基线飞行。由于飞行系统离地较远，可以忽略来自大地的响应。对于直升机系统，通常可以飞到600~800m，而对于固定翼系统可飞到 1000~1200m。由于系统飞到设定的高度时，大地响应可以忽略不计，接收机记录的信号主要是仪器背景噪声。对于频率域系统，记录的信号中还包括 Bucking 技术没有去除干净的一次场。本节将这些信号统称为零基线信号或零平（zero level）信号，而系统观测的零平信号随时间的变化称为零漂。有时系统零漂是非线性的，此时必须将一个飞行架次分成若干段，每个段的首尾均需将系统飞到很高的高度记录背景值。由于时间间隔变小，系统零漂可以认为是线性的。用晚基线和早基线或者将分段后段首和段尾的零点漂移的差值，除以晚基线和早基线或段首和段尾间的时间差，得到单位时间零点漂移量。当早晚零漂之差和单位时间零漂在航电系统规范和项目设计允许的指标范围内时，可认为零漂是正常的，可以在后面的预处理阶段，通过对零漂按时间进行改正，也可在数据处理时和背景场一起校正。如果检查发现仪器零漂过大，则指示仪器工作不正常或工作状态不稳定。此时，仪器系统必须停止飞行，由技术人员进行检查、查找原因。同时本架次数据无效，必须重新飞行观测。对于频率域系统，当每个频率单独进行信号采集时，仪器系统零漂监测必须对每个频点进行。对于时间域系统，如果各时间道通过同一个采集通道采集，则只需对该通道进行零漂监测。相比于频率域系统，由于时间域系统采用正负交替脉冲激发，零漂受到较大压制。考虑到仪器零漂的非线性特征，建议一个飞行架次中进行若干个零基线飞行，以保证期间仪器零漂可以近似为线性变化。

5.1.2　航空电磁数据质量监控统计报告

航空电磁数据质量监控还可根据项目设计要求对包括点距和线距等其他项目进行统计。在完成航空电磁数据质量检查和分析后，可生成航空电磁质量监控报告，报告中应明确给出测区及测线和测点完整信息、飞行架次、飞行操作人员、设备型号及飞行参数，应给出对飞行高度、飞行偏航和仪器零漂等的统计信息，同时还需给出诸如天气信息、航空录像、高度计和导航数据等完整性的结论，并最终给出数据质量评价和改进建议。航空电磁质量监控报告应随观测数据返回室内供数据处理人员参考并存档。

5.2 频率域航空电磁数据处理

5.2.1 频率域航空电磁数据预处理技术

频率域航空电磁数据预处理包括：

（1）对 GPS 位置数据进行核实和校正。考虑到测区卫星覆盖有时存在局限性，GPS 导航定位数据可能出现错误，表现为数据出现突跳或缺失。数据预处理过程中，如出现个别点数据缺失，可依据相邻测点的导航定位数据进行插值。如出现大面积数据缺失，则有可能造成数据无效，需要重新观测。

（2）记录点校正（lag correction）。当电磁系统为非对称系统，或当 GPS 定位中心与发射和接收系统的中心点不重合时，造成数据记录点不是真实记录点，异常位置和异常体位置无法对应。特别是当飞机沿测线正反向来回飞行时，记录点误差影响更为严重。为解决此问题，通常在实际飞行观测之前寻找地表良导体（高压线、金属篱笆、铁轨等）并在其上方来回穿越飞行，根据异常位置差异确定偏移量。该偏移量将被用于所用系统在整个测区观测数据的校正，称为记录点校正。在测区内有高压线存在时，也可从观测数据中直接读取双向飞行的异常极值的位置确定位移量。记录点校正保证观测数据异常和地下目标体有更好的对应关系。

（3）从飞机雷达数据计算航空电磁系统的飞行高度。航空电磁飞行观测中雷达通常安装在飞机上，而航空电磁发射和接收系统均吊挂在飞机下方，因此航空电磁数据预处理时需将雷达高度数据减去发射和接收系统到飞机的距离，以获得航空电磁系统的飞行高度。

（4）将测点位置、飞行高度数据、Video 数据和电磁数据整合在一起。通过利用商业化数据库管理软件，如加拿大 Geosoft 公司的 Oasis Montaj 软件可以方便地实现多通道数据融合，从而建立适合航空电磁数据处理和解释的数据库。

5.2.2 频率域航空电磁数据处理技术

频率域航电数据处理包括场值归一化、计算 PPM 响应、去除天电或其他突发因素导致电磁信号中的跳点、零漂校正、系统校准误差校正、姿态校正、滤波、调平、计算视电阻率、异常提取、成像及反演解释和成图等流程。

1. 频率域航空电磁场值归一化和 PPM 响应计算

频率域航空电磁系统为了突出地下异常目标体的有效信息，通常只观测二次场。为此，在观测系统中使用去除一次场的 Bucking 技术（参见 4.3 节），将 Bucking 线圈中的磁场反向叠加到接收机中去除一次场，同时将一次场和二次场分别记录下来。然后，通过将一次场信号和二次场信号进行比较，相位相同的部分为实分量（in-phase），相位相差 90°的部分为虚分量（quadrature）。由于电磁信号均以电压的形式记录，因此为计算 PPM 响应，数据处理时必须进行归一化。具体公式如下：

$$PPM = (I, \ Q) = Ae^{i\varphi} = \frac{H_2}{H_0} \times 10^6 = \frac{V_2}{V_0} \cdot \frac{N_B S_B}{N_R S_R} \times 10^6 \tag{5.1}$$

式中，H_0 和 H_2 分别为一次场和二次磁场；V_0 和 V_2 分别为 Bucking 线圈中接收的一次感应电压和接收线圈中的二次感应电压；N_B、S_B 及 N_R、S_R 分别为 Bucking 线圈和接收线圈的匝数和面积。式（5.1）中分离出实虚部即可得到相应频率的 PPM 响应。

2. 频率域航空电磁响应跳点去除和低通滤波

在完成对航空电磁数据归一化和计算出 PPM 响应后，通过展示各频点沿剖面的响应曲线，即可检查数据当中是否存在突跳，这些突跳主要是由于天电干扰或者由仪器系统受外界突发干扰（如航速变化造成的线圈颤动）等因素引起，表现为剖面数据中出现很窄的尖脉冲。这些尖脉冲必须首先予以去除（spike removal），以免在后续滤波过程中被平滑到周围测点的信号之中。实际数据处理时，可手动将这些突跳点直接切除，也可采用中值滤波等技术将其去除，最后利用相近的测点数据进行插值。

航空电磁数据中除了上述 spike 噪声外，还存在幅值较低的高频噪声，主要是仪器系统，特别是吊舱在不稳定气流中震动造成接收线圈切割地磁场产生的。实际处理时通常采用低通滤波技术滤除高频噪声，保留反映地下电性信息的较低频率的电磁信号。

3. 频率域航空电磁零漂改正

前面我们已经讨论，航空电磁零漂对数据质量有重要的影响。仪器零漂过大表示仪器可能工作不正常，航电系统需要停飞、检查。然而，如果仪器零漂在合理的范围内，则观测数据可以使用。此时，我们仅需对仪器零漂进行改正（drift correction）。考虑到仪器系统的零漂可能是非线性变化，可以考虑在一个架次中多完成几次零基线飞行。仪器零漂改正是针对每个电磁采集通道进行的，因此对于频率域系统，如每一个频点采用一个采集通道，则每个频点必须进行零漂改正。

如图 5.4 所示，我们仅以一个频点 7200Hz 的虚分量为例。由图可以看出，仪器零漂较为严重且非线性，因此在一个飞行架次中我们从事 4 次零基线飞行。在对各架次零基线信号进行平均后依次在各自时间段内进行改正，公式如下：

$$PPM_0(t) = PPM_0(t_1) + \frac{PPM_0(t_2) - PPM_0(t_1)}{t_2 - t_1}(t - t_1) \tag{5.2}$$

$$PPM'(t) = PPM(t) - PPM_0(t) \tag{5.3}$$

式中，$PPM_0(t_1)$ 和 $PPM_0(t_2)$ 分别为两段零基线中时间点 t_1 和 t_2 对应的零基线值；t 为插值点的时间（或者称为 Fiducial）；$PPM(t)$ 为原始测线数据，而 $PPM'(t)$ 为零漂改正后的数据。每个频道在经过零漂改正后通常伴随着视电阻率计算和成图。零漂改正不完全表现为视电阻率分布图中出现断块现象。此时，需要处理人员在问题区域适当调整该频道的实虚分量（剩余零漂）再做改正。有时这种过程需要重复多次，直到整个测区的视电阻率分布相容、连续、一致性较好。由于零漂改正需对每个频道独立进行，因此比较耗时。仪器技术的进步、频繁的零基线飞行及处理人员的经验将对改善航电数据质量起非常重要的作用。

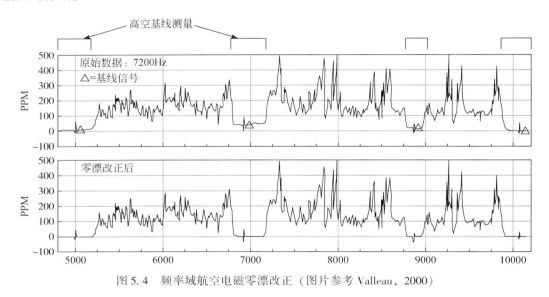

图 5.4　频率域航空电磁零漂改正（图片参考 Valleau，2000）

4. 频率域航空电磁系统校准误差改正

在第 4.7 节，我们讨论了频率域航空电磁系统在实际飞行观测前，需要进行系统校准（calibration）。系统校准通常选择比较平坦的高阻场地进行，目的在于使得每个频道的实虚分量具有相同的增益，系统自身产生的相位为零。然而，限于目前仪器系统自身条件和校准技术的限制，在系统校准过后实虚分量的增益仍有细微差别，背景相位仍存在残余。为此，在频率域航空电磁数据处理时，可通过对数据实虚部进行增益和相位微调，以达到对系统校准误差作进一步改正。增益调整和相位改正公式如下：

$$\text{PPM}' = (I', \ Q') = k \times \text{PPM} \times e^{i\varphi_0} = kAe^{i(\varphi + \varphi_0)} \tag{5.4}$$

$$I' = kA\cos(\varphi + \varphi_0) = kA(\cos\varphi\cos\varphi_0 - \sin\varphi\sin\varphi_0) = k(I\cos\varphi_0 - Q\sin\varphi_0) \tag{5.5}$$

$$Q' = kA\sin(\varphi + \varphi_0) = kA(\sin\varphi\cos\varphi_0 + \cos\varphi\sin\varphi_0) = k(Q\cos\varphi_0 + I\sin\varphi_0) \tag{5.6}$$

式中，k 为增益调整系数；φ_0 为相位调整量；撇号表示经增益和相位调整后的 PPM 响应。在校准场地大地存在一定的导电性时，可以利用 4.7 节介绍的校正技术进行数据改正。由于导电大地对航空电磁系统校准的影响主要发生在高频部分，因此高频电磁信号的校准误差在频率域航空电磁数据处理中应特别引起重视。

5. 频率域航空电磁姿态校正

频率域航空电磁发射机和接收机均安装在吊舱（bird）中，在飞机航速发生变化，遇到侧风或者航向发生变化时，会导致吊舱姿态发生变化，出现摆动、俯仰和旋转。相应地，发射和接收线圈的姿态发生变化，导致系统响应发生变化。这种由于系统姿态变化产生的响应变化称为姿态效应。Yin 和 Fraser（2004）、Fitterman 和 Yin（2004）系统研究了频率域航电系统不同装置姿态变化时系统响应和系统水平飞行时系统响应的比值。参见2.4 节，这些比值即构成了本节姿态效应的校正因子。现代航电系统均安装有多套 GPS 以对航电系统姿态进行监控。因此，在对实际资料进行姿态校正时，可利用 GPS 数据计算系统摆动角 α、俯仰角 β 和旋转角 γ，并根据 2.4 节给出的公式计算出校正因子进行校正。公式如下：

$$PPM' = \frac{PPM(\alpha, \beta, \gamma)}{k(\alpha, \beta, \gamma)} \tag{5.7}$$

式中，$k(\alpha, \beta, \gamma)$ 为校正因子，由第 2.4 节中式（2.236）～式（2.265）给出。

6. 频率域航空电磁数据调平

在前面完成的数据处理流程中，利用零基线数据进行零漂改正，可以消除大部分系统零漂的影响。然而，仅对不同频道的实虚分量数据进行调平从而实现零漂改正，有时不能完全消除这些影响，因此需要在此基础上进行电阻率数据调平。视电阻率调平是在零漂改正的基础上，计算出视电阻率后再进行调平。其目标在于：经过调平后，可以保证同一频率的视电阻率平面分布及不同频率之间的电阻率变化相容，具有较好的一致性。调平通常是针对各个频率分别进行的。本节的调平方法主要参考 Huang 和 Fraser（1999）、Huang（2008）的研究。

1）调平层次

航空电磁数据调平遵循先进行测区调平，再进行测线调平，最后进行数据微调的原则。所有数据调平都采取交互式动态调平技术。

（1）测区调平。由于不同架次，不同天气条件（温度、压力）造成仪器系统的状态变化，不同架次间的数据存在系统性零漂差异，突出表现为各架次扫过的区块上视电阻率整体看起来比相邻区块良导或高阻，各区块之间电阻率一致性较差，因此需要对各区块之间进行数据调平，称为测区调平或区块调平。区块之间存在系统性零漂差异问题通常可以很容易从各区块集成后的视电阻率平面图上看出。事实上，区块之间的零漂差异往往造成视电阻率平面图上各区块之间存在稳定的视电阻率差异（表现为色差）。测区调平通常采用的方法是在某些区块数据中整体增加或减少一个背景场，然后将所有区块集成，计算整个测区的视电阻率，以获得均匀一致的视电阻率分布为标准。经测区调平后，整个测区内各飞行区块之间视电阻率分布具有较好的相容性。

（2）测线调平。由于飞机沿不同测线飞行方向发生变化，从而仪器系统的物理状态（如面向太阳和背向太阳、风向和风速）发生变化，数据存在差异。突出表现为当飞机在相邻测线以相反的方向飞行时，数据中存在所谓的"窗帘效应"，表现为电阻率出现条带状的深浅颜色变化。因此，在完成测区内各区块之间的调平后，必须通过调平手段进一步消除飞行方向变化造成的数据误差。

（3）局部调平。在完成区块之间和测线之间的调平后，测区内视电阻率大体分布均匀、相容。然而，局部可能还存在高频成分占主导的偏差，主要是由于仪器噪声甚至是前期调平造成的局部误差，因此需要进行局部调平。局部调平主要针对一些空间波长较小的局部偏差进行的。

2）调平技术

测区调平仅需要在某些区块数据中添加相应的背景信号，以达到整个测区视电阻率一致和相容，因此技术手段比较简单。然而，由于测区调平的不完整性导致观测数据在测区调平后任然存在偏差，需要进一步对数据进行测线调平和局部调平。下面介绍针对航空电磁数据测线调平和局部调平常用的两种技术手段。

（1）半自动调平。半自动调平主要用于去除各区块基线调平不完全造成的区域性宽缓电阻率偏差，采用的方法称为切割线（tie lines）技术。为此，首先在视电阻率平面图上远离异常区找到两个点并做连线以形成切割线。切割线应平行地质构造走向，跨越整个电阻率异常区内的所有测线，其两个端点应位于电阻率可准确确定的区块中，必要时切割线可以由一系列线段组成。在切割线设定之后，如果异常电阻率呈线性分布，则可用线性插值［图5.5（a）］获得各点的校正量，进而应用于区块内沿测线方向所有测点的校正。然而，如果切割线上的电阻率是非线性的，按照 Huang 和 Fraser（1999）的研究，我们可以先对切割线上的电阻率求一阶导数，然后再对一阶导数结果施加低通滤波，去除其中的突变点，最后对经低通滤波的一阶导数进行积分，公式如下：

$$\frac{\mathrm{d}S_1(r)}{\mathrm{d}r} = \text{Lowpass Filtering}\left[\frac{\mathrm{d}S(r)}{\mathrm{d}r}\right] \tag{5.8}$$

$$S_1(r) = \int_0^r \frac{\mathrm{d}S_1(r)}{\mathrm{d}r}\mathrm{d}r + C \tag{5.9}$$

式中，S_1 为校正后的信号，$C = S_1(0)$。实际调平过程中式（5.9）中的积分可采用求和的方式实现。将调平前后视电阻率的差值作为各测线的电阻率校正值，实现整个异常区块的电阻率调平。图5.5（b）给出利用式（5.8）和式（5.9）进行非线性电阻率调平的处理结果。

（2）自动调平。在利用半自动调平技术对频率较低和波长较长的电阻率数据进行调平后，有时电阻率数据中仍存在一些横穿测线的高频误差，表现为条带状的"窗帘效应"。本节讨论这些高频成分的去除技术，主要采用中值滤波和 Data-dependent Non-linear（DDNL）滤波器（Economou et al.，1995）。其中，中值滤波计算效率高，而 DDNL 能产生更为光滑的结果。图5.6展示了电阻率自动调平的技术流程：①建立一个矩形二维低通

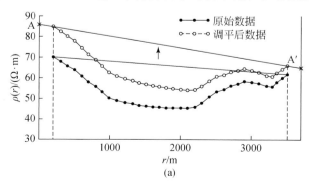

(a)

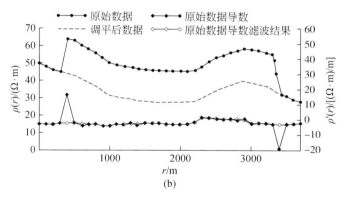

图 5.5　半自动电阻率调平技术（Huang and Fraser，1999）

（a）线性调平；（b）非线性调平

滤波器（中值或者 DDNL 滤波器），长边垂直测线方向，并利用该滤波器对输入的电阻率网格数据进行滤波，其输出为光滑的背景网格电阻率；②将输入电阻率网格数据减去背景电阻率获得临时网格数据，该临时网格数据包含调平误差和残余信号；③对临时网格的数据施加沿测线方向的一维中值滤波或者 DDNL 滤波，去除地质噪声，仅保留调平误差数据；④将输入网格数据减去调平误差数据，得到调平后的网格数据。值得注意的是，二维滤波器窗宽对调平结果有很大的影响。窗口太窄，调平误差去除不干净；否则，窗口太宽，局部背景电阻率会被错误地抬高或降低。同样，一维滤波器太窄，一些有用地质信息被削弱；反之滤波器太宽，一些短波长的调平误差不能去除，同时还可能出现边缘效应。取决于窗口宽度，自动调平算法既可去除长波也可去除短波长调平误差。当调平误差存在

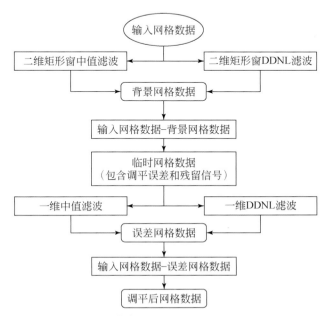

图 5.6　自动调平技术流程图（Huang and Fraser，1999）

不同波长的误差时，为取得好的应用效果，有时需要重复迭代进行多次调平。另外，当沿测线方向的地质体长度与调平误差的波长相当时，上面介绍的自动调平方法无法区分是地质体响应还是调平误差。因此，这里介绍的自动调平技术应有选择性地应用。

图 5.7 展示了上面介绍的电阻率调平结果。首先采用半自动调平技术，设定切割线 A-A′和 B-B′，提取出垂直测线方向的数据，采用线性插值方式处理该方向电阻率发生的突变现象，实现半自动调平。调平结果中去除了由于系统性（区块）调平不完整引起的电阻率突然变大或变小的现象 ［图 5.7 （b）］。再经自动调平，窗帘效应被去除。从图 5.7 （c）可以看出，经自动和半自动调平后数据质量明显改善。

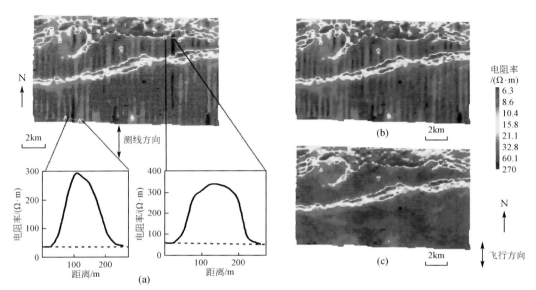

图 5.7　电阻率调平结果 （Huang，2016，Permalink. https：//dio. org/10. 1190/1. 1444542，
Reproduced with permission from SEG）
（a） A-A′和 B-B′区域为选择的切割线；（b） 半自动调平结果；（c） 自动调平结果

7. 频率域航空电磁视电阻率计算

与其他电磁勘探方法类似，航空电磁法也可通过定义视电阻率有效展示地下介质电性分布特征。视电阻率是地下所有电性不均匀体的综合反映。视电阻率 ρ_a 沿剖面变化特征能反映地下不均匀体的位置和不均匀体电阻率的相对高低，而视电阻率随频率的变化能在某种程度上反映地下介质电阻率随深度的变化特征。利用视电阻率较之于电磁信号本身能更直观地对地下电性进行定性分析。

通过前面第 4 章的讨论可知，航空电磁响应不仅与大地电阻率有关，而且与系统参数及飞行高度有关，它们之间存在复杂的函数关系。视电阻率可表示为

$$\rho_a = f(h, \omega, K) \tag{5.10}$$

式中，ω 为角频率；K 为与系统收发距等相关的系统参数；h 为飞行高度。本节分别讨论基于均匀半空间模型和假层半空间模型的航空电磁视电阻率计算方法。

通常，航空电磁在进行视电阻率转换时，实分量、虚分量和飞行高度都可参与计算。利用不同参量组合，可以得到不同的视电阻率。在实际数据处理中，我们需要慎重选择视电阻率定义方法。

1）幅值-飞行高度法

采用半空间模型定义视电阻率，以归一化二次场的幅值为横坐标，以飞行高度为纵坐标，将不同半空间电阻率的响应曲线绘成诺模图。由此，根据实测电磁响应振幅和飞行高度可以定义视电阻率。采用这种方法求取航空电磁视电阻率时，忽视了相位的影响。由于该方法中将高度作为输入参数，当地面有稠密的森林覆盖，雷达测得的飞行高度实际为飞机到树冠的高度而非飞机到地面的高度，此时如计算视电阻率采用雷达读数，则求得的半空间视电阻率可能比实际值要大，即可能造成视电阻率被放大的情况。反之，如果由于吊舱系统发生侧倾和俯仰造成雷达读数大于实际高度，则视电阻率值将减小。

2）实虚分量法

基于假层半空间模型的视电阻率采用实虚分量法计算。它是用横坐标表示归一化二次场的实分量，纵坐标表示归一化二次场的虚分量，并取不同飞行高度和不同电阻率值的均匀半空间模型，计算二次响应的实虚分量，以飞行高度和电阻率为参数绘制诺模图。该诺模图是针对每一个装置的每个频率计算的。在获得实测数据后，可根据实际观测的电磁响应实虚分量值，从对应频点的诺模图上采用插值办法，获得视电阻率和视高度参数。因此，假层半空间视电阻率由电磁场实虚分量（或者振幅和相位）共同定义，视高度是输出参数。参考 4.4 节，视高度和实际飞行高度之差称为视厚度 $\Delta = h' - h$，它表示了一个高阻层的厚度（如树冠的高度）。这种假层半空间视电阻率定义的优点在于：在稠密森林覆盖区或飞机在飞行过程中发生侧倾和俯仰时，由雷达高度计测量所得的高度往往不是系统到地表的高度，而假层半空间视电阻率定义可以消除雷达高度误差的影响，特别适合地形起伏较大的地区或森林覆盖区。

3）其他方法

除了上述实虚分量及幅值-飞行高度法外，视电阻率还可以采用实分量-飞行高度法、虚分量-飞行高度法和相位（实虚分量比）-飞行高度法。这些方法使用单分量定义存在多解性，并且飞行高度可能存在误差，导致视电阻率计算经常出现诡异现象，因此在航空电磁法中较少使用。

4）高度对视电阻率的影响

现代航空电磁系统中设计的雷达测高系统能在飞机正常飞行过程中可靠地工作，因此航空电磁数据中的高度误差主要发生在稠密的森林覆盖区，雷达错误地将树冠当成导电大地表面。对基于半空间模型定义的视电阻率，测量高度小于实际高度将导致视电阻率值被抬高；反之，测量高度大于实际高度将导致视电阻率值被降低。对基于假层半空间模型定义的视电阻率来说，高度误差的影响主要表现为假层厚度变大，视电阻率不发生变化。

5）视厚度的物理含义

前面利用假层半空间模型获得的视厚度可能为正值、负值或者为零。对于真实的均匀半空间，假层半空间定义获得的视厚度应为零。假层半空间视电阻率和均匀半空间定义的视电阻率均等于半空间真电阻率。当假层厚度为正值时，表明半空间上方存在一个高阻覆盖层（如树木、冰层或永冻层）。当假层厚度为负值时，表明高阻半空间上方覆盖一个良导层。必须指出的是，当地下介质为有限高阻时，假层厚度不等于覆盖层厚度。为获得真实厚度需要使用各种反演手段。

8. 频率域航空电磁异常提取与识别

航空电磁异常定性处理手段分为两个部分：异常提取和异常识别。异常提取主要是判断航电异常所对应的地下异常体为高阻还是低阻，而异常识别主要是区分地下良导异常体的形态，以便设计相应的模型进行反演解释。

1）异常提取

航空电磁实测剖面上存在无数的数据异常。这些异常包括了真正有意义的地下矿体引起的异常，覆盖层引起的地质噪声、地表设施（如铁路、篱笆、工业厂房等）引起的人文干扰、50Hz 工业电干扰和高压线、天电干扰及飞行高度变化引起的异常等。异常提取的目的就是要将这些异常区分开，提取出良导矿体异常。

进行有效的异常提取至关重要。它在大大减少解释工作量的同时，又不遗漏有用异常。频率域航空电磁异常提取主要基于良导体和高阻体在不同感应数条件下电磁响应实虚分量的分布特征。如图 5.8，频率域电磁响应随着感应数发生变化。其中电磁响应的实分量随感应数增加逐渐增加，直至达到饱和；而虚分量随感应数逐渐增加达到一个极大值，然后开始下降，直到在很大感应数条件下变为零。另外，在小感应数时（低频或高阻），电磁信号的实部小于虚部，而在大感应数时（高频或低阻），电磁响应的实部大于虚部。这就为我们从电磁观测数据中有效提取低阻异常体提供了理论依据。异常提取通常还可辅助以航空录像、地形图等地面标志物。由于目前所有频率域航电系统均配备高压线监测设备，因此通过对比地形图和航空录像，高压线异常很容易被区分出来并予以剔除。

图 5.9 给出频率域航空电磁实测数据中异常体提取的应用实例。从图可以看出，A 和 B 为高阻体（所有频率电磁响应虚分量大于实分量），C 为良导体（所有频率实分量均大于虚分量），D 为良导脉状体（异常存在多峰，且所有频率实分量均大于虚分量）。

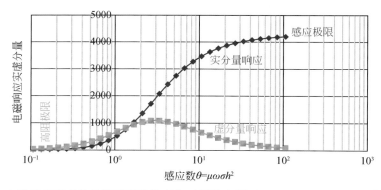

图 5.8 电磁响应实虚分量随感应数的变化（图件来源于 Greg Hodges，2011，个人通信）

2）异常识别

航空电磁数据异常识别是在异常提取的基础上，根据已知异常体（直立板、倾斜板、

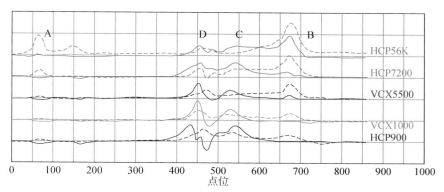

图 5.9　频率域航空电磁实测数据异常提取实例（图件来源于 Greg Hodges，2011，个人通信）

等轴或球状异常体、水平板状体等）的异常形态，通过与异常模板进行对比，确定上节提取的良导体所属于的类型，并记录在案，从而在未来的数据处理中设计相应的模型进行反演解释。图 5.10 给出频率域航电系统水平共面（HCP）和直立共轴（VCX）装置的异常响应。图中我们采用了具有针对性的名称（直立板 VP、倾斜板 DP、双直立板 DVP、水平板 HP、等轴体或球体 SP）。利用图 5.10 我们可以很容易对提取出的良导异常体进行异常识别，并利用相应的符号予以标记，存储于数据库中备用。

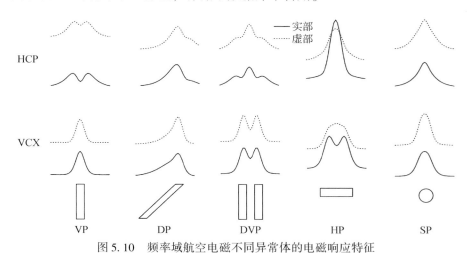

图 5.10　频率域航空电磁不同异常体的电磁响应特征

9. 频率域航空电磁成像和反演解释

频率域航空电磁成像和反演解释是数据处理的重要组成部分。它是在完成上述所有数据处理流程后进行。由于航空电磁数据成像和反演理论已在第 3 章详细叙述，这里仅做流程概述。频率域航空电磁成像包括 Sengpiel、Differential Resistivity、CDI/CDT、EMFlow 等技术；在完成电磁数据成像后，即可根据成像结果设计模型进行一维反演，常用的方法包括 Occam、SVD、SA、LCI 和 SCI；在综合成像和一维反演结果的基础上，通过设计合理的初始模型可以进行复杂的二维、三维模型反演，从而实现航空电磁数据成像、反演和解释。

从上述反演流程可以看出：①航空电磁数据反演是一个循序渐进的过程，模型由简单到复杂、由已知到未知，成像结果可作为反演的初始模型，而简单模型的反演结果可作为复杂模型反演的初始模型，这样可大大减少航空电磁数据反演的多解性；②与其他地球物理方法相同，如果测区已有其他地球物理资料，如钻井资料，则将它们作为约束条件结合到航空电磁数据反演中，将极大地减少反演的多解性；③在存在多种地球物理观测数据的条件下，可以采用交叉梯度或相关性约束等反演策略实现电磁和其他地球物理数据联合反演（殷长春等，2018）。

10. 频率域航空电磁其他效应的异常识别

航空电磁数据不仅受到地下导电性的影响，同时还会受到诸如磁化效应、激电效应、介电效应和各向异性等的影响。在这些效应比较明显的地区（如玄武岩盖层的磁效应、层理发育区的各向异性等），进行频率域航空电磁数据处理和反演解释时应采取相应的技术手段进行异常识别、效应校正和多参数反演解释。由于这些内容已在相关章节介绍，这里不再赘述。

11. 频率域航空电磁数据成图

在完成航空电磁数据处理和解释后，需要对解释结果进行成图。现有的商业软件（如Oasis Montaj）具有强大的成图功能，国外商业服务公司也有自己的特色成图软件。频率域航空电磁基本的图件类型包括以下方面。

1）观测数据剖面曲线

剖面曲线应包括各种装置各个频率的实、虚分量响应曲线，纵轴为 PPM 响应，横轴为 Fiducial/Fids。曲线应作出明确标识，如图 5.9 中利用 VCX1000 和 HCP56k 分别表示直立共轴 1000Hz 和水平共面 56kHz 的电磁响应，其中实分量用实线表示，而虚分量用虚线表示。在给出电磁响应剖面曲线的同时，还可给出飞行高度、高压线监测及视电阻率和视高度计算结果等。

2）视电阻率分布图

视电阻率分布图是在完成零点调平和电阻率调平，并进行各种效应校正后针对每一个频率计算的视电阻率（图 5.11）。必须指出的是，视电阻率分布图仅反映某一频率，而不是某一特定深度的视电阻率分布特征。通过计算趋肤深度，并做切片可以获得某一深度的视电阻率分布特征。

3）其他效应识别和解释成果图

对于某些特殊地区存在的诸如磁化、激电、介电和各向异性等效应，在进行相应的数据处理后也可进行相应的成图。图 5.12 给出某地区航电数据多参数反演获得的磁导率和航磁结果的对比。由图可以看出两者很好的对应关系。

4）成像和一维反演断面图及综合剖面图

在第 3 章航空电磁反演中已给出航空电磁数据成像和一维反演的剖面图。对于一个测区往往有多条测线，为了更好地了解测区整体构造分布特征，经常将各测线的反演剖面集成为综合剖面图（图 5.13）。从图中可以看出构造沿走向的分布特征。

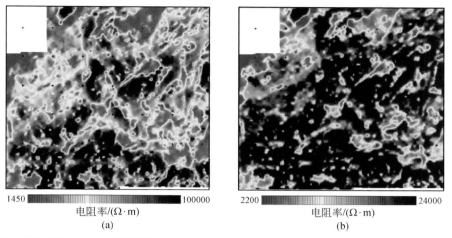

图 5.11　频率域航空电磁不同频率视电阻率分布图（图件来源于 Greg Hodges，2011，个人通信）

（a）HCP56kHz；（b）HCP7200Hz

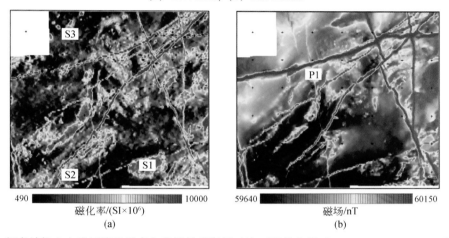

图 5.12　频率域航空电磁反演磁导率和实测航磁资料对比（图件来源于 Greg Hodges，2011，个人通信）

（a）多参数反演磁化率；（b）总磁场

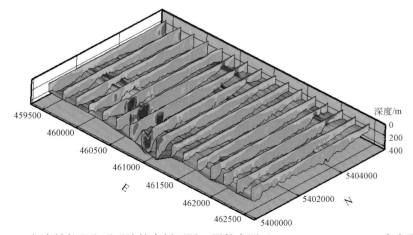

图 5.13　频率域航空电磁反演综合剖面图（图件来源于 Greg Hodges，2011，个人通信）

329

5) 多维反演三维空间分布图

对于从事航空电磁数据复杂二维、三维模型反演的情况，还应提供三维反演结果的空间分布图。由于本书不涉及复杂模型反演问题，因此这里不给出反演结果。

5.3 时间域航空电磁数据处理

时间域航空电磁数据的质量监控完成后，可以进行数据预处理和数据处理。预处理是针对原始数据流进行的，主要包括天电噪声去除、背景场去除、运动噪声去除、发射波形校正、由 dB/dt 计算 B 及叠加和抽道；而数据处理是针对叠加和抽道后的数据进行的，主要包括姿态校正、位移校正、数据调平、主成分异常分析、异常提取和识别、视电阻率计算、相关效应分析及数据成图和反演等。

5.3.1 时间域航空电磁数据预处理技术

1. 参考波形提取和时间位移校正

时间域航空电磁除了利用赫尔传感器直接检测发射线圈的发射电流外，还在每个飞行架次开始和结束之前，将飞机飞到高空进行 2~3 分钟飞行观测，此时大地影响可以忽略不计。接收机接收到的信号为实际发射电流在接收线圈中产生的一次感应信号（称为参考波形或 reference wave）。参考波形应进行多分量采集，实质上其记录的是发射电流在接收机中的感应电压（正比于发射电流的时间导数）。参考波形主要用于补偿一次场（参见 4.3 节）以及电磁数据成像和反演解释。图 5.14 给出理论半正弦波发射波形所对应的接收机参考波形。

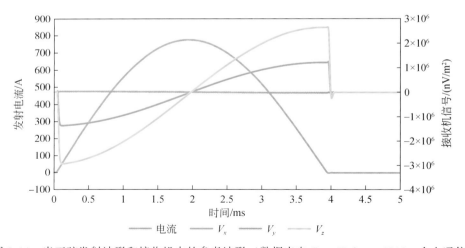

图 5.14 半正弦发射波形和接收机中的参考波形（数据来自 Greg Hodges，2011，个人通信）

测量系统有时和 GPS 之间出现同步问题，导致测量的电磁信号出现奇异现象，如衰减特征畸变、信号翻转等，此时可以检查参考发射波形是否存在时间位移，如存在时间位移，则参考发射波形和所有观测信号，必须进行时间位移校正，从而保证电磁信号检测时间的准确性。

2. 天电噪声去除技术

天电产生的原因包括两个方面：太阳的磁暴和赤道附近的雷电作用。首先，太阳磁暴作用导致大气层中的带电粒子放电产生电磁辐射，并经空气传播到地面。由太阳磁暴引起的天电噪声幅值大、不可预测。天电噪声另一个主要来源是自然界的雷电。全球每秒会发生大约 1000 次雷电，电流强度达到上万安培。对于较近的勘探区，天电会直接传播到勘探地点，而远区的天电则通过电磁波在地面–电离层波导中的多次反射，以导波的形式传到勘探地点。天电通常在信号中形成非常强的瞬时噪声，造成电磁测量数据发生突跳现象。由于天电主要来源于雷电，天电噪声的强度随季节和每天时间的不同而发生变化。另外，不同纬度地区天电出现的频率和强度也不同。由于大部分雷电发生在赤道地区，所以靠近赤道地区天电干扰比较严重。天电噪声的频带一般为 5～100000Hz，在甚低频 VLF 频带（2000～10000Hz）具有很高的能量，在极低频 ELF 频带（5～1000Hz）能量较低，而在大约 2kHz 能量最低，称为死带（Bouchedda et al.，2010）。在一些低纬度地区和夏季有时天电非常强，以至于航电测量无法进行。因此，如何抑制天电干扰是航空探测领域的重要研究课题，对提高航空系统探测能力具有重要意义。

天电噪声通常是在信号叠加和抽道之前被识别和去除，因此必须对原始数据流进行处理。天电识别常规的方法是通过计算一个没有天电干扰的平稳时间段内信号的标准差（standard deviation），利用该标准差的 3～5 倍作为识别天电的阈值。在对原始数据流进行处理的过程中，当发现较短采样时间内出现超出阈值的样本数据，则认为是天电干扰。针对天电去除，Macnae 等（1984）提出了裁剪法。其基本思想是在设定的叠加窗口中识别出天电干扰信号后，直接将其所在的半周期和其前或后半周期信号全部裁减掉（裁剪相同数量的正负半周期信号，以避免零点畸变），然后利用剩下的数据进行叠加和抽道。考虑到航空电磁数据采样率很高，同时天电发生的概率相对较小，利用裁剪法直接剔除连续的半周期信号不会对数据质量产生影响。Buselli 等（1998）利用航空电磁观测数据中天电和地面基站观测的参考信号之间的相关性进行天电识别并利用预测滤波（prediction filter）进行天电去除。该预测滤波器是通过对地面基站观测的天电信号而设计的滤波器，并通过利用神经网络实现天电去除。然而，该方法需要不同时间段、不同位置的大量数据去训练神经网络，费时较多。Bouchedda 等（2010）利用小波变换对天电进行去除，同样处理过程比较耗时。下面介绍两种天电去除最常用的裁剪方法和 α-trimmed 均值滤波方法的基本原理。

1）剪裁方法

天电裁剪（pruning）方法最早由 Macnae 等（1984）提出。它是在利用前述信号检测技术识别出天电干扰后，将整个半周期数据裁剪的方法。为避免正负半波的不对称性，当检测到天电噪声时，应剪裁该半周期以及前一个（或后一个）半周期的数据。根据 Macnae 等（1984）的研究，在噪声比较小的环境下，天电噪声影响大约 0.05% 的 X，Y 分量数据和 0.005% 的 Z 分量数据；在普通环境下，天电噪声影响大约 2% 的 X，Y 分量数据和0.5%的 Z 分量数据，即使采用裁剪方式，数据量仍满足需求。经裁剪后的数据可以进行叠加和抽道。图5.15 展示裁剪法用于天电去除的示意图。

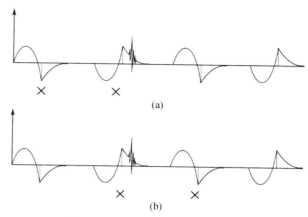

(a)

(b)

图 5.15　裁剪方法去除天电示意图

(a) 去除本半周期和前半周期；(b) 去除本半周期和后半周期。"×"代表要剔除的信号

2）α-Trimmed 均值滤波方法

天电噪声在时间域航空电磁勘探数据中无论是沿着测线还是在某测点的衰减曲线上均表现出"毛刺"特征。α-Trimmed 均值滤波可以有效地去除数据中的"毛刺"。

α-Trimmed 均值滤波器是一种非线性滑动窗口滤波器。使用 α-Trimmed 均值滤波时，首先固定窗宽，滑动窗读取数据，对窗宽中的数据进行由小到大的排序得到新的序列，然后裁掉序列中前端与尾端相同数目的点，将剩下的点取均值作为窗中心点的值。窗宽一般取奇数。被裁剪掉的点数通过裁剪参数 α 来确定，它的取值范围为 $0 \sim 0.5$。α-Trimmed 均值滤波器可以用裁剪参数 α 的函数表示如下（Bednar and Watt, 1984）：

$$X_\alpha = \frac{1}{N - 2[\alpha N]} \sum_{i=[\alpha N]+1}^{N-[\alpha N]} X_i \qquad (5.11)$$

式中，$[\cdot]$ 为取整函数；N 为窗宽；X_i 为排完序后的数据中第 i 个数据。值得注意的是当 α 值等于 0 时，取均值的范围为窗内所有数据，α-Trimmed 均值滤波器变成均值滤波器。相反，当 α 值等于 0.5 时，X_α 等于序列的中间值（N 为奇数时），α-Trimmed 均值滤波器变成中值滤波器。图 5.16 给出 α-Trimmed 均值滤波器示意图。

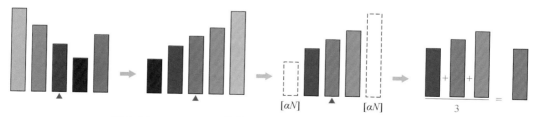

图 5.16　α-Trimmed 均值滤波器示意图（$N=5$，$\alpha = 0.21$）

我们选择国内研制的 CHTEM 航电系统含有天电的实测数据进行方法验证。如图 5.17 所

示，其中有四条二次场衰减曲线包含天电噪声。选取滤波窗宽为 11，α 值为 0.19，利用 α -Trimmed 均值滤波器分别对四条衰减曲线进行滤波，结果如图 5.18 所示。由图可以看出，除了图 5.17（a）中宽度较大的天电信号尚存在局部残留外，α -Trimmed 均值滤波基本去除图中的天电干扰。必须指出的是，选择合适的 α -Trimmed 滤波窗口非常重要。如果滤波窗口过窄，天电信号滤除不干净；反之，如果 α -Trimmed 窗口过宽，滤波会使信号过度平滑，导致有用信号丢失。本节介绍的 α -Trimmed 均值滤波方法也可用于诸如高压线干扰去除。

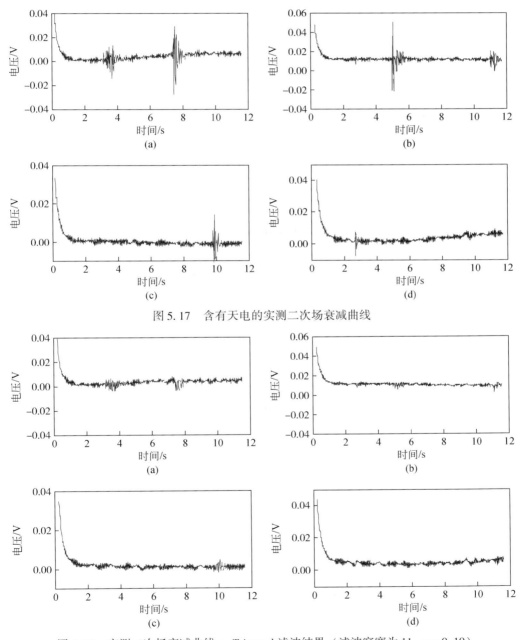

图 5.17　含有天电的实测二次场衰减曲线

图 5.18　实测二次场衰减曲线 α -Trimmed 滤波结果（滤波窗宽为 11，$\alpha = 0.19$）

有些特殊地区雷电发生频繁，特别是在雷雨季节，天电干扰非常严重。在此恶劣环境下，通常飞行架次被取消。同样，由于雷电在不同区域有较为固定的时间段特征，应考虑在雷电活动较小的时段从事飞行观测。另外，高压线和线圈的突发性振动也产生与天电相似的 spike 噪声（频带可能不同），利用本节介绍的天电去除技术同样可以去除这些干扰。

3）小波变换技术

Bouchedda 等（2010）引入小波变换技术用于天电去除。其基本思想是首先对航电数据进行静态小波变换和多尺度分析，然后将小波分析结果划分成不同的阶数，天电可看成为小波细节系数中幅值较大的成分。同时，Bouchedda 等（2010）确定了两种去除天电策略：①小波提取。利用能量检测方法在一阶小波细节系数中识别天电成分，将其中与天电相关的小波细节系数去除，并利用剩余的小波细节系数通过反变换重构电磁信号，以达到去除天电的目的。这种方法即使在存在多个天电干扰的情况下也很有效。然而，当天电发生在发射电流脉冲接通和关断期间，或者天电低频成分占主导地位时，该方法有效性降低。②小波系数叠加。为克服小波提取技术存在的问题，Bouchedda 等（2010）又提出小波叠加技术。它是利用静态小波变换的线性和平移不变性特征，在小波域进行小波细节系数叠加。小波细节系数叠加是针对一系列带有相同叠加窗口的半周期数据进行的。Bouchedda 等（2010）针对基频为 30Hz 的时间域航空电磁数据，采用具有相同叠加窗口的连续 12 个半周期数据进行小波细节系数叠加。叠加时采用的平均技术包括算术平均、中值平均或 α-Trimmed 均值叠加技术。通过合成数据和实测数据证实了小波系数叠加技术非常适合于去除晚期道低频天电干扰。比较两种方法，小波提取技术除了可以去除天电干扰，实质上还可提取天电，这些提取出的 VLF 和 ELF 信号可以作为 Audio-frequency Magnetic（AFMAG）方法的信号源，用于探测大地的电性分布特征。

3. 背景场去除

时间域航空电磁勘探系统在实际探测时，接收线圈接收到的响应除了来自大地的响应，还有背景场。背景场包括发射电流在接收线圈内直接感应出的电动势和飞机金属导体的感应电流在接收线圈内产生的感应电动势，同时还包括由于飞机上金属表皮轻微颤动引起的附加噪声。这些信号不包含任何地下介质信息，且比来自大地的二次响应强大得多，因此需要将这些背景场去除。

为了去除背景场以获得大地响应，在实际探测中将飞机飞到远离大地的一定高度（>1000m），并保持发射机正常发射，此时大地响应可以忽略，接收线圈接收的电磁信号可以作为航空电磁探测系统的背景场。飞机在每飞行一个架次前、后都要进行这种高空飞行。如图 5.19 所示，高空飞行应模拟近地表飞行条件，且一般需要至少 90s 的时间。在完成一个架次前、后各 90s 的高空飞行后，将其中包含的周期信号按采样道进行叠加平均，得到一个周期中每个采样道的背景场，然后，在数据预处理中通过线性插值得到整条测线各测点的背景场数据。将各测点观测到的信号减去插值得到的背景场，从而实现背景场去除。必须指出的是，背景场去除是针对一个信号周期中所有时间道进行，每个时间道按时间进行插值获取背景场后，采用相减的办法去除背景场。例如，仪器系统发射基频为 25Hz，每个发射周期（40ms）采集 4096 个样本，则在飞行架次前、后 90s 高空飞行完成后，需要将 90s 中包含的 2250 个周期内 4096 道分别进行叠加平均，获得飞行架次前、后总计 4096 道的背景场信号。然后，对每个时间道按采集时间进行插值，并从该时间道观测响应中将背景场去除。

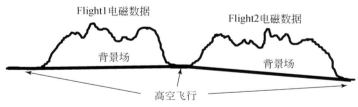

图 5.19　航空电磁背景场去除示意图

4. 线圈运动噪声和 VLF 去除

线圈运动噪声是一种不同于天电干扰的噪声，它是由于飞行过程中线圈在地磁场中运动切割磁力线，或者地球磁场强度、方向在接收线圈内发生变化导致磁通改变而产生的。由于地球磁场比航空电磁探测中的磁场强度大 10^5 倍，任何线圈微小角度变化均可产生很强的噪声。线圈运动噪声主要表现为低频，在频带范围 1～1000Hz 是最主要的噪声源。倘若不加以抑制或去除，会对测量结果产生重大影响（Green，1998）。线圈运动噪声随频率迅速降低，在高于 1000Hz 的频率范围内，该噪声非常微弱。Buselli 等（1998）提出去除线圈运动噪声的传统方法——采用事先设定截止频率（如可选为 10Hz）的高通滤波技术，而 Fugro 公司则直接采用带通滤波技术，其研发的时间域航电系统的线圈运动噪声频带基本固定在 0.5Hz 左右，因此实际数据处理时直接采用主频为 0.5Hz 的陷波滤波予以去除。必须指出的是，线圈运动噪声与实际航电系统和线圈的运动学特征有关，为有效去除航电系统的动态噪声，必须对系统的运动学特征进行测试，必要时可以模拟实际飞行观测在关闭发射机情况下监测系统运动噪声并分析其变化特征。

然而，即使航电系统从运动学角度设计的非常合理，在遇到气候和地形等不利条件时，线圈会发生姿态变化，在地磁场中切割磁力线，产生运动噪声。国内外学者对线圈运动噪声进行了系统分析。Lane 等（1998）和 Buselli 等（1998）分别从时间域和频率域分析了运动噪声特点，得出如下结论：运动噪声能量主要集中在低频段，其幅度随频率的增加而迅速减小。Munkholm（1997）依据地磁场方向线圈运动噪声最小的原理将电磁三分量投影到估算的地磁场方向上实现运动噪声抑制；Spies（1988）利用时间域最小二乘迭代法设计了局部噪声估计滤波器，通过两个磁场水平分量估算垂直分量噪声；Lemire（2001）提出拉格朗日最优化算法实现低频噪声滤除方法；Davis 等（2006）考虑了线圈运动引起系统几何参数变化（姿态、高度）以及对电磁响应的几何和感应成分的影响；而朱凯光和李楠（2009）、朱凯光等（2013）系统研究了航空电磁数据中各种噪声源的压制技术。

为比较各种运动噪声去除技术的效果，图 5.20 给出仿真数据去除运动噪声的算例。我们假设时间域航空电磁系统在一个电阻率为 5Ω·m 的均匀半空间上方飞行，发射线圈离地高度为 30m，接收线圈在发射线圈前方 10m 和上方 20m，发射磁矩为 615000Am²，发射基频为25Hz。我们首先在数据中加入3%的高斯噪声，图5.20（a）展示了其中15个周期的数据。然后，我们依次在图5.20（a）所示的数据中加入3Hz和8Hz的正弦波运动噪声。图5.20（b）给出同时叠加高斯噪声和线圈运动噪声后的仿真数据。图5.20（c）给出仿真数据高通滤波结果，截止频率（cut-off frequency）设为10Hz。由图可以看出，高通滤波有效去除了频率较低的线圈运动噪声，但有用信号发生一定的畸变。图5.20（d）给出3Hz陷波滤波结果，而图5.20（e）给出3Hz和8Hz的陷波滤波结果。由图可以看出，经第一次3Hz陷波滤波后，数据中仍存在8Hz的运动噪声。由图5.20（e）可以看出，经两次陷波滤波后，虽然运动噪声被完全去除，但数据中有用信号发生一定的畸变。图5.20（f）给出多项式分段拟合去除运动噪声的结果。实际操作时，我们针对每个周期的运动噪声进行5阶多项式拟合，然后从仿真数据中去除，获得去除运动噪声的响应数据。对比各种运动噪声去除技术发现，多项式拟合去除运动噪声效果最佳；如能准确测得运动噪声的频率成分，陷波滤波和高通滤波也能取得较好的效果。如不能准确了解运动噪声的频谱特征，则高通滤波和陷波技术难以有效去除运动噪声，此时只可采用多项式拟合进行运动噪声去除。多项式有效拟合运动噪声的前提是运动噪声和发射电流的基频存在很大差异，如果运动噪声和发射电流具有相近的频率，所有方法均效果不佳，此时运动噪声和信号叠加在一起，难以分辨和去除。

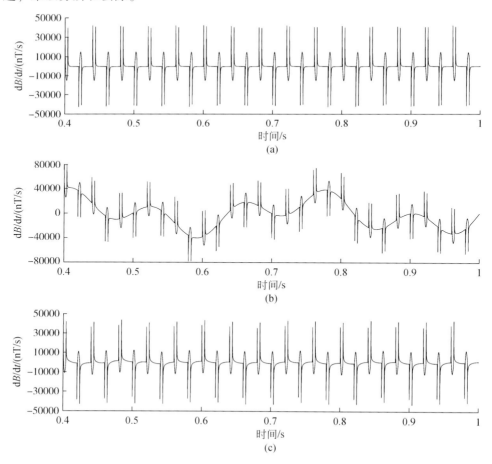

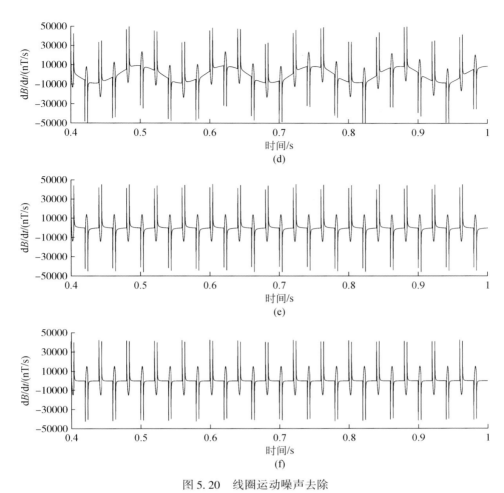

图 5.20　线圈运动噪声去除

（a）理论数据加 3% 高斯噪声；（b）加 3Hz 和 8Hz 运动噪声的仿真数据；（c）截止频率 10Hz 的
高通滤波；（d）3Hz 陷波滤波；（e）3Hz+8Hz 陷波滤波；（f）多项式拟合

　　必须指出的是，线圈运动噪声除了利用各种滤波技术或多项式拟合方法予以去除外，还可以通过改善线圈吊挂系统运动学和动力学特征以减少机械振动和姿态变化，减少线圈运动噪声。对于航电系统设计存在缺陷导致系统运动噪声和发射电流脉冲具有相近频率的情况，上述滤波和多项式拟合方法均无法有效去除运动噪声，此时只有改变航电系统设计才能减少运动噪声。在航空电磁观测信号中，经常可以观测到极高频 VLF 信号（15 ~ 25kHz），在航空电磁原始数据处理中也必须予以去除。采用的方法是设计高通滤波滤出 VLF 信号，然后从观测数据中减去。

　　在低频的线圈运动噪声、高频的天电噪声和 VLF 信号得到有效压制和去除后，即可对电磁信号进行叠加和抽道并计算磁场响应。

5. 时间域航空电磁发射波形校正

　　航空电磁发射机的发射波形随着飞行环境的不同会发生幅度、占空比等的微小变化，若不加以校正会导致航电数据出现偏差，对测量结果和反演解释产生影响。另外，很多国际先进公司的航电系统采用的发射波形不同，进行发射波形校正可为后续数据处理带来便利，特别是一些相关航电数据处理和成像软件（如商业成像软件 EMFlow）是基于阶跃波研发的，为使用这些商业软件也需要进行波形校正。发射波形校正可以通过反褶积方法或指数基函数重构技术。本节主要介绍两种方法。

反褶积算法是基于频谱分析技术。它是将记录的电磁信号和发射电流波形分别进行傅氏变换后相除，再乘以阶跃脉冲的傅氏谱 $1/(-j\omega)$ 并进行反变换，即

$$\frac{\mathrm{d}B_s(t)}{\mathrm{d}t} = F^{-1}\left\{ F\left[\frac{\mathrm{d}B(t)}{\mathrm{d}t}\right] \Big/ F[I(t)] \cdot \frac{1}{(-j\omega)} \right\} \tag{5.12}$$

式中，F 为傅里叶变换；$I(t)$ 和 $\mathrm{d}B/\mathrm{d}t$ 是实际发射电流和观测信号；$\mathrm{d}B_s/\mathrm{d}t$ 是观测系统的阶跃响应。该算法的有效性取决于采样宽度和采样率。由于实测数据通常采用对数等间隔时间道进行采样，使用式（5.12）变换前需要对数据进行插值。

波形校正另一种常用的方法是基函数重构技术。参考 3.1.4 节，我们将时间域航空电磁阶跃响应用事先设定的指数基函数展开，通过和发射波形褶积并与实测数据实现最小二乘拟合，得到阶跃波发射情况下的电磁响应。图 5.21 给出了阶跃响应的成像结果算例。其中，理论模型在图 3.9 中给出。我们针对半正弦波和梯形波发射计算出仿真数据，通过波形校正获得阶跃响应，然后利用 3.1.3 节的查表法进行成像。为对比起见，图中也同时给出半正弦波和梯形波仿真数据成像结果。由图可以看出，在半正弦波和梯形波响应数据转换成阶跃响应后，数据成像更清晰地反映低阻异常体的形态和底界面位置。

6. 时间域航空电磁数据叠加

航空电磁数据采样密集造成数据量庞大，数据处理时如果对所有数据进行处理会花费大量时间，因此需要对采集的数据进行精简。数据叠加和抽道是剔除冗余信息、减少数据量同时又可改善数据质量的有效方法。通过加权叠加可以不失真地将采集的密集数据叠加

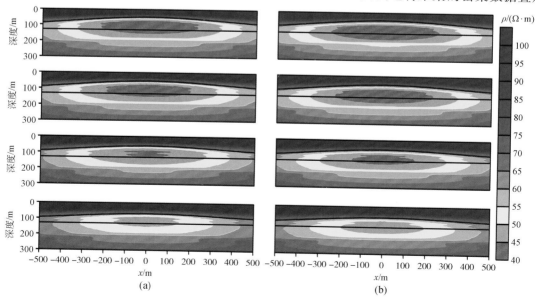

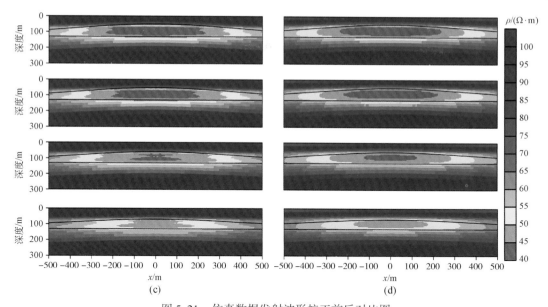

图 5.21　仿真数据发射波形校正前后对比图

（a）半正弦波成像结果；（b）梯形波成像结果；（c）半正弦波数据校正为阶跃波数据的
成像结果；（d）梯形波数据校正为阶跃波数据的成像结果（模型参见图 3.9）

到一个物理测点上，这样不仅可以大幅度地降低数据量，而且可消除随机噪声、提高信噪比。数据叠加和抽道应在完成天电、高压线和运动噪声去除之后进行。

　　航电数据叠加通常是先假设一个时间窗口，比如说 75~90 个周期，保证叠加时间达到 3s。将选定时间窗口内正、负半周期内的信号变成相同符号。数据叠加是对每个半周期内所有的采样（如 2048 样/半周期）进行的，在完成前一个点的叠加后，将时间窗口向后移 0.1s（定义为航空电磁的一个 Fiducial），再进行下一个时间窗口的数据叠加。考虑到航空电磁观测通常在进入测线和离开测线时均有一段延长飞行，这些数据用于叠加可减少边缘效应。实际航电数据叠加采用的是 Hanning（汉宁窗）或 Hamming（海明窗）滤波器。

　　汉宁窗：

$$w(n) = \begin{cases} 0.5 + 0.5\cos\dfrac{n\pi}{N}, & |n| \leqslant N \\ 0, & |n| > N \end{cases} \tag{5.13}$$

　　海明窗：

$$w(n) = \begin{cases} 0.54 + 0.46\cos\dfrac{n\pi}{N}, & |n| \leqslant N \\ 0, & |n| > N \end{cases} \tag{5.14}$$

式中，N 为窗口半宽度；n 为采样点。利用式（5.13）和式（5.14）对位于窗口中间点（$n=0$）进行加权平均，最后结果利用所有加权系数之和进行归一化，即可得该点的加权叠加结果。必须指出的是，叠加窗口的选择实际上要在提高信噪比和降低近地表分辨率之间做出平衡。叠加窗口越窄，近地表分辨率越高，然而晚期道信号噪声较大。相反，叠加窗口越大晚期道噪声可有效压制，但近地表分辨率降低。Auken 等（2009）提出了一种针对 SkyTEM 系统不同时间道的梯形平均叠加技术，即数据叠加窗口随着时间向晚期道推移逐渐加宽，这样可以保证早期道信号具有较高的分辨率，同时晚期道信号具有较高的信噪比，保证足够的探测深度。

航电数据叠加后，晚期道信号通常存在残余值，该残余值实质上构成了背景信号（base level）。在计算磁场 B 之前，必须将这个背景信号（可选最后一道或几道信号的平均值）从各时间道信号中减去。

7. 一次场去除

时间域航空电磁系统发射机通常采用吊挂方式（直升机）或安装在固定翼飞机上，而接收机通常采用吊舱吊挂在飞机下方。受飞行条件、气候等影响，电磁系统发射机和接收机之间的相对位置和姿态不断发生变化，导致接收机中的一次场发生变化。实际数据处理时由于技术原因无法准确地确定发射和接收的准确位置和相对姿态等，通常假设两者保持相对位置不变，这必将给数据解释带来误差。因此，普遍采用的方法是进行一次补偿去除一次场。本书4.3节详细介绍了去除方法，其基本思路是通过高空飞行在接收线圈中获得发射电流相应的参考波形后，利用互相关技术将接收机中的一次场去除。必须指出，在利用参考波形去除一次场的同时，也将大地感应的二次场中与发射波形相关的部分去除。一次场去除可以对磁场或磁感应进行。另外，利用去除一次场的电磁数据反演时，理论模型响应也必须去除一次响应。

8. 由实测数据 dB/dt 计算 B 场值

实际工作中接收线圈测得的响应数据是感应电压，该电压值与 dB/dt（磁场对时间的变化率）成正比，即

$$dB/dt = V/SG \tag{5.15}$$

式中，V 为测量的电压值；S 为线圈有效面积；G 为系统增益，式中我们省略了负号。研究表明，磁场 B 与磁感应 dB/dt 对地下目标体的探测能力存在差异，dB/dt 对浅部高阻体较为敏感，而 B 场对地下深部良导体有更好的探测能力。由 dB/dt 计算 B 是在数据叠加之后进行的。由4.8节的讨论可知，利用 dB/dt 积分获得 B 场可采用两种路径：第一种是将 dB/dt 对时间由 $0 \sim t$ 进行积分，这种积分涉及 B 场的初始值有时难以从实测数据中得到的问题；第二种是将 dB/dt 对时间从 $t \sim +\infty$ 进行积分，这种积分会存在晚期道信号不完整的问题。针对后者，假设 dB/dt 在晚期道符合指数或幂指数衰减规律，通过最后几道 dB/dt 数据拟合出指数函数，利用解析方法计算出晚期道对积分的贡献，然后与分段积分得到的 B 值进行叠加得到 B 场响应（Wolfgram et al.，1998；Smith and Annan，1998，裴易峰等，2014）。由 dB/dt 计算 B 时，积分是在叠加后的半周期中针对所有的采样（如2048样/半周期）进行的。有关如何利用 dB/dt 计算 B 的详细数学公式及应用效果参见本书4.8节。

9. 时间域航空电磁数据抽道

时间域航空电磁系统在每个测点附近都会采集上千个时间点的电磁信号，数据量庞

大、信息冗余，即使采用叠加技术数据量仍然很大。同时，同一个观测点信号的幅值从早期到晚期变化较大，信号动态范围大。通过抽取某些时间道的电磁信号，并以此来描述某一测点的信号衰减过程，在减少数据量的同时进一步提高信号质量。

时间域电磁信号在每个测点都近似呈 e 指数衰减。在早期时间道，电磁信号幅值大、衰减快；而在晚期时间道，电磁信号弱、衰减速度慢。因此，寻找一种能够在很宽时间范围内不失真地确定信号衰减特性的抽道方式至关重要。对于 on-time 时间道，目前国际常用的方法是人工确定若干个等间隔的时间道，而对于 off-time 数据，抽道通常采用对数等间隔或近似对数等间隔抽道方式。

对数等间隔抽道，首先，确定原始衰减曲线首个抽样道的中心时间，后续各抽样道的中心时间按照大约 $10^{1/10}$ 倍数递增；然后，确定首个抽样道数据取样窗口的宽度，后续数据窗宽也以 $10^{1/10}$ 倍数递增；最后，在确定各抽样道的中心时间和窗口宽度后，将窗口中所有采样按类似前述数据叠加方法，采用汉宁窗或海明窗加权平均后叠加到抽道时间上。这种方式的优点在于取样道中心时间严格按照对数等间隔排列，缺点是窗口不连续，从而导致部分数据丢失。另外，这种抽道方法计算的窗宽不一定为整数，也对抽道结果产生影响。

近似对数等间隔抽道，先确定前一取样道的起始点，计算数据窗宽，决定该取样道内的数据个数，再由前一个取样道起始点和数据窗宽确定下一取样道的起始点，并依据对数等间隔窗宽，依次推进获得各抽样道的起始和终止端点。数据窗宽之间的递增可遵循一个比例系数（如 1.2 倍）。同样，在确定各抽样道的起止点后，即可利用前述加权平均技术进行抽道。近似对数等间隔方法的优点在于半周期中所有的采样均被采用，不存在数据丢失。图 5.22 给出一个典型时间域航空电磁系统（25Hz，4ms 脉冲宽度）的抽道时间和数据窗宽度分布特征，而表 5.1 给出相应的抽样道和窗口信息。

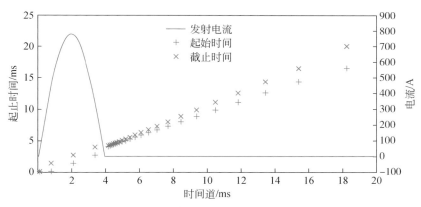

图 5.22　近似对数等间隔抽道示意图

假设半正弦发射电流基频为 25Hz，脉冲宽度为 4ms

表 5.1　近似对数等间隔抽道时间窗口

抽道	起始时间/ms	终止时间/ms	中间点/ms	窗宽/ms	起始采样	终止采样	采样宽度	on/off-time
1	0.039	0.117	0.078	0.078	4	12	8	on-time

抽道	起始时间/ms	终止时间/ms	中间点/ms	窗宽/ms	起始采样	终止采样	采样宽度	on/off-time
2	0.127	1.406	0.767	1.279	13	144	131	on-time
3	1.416	2.705	2.061	1.289	145	277	132	on-time
4	2.715	3.994	3.354	1.279	278	409	131	on-time
5	4.092	4.102	4.097	0.010	419	420	1	off-time
6	4.111	4.131	4.121	0.020	421	423	2	off-time
7	4.141	4.170	4.155	0.029	424	427	3	off-time
8	4.180	4.209	4.194	0.029	428	431	3	off-time
9	4.219	4.258	4.238	0.039	432	436	4	off-time
10	4.268	4.316	4.292	0.049	437	442	5	off-time
11	4.326	4.395	4.360	0.068	443	450	7	off-time
12	4.404	4.482	4.443	0.078	451	459	8	off-time
13	4.492	4.580	4.536	0.088	460	469	9	off-time
14	4.590	4.707	4.648	0.117	470	482	12	off-time
15	4.717	4.863	4.790	0.146	483	498	15	off-time
16	4.873	5.049	4.961	0.176	499	517	18	off-time
17	5.059	5.273	5.166	0.215	518	540	22	off-time
18	5.283	5.547	5.415	0.264	541	568	27	off-time
19	5.557	5.869	5.713	0.313	569	601	32	off-time
20	5.879	6.270	6.074	0.391	602	642	40	off-time
21	6.279	6.738	6.509	0.459	643	690	47	off-time
22	6.748	7.314	7.031	0.566	691	749	58	off-time
23	7.324	8.008	7.666	0.684	750	820	70	off-time
24	8.018	8.848	8.433	0.830	821	906	85	off-time
25	8.857	9.854	9.355	0.996	907	1009	102	off-time
26	9.863	11.074	10.469	1.211	1010	1134	124	off-time
27	11.084	12.549	11.816	1.465	1135	1285	150	off-time
28	12.559	14.316	13.438	1.758	1286	1466	180	off-time
29	14.326	16.465	15.396	2.139	1467	1686	219	off-time
30	16.475	19.990	18.232	3.516	1687	2047	360	off-time

注：半正弦发射电流基频为25Hz，脉冲宽度为4ms

5.3.2 时间域航空电磁数据处理技术

1. 时间域航空电磁姿态校正

时间域航空电磁系统在飞行探测过程中，受飞机姿态、速度、风速等因素影响，引起发射和接收线圈俯仰、摇摆、偏航，导致系统和大地之间的耦合发生变化，这种变化称为姿态效应。姿态效应引起的航空电磁数据误差利用传统的滤波方法无法去除，只能通过监测发射和接收线圈的姿态变化，从而计算出校正因子予以校正。与频率域直升机航空电磁吊舱系统稍有不同，时间域航空电磁系统的发射机可以固定在飞机上（固定翼）也可以吊挂在飞机下方（直升机），而接收机通常吊挂在飞机下方，因此时间域航空电磁系统的姿态效应有其独特性。本节讨论发射和接收线圈均发生姿态变化的情形，我们不考虑由于线圈运动造成发射和接收几何位置的变化。

在大地参考坐标系中发射磁矩为 $\boldsymbol{m}$ 的磁偶源产生的频率域磁场为

$$H(x, y, z, \omega) = G \cdot m \tag{5.16}$$

式中，G 为格林函数，由式（2.229）和式（2.230）给出。假设发射线圈相对于大地参考坐标系发生偏转，其姿态角为（α，β，γ），则位于线圈坐标系中的磁偶源 $\boldsymbol{m}_0$ 需转换到大地坐标系中，即

$$m = D_T m_0 \tag{5.17}$$

式中，D_T 为对应于发射线圈姿态角的旋转矩阵，参见式（2.219）~式（2.221）。由式（5.16）和式（5.17）可得发射源姿态发生变化时在大地坐标系中产生的磁场为

$$H(x, y, z, \omega) = G \cdot D_T m_0 \tag{5.18}$$

最后，还需将大地坐标系中的磁场响应转换到线圈坐标系以得到接收线圈中的感应电压。假设接收线圈相对于大地坐标系的姿态角为（α'，β'，γ'），则我们可以通过下式将大地坐标系中的磁场旋转到接收线圈坐标系，即

$$H'(x, y, z, \omega) = (D_R)^T G \cdot D_T m_0 \tag{5.19}$$

式中，D_R 也可通过将式（2.219）~式（2.221）中的（α，β，γ）用（α'，β'，γ'）替换得到。

利用式（5.16）和式（5.19）获得线圈系统发生姿态变化前后的电磁场，通过利用 2.2 节中的反余弦变换和任意发射波形的褶积即可计算出发射和接收偶极任意姿态时的电磁响应。最后，通过计算线圈姿态变化前后电磁响应的比值，获得校正因子从而对实测数据进行校正。如果航电系统采用硬支架装置形式，发射和接收线圈固定在同一个支架上，姿态角相同，则式（5.19）中可直接假设（α，β，γ）=（α'，β'，γ'）。必须指出，发射线圈的姿态可通过设置 GPS 相对容易测定，然而接收线圈由于放置在类似飞鱼的吊舱中无法放置很多 GPS，姿态难以测定。通常采用的方法是首先计算当飞机平稳飞行时，on-time 半正弦波最大发射电流在接收机处产生的三分量磁测数据，根据实际飞行测量的分量数据与平稳飞行时的数据进行对比，确定实际飞行测量时线圈滚动、摆动和偏航等姿态角度变化，从而进行校正（Smith，2010，个人通信）。由于在半正弦波最大发射电流时，接收机处的二次场较之于强大一次场可以忽略，接收机中的信号基本上是一次场，因此通过对比此时接收机的观测信号和理论计算的电磁信号，可以获取接收机姿态信息。

2. 时间域航空电磁位移校正

与直升机时间域共中心系统（如 VTEM 系统）不同，固定翼时间域航电系统的发射线圈安装于飞机顶部，而接收机吊舱悬吊于飞机下方，发射和接收之间存在一定的收发距，如 MAGTEM 系统收发距大于 100m；而对于直升机时间域系统采用的分离装置（如 HeliGEOTEM 和 HELITEM 系统），则发射和接收之间也存在一定的水平距离。利用这种发射和接收有一定水平距离的分离装置进行航空电磁观测时，对于同一个异常体在飞机正向

和反向飞行时，异常峰值的位置发生移动。为根据航空电磁异常峰值确定异常体的准确位置，必须事先确定位移量，进而对观测数据进行校正。确定位移校正量通常采用的方法是在高压线或长条形良导体（铁轨、金属篱笆等）上方来回飞行，确定异常峰值，并将来回两次飞行获得的异常峰值之间距离的一半作为位移校正量。如图 5.23 所示，当飞机沿测线正向飞行经过高压线上方时，会在 A 点观测到最大异常信号，而反向飞行时则会在 B 点观测到最大异常信号，则 AB/2 即为位移校正量，需要从每一测点的每一道数据中进行校正。必须注意的是，不进行位移校正或者位移校正不准会造成异常极值点和地下异常体位置不对应，影响解释精度。

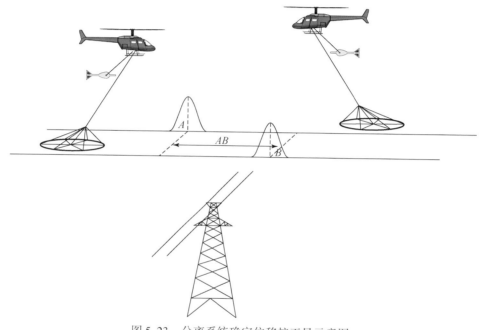

图 5.23　分离系统确定位移校正量示意图

3. 时间域航空电磁数据调平

与频率域航空电磁数据调平相似，时间域航空电磁数据调平同样分为测区调平、测线调平和局部调平，调平过程中通过频繁计算和比对视电阻率图的一致性，以确定调平效果。

1）测区调平

测区调平以飞行架次为基础，目的是对不同飞行架次由于物理条件（如天气）和系统状态不同造成背景信号水平不同进行调整。测区背景差异突出表现为计算出的电阻率整体存在色差。因此，在测区调平时将不同飞行架次的数据整体添加或减少一个背景值，实现不同飞行架次的观测数据计算的电阻率相容和一致。

2）测线调平

测线调平是针对不同飞行方向造成的航电系统物理状态变化造成的误差，突出表现为沿一个方向的测线和相反方向测线之间的数据出现条带状的窗帘效应。本节参考了 Huang（2008）的调平算法。航空电磁数据调平采用最小二乘法，利用测线之间的相关性，进行数据调平。首先优选出一条测线作为参考测线，该测线应跨越测区中大多数待调平测线的范围。对该参考测线每个时间道进行精细手动调平以获取准确的电磁信号，然后通过相邻测线的相关性对相邻测线和整个测区进行调平。

根据 Huang（2008）的研究，该方法也适合航空磁测数据调平，特别是 tie-line（基线）调平无法取得好的效果的情况。相比航空磁测可利用 tie-line 数据进行调平，航空电磁难以从事基线调平，这是因为航空磁测中总磁场对高度和观测方向不敏感，因此在同一测点沿基线和沿测线观测的数据应该具有相同的值，而航空电磁数据对飞行高度和方向非常敏感，因此基于 tie-line 的调平技术难以应用。人们尝试通过计算对高度不敏感的视电阻率来进行 tie-line 调平，但没有获得广泛应用。

测线间相关性调平的基本思想是基于地球物理场的连续性和测线间地球物理数据存在的相关性。基于此思想，首先优选出基准测线，对其数据进行手动精细调平和等间距采样，获得位置 $\boldsymbol{x} = (x_1, x_2, \cdots, x_N)$ 和没有调平误差的数据 $\boldsymbol{d}^0 = (d_1^0, d_2^0, \cdots, d_N^0)^\mathrm{T}$，同时选择待调平的相邻测线重叠部分进行相同的数据采样得到 $\boldsymbol{d}^1 = (d_1^1, d_2^1, \cdots, d_N^1)^\mathrm{T}$。将调平误差看作距离的函数 $f(\boldsymbol{x})$，则调平后的数据为

$$\boldsymbol{d}^{1\mathrm{L}} = \boldsymbol{d}^1 - f(\boldsymbol{x}) \tag{5.20}$$

由于地球物理场的连续性，式（5.20）中调平后的数据应该和 $\boldsymbol{d}_0$ 之间有最佳耦合。换句话说，两个数据集之间的平方差值最小，即

$$R^2 = \| \Delta\boldsymbol{d} - f(\boldsymbol{x}) \|^2 = \min \tag{5.21}$$

$$\Delta\boldsymbol{d} = \boldsymbol{d}^1 - \boldsymbol{d}^0 \tag{5.22}$$

式（5.21）和式（5.22）表明，当调平误差 $f(\boldsymbol{x})$ 的函数形式选定后，我们可以利用最小二乘法对其进行求解，并利用式（5.20）对该测线数据进行校正。然后，我们将该测线作为新的参考测线，依次对下一条测线进行调平直至完成所有测线的数据调平。

由上面讨论可以看出，利用测线数据相关性调平的关键在于调平误差模型的选择。其选择不仅要考虑对数据的拟合，而更应充分考虑调平误差的性质。拟合数据最好的模型不一定是最佳的调平误差模型。通常选择若干种模型，从中优选出最适合的误差模型。因此，调平之前，对调平误差的分析非常重要（Huang，2008）。

为简单起见，我们首先考虑利用多项式拟合调平误差。为此，我们假设：

$$f(\boldsymbol{x}) = a_0 + a_1 x + a_2 x^2 + \cdots + a_k x^k \tag{5.23}$$

代入式（5.21）可得

$$R^2 = \sum_{i=1}^{N} \left[\Delta d_i - (a_0 + a_1 x_i^1 + a_2 x_i^2 + \cdots + a_k x_i^k) \right]^2 = \min \tag{5.24}$$

其中系数 $\boldsymbol{a} = (a_0, a_1, \cdots, a_k)^\mathrm{T}$ 可利用最小二乘法确定。式（5.24）中取 $k=1$，得到一阶多项式，误差函数拟合了调平误差的线性成分。一般情况下，必须使用高阶多项式拟合调平误差的非线性特征。

本节基于相邻测线数据相关性调平技术的应用前提是相邻测线必须存在重叠段，当参考测线和调平测线重叠段不够长时，可以将测区划分成小的区块，再利用本节方法分别进

行调平。图5.24展示直升机时间域航空电磁实测数据调平结果。从图中的原始数据可以看出，数据中存在严重的沿测线方向的误差，有用信号被淹没在误差之中。为此，我们首先选定 D-D' 作为参考测线进行手动调平，之后采用上述调平方法进行整个测区调平。由图5.24给出的调平前、后的数据和调平误差可以看出，基于测线相关性调平方法有效地去除了调平误差，突出有用异常。

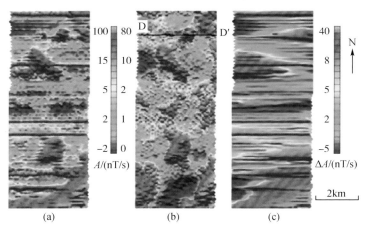

图5.24　实测数据调平结果对比（图件来源：Huang，2008，Permalink：https://dio.org/
10.1190/1.2836674，Reproduced with permission from SEG）

（a）实测数据；（b）调平结果（D-D' 为初始参考测线）；（c）调平误差

3）局部调平

局部调平实质上属于滤波，它是针对局部不相容的异常信号，采用中值滤波、汉宁窗滤波或 α -Trimmed 均值滤波将其去除。

4. 时间域航空电磁主成分异常分析

主成分分析（principal component analysis，PCA）是通过正交变换将一套可能存在相关性的数据变量转换成线性不相关的变量（称为主成分）的一种统计方法。主成分个数通常小于原始数据的变量数。该正交变换必须保证第一个主成分有最大的方差（即尽可能考虑到数据变量的差异），而后各阶主成分依次具有最大可能的方差，同时每个低阶主成分和高阶主成分正交。这样由各阶主成分构成的矢量形成一个正交基函数集。这些基函数可以用于重构原始信号，也可以通过截断后再进行重构去除噪声。同时，利用主成分分析还可以通过选择不同基函数组合区分来自不同源的信号成分。

由于航空电磁数据量庞大，电磁信号衰减曲线存在一定的冗余信息。利用主成分分析，不但能对数据进行降维和去噪，而且能够提取航空电磁数据的主要特征，有利于对整个测区进行快速成像。

主成分分析最早是由英国数学家 Karl Pearson 于 1901 年引入力学当中，1933 年 Hotelling 对此进行了深入的研究，而 Karhunen（1947）从概率论角度对其进一步完善。PCA 实质上是基于本征矢量算法的多元统计分析。在用统计分析方法研究多变量问题时，变量太多会使得问题变得很复杂。因此，希望使用较少的变量而表达较多的信息。另外，很多时候变量之间存在一定的相关性。两个变量之间有一定相关性可以理解为这两个变量反映的信息有一定的重叠。主成分分析是从信息重叠的变量中删去冗余信息，保留尽可能少的新变量，同时确保这些新变量之间不相关。Green（1998）利用 PCA 对航空电磁数据进行处理，而 Kass 和 Li（2012）利用 PCA 进行地下未爆弹（UXO）检测取得了很好的应用效果。国内，朱凯光等（2012，2013）、王凌群等（2015）研究了利用主成分分析去噪、数据重构和反演方法。

主成分计算方法介绍如下：假设航空电磁观测 N 个测点，每个测点观测到的电磁响应包含 M 时间道，则该样本数据集可表示为 $x_i(t_j)$，于是构成了 $N \times M$ 阶矩阵 $\boldsymbol{X}$，即

$$\boldsymbol{X} = \begin{bmatrix} x_1(t_1) & x_1(t_2) & \cdots & \cdots & x_1(t_{M-1}) & x_1(t_M) \\ x_2(t_1) & x_2(t_2) & \cdots & \cdots & x_2(t_{M-1}) & x_2(t_M) \\ \cdots & \cdots & \cdots & \cdots & \cdots & \cdots \\ \cdots & \cdots & \cdots & \cdots & \cdots & \cdots \\ \cdots & \cdots & \cdots & \cdots & \cdots & \cdots \\ x_{N-1}(t_1) & x_{N-1}(t_2) & \cdots & \cdots & x_{N-1}(t_{M-1}) & x_{N-1}(t_M) \\ x_N(t_1) & x_N(t_2) & \cdots & \cdots & x_N(t_{M-1}) & x_N(t_M) \end{bmatrix} \tag{5.25}$$

该矩阵的协方差矩阵 $\boldsymbol{\Gamma}$ 中的元素 $\gamma_{k\ell}$ 可由下式得到：

$$\gamma_{k\ell} = \sum_{j=1}^{N} x_j(t_k)x_j(t_\ell), \quad k,\ell = 1,2,\cdots,M \tag{5.26}$$

则该 $M \times M$ 协方差矩阵 $\boldsymbol{\Gamma}$ 可以由相应的特征值和特征向量来表示，即 $\boldsymbol{\Gamma} = \boldsymbol{V\Lambda V}^{\mathrm{T}}$。其中，$\boldsymbol{\Lambda}$ 是由 $\boldsymbol{\Gamma}$ 的特征值组成的对角阵 $\mathrm{diag}(\lambda_1,\lambda_2,\cdots,\lambda_M)$，$\boldsymbol{V}$ 是特征向量矩阵，其列向量是矩阵 $\boldsymbol{\Gamma}$ 的特征向量。特征向量定义了主成分的方向，而矩阵 $\boldsymbol{V}^{\mathrm{T}}$ 则将电磁响应信号分解成主成分或旋转到主成分方向。由此，第 k 个主成分可表示为

$$\psi_k(t) = \sum_{i=1}^{M} v_{ki}x_i(t), \quad k=1,2,\cdots,M \quad \rightarrow \quad \boldsymbol{\Psi} = \boldsymbol{V}^{\mathrm{T}}\boldsymbol{X} \tag{5.27}$$

而原始信号可表示为

$$\tilde{x}_i(t) = \sum_{k=1}^{M} v_{ik}\psi_k(t), \quad i=1,2,\cdots,M \quad \rightarrow \quad \tilde{\boldsymbol{X}} = \boldsymbol{V\Psi} \tag{5.28}$$

由式（5.27）和式（5.28）可得 $\tilde{\boldsymbol{X}} = \boldsymbol{VV}^{\mathrm{T}}\boldsymbol{X}$。考虑到特征向量矩阵是单位阵，$\boldsymbol{VV}^{\mathrm{T}} = \boldsymbol{V}^{\mathrm{T}}\boldsymbol{V} = \boldsymbol{I}$，则有 $\tilde{\boldsymbol{X}} = \boldsymbol{X}$。利用协方差矩阵 $\boldsymbol{\Gamma} = \boldsymbol{V\Lambda V}^{\mathrm{T}}$ 进行特征值分析，大特征值对应的主成分定义为低阶主成分，小特征值对应的主成分定义为高阶主成分。按照特征值大小对主成分进行排序，对应特征值最大的主成分称为一阶主成分，次之称为二阶主成分，依此类推。数学上，低阶主成分的方差较大，而高阶主成分的方差较小。在实际应用中，通过对主成分截断和合成可以实现去噪和提取主要异常信息的目标。

下面讨论主成分分析去除噪声原理。上节讨论中，我们尚未考虑电磁信号中存在的噪声。实际观测的电磁信号中各种噪声源的干扰主要包含在高阶主成分中，因此在式（5.28）中通过对求和项进行截断，仅保留较低阶主成分可有效压制噪声。为此，我们

假设：

$$\tilde{x}_i(t) = \sum_{k=1}^{L} v_{ik} \psi_k(t), \quad i = 1, 2, \cdots, M, \quad L \leqslant M \quad \rightarrow \quad \tilde{X} = VRV^{\mathrm{T}}X \quad (5.29)$$

式中，R 为 L 阶对角矩阵（$r_{ij}=1$，$i=j\leqslant L$，否则 $r_{ij}=0$），称为截断矩阵。L 可依据如下原则确定：首先设定参数 $\delta_L = \sum\limits_{i=1}^{L} \lambda_i \Big/ \sum\limits_{i=1}^{M} \lambda_i$，然后从第一个主成分逐渐增大 L，直到 δ_L 大于一个事先设定的阈值。该阈值可根据数据中噪声污染程度及期望的噪声压制效果确定。

图 5.25 和图 5.26 给出实测数据主成分去噪的应用实例。数据是由 CGG/Fugro 公司在加拿大某区利用 HELITEM MULTIPULSE 系统测得。我们选择 $\delta_L = 99\%$。从图 5.25 可以看出，经过主成分分析并选取相关主成分（8 阶）对数据进行重建，晚期道信号中的噪声得到有效压制。同时，从图 5.26 给出原始数据和主成分去噪后数据的 SVD 反演结果可以看出，主成分去噪后的数据反演结果明显比原始数据反演结果光滑连续，再次体现出主成分分析具有良好的去噪效果。

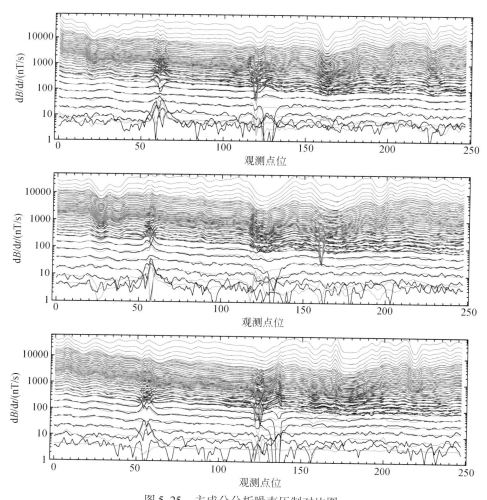

图 5.25　主成分分析噪声压制对比图

图中给出三条测线的处理结果。黑线表示原始数据，蓝线表示主成分合成数据

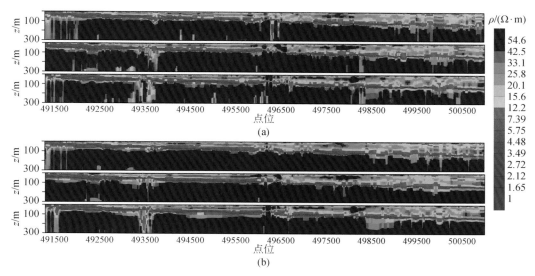

图 5.26　主成分分析前后数据反演结果对比图

（a）原始数据反演结果；（b）主成分合成数据反演结果

5. 时间域航空电磁视电阻率计算

参考 4.4 节，时间域航空电磁视电阻率计算主要采用均匀半空间模型、假层半空间模型和全区视电阻率定义。均匀半空间视电阻率定义通过利用半空间模型拟合航空电磁观测信号，所拟合的半空间电阻率即为视电阻率。由于该方法没有考虑到飞行高度的影响，当飞行高度存在误差时，视电阻率会受到很大影响。假层半空间模型利用观测的电磁信号幅值及衰减常数，将飞行高度和假层半空间电阻率作为输出参数，这种定义方法可大大减少飞行高度测量不准对视电阻率的影响。假层半空间视电阻率通常采用查表法获得。时间域航空电磁全区视电阻率定义实质上和均匀半空间视电阻率定义相类似，假设高度已知，因此同样受高度测量误差的影响。由于时间域航空电磁视电阻率定义已在前面相关章节给出详细介绍，这里不再赘述。

6. 时间域航空电磁异常提取和识别

1）异常提取

图 5.27 和图 5.28 分别给出半空间和层状介质时间域航空电磁断电响应特征。由图 5.27 可以看出，对于均匀半空间模型，无论对于共中心装置还是分离装置，无论发射波形为梯形波还是半正弦波，时间域航空电磁断电响应随半空间电阻率的增加衰减加快。对于图 5.28 中展示的层状介质模型，我们可以看到，对于相同的覆盖层，当下半空间为良导体时，电磁信号的起始值较小，但晚期衰减速度较慢；反之，当下半空间为高阻体时，电磁信号的起始值较大，晚期衰减速度较快。这些电磁响应特征为区分地下介质良导和高阻特征奠定了基础。

图 5.29 展示与图 5.9 同测线的时间域航空电磁测量结果。基于图 5.27 和图 5.28 的结

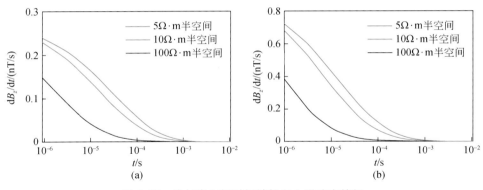

图 5.27 均匀半空间时间域航空电磁响应特征

（a）分离装置半正弦波激发［图 5.1（c）］；（b）共中心装置梯形波激发［图 5.1（b）］

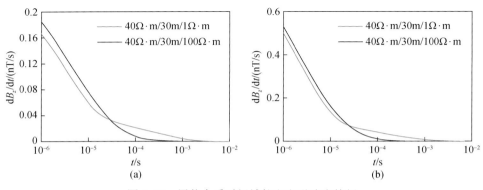

图 5.28 层状介质时间域航空电磁响应特征

（a）分离装置半正弦波激发［图 5.1（c）］；（b）共中心装置梯形波激发［图 5.1（b）］

论，我们对图 5.29 进行分析并得出如下结论：A 和 B 为高阻体，表现为电磁响应早期道响应很大，但晚期道衰减很快（各时间道曲线之间稀疏），C 为良导体（早期信号较小，但晚期道衰减很慢，表现为晚期道响应曲线密集），D 为脉状良导体（异常存在多峰，且晚期道信号衰减缓慢，曲线密集）。这些结论与图 5.9 得出的结论一致。

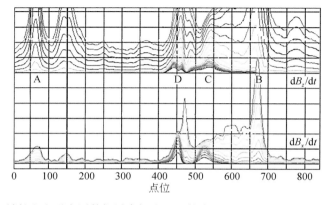

图 5.29 时间域航空电磁实测数据异常提取（图件来源于 Greg Hodges，2011，个人通信）

2）异常识别

与频率域航空电磁异常解释流程相似，在对时间域航空电磁响应剖面曲线进行异常提取之后，可以根据异常曲线形态进行异常识别，进一步区分异常体特征。图 5.30 和图 5.31 分别给出分离装置（如 HeliGEOTEM）和共中心装置（如 VTEM）系统在各种异常体上方的时间域航空电磁响应曲线。实际航空电磁解释工作中，在进行异常提取之后，可根据异常响应形态进一步确定异常体类型。与频率域航空电磁一样，异常识别后分别用不同代号标识并存于数据库中，从而在后续解释中设计相应的模型进行反演。

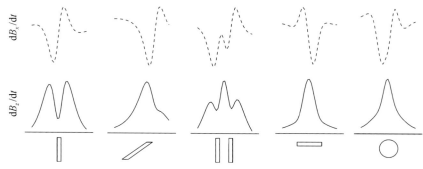

图 5.30　时间域航空电磁不同异常体分离装置电磁响应特征 ［参见图 5.1（c）］

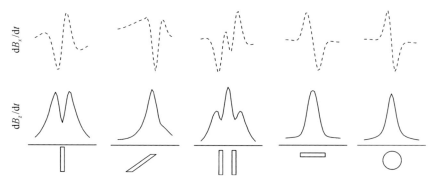

图 5.31　时间域航空电磁不同异常体共中心装置电磁响应特征 ［参见图 5.1（b）］

7. 时间域航空电磁其他效应识别

时间域航空电磁除了电阻率效应以外，还可能受到磁效应、介电效应和激电效应等因素的影响。由于在本书 2.5 ~ 2.7 节已对这些效应作了详细介绍，这里不再重复。必须指出的是，当航空电磁数据中出现奇异信号（如电磁信号变号现象），在排除仪器系统和传感器等因素后，应依据测区地质条件对电磁数据中产生的异常信号及产生的原因进行识别和分析，进而采取相应的措施进行异常分离，并依据物理成因建立相应的模型对数据进行反演解释。

8. 时间域航空电磁数据反演解释

航空电磁成像和数据反演在第 3 章做了详细介绍。时间域航空电磁数据反演和解释包括数据成像、Occam 和一维 SVD 反演、横向约束反演 LCI 和空间约束反演 SCI，以及复杂二维、三维模型反演。为有效地压制电磁数据中的噪声影响、减少反演多解性，也可使用全球最小搜索 SA 和贝叶斯进行反演。然而，无论采用何种方法，为提高解释精度，航空电磁反演必须遵循由已知到未知、由简单到复杂的原则，逐步逼近真实模型。

电磁成像（CDI、CDT、EMFlow）从航空电磁数据中有效提取地下介质电性分布的主要信息，能很好地反映地下高、低电阻率分布特征，可以作为一维反演的参考模型；考虑到航空电磁系统影响范围（footprint）很小，如果测点周围地下电性变化不是十分剧烈，则可假设大地为层状介质，利用一维模型对航空电磁数据进行快速反演；在一些地层连续性较好的测区，可以在一维反演中加入横向约束或空间约束，以改善反演结果中电阻率和层界面的连续性；通过对航空电磁数据一维模型反演，并结合上节异常识别特征及其他地质和地球物理资料设计更为复杂的二维、三维模型进行多维电磁反演，可实现对地下电性分布特征的精细刻画。可以预期，按照这种由已知到未知、由简单到复杂的理念进行航空电磁数据反演，将简单模型的反演结果作为复杂模型反演的初始模型，可以有效减少多解性，从而获得地下电性的真实分布。

9. 时间域航空电磁数据成图

时间域航空电磁数据处理和解释完成后，即可对解释结果进行成图。我们同样可以采用商业软件（如 Oasis Montaj），同时也可利用诸如 MATLAB 编写有自己特色的成图软件进行成图。时间域航空电磁基本的图件类型包括以下方面。

1）观测数据剖面曲线

时间域航空电磁观测数据通常以剖面形式给出。如图 5.32 所示，横轴为观测点位，纵轴为实测电磁响应 dB/dt 或 B，时间道作为曲线参数。利用剖面图可以对地下异常体特征进行提取和识别，同时可对剖面曲线进行滤波及反演解释。通常在电磁响应曲线上方也给出飞行高度信息。

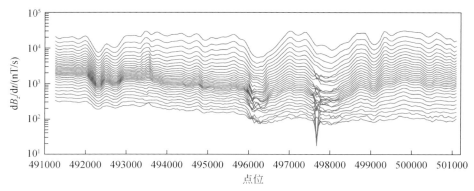

图 5.32　时间域航空电磁不同时间道电磁响应剖面曲线

2）视电阻率分布图

在完成时间域航空电磁数据调平，并校正各种效应后可以计算对应每个时间道的视电阻率响应。同样，视电阻率分布图仅反映某一时间道对应的视电阻率特征。为获得某一特定深度的视电阻率分布，必须计算视电阻率和不同时间对应的深度并做深度切片。图 5.33 展示图 5.32 中数据及相邻测线数据计算的对应于断电后 0.14ms 和 0.49ms 的视电阻率分布图。

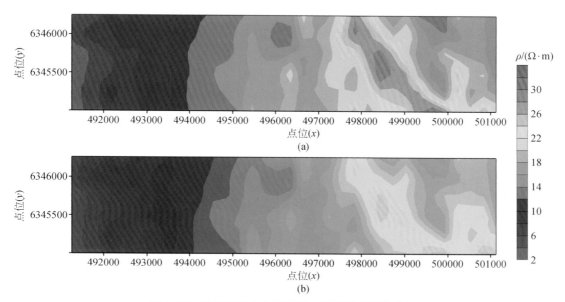

图 5.33 时间域航空电磁不同时间道视电阻分布图

（a） $t=0.14$ms；（b） $t=0.49$ms

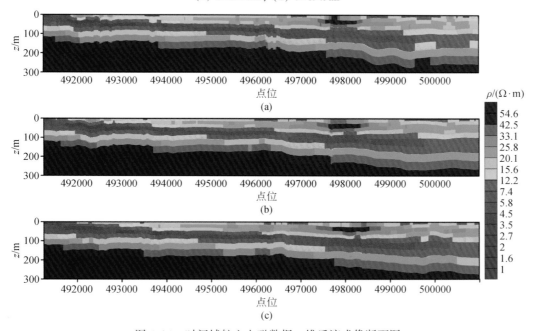

图 5.34 时间域航空电磁数据一维反演成像断面图

（a） L1 线；（b） L2 线；（c） L3 线

3）电阻率深度成像和反演断面图

与频率域航空电磁相同，在完成时间域航空电磁数据调平和必要的滤波处理后，即可对数据进行成像和反演解释，同时可将成像结果用断面图形式展示。图 5.34 展示了图 5.32 及相邻测线数据的一维反演结果。

4）三维反演电阻率分布图

在条件容许时，可以对航空电磁数据进行三维反演，以获得地下三维精细构造分布特征。通常三维反演是在一维成像和反演的基础上，并结合异常识别特征设计相应的反演模型，以减少反演的多解性。图 5.35 给出了图 5.32 及相邻测线数据的三维电阻率反演结果（图中采用了与一维反演结果不同的色标）。

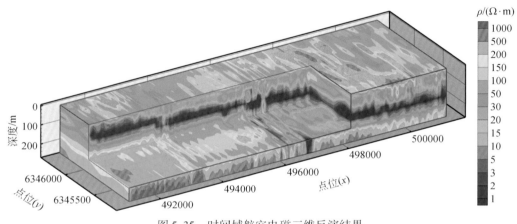

图 5.35 时间域航空电磁三维反演结果

5.4 本章小结

本章通过对频率域和时间域航空电磁质量监控、数据处理和反演研究，得出如下结论：

（1）质量监控是监测航空电磁数据质量的最重要环节。通过质量监控，确保数据在没有传输到处理中心之前，剔除不合格数据、查找原因和相应的解决办法，从而保证传回到处理中心的数据满足质量要求，对不符合规范和设计要求的测线和区块实施重飞。

（2）现代航空电磁系统记录原始数据流，使得航空电磁原始数据处理成为可能。航电数据预处理是在数据叠加和抽道之前去除诸如天电噪声、系统运动噪声等干扰，否则经叠加和抽道后，这些干扰会扩散到各时间道，造成整个数据集的污染。因此，原始数据流处理至关重要。

（3）背景场去除主要是去除仪器和周围环境（如飞机）的影响。由于仪器本身零漂的非线性特征，一个飞行架次中应多次进行高空背景场飞行测量，并进行相应的校正。频率域航空电磁数据处理时还应对系统校准误差进行改正。

（4）调平是航空电磁数据处理的关键环节，无论是时间域还是频率域数据调平都是必不可少的环节。数据调平应遵循由测区到测线再到局部微调的循序渐进原则。

（5）航空电磁数据处理在很大程度上是校正各种效应。这些效应均具有物理成因，必须先计算出校正因子，然后根据测量参数获得校正因子进行校正。普通的滤波技术无法去除这些效应。

（6）异常提取与识别可有效减少航空电磁数据反演解释的工作量，同时也为航空电磁数据多维反演提供重要的参考消息。

（7）对于分离装置还可能发生记录点位移，实际飞行观测之前应选择线状目标体进行正反向飞行予以确定，并在后续数据处理中进行校正。

（8）航空电磁数据反演应遵循由简单模型到复杂模型的原则。利用成像和一维反演结果作为初始模型可有效减少多解性，切不可在测区地下电性分布完全未知的情况下，直接对数据进行三维模型反演。利用航电数据和其他地球物理数据进行联合反演可减少反演的多解性。这将是未来航空电磁反演的重要研究方向。

参 考 文 献

李文杰. 2008. 频率域航空电磁数据处理技术研究. 中国地质大学（北京）博士学位论文

裴易峰，殷长春，刘云鹤，等. 2014. 时间域航空电磁磁场计算与应用. 地球物理学进展，29（5）：2191-2196

裴易峰. 2015. 多波发射时间域航空电磁系统数据处理及正反演研究. 吉林大学硕士学位论文

王凌群，李冰冰，林君，等. 2015. 航空电磁数据主成分滤波重构的噪声去除方法. 地球物理学报，58（8）：2803-2811

殷长春，孙思源，高秀鹤，等. 2018. 基于局部相关性约束的三维大地电磁数据和重力数据的联合反演研究. 地球物理学报，61（1）：358-367

朱凯光，李楠. 2009. 直升机时间域航空电磁数据预处理技术研究. 中国国际地球电磁学术讨论会

朱凯光，马铭遥，车宏伟，等. 2012. 基于主成分的时间域航空电磁数据神经网络反演仿真研究. Applied Geophysics，9（1）：1-8

朱凯光，王凌群，谢宾，等. 2013. 基于主成分分析的航空电磁数据噪声去除方法. 中国有色金属学报，（9）：2430-2435

Auken E, Christiansen A V, Westergaard J H, et al. 2009. An integrated processing scheme for high-resolution airborne electromagnetic surveys, the SkyTEM system. Exploration Geophysics, 40（2）：952-956

Bednar J B, Watt T L. 1984. Alpha-trimmed means and their relationship to median filters. IEEE Transactions on Acoustics, Speech, and Signal Processing, 32（1）：145-153

Bouchedda A, Chouteau M, Keating P, et al. 2010. Sferics noise reduction in time-domain electromagnetic systems: application to MEGATEM II signal enhancement. Exploration. Geophysics, 41（4）：225-239

Buselli G, Pik J P, Hwang H S. 1998. AEM noise reduction with remote referencing. Exploration Geophysics, 29（2）：71-76

Davis A C, Macnae J, Robb T. 2006. Pendulum Motion in Airborne HEM Systems. Exploration Geophysics, 37（4）：355-362

Economou G, Fotopoulos S, Vemis M. 1995. Family of nonlinear filters with data dependent coefficients. IEEE Transactions on Signal Processing, 43（1）：318-322

Fitterman D V, Yin C. 2004. Effect of bird maneuver on frequency-domain helicopter em response. Geophysics,

69（5）：1203

Green A. 1998. The use of multivariate statistical techniques for the analysis and display of AEM data. Exploration Geophysics, 29（2）：77-82

Hotelling H. 1933. Analysis of a complex of statistical variables into principal components. British Journal of Educational Psychology, 24（6）：417-520

Huang H P. 2008. Airborne geophysical data leveling based on line-to-line correlations. Geophysics, 73（3）：83-89

Huang H P, Fraser D C. 1999. Airborne resistivity data leveling. Geophysics, 64（2）：378-385

Karhunen K. 1947. Über lineare methoden in der wahrscheinlichkeitsrechnung. Annales Academie Scientiarum Fennicae Series A1, Mathematica-Physica, 37：1-79

Kass M A, Li Y. 2012. Quantitative analysis and interpretation of transient electromagnetic data via principal component analysis. Geoscience & Remote Sensing IEEE Transactions on, 50（5）：1910-1918

Lane R, Plunkett C, Price A, et al. 1998. Streamed data-a source of insight and improvement for time domain airborne EM. Exploration Geophysics, 29（2）：16-23

Lemire D. 2001. Baseline asymmetry, Tau projection, B-field estimation and automatic half-cycle rejections. THEM Geophysics Inc. Technical Report

Macnae J C, Lamontagne Y, West G F. 1984. Noise processing techniques for time-domain EM systems. Geophysics, 49（7）：934-948

Munkholm M S. 1997. Motion-induced noise from vibration of a moving TEM detector coil：characterization and suppression. Journal of Applied Geophysics, 37（1）：21-29

Pearson K. 1901. Mathematical Contributions to the Theory of Evolution. X. Supplement to a Memoir on Skew Variation. Philosophical Transactions of the Royal Society of London, 197：443-459

Smith R, Annan P. 1998. The use of B-field measurements in an airborne time-domain system-part I：Benefits of B-field versus dB/dt data. Exploration Geophysics, 29（2）：24-29

Spies B R. 1988. Local noise prediction filtering for central induction transient electromagnetic sounding. Geophysics, 53（8）：1068-1079

Valleau N C. 2000. HEM data processing—a practical overview. Exploration Geophysics, 31（4）：584-594

Wolfgram P, Thomson S, et al. 1998. The use of b-field measurements in an airborne time-domain system? Part II：examples in conductive regimes. Exploration Geophysics, 29（1/2）：225-229

Yin C, Fraser D C. 2004. Attitude corrections for helicopter-borne electromagnetic data. Geophysics, 69（2）：431-439

第6章　航空电磁勘查技术应用

6.1　航空电磁勘查技术应用范围

目前主流的航空电磁系统包括固定翼时间域系统、直升机频率域系统和直升机时间域系统。这些系统具有各自的特性，能够满足不同勘探条件和目标需求。本节介绍各种航空电磁系统的特点及其应用范围。

固定翼时间域系统工作效率高、发射磁矩和勘探深度大、对深部地质体分辨能力强，但系统灵活性差、横向分辨率相对较低、对近地表目标体的探测能力较弱，同时飞行测区附近需要有机场。目前，该系统主要应用于深部找矿和大范围、区域性国土资源调查等。

直升机频率域系统具有灵活性好、浅层和横向分辨率高、地形适应能力强等优点，但其发射功率较低、探测深度较小。目前该系统主要用于浅部构造和矿产勘查、环境工程和地下水调查、覆盖区填图、山体滑坡、海洋地形调查和极地研究，特别适合地形条件复杂（如山区、沙漠、森林覆盖、湖泊沼泽等）地质调查等。

直升机时间域系统集成固定翼时间域系统和直升机频率域系统的优点。该系统既保留了时间域固定翼系统发射功率大、探测深度大的优点，又保留了直升机系统灵活性好、横向分辨率高、地形跟踪能力强等优点。目前，直升机时间域系统被广泛应用于金属矿勘查、环境工程、地下水和地热资源勘查等各领域。表6.1和表6.2比较了各种系统对不同地质条件下目标体的探测能力。表6.3给出了三种系统的勘探应用技术参数，而表6.4给出了三种系统常用的数据采集参数和测线参数。

表 6.1　航空电磁系统性能对比

参数	固定翼时间域系统	直升机时间域系统	直升机频率域系统
空间分辨率	差	好	最好
高阻区	差	差	好
地形跟踪能力	差	好	最好
近地表勘查	差	适中	好
深部低阻体	最好	较好	较差
操作场地	机场	营地	营地
系统勘探优势	大面积能源和矿产资源普查、深部矿产和地下水资源勘查	小区域能源和矿产资源调查、环境工程和地下水勘查（特别适合地形条件复杂区域）	埋藏较浅目标体（如金属矿、地下水、环境工程、海洋领域），特别适合地形条件复杂区域

表 6.2　航空电磁系统探测能力对比

航空电磁系统	优势	劣势	应用
直升机 频率域系统	近地表分辨率 横向分辨率 高阻背景介质 小区域地质调查 高压线附近施工 地形跟踪能力	探测深度较浅 薄层勘探能力弱	环境工程调查 覆盖层成像 小目标体 城市、山区、滨海地区 海水侵蚀调查等
直升机 时间域系统	近地表分辨率 横向分辨率 小区域地质调查 勘探深度较大 深层探测能力较强	浅地表分辨能力差 （利用多脉冲发射可以改 善浅地表分辨率）	小目标体 环境工程调查 城市及地形复杂地区（山区、沙漠、湖泊沼泽、森林覆盖）矿产 资源和地下水勘查 海洋调查
固定翼 时间域系统	勘探深度大 深层探测能力强 施工成本较低	目标体分辨率较差 浅地表勘探能力差 高阻体勘探能力差 系统灵活性差 需要机场	深部矿产资源 深部地下水 区域性地质调查 海洋调查

表 6.3　航空电磁系统探测范围参考值　　　　　　　单位：m

参数	固定翼时间域系统	直升机时间域系统	直升机频率域系统
Footprint 半径	1000	500	120
常规勘探深度	~500	~300	~100
最大勘探深度	800	500	120
最小深度分辨率	>10	~10	<10
区分目标体能力（两个低阻体）	200	35	35

表 6.4　航空电磁系统工作参数对比

参数	固定翼时间域系统	直升机时间域系统	直升机频率域系统
采样间隔/m	15	3	3
每公里测线覆盖测区范围/km²	0.25	0.07	0.07
每小时覆盖测区范围/km²	54	7	7
最小测线长度/km	8	2	2
典型测线间距（typical traverse line）/m	200	30~200	30~200
典型连接线间距（tie-line spacing）/m	3000	1000	1000
磁传感器高度/m	70~120	30	30
Fiducial/s	0.1	0.1	0.1

6.2　金属矿产勘查

矿产资源勘查是航空电磁方法最为广泛的应用领域。早在 1954 年，人们使用航空电磁勘查找到了锌-铅-银-铜多金属矿（Fountain，1998）。1974 年，人们使用 Mark VI INPUT 时间域航电系统在加拿大魁北克省找到了锌-铜-银矿床（Reed，1981）。采用的发射波形为半正弦波，宽度为 1.05ms，接收时间为 2.42ms，垂直发射线圈距地表 120m，接收线圈拖曳在发射线圈后 100m，垂直距离约为 70m。在澳大利亚西部和坦桑尼亚使用航空电磁系统发现 Harmony、Maggie Hays North 和 Kabanga 等硫化镍矿床（Wolfgram and Golden，2001）。其中，Maggie Hays North 矿床勘查中使用了 GEOTEM Deep、QUESTEM 450 和 TEMPEST 系统，工作频率为 25Hz。QUESTEM 数据由于气候原因噪声过大未能参与解释，然而 GEOTEM Deep 和 TEMPEST 系统采集的数据和解释结果基本一致（Peters and Buck，2000）。Harmony 和 Kabanga 矿床勘查均使用了 GEOTEM 系统，但 Harmony 使用的是 25Hz 和 4ms 发射脉冲，而 Kabanga 使用的是 75Hz 和 1ms 发射脉冲。除以上应用实例外，航空电磁勘查技术在寻找金矿、铀矿及金伯利岩（金刚石）等方面均获得广泛的应用。2000 年，Fugro 公司使用 MEGATEM 系统在加拿大魁北克省 Matagami 地区进行飞行观测，发现了 Perseverance 块状硫化物矿床，并于一个月后又在该矿附近发现了 Perseverance West 和 Equinox 两个新矿床。2005 年，Geotech 公司在 Zambia Lusaka 铜金矿利用 VTEM 系统进行航空电磁勘查，数据解释结果将目标矿体沿走向延长了近四倍。

图 6.1 和图 6.2 给出 Geotech 公司 VTEM 和 ZTEM 系统在金属矿勘查中的应用实例。Geotech 公司分别于 2007 年和 2010 年，利用 VTEM 和 ZTEM 系统并结合航空磁测在加拿大安大略省 East Bull Lake 矿区进行航空电磁观测。其中，VTEM 系统飞行测线沿 NS 方向，线距 100m，观测系统飞行高度大约 40m，总计测线长度为 867km，而 ZTEM 系统是在 VTEM 系统发现的异常区寻找深部隐伏矿体，分两个测区进行飞行观测，线距 200m，总测线长度为 228km。对 VTEM 系统观测数据进行反演解释，成功查明位于两个成矿带交叉部位的目标体，很好地确定了高品位铂族-铜-镍硫化物矿体的位置和埋深，并得到钻探验证，而 ZTEM 观测数据解释结果有效识别了 East Bull Lake 侵入体周围直到 800m 深的构造特征（Legault et al.，2011）。图 6.1 给出 VTEM 系统在该区 Parisien Lake 附近铂族金属矿勘查的部分数据解释结果，而图 6.2 给出 ZTEM 在该区飞行观测数据的解释结果。其中，VTEM 在 Parisien Lake 矿区异常解释经钻探验证结果表明：铜成矿带品位为 9.3%，厚度为 1.1m，铂族成矿带从 89m 到终孔，品位为 12.5g/t，镍成矿带厚度为 10m，品位为 0.4%，而 ZTEM 数据解释结果和已有的 AMT/MT 观测结果很好地吻合。

图 6.3 给出 HELITEM 系统在加拿大 Lalor Lake 勘查火山成因硫化物矿床的应用实例。本次勘探使用的脉冲宽度为 6ms，基频分别采用 30Hz 和 15Hz，发射磁矩约为 $1.9 \times 10^6 \text{Am}^2$。从图中给出的微分视电阻率成像剖面可以看出，近地表受高压线和已知低品位的矿化带影响出现高导电带，然而这些异常与深部矿体导电异常可以明显区分。Hodges 等（2016）利用 Yang 和 Oldenburg（2013）的三维反演技术，对观测数据进行反演，结果表明由于所用的 HELITEM 系统勘探深度较大，Labor Lake 矿床导电异常明显，矿体的异常

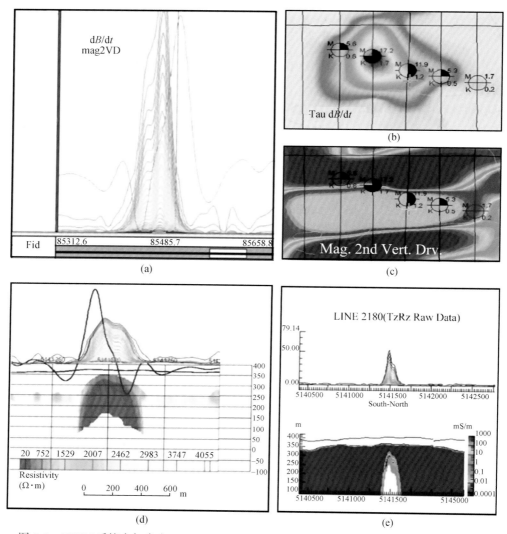

图 6.1　VTEM 系统在加拿大 East Bull Lake 地区 Parisien Lake 铂族金属矿勘探的应用实例

图件来源：Jean Legault，2017，个人通信。（a）dB_z/dt 晚期时间道剖面及磁场二阶导数；（b）和（c）时间常数和二阶垂直磁场导数平面图；（d）电阻率深度成像结果；（e）电导率深度成像结果

位置和倾向均被很好地确定，反演结果和控制钻孔吻合很好。Hodges 等（2016）通过对该矿区勘探结果的分析研究得出结论，HELITEM 系统是目前世界上仅有的航电系统，可以探测到 570～1170m 深的 Labor 矿床。

图 6.4 给出 MEGATEM 系统在加拿大 Quebec 地区进行火山块状硫化物矿床勘查的应用实例。本次勘探目标为：①对 MEGATEM 系统进行评估；②和其他电磁系统（INPUT、DIGHEM）数据进行对比；③完善数据处理和解释方法。本次试验在 Quebec 地区的三个测区进行：Iso New-Insco、Aldermac 和 Gallen，其中 Iso New-Insco 矿床由时间域 INPUT 系统和频率域 DIGHEM 系统发现。DIGHEM 系统采用单频 918Hz，而时间域 INPUT 系统采用基

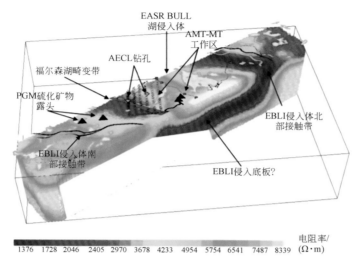

电阻率/
$(\Omega \cdot m)$

1376　1728　2046　2405　2970　3678　4233　4954　5754　6541　7487　8339

图 6.2　ZTEM 系统在加拿大 East Bull Lake 地区金属矿勘探的应用实例

图件来源：Jean Legault，2017，个人通信

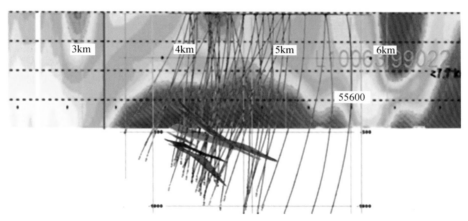

图 6.3　HELITEM 系统在加拿大 Lalor Lake 地区勘查硫化物矿床的应用实例

图件来源：Hodges et al.，2016，Reproduced with permission from CSIRO Publishing

频为 144Hz，发射脉冲宽度为 1ms，偶极矩为 $2.1 \times 10^5 \text{Am}^2$。MEGATEM 系统采用双基频 30Hz 和 90Hz，发射磁矩分别为 $2.1 \times 10^6 \text{Am}^2$ 和 $1.6 \times 10^6 \text{Am}^2$，飞行高度为 120m，接收线圈 离地高度为 70m，距离发射线圈中心 130m。我们以时间域 INPUT 系统和 MEGATEM 系统 的观测结果对比说明 MEGATEM 系统的优越性。由图 6.4 可以看出，对于近似相同测线， 较之于 INPUT 系统，MEGATEM 系统信号强度大（相差近 200 倍），信噪比高，异常峰值 与矿体的对应关系更加明显，凸显 MEGATEM 系统探测深部矿体的优越性。

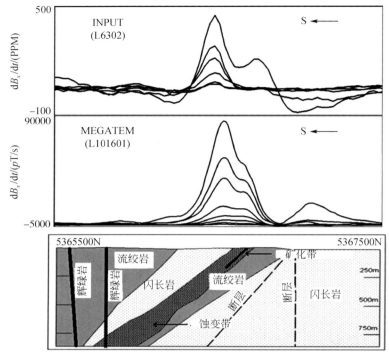

图 6.4　MEGATEM 及 INPUT 系统在加拿大 Quebec 地区勘查硫化物矿床的应用实例

图件来源：Cheng et al.，Printed in Exploration and Mining Geology，Vol. 15，2006. Reproduced with permission from the Canadian Institute of Mining，Metallurgy and Petroleum

6.3　油气资源勘查

地震方法通过圈定构造实现油气勘查。然而，地震方法难以确定构造中的含油、含水特征，容易导致油气开发中出现干井问题。同时，在一些地形条件复杂的山地和地震波散射严重地区难以开展地震勘探。航空电磁勘查技术可以在地形复杂地区获得地下介质电阻率信息，在确定构造前提下可进一步判断构造中是否储藏油气。2008 年，Aeroquest 公司使用 AeroTEM IV 航电系统在莫桑比克进行了天然气勘探（Pfaffhuber et al.，2009），发射波型为 75Hz 的三角波，通电时间和断电时间分别为 2.06ms 和 6ms，发射线圈直径为 12m，共 5 匝，发射磁矩为 $2.4 \times 10^5 Am^2$，分别接收水平和垂直磁感应分量。图 6.5 给出了利用 AeroTEM IV 系统进行油气勘查典型测线的反演结果。由图可以明显看出近地表良导层和浅部高阻层的分布特征。该条测线的处理结果与地震结果中的弱反射层基本一致，反映了地下存在油气运移通道。因此，该航空电磁勘查项目为解释测区地质构造，识别油气运移通道提供了重要依据。

图 6.6 给出 HELITEM MULTIPULSE 系统在加拿大 Fort McMurray 地区进行油砂勘查的应用实例。HELITEM 系统参数如下：基频为 30Hz，主脉冲半正弦脉宽为 4ms，脉冲断电时间为 10.5ms，次脉冲宽度和断电时间均为 1ms，主脉冲发射磁矩为 $7.8 \times 10^5 Am^2$，次脉

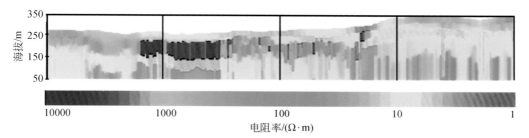

图 6.5　AeroTEM IV 系统在莫桑比克天然气勘查应用实例

图件来源：Pfaffhuber et al.，2009，Reproduced with permission from CSIRO Publishing

冲发射磁矩为 $6.2×10^4$ Am²，采用共中心装置观测三个磁感应分量。测区地层属性和地质目标描述如下：~35m 为中等导电率的冰川沉积层，下伏 35~40m 相对高阻的 Grand Rapids 砂岩层，再下部为 60~80m 的良导 Clearwater 页岩层，其下部为本勘探项目的目标层——Fort McMurray 油砂层，最下部为高阻 Devonian 石灰岩基底。由图 6.6 的成像和反演结果可以看出，由于采用 MULTIPULSE 系统，测区浅部地表电性得到很好反应的同时，深部油砂层和上覆地层界面也得到很好的反应。需要特别指出的是，基底中存在的盐水通道也被反演出来。

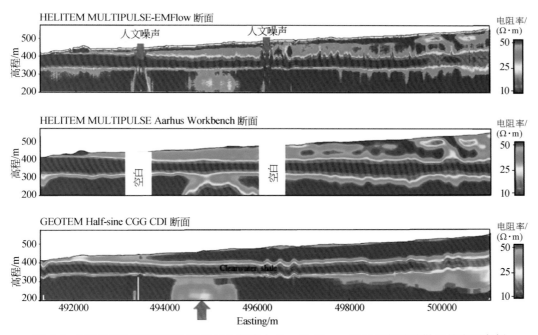

图 6.6　HELITEM MULTIPULSE 系统在加拿大 Fort McMurray 地区进行油砂勘查的应用实例

图件来源：Chen et al.，2015，Reproduced with permission from CSIRO Publishing

6.4　环境工程勘查

航空电磁在环境工程方面的应用主要包括坝基勘测、永冻层和极地冰层研究、地下管网调查、矿山废弃物及垃圾填埋场调查、山体滑坡、海侵及浅海海底地形调查等。由于环境工程和地下水探测目标深度小、对勘探目标分辨率要求高，航空电磁在该领域的应用大多基于直升机平台的频率域航电系统。对于矿山废弃物及垃圾填埋场调查，基于飞机平台的航空电磁系统由于地面人员无需接近具有独特的优越性。1994 年 Fugro 公司利用 DIGHEM 系统在美国佛罗里达州 Everglades 国家公园进行海侵和咸/淡水分界面调查，使用的频率为 VCX（900Hz、5500Hz）、HCP（900Hz，7200Hz，56kHz）。本次飞行观测结果确定了 DIGHEM 频率域系统适用于海水侵入调查，明确了海水侵入程度及咸/淡水分界面随深度变化情况，同时通过不同时期 DIGHEM 观测数据处理结果的对比证实了海水侵入的季节性变化规律，即干旱季节海水侵入严重，而雨季海水侵入受淡水阻碍得到明显遏制。

1998 年 Fugro 公司利用 DIGHEM 系统在澳大利亚 Sydney Harbor 进行浅海海洋地形调查，使用三个 HCP（328Hz、7337Hz、55300Hz）和两个 VCX 线圈（889Hz、5658Hz），共飞行 21 条测线，每条测线长度约 5000m，线距 50m。图 6.7 展示 DIGHEM 飞行观测数据的解释结果，以及与声呐及海洋地震探测结果的对比。由图可以看出，航空电磁数据反演的海水深度很好地吻合声呐数据（黄线），而反演的基底深度和地震数据（白线）很好地吻合。

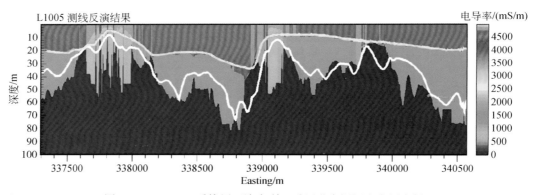

图 6.7　DIGHEM 系统用于澳大利亚悉尼港水深调查应用实例

图件来源：Vrbancich and Fullagar，2007，Reproduced with permission from CSIRO Publishing

2000 年 Fugro 公司利用频率域航电 DIGHEM^V 系统在加拿大魁北克省南部对石油管线地基进行勘查。测区为长 130km，宽 400m 的走廊。使用的系统频率为 HCP（400Hz、7200Hz、56kHz）和 VCX（900Hz、5500Hz），飞行高度大约 30m。图 6.8 展示了航空电磁观测数据的反演解释结果。由图可以看出，输油管道沿线的覆盖层厚度或基岩埋深得到有效探测，为后续管道铺设前槽探、基岩爆破等提供数据支撑（Hodges and Aniston，2015）。

2000 年 Fugro 公司在美国加利福尼亚州一个废弃汞矿上从事 DIGHEM^V 飞行观测，旨在查明该矿产生的有毒废水渗漏情况及对周围湖泊和居民饮用水的影响。此前，人们已认识到该矿泄漏酸性重金属污染物到附近的克利尔湖，并经过一个渗流通道流入更远的水体中。虽然相关部门投巨资试图通过钻探确定地下泄漏和渗流通道，但没有重要发现，因此希望借助于航空电磁勘查确定地下渗流通道的源头、位置和埋深。由于矿区渗漏的良好导电性，为航空电磁勘查提供了很好的物性前提。实践证明，利用 DIGHEM^V 系统在该区很

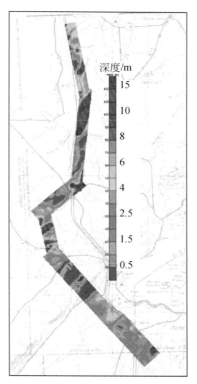

图 6.8　DIGHEM^{V}系统用于输油管线地基调查应用实例

图件来源：Greg Hodges，2011，个人通信

好地确定了废矿区污染源、地下渗漏和渗流通道。图 6.9 展示该系统 56kHz 的视电阻率分布图（估计深度为 2.5 ~ 30m）。由图可以看出，矿区废弃矿坑呈现明显的良导电特征，

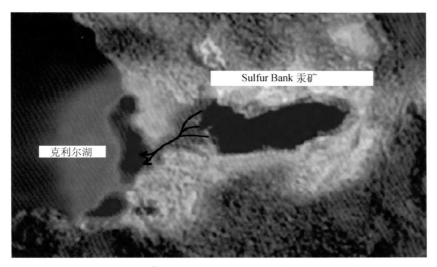

图 6.9　DIGHEM^{V}系统用于废弃矿山废水渗漏调查应用实例

图件来源：Greg Hodges，2011，个人通信

同时从电阻率分布图上还可以看出，良导的废水通过地下通道渗流到附近的克利尔湖中，从而克利尔湖右岸边也呈现出良导特征，验证了 DIGHEM[V] 系统用于勘查废矿有毒液体渗漏的有效性（Hodges and Aniston，2015）。

2001 年，Fugro 公司利用 RESOLVE 系统从事坝基稳定性勘查，采用的频率为 HCP（380Hz、1500Hz、6300Hz、25kHz、100kHz）及 VCX（3300Hz）。图 6.10 给出其中一条测线的不同反演方法得出的结果。其中暖色表示低阻黏土层，冷色表示高阻砂石层。利用航空电磁系统在本地区进行飞行观测，为评价坝基的地质特征和稳定性提供了有力的技术支撑。

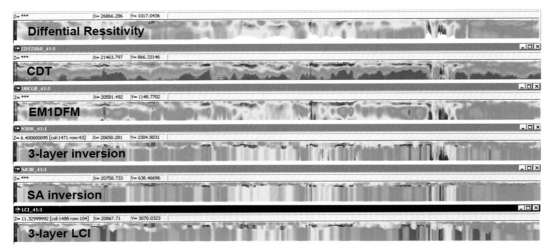

图 6.10　RESOLVE 系统用于坝基稳定性调查的应用实例
图件来源：Greg Hodges，2011，个人通信

过去 20 年，随着人们对全球气候变化不断深入的研究，极地冰层厚度探测受到越来越多的重视。除了微波遥感用于海水–冰层探测外，频率域航空电磁正在被越来越广泛地应用于极地冰层厚度研究。图 6.11 展示 2003 年在南极地区进行冰层厚度探测的应用实例，使用了由德国 Alfred Wegner Institute 研究所研发的频率域航空电磁 AWI HEM 系统。该系统包含两个频率 HCP（3680Hz 和 112kHz），收发距分别为 2.77m 和 2.05m。系统飞行高度约 15m。测区内拥有冰层钻探深度资料。从图中航空电磁数据反演结果和钻孔资料的对比可以看出，航空电磁数据有效地探测了极地冰层的厚度。

2008～2009 年，德国莱布尼兹应用地球物理研究所和德国地质调查局（BGR）联合对德国北海海岸的沿海地层海侵情况进行调查（Wiederhold et al.，2010）。本次调查采用 BGR 拥有的 Fugro 频率域 RESOLVE 系统和 SkyTEM 公司的时间域系统 SkyTEM，其中 RESOLVE 系统参数如下：频率 HCP（387Hz、1820Hz、8225Hz、41550Hz、132700Hz），VCX（5500Hz），收发距为 8m，采样间隔为 4m，勘探深度约 150m；而 SkyTEM 系统参数如下：发射磁矩为 20750 Am^2 和 133200Am^2，时间道 16μs～7ms，勘探深度约 300m。图 6.12 给出的勘查结果揭示了该区域淡水和海水在不同深度的分布特征，为了解该地区海侵情况提供重要数据信息。

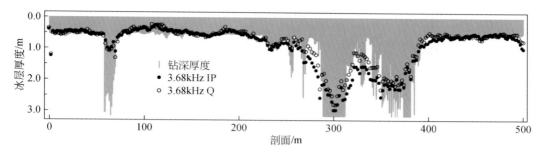

图 6.11　AWI HEM 系统用于南极冰层厚度调查应用实例

图件来源：Pfaffling et al.，2007，Permalink：https：//doi.org/10.1190/1.2732551，Reproduced with permission from SEG

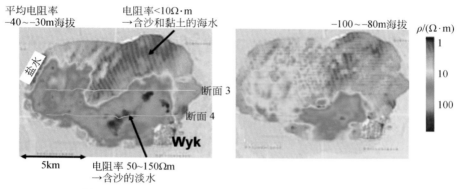

图 6.12　RESOLVE 系统用于德国北海海侵调查应用实例

图件来源：Helga Wiederhold and Bernhard Siemon，2017，个人通信

　　2010 年美国地质调查局（USGS）启动利用航空电磁对美国本土各大水体、冲积扇、隐伏冰川储水层、断层控制盆地及永冻层分布特征进行勘查。本节重点阐述 USGS 在阿拉斯加 Fort Yukon 地区采用频率域航空电磁 RESOLVE 系统（频带 400～140000Hz）进行永冻层研究，以了解其对地下水储存和运移、地面建筑和设施、森林及污染物运移等影响特征。整个测区测线长度为 1800km。图 6.13 给出部分测线的航空电磁数据解释结果。其中，红色虚线代表砂砾石层和泥沙层的分界面，基底为电阻率较低的页岩层。从图中可以明显看出，顶部砂砾层、永冻层和基底之间的分界面得到很好地区分。由于上覆砂砾层厚度自西向东逐渐变薄，永冻层厚度也逐渐变薄。由于水体良好的导热性能，Twelvemile Lake 和 Yukon River 下部永冻层厚度很小。

　　山体滑坡主要受构造、覆盖层性质、地表水分布等因素控制，通常在滑动地层与主体地层之间存在较大的物性差异（如电阻率），因此采用航空地球物理，特别是航空电磁勘查技术可有效地对山体特征进行研究，从而预测山体滑坡灾害发生的可能性。图 6.14 给出频率域航空电磁系统在日本 Nagatono 地区探测山体滑坡的应用实例。对比地质图和航空电磁电阻率成像结果发现，航空电磁勘查不仅有效地确定了山体滑坡特征（山体滑动的沉积物），同时还圈定导致山体滑坡的断层，从而为分析和研究山体滑坡成因及未知区山体滑坡评价和预测提供理论依据。

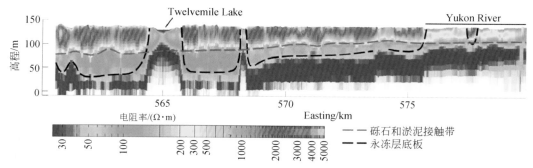

图 6.13　RESOLVE 系统用于阿拉斯加 Fort Yukon 地区永冻层调查应用实例

图件来源：Abraham et al.，2012，Reproduced with permission from ASEG

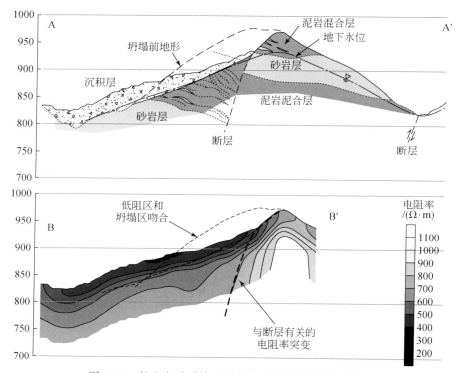

图 6.14　航空电磁系统用于山体滑坡调查的应用实例

图件来自网络：http：//www.interpraevent.at/palm-cms/upload_files/Publikationen/Tagungsbeitraege/2014_EA_132.pdf

6.5　地下水及地热资源勘查

　　航空电磁法对浅层目标体具有很高的分辨率，是地下水资源勘查的理想选择之一。目前用于地下水勘查的航空电磁系统主要有 Fugro 公司的频率域 DIGHEM 和 RESOLVE 系统及 SkyTEM 公司的时间域直升机航空电磁系统等。图 6.15 展示 Fugro 公司 2002～2003 年利用 RESOLVE 系统在美国得克萨斯州进行地下水勘查的应用实例。使用的频率为 HCP（386Hz、1514Hz、6122Hz、25960Hz、106400Hz）和 VCX（3315Hz），线距 200m，飞行高度约 30m。本次航空电磁勘查目标是对测区 Edwards 和 Trinity 储水层的岩性和构造进行填图，以识别集水区、补给区和承压水区。由图可以看出，测区包含大部分集水区、补给区和承压水区。图 6.16 展示本次观测的不同频率视电阻率分布图。由图可以看出，高频视电阻率分布图中，补给区电阻率普遍较高，集水区视电阻率较低，而承压水区电阻率最低。进一步研究视电阻率分布特征发现，随着频率降低、探测深度增加，补给区水体的电阻率减小，而集水区和承压水区水体电阻率基本保持不变。图 6.17 给出典型剖面的反演结果。由图可以看出，左侧地下相对良导的储水层得到有效地刻画，而右侧地陷区域也得到了明显地反映。

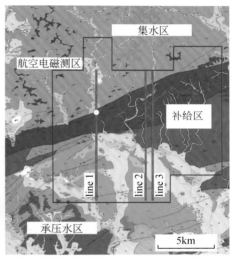

图 6.15　RESOLVE 系统在 Edward Aquifer 进行地下水勘查的应用实例

图件来源：Colin Farquharson and Ken Witherly，2017，个人通信

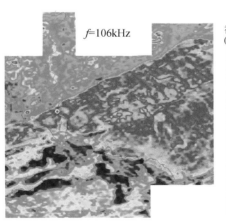

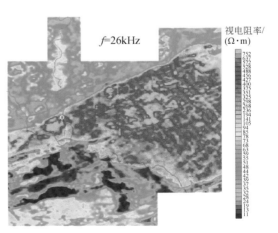

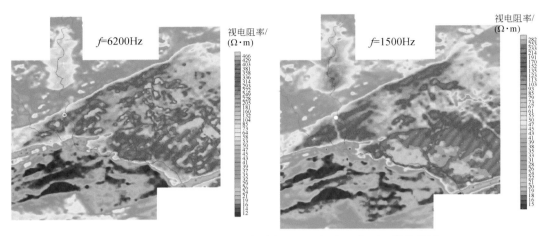

图 6.16 Edward Aquifer 频率域航空电磁视电阻率平面等值线图

图件来源：Colin Farquharson and Ken Witherly, 2017, 个人通信

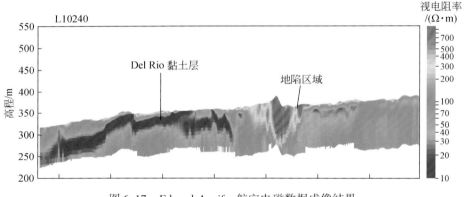

图 6.17 Edward Aquifer 航空电磁数据成像结果

图件来源：Colin Farquharson and Ken Witherly, 2017, 个人通信

为了有效地进行地下水勘查，丹麦 SkyTEM Surveys 公司研发多种时间域航空电磁系统，如 SkyTEM101、SkyTEM304、SkyTEM312^{FAST}。2011 年，SkyTEM Surveys 公司利用 SkyTEM304 系统在加拿大 Horn River Basin 地区进行地下水勘查。该项目分 4 个区块，设计测线 2400km，线距 200m。目标在于查明测区分布于第四纪古河床中的地下水分布特征。SkyTEM304 系统发射两个脉冲，其中小脉冲发射磁矩 3000Am^2，用于获取近地表信息，大发射磁矩 12 万 Am^2，主要用于改善晚期道信噪比。SkyTEM304 系统发射线圈面积 314m^2，接收时间窗口宽度为 14μs～8.84ms。图 6.18 展示第四区块飞行数据的成像结果。由图可以看出，地下古河床在不同深度的分布特征得到很好的反映，说明了时间域航空电磁用于地下水勘查的有效性。

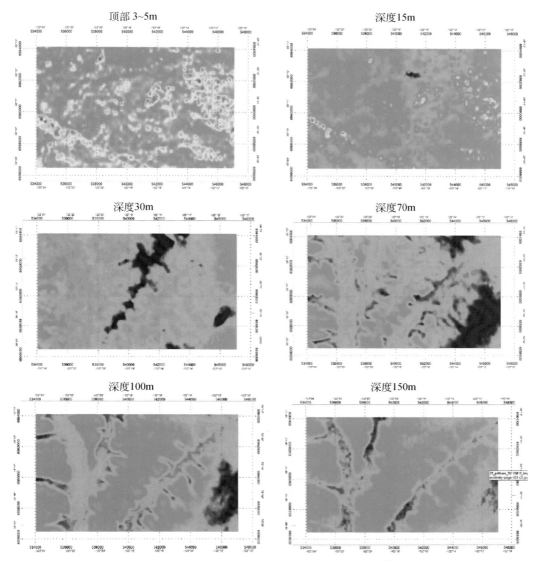

图 6.18　SkyTEM304 系统在加拿大 Horn River Basin 地下水勘查的应用实例

图件来源：Bill Brown，2017，个人通信

6.6　地质填图及其他应用

航空电磁由于具有较好的电性分辨能力已经被广泛应用于地质填图。2004 年，法国的 BRGM 使用航空电磁对 Mayotte 火山地区进行了地质填图（Foged et al.，2011）。本次填图使用了 SkyTEM 系统，其目的是建立该岛屿的基础地质模型，进而分析构造稳定性、估计山体滑坡危险性和地下海水侵蚀情况。本次 SkyTEM 调查结果从整体上揭示了该地区地质结构，对解释该地区地质环境变化具有一定的意义。美国地质调查局对普拉特河流域进行

了航空电磁普查，目的在于对普拉特古河道的含水层和基岩分布形态进行地质填图。通过明确地表水和地下水之间的关系，建立地下水管控模型，进而为地下水管理部门提供建议。2005 年，Fugro 公司使用 Tempest 航空电磁系统在纳米比亚进行地质填图（Finn et al.，2010），本次勘查结果探明该国地质条件和地层分布特征，提升了矿产资源勘查水平。Best 等（2006）介绍了 Fugro 公司利用 RESOLVE 系统在加拿大 British Columbia 东北地区进行地质填图的应用实例。该项目成功圈定地下砂和砾石矿分布特征，为地区性油气资源勘探及配套实施建设打下良好的基础。2012 年，澳大利亚政府实施 North Queensland Irrigated Agriculture Strategy（NQIAS）计划，利用 SkyTEM 系统在 Queensland 地区进行航空电磁普查，对该区土地和地下水资源进行评价，以了解该区土地盐渍化及地表水系和地下水之间的互补关系，从而为该地区土地持续性开发提供技术参数。

航空电磁法工作效率高，对恶劣工作条件（如地形）适应能力强，在其他相关领域，如农田盐渍化调查、核电站选址、寻找沉船、古墓探测等也获得广泛应用。1980 年，频率域直升机航空电磁在法国被应用于核电站选址（Deletie and Lakshmanan，1986）。该系统含有三个线圈对（垂直共面、水平共面、垂直共轴），工作时吊舱距离地面高度为 30m，工作频率为 375Hz、900Hz、3600Hz 和 8000Hz。本次勘查最终找到了 7 处核电站可选地址。2001 年，中国地质科学院地球物理地球化学勘查研究所利用自主研发的 HDY-402 三频航空电磁仪在吉林省乾安地区开展水资源普查，对该地区农业生态地质进行评价（孟庆敏等，2004）。该系统采用固定翼直立共面装置，收发距为 19.2m，工作频率为 463Hz、1563Hz 和 8333Hz，最高采样频率为 8 次/s。本次航空电磁观测查明了吉林省乾安地区地下水淡水区和咸水区的分布特征和土壤盐渍化程度，为该地区农业生态发展提供技术参数。

航空电磁由于其固有的飞行平台优势已在各地球物理勘查领域获得了广泛应用。随着航空电磁勘查技术的不断发展，将会有越来越多的航空电磁系统被研发。未来航空电磁发展方向将瞄准直升机与固定翼相结合、主动源与被动源相结合、频率域与时间域相结合，在勘探深度不断增加的同时提高浅部地表分辨率，同时更加快捷有效的数据处理和解释软件得到同步研发。可以确信，航空电磁必将在深部找矿、油气资源勘查、环境工程、地下水和地热资源调查等相关领域发挥更加积极的作用。

<h2 style="text-align:center">参 考 文 献</h2>

孟庆敏，高卫东，满延龙，等 . 2004. 航空电磁法区域农业生态地质调查与研究 . 物探与化探，28（4）：333-340

Abraham J D，Minsley B J，Bedrosian P A，et al. 2012. Airborne electromagnetic surveys for groundwater characterization. ASEG Extended Abstracts，（1）：1-4

Best M E，Levson V M，Ferbey T，et al. 2006. Airborne Electromagnetic Mapping for Buried Quaternary Sands and Gravels in Northeast British Columbia，Canada. Journal of Environmental and Englieering Geophysics，11（1），17-26

Chen T，Hodges G，Miles P. 2015. MULTIPULSE-high resolution and high power in one TDEM system. Exploration Geophysics，46（1）：49-57

Cheng L Z，Smith R S，Allard M，et al. 2006. Geophysical Case Study of the Iso and New Insco Deposits，

Québec，Canada，Part I：Data Comparison and Analysis. Exploration and Mining Geology，15（1-2）：53-63

Deletie E，Lakshmanan J. 1986. Airborne resistivity surveying applied to nuclear power plant site investigation in France. In：Palacky G J（ed）. Airborne resistivity mapping. Geol. Surv. Canada Paper，86-22：145-152

Finn M，Cameron B，Hutchins D G. 2010. Namibia AEM Mapping：A case study of Airborne EM data used as a geological mapping and interpretation. ASEG 2010-Sydney，Australia

Foged N，Auken E，Nehlig P，et al. 2011. Geological mapping using airborne TEM at Mayotte. Near Surface 2011-17th European meeting of environmental and engineering geophysics Leicester，UK

Fountain D. 1998. Airborne electromagnetic systems-50 years of development. Exploration Geophysics，29（2）：1-11

Hodges G，Aniston C. 2015. Airborne Geophysics applied to Engineering and Environmental Problems. International Conference on Engineering Geophysics，Al Ain，United Arab Emirates：248-251

Hodges G，Chen T，van Buren R. 2016. HELITEM detects the Lalor VMS deposit. Exploration Geophysics，47：285-289

Legault J M，Orta M，Kumar H，et al. 2011. ZTEM and VTEM airborne EM survey results over PGM-Cu-Ni targets at East Bull Lake anorthositic complex，Massey，Ontario. SEG San Antonio 2011 Annual Meeting：629-634

Peters B，Buck P. 2000. The Maggie Hays and Emily Ann nickel deposits，Western Australia：A geophysical case history. Exploration Geophysics，31（2）：210-221

Pfaffling A，Haas C，Reid J. 2007. Direct helicopter EM-Sea-ice thickness inversion assessed with synthetic and field data. Geophysics，72（4）：F127-F137

Pfaffhuber A，Monstad S，Rudd J. 2009. Airborne electromagnetic hydrocarbon mapping in Mozambique. Exploration Geophysics，40（3）：237-245

Reed L E. 1981. The airborne electromagnetic discovery of the Detour zinc-copper-silver deposit，northwestern Quebec. Geophysics，46（9）：1278-1290

Vrbancich J，Fullagar P K. 2007. Towards remote sensing of sediment thickness and depth to bedrock in shallow seawater using airborne TEM. Exploration Geophysics，38（1）：77-88

Wiederhold H，Siemon B，Steuer A，et al. 2010. Coastal aquifers and saltwater intrusions in focus of airborne electromagnetic surveys in Northern Germany. 21st Salt Water Intrusion Meeting，Portugal

Wolfgram P，Golden H. 2001. Airborne EM applied to sulphide Nickel-examples and analysis. Geophysics，32：136-140

Yang D K，Oldenburg D W. 2013. 3D conductivity models of Lalor Lake VMS deposit from ground loop and airborne EM data sets. 23rd International Geophysical Conference and Exhibition，Melbourne，Australia：1-4

附录1 频率域/时间域航空电磁 dB/dt 正演模拟程序

Program for calculating dB/dt in time-domain

```
c* * * * * * * * * * * * * * * * * * * * * * * * * * * * * * * * * * * * * * * * * * *
c    Using convolution to calculate the dB/dt for impulse,step,
c    half-sine,and trapezoid waveform. For the impulse and step wave
c    a Hankel transform is used to calculate the EM responses. For a
c    half-sine or trapezoid wave,the EM responses are calculated by
c    convolving the step B-responses with the second order derivative
c    of the currentwave dI^2/dt^2. The convolution is done by the
c    Gaussian-quadrature algorithm.
c    The current can assume multiple pulse. The FD responses are
c    calculated for the first time channel and stored. For other time
c    channels,an interpolation is persued.
c* * * * * * * * * * * * * * * * * * * * * * * * * * * * * * * * * * * * * * * * * * *
c    Copyrighted by Changchun Yin,2017.5
c* * * * * * * * * * * * * * * * * * * * * * * * * * * * * * * * * * * * * * * * * * *
c   model. in
c   30. ,50. ,-10. ,0.    ! Alt of Tx,Rx,x,y coordinate of Rx w. r. t. Tx
c   7. ,4,1000.                ! Tx radius,turns,and peak current
c   39                          ! No. of time channels
c 0.010e-3,0.013e-3,0.016e-3,0.020e-3,0.025e-3,0.032e-3,0.040e-3
c 0.050e-3,0.063e-3,0.079e-3,0.100e-3,0.130e-3,0.160e-3,0.200e-3
c 0.250e-3,0.320e-3,0.360e-3,0.400e-3,0.450e-3,0.500e-3,0.630e-3
c 0.790e-3,1.000e-3,1.260e-3,1.580e-3,2.000e-3,2.510e-3,3.160e-3
c 3.600e-3,3.980e-3,4.250e-3,4.500e-3,5.010e-3,6.310e-3,7.940e-3
c 10.000e-3,12.59e-3,15.85e-3,16.67e-3
c 3                  ! No of layers
c 100. ,50.              ! resistivity,thickness
c 25. ,30.
c 200.
c 3            ! Pulse type 0-impulse,1-step,2-half-sine,3-trapezoid
c 0.2e-3,3.6e-3,12.67e-3,3
c      ! Slope length,DC interval,pause time,"3" for 3 pulses
c* * * * * * * * * * * * * * * * * * * * * * * * * * * * * * * * * * * * * * * * * * *
CDEC $ FIXEDFORMLINESIZE:132
    real* 8 t(50000),hr1(50000),hz1(50000),hr2(50000),hp2(50000),hz2(50000)
```

```
      real* 8 x(200000),w(200000),s1,s2,s3,s4,s5,ss1,ss2,ss3,ss4,ss5,tt
      real* 8 r,rplus,tt1,tt2,tt3,ti0,pi,tm,rho(10),hh(10),frq(67)
      real* 8 hx1,hy1,hx2,hy2,xr,yr,rt,ht,hr,zplus,zminus
      complex* 16 func(5,67)
      data pi/3.1415926d0/
      data ngau/10000/
      common /para/ r,rho,hh,n
      common /funn/frq,func
      open(5,file='model. in',status='old')
      open(6,file='dbdt. dat',status='unknown')
c* * * * * * * * * * * * * * * * * * * * * * * * * * * * * * * * * * * * * * * * *
      call filter
c* * * * * * * * * * * * * * * * * * * * * * * * * * * * * * * * * * * * * * * * *
      write(* ,* )'Input T-,R-altitude,and receiver coordinate xr,yr'
      read(5,* )ht,hr,xr,yr                    ! Transmitter at origin
      zplus =ht-hr
      zminus=ht+hr
      r=dsqrt(xr* xr+yr* yr)
      rplus=dsqrt(r* r+zplus* zplus)
c* * * * * * * * * * * * * * * * * * * * * * * * * * * * * * * * * * * * * * * * *
      write(* ,* )'Input transmitter radius,turns,peak current'
      read(5,* )rt,nturn,ti0
      tm=pi* rt* rt* nturn* ti0
c* * * * * * * * * * * * * * * * * * * * * * * * * * * * * * * * * * * * * * * * *
      write(* ,* )'Input no. of time channel and t(i)'
      read(5,* )nt
      do 10 i=1,nt
10    read(5,* )t(i)
c     nt=21
c     do 1001 i=1,nt
c     t(i)=3.91d-3+1. d-5+(i-1)* 6. d-4
c1001  continue
c* * * * * * * * * * * * * * * * * * * * * * * * * * * * * * * * * * * * * * * * *
      write(* ,* )'Input no. of layers,resistivities and thicknesses'
      read(5,* )n
      do 20 i=1,n-1
      read(5,* )rho(i),hh(i)
20    continue
      read(5,* )rho(n)
c* * * * * * * * * * * * * * * * * * * * * * * * * * * * * * * * * * * * * * * * *
      write(* ,* )'Input the transmitting waveform:'
      write(* ,* )'0-pulse,1-step,2-half-sine,3-trapezoid'
```

375

```
        read(5,*)ic
        if(ic.eq.2)then
        write(*,*)'Input the width of half-sine,offtime,npulse'
        read(5,*)tt1,tt2,npls
        else if(ic.eq.3)then
        write(*,*)'Input tt1-slope width,tt2-dc width,tt3-offtime,npulse'
        read(5,*)tt1,tt2,tt3,npls
        end if
c* * * * * * * * * * * * * * * * * * * * * * * * * * * * * * * * * * * *
c   write(6,101)
c   write(6,102)
c* * * * * * * * * * * * * for impulse or step wave(one pulse)* * * * * * * *
        if(ic.eq.0.or.ic.eq.1)then
        ik=0
        do 1 i=1,nt
        call frt(t(i),hr1(i),1,zplus,zminus,ic,ik)      ! HCP transmitter
        call frt(t(i),hz1(i),2,zplus,zminus,ic,ik)
        call frt(t(i),hr2(i),3,zplus,zminus,ic,ik)       ! VCX transmitter
        call frt(t(i),hp2(i),4,zplus,zminus,ic,ik)
        call frt(t(i),hz2(i),5,zplus,zminus,ic,ik)
        ik=ik+1
        hx1=tm* hr1(i)* xr/r
        hy1=tm* hr1(i)* yr/r
        hz1(i)=tm* hz1(i)
        hr2(i)=hr2(i)* xr/r
        hp2(i)=hp2(i)* yr/r
        hz2(i)=hz2(i)* xr/r
        hx2=tm* (hr2(i)* xr/r-hp2(i)* yr/r)
        hy2=tm* (hr2(i)* yr/r+hp2(i)* xr/r)
        hz2(i)=tm* hz2(i)
        write(6,100)t(i),hx1,hy1,hz1(i),hx2,hy2,hz2(i)
                  ! HCP-dBx/dt,dBy/dt,dBz/dt; VCX-dBx/dt,dBy/dt,dBz/dt
1   continue
        else
c* * * * * * * * * * * for half-sine wave(multipulse)* * * * * * * * * * * * *
        if(ic.eq.2)then
        do 2 i=1,nt
        print* ,i,'  half-sine'
        call gauleg(0.d0,t(i),x,w,ngau)
        ss1=0.d0
        ss2=0.d0
        ss3=0.d0
```

```
      ss4 = 0. d0
      ss5 = 0. d0
c
      ik = 0
      do 15 j = 1,ngau                      ! convolution of dI^2/dt^2 with step B
      if(t(i)-x(j). lt. 0. d0)then
      s1 = 0. d0
      s2 = 0. d0
      s3 = 0. d0
      s4 = 0. d0
      s5 = 0. d0
      else
      if(dabs(t(i)-x(j)). le. 1. d-200)then
      call frt(1. d-200,s1,1,zplus,zminus,1,ik)     ! HCP transmitter for t = 0
      call frt(1. d-200,s2,2,zplus,zminus,1,ik)
      call frt(1. d-200,s3,3,zplus,zminus,1,ik)     ! VCX transmitter for t = 0
      call frt(1. d-200,s4,4,zplus,zminus,1,ik)
      call frt(1. d-200,s5,5,zplus,zminus,1,ik)
      else
      call frt(t(i)-x(j),s1,1,zplus,zminus,1,ik)     ! HCP-Br for stepwave
      call frt(t(i)-x(j),s2,2,zplus,zminus,1,ik)     ! HCP-Bz for stepwave
      call frt(t(i)-x(j),s3,3,zplus,zminus,1,ik)     ! VCX-Br for stepwave
      call frt(t(i)-x(j),s4,4,zplus,zminus,1,ik)     ! VCX-Bp for stepwave
      call frt(t(i)-x(j),s5,5,zplus,zminus,1,ik)        ! VCX-Bz for stepwave
      end if
      end if
      do 11 ip = 1,npls
if(x(j). gt. (ip-1)* (tt1+tt2). and. x(j). lt. (ip-1)* (tt1+tt2)+tt1)then
                                ! dI^2/dt^2 for half-sine
tt = (-1)* * (ip-1)* dsin(pi/tt1* (x(j)-(ip-1)* (tt1+tt2)))* pi* pi/tt1/tt1
                                ! positive sign put before the first dI^2/dt^2
      goto 12
      else if(x(j). gt. (ip-1)* (tt1+tt2)+tt1. and. x(j). lt. ip* (tt1+tt2))then
      tt = 0. d0
      goto 12
      end if
11 continue
12 continue                                ! convolution begins
      ss1 = ss1+w(j)* s1* tt
      ss2 = ss2+w(j)* s2* tt
      ss3 = ss3+w(j)* s3* tt
      ss4 = ss4+w(j)* s4* tt
```

```fortran
      ss5=ss5+w(j)* s5* tt
      ik=ik+1
15    continue
      do 16 ip=1,npls
      if(t(i).gt.(ip-1)* (tt1+tt2).and. t(i). lt. ip* (tt1+tt2))kpls=ip
                                             ! In which pulse?
16       continue
         do 18 ip=1,kpls-1              ! contribution from the first kpls-1 pulses
c                                                  ! 1st delta function
      call frt(t(i)-(ip-1)* (tt1+tt2),s1,1,zplus,zminus,1,ik)
      call frt(t(i)-(ip-1)* (tt1+tt2),s2,2,zplus,zminus,1,ik)
      call frt(t(i)-(ip-1)* (tt1+tt2),s3,3,zplus,zminus,1,ik)
      call frt(t(i)-(ip-1)* (tt1+tt2),s4,4,zplus,zminus,1,ik)
      call frt(t(i)-(ip-1)* (tt1+tt2),s5,5,zplus,zminus,1,ik)
      ss1=ss1+(-1)* * ip* s1* pi/tt1
      ss2=ss2+(-1)* * ip* s2* pi/tt1
      ss3=ss3+(-1)* * ip* s3* pi/tt1
      ss4=ss4+(-1)* * ip* s4* pi/tt1
      ss5=ss5+(-1)* * ip* s5* pi/tt1

c                                                       ! 2nd delta function
      call frt(t(i)-(ip-1)* (tt1+tt2)-tt1,s1,1,zplus,zminus,1,ik)
      call frt(t(i)-(ip-1)* (tt1+tt2)-tt1,s2,2,zplus,zminus,1,ik)
      call frt(t(i)-(ip-1)* (tt1+tt2)-tt1,s3,3,zplus,zminus,1,ik)
      call frt(t(i)-(ip-1)* (tt1+tt2)-tt1,s4,4,zplus,zminus,1,ik)
      call frt(t(i)-(ip-1)* (tt1+tt2)-tt1,s5,5,zplus,zminus,1,ik)
      ss1=ss1+(-1)* * ip* s1* pi/tt1
      ss2=ss2+(-1)* * ip* s2* pi/tt1
      ss3=ss3+(-1)* * ip* s3* pi/tt1
      ss4=ss4+(-1)* * ip* s4* pi/tt1
      ss5=ss5+(-1)* * ip* s5* pi/tt1
18       continue
c                                              ! contribution from resting pulses
      if(t(i).gt.(kpls-1)* (tt1+tt2))then            ! 1st delta function
      call frt(t(i)-(kpls-1)* (tt1+tt2),s1,1,zplus,zminus,1,ik)
      call frt(t(i)-(kpls-1)* (tt1+tt2),s2,2,zplus,zminus,1,ik)
      call frt(t(i)-(kpls-1)* (tt1+tt2),s3,3,zplus,zminus,1,ik)
      call frt(t(i)-(kpls-1)* (tt1+tt2),s4,4,zplus,zminus,1,ik)
      call frt(t(i)-(kpls-1)* (tt1+tt2),s5,5,zplus,zminus,1,ik)
      ss1=ss1+(-1)* * kpls* s1* pi/tt1
      ss2=ss2+(-1)* * kpls* s2* pi/tt1
      ss3=ss3+(-1)* * kpls* s3* pi/tt1
      ss4=ss4+(-1)* * kpls* s4* pi/tt1
```

```
        ss5=ss5+(-1)* * kpls* s5* pi/tt1
     if(t(i).gt.(kpls-1)* (tt1+tt2)+tt1)then           ! 2nd delta function
        call frt(t(i)-(kpls-1)* (tt1+tt2)-tt1,s1,1,zplus,zminus,1,ik)
        call frt(t(i)-(kpls-1)* (tt1+tt2)-tt1,s2,2,zplus,zminus,1,ik)
        call frt(t(i)-(kpls-1)* (tt1+tt2)-tt1,s3,3,zplus,zminus,1,ik)
        call frt(t(i)-(kpls-1)* (tt1+tt2)-tt1,s4,4,zplus,zminus,1,ik)
        call frt(t(i)-(kpls-1)* (tt1+tt2)-tt1,s5,5,zplus,zminus,1,ik)
        ss1=ss1+(-1)* * kpls* s1* pi/tt1
        ss2=ss2+(-1)* * kpls* s2* pi/tt1
        ss3=ss3+(-1)* * kpls* s3* pi/tt1
        ss4=ss4+(-1)* * kpls* s4* pi/tt1
        ss5=ss5+(-1)* * kpls* s5* pi/tt1
     end if
     end if
c                                            ! dB/dt for half-sine
     hx1=tm* ss1* xr/r
     hy1=tm* ss1* yr/r
     hz1(i)=tm* ss2
     hr2(i)=ss3* xr/r
     hp2(i)=ss4* yr/r
     hz2(i)=ss5* xr/r
     hx2=tm* (hr2(i)* xr/r-hp2(i)* yr/r)
     hy2=tm* (hr2(i)* yr/r+hp2(i)* xr/r)
     hz2(i)=tm* hz2(i)
     write(6,100)t(i)* 1.d3,hx1,hy1,hz1(i),hx2,hy2,hz2(i)
          ! HCP-dBx/dt,dBy/dt,dBz/dt; VCX-dBx/dt,dBy/dt,dBz/dt
c    write(6,100)t(i)* 1.d3,hx1* 1.d9,hy1* 1.d9,hz1(i)* 1.d9,hx2* 1.d9,
          hy2* 1.d9,hz2(i)* 1.d9                    ! in nT/s
2    continue
c* * * * * * * * * * for trapezoidal wave(multipulse)* * * * * * * * * * * *
     else if(ic.eq.3)then
     do 3 i=1,nt
     print* ,i,' trapezoid'
     ss1=0.d0
     ss2=0.d0
     ss3=0.d0
     ss4=0.d0
     ss5=0.d0
     ik=0
     do 19 ip=1,npls    if(t(i).gt.(ip-1)* (2.d0* tt1+tt2+tt3).and.t(i).lt.ip*
        (2.d0* tt1+tt2+tt3))
     kpls=ip                                        ! in which pulse?
```

```
19  continue
    do 21 ip=1,kpls-1                         ! contribution from previous pulses
c                                             ! 1st delta function
    call frt(t(i)-(ip-1)* (2.d0* tt1+tt2+tt3),s1,1,zplus,zminus,1,ik)
    call frt(t(i)-(ip-1)* (2.d0* tt1+tt2+tt3),s2,2,zplus,zminus,1,ik)
    call frt(t(i)-(ip-1)* (2.d0* tt1+tt2+tt3),s3,3,zplus,zminus,1,ik)
    call frt(t(i)-(ip-1)* (2.d0* tt1+tt2+tt3),s4,4,zplus,zminus,1,ik)
    call frt(t(i)-(ip-1)* (2.d0* tt1+tt2+tt3),s5,5,zplus,zminus,1,ik)
    ss1=ss1+(-1)* * (ip-1)* s1/tt1
    ss2=ss2+(-1)* * (ip-1)* s2/tt1
    ss3=ss3+(-1)* * (ip-1)* s3/tt1
    ss4=ss4+(-1)* * (ip-1)* s4/tt1
    ss5=ss5+(-1)* * (ip-1)* s5/tt1
    ik=ik+1
c                                             ! 2nd delta function
    call frt(t(i)-(ip-1)* (2.d0* tt1+tt2+tt3)-tt1,s1,1,zplus,zminus,1,ik)
    call frt(t(i)-(ip-1)* (2.d0* tt1+tt2+tt3)-tt1,s2,2,zplus,zminus,1,ik)
    call frt(t(i)-(ip-1)* (2.d0* tt1+tt2+tt3)-tt1,s3,3,zplus,zminus,1,ik)
    call frt(t(i)-(ip-1)* (2.d0* tt1+tt2+tt3)-tt1,s4,4,zplus,zminus,1,ik)
    call frt(t(i)-(ip-1)* (2.d0* tt1+tt2+tt3)-tt1,s5,5,zplus,zminus,1,ik)
    ss1=ss1+(-1)* * ip* s1/tt1
    ss2=ss2+(-1)* * ip* s2/tt1
    ss3=ss3+(-1)* * ip* s3/tt1
    ss4=ss4+(-1)* * ip* s4/tt1
    ss5=ss5+(-1)* * ip* s5/tt1
c                                             ! 3rd delta function
call frt(t(i)-(ip-1)* (2.d0* tt1+tt2+tt3)-tt1-tt2,s1,1,zplus,zminus,1,ik)
call frt(t(i)-(ip-1)* (2.d0* tt1+tt2+tt3)-tt1-tt2,s2,2,zplus,zminus,1,ik)
call frt(t(i)-(ip-1)* (2.d0* tt1+tt2+tt3)-tt1-tt2,s3,3,zplus,zminus,1,ik)
call frt(t(i)-(ip-1)* (2.d0* tt1+tt2+tt3)-tt1-tt2,s4,4,zplus,zminus,1,ik)
call frt(t(i)-(ip-1)* (2.d0* tt1+tt2+tt3)-tt1-tt2,s5,5,zplus,zminus,1,ik)
    ss1=ss1+(-1)* * ip* s1/tt1
    ss2=ss2+(-1)* * ip* s2/tt1
    ss3=ss3+(-1)* * ip* s3/tt1
    ss4=ss4+(-1)* * ip* s4/tt1
    ss5=ss5+(-1)* * ip* s5/tt1
c                                             ! 4th delta function
call frt(t(i)-(ip-1)* (2.d0* tt1+tt2+tt3)-2.d0* tt1-tt2,s1,1,zplus,zminus,1,ik)
call frt(t(i)-(ip-1)* (2.d0* tt1+tt2+tt3)-2.d0* tt1-tt2,s2,2,zplus,zminus,1,ik)
call frt(t(i)-(ip-1)* (2.d0* tt1+tt2+tt3)-2.d0* tt1-tt2,s3,3,zplus,zminus,1,ik)
call frt(t(i)-(ip-1)* (2.d0* tt1+tt2+tt3)-2.d0* tt1-tt2,s4,4,zplus,zminus,1,ik)
call frt(t(i)-(ip-1)* (2.d0* tt1+tt2+tt3)-2.d0* tt1-tt2,s5,5,zplus,zminus,1,ik)
```

```
      ss1=ss1+(-1)* * (ip-1)* s1/tt1
      ss2=ss2+(-1)* * (ip-1)* s2/tt1
      ss3=ss3+(-1)* * (ip-1)* s3/tt1
      ss4=ss4+(-1)* * (ip-1)* s4/tt1
      ss5=ss5+(-1)* * (ip-1)* s5/tt1
21    continue
c                                   ! contribution from resting pulses
      if(t(i).gt.(kpls-1)* (2.d0* tt1+tt2+tt3))then
                                          ! only 1st delta function
      call frt(t(i)-(kpls-1)* (2.d0* tt1+tt2+tt3),s1,1,zplus,zminus,1,ik)
      call frt(t(i)-(kpls-1)* (2.d0* tt1+tt2+tt3),s2,2,zplus,zminus,1,ik)
      call frt(t(i)-(kpls-1)* (2.d0* tt1+tt2+tt3),s3,3,zplus,zminus,1,ik)
      call frt(t(i)-(kpls-1)* (2.d0* tt1+tt2+tt3),s4,4,zplus,zminus,1,ik)
      call frt(t(i)-(kpls-1)* (2.d0* tt1+tt2+tt3),s5,5,zplus,zminus,1,ik)
      ss1=ss1+(-1)* * (kpls-1)* s1/tt1
      ss2=ss2+(-1)* * (kpls-1)* s2/tt1
      ss3=ss3+(-1)* * (kpls-1)* s3/tt1
      ss4=ss4+(-1)* * (kpls-1)* s4/tt1
      ss5=ss5+(-1)* * (kpls-1)* s5/tt1
      ik=ik+1
      if(t(i).gt.(kpls-1)* (2.d0* tt1+tt2+tt3)+tt1)then
                                      ! only first 2 delta functions
call frt(t(i)-(kpls-1)* (2.d0* tt1+tt2+tt3)-tt1,s1,1,zplus,zminus,1,ik)
call frt(t(i)-(kpls-1)* (2.d0* tt1+tt2+tt3)-tt1,s2,2,zplus,zminus,1,ik)
call frt(t(i)-(kpls-1)* (2.d0* tt1+tt2+tt3)-tt1,s3,3,zplus,zminus,1,ik)
call frt(t(i)-(kpls-1)* (2.d0* tt1+tt2+tt3)-tt1,s4,4,zplus,zminus,1,ik)
call frt(t(i)-(kpls-1)* (2.d0* tt1+tt2+tt3)-tt1,s5,5,zplus,zminus,1,ik)
      ss1=ss1+(-1)* * kpls* s1/tt1
      ss2=ss2+(-1)* * kpls* s2/tt1
      ss3=ss3+(-1)* * kpls* s3/tt1
      ss4=ss4+(-1)* * kpls* s4/tt1
      ss5=ss5+(-1)* * kpls* s5/tt1
      if(t(i).gt.(kpls-1)* (2.d0* tt1+tt2+tt3)+tt1+tt2)then
                                      ! only first 3 delta functions
call frt(t(i)-(kpls-1)* (2.d0* tt1+tt2+tt3)-tt1-tt2,s1,1,zplus,zminus,1,ik)
call frt(t(i)-(kpls-1)* (2.d0* tt1+tt2+tt3)-tt1-tt2,s2,2,zplus,zminus,1,ik)
call frt(t(i)-(kpls-1)* (2.d0* tt1+tt2+tt3)-tt1-tt2,s3,3,zplus,zminus,1,ik)
call frt(t(i)-(kpls-1)* (2.d0* tt1+tt2+tt3)-tt1-tt2,s4,4,zplus,zminus,1,ik)
call frt(t(i)-(kpls-1)* (2.d0* tt1+tt2+tt3)-tt1-tt2,s5,5,zplus,zminus,1,ik)
      ss1=ss1+(-1)* * kpls* s1/tt1
      ss2=ss2+(-1)* * kpls* s2/tt1
      ss3=ss3+(-1)* * kpls* s3/tt1
```

```
      ss4=ss4+(-1)** kpls* s4/tt1
      ss5=ss5+(-1)** kpls* s5/tt1
      if(t(i).gt.(kpls-1)* (2.d0* tt1+tt2+tt3)+2.d0* tt1+tt2)then
                                            ! all delta functions
call frt(t(i)-(kpls-1)* (2.d0* tt1+tt2+tt3)-2.d0* tt1-tt2,s1,1,zplus,zminus,1,ik)
call frt(t(i)-(kpls-1)* (2.d0* tt1+tt2+tt3)-2.d0* tt1-tt2,s2,2,zplus,zminus,1,ik)
call frt(t(i)-(kpls-1)* (2.d0* tt1+tt2+tt3)-2.d0* tt1-tt2,s3,3,zplus,zminus,1,ik)
call frt(t(i)-(kpls-1)* (2.d0* tt1+tt2+tt3)-2.d0* tt1-tt2,s4,4,zplus,zminus,1,ik)
call frt(t(i)-(kpls-1)* (2.d0* tt1+tt2+tt3)-2.d0* tt1-tt2,s5,5,zplus,zminus,1,ik)
      ss1=ss1+(-1)** (kpls-1)* s1/tt1
      ss2=ss2+(-1)** (kpls-1)* s2/tt1
      ss3=ss3+(-1)** (kpls-1)* s3/tt1
      ss4=ss4+(-1)** (kpls-1)* s4/tt1
      ss5=ss5+(-1)** (kpls-1)* s5/tt1
      end if
      end if
      end if
      end if
c                                           ! dB/dt for trapezoid
      hx1=tm* ss1* xr/r
      hy1=tm* ss1* yr/r
      hz1(i)=tm* ss2
      hr2(i)=ss3* xr/r
      hp2(i)=ss4* yr/r
      hz2(i)=ss5* xr/r
      hx2=tm* (hr2(i)* xr/r-hp2(i)* yr/r)
      hy2=tm* (hr2(i)* yr/r+hp2(i)* xr/r)
      hz2(i)=tm* hz2(i)
c    write(6,100)t(i),hx1,hy1,hz1(i),hx2,hy2,hz2(i)
                   ! HCP-dBx/dt,dBy/dt,dBz/dt; VCX-dBx/dt,dBy/dt,dBz/dt
write(6,100)t(i)* 1.d3,hx1* 1.d9,hy1* 1.d9,hz1(i)* 1.d9,hx2* 1.d9,hy2* 1.d9,
   hz2(i)* 1.d9
                                            ! in nT/s
3   continue
    end if
    end if
100 format(1x,7d15.6)
101 format(20x,'HCP transmitter',20x,'VCX trnsmitter'/)
102 format(1x,'T(i)',9x,'dBx/dt',5x,'dBy/dt',5x,'dBz/dt',10x,'dBx/dt',
   5x,'dBy/dt',5x,'dBz/dt')
    end
```

```fortran
      subroutine gauleg(x1,x2,x,w,n)
      implicit real*8(a-h,o-z)
      real*8 x1,x2,x(n),w(n)
      parameter(eps=3.d-14)
      m=(n+1)/2
      xm=0.5d0*(x2+x1)
      xl=0.5d0*(x2-x1)
      do 12 i=1,m
      z=cos(3.141592654d0*(i-0.25d0)/(n+0.5d0))
1     continue
      p1=1.d0
      p2=0.d0
      do 11 j=1,n
      p3=p2
      p2=p1
      p1=((2.d0*j-1.d0)*z*p2-(j-1.d0)*p3)/j
11    continue
      pp=n*(z*p1-p2)/(z*z-1.d0)
      z1=z
      z=z1-p1/pp
      if(abs(z-z1).gt.eps)goto 1
      x(i)=xm-xl*z
      x(n+1-i)=xm+xl*z
      w(i)=2.d0*xl/((1.d0-z*z)*pp*pp)
      w(n+1-i)=w(i)
12    continue
      return
      end


      subroutine spl(nx,n2,x,fx,x2,fx2)
      real*8 x(nx),fx(nx),c(3,nx),x2(n2),fx2(n2),xint,xl1,xl2
      call splin1(nx,fx,c)
      xl1=dlog10(x(1))
      xl2=dlog10(x(nx))
      do 10 ix=1,n2
      xint=dlog10(x2(ix))
      call splin2(nx,xint,xl1,xl2,c,fx2(ix))
10    continue
      end


      subroutine splin1(n,y,c)
      real*8 y(n),c(3,n),p
```

```
          n1 =n-1
          do 10 i =2,n1
   10     c(1,i)=y(i+1)-2.* y(i)+y(i-1)
          c(2,1)=0.d0
          c(3,1)=0.d0
          do 20 i =2,n1
          p=4.+c(2,i-1)
          c(2,i)=-1.d0/p
   20     c(3,i)=(c(1,i)-c(3,i-1))/p
          c(1,n)=0.
          do 30 ii =2,n1
          i =n+1-ii
   30     c(1,i)=c(2,i)* c(1,i+1)+c(3,i)
          c(1,1)=0.
          do 40 i =1,n1
          c(2,i)=y(i+1)-y(i)-c(1,i+1)+c(1,i)
   40     c(3,i)=y(i)-c(1,i)
          c(3,n)=y(n)
          return
          end


          subroutine splin2(n,xint,x1,x2,c,yint)
          real* 8 c(3,n),xint,x1,x2,yint,h,u,p,q
          h=(x2-x1)/dble(float(n-1))
          if(xint.lt.x1)goto 10
          if(xint.ge.x2)goto 20
          u=(xint-x1)/h
          i =1+int(u)
          p=u-i+1
          q=1.d0-p
          yint=c(1,i)* q* * 3+c(1,i+1)* p* * 3+c(2,i)* p+c(3,i)
          return
   10     p=(xint-x1)/h
          yint=c(2,1)* p+c(3,1)
          return
   20     p=(xint-x2)/h
          yint=c(2,n-1)* p+c(3,n)
          return
          end


          subroutine frt(t,ft,item,zplus,zminus,ic,ik)
    c* * * * * * * * * * * * * * * * * * * * * * * * * * * * * * * * * * * * * * * * * * *
```

```
c      SUBROUTINE to calculate the Fourier-transform of half-order
c      for sine or cosine-transform.
c      T = time
c      FT = field in time domain
c      FUN = frequency-domain responses
c* * * * * * * * * * * * * * * * * * * * * * * * * * * * * * * * * * * * * *
       complex* 16 fun,iomega,func(5,67)
       real* 8 t,ft,zplus,zminus,pi,q
       real* 8 frq(67),funr0(67),funi0(67)
       real* 8 f(160),omega(160),funr1(160),funi1(160),h(200)
       common /funn/frq,func
       data pi,q/3.141592654d0,1.258925412d0/
       data ncnull,nc,ndec,(h(i),i=1,160)/ 80,160,10,
      * 2.59511139938829d-13,3.66568771323555d-13,5.17792876616242d-13,
      * 7.31400730405791d-13,1.03313281156235d-12,1.45933600088387d-12,
      * 2.06137146234699d-12,2.91175733962418d-12,4.11297804457870d-12,
      * 5.80971771117984d-12,8.20647323099742d-12,1.15919058389365d-11,
      * 1.63740746547780d-11,2.31288803930431d-11,3.26705938902288d-11,
      * 4.61481520721098d-11,6.51864545047052d-11,9.20775899532545d-11,
      * 1.30064200980219d-10,1.83718747396255d-10,2.59512512377884d-10,
      * 3.66566596154242d-10,5.17796324027279d-10,7.31395266627501d-10,
      * 1.03314147106736d-09,1.45932227649333d-09,2.06139321404013d-09,
      * 2.91172286551380d-09,4.11303268236158d-09,5.80963111612975d-09,
      * 8.20661047490285d-09,1.15916883220051d-08,1.63744193958818d-08,
      * 2.31283340152144d-08,3.26714598407299d-08,4.61467796330556d-08,
      * 6.84744728867720d-08,5.46574677490374d-08,1.13319898777493d-07,
      * 2.16529974157527d-07,2.88629942214140d-07,3.42872728051125d-07,
      * 4.79119488706262d-07,7.42089418889752d-07,1.07736520535271d-06,
      * 1.46383231306575d-06,2.01727682134668d-06,2.89581976617431d-06,
      * 4.15237808867022d-06,5.84448989361742d-06,8.18029430348419d-06,
      * 1.15420854481494d-05,1.63897017145322d-05,2.31769096113890d-05,
      * 3.26872676331330d-05,4.60786866701851d-05,6.51827321351636d-05,
      * 9.20862589540037d-05,1.30169142615951d-04,1.83587481111627d-04,
      * 2.59595544393723d-04,3.66324383719323d-04,5.18210697462501d-04,
      * 7.30729969562531d-04,1.03385239132389d-03,1.45738764044730d-03,
      * 2.06298256402732d-03,2.90606401578959d-03,4.11467957883740d-03,
      * 5.79034253321120d-03,8.20005721235220d-03,1.15193892333104d-02,
      * 1.63039398900789d-02,2.28256810984487d-02,3.22248555163692d-02,
      * 4.47865101670011d-02,6.27330674874545d-02,8.57058672847471d-02,
      * 1.17418179407605d-01,1.53632645832305d-01,1.97718111895102d-01,
      * 2.28849924263247d-01,2.40310905012422d-01,1.65409071929404d-01,
      * 2.84709685167114d-03,-2.88015846269687d-01,-3.69097391853225d-01,
```

```
     *  -2.50109865922601d-02,5.71811109500426d-01,-3.92261390212769d-01,
     *  7.63282774297327d-02,5.16233692927851d-02,-6.48015160576432d-02,
     *  4.89045522502552d-02,-3.26934307794750d-02,2.10542570949745d-02,
     *  -1.33862848934736d-02,8.47098801479259d-03,-5.35134515919751d-03,
     *  3.37814023806349d-03,-2.13157364002470d-03,1.34506352474558d-03,
     *  -8.48929743771803d-04,5.35521822356713d-04,-3.37744799986382d-04,
     *  2.13268792633204d-04,-1.34629969723156d-04,8.47737416679279d-05,
     *  -5.34940635827096d-05,3.39044416298191d-05,-2.13315638358794d-05,
     *  1.33440911625019d-05,-8.51629073825634d-06,5.44362672273211d-06,
     *  -3.32112278417896d-06,2.07147190852386d-06,-1.42009412555511d-06,
     *  8.78247754998004d-07,-4.55662890473703d-07,3.38598103040009d-07,
     *  -2.87407830772251d-07,1.07866150545699d-07,-2.47240241853581d-08,
     *  5.35535110396030d-08,-3.37899811131378d-08,2.13200367531820d-08,
     *  -1.34520337740075d-08,8.48765950790546d-09,-5.35535110396018d-09,
     *  3.37899811131383d-09,-2.13200367531819d-09,1.34520337740075d-09,
     *  -8.48765950790576d-10,5.35535110396015d-10,-3.37899811131382d-10,
     *  2.13200367531811d-10,-1.34520337740079d-10,8.48765950790572d-11,
     *  -5.35535110396034d-11,3.37899811131381d-11,-2.13200367531818d-11,
     *  1.34520337740074d-11,-8.48765950790571d-12,5.35535110396031d-12,
     *  -3.37899811131379d-12,2.13200367531817d-12,-1.34520337740073d-12,
     *  8.48765950790567d-13,-5.35535110396029d-13,3.37899811131377d-13,
     *  -2.13200367531816d-13,1.34520337740078d-13,-8.48765950790596d-14,
     *  5.35535110396007d-14,-3.37899811131377d-14,2.13200367531816d-14,
     *  -1.34520337740083d-14,8.48765950790558d-15,-5.35535110396025d-15,
     *  3.37899811131389d-15/
c* * * * * * * * * * * * * * * * * * * * * * * * * * * * * * * * * * * *
!     FRQ_6 PDE has 6 frequencies per decade from 0.001 to 1 MHz
      data nfrq,(frq(i),i=1,67)/ 67,
     *  0.10000000d-02,0.14677993d-02,0.21544347d-02,0.31622777d-02,
     *  0.46415888d-02,0.68129207d-02,0.10000000d-01,0.14677993d-01,
     *  0.21544347d-01,0.31622777d-01,0.46415888d-01,0.68129207d-01,
     *  0.10000000d+00,0.14677993d+00,0.21544347d+00,0.31622777d+00,
     *  0.46415888d+00,0.68129207d+00,0.10000000d+01,0.14677993d+01,
     *  0.21544347d+01,0.31622777d+01,0.46415888d+01,0.68129207d+01,
     *  0.10000000d+02,0.14677993d+02,0.21544347d+02,0.31622777d+02,
     *  0.46415888d+02,0.68129207d+02,0.10000000d+03,0.14677993d+03,
     *  0.21544347d+03,0.31622777d+03,0.46415888d+03,0.68129207d+03,
     *  0.10000000d+04,0.14677993d+04,0.21544347d+04,0.31622777d+04,
     *  0.46415888d+04,0.68129207d+04,0.10000000d+05,0.14677993d+05,
     *  0.21544347d+05,0.31622777d+05,0.46415888d+05,0.68129207d+05,
     *  0.10000000d+06,0.14677993d+06,0.21544347d+06,0.31622777d+06,
     *  0.46415888d+06,0.68129207d+06,0.10000000d+07,0.14677993d+07,
```

```
    * 0.21544347d+07,0.31622777d+07,0.46415888d+07,0.68129207d+07,
    * 0.10000000d+08,0.14677993d+08,0.21544347d+08,0.31622777d+08,
    * 0.46415888d+08,0.68129207d+08,0.10000000d+09/
c* * * * * * * * * * * * * * * * * * * * * * * * * * * * * * * * * * * *
    if(ik.eq.0)then
    do 10 i=1,nfrq
    call forward(frq(i),func(item,i),item,zplus,zminus)
10  continue
    end if
c* * * * * * * * * * * * * * * * * * * * * * * *
    do 15 nn=1,nc
    n=-nc+ncnull+nn
    omega(nn)=q* * (-(n-1))/t
    f(nn)=omega(nn)/(2.d0* pi)
15  continue
c* * * * * * * * * * * * * * * * * * * * * * * *
    do 16 i=1,nfrq
    funr0(i)=dreal(func(item,i))
    funi0(i)=dimag(func(item,i))
16  continue
    call spl(nfrq,nc,frq,funr0,f,funr1)          ! interpolation on in-phase
    call spl(nfrq,nc,frq,funi0,f,funi1)          ! interpolation on quad
c* * * * * * * * * * * * * * * * * * * * * * * *
    ft=0.d0
    do 20 nn=1,nc
    if(ic.eq.0)then                              ! impulse
    iomega=(1.d0,0.d0)
    else if(ic.eq.1)then                         ! step wave
    iomega=1.d0/((0.,-1.d0)* omega(nn))
    end if
    fun=dcmplx(funr1(nn),funi1(nn))* iomega     ! B field in FD for step wave
    ita=max0(1,nn-nc+1)
    ite=min0(1,nn)
    do 20 it=ita,ite
    itn=nc-nn+it
    ft=ft +dimag(fun)* dsqrt(omega(nn))* h(itn)   ! primary field stripped off
20  continue
    ft=-ft* dsqrt(2.d0/pi/t)                      ! divided by t for hankel transform
    return
    end

    subroutine forward(f,fun,item,zplus,zminus)
```

```
complex* 16 t3,t5,t6,hf,fun
real* 8 pi,f,zplus,zminus
real* 8 r,rho(10),hh(10)
common /para/ r,rho,hh,n
pi=3.1415926D0
if(item.eq.1)then                          ! Hr for HCP
hf= t6(f,zminus)/(4.d0* pi)
else if(item.eq.2)then                      ! Hz for HCP
hf=-t3(f,zminus)/(4.d0* pi)
else if(item.eq.3)then                      ! Hr for VCX
hf=(-t3(f,zminus)+t5(f,zminus)/r)/(4.d0* pi)
if(zplus.lt.0.d0)hf=-hf
else if(item.eq.4)then                      ! Hp for VCX
hf=t5(f,zminus)/(4.d0* pi* r)
if(zplus.lt.0.d0)hf=-hf
else if(item.eq.5)then                      ! Hz for VCX
hf=-t6(f,zminus)/(4.d0* pi)
if(zplus.lt.0.d0)hf=-hf
else
print* ,'item must be between 1 and 5'
end if
fun=hf* 4.d-7* pi                          ! B-field
return
end

complex* 16 function t3(f,z)
complex* 16 s,s1,b
real* 8 r,rho(10),hh(10)
real* 8 h0,h1,f,z,u,fac,expc
common /para/ r,rho,hh,n
common /hankel/ nc,ncnull,h0(100),h1(100)
fac=0.1d0* dlog(10.d0)
s=(0.d0,0.d0)
do 140 nn=1,nc
nu=nn
mn=nc-nn+1
nnn=ncnull-nc+nu
u=expc(-(nnn-1)* fac)/r
s1=(b(f,u)-u)/(b(f,u)+u)* expc(-u* z)* u* u
s=s+s1* h0(mn)
140  continue
t3=s/r
```

```
      return
      end

      complex* 16 function t5(f,z)
      complex* 16 s,s1,b
      real* 8 r,rho(10),hh(10)
      real* 8 h0,h1,f,z,u,fac,expc
      common /para/ r,rho,hh,n
      common /hankel/ nc,ncnull,h0(100),h1(100)
      fac=0.1d0* dlog(10.d0)
      s=(0.d0,0.d0)
      do 140 nn=1,nc
      nu=nn
      mn=nc-nn+1
      nnn=ncnull-nc+nu
      u=expc(-(nnn-1)* fac)/r
      s1=(b(f,u)-u)/(b(f,u)+u)* expc(-u* z)* u
      s=s+s1* h1(mn)
140   continue
      t5=s/r
      return
      end

      complex* 16 function t6(f,z)
      complex* 16 s,s1,b
      real* 8 r,rho(10),hh(10)
      real* 8 h0,h1,f,z,u,fac,expc
      common /para/ r,rho,hh,n
      common /hankel/ nc,ncnull,h0(100),h1(100)
      fac=0.1d0* dlog(10.d0)
      s=(0.d0,0.d0)
      do 140 nn=1,nc
      nu=nn
      mn=nc-nn+1
      nnn=ncnull-nc+nu
      u=expc(-(nnn-1)* fac)/r
      s1=(b(f,u)-u)/(b(f,u)+u)* expc(-u* z)* u* u
      s=s+s1* h1(mn)
140   continue
      t6=s/r
      return
      end
```

```
      complex* 16 function b(f,u)
      complex* 16 alpha,s1,s2
      real* 8 f,u,pi
     real* 8 r,rho(10),hh(10)
     common /para/ r,rho,hh,n
     pi=3.1415926d0
     b=cdsqrt(u* u+(0.d0,1.d0)* 8.d-7* pi* pi* f/rho(n))
     if(n.eq.1)return
     do 1 i=n-1,1,-1
     alpha=cdsqrt(u* u+(0.d0,1.d0)* 8.d-7* pi* pi* f/rho(i))
     s1=(0.d0,0.d0)
     if(dreal(2.d0* alpha* hh(i)).lt.400.d0)s1=cdexp(-2.d0* alpha* hh(i))
     s2=(1.d0-s1)/(1.d0+s1)
     b=alpha* (b+alpha* s2)/(alpha+b* s2)
1    continue
     end


      real* 8 function expc(x)
c* * * * * * * * * * * * * * * * * * * * * * * * * * * * * * * * * * * * *
c     expc and cexpc are function subprograms,which avoid underflow
c     and overflow of the common exponential functions exp and cexp
c     the maximum modulus of the exponent is machine dependent(e.g.
c     650.for the cyber 7600)
c* * * * * * * * * * * * * * * * * * * * * * * * * * * * * * * * * * * * *
      real* 8 x,x1
      x1=x
      if(dabs(x1).gt.650.d0)x1=dsign(650.d0,x1)
      expc=dexp(x1)
      return
      end


      subroutine filter
c* * * * * * * * * * * * * * * * * * * * * * * * * * * * * * * * * * * * *
c     filter coefficients for hankel transforms with bessel func-
c     tions of order zero and one with ten points per decade. the
c     coefficients were at both ends truncated at magnitude 1.e-6.
c     only for j1 also smaller coefficients have been retained to
c     obtain two series of equal length.
c     output:
c     nc:number of coefficients
c     ncnull:location of the zero lag coefficient
c     hr(1,n):coefficients for j0
```

```
c     hr(2,n):coefficients for j1
c* * * * * * * * * * * * * * * * * * * * * * * * * * * * * * * * * * * * * * * *
      common /hankel/nc,ncnull,h0(100),h1(100)
      real* 8 h0,h1
      data(h0(i),i=1,48)/
     * 2.89878288d-07,3.64935144d-07,4.59426126d-07,5.78383226d-07,
     * 7.28141338d-07,9.16675639d-07,1.15402625d-06,1.45283298d-06,
     * 1.82900834d-06,2.30258511d-06,2.89878286d-06,3.64935148d-06,
     * 4.59426119d-06,5.78383236d-06,7.28141322d-06,9.16675664d-06,
     * 1.15402621d-05,1.45283305d-05,1.82900824d-05,2.30258527d-05,
     * 2.89878259d-05,3.64935186d-05,4.59426051d-05,5.78383329d-05,
     * 7.28141144d-05,9.16675882d-05,1.15402573d-04,1.45283354d-04,
     * 1.82900694d-04,2.30258630d-04,2.89877891d-04,3.64935362d-04,
     * 4.59424960d-04,5.78383437d-04,7.28137738d-04,9.16674828d-04,
     * 1.15401453d-03,1.45282561d-03,1.82896826d-03,2.30254535d-03,
     * 2.89863979d-03,3.64916703d-03,4.59373308d-03,5.78303238d-03,
     * 7.27941497d-03,9.16340705d-03,1.15325691d-02,1.45145832d-02/
      data(h0(i),i=49,100)/
     * 1.82601199d-02,2.29701042d-02,2.88702619d-02,3.62691810d-02,
     * 4.54794031d-02,5.69408192d-02,7.09873072d-02,8.80995426d-02,
     * 1.08223889d-01,1.31250483d-01,1.55055715d-01,1.76371506d-01,
     * 1.85627738d-01,1.69778044d-01,1.03405245d-01,-3.02583233d-02,
     * -2.27574393d-01,-3.62173217d-01,-2.05500446d-01,3.37394873d-01,
     * 3.17689897d-01,-5.13762160d-01,3.09130264d-01,-1.26757592d-01,
     * 4.61967890d-02,-1.80968674d-02,8.35426050d-03,-4.47368304d-03,
     * 2.61974783d-03,-1.60171357d-03,9.97717882d-04,-6.26275815d-04,
     * 3.94338818d-04,-2.48606354d-04,1.56808604d-04,-9.89266288d-05,
     * 6.24152398d-05,-3.93805393d-05,2.48472358d-05,-1.56774945d-05,
     * 9.89181741d-06,-6.24131160d-06,3.93800058d-06,-2.48471018d-06,
     * 1.56774609d-06,-9.89180896d-07,6.24130948d-07,-3.93800005d-07,
     * 2.48471005d-07,-1.56774605d-07,9.89180888d-08,-6.24130946d-08/
      data(h1(i),i=1,48)/
     * 1.84909557d-13,2.85321327d-13,4.64471808d-13,7.16694771d-13,
     * 1.16670043d-12,1.80025587d-12,2.93061898d-12,4.52203829d-12,
     * 7.36138206d-12,1.13588466d-11,1.84909557d-11,2.85321327d-11,
     * 4.64471808d-11,7.16694771d-11,1.16670043d-10,1.80025587d-10,
     * 2.93061898d-10,4.52203829d-10,7.36138206d-10,1.13588466d-09,
     * 1.84909557d-09,2.85321326d-09,4.64471806d-09,7.16694765d-09,
     * 1.16670042d-08,1.80025583d-08,2.93061889d-08,4.52203807d-08,
     * 7.36138149d-08,1.13588452d-07,1.84909521d-07,2.85321237d-07,
     * 4.64471580d-07,7.16694198d-07,1.16669899d-06,1.80025226d-06,
     * 2.93060990d-06,4.52201549d-06,7.36132477d-06,1.13587027d-05,
```

```
      *  1.84905942d-05,2.85312247d-05,4.64449000d-05,7.16637480d-05,
      *  1.16655653d-04,1.79989440d-04,2.92971106d-04,4.51975783d-04/
      data(h1(i),i=49,100)/
      *  7.35565435d-04,1.13444615d-03,1.84548306d-03,2.84414257d-03,
      *  4.62194743d-03,7.10980590d-03,1.15236911d-02,1.76434485d-02,
      *  2.84076233d-02,4.29770596d-02,6.80332569d-02,9.97845929d-02,
      *  1.51070544d-01,2.03540581d-01,2.71235377d-01,2.76073871d-01,
      *  2.16691977d-01,-7.83723737d-02,-3.40675627d-01,-3.60693673d-01,
      *  5.13024526d-01,-5.94724729d-02,-1.95117123d-01,1.99235600d-01,
      * -1.38521553d-01,8.79320859d-02,-5.50697146d-02,3.45637848d-02,
      * -2.17527180d-02,1.37100291d-02,-8.64656417d-03,5.45462758d-03,
      * -3.44138864d-03,2.17130686d-03,-1.36998628d-03,8.64398952d-04,
      * -5.45397874d-04,3.44122545d-04,-2.17126585d-04,1.36997597d-04,
      * -8.64396364d-05,5.45397224d-05,-3.44122382d-05,2.17126544d-05,
      * -1.36997587d-05,8.64396338d-06,-5.45397218d-06,3.44122380d-06,
      * -2.17126543d-06,1.36997587d-06,-8.64396337d-07,5.45397218d-07/
      nc=100
      ncnull=60
      return
      end
```

附录2 频率域/时间域航空电磁场 *B* 正演模拟程序

```
       Program B field in time_domain
c* * * * * * * * * * * * * * * * * * * * * * * * * * * * * * * * * *
c     Using convolution to calculate B-field for impulse,step,
c     half-sine,and trapezoid waveform. For the impulse and step wave
c     a Hankel transform is used to calculate the EM responses. For a
c     half-sine or trapezoid wave,the EM responses are calculated by
c     convolving the step responses with dI/dt.
c     The convolution is done by a Gaussian quadratures algorithm.
c     The current can assume multiple pulse. The FD responses are
c     calculated for the first time channel and stored. For other time
c     channels,an interpolation is persued.
c* * * * * * * * * * * * * * * * * * * * * * * * * * * * * * * * * *
c     Copyrighted by Changchun Yin,2017.5
c* * * * * * * * * * * * * * * * * * * * * * * * * * * * * * * * * *
c   model. in
c   30. ,50. ,-10. ,0.   ! Alt of Tx,Rx,x,y coordinate of Rx w. r. t. Tx
c   7. ,4,1000.             ! Tx radius,turns,and peak current
c   39                         ! No. of time channels
c   0.010e-3,0.013e-3,0.016e-3,0.020e-3,0.025e-3,0.032e-3,0.040e-3
c   0.050e-3,0.063e-3,0.079e-3,0.100e-3,0.130e-3,0.160e-3,0.200e-3
c   0.250e-3,0.320e-3,0.360e-3,0.400e-3,0.450e-3,0.500e-3,0.630e-3
c   0.790e-3,1.000e-3,1.260e-3,1.580e-3,2.000e-3,2.510e-3,3.160e-3
c   3.600e-3,3.980e-3,4.250e-3,4.500e-3,5.010e-3,6.310e-3,7.940e-3
c 10.000e-3,12.59e-3,15.85e-3,16.67e-3
c   3                 ! No of layers
c   100. ,50.        ! resistivity,thickness
c   25. ,30.
c   200.
c   3        ! Pulse type 0-impulse,1-step,2-half-sine,3-trapezoid
c   0.2e-3,3. 6e-3,12.67e-3,3
c              ! Slope length,DC interval,pause time,"3" for 3 pulses
c* * * * * * * * * * * * * * * * * * * * * * * * * * * * * * * * * *
CDEC $ FIXEDFORMLINESIZE:132
    real* 8 t(5000),hr1(5000),hz1(5000),hr2(5000),hp2(5000),hz2(5000)
    real* 8 x(200000),w(200000),s1,s2,s3,s4,s5,ss1,ss2,ss3,ss4,ss5,tt
```

```
      real* 8 r,rplus,tt1,tt2,tt3,ti0,pi,tm,rho(10),hh(10),frq(67)
      real* 8 hx1,hy1,hx2,hy2,xr,yr,rt,ht,hr,zplus,zminus
      complex* 16 func(5,67)
      data pi/3.1415926d0/
      data ngau/10000/
      common /para/ r,rho,hh,n
      common /funn/frq,func
      open(5,file='mode.in',status='old')
      open(6,file='bfield.dat',status='unknown')
c* * * * * * * * * * * * * * * * * * * * * * * * * * * * * * * * * * * * *
      call filter
c* * * * * * * * * * * * * * * * * * * * * * * * * * * * * * * * * * * * *
      write(* ,* )'Input T-,R-altitude,and receiver coordinate xr,yr'
      read(5,* )ht,hr,xr,yr                     ! Transmitter at origin
      zplus =ht-hr
      zminus=ht+hr
      r=dsqrt(xr* xr+yr* yr)
      rplus=dsqrt(r* r+zplus* zplus)
c* * * * * * * * * * * * * * * * * * * * * * * * * * * * * * * * * * * * *
      write(* ,* )'Input transmitter radius,turns,peak current'
      read(5,* )rt,nturn,ti0
      tm=pi* rt* rt* nturn* ti0
c* * * * * * * * * * * * * * * * * * * * * * * * * * * * * * * * * * * * *
      write(* ,* )'Input no.of time channel and t(i)'
      read(5,* )nt
      do 10 i=1,nt
10    read(5,* )t(i)
c     nt=400
c     do 1001 i=1,nt
c     t(i)=i* 3.e-5
c1001   continue
c* * * * * * * * * * * * * * * * * * * * * * * * * * * * * * * * * * * * *
      write(* ,* )'Input no.of layers,resistivities and thicknesses'
      read(5,* )n
      do 20 i=1,n-1
      read(5,* )rho(i),hh(i)
20    continue
      read(5,* )rho(n)
c* * * * * * * * * * * * * * * * * * * * * * * * * * * * * * * * * * * * *
      write(* ,* )'Input the transmitting waveform:'
      write(* ,* )'0 - pulse,1 - step,2 - half-sine,3 - trapezoid'
      read(5,* )ic
```

```
    if(ic.eq.2)then
    write(* ,* )'Input the width of half-sine,offtime,npulse'
    read(5,* )tt1,tt2,npls
    else if(ic.eq.3)then
    write(* ,* )'Input tt1 - slope width,tt2 - dc width,tt3 - offtime,npulse'
    read(5,* )tt1,tt2,tt3,npls
    end if
c* * * * * * * * * * * * * * * * * * * * * * * * * * * * * * * * * * * * * * * * *
c   write(6,101)
c   write(6,102)
c* * * * * * * * * * * * * * for impulse or step wave(one pulse)* * * * * * * *
    if(ic.eq.0.or.ic.eq.1)then
    ik=0
    do 1 i=1,nt
    call frt(t(i),hr1(i),1,zplus,zminus,ic,ik)              ! HCP transmitter
    call frt(t(i),hz1(i),2,zplus,zminus,ic,ik)
    call frt(t(i),hr2(i),3,zplus,zminus,ic,ik)              ! VCX transmitter
    call frt(t(i),hp2(i),4,zplus,zminus,ic,ik)
    call frt(t(i),hz2(i),5,zplus,zminus,ic,ik)
    ik=ik+1
    hx1=tm* hr1(i)* xr/r
    hy1=tm* hr1(i)* yr/r
    hz1(i)=tm* hz1(i)
    hr2(i)=hr2(i)* xr/r
    hp2(i)=hp2(i)* yr/r
    hz2(i)=hz2(i)* xr/r
    hx2=tm* (hr2(i)* xr/r-hp2(i)* yr/r)
    hy2=tm* (hr2(i)* yr/r+hp2(i)* xr/r)
    hz2(i)=tm* hz2(i)
c   write(6,100)t(i),hx1,hy1,hz1(i),hx2,hy2,hz2(i)
                                                  ! HCP-Bx,By,Bz,VCX-Bx,By,Bz
write(6,100)t(i)* 1.d3,hx1* 1.d12,hy1* 1.d12,hz1(i)* 1.d12,hx2* 1.d12,hy2*
    1.d12,hz2(i)* 1.d1
2                                                 ! in pT
1   continue
    else
c* * * * * * * * * * * for half-sine wave(multi-pulse)* * * * * * * * * * * * * *
    if(ic.eq.2)then
    do 2 i=1,nt
    print* ,i,'  half-sine'
    call gauleg(0.d0,t(i),x,w,ngau)
    ss1=0.d0
```

```
      ss2 =0. d0
      ss3 =0. d0
      ss4 =0. d0
      ss5 =0. d0
c
      ik =0
      do 15 j=1,ngau              ! Convolution of dI/dt with step responses
      if(t(i)-x(j).lt.0.d0)then
      s1 =0. d0
      s2 =0. d0
      s3 =0. d0
      s4 =0. d0
      s5 =0. d0
      else
      if(dabs(t(i)-x(j)).le.1.d-200)then
      call frt(1.d-200,s1,1,zplus,zminus,1,ik)       ! HCP transmitter for t =0
      call frt(1.d-200,s2,2,zplus,zminus,1,ik)
      call frt(1.d-200,s3,3,zplus,zminus,1,ik)       ! VCX transmitter for t =0
      call frt(1.d-200,s4,4,zplus,zminus,1,ik)
      call frt(1.d-200,s5,5,zplus,zminus,1,ik)
      else
      call frt(t(i)-x(j),s1,1,zplus,zminus,1,i       ! HCP-Br for step wave
      call frt(t(i)-x(j),s2,2,zplus,zminus,1,ik)      ! HCP-Bz for step wave
      call frt(t(i)-x(j),s3,3,zplus,zminus,1,ik)      ! VCX-Br for step wave
      call frt(t(i)-x(j),s4,4,zplus,zminus,1,ik)      ! VCX-Bp for step wave
      call frt(t(i)-x(j),s5,5,zplus,zminus,1,ik)      ! VCX-Bz for step wave
      end if
      end if
      do 11 ip=1,npls
      if(x(j).gt.(ip-1)*(tt1+tt2).and.x(j).lt.(ip-1)*(tt1+tt2)+tt1)then
                                  ! dI/dt for half-sine
      tt=(-1)**(ip-1)*dcos(pi/tt1*(x(j)-(ip-1)*(tt1+tt2)))*pi/tt1
                              ! negative sign for alterative pulses
      goto 12
      else if(dabs(x(j)-(ip-1)*(tt1+tt2)).lt.1.d-200)then
      tt=(-1)**(ip-1)*pi/(2.d0*tt1)
      goto 12
      else if(dabs(x(j)-(ip-1)*(tt1+tt2)-tt1).lt.1.d-200)then
      tt=(-1)**ip*pi/(2.d0*tt1)
      goto 12
      else if(x(j).gt.(ip-1)*(tt1+tt2)+tt1.and.x(j).lt.ip*(tt1+tt2))then
      tt=0.d0
```

```
        goto 12
        end if
11   continue
12   continue                          ! Convolution of step responses with dI/dt
        ss1=ss1+w(j)*s1*tt
        ss2=ss2+w(j)*s2*tt
        ss3=ss3+w(j)*s3*tt
        ss4=ss4+w(j)*s4*tt
        ss5=ss5+w(j)*s5*tt
        ik=ik+1
15   continue
        hx1=tm*ss1*xr/r
        hy1=tm*ss1*yr/r
        hz1(i)=tm*ss2
        hr2(i)=ss3*xr/r
        hp2(i)=ss4*yr/r
        hz2(i)=ss5*xr/r
        hx2=tm*(hr2(i)*xr/r-hp2(i)*yr/r)
        hy2=tm*(hr2(i)*yr/r+hp2(i)*xr/r)
        hz2(i)=tm*hz2(i)
c   write(6,100)t(i),hx1,hy1,hz1(i),hx2,hy2,hz2(i)
                                          ! HCP-Bx,By,Bz,VCX-Bx,By,Bz
        write(6,100)t(i)*1.d3,hx1*1.d12,hy1*1.d12,hz1(i)*1.d12,hx2*1.d12,
                    hy2*1.d12,hz2(i)*1.d12                        ! in pT
2    continue
c* * * * * * * * *  for trapezoidal wave(multi-pulse)* * * * * * * * * * * *
        else if(ic.eq.3)then
        do 3 i=1,nt
        print*,i,' trapezoid'
        call gauleg(0.d0,t(i),x,w,ngau)
        ss1=0.d0
        ss2=0.d0
        ss3=0.d0
        ss4=0.d0
        ss5=0.d0
c
        ik=0
        do 25 j=1,ngau          ! Convolution of dI/dt with step B responses
        if(t(i)-x(j).lt.0.d0)then
        s1=0.d0
        s2=0.d0
        s3=0.d0
```

```
s4 =0. d0
s5 =0. d0
else
if(dabs(t(i)-x(j)).le.1.d-200)then
call frt(1.d-200,s1,1,zplus,zminus,1,ik)          ! HCP transmitter for t =0
call frt(1.d-200,s2,2,zplus,zminus,1,ik)
call frt(1.d-200,s3,3,zplus,zminus,1,ik)          ! VCX transmitter for t =0
call frt(1.d-200,s4,4,zplus,zminus,1,ik)
call frt(1.d-200,s5,5,zplus,zminus,1,ik)
else
call frt(t(i)-x(j),s1,1,zplus,zminus,1,ik)          ! HCP-Br for step wave
call frt(t(i)-x(j),s2,2,zplus,zminus,1,ik)          ! HCP-Bz for step wave
call frt(t(i)-x(j),s3,3,zplus,zminus,1,ik)          ! VCX-Br for step wave
call frt(t(i)-x(j),s4,4,zplus,zminus,1,ik)          ! VCX-Bp for step wave
call frt(t(i)-x(j),s5,5,zplus,zminus,1,ik)          ! VCX-Bz for step wave
end if
end if
do 21 ip=1,npls
if(dabs(x(j)-(ip-1)* (2. * tt1+tt2+tt3)).lt.1.d-200)then
                                                   ! dI/dt for trapezoid
tt =(-1)* * ip* 0.5d0/tt1
goto 22
else if(x(j).gt. (ip-1)* (2. * tt1+tt2+tt3).and. x(j).lt.
    tt1+(ip-1)* (2. * tt1+tt2+tt3))then
tt =(-1)* * ip* 1. d0/tt1
goto 22
else if(dabs(x(j)-tt1-(ip-1)* (2. * tt1+tt2+tt3)).lt.1.d-200)then
tt =(-1)* * ip* 0.5d0/tt1
goto 22
else if(x(j).gt. tt1+(ip-1)* (2. * tt1+tt2+tt3).and. x(j).lt.
    tt1+tt2+(ip-1)* (2. * tt1+tt2+tt3))then
tt =0. d0
goto 22
else if(dabs(x(j)-tt1-tt2-(ip-1)* (2. * tt1+tt2+tt3)).lt.1.d-200)then
tt =(-1)* * (ip-1)* 0.5d0/tt1
goto 22
else if(x(j).gt. tt1+tt2+(ip-1)* (2. * tt1+tt2+tt3).and. x(j).lt.
    2* tt1+tt2+(ip-1)* (2. * tt1+tt2+tt3))then
tt =(-1)* * (ip-1)* 1. d0/tt1
goto 22
else if(dabs(x(j)-2* tt1-tt2-(ip-1)* (2. * tt1+tt2+tt3)).lt.1.d-200)then
tt =(-1)* * (ip-1)* 0.5d0/tt1
```

```
        goto 22
        else if(x(j).gt.2.* tt1+tt2+(ip-1)* (2.* tt1+tt2+tt3).and.x(j).lt.
          ip* (2.* tt1+tt2+tt3))then
        tt=0.d0
        goto 22
        end if
21    continue
22    continue        ! Convolution of dI/dt with step B responses
        ss1=ss1+w(j)* s1* tt
        ss2=ss2+w(j)* s2* tt
        ss3=ss3+w(j)* s3* tt
        ss4=ss4+w(j)* s4* tt
        ss5=ss5+w(j)* s5* tt
        ik=ik+1
25    continue
        hx1=tm* ss1* xr/r
        hy1=tm* ss1* yr/r
        hz1(i)=tm* ss2
        hr2(i)=ss3* xr/r
        hp2(i)=ss4* yr/r
        hz2(i)=ss5* xr/r
        hx2=tm* (hr2(i)* xr/r-hp2(i)* yr/r)
        hy2=tm* (hr2(i)* yr/r+hp2(i)* xr/r)
        hz2(i)=tm* hz2(i)
c  write(6,100)t(i),hx1,hy1,hz1(i),hx2,hy2,hz2(i)
                                ! HCP - Bx,By,Bz,VCX-Bx,By,Bz
      write(6,100)t(i)* 1.d3,hx1* 1.d12,hy1* 1.d12,hz1(i)* 1.d12,hx2* 1.d12,
                hy2* 1.d12,hz2(i)* 1.d12                    ! in pT
3     continue
        end if
        end if
100 format(1x,7d20.12)
101 format(20x,'HCP transmitter',20x,'VCX trnsmitter'/)
102 format(1x,'T(i)',9x,'Bx',5x,'By',5x,'Bz',10x,'Bx',5x,'By',5x,'Bz')
        end

        subroutine gauleg(x1,x2,x,w,n)
        implicit real* 8(a-h,o-z)
        real* 8 x1,x2,x(n),w(n)
        parameter(eps=3.d-14)
        m=(n+1)/2
        xm=0.5d0* (x2+x1)
```

```
      xl=0.5d0*(x2-x1)
      do 12 i=1,m
      z=cos(3.141592654d0*(i-0.25d0)/(n+0.5d0))
2   continue
      p1=1.d0
      p2=0.d0
      do 11 j=1,n
      p3=p2
      p2=p1
      p1=((2.d0*j-1.d0)*z*p2-(j-1.d0)*p3)/j
11  continue
      pp=n*(z*p1-p2)/(z*z-1.d0)
      z1=z
      z=z1-p1/pp
      if(abs(z-z1).gt.eps)goto 1
      x(i)=xm-xl*z
      x(n+1-i)=xm+xl*z
      w(i)=2.d0*xl/((1.d0-z*z)*pp*pp)
      w(n+1-i)=w(i)
12  continue
      return
      end

      subroutine spl(nx,n2,x,fx,x2,fx2)
      real*8 x(nx),fx(nx),c(3,nx),x2(n2),fx2(n2),xint,xl1,xl2
      call splin1(nx,fx,c)
      xl1=dlog10(x(1))
      xl2=dlog10(x(nx))
      do 10 ix=1,n2
      xint=dlog10(x2(ix))
      call splin2(nx,xint,xl1,xl2,c,fx2(ix))
10  continue
      end

      subroutine splin1(n,y,c)
      real*8 y(n),c(3,n),p
      n1=n-1
      do 10 i=2,n1
10  c(1,i)=y(i+1)-2.*y(i)+y(i-1)
      c(2,1)=0.d0
      c(3,1)=0.d0
      do 20 i=2,n1
```

```
      p=4.+c(2,i-1)
      c(2,i)=-1.d0/p
20    c(3,i)=(c(1,i)-c(3,i-1))/p
      c(1,n)=0.
      do 30 ii=2,n1
      i=n+1-ii
30    c(1,i)=c(2,i)*c(1,i+1)+c(3,i)
      c(1,1)=0.
      do 40 i=1,n1
      c(2,i)=y(i+1)-y(i)-c(1,i+1)+c(1,i)
40    c(3,i)=y(i)-c(1,i)
      c(3,n)=y(n)
      return
      end


      subroutine splin2(n,xint,x1,x2,c,yint)
      real*8 c(3,n),xint,x1,x2,yint,h,u,p,q
      h=(x2-x1)/dble(float(n-1))
      if(xint.lt.x1)goto 10
      if(xint.ge.x2)goto 20
      u=(xint-x1)/h
      i=1+int(u)
      p=u-i+1
      q=1.d0-p
      yint=c(1,i)*q**3+c(1,i+1)*p**3+c(2,i)*p+c(3,i)
      return
10    p=(xint-x1)/h
      yint=c(2,1)*p+c(3,1)
      return
20    p=(xint-x2)/h
      yint=c(2,n-1)*p+c(3,n)
      return
      end


      subroutine frt(t,ft,item,zplus,zminus,ic,ik)
c*******************************************
c     SUBROUTINE to calculate the Fourier-transform of half-order for
c     sine or cosine-transform.
c     T = time
c     FT = field in time domain
c     FUN = frequency-domain responses
c*******************************************
```

401

```
complex*16 fun,iomega,func(5,67)
real*8 t,ft,zplus,zminus,pi,q
real*8 frq(67),funr0(67),funi0(67)
real*8 f(160),omega(160),funr1(160),funi1(160),h(200)
common /funn/frq,func
data pi,q/3.141592654d0,1.258925412d0/
data ncnull,nc,ndec,(h(i),i=1,160)/ 80,160,10,
* 2.59511139938829d-13,3.66568771323555d-13,5.17792876616242d-13,
* 7.31400730405791d-13,1.03313281156235d-12,1.45933600088387d-12,
* 2.06137146234699d-12,2.91175733962418d-12,4.11297804457870d-12,
* 5.80971771117984d-12,8.20647323099742d-12,1.15919058389365d-11,
* 1.63740746547780d-11,2.31288803930431d-11,3.26705938902288d-11,
* 4.61481520721098d-11,6.51864545047052d-11,9.20775899532545d-11,
* 1.30064200980219d-10,1.83718747396255d-10,2.59512512377884d-10,
* 3.66566596154242d-10,5.17796324027279d-10,7.31395266627501d-10,
* 1.03314147106736d-09,1.45932227649333d-09,2.06139321404013d-09,
* 2.91172286551380d-09,4.11303268236158d-09,5.80963111612975d-09,
* 8.20661047490285d-09,1.15916883220051d-08,1.63744193958818d-08,
* 2.31283340152144d-08,3.26714598407299d-08,4.61467796330556d-08,
* 6.84744728867720d-08,5.46574677490374d-08,1.13319898777493d-07,
* 2.16529974157527d-07,2.88629942214140d-07,3.42872728051125d-07,
* 4.79119488706262d-07,7.42089418889752d-07,1.07736520535271d-06,
* 1.46383231306575d-06,2.01727682134668d-06,2.89058197617431d-06,
* 4.15237808867022d-06,5.84448989361742d-06,8.18029430348419d-06,
* 1.15420854481494d-05,1.63897017145322d-05,2.31769096113890d-05,
* 3.26872676331330d-05,4.60786667701851d-05,6.51827321351636d-05,
* 9.20862589540037d-05,1.30169142615951d-04,1.83587481111627d-04,
* 2.59595544393723d-04,3.66324383719323d-04,5.18210697462501d-04,
* 7.30729969562531d-04,1.03385239132389d-03,1.45738764044730d-03,
* 2.06298256402732d-03,2.90606401578959d-03,4.11467957883740d-03,
* 5.79034253321120d-03,8.20005721235220d-03,1.15193892333104d-02,
* 1.63039398900789d-02,2.28256810984487d-02,3.22248555163692d-02,
* 4.47865101670011d-02,6.27330674874545d-02,8.57058672847471d-02,
* 1.17418179407605d-01,1.53632645832305d-01,1.97718111895102d-01,
* 2.28849924263247d-01,2.40310905012422d-01,1.65409071929404d-01,
* 2.84709685167114d-03,-2.88015846269687d-01,-3.69097391853225d-01,
* -2.50109865922601d-02,5.71811109500426d-01,-3.92261390212769d-01,
* 7.63282774297327d-02,5.16233692927851d-02,-6.48015160576432d-02,
* 4.89045522502552d-02,-3.26934307794750d-02,2.10542570949745d-02,
* -1.33862848934736d-02,8.47098801479259d-03,-5.35134515919751d-03,
* 3.37814023806349d-03,-2.13157364002470d-03,1.34506352474558d-03,
* -8.48929743771803d-04,5.35521822356713d-04,-3.37744799986382d-04,
```

```
      *  2.13268792633204d-04,-1.34629969723156d-04,8.47737416679279d-05,
      *  -5.34940635827096d-05,3.39044416298191d-05,-2.13315638358794d-05,
      *  1.33440911625019d-05,-8.51629073825634d-06,5.44362672273211d-06,
      *  -3.32112278417896d-06,2.07147190852386d-06,-1.42009412555511d-06,
      *  8.78247754998004d-07,-4.55662890473703d-07,3.38598103040009d-07,
      *  -2.87407830772251d-07,1.07866150545699d-07,-2.47240241853581d-08,
      *  5.35535110396030d-08,-3.37899811131378d-08,2.13200367531820d-08,
      *  -1.34520337740075d-08,8.48765950790546d-09,-5.35535110396018d-09,
      *  3.37899811131383d-09,-2.13200367531819d-09,1.34520337740075d-09,
      *  -8.48765950790576d-10,5.35535110396015d-10,-3.37899811131382d-10,
      *  2.13200367531811d-10,-1.34520337740079d-10,8.48765950790572d-11,
      *  -5.35535110396034d-11,3.37899811131381d-11,-2.13200367531818d-11,
      *  1.34520337740074d-11,-8.48765950790571d-12,5.35535110396031d-12,
      *  -3.37899811131379d-12,2.13200367531817d-12,-1.34520337740073d-12,
      *  8.48765950790567d-13,-5.35535110396029d-13,3.37899811131377d-13,
      *  -2.13200367531816d-13,1.34520337740078d-13,-8.48765950790596d-14,
      *  5.35535110396007d-14,-3.37899811131377d-14,2.13200367531816d-14,
      *  -1.34520337740083d-14,8.48765950790558d-15,-5.35535110396025d-15,
      *  3.37899811131389d-15/
c* * * * * * * * * * * * * * * * * * * * * * * * * * * * * * * * * * * * * * *
!    FRQ_6PDE has 6 frequencies / decade from 0.001 to 1 MHz
     data nfrq,(frq(i),i=1,67)/ 67,
      *  0.10000000d-02,0.14677993d-02,0.21544347d-02,0.31622777d-02,
      *  0.46415888d-02,0.68129207d-02,0.10000000d-01,0.14677993d-01,
      *  0.21544347d-01,0.31622777d-01,0.46415888d-01,0.68129207d-01,
      *  0.10000000d+00,0.14677993d+00,0.21544347d+00,0.31622777d+00,
      *  0.46415888d+00,0.68129207d+00,0.10000000d+01,0.14677993d+01,
      *  0.21544347d+01,0.31622777d+01,0.46415888d+01,0.68129207d+01,
      *  0.10000000d+02,0.14677993d+02,0.21544347d+02,0.31622777d+02,
      *  0.46415888d+02,0.68129207d+02,0.10000000d+03,0.14677993d+03,
      *  0.21544347d+03,0.31622777d+03,0.46415888d+03,0.68129207d+03,
      *  0.10000000d+04,0.14677993d+04,0.21544347d+04,0.31622777d+04,
      *  0.46415888d+04,0.68129207d+04,0.10000000d+05,0.14677993d+05,
      *  0.21544347d+05,0.31622777d+05,0.46415888d+05,0.68129207d+05,
      *  0.10000000d+06,0.14677993d+06,0.21544347d+06,0.31622777d+06,
      *  0.46415888d+06,0.68129207d+06,0.10000000d+07,0.14677993d+07,
      *  0.21544347d+07,0.31622777d+07,0.46415888d+07,0.68129207d+07,
      *  0.10000000d+08,0.14677993d+08,0.21544347d+08,0.31622777d+08,
      *  0.46415888d+08,0.68129207d+08,0.10000000d+09/
c* * * * * * * * * * * * * * * * * * * * * * * * * * * * * * * * * * * * * * *
     if(ik.eq.0)then
     do 10 i=1,nfrq
```

403

```
      call forward(frq(i),func(item,i),item,zplus,zminus)
10    continue
      end if
c* * * * * * * * * * * * * * * * * * * * * * * * *
      do 15 nn=1,nc
      n=-nc+ncnull+nn
      omega(nn)=q* * (-(n-1))/t
      f(nn)=omega(nn)/(2.d0* pi)
15    continue
c* * * * * * * * * * * * * * * * * * * * * * * * *
      do 16 i=1,nfrq
      funr0(i)=dreal(func(item,i))
      funi0(i)=dimag(func(item,i))
16    continue
      call spl(nfrq,nc,frq,funr0,f,funr1)              ! interpolation on in-phase
      call spl(nfrq,nc,frq,funi0,f,funi1)              ! interpolation on quad
c* * * * * * * * * * * * * * * * * * * * * * * * *
      ft=0.d0
      do 20 nn=1,nc
      if(ic.eq.0)then                                  ! impulse
      iomega=(1.d0,0.d0)
      else if(ic.eq.1)then                             ! step wave
      iomega=1.d0/((0.,-1.d0)* omega(nn))
      end if
      fun=dcmplx(funr1(nn),funi1(nn))* iomega        ! B in frequency-domain
      ita=max0(1,nn-nc+1)
      ite=min0(1,nn)
      do 20 it=ita,ite
      itn=nc-nn+it
      ft= ft +dimag(fun)* dsqrt(omega(nn))* h(itn)   ! primary field stripped off
20    continue
      ft=-ft* dsqrt(2.d0/pi/t)                        ! divided by t for hankel transform
      return
      end


      subroutine forward(f,fun,item,zplus,zminus)
      complex* 16 t3,t5,t6,hf,fun
      real* 8 pi,f,zplus,zminus
      real* 8 r,rho(10),hh(10)
      common /para/ r,rho,hh,n
      pi=3.1415926D0
      if(item.eq.1)then                                ! Hr for HCP
```

```
hf = t6(f,zminus)/(4.d0* pi)
else if(item.eq.2)then                              ! Hz for HCP
hf =-t3(f,zminus)/(4.d0* pi)
else if(item.eq.3)then                              ! Hr for VCX
hf =(-t3(f,zminus)+t5(f,zminus)/r)/(4.d0* pi)
if(zplus.lt.0.d0)hf =-hf
else if(item.eq.4)then                              ! Hp for VCX
hf =t5(f,zminus)/(4.d0* pi* r)
if(zplus.lt.0.d0)hf =-hf
else if(item.eq.5)then                              ! Hz for VCX
hf =-t6(f,zminus)/(4.d0* pi)
if(zplus.lt.0.d0)hf =-hf
else
print* ,'item must be between 1 and 5'
end if
fun =hf* 4.d-7* pi                                  ! B-field
return
end


complex* 16 function t3(f,z)
complex* 16 s,s1,b
real* 8 r,rho(10),hh(10)
real* 8 h0,h1,f,z,u,fac,expc
common /para/ r,rho,hh,n
common /hankel/ nc,ncnull,h0(100),h1(100)
fac =0.1d0* dlog(10.d0)
s =(0.d0,0.d0)
do 140 nn=1,nc
nu =nn
mn =nc-nn+1
nnn =ncnull-nc+nu
u =expc(-(nnn-1)* fac)/r
s1 =(b(f,u)-u)/(b(f,u)+u)* expc(-u* z)* u* u
s =s+s1* h0(mn)
140  continue
     t3 =s/r
     return
     end

     complex* 16 function t5(f,z)
     complex* 16 s,s1,b
     real* 8 r,rho(10),hh(10)
```

```
      real* 8 h0,h1,f,z,u,fac,expc
      common /para/ r,rho,hh,n
      common /hankel/ nc,ncnull,h0(100),h1(100)
      fac=0.1d0* dlog(10.d0)
      s=(0.d0,0.d0)
      do 140 nn=1,nc
      nu=nn
      mn=nc-nn+1
      nnn=ncnull-nc+nu
      u=expc(-(nnn-1)* fac)/r
      s1=(b(f,u)-u)/(b(f,u)+u)* expc(-u* z)* u
      s=s+s1* h1(mn)
140   continue
      t5=s/r
      return
      end


      complex* 16 function t6(f,z)
      complex* 16 s,s1,b
      real* 8 r,rho(10),hh(10)
      real* 8 h0,h1,f,z,u,fac,expc
      common /para/ r,rho,hh,n
      common /hankel/ nc,ncnull,h0(100),h1(100)
      fac=0.1d0* dlog(10.d0)
      s=(0.d0,0.d0)
      do 140 nn=1,nc
      nu=nn
      mn=nc-nn+1
      nnn=ncnull-nc+nu
      u=expc(-(nnn-1)* fac)/r
      s1=(b(f,u)-u)/(b(f,u)+u)* expc(-u* z)* u* u
      s=s+s1* h1(mn)
140   continue
      t6=s/r
      return
      end


      complex* 16 function b(f,u)
      complex* 16 alpha,s1,s2
      real* 8 f,u,pi
      real* 8 r,rho(10),hh(10)
      common /para/ r,rho,hh,n
```

```
      pi=3.1415926d0
      b=cdsqrt(u* u+(0. d0,1. d0)* 8. d-7* pi* pi* f/rho(n))
      if(n. eq. 1)return
      do 1 i=n-1,1,-1
      alpha=cdsqrt(u* u+(0. d0,1. d0)* 8. d-7* pi* pi* f/rho(i))
      s1=(0. d0,0. d0)
      if(dreal(2. d0* alpha* hh(i)). lt. 400. d0)s1=cdexp(-2. d0* alpha* hh(i))
      s2=(1. d0-s1)/(1. d0+s1)
      b=alpha* (b+alpha* s2)/(alpha+b* s2)
1     continue
      end


      real* 8 function expc(x)
c* * * * * * * * * * * * * * * * * * * * * * * * * * * * * * * * * * * * * * * * * * * *
c     expc and cexpc are function subprograms,which avoid underflow
c     and overflow of the common exponential functions exp and cexp
c     the maximum modulus of the exponent is machine dependent(e. g.
c     650. for the cyber 7600)
c* * * * * * * * * * * * * * * * * * * * * * * * * * * * * * * * * * * * * * * * * * * *
      real* 8 x,x1
      x1=x
      if(dabs(x1). gt. 650. d0)x1=dsign(650. d0,x1)
      expc=dexp(x1)
      return
      end


      subroutine filter
c* * * * * * * * * * * * * * * * * * * * * * * * * * * * * * * * * * * * * * * * * * * *
c     filter coefficients for hankel transforms with bessel func-
c     tions of order zero and one with ten points per decade. the
c     coefficients were at both ends truncated at magnitude 1. e-6.
c     only for j1 also smaller coefficients have been retained to
c     obtain two series of equal length.
c     output:
c     nc: number of coefficients
c     ncnull:location of the zero lag coefficient
c     hr(1,n):coefficients for j0
c     hr(2,n):coefficients for j1
c* * * * * * * * * * * * * * * * * * * * * * * * * * * * * * * * * * * * * * * * * * * *
      common /hankel/nc,ncnull,h0(100),h1(100)
      real* 8 h0,h1
        data(h0(i),i=1,48)/
```

407

```
     *  2.89878288d-07,3.64935144d-07,4.59426126d-07,5.78383226d-07,
     *  7.28141338d-07,9.16675639d-07,1.15402625d-06,1.45283298d-06,
     *  1.82900834d-06,2.30258511d-06,2.89878286d-06,3.64935148d-06,
     *  4.59426119d-06,5.78383236d-06,7.28141322d-06,9.16675664d-06,
     *  1.15402621d-05,1.45283305d-05,1.82900824d-05,2.30258527d-05,
     *  2.89878259d-05,3.64935186d-05,4.59426051d-05,5.78383329d-05,
     *  7.28141144d-05,9.16675882d-05,1.15402573d-04,1.45283354d-04,
     *  1.82900694d-04,2.30258630d-04,2.89877891d-04,3.64935362d-04,
     *  4.59424960d-04,5.78383437d-04,7.28137738d-04,9.16674828d-04,
     *  1.15401453d-03,1.45282561d-03,1.82896826d-03,2.30254535d-03,
     *  2.89863979d-03,3.64916703d-03,4.59373308d-03,5.78303238d-03,
     *  7.27941497d-03,9.16340705d-03,1.15325691d-02,1.45145832d-02/
       data(h0(i),i=49,100)/
     *  1.82601199d-02,2.29701042d-02,2.88702619d-02,3.62691810d-02,
     *  4.54794031d-02,5.69408192d-02,7.09873072d-02,8.80995426d-02,
     *  1.08223889d-01,1.31250483d-01,1.55055715d-01,1.76371506d-01,
     *  1.85627738d-01,1.69778044d-01,1.03405245d-01,-3.02583233d-02,
     *  -2.27574393d-01,-3.62173217d-01,-2.05500446d-01,3.37394873d-01,
     *  3.17689897d-01,-5.13762160d-01,3.09130264d-01,-1.26757592d-01,
     *  4.61967890d-02,-1.80968674d-02,8.35426050d-03,-4.47368304d-03,
     *  2.61974783d-03,-1.60171357d-03,9.97717882d-04,-6.26275815d-04,
     *  3.94338818d-04,-2.48606354d-04,1.56808604d-04,-9.89266288d-05,
     *  6.24152398d-05,-3.93805393d-05,2.48472358d-05,-1.56774945d-05,
     *  9.89181741d-06,-6.24131160d-06,3.93800058d-06,-2.48471018d-06,
     *  1.56774609d-06,-9.89180896d-07,6.24130948d-07,-3.93800005d-07,
     *  2.48471005d-07,-1.56774605d-07,9.89180888d-08,-6.24130946d-08/
       data(h1(i),i=1,48)/
     *  1.84909557d-13,2.85321327d-13,4.64471808d-13,7.16694771d-13,
     *  1.16670043d-12,1.80025587d-12,2.93061898d-12,4.52203829d-12,
     *  7.36138206d-12,1.13588466d-11,1.84909557d-11,2.85321327d-11,
     *  4.64471808d-11,7.16694771d-11,1.16670043d-10,1.80025587d-10,
     *  2.93061898d-10,4.52203829d-10,7.36138206d-10,1.13588466d-09,
     *  1.84909557d-09,2.85321326d-09,4.64471806d-09,7.16694765d-09,
     *  1.16670042d-08,1.80025583d-08,2.93061889d-08,4.52203807d-08,
     *  7.36138149d-08,1.13588452d-07,1.84909521d-07,2.85321237d-07,
     *  4.64471580d-07,7.16694198d-07,1.16669899d-06,1.80025226d-06,
     *  2.93060990d-06,4.52201549d-06,7.36132477d-06,1.13587027d-05,
     *  1.84905942d-05,2.85312247d-05,4.64449000d-05,7.16637480d-05,
     *  1.16655653d-04,1.79989440d-04,2.92971106d-04,4.51975783d-04/
       data(h1(i),i=49,100)/
     *  7.35565435d-04,1.13444615d-03,1.84548306d-03,2.84414257d-03,
     *  4.62194743d-03,7.10980590d-03,1.15236911d-02,1.76434485d-02,
```

```
*   2.84076233d-02,4.29770596d-02,6.80332569d-02,9.97845929d-02,
*   1.51070544d-01,2.03540581d-01,2.71235377d-01,2.76073871d-01,
*   2.16691977d-01,-7.83723737d-02,-3.40675627d-01,-3.60693673d-01,
*   5.13024526d-01,-5.94724729d-02,-1.95117123d-01,1.99235600d-01,
*  -1.38521553d-01,8.79320859d-02,-5.50697146d-02,3.45637848d-02,
*  -2.17527180d-02,1.37100291d-02,-8.64656417d-03,5.45462758d-03,
*  -3.44138864d-03,2.17130686d-03,-1.36998628d-03,8.64398952d-04,
*  -5.45397874d-04,3.44122545d-04,-2.17126585d-04,1.36997597d-04,
*  -8.64396364d-05,5.45397224d-05,-3.44122382d-05,2.17126544d-05,
*  -1.36997587d-05,8.64396338d-06,-5.45397218d-06,3.44122380d-06,
*  -2.17126543d-06,1.36997587d-06,-8.64396337d-07,5.45397218d-07/c
 nc=100
 ncnull=60
 return
 end
```

附录 3　频率域任意各向异性一维航空电磁正演模拟程序

```
c* * * * * * * * * * * * * * * * * * * * * * * * * * * * * * * * * * * * * *
c    PROGRAM FOR CALCULATING THE ELECTROMAGNETIC FIELD OF
c    A HORIZONTAL OR A VERTICAL MAGNETIC DIPOLE ABOVE THE
c    SURFACE OF A LAYERED EARTH WITH ARBITRARY ANISOTROPIC
c    ELECTRICAL CONDUCTIVITY.
c* * * * * * * * * * * * * * * * * * * * * * * * * * * * * * * * * * * * * *
c    1. This ist the newest vision for the calculation of 9 EM
c       compnents above the surface of the earth with arbitrary
c       anisotropy,like isotorpy,transversely isotropy,azimuthal
c       or dipping anisotropy.
c    2. The calculation is carried out based on the value of wave-
c       number,For the small wavesnumbers,the recursive propagation
c       method is used,for very large wavenumbers,the responses are neglected.
c* * * * * * * * * * * * * * * * * * * * * * * * * * * * * * * * * * * * * *
c       Copyrighted by Changchun Yin,2017.5
c* * * * * * * * * * * * * * * * * * * * * * * * * * * * * * * * * * * * * *
c    INPUT PARAMETERS:
c    NL           (INTEGER)    NUMBER OF LAYERS
c    RXX,RYY,RZZ  (REAL* 16)   SYMMETRIC RESISTIVITY TENSOR
c    RXY,RXZ,RYZ  (REAL* 16)   (OHM* M)
c    DL           (REAL* 16)   THICKNESS OF LAYERS(M)
c    F            (REAL* 16)   FREQUENCY(HZ)
c    DH,DM        (REAL* 16)   DIPOLE MOMENT IN
c      HORIZONTAL&VERTICAL DIRECTION(A* M* M)
c    NX,NY        (INTEGER)    NUMBER OF RECEIVER POSITIONS
c                              IN X-AND Y-DIRECTION
c    RTR,PTR      (REAL* 16)    TX-RX OFFSET& FLIGHT DIRECTION
c    HB           (REAL* 16)   FLIGHT HEIGHT
c
c    OUTPUT:
c    HR,HZ    (COMPLEX* 16)  MAGNETIC FIELD COMPONENTS( PPM)
c* * * * * * * * * * * * * * * * * * * * * * * * * * * * * * * * * * * * * *
c    ANIS. IN
c    8.                      ! T-R offset
c    30.                     ! Flight altitude
```

```
c    2                       ! No of layers
c    150.,150.,150.             ! RXX(I),RYY(I),RZZ(I)
c    0.,0.,0.                   ! RXY(I),RXZ(I),RYZ(I)
c    100.,325.,175.
c    0.,0.,130.
c    50.                     ! Thickness
c    1.,1.                     ! Dipole moment for HCP and VCX
c    1,380.                    ! No. of Freq and 1st frequency
c* * * * * * * * * * * * * * * * * * * * * * * * * * * * * * * * * * * * * * *
c    NC NUMBER OF FILTER COEFFICIENTS(FIXED)
c    NXM,NYM MAXIMAL NUMBER OF X,Y VALUES
c    NUM = NC+NXM-1,   NVM = NC+NYM-1
c* * * * * * * * * * * * * * * * * * * * * * * * * * * * * * * * * * * * * * *
      PARAMETER(NCM=171,NXM=25,NYM=25,NUM=195,NVM=195,NFM=27)
      REAL* 8 PI,Q,HC(NCM),HS(NCM)
      REAL* 8 X(NXM),Y(NYM),U,V,SQUV,AK,AKMIN
      REAL* 8 RXX(5),RYY(5),RZZ(5),RXY(5),RXZ(5),RYZ(5),DL(5),H(5)
      REAL* 8 F1,F,DH,DM,DX,DY,X1,Y1,RTR,PTR,HB,XX,YY,SQXY
      REAL* 8 BETA,DS,DC,PSI,SI,CO,CC,SS,AX,AY,HZ0,HR0
      REAL* 8 RHOAXY,RHOAYX,PHIXY,PHIYX,SKEW,RHOEF,PHOEF
      COMPLEX* 16 FU(NFM),FCC(NFM),FSC(NFM),FCS(NFM),FSS(NFM)
      COMPLEX* 16 FXY(NXM,NYM,NFM)
      COMPLEX* 16 CCC,SX,SY,SXY,SC,CS,EJH(NFM),HR,HZ
      COMPLEX* 16 ZXX,ZXY,ZYY,ZYX,ZNEN,ZXXD,ZYYD,ZXYD,ZYXD,ZEF
      COMPLEX* 16 TX,TY
      INTEGER NX,NY,NFREQ,NFR1,IX,IY,NU,NV,NF,IFF,NL,ITEL(5)
      COMMON / PARA / CCC,RXX,RYY,RZZ,RXY,RXZ,RYZ,DL,H,HB,F,NL
      COMMON / SAR / ITEL
      DATA AKMIN / 1.D0 /
      DATA PI   / 3.14159265358979324D0 /
      OPEN(3,FILE='FDfield.dat',STATUS='UNKNOWN')
      OPEN(4,FILE='anis.in',STATUS='OLD')
      open(5,file='PPMhz.dat',status='unknown')
      open(6,file='PPMhr.dat',status='unknown')
c* * * * * * * * * * * * * * * * * * * * * * * * * * * * * * * * * * * * * * *
c    FILCO CONTAINS THE FILTER COEFFICIENTS FOR BESSEL FUNCTION
c    OF ORDER +.5(SINE TRANSFORM)AND -.5(COSINE TRANSFORM)
c* * * * * * * * * * * * * * * * * * * * * * * * * * * * * * * * * * * * * * *
      CALL FILCO(NC,NC0,HC,HS,Q)
c* * * * * * * * * * * * * * * * * * * * * * * * * * * * * * * * * * * * * * *
c    READING OF INPUT PARAMETERS FROM FILE
c* * * * * * * * * * * * * * * * * * * * * * * * * * * * * * * * * * * * * * *
```

```
          CALL EIN(NL,RXX,RYY,RZZ,RXY,RXZ,RYZ,DL,NFR1,F1,DH,DM,RTR,PTR,HB)
C* * * * * * * * * * * * * * * * * * * * * * * * * * * * * * * * * * * * * * * *
C      FOURIERTRANSFORMATION IS COMPUTED BY DOUBLE(HANKEL-)
C      SIN-COS TRANSFORMATION
C      FAST HANKEL TRANSFORMS FOR EQUALLY SPACED LOGARITHMIC ABSCISSAE
C      X1=FIRST ABSCISSA IN X-DIRECTION
C      Y1=FIRST ABSCISSA IN Y-DIRECTION
C      NX=NUMBER OF ABSCISSAE IN X-DIRECTION
C      NY=NUMBER OF ABSCISSAE IN Y-DIRECTION
C* * * * * * * * * * * * * * * * * * * * * * * * * * * * * * * * * * * * * * * *
       NX=1
       NY=1
       X1=RTR* COS(PTR* PI/180. )
       Y1=RTR* SIN(PTR* PI/180. )
       DX= DH* COS(PTR* PI/180. )
       DY= DH* SIN(PTR* PI/180. )
       WRITE(3,* )'SYNTETIC ANISOTROPIC LAYERED EARTH '
       DO 19 I=1,NL
       WRITE(3,29)I
29     FORMAT(1X/1X,'--- LAYER',I2,' ---'/)
       WRITE(3,110)RXX(I),RYY(I),RZZ(I),'      RHO'
       WRITE(3,110)RXY(I),RXZ(I),RYZ(I),'      RHO'
       IF(I. LE. NL-1)  WRITE(3,119)DL(I),'       DL '
19     CONTINUE
       WRITE(3,100)DX,DY,DM,'       DX,DY,DM '
C* * * * * * * * * * * * * * * * * * * * * * * * * * * * * * * * * * * * * * * *
C      NF:NUMBER OF FIELD COMPONENTS TIMES THREE DIPOLES
C* * * * * * * * * * * * * * * * * * * * * * * * * * * * * * * * * * * * * * * *
       DO 17 I=1,NL
       ITEL(I)=1
       IF(ABS(RXX(I)-RYY(I))/RXX(I). LT. 1. D-3. AND.
     *  ABS(RXY(I)+RXZ(I)+RYZ(I)). LT. 1. D-5)  ITEL(I)=0
17     CONTINUE
       H(1)=0. D0
       DO 16 I=1,NL-1
16     H(I+1)=H(I)+DL(I)
       NF=9
       BETA = 0. D0
       DS = SIN(BETA)
       DC = COS(BETA)
5      CONTINUE
       F = ABS(F1)
```

```
      NFREQ = NFR1
10    CONTINUE
      AX=ABS(X1)
      AY=ABS(Y1)
      SX=(0.D0,1.D0)* SIGN(1.D0,X1)
      SY=(0.D0,1.D0)* SIGN(1.D0,Y1)
      SXY=SX* SY
C* * * * * * * * * * * * * * * * * * * * * * * * * * *
C    ABSCISSAE:
C* * * * * * * * * * * * * * * * * * * * * * * * * * *
      DO 15 IX=1,NX
15    X(IX)=X1* Q* * (IX-1)
      DO 20 IY=1,NY
20    Y(IY)=Y1* Q* * (IY-1)
C* * * * * * * * * * * * * * * * * * * * * * * * * * *
      DO 25 IX=1,NX
      DO 25 IY=1,NY
      DO 25 IFF=1,NF
      FXY(IX,IY,IFF)= CMPLX(0.D0,0.D0)
25    CONTINUE
      NCNX=NC+NX-1
      NCNY=NC+NY-1
C* * * * * * * * * * * * * * * * * * * * * * * * * * *
C    V-LOOP
C* * * * * * * * * * * * * * * * * * * * * * * * * * *
      DO 70 NV=1,NCNY
      M=-NC+NC0+NV
      V=Q* * (1-M)/AY
C* * * * * * * * * * * * * * * * * * * * * * * * * * *
C    U-LOOP
C* * * * * * * * * * * * * * * * * * * * * * * * * * *
      DO 70 NU=1,NCNX
      N=-NC+NC0+NU
      U=Q* * (1-N)/AX
C* * * * * * * * * * * * * * * * * * * * * * * * * * *
C    COMPUTATION OF FIELD COMPONENTS IN WAVENUMBER DOMAIN
C    MAGNETIC DIPOLE IN X-DIRECTION:
C    FU(1)= HX,FU(2)=HY,FU(3)=HZ
C    MAGNETIC DIPOLE IN Y-DIRECTION:
C    FU(4)= HX,FU(5)=HY,FU(6)=HZ
C    MAGNETIC DIPOLE IN Z-DIRECTION
C    FU(7)= HX,FU(8)=HY,FU(9)=HZ
```

413

```
C* * * * * * * * * * * * * * * * * * * * * * * * * * * *
      SQUV=SQRT(U* V)
      IF(SQUV.GT.600000.D0)GOTO 70
      AK=SQRT(U* U+V* V)
      IF(AK.LE.AKMIN)THEN
      CALL EHUV(U,V,1.D0,1.D0,NFM,FU)
      ELSE
      CALL EHUV1(U,V,1.D0,1.D0,NFM,FU)
      END IF
      DO 30 IFF=1,NF
      FCC(IFF)= +FU(IFF)
      FSC(IFF)= +FU(IFF)
      FCS(IFF)= +FU(IFF)
30    FSS(IFF)= +FU(IFF)
C* * * * * * * * * * * * * * * * * * * * * * * * * * * *
      IF(AK.LE.AKMIN)THEN
      CALL EHUV(U,V,-1.D0,1.D0,NFM,FU)
      ELSE
      CALL EHUV1(U,V,-1.D0,1.D0,NFM,FU)
      END IF
      DO 35 IFF=1,NF
      FCC(IFF)= FCC(IFF)+FU(IFF)
      FSC(IFF)= FSC(IFF)-FU(IFF)
      FCS(IFF)= FCS(IFF)+FU(IFF)
35    FSS(IFF)= FSS(IFF)-FU(IFF)
C* * * * * * * * * * * * * * * * * * * * * * * * * * * *
      IF(AK.LE.AKMIN)THEN
      CALL EHUV(U,V,1.D0,-1.D0,NFM,FU)
      ELSE
      CALL EHUV1(U,V,1.D0,-1.D0,NFM,FU)
      END IF
      DO 40 IFF=1,NF
      FCC(IFF)= FCC(IFF)+FU(IFF)
      FSC(IFF)= FSC(IFF)+FU(IFF)
      FCS(IFF)= FCS(IFF)-FU(IFF)
40    FSS(IFF)= FSS(IFF)-FU(IFF)
C* * * * * * * * * * * * * * * * * * * * * * * * * * * *
      IF(AK.LE.AKMIN)THEN
      CALL EHUV(U,V,-1.D0,-1.D0,NFM,FU)
      ELSE
      CALL EHUV1(U,V,-1.D0,-1.D0,NFM,FU)
      END IF
```

```
      DO 45 IFF=1,NF
      FCC(IFF)=FCC(IFF)+FU(IFF)
      FSC(IFF)=FSC(IFF)-FU(IFF)
      FCS(IFF)=FCS(IFF)-FU(IFF)
45    FSS(IFF)=FSS(IFF)+FU(IFF)
C* * * * * * * * * * * * * * * * * * * * * * * * * *
50    IX1=MAX0(1,NU-NC+1)
      IX2=MIN0(NX,NU)
      IY1=MAX0(1,NV-NC+1)
      IY2=MIN0(NY,NV)
      DO 65 IX=IX1,IX2
      IXN=NC-NU+IX
      DO 65 IY=IY1,IY2
      IYN=NC-NV+IY
      CC=HC(IXN)* HC(IYN)* SQUV
      SC=HS(IXN)* HC(IYN)* SQUV* SX
      CS=HC(IXN)* HS(IYN)* SQUV* SY
      SS=HS(IXN)* HS(IYN)* SQUV* SXY
      DO 60 IFF=1,NF
      FXY(IX,IY,IFF)=FXY(IX,IY,IFF)
     1    +CC* FCC(IFF)+SC* FSC(IFF)+CS* FCS(IFF)+SS* FSS(IFF)
60    CONTINUE
65    CONTINUE
70    CONTINUE
72    DO 80 IX=1,NX
      DO 80 IY=1,NY
C* * * * * * * * * * * * * * * * * * * * * * * * * *
      XX = X(IX)
      YY = Y(IY)
      RR = SQRT(XX* XX+YY* YY)
      HR0=DH/(2.D0* PI* RR* * 3)
      HZ0=-DM/(4.D0* PI* RR* * 3)
      WRITE(3,120)F,XX,YY,RR,'  F,X,Y,R'
      WRITE(* ,120)F,XX,YY,RR,'  F,X,Y,R'
C* * * * * * * * * * * * * * * * * * * * * * * * * *
C   BACKROTATION OF THE COORDINATE SYSTEM
C   (INVERTING THE OPERATION OF SUBROUTINE DREHEN
C* * * * * * * * * * * * * * * * * * * * * * * * * *
      EJH(1)= FXY(IX,IY,1)
      EJH(2)= FXY(IX,IY,2)
      EJH(3)= FXY(IX,IY,3)
      EJH(4)= FXY(IX,IY,4)
```

```
        EJH(5)= FXY(IX,IY,5)
        EJH(6)= FXY(IX,IY,6)
        EJH(7)= FXY(IX,IY,7)
        EJH(8)= FXY(IX,IY,8)
        EJH(9)= FXY(IX,IY,9)
        SQXY=1.D0/(8.D0* PI* SQRT(ABS(X(IX)* Y(IY))))
        DO 75 IFF=1,NF
75      EJH(IFF)=EJH(IFF)* SQXY
C* * * * * * * * * * * * * * * * * * * * * * * * * * * *
        WRITE(* ,* )  'HMD -- DH -- VCX'
        WRITE(3,* )  'HMD -- DH -- VCX'
        HR=(EJH(1)* DX+EJH(4)* DY)* COS(PTR* PI/180.D0)
        #  +(EJH(2)* DX+EJH(5)* DY)* SIN(PTR* PI/180.D0)
        HZ=EJH(3)* DX+EJH(6)* DY
C       WRITE(* ,130)HR,HZ,'  HR,HZ(A/m)'
        WRITE(3,130)HR,HZ,'  HR,HZ(A/m)'
        WRITE(* ,130)HR* 1.D6/HR0,HZ* 1.D6/HR0,'  HR,HZ(PPM)'
        WRITE(3,130)HR* 1.D6/HR0,HZ* 1.D6/HR0,'  HR,HZ(PPM)'
        write(6,140)hr* 1.d6/hr0
140     format(1x,2f12.2)
        SRE=-SNGL(REAL(HR* 1.D6/HR0))
        SIM=-SNGL(AIMAG(HR* 1.D6/HR0))
        HBB=SNGL(HB)
        FRR=SNGL(F)
        RTR1=SNGL(RTR)
        CALL GEARTH(SRE,SIM,HBB,FRR,RTR1,1,1,0.1,RES1,DEP1,DEP2)
        PRINT* ,RES1,DEP1
        WRITE(3,* )RES1,DEP1
        WRITE(* ,* )
C* * * * * * * * * * * * * * * * * * * * * * * * * * * * * * * * * * * * * * * *
        WRITE(* ,* )  'VMD -- DM -- HCP'
        WRITE(3,* )  'VMD -- DM -- HCP'
        HR=(EJH(7)* COS(PTR* PI/180.D0)+EJH(8)* SIN(PTR* PI/180.D0))* DM
        HZ=EJH(9)* DM
C       WRITE(* ,130)HR,HZ,'  HR,HZ(A/m)'
        WRITE(3,130)HR,HZ,'  HR,HZ(A/m)'
        WRITE(* ,130)HR* 1.D6/HZ0,HZ* 1.D6/HZ0,'  HR,HZ(ppm)'
        WRITE(3,130)HR* 1.D6/HZ0,HZ* 1.D6/HZ0,'  HR,HZ(ppm)'
        write(5,140)HZ* 1.D6/HZ0
150     format(1x,f14.2,1(1H(,G13.6,1H,,G13.6,2H),))
C       print* ,cdabs(hz* 1.d6/hz0),atan(aimag(hz)/real(hz))* 180./3.14
        SRE=SNGL(REAL(HZ* 1.D6/HZ0))
```

```
         SIM=SNGL(AIMAG(HZ*1.D6/HZ0))
         HBB=SNGL(HB)
         FRR=SNGL(F)
         RTR1=SNGL(RTR)
c        CALL GEARTH(SRE,SIM,HBB,FRR,RTR1,3,1,0.1,RES1,DEP1,DEP2)
c        PRINT*,RES1,DEP1
c        WRITE(3,*)RES1,DEP1
80       CONTINUE
85       CONTINUE
         F=F*1.77828D0
         NFREQ=NFREQ-1
         IF(NFREQ.NE.0)GOTO 10
90       STOP
100      FORMAT(1H /1H,3(F13.3),A/)
110      FORMAT(1H,3(F13.3),A)
119      FORMAT(1H,1(F13.3),26X,A/)
120      FORMAT(1H /1H,4(G13.5),A/)
124      FORMAT(1H,4(G13.5),A)
125      FORMAT(1H,2(G13.5),A)
130      FORMAT(1H,2(1H(,G13.6,1H,,G13.6,2H),),A)
c150     FORMAT(1H,5(G13.5),A)
c160     FORMAT(1H,6(G12.4),A)
c170     FORMAT(1H,3(1H(,G10.3,1H,,G10.3,2H),),A)
c180     FORMAT(1H,G13.6,3H,(,G13.6,1H,,G13.6,1H),A)
c190     FORMAT(1H,G12.5,2(3H  (,G12.5,1H,,G12.5,1H)),A)
         END
c
         SUBROUTINE EHUV(UU,VV,SIGU,SIGV,NF,EH)
c* * * * * * * * * * * * * * * * * * * * * * * * * * * * * * * * * * * * * * * *
c        COMPUTATION OF THE FIELD COMPONENTS FOR AN ARBITRARY
c        ANISOTROPIC LAYERED EARTH IN THE WAVENUMBER DOMAIN
c        INPUT PARAMETERS:
c        U,V          (REAL*8)      WAVENUMBER IN X- AND Y-DIRECTION
c        RXX,RYY,RZZ  (REAL*8)        SYMMETRIC RESISTIVITY TENSOR
c        RXY,RXZ,RYZ  (REAL*8)      (OHM*M)
c        F            (REAL*8)        FREQUENCY(HZ)
c        PI           (REAL*8)      PI
c        OUTPUT:
c        CCC          (COMPLEX*16)   I*OMEGA*MY0
c        EH(27)       (COMPLEX*16)  FIELD COMPONENTS FOR 3 RESOURCES:
c                                   EX,EY,EZ,JX,JY,JZ,HX,HY,HZ
c* * * * * * * * * * * * * * * * * * * * * * * * * * * * * * * * * * * * * * * *
```

417

```
      REAL* 8 RXX(5),RYY(5),RZZ(5),RXY(5),RXZ(5),RYZ(5),DL(5),H(5)
      REAL* 8 AK2,AK,F,MY0,OM,U,V,UU,VV,SIGU,SIGV
      REAL* 8 SB,CB,PI,RK1,RK2,RK3,RK4,LAM,HB
      INTEGER ITEL(5)
      COMPLEX* 16 CCC,EXPZ,A(5),EH(27),HEX(3),HEY(3),HDM(3),SS(4,4)
      COMPLEX* 16 IM,CR1,CR2,GAMM,KAL1,KAL2,KAL3,KAL4,KAL5,KAL6
      COMPLEX* 16 KALX,KALY,KALZ
      COMPLEX* 16 K11(2,2),K12(2,2),K121(2,2),CML(4,4)
      COMPLEX* 16 DEX(2),DEY(2),DMZ(2)
      COMPLEX* 16 ALPHA(4),ALPHA1(4),GAM(4),SL(4,4),SLL(4,4)
      COMPLEX* 16 ML(4,4),ML1(4,4),SO(4,4),BO(4)
      COMPLEX* 16 M22(2,2),M21(2,2),M22I(2,2)
      COMPLEX* 16 ALX(4),ALY(4),ALZ(4),EL(4,4)
      COMPLEX* 16 ALL1(2),ALL2(2),ALL3(2),ALM1(2),ALM2(2),ALM3(2)
      COMMON / PARA / CCC,RXX,RYY,RZZ,RXY,RXZ,RYZ,DL,H,HB,F,NL
      COMMON / SAR / ITEL
      DATA PI / 3.141592654D0 /
      MY0 = PI* 4.D-7
      IM  = CMPLX(0.D0,1.D0)
      DO 5 I=1,NF
5     EH(I)= CMPLX(0.D0,0.D0)
      U = UU* SIGU
      V = VV* SIGV
      AK2 = U* U + V* V
      AK = SQRT(AK2)
      OM = 2.D0* PI* F
      CCC = IM* OM* MY0
      SB = V/AK
      CB = U/AK
      DO 29 I=1,4
      DO 29 J=1,4
      ML(I,J)= (0.D0,0.D0)
      IF(I.EQ.J)ML(I,J)= (1.D0,0.D0)
29    CONTINUE
C* * * * * * * * * * * * * * * * * * * * * * * * * * * * * * * * * * * *
C     WITHIN THIS CYCLE IS MATRIX M(4,4)FORMED
C* * * * * * * * * * * * * * * * * * * * * * * * * * * * * * * * * * * *
      DO 99 IL=NL,1,-1
C* * * * * * * * * * * * * * * * * * * * * * * * * * * * * * * * * * * *
C     CALCULATION OF PARAMETER A,B,C,D,E,F,IF ITEL(IL).NE.0.
C     IF ITEL(IL).EQ.0,ALPHA,EL,SL MUSS SPEZIAL CALCULATE.
C* * * * * * * * * * * * * * * * * * * * * * * * * * * * * * * * * * * *
```

```
      IF(ITEL(IL).EQ.0)THEN
      ALPHA(1)=SQRT(AK2+CCC/RXX(IL))
      ALPHA(2)=-ALPHA(1)
      LAM=SQRT(RZZ(IL)/RXX(IL))
      ALPHA(3)=LAM* SQRT(AK2+CCC/RZZ(IL))
      ALPHA(4)=-ALPHA(3)
      DO 768 IN=1,2
      SL(1,IN)=(1.D0,0.D0)
      SL(1,IN+2)=(0.D0,0.D0)
      SL(2,IN)=-ALPHA(IN)
      SL(2,IN+2)=(0.D0,0.D0)
      SL(3,IN)=(0.D0,0.D0)
      SL(3,IN+2)=(1.D0,0.D0)
      SL(4,IN)=(0.D0,0.D0)
      SL(4,IN+2)=-AK2* RXX(IL)* ALPHA(IN+2)
768   CONTINUE
      IF(IL.EQ.1)THEN
      DO 371 IAL=1,4
371   ALPHA1(IAL)=ALPHA(IAL)
      DO 372 JK=1,2
      K11(1,JK)=AK+ALPHA(JK)
      K11(2,JK)=(0.D0,0.D0)
      K12(1,JK)=(0.D0,0.D0)
      K12(2,JK)=(1.D0,0.D0)
372   CONTINUE
      END IF
      ELSE IF(ITEL(IL).NE.0)THEN
      RK1 = SB* SB* RXX(IL)- 2.D0* SB* CB* RXY(IL)+ CB* CB* RYY(IL)
      SCB = SB* SB-CB* CB
      IF(SCB.EQ.0.D0)SCB = 1.D-5
      RK2 = RXY(IL)* SCB + SB* CB* (RXX(IL)-RYY(IL))
      RK3 = AK* (SB* RXZ(IL)- CB* RYZ(IL))
      RK4 = RXX(IL)* RYY(IL)- RXY(IL)* RXY(IL)
      CR1 = 2.D0* IM* AK* (CB* (RXY(IL)* RYZ(IL)- RXZ(IL)* RYY(IL))
     *     + SB* (RXY(IL)* RXZ(IL)- RYZ(IL)* RXX(IL)))
      CR2 = CCC + RZZ(IL)* AK2
C* * * * * * * * * * * * * * * * * * * * * * * * * * * * * * * * * * * * *
C     KOEFFIZIENTEN DES POLYNOMS 4.GRADES FUER
C     ALPHA,DAS SICH AUS DEM GEKOPPELTEN
C     DGLN-SYSTEM ERGIBT
C     ALPHA NEGATIV:ABKLINGEN IN POSITIVER Z-RICHTUNG
C* * * * * * * * * * * * * * * * * * * * * * * * * * * * * * * * * * * * *
```

```
         A(1)= RK1* RK4
         A(2)= -RK1* CR1
         A(3)= RK1* (RK3* RK3 - RK1* CR2 - AK2* RK4)- CCC* (RK4 + RK2* RK2)
         A(4)= CR1* (AK2* RK1 + CCC)+ 2. * OM* MY0* RK2* RK3
         A(5)= RK1* (AK2* (RK1* CR2 - RK3* RK3)+ CCC* CR2)
C* * * * * * * * * * * * * * * * * * * * * * * * * * * * * * * * * * * * * * * * *
C     LOESUNGEN DER GLEICHUNG 4. GRADES
C* * * * * * * * * * * * * * * * * * * * * * * * * * * * * * * * * * * * * * * * *
         CALL GRAD4(A,ALPHA)
C* * * * * * * * * * * * * * * * * * * * * * * * * * * * * * * * * * * * * * * * *
C     SORTIEREN DER LOESUNGEN NACH DER GROESSE
C     DES REALTEILS VON GROESSEREN ZUR KLEINEN
C* * * * * * * * * * * * * * * * * * * * * * * * * * * * * * * * * * * * * * * * *
         CALL PIKSRT(4,ALPHA)
C* * * * * * * * * * * * * * * * * * * * * * * * * * * * * * * * * * * * * * * * *
C     CALCULATION OF MATRIX:K11(2,2),K12(2,2)
C                           ALPHA1(4),GAM(4)
C* * * * * * * * * * * * * * * * * * * * * * * * * * * * * * * * * * * * * * * * *
         IF(IL. EQ. 1)THEN
         K11(1,1)= AK+ALPHA(1)
         K11(1,2)= AK+ALPHA(2)
         K12(1,1)= AK+ALPHA(3)
         K12(1,2)= AK+ALPHA(4)
         DO 75 IA=1,4
75       ALPHA1(IA)= ALPHA(IA)
         DO 77 IA=1,4
         IF(CDABS(ALPHA(IA)* RK2+IM* RK3). NE. 0. D0)THEN
         GAM(IA)= (CCC+RK1* (AK2-ALPHA(IA)* ALPHA(IA)))
     *        /(ALPHA(IA)* RK2+IM* RK3)
         ELSE
         GAM(IA)= (OM* MY0* RK3-CCC* ALPHA(IA)* RK2)/(RK3* RK3-RK1* CR2
     *        +ALPHA(IA)* (ALPHA(IA)* RK4-CR1))
         END IF
77       CONTINUE
         K11(2,1)= GAM(1)
         K11(2,2)= GAM(2)
         K12(2,1)= GAM(3)
         K12(2,2)= GAM(4)
         END IF
C* * * * * * * * * * * * * * * * * * * * * * * * * * * * * * * * * * * * * * * * *
C     CALCULATION OF MATRIX S(4,4)
C* * * * * * * * * * * * * * * * * * * * * * * * * * * * * * * * * * * * * * * * *
```

```
        DO 7 JS=1,4
        SL(1,JS)=(1.D0,0.D0)
        SL(2,JS)=-ALPHA(JS)
        IF(CDABS(ALPHA(JS)*RK2+IM*RK3).NE.0.D0)THEN
        GAMM=(CCC+RK1*(AK2-ALPHA(JS)*ALPHA(JS)))/
     *        (ALPHA(JS)*RK2+IM*RK3)
        ELSE
        GAMM=(OM*MY0*RK3-CCC*ALPHA(JS)*RK2)/(RK3*RK3-RK1*CR2
     *      +ALPHA(JS)*(ALPHA(JS)*RK4-CR1))
        END IF
        SL(3,JS)=GAMM
        SL(4,JS)=AK2*(GAMM*(CR1/2.D0-RK4*ALPHA(JS))-CCC*RK2)/RK1
7       CONTINUE
        END IF
C*  *  *  *  *  *  *  *  *  *  *  *  *  *  *  *  *  *  *  *  *  *  *  *  *  *  *  *  *  *  *  *  *  *  *
C       CALCULATION OF MATRIX E(4,4),IF IL.NE.NL
C*  *  *  *  *  *  *  *  *  *  *  *  *  *  *  *  *  *  *  *  *  *  *  *  *  *  *  *  *  *  *  *  *  *  *
        IF(IL.NE.NL)THEN
        DO 8 IE=1,4
        DO 8 JE=1,4
        EL(IE,JE)=(0.D0,0.D0)
8       CONTINUE
C        EL(1,1)=(1.D0,0.D0)
C        EL(2,2)=EXP((ALPHA(1)-ALPHA(2))*DL(IL))
C        EL(3,3)=EXP((ALPHA(1)-ALPHA(3))*DL(IL))
C        EL(4,4)=EXP((ALPHA(1)-ALPHA(4))*DL(IL))
        EL(1,1)=EXP(-ALPHA(1)*DL(IL))
        EL(2,2)=EXP(-ALPHA(2)*DL(IL))
        EL(3,3)=EXP(-ALPHA(3)*DL(IL))
        EL(4,4)=EXP(-ALPHA(4)*DL(IL))
C        EL(1,1)=EXP((ALPHA(4)-ALPHA(1))*DL(IL))
C        EL(2,2)=EXP((ALPHA(4)-ALPHA(2))*DL(IL))
C        EL(3,3)=EXP((ALPHA(4)-ALPHA(3))*DL(IL))
C        EL(4,4)=(1.D0,0.D0)
C        print*,alpha(1)*DL(IL)
C    print*,alpha(2)*DL(IL)
C    print*,alpha(3)*DL(IL)
C    print*,alpha(4)*DL(IL)
C    print*,el(1,1)
C    print*,el(2,2)
C    print*,el(3,3)
C    print*,el(4,4)
```

```
C    pause
C* * * * * * * * * * * * * * * * * * * * * * * * * * * * * * * * * * * * *
C     SOLUTION OF MATRIX EQUATION  S(L)* SS=S(L-1)* E(L-1)
C* * * * * * * * * * * * * * * * * * * * * * * * * * * * * * * * * * * * *
      CALL MMULTI(SL,EL,CML,4)
      CALL MINVES4(SLL,CML,SS,4,4)
      CALL MMULTI(ML,SS,ML1,4)
      DO 277 I=1,4
      DO 277 J=1,4
277   ML(I,J)=ML1(I,J)
      END IF
      DO 56 IA=1,4
      DO 56 JA=1,4
56    SLL(IA,JA)=SL(IA,JA)
99    CONTINUE
C* * * * * * * * * * * * * * * * * * * * * * * * * * * * * * * * * * * * *
C     CALCULATION OF 3 TYPE OF RESOURCEN:DX,DY,MZ
C* * * * * * * * * * * * * * * * * * * * * * * * * * * * * * * * * * * * *
      DEX(1)=-IM* CB* DEXP(-AK* HB)
      DEX(2)=(0.D0,0.D0)
      DEY(1)=-IM* SB* DEXP(-AK* HB)
      DEY(2)=(0.D0,0.D0)
      DMZ(1)=CMPLX(1.D0,0.D0)* DEXP(-AK* HB)
      DMZ(2)=(0.D0,0.D0)
C* * * * * * * * * * * * * * * * * * * * * * * * * * * * * * * * * * * * *
      KTE=0
      DO 377 ITE=1,NL
      KTE=KTE+ITEL(ITE)
377   CONTINUE
      IF(KTE.NE.0)THEN
      IF(ITEL(NL).NE.0)THEN
      DO 279 I=1,2
      DO 279 J=1,2
      M21(I,J)=ML(I+2,J)
      M22(I,J)=ML(I+2,J+2)
279   CONTINUE
      ELSE
      DO 280 J=1,2
      M21(1,J)=ML(2,J)
      M21(2,J)=ML(4,J)
      M22(1,J)=ML(2,J+2)
      M22(2,J)=ML(4,J+2)
```

```
280     CONTINUE
        END IF
        CALL MINVES4(M22,M21,M22I,2,2)
        CALL MMULTI(K12,M22I,K121,2)
        DO 49 I=1,2
        DO 49 J=1,2
49      K121(I,J)=K11(I,J)-K121(I,J)
C* * * * * * * * * * * * * * * * * * * * * * * * * * * * * * * * * * * * * * * * * * *
C       CALCULATION OF AMPLITUDE OF POTENTIALS
C* * * * * * * * * * * * * * * * * * * * * * * * * * * * * * * * * * * * * * * * * * *
        CALL MINVES2(K121,DEX,ALL1)
        CALL MINVES2(K121,DEY,ALL2)
        CALL MINVES2(K121,DMZ,ALL3)
        DO 59 I=1,2
        ALX(I)=ALL1(I)
        ALY(I)=ALL2(I)
        ALZ(I)=ALL3(I)
59      CONTINUE
        DO 66 I=1,2
        ALM1(I)=(0.D0,0.D0)
        ALM2(I)=(0.D0,0.D0)
        ALM3(I)=(0.D0,0.D0)
        DO 66 J=1,2
        ALM1(I)=ALM1(I)+M21(I,J)* ALL1(J)
        ALM2(I)=ALM2(I)+M21(I,J)* ALL2(J)
        ALM3(I)=ALM3(I)+M21(I,J)* ALL3(J)
66      CONTINUE
        CALL MINVES2(M22,ALM1,ALL1)
        CALL MINVES2(M22,ALM2,ALL2)
        CALL MINVES2(M22,ALM3,ALL3)
        DO 67 I=1,2
        ALX(I+2)=-ALL1(I)
        ALY(I+2)=-ALL2(I)
67      ALZ(I+2)=-ALL3(I)
        ELSE IF(KTE.EQ.0)THEN
        IF(NL.NE.1)THEN
        DO 432 ISO=1,2
        DO 432 JSO=1,2
        SO(ISO,JSO)=K11(ISO,JSO)
432     SO(ISO,JSO+2)=K12(ISO,JSO)
        DO 433 JSO=1,4
        SO(3,JSO)=ML(2,JSO)
```

```
433   SO(4,JSO)=ML(4,JSO)
      BO(1)=DEX(1)
      BO(2)=DEX(2)
      BO(3)=(0.D0,0.D0)
      BO(4)=(0.D0,0.D0)
      CALL MINV41(SO,BO,ALX,4,4)
      BO(1)=DEY(1)
      BO(2)=DEY(2)
      BO(3)=(0.D0,0.D0)
      BO(4)=(0.D0,0.D0)
      CALL MINV41(SO,BO,ALY,4,4)
      BO(1)=DMZ(1)
      BO(2)=DMZ(2)
      BO(3)=(0.D0,0.D0)
      BO(4)=(0.D0,0.D0)
      CALL MINV41(SO,BO,ALZ,4,4)
      ELSE IF(NL.EQ.1)THEN
      ALX(1)=DEX(1)/(AK+ALPHA1(1))
      ALX(2)=(0.D0,0.D0)
      ALX(3)=DEX(2)
      ALX(4)=(0.D0,0.D0)
      ALY(1)=DEY(1)/(AK+ALPHA1(1))
      ALY(2)=(0.D0,0.D0)
      ALY(3)=DEY(2)
      ALY(4)=(0.D0,0.D0)
      ALZ(1)=DMZ(1)/(AK+ALPHA1(1))
      ALZ(2)=(0.D0,0.D0)
      ALZ(3)=DMZ(2)
      ALZ(4)=(0.D0,0.D0)
      END IF
      END IF
C* * * * * * * * * * * * * * * * * * * * * * * * * * * * * * * * * * * *
C     CALCULATION OF MAGNETIC FIELD
C     IN WAVE-DOMAIN
C* * * * * * * * * * * * * * * * * * * * * * * * * * * * * * * * * * * *
      DO 361 I=1,3
      HEX(I)=(0.D0,0.D0)
      HEY(I)=(0.D0,0.D0)
361   HDM(I)=(0.D0,0.D0)
      KALX=(ALX(1)+ALX(2)+ALX(3)+ALX(4))* DEXP(-AK* HB)
      KALY=(ALY(1)+ALY(2)+ALY(3)+ALY(4))* DEXP(-AK* HB)
      KALZ=(ALZ(1)+ALZ(2)+ALZ(3)+ALZ(4))* DEXP(-AK* HB)
```

```
      KAL1=KALX-IM*U*(1.D0-DEXP(-2.D0*AK*HB))/(2.D0*AK2)
      KAL2=AK*KALX+IM*U*(1.D0+DEXP(-2.D0*AK*HB))/(2.D0*AK)
      KAL3=KALY-IM*V*(1.D0-DEXP(-2.D0*AK*HB))/(2.D0*AK2)
      KAL4=AK*KALY+IM*V*(1.D0+DEXP(-2.D0*AK*HB))/(2.D0*AK)
      KAL5=KALZ+(1.D0-DEXP(-2.D0*AK*HB))/(2.D0*AK)
      KAL6=AK*KALZ-(1.D0+DEXP(-2.D0*AK*HB))/2.D0
      HEX(1)= IM*U*(KAL2-0.5D0*IM*U/AK)
      HEX(2)= IM*V*(KAL2-0.5D0*IM*U/AK)
      HEX(3)= AK2*(KAL1+0.5D0*IM*U/AK2)
      HEY(1)= IM*U*(KAL4-0.5D0*IM*V/AK)
      HEY(2)= IM*V*(KAL4-0.5D0*IM*V/AK)
      HEY(3)= AK2*(KAL3+0.5D0*IM*V/AK2)
      HDM(1)= IM*U*(KAL6+0.5D0)
      HDM(2)= IM*V*(KAL6+0.5D0)
      HDM(3)= AK2*(KAL5-0.5D0/AK)
C* * * * * * * * * * * * * * * * * * * * * * * * * * * * * * * * * * * * * * * *
C  CALCULATION OF ELECTROMAGNETIC FIELDS FOR 3 TYPE OF RESOURCES
C* * * * * * * * * * * * * * * * * * * * * * * * * * * * * * * * * * * * * * * *
      EH(1)= HEX(1)
      EH(2)= HEX(2)
      EH(3)= HEX(3)
      EH(4)= HEY(1)
      EH(5)= HEY(2)
      EH(6)= HEY(3)
      EH(7)= HDM(1)
      EH(8)= HDM(2)
      EH(9)= HDM(3)
35    RETURN
      END
C
      SUBROUTINE EHUV1(UU,VV,SIGU,SIGV,NF,EH)
      REAL*8 RXX(5),RYY(5),RZZ(5),RXY(5),RXZ(5),RYZ(5),DL(5),H(5)
      REAL*8 AK2,AK,F,MY0,OM,U,V,UU,VV,SIGU,SIGV
      REAL*8 SB,CB,PI,RK1,RK2,RK3,RK4,LAM,HB
      INTEGER ITEL(5)
      COMPLEX*16 CCC,A(5),EH(27),HEX(3),HEY(3),HDM(3)
      COMPLEX*16 IM,CR1,CR2,KAL1,KAL2,KAL3,KAL4,KAL5,KAL6
      COMPLEX*16 KALX,KALY,KALZ
      COMPLEX*16 DEX(2),DEY(2),DMZ(2)
      COMPLEX*16 ALPHA(4),GAM(4)
      COMPLEX*16 ALX(4),ALY(4),ALZ(4)
      COMMON / PARA / CCC,RXX,RYY,RZZ,RXY,RXZ,RYZ,DL,H,HB,F,NL
```

```
          COMMON / SAR / ITEL
          DATA PI / 3.141592654D0 /
          MY0 = PI* 4.D-7
          IM  = CMPLX(0.D0,1.D0)
          DO 5 I=1,NF
     5    EH(I)=CMPLX(0.D0,0.D0)
          U = UU* SIGU
          V = VV* SIGV
          AK2 = U* U + V* V
          AK = SQRT(AK2)
          OM = 2.D0* PI* F
          CCC = IM* OM* MY0
          SB = V/AK
          CB = U/AK
          IL=1
          IF(ITEL(IL).EQ.0)THEN
          ALPHA(1)=SQRT(AK2+CCC/RXX(IL))
          ALPHA(2)=-ALPHA(1)
          LAM=SQRT(RZZ(IL)/RXX(IL))
          ALPHA(3)=LAM* SQRT(AK2+CCC/RZZ(IL))
          ALPHA(4)=-ALPHA(3)
          ELSE IF(ITEL(IL).NE.0)THEN
          RK1 = SB* SB* RXX(IL)- 2.D0* SB* CB* RXY(IL)+ CB* CB* RYY(IL)
          SCB = SB* SB-CB* CB
          IF(SCB.EQ.0.D0)SCB = 1.D-5
          RK2 = RXY(IL)* SCB + SB* CB* (RXX(IL)-RYY(IL))
          RK3 = AK* (SB* RXZ(IL)- CB* RYZ(IL))
          RK4 = RXX(IL)* RYY(IL)- RXY(IL)* RXY(IL)
          CR1 = 2.D0* IM* AK* (CB* (RXY(IL)* RYZ(IL)- RXZ(IL)* RYY(IL))
         *     + SB* (RXY(IL)* RXZ(IL)- RYZ(IL)* RXX(IL)))
          CR2 = CCC + RZZ(IL)* AK2
    C* * * * * * * * * * * * * * * * * * * * * * * * * * * * * * * * * * * * * * *
    C     KOEFFIZIENTEN DES POLYNOMS 4. GRADES FUER
    C     ALPHA,DAS SICH AUS DEM GEKOPPELTEN
    C     DGLN-SYSTEM ERGIBT
    C     ALPHA NEGATIV:ABKLINGEN IN POSITIVER Z-RICHTUNG
    C* * * * * * * * * * * * * * * * * * * * * * * * * * * * * * * * * * * * * * *
          A(1)= RK1* RK4
          A(2)= -RK1* CR1
          A(3)= RK1* (RK3* RK3 - RK1* CR2 - AK2* RK4)- CCC* (RK4 + RK2* RK2)
          A(4)= CR1* (AK2* RK1 + CCC)+ 2.* OM* MY0* RK2* RK3
          A(5)= RK1* (AK2* (RK1* CR2 - RK3* RK3)+ CCC* CR2)
```

```
C* * * * * * * * * * * * * * * * * * * * * * * * * * * * * * * * * * * * * * *
C      LOESUNGEN DER GLEICHUNG 4.GRADES
C* * * * * * * * * * * * * * * * * * * * * * * * * * * * * * * * * * * * * * *
       CALL GRAD4(A,ALPHA)
C* * * * * * * * * * * * * * * * * * * * * * * * * * * * * * * * * * * * * * *
C      SORTIEREN DER LOESUNGEN NACH DER GROESSE
C      DES REALTEILS VON GROESSEREN ZUR KLEINEN
C* * * * * * * * * * * * * * * * * * * * * * * * * * * * * * * * * * * * * * *
       CALL PIKSRT(4,ALPHA)
C      PRINT* ,ALPHA(1)
C      PRINT* ,ALPHA(2)
C      PRINT* ,ALPHA(3)
C      PRINT* ,ALPHA(4)
C* * * * * * * * * * * * * * * * * * * * * * * * * * * * * * * * * * * * * * *
C      CALCULATION OF MATRIX:K11(2,2),K12(2,2)
C                            ALPHA1(4),GAM(4)
C* * * * * * * * * * * * * * * * * * * * * * * * * * * * * * * * * * * * * * *
       DO 77 IA=1,4
       IF(CDABS(ALPHA(IA)* RK2+IM* RK3).NE.0.D0)THEN
       GAM(IA)=(CCC+RK1* (AK2-ALPHA(IA)* ALPHA(IA)))
     *       /(ALPHA(IA)* RK2+IM* RK3)
       ELSE
       GAM(IA)=(OM* MY0* RK3-CCC* ALPHA(IA)* RK2)/(RK3* RK3-RK1* CR2
     *       +ALPHA(IA)* (ALPHA(IA)* RK4-CR1))
       END IF
77     CONTINUE
       END IF


C* * * * * * * * * * * * * * * * * * * * * * * * * * * * * * * * * * * * * * *
C      CALCULATION OF 3 TYPE OF RESOURCEN:DX,DY,MZ
C* * * * * * * * * * * * * * * * * * * * * * * * * * * * * * * * * * * * * * *
       DEX(1)=-IM* CB* DEXP(-AK* HB)
       DEX(2)=(0.D0,0.D0)
       DEY(1)=-IM* SB* DEXP(-AK* HB)
       DEY(2)=(0.D0,0.D0)
       DMZ(1)=CMPLX(1.D0,0.D0)* DEXP(-AK* HB)
       DMZ(2)=(0.D0,0.D0)
C* * * * * * * * * * * * * * * * * * * * * * * * * * * * * * * * * * * * * * *
       IF(ITEL(1).EQ.0)THEN
       ALX(1)= DEX(1)/(AK+ALPHA(1))
       ALX(2)=(0.D0,0.D0)
       ALX(3)=(0.D0,0.D0)
```

```
      ALX(4)=(0.D0,0.D0)
      ALY(1)= DEY(1)/(AK+ALPHA(1))
      ALY(2)=(0.D0,0.D0)
      ALY(3)=(0.D0,0.D0)
      ALY(4)=(0.D0,0.D0)
      ALZ(1)= DMZ(1)/(AK+ALPHA(1))
      ALZ(2)=(0.D0,0.D0)
      ALZ(3)=(0.D0,0.D0)
      ALZ(4)=(0.D0,0.D0)
      ELSE IF(ITEL(1).NE.0)THEN
   ALX(1)=GAM(2)* DEX(1)/(GAM(2)* (AK+ALPHA(1))-GAM(1)* (AK+ALPHA(2)))
   ALX(2)=-GAM(1)* DEX(1)/(GAM(2)* (AK+ALPHA(1))-GAM(1)* (AK+ALPHA(2)))
      ALX(3)=(0.D0,0.D0)
      ALX(4)=(0.D0,0.D0)
   ALY(1)=GAM(2)* DEY(1)/(GAM(2)* (AK+ALPHA(1))-GAM(1)* (AK+ALPHA(2)))
   ALY(2)=-GAM(1)* DEY(1)/(GAM(2)* (AK+ALPHA(1))-GAM(1)* (AK+ALPHA(2)))
      ALY(3)=(0.D0,0.D0)
      ALY(4)=(0.D0,0.D0)
   ALZ(1)=GAM(2)* DMZ(1)/(GAM(2)* (AK+ALPHA(1))-GAM(1)* (AK+ALPHA(2)))
   ALZ(2)=-GAM(1)* DMZ(1)/(GAM(2)* (AK+ALPHA(1))-GAM(1)* (AK+ALPHA(2)))
      ALZ(3)=(0.D0,0.D0)
      ALZ(4)=(0.D0,0.D0)
      END IF
C* * * * * * * * * * * * * * * * * * * * * * * * * * * * * * * * * * * * *
C     CALCULATION OF MAGNETIC FIELD
C     IN WAVE-DOMAIN
C* * * * * * * * * * * * * * * * * * * * * * * * * * * * * * * * * * * * *
      DO 361 I=1,3
      HEX(I)=(0.D0,0.D0)
      HEY(I)=(0.D0,0.D0)
361   HDM(I)=(0.D0,0.D0)
      KALX=(ALX(1)+ALX(2)+ALX(3)+ALX(4))* DEXP(-AK* HB)
      KALY=(ALY(1)+ALY(2)+ALY(3)+ALY(4))* DEXP(-AK* HB)
      KALZ=(ALZ(1)+ALZ(2)+ALZ(3)+ALZ(4))* DEXP(-AK* HB)
      KAL1=KALX-IM* U* (1.D0-DEXP(-2.D0* AK* HB))/(2.D0* AK2)
      KAL2=AK* KALX+IM* U* (1.D0+DEXP(-2.D0* AK* HB))/(2.D0* AK)
      KAL3=KALY-IM* V* (1.D0-DEXP(-2.D0* AK* HB))/(2.D0* AK2)
      KAL4=AK* KALY+IM* V* (1.D0+DEXP(-2.D0* AK* HB))/(2.D0* AK)
      KAL5=KALZ+(1.D0-DEXP(-2.D0* AK* HB))/(2.D0* AK)
      KAL6=AK* KALZ-(1.D0+DEXP(-2.D0* AK* HB))/2.D0
      HEX(1)= IM* U* (KAL2-0.5D0* IM* U/AK)
      HEX(2)= IM* V* (KAL2-0.5D0* IM* U/AK)
```

```
      HEX(3)= AK2* (KAL1+0.5D0* IM* U/AK2)
      HEY(1)= IM* U* (KAL4-0.5D0* IM* V/AK)
      HEY(2)= IM* V* (KAL4-0.5D0* IM* V/AK)
      HEY(3)= AK2* (KAL3+0.5D0* IM* V/AK2)
      HDM(1)= IM* U* (KAL6+0.5D0)
      HDM(2)= IM* V* (KAL6+0.5D0)
      HDM(3)= AK2* (KAL5-0.5D0/AK)
C* * * * * * * * * * * * * * * * * * * * * * * * * * * * * * * * * * * * * * *
C   CALCULATION OF ELECTROMAGNETIC FIELDS FOR 3 TYPE RESOURCES
C* * * * * * * * * * * * * * * * * * * * * * * * * * * * * * * * * * * * * * *
      EH(1)= HEX(1)
      EH(2)= HEX(2)
      EH(3)= HEX(3)
      EH(4)= HEY(1)
      EH(5)= HEY(2)
      EH(6)= HEY(3)
      EH(7)= HDM(1)
      EH(8)= HDM(2)
      EH(9)= HDM(3)
35    RETURN
      END
C
      SUBROUTINE MINV41(A,B,C,N,ND)
C* * * * * * * * * * * * * * * * * * * * * * * * * * * * * * * * * * * * * * *
C     SOLUTION OF THE MATRIX EQUATION      (ND. GE. N)
C* * * * * * * * * * * * * * * * * * * * * * * * * * * * * * * * * * * * * * *
      COMPLEX* 16 A(ND,ND),B(ND),C(ND)
      COMPLEX* 16 X(10),Y(10),A1(10,10)
      REAL* 8 SCALE(10)
      DIMENSION IPS(10)
      DO 5 I=1,N
      DO 5 J=1,N
5     A1(I,J)=A(I,J)
      CALL DECOMP(N,ND,A,IPS,SCALE,ILL)
      DO 2 I=1,N
      Y(I)=B(I)
2     CONTINUE
      CALL SOLVE(N,ND,A,IPS,Y,X)
      DO 3 I=1,N
      C(I)=X(I)
3     CONTINUE
      DO 6 I=1,N
```

```
       DO 6 J=1,N
       A(I,J)=A1(I,J)
6      CONTINUE
       END
C
       SUBROUTINE MINVES4(A,B,C,N,ND)
C* * * * * * * * * * * * * * * * * * * * * * * * * * * * * * * * * * * * * * * * *
C      SOLUTION OF THE MATRIX EQUATION    (ND. GE. N)
C* * * * * * * * * * * * * * * * * * * * * * * * * * * * * * * * * * * * * * * * *
       COMPLEX* 16 A(ND,ND),B(ND,ND),C(ND,ND)
       COMPLEX* 16 X(10),Y(10),A1(10,10)
       REAL* 8 SCALE(10)
       DIMENSION IPS(10)
       DO 5 I=1,N
       DO 5 J=1,N
5      A1(I,J)=A(I,J)
       CALL DECOMP(N,ND,A,IPS,SCALE,ILL)
       DO 1 J=1,N
       DO 2 I=1,N
       Y(I)=B(I,J)
2      CONTINUE
       CALL SOLVE(N,ND,A,IPS,Y,X)
       DO 3 I=1,N
       C(I,J)=X(I)
3      CONTINUE
1      CONTINUE
       DO 6 I=1,N
       DO 6 J=1,N
       A(I,J)=A1(I,J)
6      CONTINUE
       END
C
       SUBROUTINE MINVES2(A,B,C)
       COMPLEX* 16 A(2,2),A1(2,2),B(2),C(2)
       REAL* 8 SCALE(2)
       DIMENSION IPS(2)
       DO 1 I=1,2
       DO 1 J=1,2
1      A1(I,J)=A(I,J)
       CALL DECOMP(2,2,A,IPS,SCALE,ILL)
       CALL SOLVE(2,2,A,IPS,B,C)
       DO 2 I=1,2
```

```
         DO 2 J=1,2
2        A(I,J)=A1(I,J)
         END


         SUBROUTINE DECOMP(N,ND,A,IPS,SCALE,ILL)
C* * * * * * * * * * * * * * * * * * * * * * * * * * * * * * * * * * * *
C        LU-DECOMPOSITION OF A COMPLEX MATRIX AFTER FORSYTHE &
C        MOHLER FORMAL PARAMETERS:
C        N:ACTUAL NUMBER OF ROWS AND COLUMNS OF MATRIX A -- INPUT
C        ND:DIMENSIONS OF A(ND. GE. N)-- INPUT
C        A(N,N):COMPLEX MATRIX TO BE DECOMPOSED -- INPUT. ON OUTPUT
C        A IS OVERWRITTEN BY THE UPPER TRIANGULAR MATRIX U AND
C        LOWER TRIANGULAR MATRIX L,SATISFYING A=L* U. THE
C        "ONE"S IN THE DIAGONAL OF L ARE OMITTED.
C        SCALE(N):REAL 1D-ARRAY OF MINIMUM DIMENSION N(WORK SPACE)
C        IPS(N):INTEGER 1D-ARRAY FOR PIVOTTING INFORMATION -- OUTPUT
C        ILL:SINGULARITY INDICATOR( =0,IF A IS NON-SINGULAR, =1 OR =2,
C        IF A IS SINGULAR.
C* * * * * * * * * * * * * * * * * * * * * * * * * * * * * * * * * * * *
         DIMENSION IPS(ND)
         REAL* 8 SCALE(ND),ROWNRM,BIG,SIZE
         COMPLEX* 16 A(ND,ND),PIVOT,EM
C        INITIALIZATION OF IPS AND SCALE
         ILL=0
         DO 50 I=1,N
         IPS(I)=I
         ROWNRM=0. D0
         DO 20 J=1,N
         IF(ROWNRM-ABS(A(I,J)))10,20,20
10       ROWNRM=ABS(A(I,J))
20       CONTINUE
         IF(ROWNRM)30,40,30
30       SCALE(I)=1. D0/ROWNRM
         GOTO 50
40       ILL=1
         SCALE(I)=0. D0
50       CONTINUE
C        GAUSS-ELIMINATION WITH PARTIAL PIVOTTING
         NM1 =N-1
         DO 130 K=1,NM1
         BIG=0. D0
         DO 70 I=K,N
```

```
         IP=IPS(I)
         SIZE=ABS(A(IP,K))* SCALE(IP)
         IF(SIZE-BIG)70,70,60
  60     BIG=SIZE
         IDXPIV=I
  70     CONTINUE
         IF(BIG)90,80,90
  80     ILL=2
         GOTO 130
  90     IF(IDXPIV-K)100,110,100
 100     J=IPS(K)
         IPS(K)=IPS(IDXPIV)
         IPS(IDXPIV)=J
 110     KP=IPS(K)
         PIVOT=A(KP,K)
         KP1=K+1
         DO 120 I=KP1,N
         IP=IPS(I)
         EM=-A(IP,K)/PIVOT
         A(IP,K)=-EM
         DO 120 J=KP1,N
         A(IP,J)=A(IP,J)+EM* A(KP,J)
 120     CONTINUE
 130     CONTINUE
         KP=IPS(N)
         IF(ABS(A(KP,N)))150,140,150
 140     ILL=2
 150     RETURN
         END
C
         SUBROUTINE SOLVE(N,ND,A,IPS,B,X)
C* * * * * * * * * * * * * * * * * * * * * * * * * * * * * * * * * * * * * *
C    SOLUTION OF A SYSTEM OF COMPLEX LINEAR EQUATIONS AFTER LU-
C    DECOMPOSITION OF THE SYSTEM MATRIX IN SUBROUTINE DECOMP.
C    METHOD OF SOLUTION:A* X=B > L* U* X=B > L* W=B AND U* X=W,
C    WHERE X,B,AND W ARE VECTORS.
C    FORMAL PARAMETERS:
C    N:ACTUAL NUMBER OF EQUATIONS -- INPUT
C    ND:FIRST DIMENSION OF MATRIX A -- INPUT
C    A(N,N):COMPLEX MATRIX A CONTAINING L AND U -- INPUT
C    IPS(N):INTEGER 1D-ARRAY FOR PIVOTTING INFORMATION -- INPUT
C    B(N):RIGHT HAND SIDE VECTOR -- INPUT
```

```
c     X(N):SOLUTION VECTOR -- OUTPUT
c* * * * * * * * * * * * * * * * * * * * * * * * * * * * * * * * * * * *
      COMPLEX* 16 A(ND,ND),B(ND),X(ND),SUM
      DIMENSION IPS(ND)
      NP1=N+1
      IP=IPS(1)
      X(1)=B(IP)
      DO 20 I=2,N
      IP=IPS(I)
      IM1=I-1
      SUM=(0.D0,0.D0)
      DO 10 J=1,IM1
10    SUM=SUM+A(IP,J)* X(J)
20    X(I)=B(IP)-SUM
      IP=IPS(N)
      X(N)=X(N)/A(IP,N)
      DO 40 IBACK=2,N
      I=NP1-IBACK
      IP=IPS(I)
      IP1=I+1
      SUM=(0.D0,0.D0)
      DO 30 J=IP1,N
30    SUM=SUM+A(IP,J)* X(J)
40    X(I)=(X(I)-SUM)/A(IP,I)
      RETURN
      END
c
c

      SUBROUTINE MMULTI(A,B,C,N)
c* * * * * * * * * * * * * * * * * * * * * * * * * * * * * * * * * * * *
c     PRODUCT OF 2 MATRIXES  A(N,N)*  B(N,N)
c* * * * * * * * * * * * * * * * * * * * * * * * * * * * * * * * * * * *
      COMPLEX* 16 A(N,N),B(N,N),C(N,N)
      DO 3 I=1,N
      DO 3 J=1,N
3     C(I,J)=(0.D0,0.D0)
      DO 1 I=1,N
      DO 1 J=1,N
      DO 1 K=1,N
      C(I,J)=C(I,J)+A(I,K)* B(K,J)
1     CONTINUE
      END
```

```
C
      SUBROUTINE GRAD4(A,X)
C* * * * * * * * * * * * * * * * * * * * * * * * * * * * * * * * * * * * * * * *
C     BERECHNUNG DER WURZELN EINER GLEICHUNG 4. GRADES
C     A(1)* X* * 4 +A(2)* X* * 3 +A(3)* X* * 2 +A(4)* X +A(5)= 0
C     NACH BRONSTEIN S.185
C     DIE WURZELN STEHEN IN X(1)...X(4)
C* * * * * * * * * * * * * * * * * * * * * * * * * * * * * * * * * * * * * * * *
      COMPLEX* 16 A(5),X(4),Y(3),CSQRT3
      COMPLEX* 16 PY,QY,RY,PK,QK,RK,PZ,QZ,U,V,D,UMV,SU,PR
      REAL* 8 SQ3,EPS
      INTEGER I
      SQ3 =1.73205081D0
C* * * * * * * * * * * * * * * * * * * * * * * * * * * * * * * * * * * * * * * *
C     REDUZIERTE GLEICHUNG DURCH DIE SUBSTITUTION
C     X=Y-A(2)/4./A(1):  Y* * 4 + PY* Y* * 2 + QY* Y + RY = 0
C* * * * * * * * * * * * * * * * * * * * * * * * * * * * * * * * * * * * * * * *
      DO 10 I=2,5
10    A(I)=A(I)/A(1)
      PY = -3.D0/8.D0* A(2)* A(2)+A(3)
      QY =(A(2)* A(2)/8.D0-A(3)/2.D0)* A(2)+A(4)
      RY =((-3.D0/256.D0* A(2)* A(2)+A(3)/16.D0)* A(2)
     *    - A(4)/4.D0)* A(2)+A(5)
C* * * * * * * * * * * * * * * * * * * * * * * * * * * * * * * * * * * * * * * *
C     WURZELN DER KUBISCHEN RESOLVENTEN
C     Y* * 3 +2.* PY* Y* * 2 +(PY* PY-4.* RY)* Y - QY* QY = 0
C     SIND Y(1)* * 2...Y(3)* * 2
C* * * * * * * * * * * * * * * * * * * * * * * * * * * * * * * * * * * * * * * *
      PK = 2.D0* PY
      QK = PY* PY - 4.D0* RY
      RK = -QY* QY
C* * * * * * * * * * * * * * * * * * * * * * * * * * * * * * * * * * * * * * * *
C     REDUZIERTE GLEICHUNG DURCH DIE SUBSTITUTION
C     Y=Z-PK/3.:  Z* * 3 + PZ* Z +QZ = 0
C* * * * * * * * * * * * * * * * * * * * * * * * * * * * * * * * * * * * * * * *
      PZ = QK - PK* PK/3.D0
      QZ =(2.D0/27.D0* PK* PK - QK/3.D0)* PK +RK
      D  = SQRT(PZ* PZ* PZ/27.D0 + QZ* QZ/4.D0)
      U  =(-QZ/2.D0 +D)
      U  = CSQRT3(U)
      V  = -PZ/3.D0/U
      Y(1)= U+V
```

```
        UMV  =(U-V)/2.D0* SQ3* CMPLX(0.D0,1.D0)
        Y(2)= -Y(1)/2.D0 + UMV
        Y(3)= -Y(1)/2.D0 - UMV
c       PR=Y(1)* Y(2)* Y(3)
        SU=Y(1)+Y(2)+Y(3)
        EPS =(ABS(Y(1))+ABS(Y(2))+ABS(Y(3)))* 1.D-5
        IF(ABS(SU).GT.EPS)WRITE(* ,* )'ACHTUNG FALSCHE WURZEL '
        DO 15 I=1,3
15      Y(I)= Y(I)- PK/3.D0
        DO 20 I=1,3
20      Y(I)= SQRT(Y(I))
c* * * * * * * * * * * * * * * * * * * * * * * * * * * * * * * * * * * * *
c       LOESUNGEN DER RED.GLEICHUNG 4.GRADES:
c* * * * * * * * * * * * * * * * * * * * * * * * * * * * * * * * * * * * *
        PR=Y(1)* Y(2)* Y(3)
        IF(DREAL(PR* CONJG(QY)).LT.0.D0)Y(1)= -Y(1)
        X(1)=(Y(1)+Y(2)-Y(3))/2.D0
        X(2)=(Y(1)-Y(2)+Y(3))/2.D0
        X(3)=(-Y(1)+Y(2)+Y(3))/2.D0
        X(4)=(-Y(1)-Y(2)-Y(3))/2.D0
        DO 30 I=1,4
30      X(I)= X(I)- A(2)/4.D0
        CALL POLISH(X,A)
        RETURN
        END
c
c
        FUNCTION CSQRT3(Z)
        COMPLEX* 16 CSQRT3,Z
        REAL* 8 B,P,RE,RIM
        B = ABS(Z)
        P = ATAN2(DIMAG(Z),DREAL(Z))
        B = B* * (1.D0/3.D0)
        P = P/3.D0
        RE  = B* COS(P)
        RIM = B* SIN(P)
        CSQRT3 = CMPLX(RE,RIM)
        RETURN
        END
c
c
        SUBROUTINE POLISH(X,A)
```

```
C* * * * * * * * * * * * * * * * * * * * * * * * * * * * * * * * * * * * * * * * * *
C      NACHITERIEREN DER ANALYTISCHEN LOESUNGEN
C      DES POLYNOMS 4.GRADES NACH DER NEWTON-
C      METHODE ZUR REDUKTION DER UNGENAUIGKEITEN
C* * * * * * * * * * * * * * * * * * * * * * * * * * * * * * * * * * * * * * * * * *
       COMPLEX* 16 X(4),A(5),Z0,Z1,F,DF4
       INTEGER I,J,MAXIT
       MAXIT=10
C* * * * * * * * * * * * * * * * * * * * * * * * * * * * * * * * * * * * * * * * * *
C      ALLE 4 LOESUNGEN
C* * * * * * * * * * * * * * * * * * * * * * * * * * * * * * * * * * * * * * * * * *
       DO 310 I=1,4
       Z0=X(I)
       F=(((Z0+A(2))* Z0+A(3))* Z0+A(4))* Z0+A(5)
       DO 300 J=1,MAXIT
       DF4=((4.D0* Z0+3.D0* A(2))* Z0+2.D0* A(3))* Z0+A(4)
       Z1=Z0-F/DF4
       F=(((Z1+A(2))* Z1+A(3))* Z1+A(4))* Z1+A(5)
       Z0=Z1
300    CONTINUE
310    X(I)=Z1
       RETURN
       END
C
       FUNCTION F4(A,Z)
C* * * * * * * * * * * * * * * * * * * * * * * * * * * * * * * * * * * * * * * * * *
C      FUNKTIONSWERT DES POLYNOMS
C* * * * * * * * * * * * * * * * * * * * * * * * * * * * * * * * * * * * * * * * * *
       COMPLEX* 16 F4,Z,A(5)
       F4=(((Z+A(2))* Z+A(3))* Z+A(4))* Z+A(5)
       RETURN
       END
C
C
       FUNCTION DF4(A,Z)
C* * * * * * * * * * * * * * * * * * * * * * * * * * * * * * * * * * * * * * * * * *
C      WERT DER ABLEITUNG DES POLYNOMS
C* * * * * * * * * * * * * * * * * * * * * * * * * * * * * * * * * * * * * * * * * *
       COMPLEX* 16 DF4,Z,A(5)
       DF4=((4.D0* Z+3.D0* A(2))* Z+2.D0* A(3))* Z+A(4)
       RETURN
       END
```

```
c
      SUBROUTINE PIKSRT(N,ARR)
c* * * * * * * * * * * * * * * * * * * * * * * * * * * * * * * * * * * *
c     SORTIEREN
c* * * * * * * * * * * * * * * * * * * * * * * * * * * * * * * * * * * *
      COMPLEX* 16 ARR(N),A
      DO 12 J=2,N
      A=ARR(J)
      DO 11 I=J-1,1,-1
      IF(DREAL(ARR(I)).GE.DREAL(A))GO TO 10
      ARR(I+1)=ARR(I)
11    CONTINUE
      I=0
10    ARR(I+1)=A
12    CONTINUE
      RETURN
      END
c
      SUBROUTINE EIN(NL,RXX,RYY,RZZ,RXY,RXZ,RYZ,DL,NFREQ,
     *              F,DH,DM,RTR,PTR,HB)
c* * * * * * * * * * * * * * * * * * * * * * * * * * * * * * * * * * * *
c     READING OF PARAMETERS
c* * * * * * * * * * * * * * * * * * * * * * * * * * * * * * * * * * * *
      REAL* 8 RXX(5),RYY(5),RZZ(5),RXY(5),RXZ(5),RYZ(5),DL(5)
      REAL* 8 F,DH,DM,RTR,PTR,HB
      INTEGER NFREQ,NL
      WRITE(* ,* )' TX-RX SEPARATION AND THE FLIGHT DIRECTION'
      READ(4,* )  RTR
      read(4,* )  ptr
      WRITE(* ,* )' HEIGHT OF THE BIRD'
      READ(4,* )  HB
      WRITE(* ,* )' NUMBER OF LAYERS'
      READ(4,* )  NL
      WRITE(* ,* )' RESISTIVITY TENSOR(IN OHM* METER)'
      DO 101 I=1,NL
      WRITE(* ,10)' RHOXX,RHOYY,RHOZZ   I = ',I
10    FORMAT(1X,A,I1)
      READ(4,* )  RXX(I),RYY(I),RZZ(I)
      WRITE(* ,* )' RHOXY,RHOXZ,RHOYZ '
      READ(4,* )  RXY(I),RXZ(I),RYZ(I)
101   CONTINUE
      WRITE(* ,* )' THICKNESS OF LAYERS(IN METYER)'
```

```
        READ(4,*)  (DL(I),I=1,NL-1)
        WRITE(*,*)'MOMENT IN HORIZONTAL AND VERTICAL DIRECTION'
        WRITE(*,*)'DH,DM(IN AMPERE* METER^2)'
        READ(4,*)  DH,DM
        WRITE(*,*)'NUMBER OF FREQ.(4 PER DECADE),LOWEST FREQUENCY'
        READ(4,*)  NFREQ,F
        CLOSE(4)
        RETURN
        END
C
        SUBROUTINE FILCO(NC,NC0,HC,HS,Q)
C* * * * * * * * * * * * * * * * * * * * * * * * * * * * * * * * * * * * * * * * * * * *
C     FILTER COEFFICIENTS FOR FAST HANKEL TRANSFORM
C     10 DATA POINTS PER DECADE
C     COEFFICIENT H(NC0)REFERS TO ZERO ARGUMENT
C     NC=NUMBER OF COEFFICIENTS
C     HS:  NY=+0.5
C     HC:  NY=-0.5
C* * * * * * * * * * * * * * * * * * * * * * * * * * * * * * * * * * * * * * * * * * * *
        REAL* 8 HSIN1(57),HSIN2(57),HSIN3(57)
        REAL* 8 HCOS1(57),HCOS2(57),HCOS3(57)
        REAL* 8 HS(171),HC(171),Q
        INTEGER N,N0,NC,NC0
        DATA N,N0,HCOS1/ 171,138,
     +  .259500342679D-07,  .291164173384D-07,  .326691575769D-07,
     +  .366553976877D-07,  .411280326554D-07,  .461464116285D-07,
     +  .517771254470D-07,  .580948902622D-07,  .651835389749D-07,
     +  .731371336465D-07,  .820612136461D-07,  .920741960934D-07,
     +  .103308947182D-06,  .115914545232D-06,  .130058258873D-06,
     +  .145927766590D-06,  .163733647109D-06,  .183712173646D-06,
     +  .206128449111D-06,  .231279923859D-06,  .259500342679D-06,
     +  .291164173384D-06,  .326691575769D-06,  .366553976877D-06,
     +  .411280326554D-06,  .461464116285D-06,  .517771254470D-06,
     +  .580948902622D-06,  .651835389749D-06,  .731371336465D-06,
     +  .820612136461D-06,  .920741960934D-06,  .103308947182D-05,
     +  .115914545232D-05,  .130058258873D-05,  .145927766590D-05,
     +  .163733647109D-05,  .183712173646D-05,  .206128449111D-05,
     +  .231279923859D-05,  .259500342679D-05,  .291164173384D-05,
     +  .326691575769D-05,  .366553976877D-05,  .411280326554D-05,
     +  .461464116285D-05,  .517771254470D-05,  .580948902622D-05,
     +  .651835389749D-05,  .731371336465D-05,  .820612136461D-05,
     +  .920741960934D-05,  .103308947182D-04,  .115914545232D-04,
```

```
+  .130058258873D-04,  .145927766590D-04,  .163733647109D-04/
    DATA HCOS2/
+  .183712173646D-04,  .206128449111D-04,  .231279923859D-04,
+  .259500342679D-04,  .291164173384D-04,  .326691575769D-04,
+  .366553976877D-04,  .411280326554D-04,  .461464116285D-04,
+  .517771254470D-04,  .580948902622D-04,  .651835389749D-04,
+  .731371336465D-04,  .820612136461D-04,  .920741960934D-04,
+  .103308947182D-03,  .115914545232D-03,  .130058258873D-03,
+  .145927766590D-03,  .163733647109D-03,  .183712173646D-03,
+  .206128449111D-03,  .231279923859D-03,  .259500342679D-03,
+  .291164173383D-03,  .326691575767D-03,  .366553976874D-03,
+  .411280326549D-03,  .461464116276D-03,  .517771254454D-03,
+  .580948902593D-03,  .651835389697D-03,  .731371336373D-03,
+  .820612136298D-03,  .920741960643D-03,  .103308947130D-02,
+  .115914545141D-02,  .130058258710D-02,  .145927766299D-02,
+  .163733646592D-02,  .183712172728D-02,  .206128447477D-02,
+  .231279920954D-02,  .259500337514D-02,  .291164164198D-02,
+  .326691559433D-02,  .366553947828D-02,  .411280274897D-02,
+  .461464024424D-02,  .517771091115D-02,  .580948612131D-02,
+  .651834873174D-02,  .731370417851D-02,  .820610502909D-02,
+  .920739056022D-02,  .103308430608D-01,  .115913626620D-01/
    DATA HCOS3/
+  .130056625324D-01,  .145924861687D-01,  .163728481388D-01,
+  .183702987583D-01,  .206112113797D-01,  .231250875347D-01,
+  .259448686899D-01,  .291072316863D-01,  .326528233965D-01,
+  .366263524338D-01,  .410763859004D-01,  .460545809342D-01,
+  .516138554416D-01,  .578046425265D-01,  .646676422866D-01,
+  .722204506638D-01,  .804330486817D-01,  .891845874538D-01,
+  .981859500434D-01,  .106849484758D0 ,  .114060848626D0 ,
+  .117832155689D0  ,  .114729689625D0 ,  .992709981869D-01,
+  .632015229008D-01,-.317381403501D-02,  -.107134693681D0 ,
+  -.234714447987D0 ,  -.328175373279D0 ,  -.240794129809D0 ,
+  .111822242750D0 ,  .486556000145D0 ,  -.109625972629D0 ,
+  -.348297834458D0 ,  .368401076865D0 ,  -.227758998451D0 ,
+  .114793167217D0 ,  -.509772030675D-01,.208350358363D-01,
+ -.831772601363D-02,  .331263119658D-02,-.131886173064D-02,
+  .525054499615D-03,-.209028097957D-03,  .832156072568D-04,
+ -.331287320922D-04,  .131887862168D-04,-.525055050353D-05,
+  .209028185871D-05,-.832156217778D-06,  .331287365810D-06,
+ -.131887879223D-06,  .525055117736D-07,-.209028212664D-07,
+  .832156324423D-08,-.331287408265D-08,  .131887896125D-08/
    DATA HSIN1/
```

```
+   .517794961919D-21，.731377633195D-21，.103312555712D-20，
+   .145930144681D-20，.206134527347D-20，.291170040027D-20，
+   .411291332501D-20，.580961729842D-20，.820632974484D-20，
+   .115917216772D-19，.163737692668D-19，.231285366454D-19，
+   .326699535548D-19，.461475087863D-19，.651851159423D-19，
+   .920763964282D-19，.130061394119D-18，.183716575109D-18，
+   .259506587101D-18，.366562770167D-18，.517783702512D-18，
+   .731388892602D-18，.103311429771D-17，.145931270621D-17，
+   .206133401406D-17，.291171165968D-17，.411290206560D-17，
+   .580962855783D-17，.820631848543D-17，.115917329366D-16，
+   .163737580074D-16，.231285479048D-16，.326699422954D-16，
+   .461475200457D-16，.651851046829D-16，.920764076876D-16，
+   .130061382860D-15，.183716586368D-15，.259506575842D-15，
+   .366562781426D-15，.517783691253D-15，.731388903861D-15，
+   .103311428645D-14，.145931271747D-14，.206133400280D-14，
+   .291171167094D-14，.411290205434D-14，.580962856909D-14，
+   .820631847417D-14，.115917329479D-13，.163737579961D-13，
+   .231285479161D-13，.326699422841D-13，.461475200569D-13，
+   .651851046717D-13，.920764076989D-13，.130061382849D-12/
    DATA HSIN2/
+   .183716586379D-12，.259506575831D-12，.366562781437D-12，
+   .517783691242D-12，.731388903872D-12，.103311428644D-11，
+   .145931271748D-11，.206133400279D-11，.291171167095D-11，
+   .411290205433D-11，.580962856910D-11，.820631847416D-11，
+   .115917329479D-10，.163737579961D-10，.231285479161D-10，
+   .326699422841D-10，.461475200569D-10，.651851046717D-10，
+   .920764076989D-10，.130061382849D-09，.183716586379D-09，
+   .259506575831D-09，.366562781437D-09，.517783691241D-09，
+   .731388903871D-09，.103311428644D-08，.145931271748D-08，
+   .206133400278D-08，.291171167093D-08，.411290205429D-08，
+   .580962856900D-08，.820631847395D-08，.115917329474D-07，
+   .163737579950D-07，.231285479137D-07，.326699422787D-07，
+   .461475200448D-07，.651851046444D-07，.920764076378D-07，
+   .130061382712D-06，.183716586073D-06，.259506575145D-06，
+   .366562779903D-06，.517783687806D-06，.731388896181D-06，
+   .103311426922D-05，.145931267893D-05，.206133391649D-05，
+   .291171147774D-05，.411290162180D-05，.580962760077D-05，
+   .820631630636D-05，.115917280947D-04，.163737471314D-04，
+   .231285235927D-04，.326698878314D-04，.461473981509D-04/
    DATA HSIN3/
+   .651848317625D-04，.920757967209D-04，.130060015068D-03，
+   .183713524237D-03，.259499720743D-03，.366547434442D-03，
```

```
     +  .517749334945D-03, .731311987851D-03, .103294210300D-02,
     +  .145892724070D-02, .206047111135D-02, .290977993007D-02,
     +  .410857820363D-02, .579994976844D-02, .818465840921D-02,
     +  .115432602161D-01, .162653317009D-01, .228860666632D-01,
     +  .321281643059D-01, .449379998548D-01, .624902882686D-01,
     +  .860865620755D-01, .116809921757D0 , .154586801861D0  ,
     +  .196195153208D0 , .231231237857D0 , .236518088798D0  ,
     +  .171291951110D0 ,-.645790470597D-02,-.273842473844D0  ,
     + -.390681667906D0 , .708641632673D-02, .533201091514D0  ,
     + -.361252925698D0 , .678925637009D-01, .332105052940D-01,
     + -.296294259795D-01, .129972316041D-01,-.496811459644D-02,
     +  .195315268353D-02,-.776224370853D-03, .308940235247D-03,
     + -.122981659654D-03, .489608513416D-04,-.194916454517D-04,
     +  .775976269137D-05,-.308921716463D-05, .122983953087D-05,
     + -.489607948085D-06, .194916439867D-06,-.775976343574D-07,
     +  .308921754474D-07,-.122983968748D-07, .489608010766D-08,
     + -.194916464842D-08, .775976443014D-09,-.308921794062D-09/
C* * * * * * * * * * * * * * * * * * * * * * * * * * * * * * * * * * * * *
C    COMBINATION OF COEIFFICIENTS OF HANKEL TRANSFORMATION
C* * * * * * * * * * * * * * * * * * * * * * * * * * * * * * * * * * * * *
      NC=N
      NC0=N0
      DO 50 I=1,57
      HC(I)    =HCOS1(I)
      HC(I+57)=HCOS2(I)
      HC(I+114)=HCOS3(I)
      HS(I)    =HSIN1(I)
      HS(I+57)=HSIN2(I)
50    HS(I+114)=HSIN3(I)
      Q=10.D0* * (0.1D0)
      RETURN
      END
```

附录4 任意两个环形线圈互感计算程序

```fortran
c* * * * * * * * * * * * * * * * * * * * * * * * * * * * * * * * * * * * * *
c  Program for calculating mutual inductance between 2 arbitrarily-oriented wire loops
c* * * * * * * * * * * * * * * * * * * * * * * * * * * * * * * * * * * * * *
      print* ,'input loop_1 turns and radius'           ! Centered at(0. ,0. ,0. )
      read(* ,* )n1,r1
      print* ,'input loop_2 turns,radius,center location(xr,yr,zr)'
      read(* ,* )n2,r2,xr,yr,zr
      print* ,'input loop_2 orientations alpha,beta,gamma wrt. loop_1 '
      read(* ,* )alpha,beta,gamma
      call Mutual_Inductance(n1,n2,r1,r2,xr,yr,zr,smi,alpha,beta,gamma)
      write(* ,100)smi
100 format(1x,'mutual inductance =',e15.5)
      end


Subroutine Mutual_Inductance(n1,n2,r1,r2,xr,yr,zr,smi,al,be,ga)
c* * * * * * * * * * * * * * * * * * * * * * * * * * * * * * * * * * * * * *
c     Program to calculate the mutual-inductance between two arbitrarily
c     oriented loops in the air. The program works for all combinations of
c     coil positions except for the case where two same coilscoincide with
c     each other. The first coil is assumed to be coincide with the x,y-plane
c     and to position at the origin of the coordinate system. The second coil
c     can be arbitrarily oriented w. r. t. to the first coil.
c* * * * * * * * * * * * * * * * * * * * * * * * * * * * * * * * * * * * * *
c     Parameters:
c     n1,r1 - turns and radius of the first loop located at the origin
c     n2,r2 - turns and radius of the second loop located at(xr,yr,zr)
c     xr,yr,zr-coordinate of the second loop
c     smi-mutual-inductance in Henries
c     al,be,ga-rotation angles of loop_2 rspectively with respect to x-,y-,
c             and z-axis of loop_1
c* * * * * * * * * * * * * * * * * * * * * * * * * * * * * * * * * * * * * *
c     Changchun Yin
c     Jan. 10,2006
c* * * * * * * * * * * * * * * * * * * * * * * * * * * * * * * * * * * * * *
      dimension dd(3,3)
      pi=3.14159
```

```
      al1=al* pi/180.
      be1=be* pi/180.
      ga1=ga* pi/180.
c     Rotation matrix
      dd(1,1)=cos(be1)* cos(ga1)
      dd(1,2)=-cos(be1)* sin(ga1)
      dd(1,3)=sin(ga1)
      dd(2,1)=cos(al1)* sin(ga1)+sin(al1)* sin(be1)* cos(ga1)
      dd(2,2)=cos(al1)* cos(ga1)-sin(al1)* sin(be1)* sin(ga1)
      dd(2,3)=-sin(al1)* cos(be1)
      dd(3,1)=sin(al1)* sin(ga1)-cos(al1)* sin(be1)* cos(ga1)
      dd(3,2)=sin(al1)* cos(ga1)+cos(al1)* sin(be1)* sin(ga1)
      dd(3,3)=cos(al1)* cos(be1)
c* * * * * * * * * * * * * * * * * * * * * * * * * * * * * * * * * * * * * * *
      nphi=360            ! The coils are divided into 360 current elements.
      dphi=360. /nphi
      smi=0.
      do 10 i=1,nphi                        ! First wire loop
      phit2=i* dphi* pi/180.
      phit1=(i-1)* dphi* pi/180.
      x1i=r1* (cos(phit2)+cos(phit1))/2.
      y1i=r1* (sin(phit2)+sin(phit1))/2.
c* * * * * * * * * * * * * * * * * * * * * * * * * * * * * * * * * * * * * * *
      do 10 j=1,nphi                        ! Second wire loop
      phir2=j* dphi* pi/180.
      phir1=(j-1)* dphi* pi/180.
      x2pp=r2* (cos(phir2)+cos(phir1))/2.
      y2pp=r2* (sin(phir2)+sin(phir1))/2.
      x2j=dd(1,1)* x2pp+dd(1,2)* y2pp
      y2j=dd(2,1)* x2pp+dd(2,2)* y2pp
      z2j=dd(3,1)* x2pp+dd(3,2)* y2pp
c* * * * * * * * * * * * * * * * * * * * * * * * * * * * * * * * * * * * * * *
      ds12=(cos(phit2)-cos(phit1))* ((cos(phir2)-cos(phir1))* dd(1,1)+
      #(sin(phir2)-sin(phir1))* dd(1,2))+
      #(sin(phit2)-sin(phit1))* ((cos(phir2)-cos(phir1))* dd(2,1)+
      #(sin(phir2)-sin(phir1))* dd(2,2))
      ds12=ds12* r1* r2
      x1=x2j+xr-x1i
      y1=y2j+yr-y1i
      z1=z2j+zr
      rr=sqrt(x1* x1+y1* y1+z1* z1)
c
```

```
        smi = smi+ds12/rr                          ! Mutual inductance
10      continue
        smi = smi* n1* n2* 1. e-7
        return
        end
```

后　　记

　　国外航空电磁经几十年发展，目前方法理论和勘查技术已相当成熟，仪器系统已形成规模化生产，服务于全球。相比之下，我国航空电磁勘查技术研发虽经历几十年风雨，技术和仪器装备大大落后于国外，目前尚没有完全实用化的飞行观测系统。分析和思考其原因得出如下结论：①仿制国外的落后产品；②从事系统研发的人员缺乏相关领域的理论基础；③没有做足系统设计方面的探索研究，只根据国外发表的零星仪器参数指标进行盲目跟踪研发。所有这些，除了早日实现零的突破和赶超国外先进水平的善良愿望外，与国内航空电磁理论和勘查技术体系没有完整地建立有关。

　　希望本书能在该领域起到抛砖引玉的作用。期望本书的出版能让更多的人了解航空电磁理论和勘查技术，能够领会和灵活运用系统设计的理念，能够根据我国实际地质环境和条件研发出适合我国矿产资源、环境工程、地下水和地热资源等勘查需求的航空电磁勘查技术装备，能够体会到航空电磁数据处理的重要性并积极研发相应数据处理和解释方法，服务于国家能源和资源勘探开发的战略需求。

　　近年西方由于地质行业，特别是油气行业不景气造成地质仪器研发投资锐减。相反，我国经济高速发展，对能源资源的需求激增，国家投入巨资用于装备研发，旨在缩短与国外同类仪器水平的差距，打破国外的技术封锁和垄断。就目前国内和国外对研发航空物探仪器投资的巨大差异，可以很自信地说，如果瞄准国际先进的系统设计理念，结合我国的实际地质条件，采用合理的研发思路和技术路线，我们完全有条件利用 5～10 年时间赶超国外同类仪器装备的先进水平，进而实现中国研发和制造的航空地球物理仪器领跑国际。

　　本书中除航空电磁勘查技术的应用部分，大部分内容为笔者及笔者"千人计划"电磁研究团队的研究成果。它们应代表了当前航空地球物理电磁勘查技术领域最先进的研究成果。然而，书中仍有许多不足之处，特别是其中包含一些研究还不是十分成熟的理论和方法技术。期望通过出版本书，为同行开阔思路，激发研究热情，共同为我国航空地球物理技术发展做出不懈的努力。

殷长春

2017 年 10 月于长春